21世纪高等教育系列教材

工程力学

第5版

主　编　张秉荣
参　编　张　丽
修　订　楼力律
主　审　陈志椿

机械工业出版社

本书内容分为理论力学与材料力学两篇。理论力学篇介绍了：力的基本运算与物体的受力分析、平面力系、空间力系、点的运动与刚体的基本运动、点的合成运动与刚体的平面运动、动力学基本方程与动静法及动力学普遍定理等内容。材料力学篇介绍了：拉伸（压缩）、剪切与挤压的强度计算，圆轴的扭转，直梁的弯曲，应力状态和强度理论，组合变形的强度计算，压杆稳定，动载荷等内容。全书共由 14 章组成，实际授课时，可根据学时，对章节进行筛选组合。

本书的编写立足于精选内容、强调应用、理论简明、方便教学，适应新时代应用型本科基础力学课程教学的需要。本书可用于高等学校本科机电类及近机类、新工科非机类 48~96 学时的“工程力学”课程教学，也可供成人教育、高职高专、函授本科相关专业的教学使用。

图书在版编目（CIP）数据

工程力学/张秉荣主编. —5 版. —北京：机械工业出版社，2024. 11（2025. 6 重印）

21 世纪高等教育系列教材

ISBN 978-7-111-75866-2

Ⅰ. ①工…　Ⅱ. ①张…　Ⅲ. ①工程力学-高等学校-教材　Ⅳ. ①TB12

中国国家版本馆 CIP 数据核字（2024）第 100846 号

机械工业出版社（北京市百万庄大街 22 号　邮政编码 100037）
策划编辑：张金奎　　责任编辑：张金奎　李　彤
责任校对：甘慧彤　张雨霏　景　飞　　封面设计：王　旭
责任印制：李　昂
涿州市京南印刷厂印刷
2025 年 6 月第 5 版第 2 次印刷
184mm×260mm · 20 印张 · 491 千字
标准书号：ISBN 978-7-111-75866-2
定价：59. 80 元

电话服务
客服电话：010-88361066
010-88379833
010-68326294

网络服务
机　工　官　网：www.cmpbook.com
机　工　官　博：weibo.com/cmp1952
金　　书　　网：www.golden-book.com
机工教育服务网：www.cmpedu.com

Preface to 5th edition

第5版前言

张秉荣教授所编《工程力学》一书，自1991年初版以来，历经4版，因其内容简明、立足工程实际、顺应高等学校基础力学的教学规律，被许多工程类高校广泛采用。《工程力学》各版次累计重印50余次，受惠于本书的师生达三十余万人。

2020年，教育部印发《高等学校课程思政建设指导纲要》，全面推进高校课程思政建设，对专业课教材的内容提出了新的要求。专业课要融入课程思政元素，实现立德树人。“育人”先“育德”，注重传道授业解惑、育人育才的有机统一，积极引导当代学生树立正确的国家观、民族观、历史观、文化观。

随着高等教育的发展，学生中心、产出导向、持续改进的理念深入工程人才的培养中。工程类专业的培养目标、毕业要求越来越贴近社会经济发展对工程人才的实际需求。机器人工程、智能制造、人工智能等大批新工科专业的出现也赋予了工程类本科人才培养新的内涵。

工程力学（理论力学、材料力学）作为机械类、近机类专业的必修课程，其课程教学目标能够有效支撑“工程知识”“问题分析”“设计/开发解决单元”等内容的毕业要求。

为此，从2021年3月始，对第4版开展了升级修订工作。本版在保持第4版基本体系、写作风格、内容编排基本不变的基础上，结合课程思政、工程教育专业认证的要求，对章节编排次序、内容、例题、图形、习题等做了增减和修改，特别是对一些概念做了进一步的阐释。同时，本版更新了过时的符号、物理量的描述，并对行文进行了相应的修改，使得阅读更为顺畅，理解更为方便。本书的一大特色是和工程结合非常紧密，如第4版中的一些例题来源于工程实际，但是由于教材面向的读者大多不具备基本的机械基础知识，所以理解是有困难的，本版删除了较难理解或存在歧义的例题、习题，对一些例题和习题做了工程上的补充说明。为了适应新工科专业的要求，在第十一章中专门介绍了通过有限元方法进行强度分析的内容，以期引领学生进入现代工程的领域。

本书按照机械类、近机类“工程力学”课程48~96学时的教学要求编写。与一般工程力学教材不同，本书包括了理论力学中的运动学和动力学部分，在实际教学时可根据课程教学目标予以组合。本书可推荐给机器人工程、智能制造等对于运动学和动力学有要求的专业使用，也可推荐给自动化、电子等非机类专业作为基础力学入门之用。

受机械工业出版社委托，本人负责本版的修订工作。在修订的过程中，参考了周建方《材料力学》、朱炳麒《理论力学》、王晓军《工程力学Ⅰ》、奚绍中《工程力学》、哈工大《理论力学》等教材，也参考了本人主编的《机器人工程力学》教材。在修订过程中得到了河海大学、扬州大学、南京工程学院、常州工学院、江苏省力学学会、常州市力学学会相关专家的指导，在此一并表示感谢！

本版是在张秉荣教授第 4 版良好的基础上进行修订的，从第 4 版行文中可深切感受到张秉荣教授一生致力于基础力学教学工作的执着、严谨细致的工作态度、科研与教学融合的创新精神。在本版书稿付梓之际，思虑本人学术水平、能力有限，书稿恐有不足之处，请广大读者不吝赐教。

楼力律

2024 年 9 月

Preface to 4th edition

第 4 版前言

拙编《工程力学》一书，初成于 20 世纪 80 年代后期，分别以《理论力学》《材料力学》等书名出版。1990 年整合为《工程力学》（91 年版）。因其内容简明，强调工程应用，顺应高等学校的教学规律，而被许多工程类高校广泛采用。

为适应教学改革与发展的需要，《工程力学》一书于 1991 年整合，1993 年重编，2008 年修订，至 2011 年又进行了改版，迄今为止，初版、重编与再版之《工程力学》已重印 30 余次之多。

近几年，我国的高等教育事业有了长足的进步，专业与课程教学改革也在不断地深入发展，故在新的基础上对这本具有一定历史的教材予以再次改版。

本版主要着眼于以下几点：

1. 精选内容。选材以“必需”与“够用”为度。随着专业教学改革的深入，新课程的设置与实践性环节的增加，各校对“工程力学”课程所安排的教学时数与之前相比有较大的削减。作者对工厂需求人才之力学基础及专业课程所用的力学知识做了广泛的调查研究，探索了一个在符合教学基本要求基础上的最简明之工程力学知识结构，以适应整个专业改革的客观形势。

2. 强调应用。培养应用型人才必须通过应用型教材来贯彻。本书以学生应具有的各项力学技能为知识集结点来建立章节，例题、习题也尽可能地贴近工程实践，从体系到内容，皆具有应用型教材的特色。

3. 理论简明。一般工科人才都是力学理论的应用者，故本书采用了“推理”的逻辑思维方法来阐述一些繁冗公式的推导，简明且又不失严谨。本书内容中也引入了较为先进的理论知识（“平面假设”的证明、双切强度理论与平方切应力理论等）。

4. 方便教学。为提高教学效率，本书配有***多媒体电子课件***（欢迎选用本书作教材的教师发邮件至 jinkui_zhang@ 163. com 索取），以加强对课程教学工作的服务。同时，为方便教师教学与学生自学，本书还配有正式出版的***《工程力学学习与解题指导》***（宋小壮主编，各大网站均有售）。本书力图在少（学时）、新（内容）、高（水平）、好（效果）等诸方面有所建树。

限于编者水平，书中错漏之处在所难免，恳请读者批评指正。

本书得到了东南大学、南京农业大学、南京工程学院、南京工程分院等单位有关人士的帮助，谨在此致谢！

编　者

2011 年 5 月

Contents

目　录

第二篇 材 料 力 学

绪　论

一、工程力学的研究内容

力学既是一门基础学科，又是一门应用学科。力学在其自身发展过程中，所阐明的规律带有普遍性，它所研究的许多成果是众多工程技术的理论基础，其本身又在广泛的应用过程中得到发展。侧重于认识自然现象与规律的力学研究领域称为基础力学；侧重于将力学成果应用于改造自然的力学研究领域称为应用力学或工程力学。物体在力的作用下的机械运动和变形机理即是工程力学的研究范畴。

工程力学所研究的内容以伽利略、牛顿、胡克等人总结的基本定律为基础，属于经典力学的范畴。经典力学的内容非常丰富，包括研究物体的运动规律、力与运动的关系、力与变形的关系等。对于一般工程中的问题，经典力学具有重要作用。

二、工程力学的学习方法

工程力学来源于人类长期的生活、生产实践。因此其内容与实际问题结合紧密。广泛联系和分析生活、生产中的各种力学现象，是增强未来工程技术人员对工程力学研究兴趣的一条重要途径。学习工程力学，首先就是要学会利用所学的知识从实际问题中抽象出力学模型，进行理论分析，并以此解释生活和工程中的力学现象。

具备对于复杂工程问题进行剖析、解决的能力，是建立在对基本概念的深刻理解的基础之上的。对于每一个概念，要理解其产生原因、物理意义和作用。对于一个公式，不仅要理解其推导产生的前因后果，还要明确其适用条件和应用范围。

除了理论定性分析，工程技术人员还必须具备良好的定量计算分析能力。因此工程力学的学习必然要通过一定数量的习题来深入理解重要的基本概念和基本方法。做习题是应用基本理论解决实际问题的一种训练。要特别注意例题的分析方法和解题步骤，从中得到启发，进而举一反三。达·芬奇说："力学是数学科学的天堂，因为，我们在这里获得数学的成果。"基于力学与数学、物理不分家的客观事实，学习工程力学必然要熟练应用必要的数学工具，在学习过程中需要保持严谨细致的态度，计算工作需要一丝不苟，计算结果务求正确，须知计算结果的背后关系人民生命财产安全。

工程力学系统性很强，各部分有着紧密的联系。例如，在动力学问题中必然要用到运动学的知识和静力学的知识；在强度问题中要用到静力学的平衡方程等。在学习过程中要循序渐进，及时解决问题。要及时掌握各章节的主要内容和重点，理解各章节之间的内在联系，注意各章节之间在内容和分析方法上的异同。

第一篇　理　论　力　学

理论力学是研究物体机械运动一般规律的一门学科。

运动是物质存在的形式，是物质的固有属性。它包含了宇宙中发生的一切变化与过程。因此，物质的运动形式是多种多样的，从简单的位置变化到各种物理现象、化学现象，直至人的思维与人们的社会活动。

所谓**机械运动**，是指物体在空间的位置随时间的变化，如日月运行、车船行驶、机器运转、河水流动以及物体的平衡等。所谓**物体的平衡**是机械运动的特殊情况，一般是指物体相对于地面静止或做匀速直线运动。

机械运动不仅广泛地出现在我们的周围，存在于人类的一切生产劳动过程之中，也普遍存在于研究其他运动形式的各门学科之中。因此，研究机械运动，不仅可以解释周围的许多现象，为研究其他学科提供条件，更重要的还在于它是现代工程技术的重要理论基础与解决工程技术问题的重要手段之一。

理论力学的内容通常包括以下三个部分。

1）静力学：研究物体在受力作用下的平衡规律，从而建立物体受力分析的基础。

2）运动学：从几何学的角度来研究物体在空间的位置随时间的变化规律，而不涉及产生运动的原因。

3）动力学：研究作用于物体上的力与物体运动之间的关系。

理论力学的研究对象为**刚体**与**质点**。所谓刚体是指在受到外力作用下，其内部任意两点的距离保持不变的物体。质点则是不计刚体的尺寸，但考虑其质量的抽象的几何点。这些理想化的研究对象都是将物体根据工程问题和科学问题的需要，忽略了次要因素，抓住主要矛盾进行抽象后得到的结果。

理论力学是一门理论性较强、在工程技术领域中有着广泛应用的技术基础课，它是近代工程技术的重要理论基础之一。同时，它又为工科院校中一系列后继课程，如材料力学、机械原理、机械设计等，提供必要的基础知识。

理论力学的分析和研究方法在科学研究中有一定的典型性。通过对本课程的学习，有助于培养辩证唯物主义的世界观，初步学会处理工程实际问题的方法，为今后从事生产实践、科学研究打下良好的基础。

第一章

力的基本运算与物体的受力分析

本章介绍力的基本运算法则和物体的受力分析。若干个刚体彼此固定地连接在一起称为**结构**，如彼此在一定条件下存在某种确定的相对运动的连接称为**机构**。而工程力学中研究的物体则是刚体结构和机构的统称。

物体的受力分析分为定性和定量两个部分。正确画出物体上所受到的全部外力是其中定性的部分，它是正确进行力学分析的前提。

第一节　力的概念

一、力的概念

力的概念产生于人类从事的生产劳动之中。当人们用手握、拉、掷及举起重物时，由于肌肉紧张而感到力的作用，这种作用广泛存在于人与物、物与物之间。例如，奔腾的水流能够推动水轮机旋转，锤子的敲打会使烧红的铁块变形。可见力作用于物体将产生两种效应：一种是使物体的机械运动状态发生变化，称为力的**外效应**，也称**运动效应**；另一种是使物体的大小或形状发生变化，即产生变形，称为力的**内效应**，也称**变形效应**。由于理论力学以刚体为研究对象，因此在第一篇中只讨论力的外效应。

综上所述，在理论力学的范畴内，力可以定义为：**力是物体之间的相互机械作用，这种作用将引起物体机械运动状态发生变化。**

1. 力的三要素

实践证明，力对物体的作用效应是由力的大小、方向和作用点的位置决定的，这三个因素称为**力的三要素**。例如，用扳手拧螺母时，作用在扳手上的力，因大小不同，或作用点不同，所产生的效果就不同（见图 1-1a）。习惯上我们把作用在一个点上的力称为集中力。

2. 力的单位

在国际单位制中，力的单位用 N（牛[顿]）或 kN（千牛[顿]）。

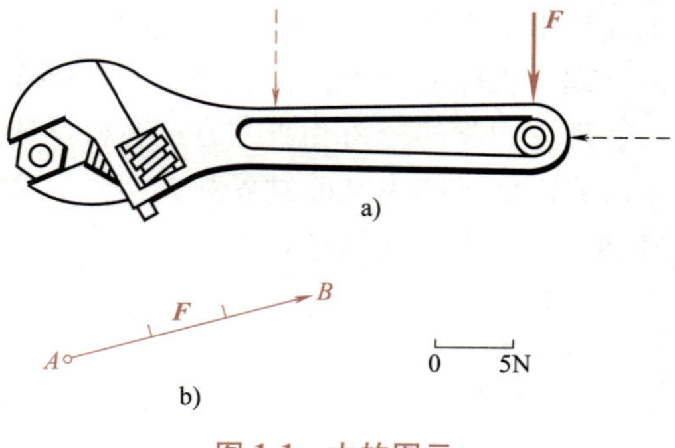

图 1-1　力的图示

3. 力的矢量表示

在数学上将有大小、有方向的物理量称为矢量。力的三要素决定了集中力是一个矢量。力在图示时，常用一个带箭头的线段表示（见

图 1-1b)，线段长度 AB 按一定比例代表力的大小，其起点或终点表示力的作用位置。此线段的延伸称为力的作用线。书中通常用黑体字 $\boldsymbol{F}$ 表示力矢量，以明体字母 F 表示力的大小。

二、力的性质

作用于同一物体上的一群力，总称为力系。按照力系中各力的作用线在空间中的分布的不同形式，可分为：

（1）汇交力系　各力的作用线汇交于一点。

（2）平行力系　各力的作用线相互平行。

（3）一般力系　各力的作用线既不汇交于一点，也不相互平行。

按照各个力的作用线在空间中是否处于同一平面，力系又可分为平面力系和空间力系，相应地，力系就有平面汇交力系、平面平行力系、平面一般力系以及空间汇交力系、空间平行力系和空间一般力系。

当物体在某力系作用下保持平衡状态时，此力系被称为平衡力系。平衡力系应满足的条件称为平衡条件。若两个力系分别作用于同一物体而作用效应（对于刚体，指外效应）相同，则这两个力系称为等效力系。

三、静力学公理

静力学研究物体的平衡规律，同时也研究力的一般性质及其合成法则。公理是人们在生活和生产实践中长期积累的经验总结，又经过实践反复检验，可以认为是真理而无须证明。它在一定范围内正确反映了事物最基本、最普遍的客观规律。

公理 1　力的平行四边形法则

作用在物体同一点的两个力可以合成为一个合力，若一个力与一个力系的作用等效，则此力是这个力系的合力，合力通常用 $\boldsymbol{F}_R$ 来表示。求两个共点力 $\boldsymbol{F}_1$、$\boldsymbol{F}_2$ 的合力，实际上是求两个矢量的合矢量，通过力的平行四边形法则，合力的大小和方向以两个力 $\boldsymbol{F}_1$、$\boldsymbol{F}_2$ 为邻边构成的平行四边形的对角线来表示，如图 1-2a 所示，即 $\boldsymbol{F}_R=\boldsymbol{F}_1+\boldsymbol{F}_2$。

反之，若一个力分解为两个分力，分解也按照力的平行四边形法则来进行。由于已知力对对角线可以作无穷多个平行四边形，如图 1-2b 所示，因此必须附加一定的条件，才能够得到确切的结果。比如规定两个分力的方向，或者规定其中一个力的大小和方向等。

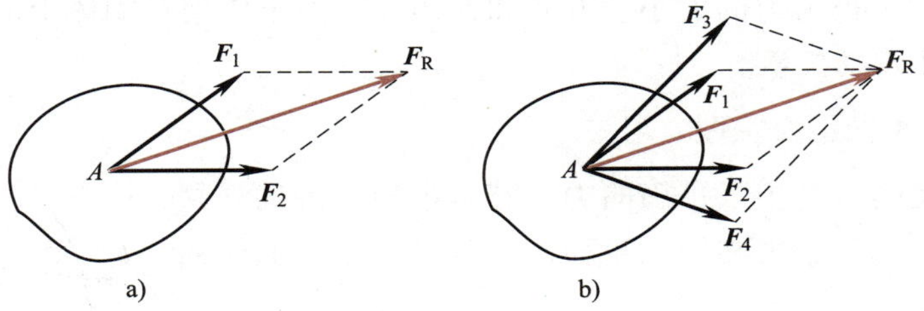

图 1-2　力的平行四边形法则

公理 2　二力平衡公理

作用在同一刚体上的两个力平衡的充分必要条件是这两个力等值、反向、共线。

二力平衡公理是刚体受到最简单的力系作用时的平衡条件。如果一个刚体仅受到两个力作用而平衡，则此两力的作用线必然沿着两力的作用点的连线，如图 1-3a、b 所示。而仅受到两个力作用的刚体，称为二力构件或二力杆，如图 1-3c、d 所示。

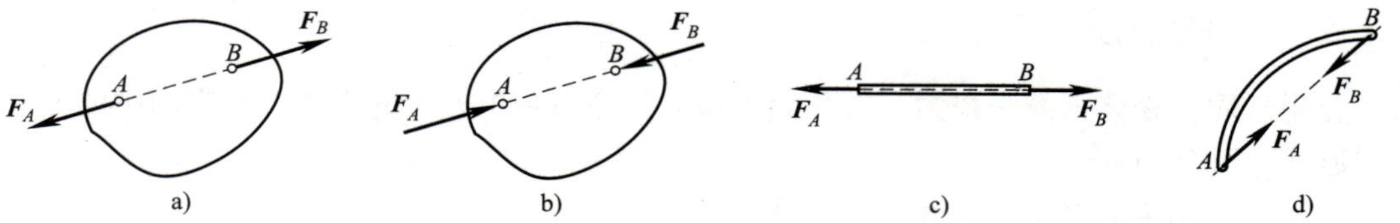

图 1-3　二力平衡公理

公理 3　加减平衡力系公理

在给定力系上增加或去除任意的平衡力系，并不改变原力系对刚体的作用效果。

由以上公理，可以得到两个推论：

推论 1　力的可传性原理

作用在刚体上的力，可沿着其作用线滑移到该物体的任何位置而不会改变此力对刚体的作用效应。

证明：如图 1-4a 所示，力 $\boldsymbol{F}$ 是作用在刚体点 A 上的已知力，在力的作用线上任意一点 B 加上一对大小均为 F 的平衡力 $\boldsymbol{F}_1$、$\boldsymbol{F}_2$（见图 1-4b），由公理 3 可知新力系($\boldsymbol{F}$,$\boldsymbol{F}_1$,$\boldsymbol{F}_2$)与原力系等效。而力 $\boldsymbol{F}$ 和 $\boldsymbol{F}_1$ 等值反向共线，根据公理 2，是平衡力系，故去除后不改变力系的作用效应（见图 1-4c），所以剩下的力 $\boldsymbol{F}_2$ 与原力系 $\boldsymbol{F}$ 等效。

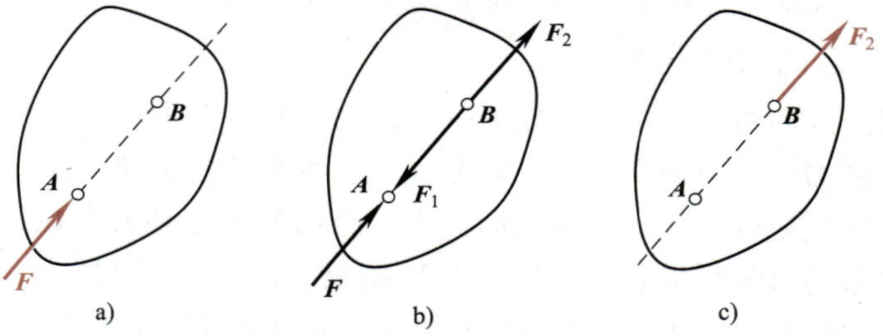

图 1-4　力的可传性

推论 1 表明，对刚体而言，力的作用点已不是决定力的作用效应的一个要素，作用在刚体上的力的三要素可视为力的大小、方向和作用线。由于作用在刚体上的力可沿作用线滑动，因此它是一个**滑动矢量**。

推论 2　三力平衡汇交定理

作用在刚体上的三个相互平衡的力，若其中两个力的作用线汇交于一点，则此三个力在同一平面内，且第三个力的作用线必然通过汇交点。

证明：如图 1-5 所示，在刚体的 A、B、C 三点上，分别作用三个相互平衡的力 $\boldsymbol{F}_1$、$\boldsymbol{F}_2$、$\boldsymbol{F}_3$。不失一般性，设力 $\boldsymbol{F}_1$、$\boldsymbol{F}_2$ 不平行，根据力的可传性，将力 $\boldsymbol{F}_1$、$\boldsymbol{F}_2$ 移动到这两个力的汇交

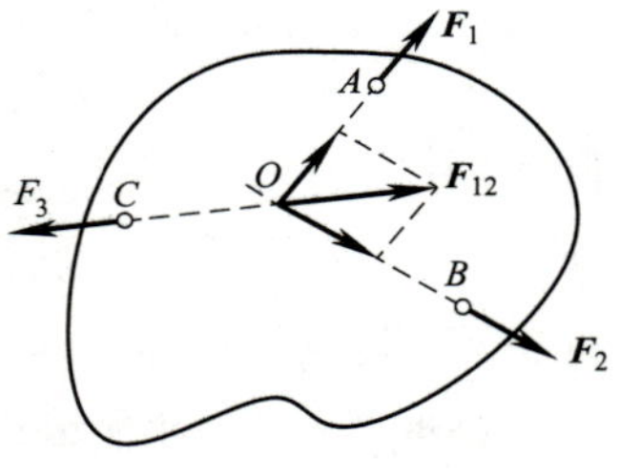

图 1-5　三力平衡汇交定理

点 O，由公理 1 得到合力 $\boldsymbol{F}_{12}$，力 $\boldsymbol{F}_3$ 应与力 $\boldsymbol{F}_{12}$ 平衡。根据公理 2，由于二力平衡，必然共线，所以力 $\boldsymbol{F}_3$ 必定与 $\boldsymbol{F}_1$、$\boldsymbol{F}_2$ 共面，且通过 $\boldsymbol{F}_1$ 和 $\boldsymbol{F}_2$ 的交点 O。

需要说明的是，若力 $\boldsymbol{F}_1$、$\boldsymbol{F}_2$ 作用线平行，则不存在汇交点，此种情况下，力 $\boldsymbol{F}_3$ 也必然与 $\boldsymbol{F}_1$、$\boldsymbol{F}_2$ 作用线平行，当这三个力在满足一定的定量关系时，也可以平衡。

公理 4　作用和反作用定律

若将两物体之间相互作用之一称为作用力，则另一个称为反作用力。两物体间的相互作用力与反作用力总是同时存在，且大小相等，方向相反，作用线重合，分别同时作用在两个物体上。

公理 4 是牛顿第三定律，概括了自然界中物体之间相互作用力的关系，表明一切力总是成对出现的。已知作用力可知其反作用力，是在进行物体的受力分析时必须遵循的原则。需要指出的是，无论物体是静止还是运动，公理 4 都成立。另外也需要注意它与二力平衡公理的区别。作用和反作用定律是描述两个物体之间相互作用的关系，而二力平衡公理叙述了作用在同一个刚体上的两个力的平衡条件。

公理 5　刚化公理

变形体在力系的作用下处于平衡，若将此变形体刚化为刚体，则其平衡状态不变。

举例来说，柔性绳索在一对等值反向共线的拉力作用下平衡，此时若将其刚化为刚性杆件，则平衡状态保持不变。反之则不然，等值反向共线的压力能够使刚性杆平衡，却不能使柔性绳平衡。由此可知，刚体上力系的平衡条件只是变形体平衡的必要条件，而不是充分条件。

第二节　力的基本运算

一、平面汇交力系的合成

1. 力在直角坐标轴上的投影

在直角坐标系 Oxy 中，将力矢量 $\boldsymbol{F}$ 的两端向坐标轴引垂线，如图 1-6 所示，得到垂足 a、b 和 a'、b'。线段 ab、$a'b'$ 分别为 $\boldsymbol{F}$ 在 x 轴和 y 轴上的投影的大小，规定从 a 到 b（或 a' 到 b'）的指向与坐标轴的正向相同为正，相反为负。$\boldsymbol{F}$ 在 x 轴和 y 轴上的投影分别记作 F_x、F_y。

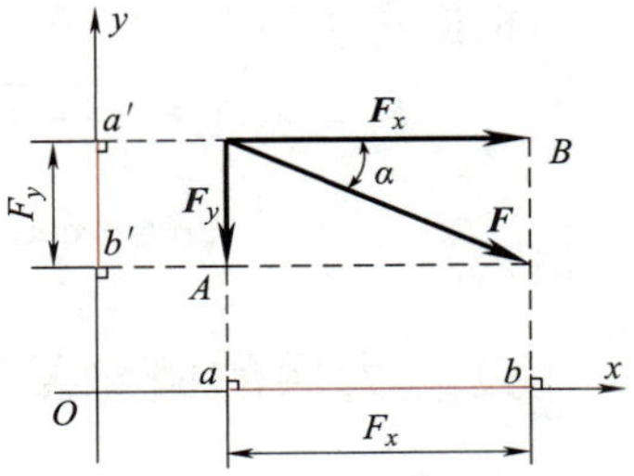

图 1-6　力的投影

若已知力 $\boldsymbol{F}$ 的大小及其与 x 轴所夹的锐角 α，则有

$$\left.\begin{aligned} F_x &= F\cos\alpha \\ F_y &= -F\sin\alpha \end{aligned}\right\} \tag{1-1}$$

若将力 $\boldsymbol{F}$ 向直角坐标系的坐标轴方向进行分解，所得到的分力 $\boldsymbol{F}_x$、$\boldsymbol{F}_y$ 的大小与力 $\boldsymbol{F}$ 在同轴上的投影 F_x、F_y 相等；但需要注意，分力是矢量，力的投影只是代数量。另外，如果坐标系不是直角坐标系，分力的大小和投影的大小一般不相等。

若已知投影 F_x、F_y 的大小，可求出原力 $\boldsymbol{F}$ 的大小和方向，即

$$F=\sqrt{F_x^2+F_y^2} \tag{1-2}$$

$$\tan\alpha=\left|\frac{F_y}{F_x}\right| \tag{1-3}$$

2. 合力投影定理

设在刚体上作用有平面汇交力系 $\boldsymbol{F}_1,\boldsymbol{F}_2,\cdots,\boldsymbol{F}_n$，通过连续应用平行四边形法则，最终可将此汇交力系合成为一个作用于汇交点的合力 $\boldsymbol{F}_R$，采用矢量表达，即

$$\boldsymbol{F}_R=\boldsymbol{F}_1+\boldsymbol{F}_2+\cdots+\boldsymbol{F}_n=\sum\boldsymbol{F}_i \tag{1-4}$$ ⊖

将上式分别向平面直角坐标系的 x 轴和 y 轴投影，有

$$\left.\begin{aligned}F_{Rx}&=F_{1x}+F_{2x}+\cdots+F_{nx}=\sum F_{ix}\\F_{Ry}&=F_{1y}+F_{2y}+\cdots+F_{ny}=\sum F_{iy}\end{aligned}\right\} \tag{1-5}$$

式（1-5）称为**合力投影定理**，即**力系的合力在某轴上的投影，等于力系中各力在同一轴上投影的代数和。**

求出合力投影后，即可按照式（1-2）计算合力的大小及其方向，即

$$\left.\begin{aligned}F_R&=\sqrt{(\sum F_{ix})^2+(\sum F_{iy})^2}\\\tan\alpha&=\left|\frac{\sum F_{iy}}{\sum F_{ix}}\right|\end{aligned}\right\} \tag{1-6}$$

例 1-1 如图 1-7a 所示，吊钩受到三个在同一平面的主动力的作用，$F_1=F_2=732\text{N}$，$F_3=2000\text{N}$，求主动力合力的大小和方向。

解 如图 1-7b 建立直角坐标系，根据式（1-5），求出

$$F_{Rx}=\sum F_{ix}=F_1-F_3\cos30°$$

$$=732\text{N}-2000\text{N}\times\frac{\sqrt{3}}{2}=-1000\text{N}$$

$$F_{Ry}=\sum F_{iy}=-F_2-F_3\sin30°$$

$$=-732\text{N}-2000\text{N}\times\frac{1}{2}=-1732\text{N}$$

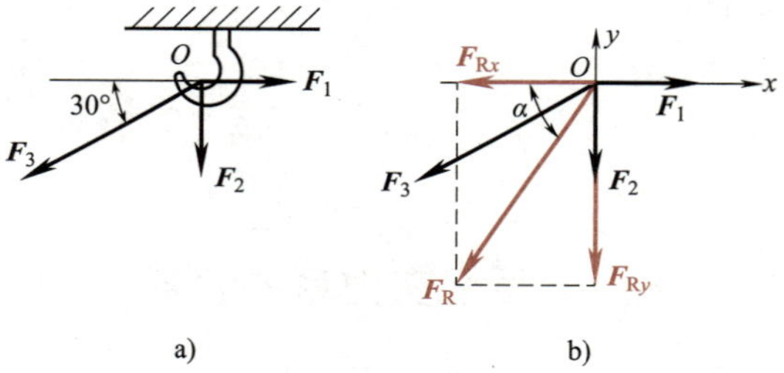

图 1-7 例 1-1 图

根据式（1-6）

$$F_R=\sqrt{(\sum F_{ix})^2+(\sum F_{iy})^2}=\sqrt{F_{Rx}^2+F_{Ry}^2}=\sqrt{(-1000)^2+(-1732)^2}\text{N}=2000\text{N}$$

$$\alpha=\arctan\left|\frac{F_{Ry}}{F_{Rx}}\right|=\arctan\left|\frac{-1732}{-1000}\right|=\arctan(1.732)=60°$$

二、力偶的概念及其运算法则

1. 力偶的定义

在日常生活及生产实践中，常见到物体受到一对大小相等、方向相反且不在同一作用线

⊖ $\sum\boldsymbol{F}_i$ 实际应为 $\sum\limits_{i=1}^{n}\boldsymbol{F}_i$，为书写方便，后文统一省略 $i=1$ 和 n。——编者注

上的平行力的作用，如图 1-8 所示的开门锁、转动转向盘和拧水龙头等实例。

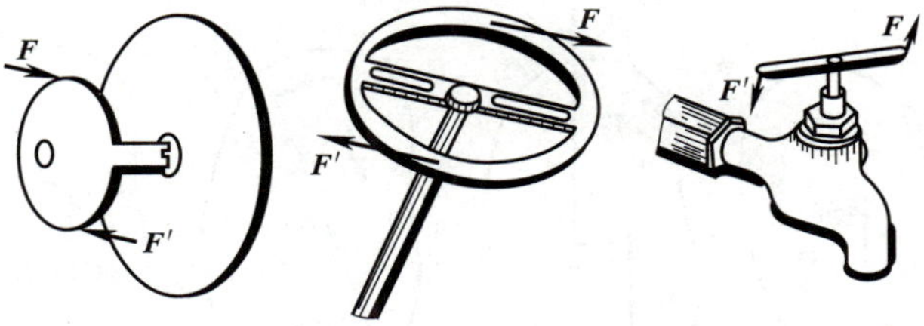

图 1-8　力偶的实例

一对等值、反向、不共线的平行力组成的力系称为**力偶**，此二力之间的距离称为**力偶臂**。图 1-8 的实例说明力偶对物体作用的外效应是使物体的转动发生变化。

2. 力偶的三要素

如图 1-9 所示，在力偶的作用面内，力偶对物体的转动效应，取决于组成力偶的两个反向平行力的大小、力偶臂 d 的大小以及力偶的转向。以力 F 与 d 的乘积冠以适当的正负号作为度量力偶在其作用面内对物体转动效应的物理量，称为**力偶矩**，记为 $M(\boldsymbol{F},\boldsymbol{F}')$ 或 M，即

$$M(\boldsymbol{F},\boldsymbol{F}')=M=\pm Fd \tag{1-7}$$

习惯上，约定逆时针转向的力偶矩取正，顺时针取负。力偶矩的单位是 N · m。

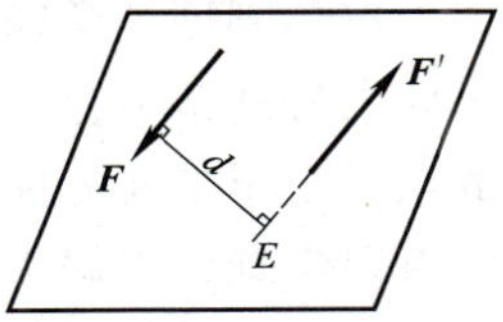

图 1-9　平面力偶

力偶对物体的转动效应取决于以下三个要素：

1）力偶矩的大小。

2）力偶的转向。

3）力偶作用面的方位——它表征作用面在空间的位置及旋转轴的方向；作用面方位由垂直于作用面的法线方向来表征。空间中相互平行的平面的法线方向均相同。

3. 力偶的等效条件

凡是三要素相同的力偶彼此等效，即它们可以互相置换，这一点不仅由力偶的概念可以得出，同样还可以通过力偶的性质做进一步的证明。

4. 力偶的性质

由力偶的等效条件，力偶存在以下性质：

性质 1　力偶对物体的作用与物体转动中心的位置无关。

性质 2　力偶在任意坐标轴上的投影之和为零，因此一个力偶不能与一个力等效，也不能用一个力来平衡。

基于以上性质，对力偶可以做如下处理：

1）力偶在其作用面内，可任意转移位置。其作用效果与原力偶相同，即力偶对于刚体上任意一点的力偶矩不因位置不同而改变；

2）力偶在不改变力偶矩大小的和转向的条件下，可以同时改变力偶中两个反向平行力的大小、方向以及力偶臂的大小，而力偶的作用效应不变。

图 1-10a、b、c 中的力偶的作用效应都相同。既然力偶对刚体的作用效应只取决于力偶矩（包括其大小和正负号），所以通常可以不明确指出构成力偶的两个力的大小及其力偶臂

的长度，在图示方面也可以进行简化，如图 1-10d 中的表示方式。

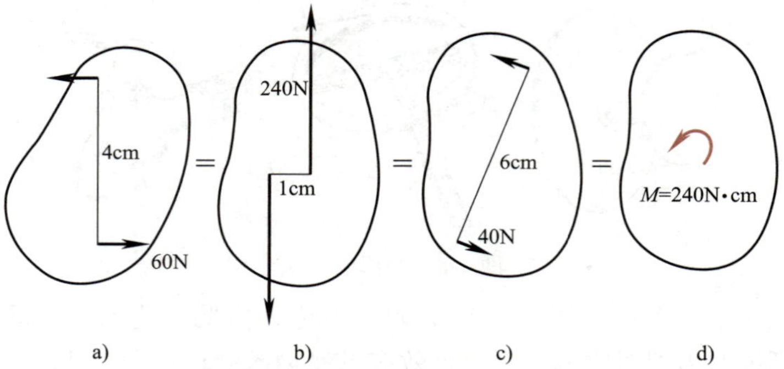

图 1-10　等效力偶

5. 平面力偶系的合成

设在刚体某平面上作用有若干个力偶 $M_1, M_2, \cdots, M_n$，根据前述力偶的性质，将力偶在平面内移动并不会改变该力偶对刚体的作用效应，因此可将这些力偶都移动到某个任意选定的点。由于平面力偶矩是一个代数量，因此只需要将这些力偶的力偶矩进行简单代数相加，就可以得到合力偶矩为

$$M = M_1 + M_2 + \cdots + M_n = \sum M \tag{1-8}$$

需要注意的是，要根据力偶的转向确定各力偶的正负号，然后进行代数相加。

三、力的平移定理

图 1-11 描述了力向作用线外一点的平移过程。要将作用于刚体上点 A 的力 $\boldsymbol{F}$ 平移到平面上任一点 O（见图 1-11a），可在点 O 施加一对等值的平衡力 $\boldsymbol{F}'$、$\boldsymbol{F}''$（见图 1-11b），$\boldsymbol{F}'$ 与 $\boldsymbol{F}$ 平行、等值且同向，$\boldsymbol{F}'$称为**平移力**，余下的 $\boldsymbol{F}$ 和 $\boldsymbol{F}''$是等值反向不共线的平行力，自然构成了一个平面力偶，这个力偶称为**附加力偶**，其力偶矩 $M = \pm Fd$。于是作用在 A 的力 $\boldsymbol{F}$，就与作用在点 O 的平移力 $\boldsymbol{F}'$和附加力偶 M 的联合作用等效，如图 1-11c 所示。

由此可以得出**力的平移定理**：

作用于刚体上的力，均可以平移到同一刚体内任一指定点，但必须同时附加一个力偶，其力偶臂等于原力到该点的垂直距离。

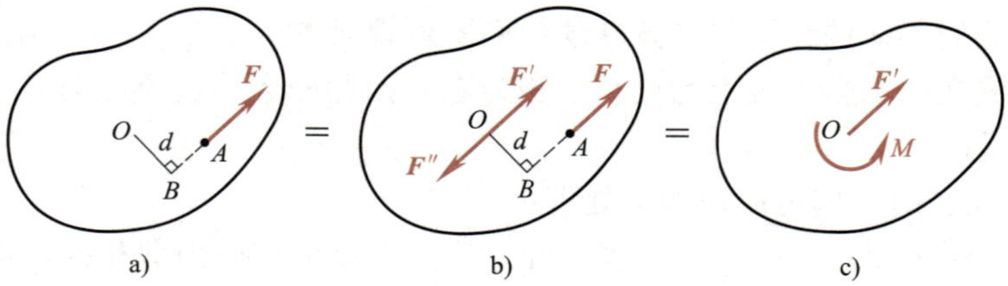

图 1-11　力的平移

力的平移定理表明了力对绕力作用线外的中心转动的物体有两种作用，一是平移力的作用，二是附加力偶对物体产生的旋转作用。如图 1-12 所示（如用单手铰螺纹是违规的加工操作），为观察力 $\boldsymbol{F}$ 的作用效应，将力 $\boldsymbol{F}$ 平移至丝锥中心，则虽有附加力偶 M 的作用而使

铰手转动，但同时有平移力 $\boldsymbol{F}'$ 的作用而可能导致丝锥折断。再以乒乓球的削球为例，分析力 $\boldsymbol{F}$ 对球的作用效应，将 $\boldsymbol{F}$ 平移至球心，得平移力 $\boldsymbol{F}'$ 与附加力偶 M，平移力 $\boldsymbol{F}'$ 决定球心的轨迹，而附加力偶则使球产生旋转。

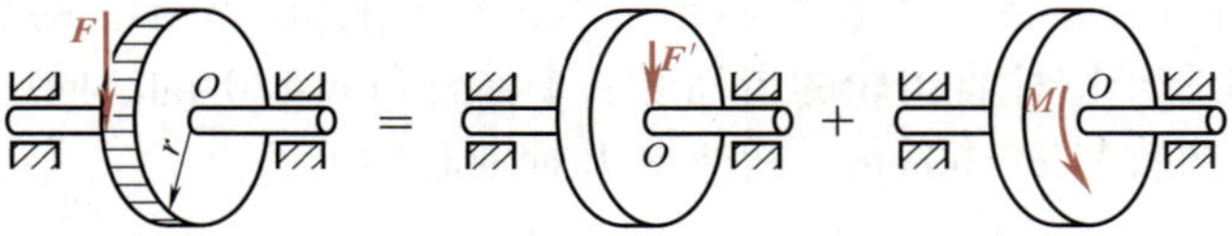

图 1-12　圆周力对轴的两种作用

应指出，力的平移定理的逆定理同样成立，即在刚体上同平面的力 $\boldsymbol{F}$ 和力偶 M 可合成为一个合力 $\boldsymbol{F}_{\mathrm{R}}$，合力 $\boldsymbol{F}_{\mathrm{R}}$ 与力 $\boldsymbol{F}$ 大小、方向相同，但作用位置不同。

四、力对点之矩

1. 力矩的定义

按力的平移定理，力对其作用线外任一转动中心，均有平移力与附加力偶的两种作用。为简化叙述与计算，若单独考虑力对物体绕某中心转动作用，就以力矩代之，故力矩就是力对矩心的附加力偶矩。今后当需要单独考虑力对物体绕某转动中心的转动效应时就简捷地应用力对某点之矩来替代，并记作

$$M_O(\boldsymbol{F}) = \pm Fd \tag{1-9}$$

式中，$M_O(\boldsymbol{F})$ 为力 $\boldsymbol{F}$ 对选定的转动中心 O 的力矩；d 为转心 O 到力 $\boldsymbol{F}$ 的垂直距离（见图 1-13），称为力臂。转动中心 O 则被称为矩心。力矩值之正负代表转向，一般规定力使物体逆时针旋转为正，顺时针旋转为负。

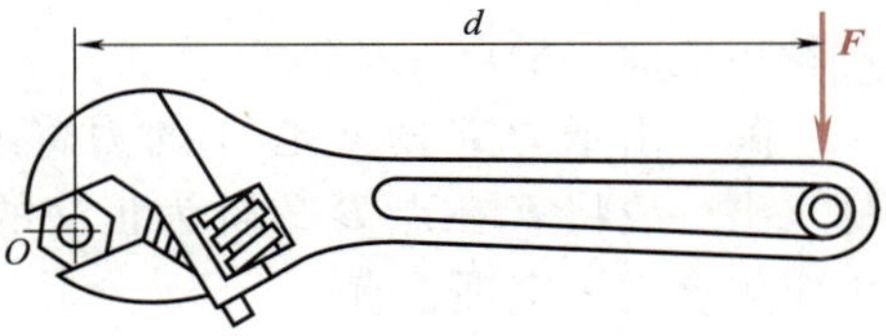

图 1-13　力对点之矩

由力矩的定义和式（1-9）可知：当力的作用线通过矩心时，力臂值为零；力沿其作用线滑移时，不会改变力对点之矩的值。力矩的单位为 N·m。

例 1-2　丁字杆与顶面铰接，受力情况如图 1-14 所示，图上所注的力、距离、角度等均为已知。试求各力对转动中心之矩。

解

$$M_O(\boldsymbol{F}_1) = 0$$

$$M_O(\boldsymbol{F}_2) = F_2\sqrt{a^2+b^2}$$

$$M_O(\boldsymbol{G}) = -Gc\sin\alpha$$

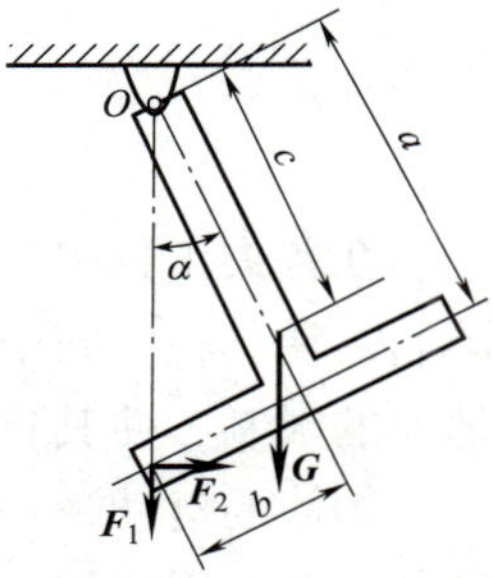

图 1-14　例 1-2 图

2. 合力矩定理

若汇交力系的合力 $\boldsymbol{F}_{\mathrm{R}} = \boldsymbol{F}_1 + \boldsymbol{F}_2 + \cdots + \boldsymbol{F}_n$，则汇交力系的合力对平面上任一点之矩，等于所有各分力对同一点之矩的代数和，即

$$M_O(\boldsymbol{F}_{\mathrm{R}}) = M_O(\boldsymbol{F}_1) + M_O(\boldsymbol{F}_2) + \cdots + M_O(\boldsymbol{F}_n) = \sum M_O(\boldsymbol{F}_i) \tag{1-10}$$

以上即为合力矩定理。上述定理的证明，可以参考相关的理论力学教材，这里不再展开。事实上，上述合力矩定理不仅适用于平面汇交力系，对于其他力系，如平面任意力系、空间力系等，也都同样成立。

在计算某个力对点之矩时，若这个力 $\boldsymbol{F}$ 对矩心 O 的力臂计算并不直观，则可以将此力进行正交分解，即 $\boldsymbol{F}=\boldsymbol{F}_x+\boldsymbol{F}_y$，则根据合力矩定理，就有

$$M_O(\boldsymbol{F})=M_O(\boldsymbol{F}_x)+M_O(\boldsymbol{F}_y) \tag{1-11}$$

这种正交分解的方法，在静力学平衡问题中经常采用，以下通过例题加以详细说明。

例 1-3 图 1-15 所示圆柱直齿轮的齿面受一个啮合角 $\alpha=20°$的法向压力的作用，其大小 $F_n=1\text{kN}$，齿面分度圆直径 $d=60\text{mm}$。试计算力对轴心的力矩。

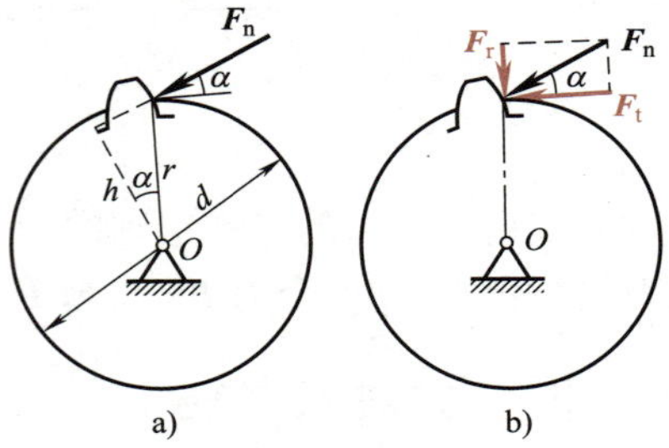

图 1-15 例 1-3 图

解法 1 按照力对点之矩的定义，通过直接计算力臂，如图 1-15a 所示，有

$$M_O(\boldsymbol{F}_n)=F_n h=F_n\frac{d}{2}\cos\alpha$$

$$=1000\text{N}\times\frac{0.06}{2}\text{m}\times\cos20°=28.2\text{N}\cdot\text{m}$$

解法 2 如图 1-15b 所示，将力 $\boldsymbol{F}_n$ 沿半径的方向分解成正交的圆周力 $F_t=F_n\cos\alpha$ 和径向力 $F_r=F_n\sin\alpha$，按照合力矩定理，得

$$M_O(\boldsymbol{F}_n)=M_O(\boldsymbol{F}_t)+M_O(\boldsymbol{F}_r)=F_t r+0=F_n\cos\alpha\frac{d}{2}=1000\text{N}\times\cos20°\times\frac{0.06}{2}\text{m}=28.2\text{N}\cdot\text{m}$$

例 1-4 一轮在轮轴处受一切向力的作用，如图 1-16 所示。已知 $\boldsymbol{F}$、R、r 和 α。试求此力对轮与地面接触点 A 的矩。

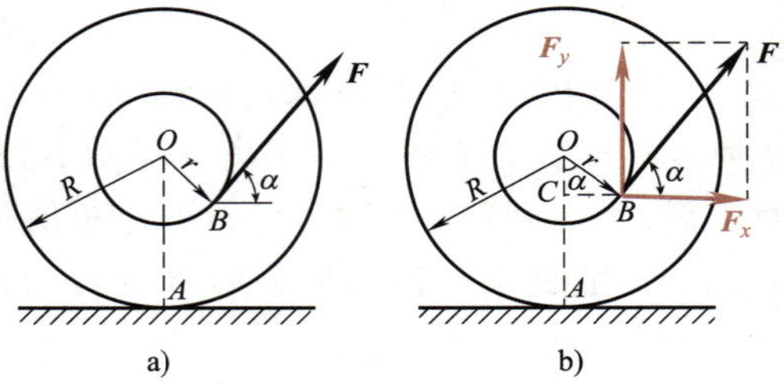

图 1-16 例 1-4 图

解 由于力 $\boldsymbol{F}$ 对矩心 A 的力臂未标明，不易求出。故将 $\boldsymbol{F}$ 在点 B 分解为正交的 $\boldsymbol{F}_x$ 和 $\boldsymbol{F}_y$，再应用合力矩定理，有

$$M_A(\boldsymbol{F}_x)=-F_x\cdot\overline{CA}=-F_x(\overline{OA}-\overline{OC})$$

$$=-F\cos\alpha(R-r\cos\alpha)$$

$$M_A(\boldsymbol{F}_y)=F_y\cdot r\sin\alpha=(F\sin\alpha)\cdot r\sin\alpha=Fr\sin^2\alpha$$

$$M_A(\boldsymbol{F})=M_A(\boldsymbol{F}_x)+M_A(\boldsymbol{F}_y)=-F\cos\alpha(R-r\cos\alpha)+Fr\sin^2\alpha=F(r-R\cos\alpha)$$

第三节 约束与约束力

在各类工程中，构件总是以一定的形式与周围其他构件相互连接的，例如房梁受立柱的限制，使其在空间中保持静止平衡；转轴受到轴承的限制，使其只能绕轴心转动：小车受到地面的限制，使其只能沿路面运动等。

物体的运动受到周围物体的限制时，这种限制称为约束。约束限制了物体本来可能产的某种运动，因此约束对被约束物体产生力的作用，同时这种力又是被动力，是因为主动力的存在而存在的，所以这种力被称为**约束力**。

约束力总是作用在被约束物体与约束物体的接触处，其方向也总是与约束所能限制的运动或运动趋势的方向相反。据此，可确定约束力的位置及方向。

一、柔索约束

由绳索、胶带、链条等所形成的约束被称为柔索约束。这类约束只能限制物体沿着柔索伸长方向的运动，因此柔索约束对物体只有沿柔索方向的拉力，柔索产生的约束力常用 $\boldsymbol{F}_{\mathrm{T}}$ 表示，如图 1-17 所示。

对于柔索绕过轮子的情况，假想在柔索的直线部分处截开柔索，将与轮接触的柔索和轮子一起作为研究对象。这样处理，就可以不考虑柔索与轮子之间的相互作用力，此时作用于轮子的柔索拉力沿轮缘的切线方向。

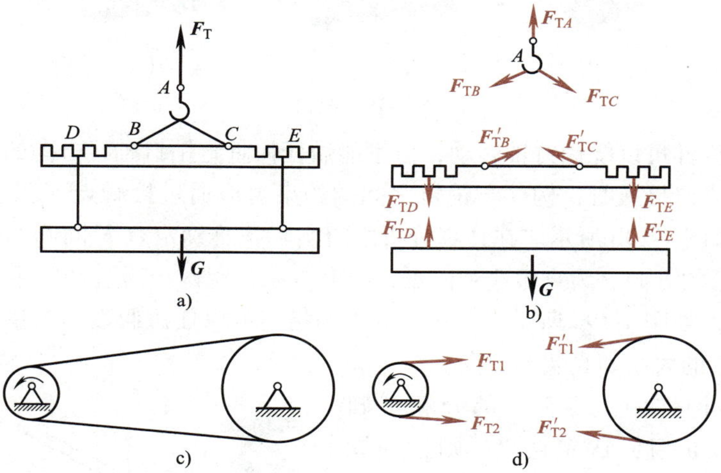

图 1-17　柔索约束

二、光滑接触面约束

当两物体直接接触并可忽略接触处的摩擦时，约束只能限制物体在接触点沿接触面的公法线方向的运动，不能限制物体沿接触面切线方向的运动，故约束力必过接触点沿接触面法向并指向被约束物体，简称法向约束力（见图 1-18a），通常用符号 $\boldsymbol{F}_{\mathrm{N}}$ 表示此类约束力。

图 1-18b 为直杆与方槽在 A、B、C 三点接触，三处的约束力皆沿二者接触点的公法线方向作用。

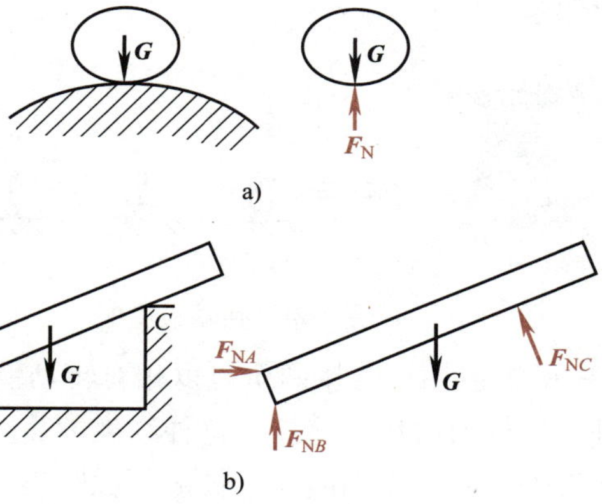

图 1-18　光滑接触面约束

三、光滑铰链约束

铰链是工程上常见的一种约束。它是在两个有着圆孔的构件之间采用短圆柱定位销所形成的连接，如图 1-19a 所示。

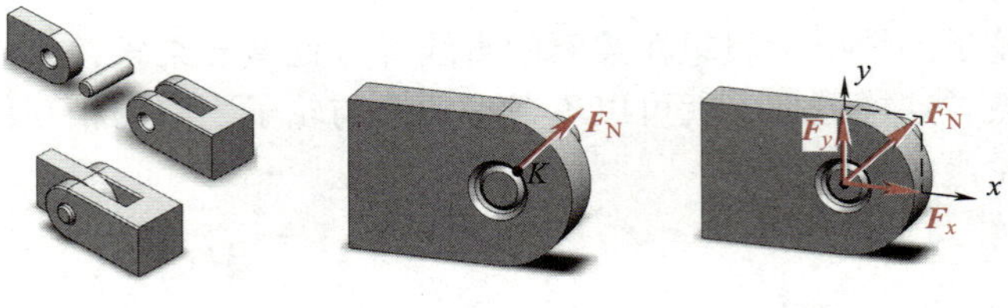

图 1-19 铰链

铰链连接中构件可以绕销钉轴转动，但不能做任何垂直销钉轴线方向的移动。当认为构件和销钉之间为光滑接触时，构件与销钉之间的约束力应通过接触点 K 沿公法线方向（通过销钉中心），如图 1-19b 所示。在计算分析之前实际很难确定点 K 的确切位置，自然就难以确定约束力 $\boldsymbol{F}_N$ 的方向。为克服这种困难，约束力通常用两个通过铰链中心的大小未知的正交分力来表示，如图 1-19c 所示，两正交分力的指向可以任意假设，定量计算出分力的大小，就能确定 $\boldsymbol{F}_N$ 的大小和真实的方向。

组成铰链的构件中，若有一部分和基础（如墙体、柱体、机身）固定连接，则这种铰链称为**固定铰链**，也称**固定铰支座**，如图 1-20a 所示。图 1-20b 表示这种约束的简图与约束力的形式，图 1-20c 表示工程力学教材中常见的简化图示。

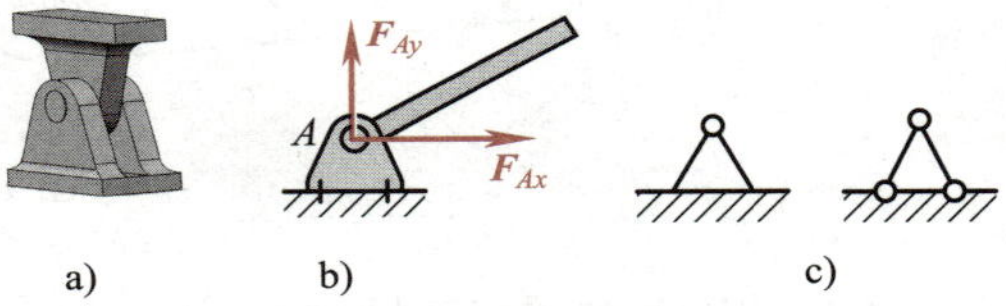

图 1-20 固定铰支座

若约束是在固定铰支座与光滑支承面之间放一个或几个圆柱形滚子所组成的，这种支座称为**可动铰支座**，也称为**辊轴支座**，它的构造如图 1-21a 所示 。由于辊轴的作用，被支承构件可沿支承面的切线方向做微小的移动，故其约束力只能在滚子与光滑支承面接触面的公法线方向且通过铰链中心。这种约束的简图与约束力的形式如图 1-21b 所示。图 1-21c 是工程力学教材中常见的简化图示。

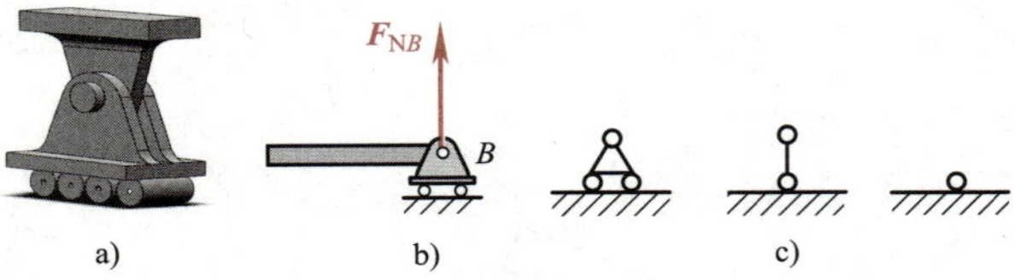

图 1-21 可动铰支座

如图 1-22a 所示，**中间铰链**用于连接两个可以相对转动但不能相对移动的构件，如曲柄连杆机构中曲柄与连杆、连杆与滑块的连接。这种约束的简图与约束力的形式如图 1-22b 所示。通常在两个构件连接处用一个小圆圈表示铰链，如图 1-22c 所示。

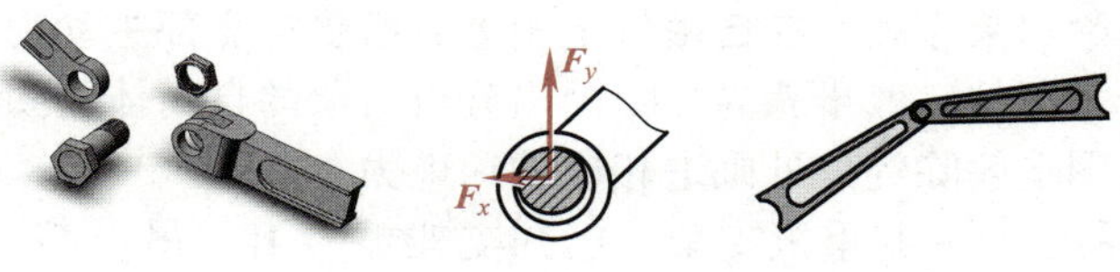

a)　　b)　　c)

图 1-22　中间铰链

四、固定端约束

工程中还有一种常见的基本约束，如图 1-23 所示，建筑物上的阳台、以焊接、铆接和用螺栓连接的结构，以及刀、夹具的锥柄、车床主轴的锥孔配合等，这些约束均称为**固定端**约束。以上这些工程实例均可归结为一杆插入固定面的力学模型（见图 1-24）。对固定端约束，可按约束作用画其约束力。固定端既限制被约束构件的垂直与水平位移，又限制了被约束构件的转动，故固定端在一般情况下，有一组正交的约束力与一个约束力偶，如图 1-24b 所示。

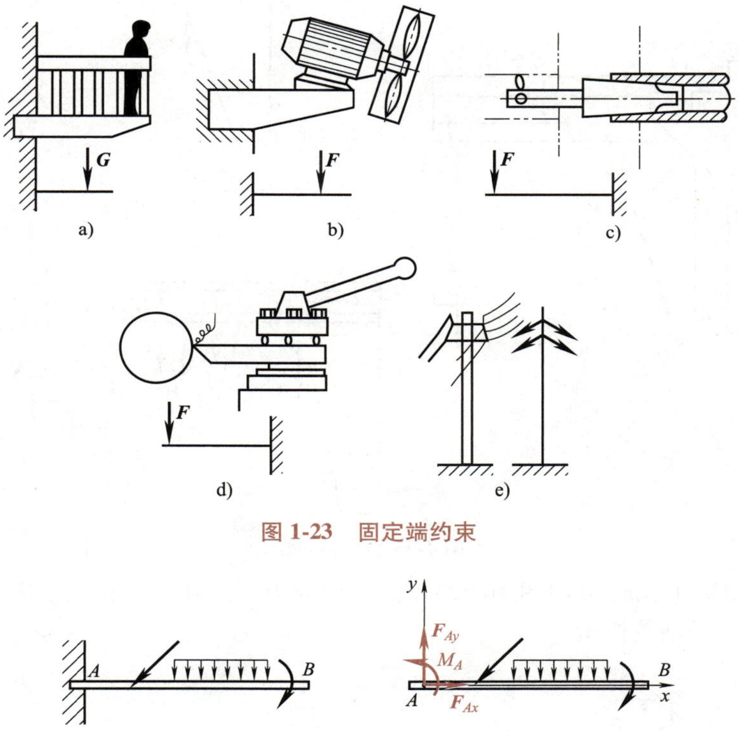

a)　　b)　　c)　　d)　　e)

图 1-23　固定端约束

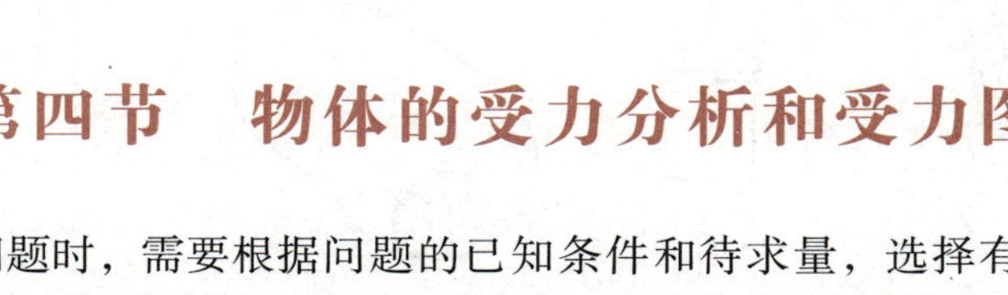

a)　　b)

图 1-24　固定端约束力

第四节　物体的受力分析和受力图

求解静力平衡问题时，需要根据问题的已知条件和待求量，选择有关的某个物体（或几个物体组成的系统）作为研究对象。**去除约束，使对象成为自由体，将约束处替换为相**

应的约束力，称为解除约束原理。在自由体上画上它所受的全部主动力与约束力，就称为该物体的受力图。画受力图的一般步骤为：①画出分析对象的自由体简图；②在简图上标上已知的主动力；③在简图上解除约束处画上相应的约束力。

例 1-5 图 1-25 所示为一起重机支架，已知支架重力 $\boldsymbol{W}$、吊重 $\boldsymbol{G}$。试画出支架、滚轮、吊钩、重物以及物系整体的受力图（滑车、吊钩、绳索的质量不计）。

解 重物上作用有重力 $\boldsymbol{G}$ 和吊钩沿绳索的拉力 $\boldsymbol{F}_{T1}$、$\boldsymbol{F}_{T2}$（见图 1-25d）。吊钩受绳索约束，沿各绳上画拉力 $\boldsymbol{F}'_{T1}$、$\boldsymbol{F}'_{T2}$ 和 $\boldsymbol{F}_{T3}$（见图 1-25c），滚轮上有钢梁的约束力 $\boldsymbol{F}_{R1}$、$\boldsymbol{F}_{R2}$（见图 1-25f）。支架上有点 A 的约束力 $\boldsymbol{F}_{NAx}$、$\boldsymbol{F}_{NAy}$，点 B 水平方向的约束力 $\boldsymbol{F}_{NB}$，滑车滚轮的压力 $\boldsymbol{F}'_{R1}$、$\boldsymbol{F}'_{R2}$ 和支架自重 $\boldsymbol{W}$（见图 1-25e）。整个物体系统上作用有外力 $\boldsymbol{G}$、$\boldsymbol{W}$、$\boldsymbol{F}_{NB}$、$\boldsymbol{F}_{NAx}$、$\boldsymbol{F}_{NAy}$，其余为构件之间的相互作用力，均不需要标出（见图 1-25b）。

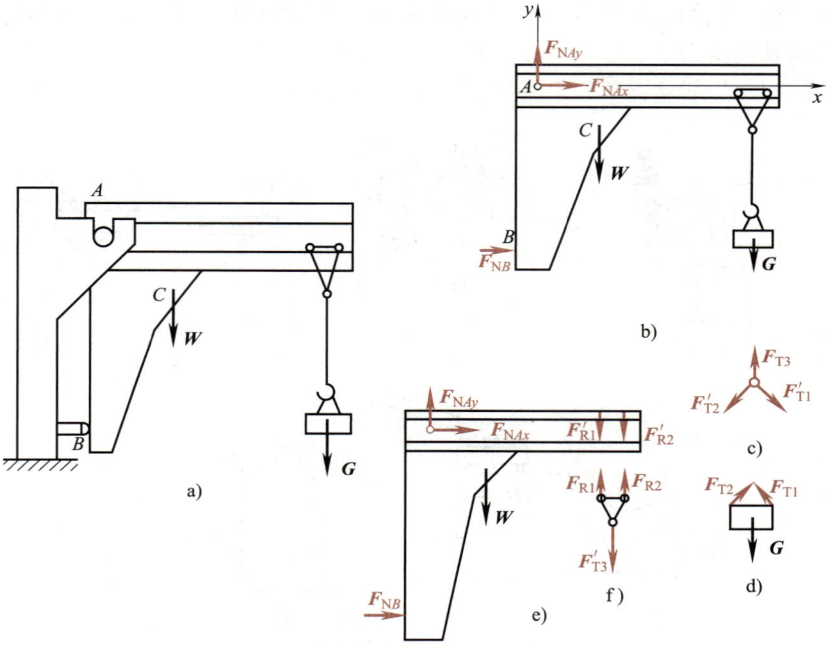

图 1-25 例 1-5 图

例 1-6 画出图 1-26a、c 两图中滑块及推杆的受力图，并进行比较。图 1-26a 是曲柄滑块机构，图 1-26c 是凸轮机构。

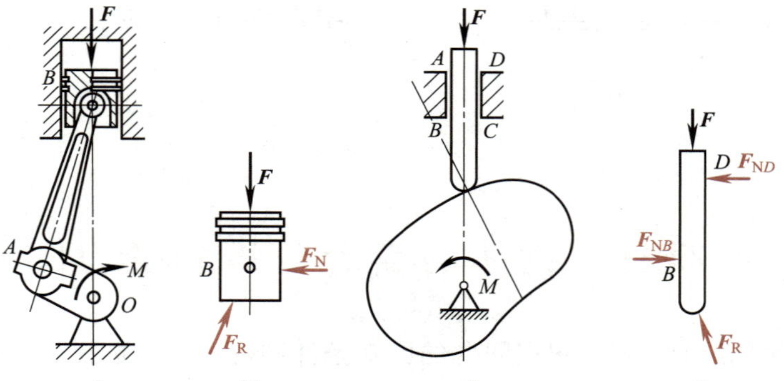

图 1-26 例 1-6 图

解 分别取滑块、推杆为自由体，画出它们的主动力和约束力。滑块上作用的 $\boldsymbol{F}$ 与 $\boldsymbol{F}_{\mathrm{R}}$ 的交点在滑块与滑道接触长度以内，其合力使滑块单面靠紧滑道，故产生一个与约束面相垂直的约束力 $\boldsymbol{F}_{\mathrm{N}}$，$\boldsymbol{F}$、$\boldsymbol{F}_{\mathrm{R}}$ 和 $\boldsymbol{F}_{\mathrm{N}}$ 三力汇交（见图 1-26b）。推杆上的 $\boldsymbol{F}$ 与 $\boldsymbol{F}_{\mathrm{R}}$ 的交点在滑道之外，其合力使推杆倾斜而导致 B、D 两点与滑道接触，故有约束力 $\boldsymbol{F}_{\mathrm{N}D}$和 $\boldsymbol{F}_{\mathrm{N}B}$（见图 1-26d）。

例 1-7 一传动支架如图 1-27 所示，试画出电动机支架与传动支架的受力图。

解 分别在两固定端 A、B 画出正交约束力与约束力偶，如图 1-27b、c 所示。

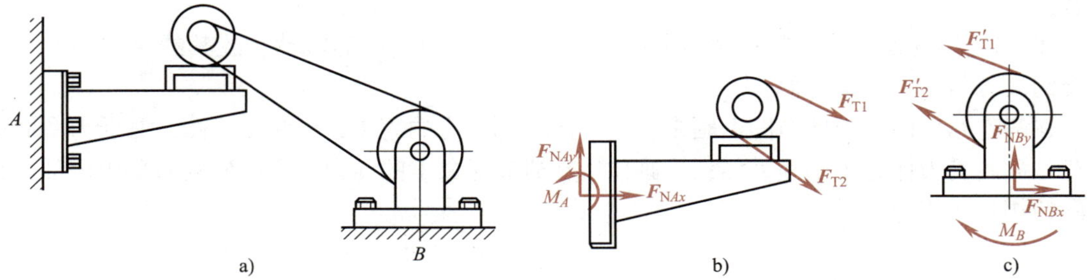

图 1-27 例 1-7 图

本章小结

1）力是物体间相互的机械作用，它对物体的作用外效应是使物体的机械运动状态发生变化。力的三要素为：力的大小、力的方向和力作用线的位置。力是滑移矢量。

2）静力学公理阐明了力的基本性质。二力平衡公理是最基本的力系平衡条件。加减平衡力系公理是力系等效代换和简化的理论基础。力的平行四边形法则说明力的运算符合矢量运算法则，是力系简化的基本规则之一。作用和反作用定律说明了力是物体间相互的机械作用，揭示了力的存在形式与力在物系内部的传递方式。

3）力与力偶的运算法则。平面汇交力系的合成按矢量式 $\boldsymbol{F}_{\mathrm{R}}=\sum \boldsymbol{F}_i$ 进行。将矢量式向直角坐标轴投影，可得到代数投影式 $F_{\mathrm{R}x}=\sum F_{ix}$和 $F_{\mathrm{R}y}=\sum F_{iy}$，此式也称合力投影定理。

力偶为一对等值、反向、不共线的平行力构成的力系，它对物体的作用是产生单纯的转动效应。力偶也有三个要素，即力偶的力偶矩大小、力偶转向和力偶的作用面。力偶矩可以记作 $M(\boldsymbol{F},\boldsymbol{F}')=\pm Fd$。力偶的运算特点为：①它在任何坐标轴上的投影代数和为零；②它对任何点的力矩代数和为力偶矩的大小，故力偶在三要素不变的条件下可任意移动、转动或同时改变力与力偶臂的大小，而不改变它对物体作用的外效应。平面力偶系的合力偶矩为各组成力偶矩的代数和，即 $M=\sum M_i$。

4）力的平移定理表明，力对刚体上任意一点，一般会有两种作用，即平移力的推动作用与附加力偶的转动作用，后者在习惯上简单地用力对点之矩（简称力矩）来替代。

5）力矩的计算。力矩之值为力与力臂之乘积，平面中，力对点 O 之矩为

$$M_O(\boldsymbol{F})=\pm Fd$$

合力矩定理——平面力系的合力对某点之矩等于各分力对同一点之矩的代数和，记作

$$M_O(\boldsymbol{F}_{\mathrm{R}})=\sum M_O(\boldsymbol{F}_i)$$

6）作用于物体上的力可分为主动力与约束力。约束力是依赖于主动力的被动力，它是限制被约束物体运动的力，它作用于物体的约束接触处，其方向与物体被限制的运动方向相反。

常见的约束类型有：

① 柔索约束。这种约束只能产生沿柔索的拉力。

② 光滑接触面约束。这种约束只能产生位于接触点且指向被约束体的法向力。

③ 铰链约束。它能限制物体两个方向的移动，故其约束作用常用一组正交的约束力代替。

④ 固定端约束。它限制物体两个方向的移动与绕固定端的转动，故其约束作用为一组正交约束力与一个约束力偶。

在解除约束的自由体简图上画出它所受的全部外力的简图，称为受力图。画受力图时应注意：只画受力体，不画施力体；只画作用在研究对象上的外力，不画研究对象中内部构件之间的相互作用力。

思　考　题

1-1　说明下列等式的意义和区别。

1）$\left.\begin{aligned}\boldsymbol{F}_1&=\boldsymbol{F}_2\\ \boldsymbol{F}_1&=-\boldsymbol{F}_2\end{aligned}\right\}$　　2）$\left.\begin{aligned}\boldsymbol{F}_R&=\boldsymbol{F}_1+\boldsymbol{F}_2\\ \boldsymbol{F}_R&=\boldsymbol{F}_1-\boldsymbol{F}_2\end{aligned}\right\}$

1-2　如图 1-28 所示，在自重不计的倒 T 形杆上：1）能否在 A、B，A、C 或 B、C 两点上各施一力，使它处于平衡状态？2）能否在 A、B、C 三点上各施一力，使它处于平衡状态？

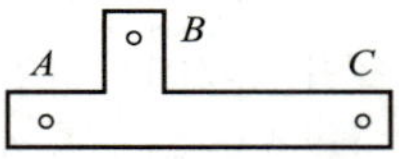

图 1-28　倒 T 形杆

1-3　什么情况下力在坐标轴上的投影为零？什么情况下力对点之矩为零？

1-4　手推磨如图 1-29 所示，试解释当杆 AB 与转轴 O 共线时磨盘最不容易转动。

1-5　为什么力偶不能与一力平衡，如何解释图 1-30 所示转轮的平衡现象？

1-6　为什么图 1-31a 中无底圆筒有翻倒的可能，而图 1-31b 中有底圆筒不可能翻倒？

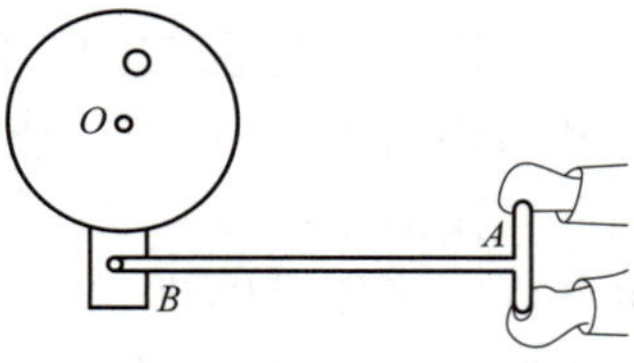

图 1-29　手推磨

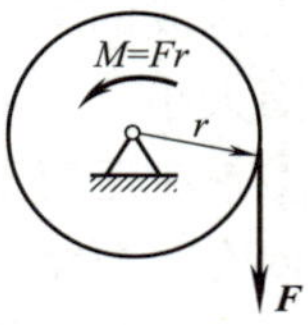

图 1-30　转轮

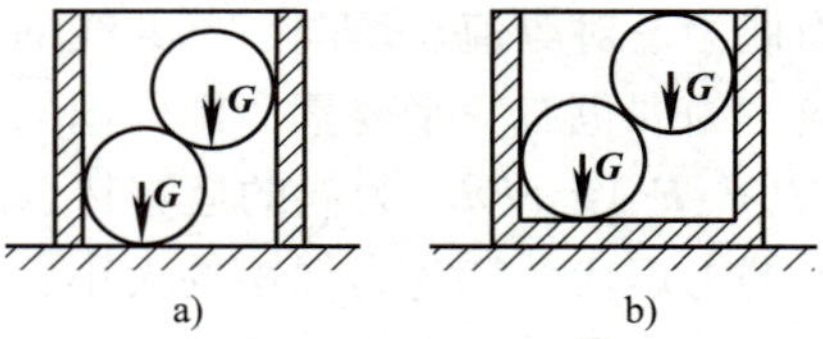

图 1-31　圆筒装球

习　题

1-1　如题 1-1 图所示，已知：$F_1=200\text{N}$，$F_2=150\text{N}$，$F_3=200\text{N}$，$F_4=100\text{N}$。求各力在坐标系 x 轴和 y 轴上的投影。

1-2　如题 1-2 图所示，铆接薄钢板在孔 A、B、C、D 处受到四个力作用。已知：$F_1=50\text{N}$，$F_2=100\text{N}$，$F_3=150\text{N}$，$F_4=220\text{N}$，求此汇交力系的合力的大小和方向。

1-3　如题 1-3 图所示，A、B 二人拉一压路碾子，A 施拉力 $F_A=400\text{N}$，为使碾子沿相对正前方偏斜 $\theta=15°$方向前进，沿相对正前方斜 60°方向施力 $\boldsymbol{F}_B$。试求 $\boldsymbol{F}_B$ 的大小。

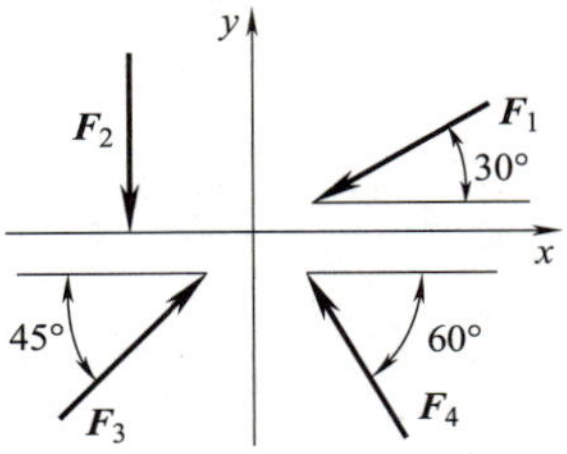

题 1-1 图

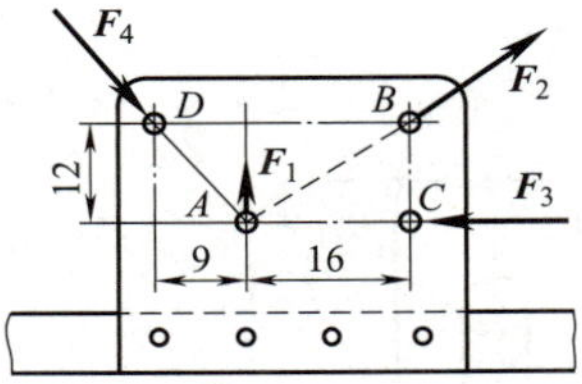

题 1-2 图

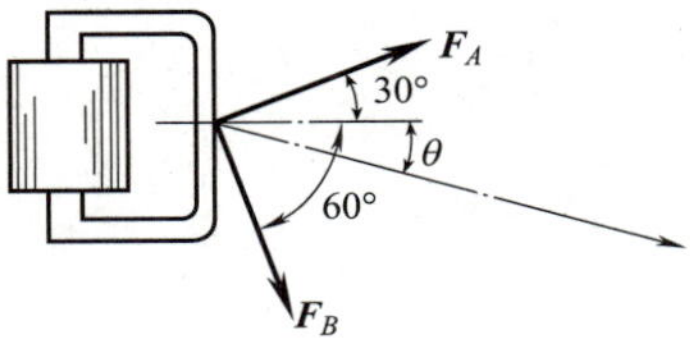

题 1-3 图

1-4　求题 1-4 图示各种情况下力 $\boldsymbol{F}$ 对点 O 之矩。

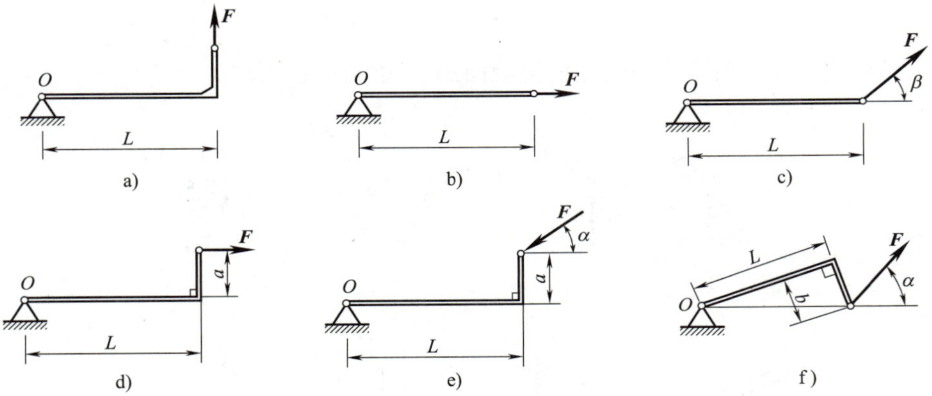

题 1-4 图

1-5　计算题 1-5 图所示两种情况下力 $\boldsymbol{G}$ 与 $\boldsymbol{F}$、$\boldsymbol{F}_1$、$\boldsymbol{F}_2$ 对矩心 A 之矩。

1-6　如题 1-6 图所示，矩形钢板的边长为 $a=4\text{m}$，$b=2\text{m}$。在钢板上作用一个平面力偶 $M(\boldsymbol{F},\boldsymbol{F}')$。当 $F=F'=200\text{N}$ 时才能使钢板发生转动。为了使钢板转动且施加的力最小，应如何选择加力的位置与方向？求出最小力的值。

习题 1-5 精讲

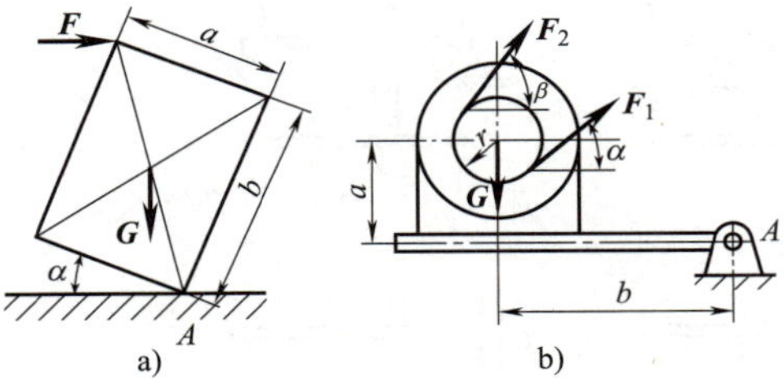

题 1-5 图

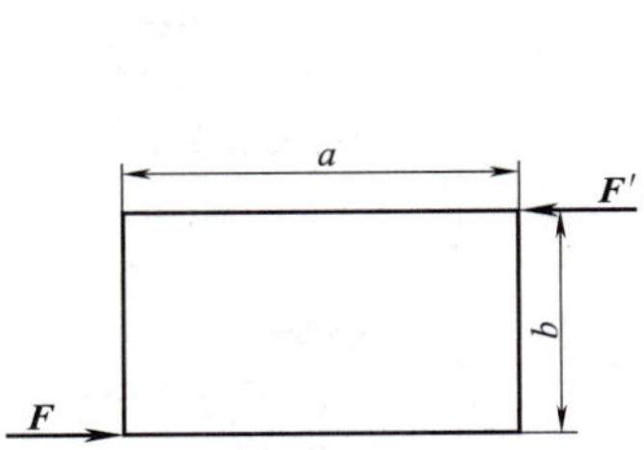

题 1-6 图

1-7　试画出题 1-7 图所示各受柔索约束物体的受力图。

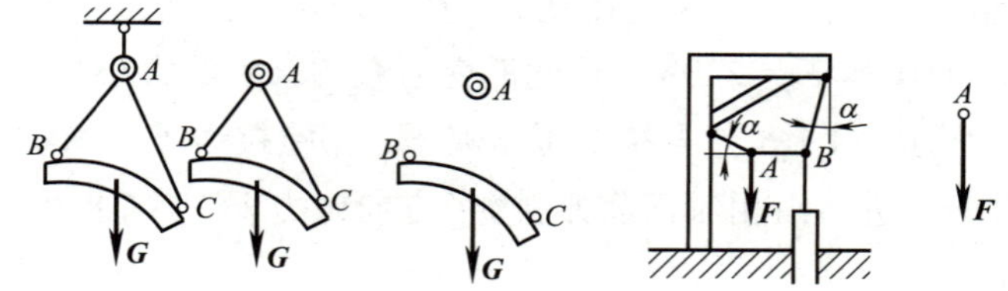

a) b)

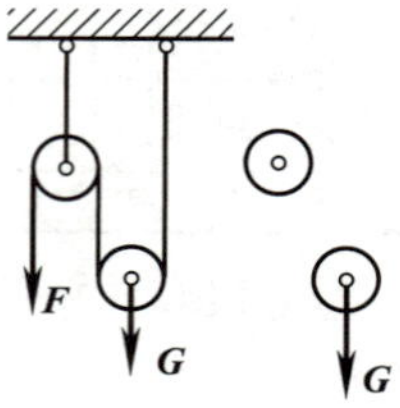

c)

题 1-7 图

1-8 试画出题 1-8 图所示各受光滑接触面约束物体的受力图。

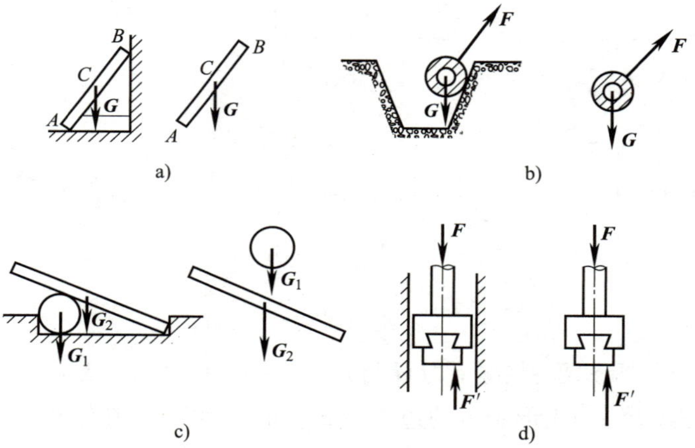

a) b)

c) d)

题 1-8 图

1-9 试画出题 1-9 图所示各铰链约束物体的受力图。

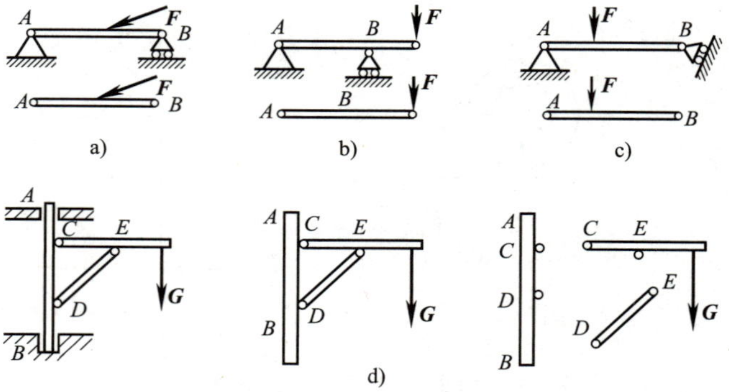

a) b) c)

d)

题 1-9 图

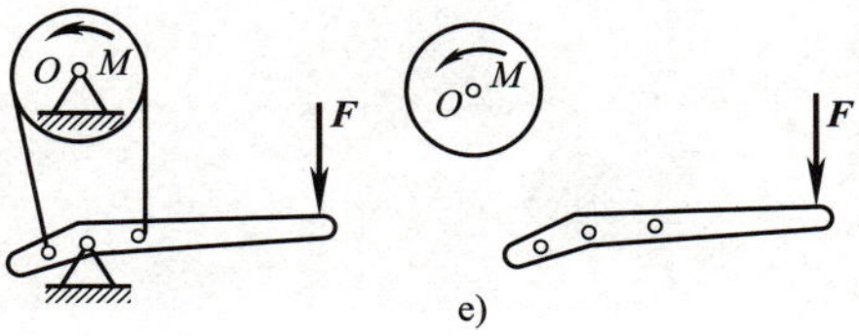

e)

题 1-9 图（续）

1-10　试画出题 1-10 图所指定的自由体的受力图。

习题 1-10 精讲

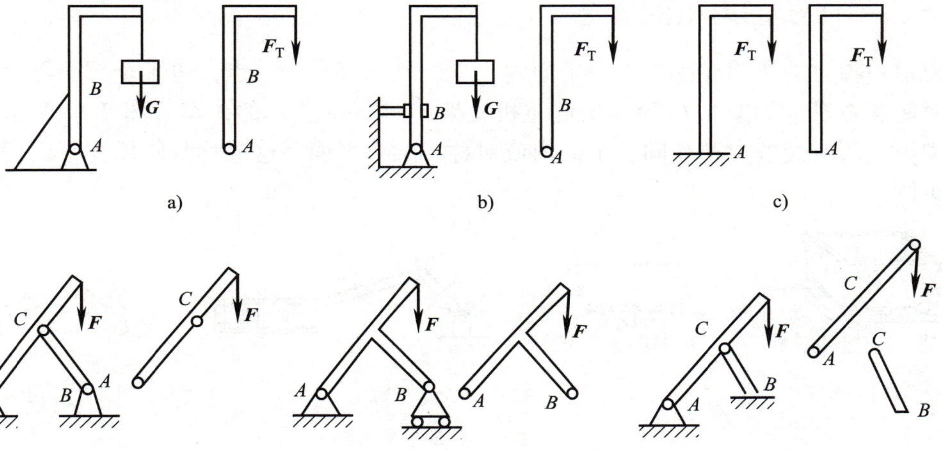

题 1-10 图

第二章
平面力系

本章讨论平面力系的简化与平衡问题，并介绍超静定问题的概念及简单静定桁架的内力计算。

第一节　平面任意力系的简化及简化结果的讨论

一、平面任意力系的概念

力系中各力的作用线都在同一平面内，它们既不汇交于一点，也不全部平行，此力系称为平面任意力系。如图 1-25 所示的起重机支架、图 2-1a 所示的矿车及图 2-1c 所示的曲柄滑块机构等，其所受各力都在同一平面内或对称于某一平面。这些均是物体受平面任意力系作用的实例。

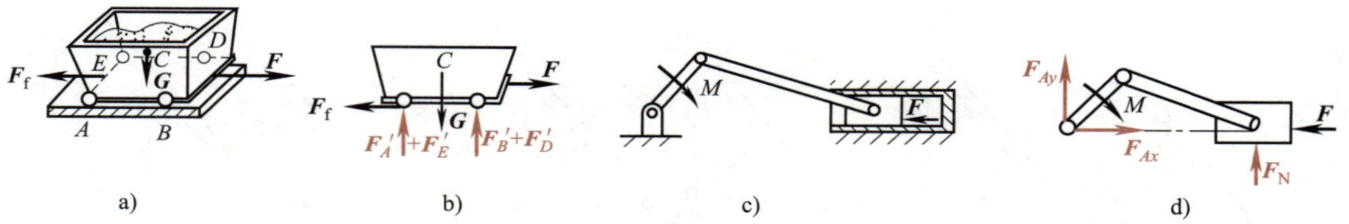

图 2-1　平面任意力系

二、平面任意力系的简化

在刚体上作用一个平面力系 $\boldsymbol{F}_1,\boldsymbol{F}_2,\cdots,\boldsymbol{F}_n$，如图 2-2a 所示，在平面内任选一点为简化中心。根据力的平移定理，将各力都向点 O 平移，得到一个交于点 O 的平面汇交力系 $\boldsymbol{F}'_1$，$\boldsymbol{F}'_2,\cdots,\boldsymbol{F}'_n$ 以及平面力偶系 $M_1,M_2,\cdots,M_n$，如图 2-2b 所示。

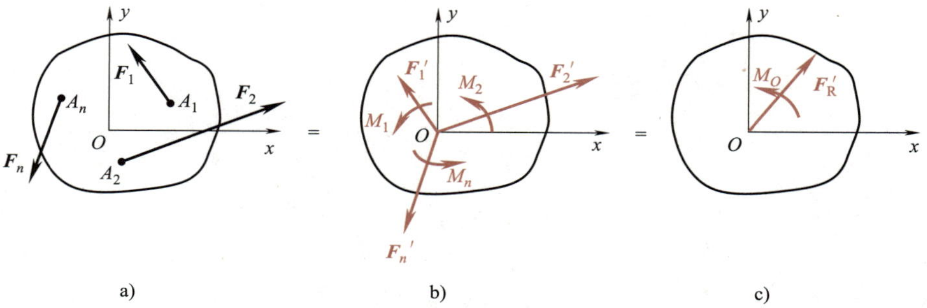

图 2-2　平面任意力系的简化

1. 平面汇交力系部分

$\boldsymbol{F}'_1, \boldsymbol{F}'_2, \cdots, \boldsymbol{F}'_n$，可以合成为一个作用于点 O 的合矢量 $\boldsymbol{F}'_R$，如图 2-2c 所示，即

$$\boldsymbol{F}'_R = \sum \boldsymbol{F}'_i = \sum \boldsymbol{F}_i \tag{2-1}$$

它等于力系中各力的矢量和。由于简化中心是任意选择的，所以这个矢量和一般并不能和原力系等效，故它不是力系的合力，所以称其为力系的**主矢**。将式（2-1）向坐标轴 x、y 投影可得主矢分量的大小

$$F'_{Rx} = \sum F_{ix} \quad F'_{Ry} = \sum F_{iy} \tag{2-2}$$

则有主矢的大小

$$F'_R = \sqrt{(F'_{Rx})^2 + (F'_{Ry})^2} = \sqrt{(\sum F_{ix})^2 + (\sum F_{iy})^2} \tag{2-3}$$

主矢的方向

$$\tan\alpha = \left| \frac{\sum F_{iy}}{\sum F_{ix}} \right| \tag{2-4}$$

其中，夹角 $\alpha(\boldsymbol{F}'_R, x)$ 为锐角，$\boldsymbol{F}'_R$ 的指向由 $\sum F_{ix}$ 和 $\sum F_{iy}$ 的正负号决定。

2. 附加平面力偶系部分

$M_1, M_2, \cdots, M_n$ 可以合成为一个合力偶 M_O，即

$$M_O = M_1 + M_2 + \cdots + M_n = \sum M_O(\boldsymbol{F}_i) \tag{2-5}$$

这个合力偶 M_O 一般也不能和原力系等效，其被称为原力系的**主矩**。合力偶之矩等于力系中各力对简化中心 O 之矩的代数和。

原力系与主矢 $\boldsymbol{F}'_R$ 和主矩 M_O 的联合作用等效。根据式（2-1），主矢 $\boldsymbol{F}'_R$ 的大小和方向与简化中心的选择无关，而主矩 M_O 的大小和转向则与简化中心的选择有关。

三、简化结果的讨论

平面任意力系的简化，一般可得到主矢 $\boldsymbol{F}'_R$ 与主矩 M_O。简化结果通常可以归纳为以下四种情况。

（1）$F'_R \neq 0$，$M_O = 0$　因为 $M_O = 0$，主矢 $\boldsymbol{F}'_R$ 就与原力系等效，$\boldsymbol{F}'_R$ 即为原力系的合力，其作用线通过简化中心。

（2）$F'_R = 0$，$M_O \neq 0$　原力系简化结果为一合力偶 $M_O = \sum M_O(\boldsymbol{F}_i)$，此时主矩 M_O 与简化中心的选择无关。

（3）$F'_R \neq 0$，$M_O \neq 0$　根据力的平移定理逆过程，可以把 $\boldsymbol{F}'_R$ 和 M_O 合成为一个合力 $\boldsymbol{F}_R$，合成过程如图 2-3 所示。合力 $\boldsymbol{F}_R$ 的作用线到简化中心 O 的距离为

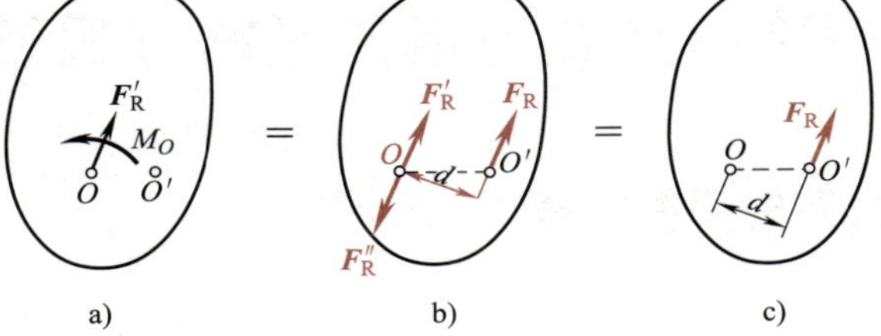

图 2-3　力偶与力的合成

$$d=\left|\frac{M_O}{F_R}\right|=\left|\frac{M_O}{F'_R}\right| \tag{2-6}$$

(4) $F'_R=0$，$M_O=0$　原力系为平衡力系。

例 2-1　如图 2-4a 所示平面力系中，$F_1=1\text{kN}$，$F_2=F_3=F_4=5\text{kN}$，$M=3\text{kN}\cdot\text{m}$，各力的作用线与力偶的转向均已标示。求该力系向点 O、A 的简化结果。

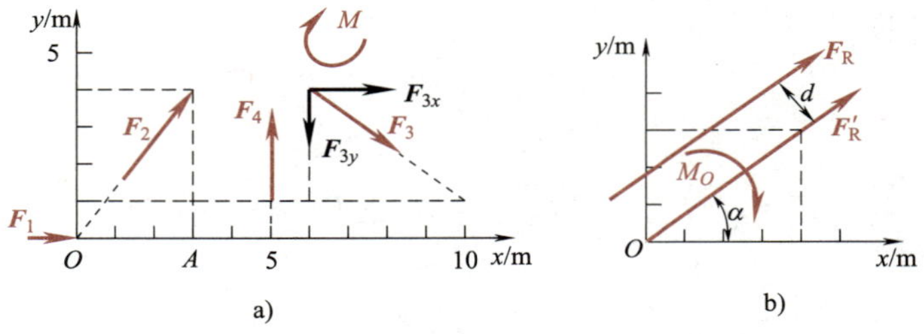

图 2-4　例 2-1 图

解　1）计算力系的主矢，即

$$F'_{Rx}=\sum F_{ix}=F_1+F_2\times\frac{3}{5}+F_3\times\frac{4}{5}=(1+3+4)\text{kN}=8\text{kN}$$

$$F'_{Ry}=\sum F_{iy}=F_2\times\frac{4}{5}-F_3\times\frac{3}{5}+F_4=(4-3+5)\text{kN}=6\text{kN}$$

得到力系的主矢的大小为

$$F'_R=\sqrt{(F'_{Rx})^2+(F'_{Ry})^2}=\sqrt{8^2+6^2}\text{kN}=10\text{kN}$$

主矢与 x 轴的夹角

$$\tan\alpha=\frac{F'_{Ry}}{F'_{Rx}}=\frac{3}{4},\quad \alpha=36.87°$$

2）计算力系的主矩。将各力向点 O 简化，计算力系的主矩，注意此处计算 $M_O(\boldsymbol{F}_3)$ 时利用了合力矩定理，即 $M_O(\boldsymbol{F}_3)=M_O(\boldsymbol{F}_{3x})+M_O(\boldsymbol{F}_{3y})$。另外力偶 M 也应考虑在内，其为顺时针转向，应以 $-3\text{kN}\cdot\text{m}$ 代入运算。

$$\begin{aligned}M_O&=\sum M_O(\boldsymbol{F}_i)=M_O(\boldsymbol{F}_1)+M_O(\boldsymbol{F}_2)+M_O(\boldsymbol{F}_3)+M_O(\boldsymbol{F}_4)+M\\&=[0+0+(-4\times4)+(-3\times6)+5\times5-3]\text{kN}\cdot\text{m}=-12\text{kN}\cdot\text{m}\end{aligned}$$

主矩的大小为 $12\text{kN}\cdot\text{m}$，负号表明其顺时针转向，如图 2-4b 所示。

作为练习，读者可以自行求解力系向点 A 的简化结果，以验证主矢与简化中心无关，而主矩与简化中心有关。

第二节　平面任意力系的平衡方程及其应用

一、平面任意力系的平衡方程

1. 基本形式

如果平面任意力系向任一点 O 简化，所得主矢、主矩均为零，则物体处于平衡；反之，

若力系是平衡力系，则其主矢、主矩必同时为零。因此，平面任意力系平衡的充要条件为

$$\left.\begin{aligned}F'_{\mathrm{R}}=\sqrt{(\sum F_{ix})^2+(\sum F_{iy})^2}=0\\ M_O=\sum M_O(\boldsymbol{F}_i)=0\end{aligned}\right\} \tag{2-7}$$

故得平面任意力系的平衡方程为

$$\left.\begin{aligned}\sum F_{ix}=0\\ \sum F_{iy}=0\\ \sum M_O(\boldsymbol{F}_i)=0\end{aligned}\right\} \tag{2-8}$$

式（2-8）满足平面任意力系平衡的充分和必要条件，所以平面任意力系有三个独立的平衡方程，最多只能求解三个未知量。

2. 二矩式

$$\left.\begin{aligned}\sum F_{ix}=0\ 或\ \sum F_{iy}=0\\ \sum M_A(\boldsymbol{F}_i)=0\\ \sum M_B(\boldsymbol{F}_i)=0\end{aligned}\right\} \tag{2-9}$$

采用二矩式方程时，x 轴（或 y 轴）不能垂直于两个矩心的连线。

3. 三矩式

$$\left.\begin{aligned}\sum M_A(\boldsymbol{F}_i)=0\\ \sum M_B(\boldsymbol{F}_i)=0\\ \sum M_C(\boldsymbol{F}_i)=0\end{aligned}\right\} \tag{2-10}$$

任选平面中的点 A、B 和 C 作为力矩方程的矩心，且点 A、B 和 C 不共线，则三个力矩方程相互独立。

以上三种形式都是平面力系平衡的充分必要条件，三者是等价的。在实际应用时，需要根据具体情况选用，力求一个方程中只包含一个未知量，从而减少联立方程带来的计算困难。

二、平面任意力系平衡方程的解题步骤

1）确定研究对象，画出受力分析图。应取有已知力和未知力作用的物体，画出自由体的受力图。

2）列平衡方程并求解。适当选取坐标轴和矩心。若受力图上有两个未知力互相平行，可选垂直于此二力的坐标轴，列出投影方程。如不存在两未知力平行，则可选任意两未知力的交点为矩心列出力矩方程，先行求解。一般水平和垂直的坐标轴可以不画，但倾斜的坐标轴必须画出。

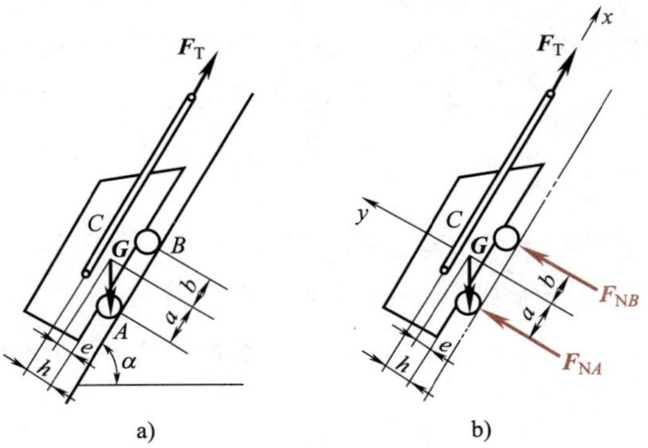

图 2-5 例 2-2 图

例 2-2 钢索牵引加料小车沿倾角为 α 的轨道匀速上升，如图 2-5a 所示，C 为小车的重心。已知小车的重力 $\boldsymbol{G}$、尺寸 a、b、h、e 和倾

角 α。不计小车和斜面的摩擦，试求钢索拉力 $\boldsymbol{F}_T$ 和轨道作用于小车的约束力。

解 1）取小车为研究对象，画受力图如图 2-5b 所示。

2）本题有两个相互平行的未知力 $\boldsymbol{F}_{NA}$ 和 $\boldsymbol{F}_{NB}$，故取 x 轴与轨道平行，y 轴垂直于轨道。列平衡方程求解，即

$$\sum F_{ix}=0,\ F_T-G\sin\alpha=0$$

故

$$F_T=G\sin\alpha$$

$$\sum M_A(\boldsymbol{F}_i)=0,\ F_{NB}(a+b)-F_Th+Ge\sin\alpha-Ga\cos\alpha=0$$

故

$$F_{NB}=\frac{G[a\cos\alpha+(h-e)\sin\alpha]}{a+b}$$

$$\sum F_{iy}=0,\ F_{NA}+F_{NB}-G\cos\alpha=0$$

故

$$F_{NA}=G\cos\alpha-\frac{G[a\cos\alpha+(h-e)\sin\alpha]}{a+b}=\frac{G[b\cos\alpha-(h-e)\sin\alpha]}{a+b}$$

例 2-3 摇臂吊车如图 2-6a 所示，水平梁承受拉杆的拉力 $\boldsymbol{F}_T$。已知梁的重力为 $G=4\text{kN}$，载荷为 $W=20\text{kN}$，梁长 $l=2\text{m}$，载荷到铰 A 的距离 $x=1.5\text{m}$，拉杆倾角 $\alpha=30°$。求拉杆的拉力和铰链 A 处的约束力。

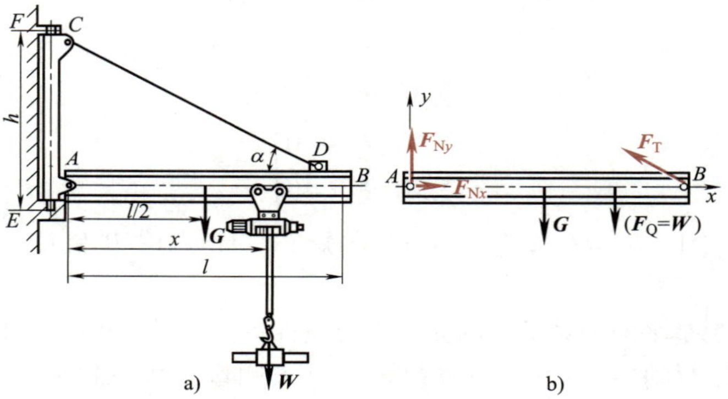

图 2-6 例 2-3 图

解 1）因已知力、未知力均作用在梁 AB 上，故取它为研究对象，画出梁 AB 的受力分析图，如图 2-6b 所示。

2）列平衡方程求解。图中 A、B、C 三点各为两个未知力的汇交点。比较 A、B、C 三点，取点 B 为矩心列出矩方程计算较为简单，即

$$\sum M_B(\boldsymbol{F}_i)=0,\ Gl/2+F_Q(l-x)-F_{Ny}l=0$$

$$F_{Ny}=\frac{Gl/2+F_Q(l-x)}{l}=\frac{4\times2/2+20\times(2-1.5)}{2}\text{kN}=7\text{kN}$$

式中，$F_Q=W=20\text{kN}$。

沿 y 轴列力的投影方程，有

$$\sum F_{iy}=0,\ F_T\sin\alpha+F_{Ny}-G-F_Q=0$$

$$F_T=\frac{G+F_Q-F_{Ny}}{\sin\alpha}=\frac{4+20-7}{\sin30°}\text{kN}=34\text{kN}$$

最后求出 F_{Nx}，取 x 轴列力的投影方程

$$\sum F_{ix}=0,\ F_{Nx}-F_T\cos\alpha=0$$

$$F_{Nx}=F_T\cos\alpha=34\text{kN}\times\cos30°=29.44\text{kN}$$

例 2-4 悬臂梁如图 2-7a 所示。梁上作用均布载荷 q，在自由端 B 作用集中力 $F=ql$ 和力偶 $M=ql^2$，梁长度为 $2l$，已知 q 和 l（力的单位为 N，长度单位为 m）。求固定端 A 的约束力。

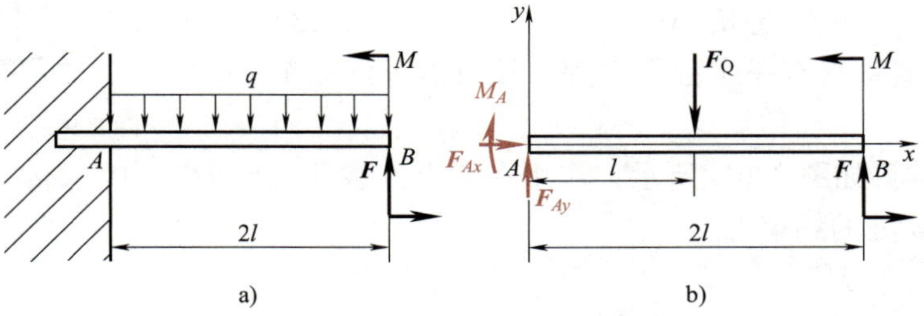

图 2-7 例 2-4 图

解 1）取梁 AB 为研究对象，画受力图如图 2-7b 所示，把均布载荷 q 简化为作用于梁中点的一个集中力 $F_Q=q\cdot 2l$。

2）列平衡方程求解，即

$$\sum F_{ix}=0,\ F_{Ax}=0$$

$$\sum M_A(\boldsymbol{F}_i)=0,\ M-M_A+F\cdot 2l-F_Q l=0$$

故

$$M_A=M+2Fl-F_Q l=ql^2+2ql^2-2ql^2=ql^2$$

$$\sum F_{iy}=0,\ F_{Ay}+F-F_Q=0$$

故

$$F_{Ay}=F_Q-F=2ql-ql=ql$$

三、平面任意力系的特殊形式

1. 平面汇交力系

若平面力系中各力作用线汇交于一点，则称为**平面汇交力系**，如图 2-8 所示。显然，若取汇交点 O 为简化中心，则主矩必为 0，则 $\sum M_O(\boldsymbol{F}_i)=0$ 自然满足，于是对应式（2-8），独立平衡方程减少为两个投影方程，即

$$\left.\begin{aligned}\sum F_{ix}=0\\ \sum F_{iy}=0\end{aligned}\right\}\tag{2-11}$$

事实上，式（2-11）也可写成一个投影方程和一个矩方程的形式，但矩心不能是汇交点。

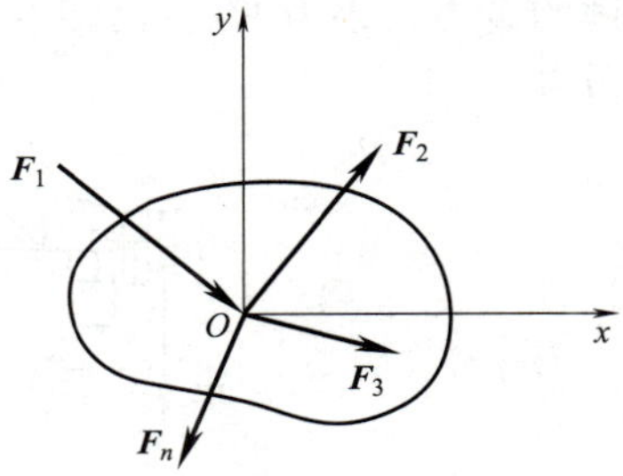

图 2-8 平面汇交力系

2. 平面平行力系

若平面力系中各力作用线全部平行，则称为**平面平行力系**。取 y 轴平行于各力作用线，如图 2-9 所示。由于平面平行力系中的所有力的方向都平行，则在垂直于该方向的 x 轴上力的投影方程自然满足，因此平面平行力系的平衡方程简化为

$$\left.\begin{aligned}\sum F_{iy}=0\\ \sum M_O(\boldsymbol{F}_i)=0\end{aligned}\right\}\tag{2-12}$$

同样，由于只有两个独立方程，因此最多只能求解两个未知量。需要注意的是，在式（2-12）中的 y 轴不能垂直于力的方向。

3. 平面力偶系

平面力偶力系的主矢为零，力偶系可以合成为一个力偶 $M=\sum M_i$。若平面力偶系平衡，则其平衡方程为

$$\sum M_i=0 \tag{2-13}$$

由于平面力偶系只有一个独立方程，故只能求解一个未知量。

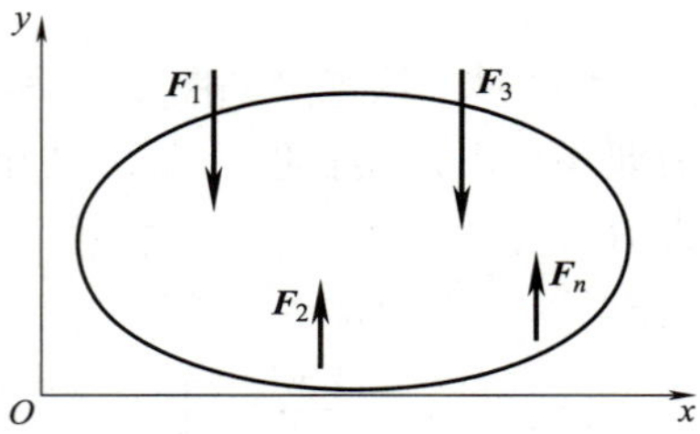

图 2-9　平面平行力系

例 2-5　外伸梁如图 2-10a 所示，作用在梁上的载荷 $F=qa/2$，$M=2qa^2$，其中 q 和 a 已知。求支座 A、B 处的约束力。

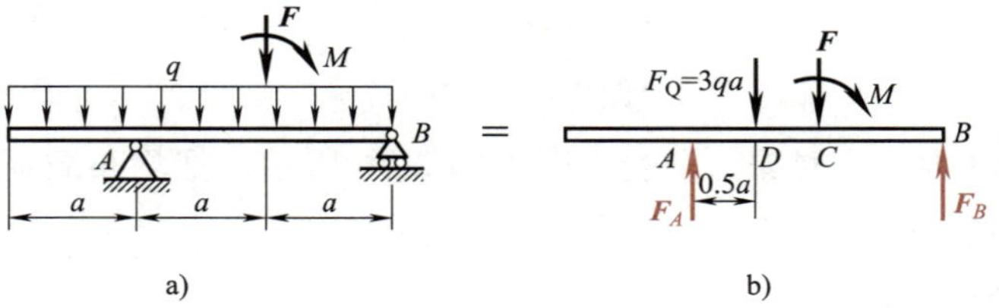

图 2-10　例 2-5 图

解　1）以梁 AB 为研究对象画受力图，如图 2-10b 所示。均布载荷 q 简化为作用于点 D 的一个集中力 $F_Q=3qa$。

2）列平衡方程求解，即

$$\sum M_A(\boldsymbol{F}_i)=0,\ F_B\cdot 2a-M-F\cdot a-F_Q\cdot a/2=0$$

故

$$F_B=(M+Fa+0.5F_Qa)/2a=2qa$$

$$\sum F_{iy}=0,\ F_A+F_B-F_Q-F=0$$

故

$$F_A=F_Q+F-F_B=3qa+qa/2-2qa=3qa/2$$

例 2-6　塔式起重机如图 2-11a 所示。机架自重大小为 G，最大起重载荷大小为 W，平衡锤的重力大小为 W_Q。已知 G、W、a、b 和 e。若起重机满载和空载时均不致翻倒，求 W_Q 的范围。

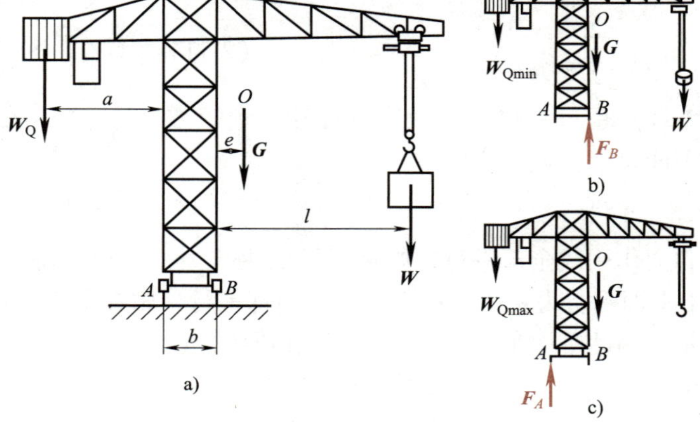

图 2-11　例 2-6 图

解　1）选起重机为研究对象，受力分析图如图 2-11b、c 所示。

2）当其满载时，W 最大，在临界平衡状态时 A 处悬空，$F_A=0$，$W_Q=W_{Q\min}$。机架可能发生绕点 B 向右翻倒的危险，如图 2-11b 所示。

$$\sum M_B(\boldsymbol{F}_i)=0,\ W_{Q\min}(a+b)-Wl-Ge=0$$

$$W_{Q\min}=\frac{Wl+Ge}{a+b}$$

3）当其空载时，$W=0$，若 $W_Q=W_{Q\max}$，则在临界平衡状态时 B 处悬空，$F_B=0$。机架可能发生绕点 A 向左翻倒的危险，如图 2-11c 所示。

$$\sum M_A(\boldsymbol{F}_i)=0,\ W_{Q\max}a-G(e+b)=0$$

$$W_{Q\max}=\frac{G(e+b)}{a}$$

故 W_Q 的范围是

$$\frac{Wl+Ge}{a+b}\leqslant W_Q\leqslant\frac{G(e+b)}{a}$$

第三节　物体系统的平衡

由多个物体组成的物体系统，称为多体系统，其中不能发生运动的多体系统称为**结构**，能够发生运动的多体系统称为**机构**。若物体系统内均为刚体，则称为**多刚体系统**，简称**刚体系**。工程力学中讨论平衡问题的物体系统，一般指多刚体系统。刚体系的平衡问题可以通过解除刚体之间的约束，利用平衡方程式逐个研究单个刚体，也可以对平衡的整体系统列写平衡方程式求解作用在整个刚体系上的外部约束力。一般来说，作用在刚体系统上的力系即便是平衡力系，刚体系也未必是平衡的。如图 2-12 所示的剪刀，它由两个刚体用铰链连接，$\boldsymbol{F}_1$ 和 $\boldsymbol{F}_2$ 分别作用在两个刚体上，若 $\boldsymbol{F}_1$ 和 $\boldsymbol{F}_2$ 等值反向共线，显然符合刚体平衡条件，但剪刀这个刚体系不能平衡。当然如果已经知道剪刀在某个力系作用下处于平衡状态，那就可以断定这个力系也一定是平衡力系，否则剪刀整体将产生刚体运动。所以作用在刚体上的力系是平衡力系只是刚体系平衡的必要条件而非充分条件。

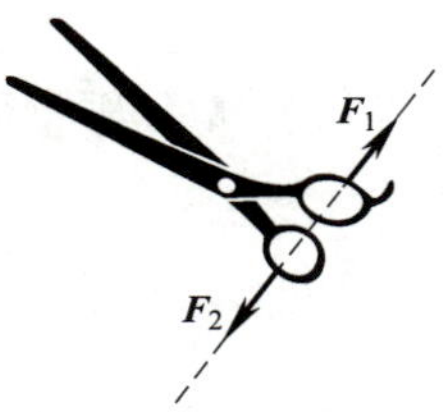

图 2-12　刚体系

求解物体系统平衡问题的基本步骤是：

1）适当选择研究对象（研究对象可以是物体系统的整体、单个物体，也可以是物体系统中几个物体组成的子系统），画出各研究对象的自由体的受力图。

2）分析各受力图，确定求解顺序。研究对象的受力图可分为两类。一类是未知力数等于独立平衡方程数，这是可解的。例如对于平面一般力系，有三个独立方程，若未知力为三个，则这个受力图可解。另一类是未知力数超过独立平衡方程数，这是暂不可解的。一般情况下，应先取可解的受力分析图，求出未知力，再利用作用力与反作用力关系，扩大求解范围。有时也可利用其受力特点，列出平衡方程，解出某些未知力。例如某物体受平面任意力系作用，有四个未知力，但有三个未知力汇交于一点（或三个未知力平行），则可取该三力汇交点（或取垂直于三力的投影轴）为矩心，列方程解出不汇交于该点的那个未知力（或不与三力平行的未知力）。已求解出的个别未知力，在其他受力分析图中就成了已知力，于是未知力的个数就减少了，相应的受力分析图就可能成为可解的，进而通过平衡方程求出其他的未知力。

3）根据确定的求解顺序，逐个列出平衡方程求解。

例 2-7 如图 2-13a 所示，人字梯置于光滑水平面上静止，$F=900\text{N}$，$l=3\text{m}$，$\alpha=45°$，计算水平面对人字梯的约束力以及铰 C 处的力。

解 以人字梯整体及 ADC、CEB 部分画出受力分析图，分别如图 2-13b、c、d 所示。整体受到平行力系作用，可列两个方程，且仅有两个未知量，故可直接求解。求出约束力 $\boldsymbol{F}_A$、$\boldsymbol{F}_B$ 后，取 ADC 或 CEB 列方程，求出铰 C 处的力。最后可取未使用的受力图进行检验，若满足平衡方程，则表明计算无误。

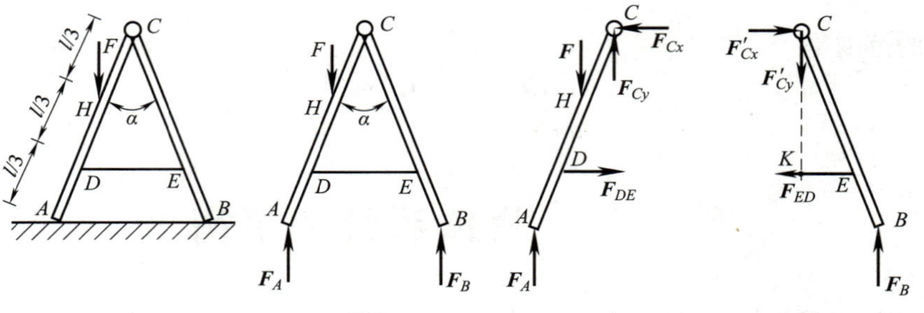

图 2-13　例 2-7 图

1）先分析整体，如图 2-13b 所示，列平衡方程

$$M_A(\boldsymbol{F}_i)=0,\ F_B\left(2l\sin\frac{\alpha}{2}\right)-F\,\frac{2}{3}l\sin\frac{\alpha}{2}=0,\ F_B=\frac{F}{3}=\frac{900}{3}\text{N}=300\text{N}$$

$$\sum F_y=0,\ F_A+F_B-F=0,\ F_A=F-F_B=900\text{N}-300\text{N}=600\text{N}$$

2）取 CEB 为研究对象，如图 2-13d 所示，列平衡方程

$$\sum F_{iy}=0\quad F_B-F'_{Cy}=0,\quad F'_{Cy}=F_B=300\text{N}$$

取两个未知力的交点 K 为矩心，列矩方程

$$\sum M_K(\boldsymbol{F}_i)=0,\ F_Bl\sin\frac{\alpha}{2}-F'_{Cx}\frac{2}{3}l\cos\frac{\alpha}{2}=0,\ F'_{Cx}=\frac{3}{2}F_B\tan\frac{\alpha}{2}=186.4\text{N}$$

3）检验，取 ADE 为研究对象，如图 2-13c 所示，则

$$\sum F_{iy}=F_A-F+F_{Cy}=(600-900+300)\text{N}=0\ （满足平衡方程）$$

读者可自行列 $\sum M_D(\boldsymbol{F}_i)$ 检验结果是否满足平衡方程。

例 2-8 如图 2-14a 所示，组合结构由梁 AC 和 CE 在 C 处铰接，结构的尺寸和载荷均在图中标出，已知集中力 $F=5\text{kN}$，均布载荷 $q=4\text{kN/m}$，集中力偶 $M=10\text{kN}\cdot\text{m}$。求此结构各处支座的约束力。

解 以整体作为研究对象，从受力分析图 2-14b 中可以看出有四个未知量，图示力系是平面一般力系，最多只能解三个未知量，因此无法求出所有的未知约束力。若是以 CDE 作为研究对象，从受力分析图 2-14c 可以看出能够求出所有的三个未知力。求出这三个未知力，进而通过分析整体或 ABC 部分（见图 2-14d）求出剩余的待求约束力。

1）取 CDE 为研究对象，如图 2-14c 所示，即

$\sum M_C(\boldsymbol{F}_i)=0$，$-q\times2\text{m}\times1\text{m}-M+F_E\times4\text{m}=0$，$F_E=\dfrac{M+q\times2\text{m}\times1\text{m}}{4\text{m}}=\dfrac{10+4\times2}{4}\text{kN}=4.5\text{kN}$

$\sum F_{ix}=0$，$F_{Cx}=0$

$\sum F_{iy}=0$，$F_{Cy}+F_E-q\times2\text{m}=0$，$F_{Cy}=q\times2\text{m}-F_E=(2\times4-4.5)\text{kN}=3.5\text{kN}$

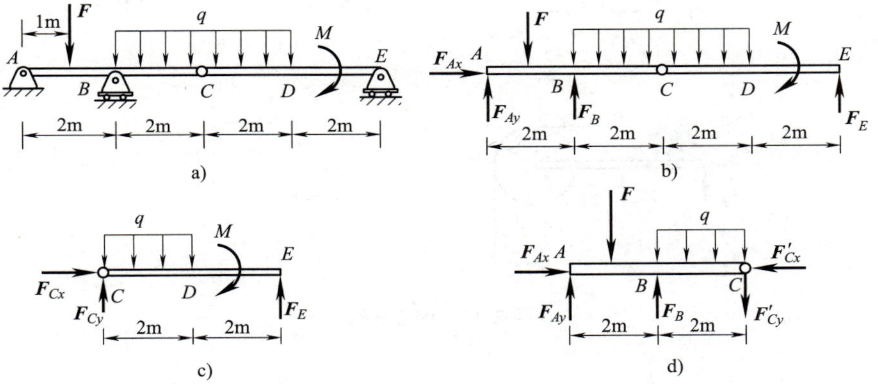

图 2-14 例 2-8 图

2）取整体为研究对象，如图 2-14b 所示，即

$\sum F_{ix}=0$，$F_{Ax}=0$

$\sum M_A(\boldsymbol{F}_i)=0$，$-F\times1\text{m}+F_B\times2\text{m}-q\times4\text{m}\times4\text{m}-M+F_E\times8\text{m}=0$

$$F_B=\frac{F\times1\text{m}+q\times4\text{m}\times4\text{m}+M-F_E\times8\text{m}}{2\text{m}}=\frac{5\times1+4\times4\times4+10-4.5\times8}{2}\text{kN}=21.5\text{kN}$$

$\sum F_{iy}=0$，$F_{Ay}+F_B+F_E-F-q\times4\text{m}=0$

$$F_{Ay}=F+q\times4\text{m}-F_B-F_E=(5+4\times4-21.5-4.5)\text{kN}=-5\text{kN}$$

3）检验，取 ABC 为研究对象，如图 2-14d 所示，读者可自行验证平衡方程是否成立，此处省略。

本例中，容易看到 CDE 是构建在 ABC 基础之上的。脱离了 ABC，它不能保持平衡形态，这样的部分称为结构的附属部分。而结构 ABC 即使没有 CDE 的存在，它也能够承力并保持平衡，这样的部分称为基本部分。结构在构建时，先有基础，再有附属部分，而在做结构的静力分析时恰恰相反，我们可以先求附属部分上的约束力，或附属部分与基本部分连接处的约束力，进而求解基本部分或整体的约束力。

例 2-9 如图 2-15a 所示结构，重力为 $\boldsymbol{W}$ 的物体通过半径为 R 的滑轮悬吊，不计结构所有自重，求 A、B 两处的约束力，其中 $l=2R$。

解 结构整体受力分析及各部分受力分析如图 2-15b、c、d 所示。进行受力分析时，除非必要，一般不单独拆出滑轮，否则会暴露并不需要求解的滑轮中心与杆件铰接处的相互作用力，反而给求解造成了麻烦。分析各受力图，都不能求出对应的全部未知量。注意到图 2-15b 中由于点 A、B 正好是三个未知力的交点，若以此两点为矩心列写力矩方程，便可以求出 F_{Ax} 和 F_{Bx}，进而可以利用其他受力图进行后续求解。当然在图 2-15c 中，点 B、C 也有这样的特征，也可以通过该图先求出 F_{Ay} 和 F_{By}。

1）取整体为研究对象，如图 2-15b 所示，即

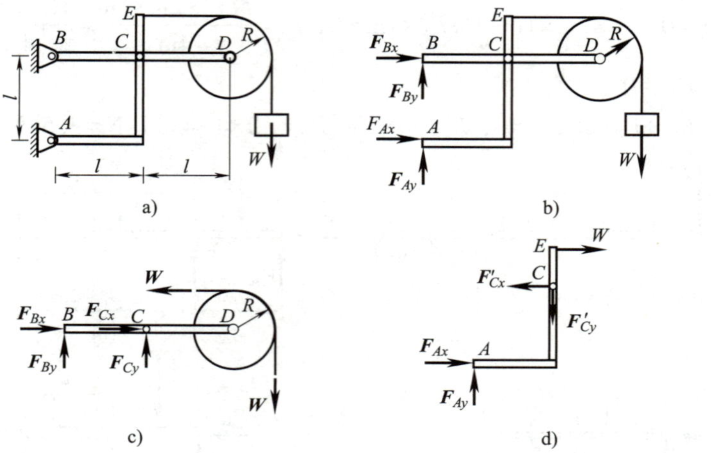

图 2-15 例 2-9 图

$$\sum M_A(\boldsymbol{F}_i)=0,\ -F_{Bx}l-W(2l+R)=0,\ F_{Bx}=\frac{-W(2l+R)}{l}=\frac{-W\left(2l+\dfrac{l}{2}\right)}{l}=-\frac{5}{2}W$$

$$\sum F_{ix}=0,\ F_{Bx}+F_{Ax}=0,\ F_{Ax}=-F_{Bx}=\frac{5}{2}W$$

2）取 BCD 及滑轮构成的部分为研究对象，如图 2-15c 所示，即

$$\sum M_C(\boldsymbol{F}_i)=0,\ -F_{By}l+WR-W(l+R)=0,\ F_{By}=-W$$

3）重新以整体为研究对象，如图 2-15b 所示，即

$$\sum F_{iy}=0,\ F_{By}+F_{Ay}-W=0,\ F_{Ay}=W-F_{By}=2W$$

4）检验，读者可自行根据图 2-15d，列出方程检查是否满足平衡条件，以确认结果是否正确。作为练习，建议读者可以先从图 2-15c 出发进行求解。

例 2-10 往复式水泵如图 2-16a 所示。已知作用在齿轮上的驱动力偶矩 M_O，通过齿轮Ⅱ及连杆 AB 带动活塞在缸体内做往复运动，齿轮的压力角为 α，齿轮Ⅰ的节圆半径为 r_1，齿轮Ⅱ的节圆半径为 r_2，曲柄 $O_2A=r_3$，连杆 $AB=5r_1$，假设活塞的阻力大小恒定为 F。不计各构件的自重力及摩擦。当曲柄 O_2A 在铅垂位置时，求机构驱动力矩 M_O 的最小值。

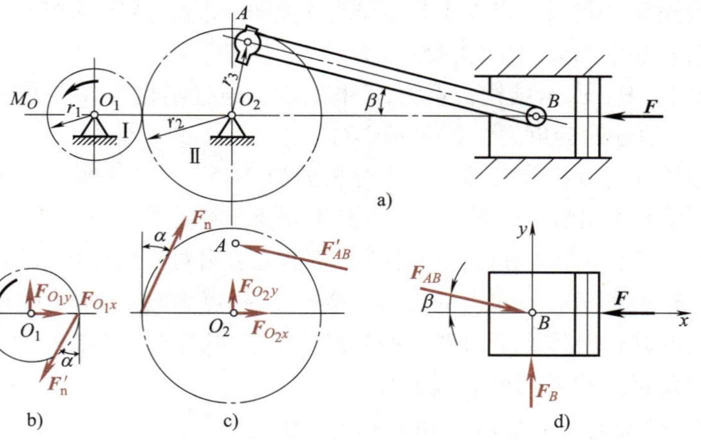

图 2-16 例 2-10 图

解　本问题实际上是一个动力学问题，只不过为使曲柄 O_2A 在铅垂位置时机构能够运动，驱动力矩 M_O 应至少等于机构静止平衡时所需要的矩的大小，所以本问题就转换成了静力学平衡问题。分别取齿轮Ⅰ、齿轮Ⅱ以及活塞为研究对象，画出受力图，如图 2-16b、c、d 所示。

1）在图 2-16d 中，活塞受到平面汇交力系作用，且仅有两个未知力，可直接写出力投影方程进行求解，即

$$\sum F_{ix}=0,\ F_{AB}\cos\beta-F=0,\ F_{AB}=F/\cos\beta$$

2）求出 F_{AB} 后，在图 2-16c 中，未知力个数减少为 3 个，且为平面任意力系，因此考虑对 O_2 列写矩平衡方程，求出 F_n，即

$$\sum M_{O_2}(\boldsymbol{F}_i)=0,\ F'_{AB}\cdot\overline{O_2A}\cos\beta-F_n\cdot r_2\cos\alpha=0$$

根据作用力和反作用力关系，$F'_{AB}=F_{AB}$，求得

$$F_n=\frac{F\cdot\overline{O_2A}}{r_2\cos\alpha}=\frac{Fr_3}{r_2\cos\alpha}$$

3）在图 2-16b 中，对轴心 O_1 列写矩平衡方程，即可求出 M_O 的最小值，即

$$\sum M_{O_1}(\boldsymbol{F}_i)=0,\ M_O-F'_nr_1\cos\alpha=0$$

$$M_O=F'_nr_1\cos\alpha=F_nr_1\cos\alpha=\frac{Fr_3}{r_2\cos\alpha}r_1\cos\alpha=\frac{Fr_1r_3}{r_2}$$

因此求得驱动力矩的最小值 $M_{O\min}=\dfrac{Fr_1r_3}{r_2}$。

以上各例计算结果若为负，则表明实际力的方向与预设的方向相反，实际力偶的转向与预设转向相反。

上一节和本节目前涉及的所有结构，均可通过平衡方程求出全部的预设未知量，但工程中并非全部如此。图 2-17a 可以通过平衡方程求解出全部的未知力，这种结构称为**静定结构**。图 2-17b 所示的结构，由于可动铰支座 B 的存在，包括 A 端的约束力偶在内，总共有四个未知量，而只能列出三个独立的平衡方程，显然不能仅依靠平衡方程求出全部的未知量，这样的结构称为**超静定结构**。要解决这样的问题，就必须把研究对象视为变形体。在本书的后续章节中对此类问题会有专门的讲解，本书在未涉及变形体之前出现的结构，一般均为静定结构。

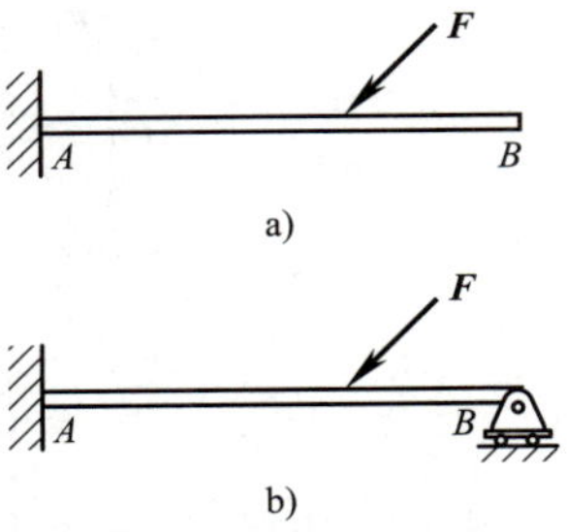

图 2-17　静定与超静定问题

第四节　平面静定桁架

桁架是由一些杆件彼此在两端连接而组成的一种结构。各杆件处于同一平面内的桁架称为**平面桁架**。桁架中各构件彼此连接的地方称为**节点**。桁架因其结构自重轻，承载能力强，因此在屋架、铁架桥梁、电视塔、输变电铁架、体育场馆等工程结构中得到了广泛的应用。

为了简化桁架计算，工程中采用以下假设：

1）桁架中各杆的重力不计，载荷加在节点上。

2）各杆件两端用光滑铰链连接。

以上假设保证了桁架中各杆件为二力杆，杆件上的内力（关于内力的概念，请参阅本书第八章）均沿杆件的轴线方向。

在工程实际中，一般桁架采用铆接或焊接，但据上述假设所得的计算结果，可基本满足工程需要。桁架中杆件内力的计算方法，一般有节点法和截面法两种。

一、节点法

由于桁架的外力和内力汇交于节点，故桁架各节点承受平面汇交力系作用，可逐个取节点为研究对象，解出各杆的内力。这种方法称为**节点法**。由于平面汇交力系只有两个独立平衡方程，故求解时应从只有两个未知力的节点开始。在解题中，各杆内力一律假设为受拉状态，即其指向背离节点。如所求力为正即是拉力，反之则为压力。

例 2-11 求图 2-18a 所示平面桁架中各杆件的内力。已知 $\alpha=30°$，$G=10\text{kN}$。

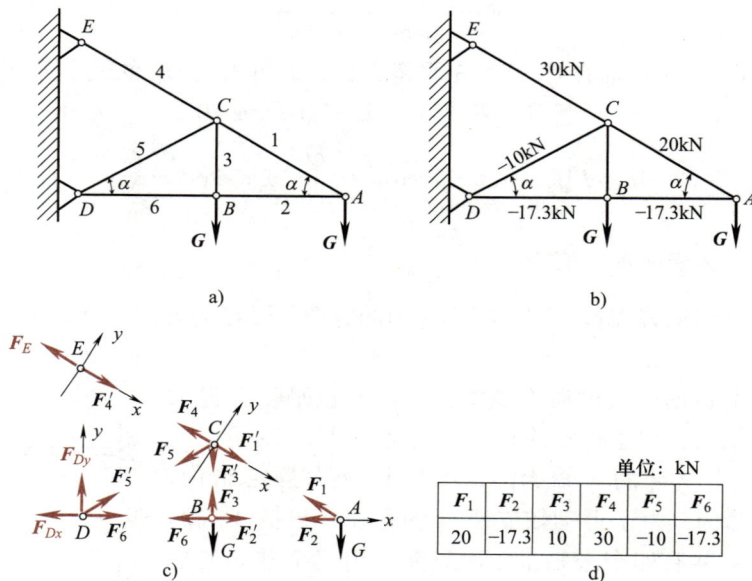

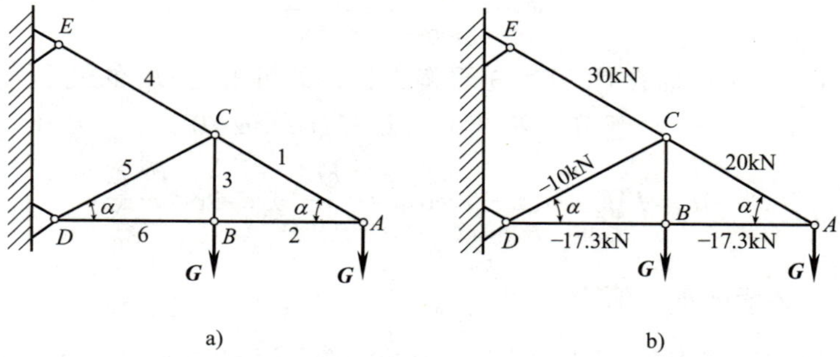

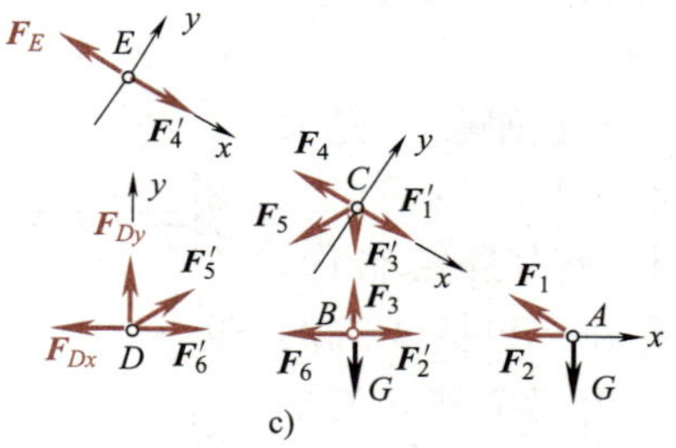

单位：kN

F_1	F_2	F_3	F_4	F_5	F_6
20	−17.3	10	30	−10	−17.3

d)

图 2-18 例 2-11 图

解 1）取各节点作为研究对象，画出各自的受力分析图，并分别取坐标系如图 2-18c 所示。

2）逐个取节点，列平衡方程。

节点 A：

$$\sum F_{iy}=0,\ F_1\sin30°-G=0$$

$$F_1=2G=20\text{kN}$$

$$\sum F_{ix}=0,\ -F_1\cos30°-F_2=0$$

$$F_2=-F_1\cos30°=-10\sqrt{3}\,\text{kN}=-17.3\text{kN}$$

节点 B：

$$\sum F_{ix}=0,\ F_2'-F_6=0$$

$$F_6=F_2'=F_2=-17.3\text{kN}$$

$$\sum F_{iy}=0,\ F_3-G=0$$

$$F_3 = G = 10\text{kN}$$

节点 C： $\sum F_{iy} = 0$，$-F_5\cos30° - F'_3\cos30° = 0$

$$F_5 = -F'_3 = -10\text{kN}$$

$\sum F_{ix} = 0$，$F'_1 - F_4 + F'_3\sin30° - F_5\sin30° = 0$

$$F_4 = F'_1 + F'_3\sin30° - F_5\sin30° = 30\text{kN}$$

最后，任取图 2-18b 或表格（见图 2-18d）中的一种形式来表达计算结果。

二、截面法

截面法是假想用一个截面将桁架切开，任取一半为研究对象；在切开处画出杆件的内力，所取的研究对象的自由体上受平面任意力系作用。在利用截面法进行求解时，应注意所取截面必须将桁架切成两半，不能有相连杆件；每取一次截面，一般情况下截开的杆件中未知力不应超过三个。

例 2-12 图 2-19a 所示为一桥梁桁架。已知力 $\boldsymbol{F}$ 的大小和尺寸 a。角度 $\alpha = 45°$，试求杆 1、2、3 的内力。

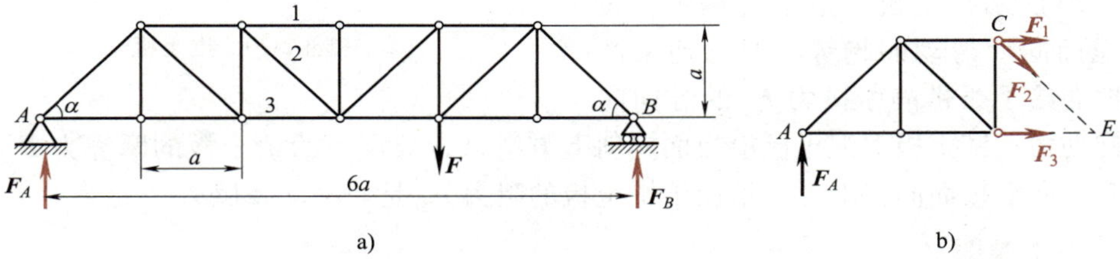

图 2-19 例 2-12 图

解 1）以桁架整体为研究对象。显然根据 $\sum F_{ix} = 0$，A 处水平方向的约束力必为 0，因此图上未画出水平约束力，而只有铅垂方向的约束力 F_A。

$$\sum M_B(\boldsymbol{F}_i) = 0,\ -F_A \cdot 6a + F \cdot 2a = 0,\ F_A = F/3$$

$$\sum F_{iy} = 0,\ F_A - F + F_B = 0,\ F_B = 2F/3$$

2）用截面法在杆 1、2、3 处将桁架切开，取左段为研究对象，并画出各切断杆的受力，如图 2-19b 所示。列平衡方程求解，即

$$\sum M_C(\boldsymbol{F}_i) = 0,\ F_3 \cdot a - F_A \cdot 2a = 0,\ F_3 = 2F_A = 2F/3$$

$$\sum F_{iy} = 0,\ F_A - F_2\cos45° = 0,\ F_2 = F_4/\cos45° = \frac{\sqrt{2}F}{3}$$

$$\sum F_{ix} = 0,\ F_1 + F_3 + F_2\cos45° = 0,\ F_1 = -F_3 - F_2\cos45° = -F$$

第五节 摩　　擦

摩擦是一种普遍存在的现象。在很多工程技术问题中，它是一个不容忽略的重要因素。摩擦在实际生活和生产中，表现为有利和有害两个方面。人靠摩擦行走，车靠摩擦制动，螺钉靠摩擦紧固，带轮靠摩擦传动，这都是摩擦有利的一面；但是摩擦会损坏机件、降低效率、消耗能量，这是摩擦有害的一面。摩擦机理是一门学科，本书仅在古典摩擦理论的基础

上讨论摩擦现象，认识其力学规律，从而达到兴利除弊的目的。

一般将摩擦分类如下：

1）按照物体接触部分可能存在的相对运动形式，分为滑动摩擦与滚动摩擦。

2）按照两接触体之间是否发生相对运动，分为静摩擦与动摩擦。

3）按接触面之间是否有润滑，可分为干摩擦与湿摩擦。

本章重点介绍无润滑的静滑动摩擦的性质，以及考虑摩擦时力系平衡问题的分析方法。

一、滑动摩擦

两个相互接触的物体发生相对滑动，或存在相对滑动趋势时，彼此之间就有阻碍滑动的力存在，此力称为**滑动摩擦力**。滑动摩擦力作用于接触处的公切面上，并与物体间滑动方向或滑动趋势的方向相反。只有滑动趋势而无滑动事实的摩擦称为**静滑动摩擦**，简称**静摩擦**。如若滑动已经发生，则称**动滑动摩擦**，简称**动摩擦**。

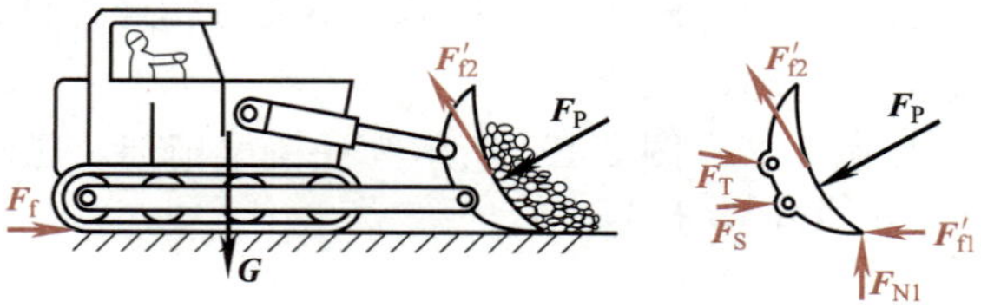

图 2-20 推土机

图 2-20 所示推土机在推土过程中，履带有沿地面向后滑动的趋势，但滑动未产生，故地面给予履带静摩擦力 $\boldsymbol{F}_f$ 的方向向前，是推动力；铲土板上泥土已沿板面向斜上方滑动，故泥土给铲土板的摩擦力 $\boldsymbol{F}'_{f2}$ 为动摩擦力，其方向沿板面向斜上方，地面给铲土板的阻力 $\boldsymbol{F}'_{f1}$ 是一种动摩擦力。

1. 静滑动摩擦

静摩擦力是一种被动的、未知的约束力。但它与一般的约束作用有不同之处，可通过库仑所做的摩擦实验（见图 2-21）予以说明：

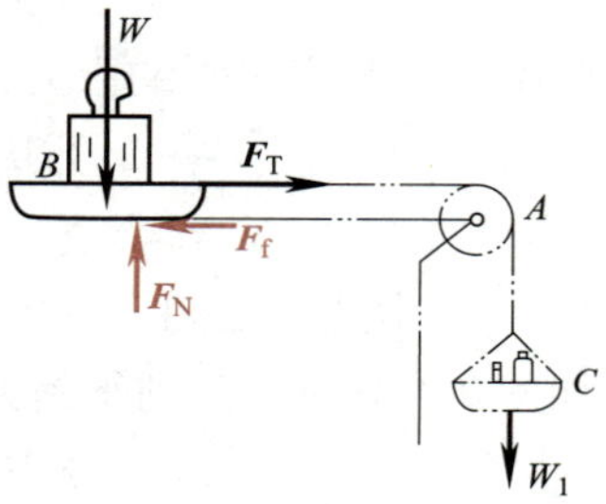

图 2-21 摩擦实验

1）当用一个较小的力 $\boldsymbol{F}_T$，去拉重力为 $\boldsymbol{W}$ 的物体时，物体保持静止平衡。由物体平衡条件可知，摩擦力 $\boldsymbol{F}_f$ 与主动力 $\boldsymbol{F}_T$ 大小相等。

2）当 $\boldsymbol{F}_T$ 逐渐增大时，$\boldsymbol{F}_f$ 也随之增加。当 $\boldsymbol{F}_f$ 随 $\boldsymbol{F}_T$ 增加而达到某一临界值 $\boldsymbol{F}_{s,max}$ 时，就不会再增加。若 $\boldsymbol{F}_T$ 继续增加，物体就要开始滑动。因此静摩擦力 $\boldsymbol{F}_f$ 也可称为切向有限约束力。

库仑通过大量比较简单的实验，归纳出临界摩擦力，或称**最大静摩擦力** $\boldsymbol{F}_{s,max}$ 约为

$$F_{s,max}=\mu_s F_N \tag{2-14}$$

式（2-14）常被称为库仑摩擦定律，其中的 μ_s 称为**静滑动摩擦因数**，简称**静摩擦因数**，它是一个量纲为一的量，其大小与两接触物体的材料及表面情况（表面粗糙度、干湿度、温度等）有关，一般可以在机械工程手册中查到，如果需要较为准确的数值，则需通过实验测定。

库仑摩擦定律指出了利用和减少摩擦的途径，即可以从影响摩擦力的两个主因（摩擦因数与正压力）同时入手。例如，一般车辆以后轮为驱动轮，故设计时应使重心靠近后轮，以增加后轮的正压力。同时，在车胎表面压出各种纹路，以增大摩擦因数，提高车轮对地面

的附着能力。

通过以上分析，静摩擦力 $\boldsymbol{F}_{\mathrm{f}}$ 的大小应满足 $0 \leqslant F_{\mathrm{f}} \leqslant F_{\mathrm{s,max}}$，一般应由物体的平衡条件来决定，而在临界状态下，有 $F_{\mathrm{f}}=F_{\mathrm{s,max}}$。静摩擦力的方向与物体间相对滑动趋势的方向相反，并沿接触表面作用点的切向。

2. 动滑动摩擦

在图 2-21 的实验中，若物体已经处于滑动，此时物体所受的摩擦阻力已由静摩擦力转化为动摩擦力 $\boldsymbol{F}_{\mathrm{d}}$。大量实验证明，动摩擦力 $\boldsymbol{F}_{\mathrm{d}}$ 的大小与接触面之间的正压力的大小成正比，即

$$F_{\mathrm{d}}=\mu F_{\mathrm{N}} \tag{2-15}$$

其中，μ 称为**动滑动摩擦因数**，简称动摩擦因数。动摩擦因数与接触物体的材料和表面情况有关，还与接触物体之间相对滑动的速度有关。一般来说，动摩擦因数随着相对速度的增大而减小，当速度不大的时候，可以认为是一个常数。通常动摩擦因数 μ 的值小于静摩擦因数 μ_{s}。

3. 摩擦角与自锁

当考虑摩擦时，物体所受到的接触面的约束力包括法向约束力 $\boldsymbol{F}_{\mathrm{N}}$（正压力）和切向约束力 $\boldsymbol{F}_{\mathrm{f}}$（摩擦力）。将此两力合成为一个合力 $\boldsymbol{F}_{\mathrm{R}}$，它代表了约束面对物体的全部作用，故称之为**全约束力**，又称**全反力**。

如图 2-22a 所示，全约束力 $\boldsymbol{F}_{\mathrm{R}}$ 与接触面法线的夹角 α 随静摩擦力的变化而变化。当静摩擦力达到临界值时，夹角 α 也达到最大值 φ_{m}，这个最大值称为**临界摩擦角**，简称**摩擦角**。由图 2-22b，可得到摩擦角与静摩擦因数的关系，即

$$\tan\varphi_{\mathrm{m}}=\frac{F_{\mathrm{s,max}}}{F_{\mathrm{N}}}=\frac{\mu_{\mathrm{s}}F_{\mathrm{N}}}{F_{\mathrm{N}}}=\mu_{\mathrm{s}} \tag{2-16}$$

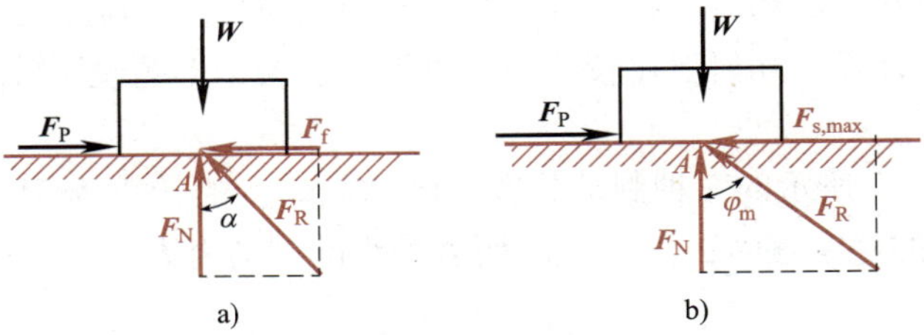

图 2-22 摩擦角

摩擦角表示全约束力能够偏离法向的范围。如物体与支承面的静摩擦因数在各个方向都相同，则这个范围在空间就形成一个锥体，称为**摩擦锥**，如图 2-23 所示，全约束力的作用线不会超出这个摩擦锥。

若主动力的合力 $\boldsymbol{F}_{\mathrm{Q}}$ 作用在摩擦锥范围内，则约束面必产生一个与之等值、反向且共线的全约束力 $\boldsymbol{F}_{\mathrm{R}}$ 与之平衡，因此不论怎样增加 $\boldsymbol{F}_{\mathrm{Q}}$ 的大小，物体总能保持静止平衡，这种现象称为**自锁**。

由图 2-23 可以显见自锁的条件为

$$\alpha \leqslant \varphi_{\mathrm{m}} \tag{2-17}$$

利用摩擦角的概念，可以设计测定静摩擦因数的实验。将待测定摩擦因数的材料制成物

块和平板，如图 2-24 所示，逐渐增加平板和水平线的夹角，当物块发生滑动的瞬时的角度 θ 就等于摩擦角 φ_m，此时 $\mu_s=\tan\theta=\tan\varphi_m$。

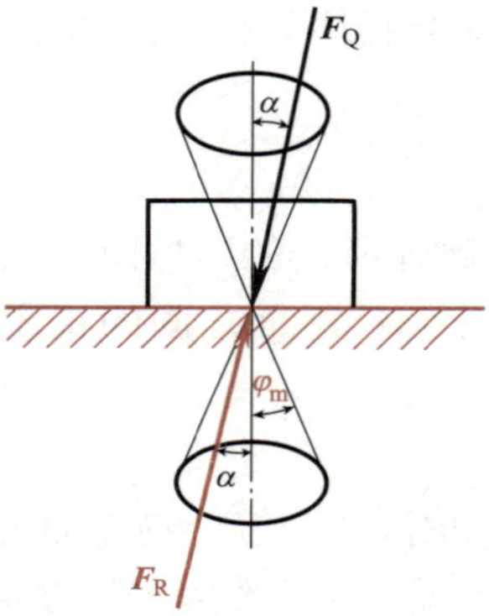

图 2-23 摩擦锥

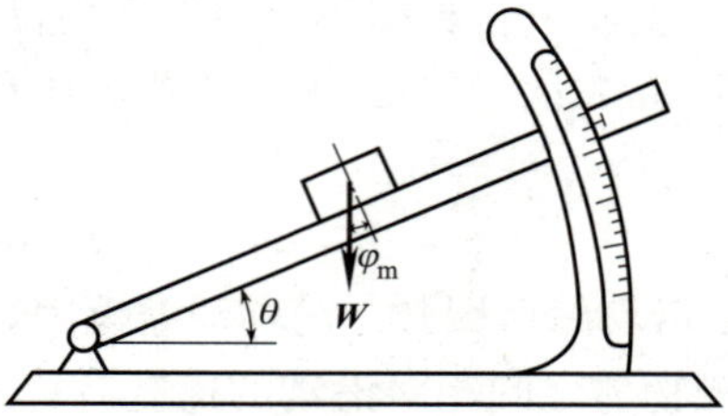

图 2-24 摩擦因数测定

自锁原理常可用来设计某些机构和夹具。例如，脚套钩在电线杆上不会自行下滑就是自锁现象；而在另外一些情况下，则要设法避免自锁的发生。例如，变速器中能拨动的滑移齿轮就绝对不允许自锁，否则变速器就无法工作。

二、考虑滑动摩擦时的平衡问题

考虑带有摩擦时的平衡问题，与不考虑摩擦时大体相同，其主要注意点是：

1）在受力图上要考虑摩擦力的存在。

2）静摩擦力是一项未知量。除列出平衡方程外，还需增加补充方程，补充方程数应与摩擦力数相同。不过，由于静摩擦力通常是一个范围，故问题的解答也一定是一个平衡范围。在临界平衡情况下，将摩擦力取为极限值，所得结果相应为平衡范围的临界值。

将接触面的切向和法向约束力合成表示为全约束力 F_R 后，则带摩擦的平衡问题可以利用摩擦角的概念进行计算，几何上比较直观。以下通过若干例题说明带摩擦的平衡问题的求解思路和方法。

例 2-13 如图 2-25 所示的三种制动装置，已知鼓轮上的转矩为 M，几何尺寸 a、b、c、r 及鼓轮与制动片间的静摩擦因数 μ_s。试求所需最小的制动力 F_1、F_2、F_3 的大小。

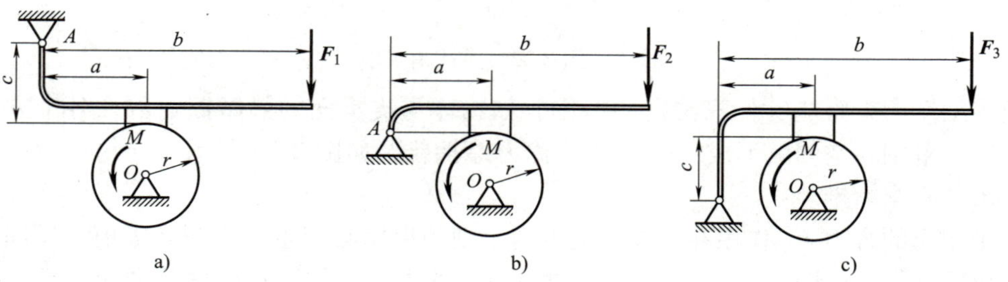

图 2-25 例 2-13 图（1）

解 1）先以制动装置作为研究对象，画出制动杆与鼓轮的受力图，如图 2-26a、b 所示。

2）因所求制动力为最小值，故摩擦处于临界状态，补充方程应为 $F_f=\mu_s F_N$。对鼓轮

(见图 2-26b) 列平衡方程求解，即

$$\sum M_O(\boldsymbol{F}_i)=0,\ M-F_f'r=0,\ F_f'=M/r$$

因 $F_f'=\mu_s F_N$，所以

$$F_N=\frac{F_f'}{\mu_s}=\frac{M}{r\mu_s}$$

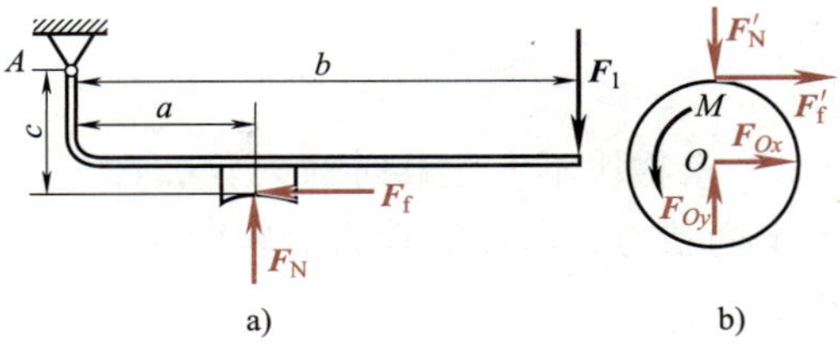

图 2-26 例 2-13 图 (2)

对制动杆进行受力分析，如图 2-26a 所示，即

$$\sum M_A(\boldsymbol{F}_i)=0,\ F_N a-F_f c-F_1 b=0$$

$$F_1=\frac{F_N a-F_f c}{b}=\frac{M}{rb\mu_s}(a-c\mu_s) \tag{a}$$

如各符号有具体数值，代入后若所得主动力 $\boldsymbol{F}_1$ 值为零或为负，说明不用力甚至略微反向提一下装置都不会松开，这其实就是对应的自锁条件。

3) 求 $\boldsymbol{F}_2$、$\boldsymbol{F}_3$。对图 2-25b，将 $c=0$ 代入 F_1 的表达式 (a) 可推算出 $\boldsymbol{F}_2$ 的大小，即

$$F_2=\frac{Ma}{rb\mu_s}$$

对图 2-25c，尺寸 c 与图 2-25a 中的位置相反，在式 (a) 中用 $-c$ 代替表达式中的 c，求得

$$F_3=\frac{M}{rb\mu_s}(a+c\mu_s)$$

比较可得 $F_1<F_2<F_3$。以上结论表明，三种制动装置中，图 2-25a 所需的制动力最小，且当 $a<c\mu_s$ 时，有自锁作用。

例 2-14 如图 2-27a 所示，重力为 $\boldsymbol{W}$ 的物块放在倾角为 α 的斜面上，物块与斜面间的静摩擦因数为 μ_s，当 $\tan\alpha>\mu_s$ 时求使物块静止时水平力 $\boldsymbol{F}$ 的大小。

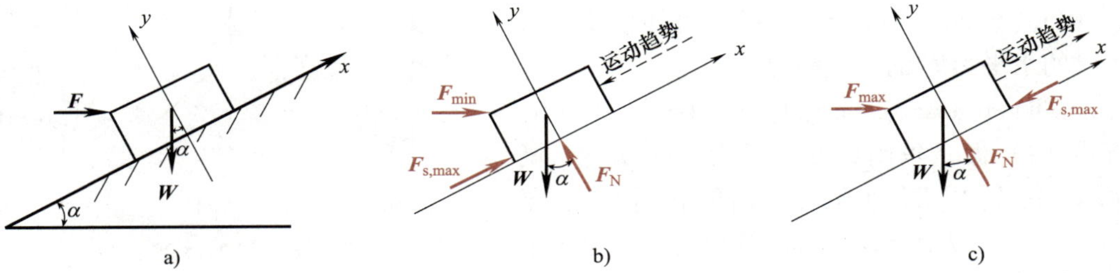

图 2-27 例 2-14 图 (1)

解 要使物块静止，$\boldsymbol{F}$ 不能过大，也不能太小。若 $\boldsymbol{F}$ 过大，物块将向上滑动；若 $\boldsymbol{F}$ 太小，则物块将向下滑动，因此力 $\boldsymbol{F}$ 的数值在某一范围内。

1) 首先，求出刚好足以维持物块不致下滑的 $\boldsymbol{F}$ 值，即 F_{min}。此种情况下，物块处于有向下滑动趋势的临界状态，此时摩擦力沿斜面向上并达到最大值。物块受力如图 2-27b 所示。

建立物块的平衡方程

$$\sum F_{ix}=0,\ F_{min}\cos\alpha-W\sin\alpha+F_{s,max}=0$$

$$\sum F_{iy}=0,\ F_N-F_{min}\sin\alpha-W\cos\alpha=0$$

补充方程有

$$F_{s,max}=\mu_s F_N$$

求得
$$F_{min}=\frac{\sin\alpha-\mu_s\cos\alpha}{\cos\alpha+\mu_s\sin\alpha}W$$

2）求物块不致上移时的 $\boldsymbol{F}$ 值，即 F_{max}。物块在 $\boldsymbol{F}_{max}$ 的作用下处于有向上滑动趋势时的临界平衡状态，所以摩擦力沿斜面向下并达到最大值，物块受力如图 2-27c 所示。物块平衡方程为

$$\sum F_{ix}=0,\ F_{max}\cos\alpha-W\sin\alpha-F_{s,max}=0$$
$$\sum F_{iy}=0,\ F_N-F_{max}\sin\alpha-W\cos\alpha=0$$

补充方程有

$$F_{s,max}=\mu_s F_N$$

求得
$$F_{max}=\frac{\sin\alpha+\mu_s\cos\alpha}{\cos\alpha-\mu_s\sin\alpha}W$$

综合以上结果可知，使物块静止时的水平力 $\boldsymbol{F}$ 的值应满足

$$\frac{\sin\alpha-\mu_s\cos\alpha}{\cos\alpha+\mu_s\sin\alpha}W\leqslant F\leqslant\frac{\sin\alpha+\mu_s\cos\alpha}{\cos\alpha-\mu_s\sin\alpha}W \qquad (a)$$

本问题还可以采用摩擦角的概念进行求解。考虑斜面上的全约束力 $\boldsymbol{F}_R$，分别画出在下滑和上滑的临界平衡情况下的受力分析图，如图 2-28a、b 所示。对于下滑临界平衡，列平衡方程有

$$\sum F_x=0,\ F_{min}-F_R\sin(\alpha-\varphi_m)=0,\ F_{min}=F_R\sin(\alpha-\varphi_m)$$
$$\sum F_y=0,\ -W+F_R\cos(\alpha-\varphi_m)=0,\ W=F_R\cos(\alpha-\varphi_m)$$

根据以上两式，有 $F_{min}=W\tan(\alpha-\varphi_m)$。

同理，对图 2-28b 列平衡方程求解，可得到 $F_{max}=W\tan(\alpha+\varphi_m)$。综合以上结果可知，使物块静止时的水平力 $\boldsymbol{F}$ 的值应满足

$$W\tan(\alpha-\varphi_m)\leqslant F\leqslant W\tan(\alpha+\varphi_m) \qquad (b)$$

若将式（a）做三角函数的数学变换和简化，同样可以得到以摩擦角表示的相同的结果式（b）。根据以上结果，可以推出物体不至于下滑的自锁条件是 $\tan(\alpha-\varphi_m)\leqslant 0$，即 $\alpha\leqslant\varphi_m$。由于螺旋可以看作斜面在圆柱上绕卷而成，如图 2-28c 所示，所以本例题的结论常应用于机械中的斜楔、螺旋等机构或结构。

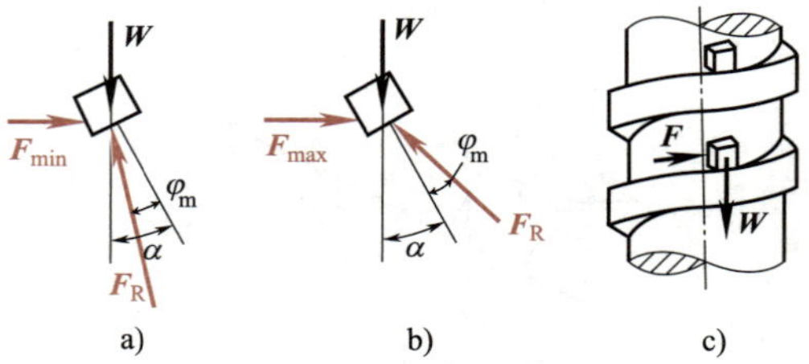

图 2-28 例 2-14 图（2）

例 2-15 如图 2-29a 所示，通过施加水平力 $\boldsymbol{F}$ 拉一个直径为 d、重力为 $\boldsymbol{W}$ 的油桶，使其翻越高为 h 的台阶，且已知油桶与台阶间的静摩擦因数为 μ_s，求油桶与台阶间不打滑的条件。

解 1）如图 2-29b 所示，考虑台阶点 A 处的全约束力作油桶平衡状态受力分析图。根据三力平衡汇交条件，点 A 处全约束力 $\boldsymbol{F}_{RA}$ 与 $\boldsymbol{F}$、$\boldsymbol{W}$ 汇交于点 B。

2）由图 2-29c 可知

$$\tan\alpha=\frac{h}{x}=\frac{x}{d-h},\ x=\sqrt{h(d-h)},\ \tan\alpha=\frac{h}{\sqrt{h(d-h)}}=\sqrt{\frac{h}{d-h}}$$

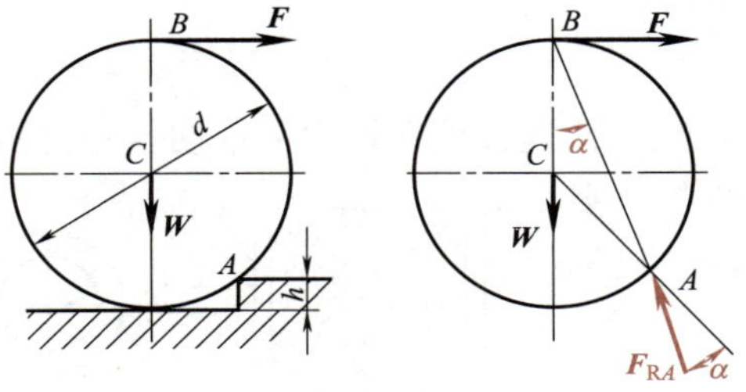

a) b) c)

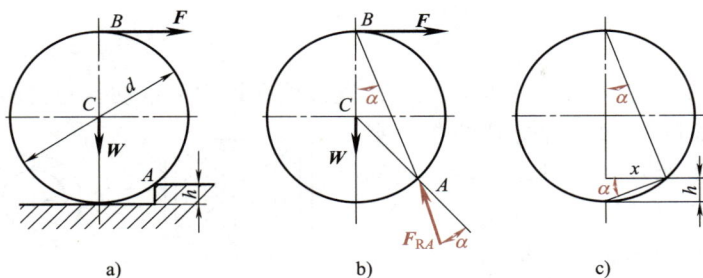

图 2-29 例 2-15 图

3）按自锁条件，对点 A 应有 $\tan\alpha \leqslant \mu_s$，所以

$$\tan^2\alpha = \frac{h}{d-h} \leqslant \mu_s^2$$

求得不打滑条件为

$$h \leqslant \frac{d\mu_s^2}{1+\mu_s^2}$$

例 2-16 如图 2-30a 所示，变速器内双联滑移齿轮的齿轮孔与轴间的静摩擦因数为 μ_s，双联齿轮与轴的接触长度为 b。问拨叉（图中未画）作用在齿轮上的力 $\boldsymbol{F}$ 到轴线的距离 a 满足何种条件下，齿轮不会被卡住。

解 1）滑移齿轮受到拨叉力 $\boldsymbol{F}$ 作用后，在 A、B 处存在全约束力 $\boldsymbol{F}_{RA}$、$\boldsymbol{F}_{RB}$，如图 2-30b 所示。

2）平衡时，三力应汇交于点 C，其几何条件为

$$\left(a-\frac{d}{2}\right)\tan\alpha+\left(a+\frac{d}{2}\right)\tan\alpha=b，\ \tan\alpha=\frac{b}{2a}$$

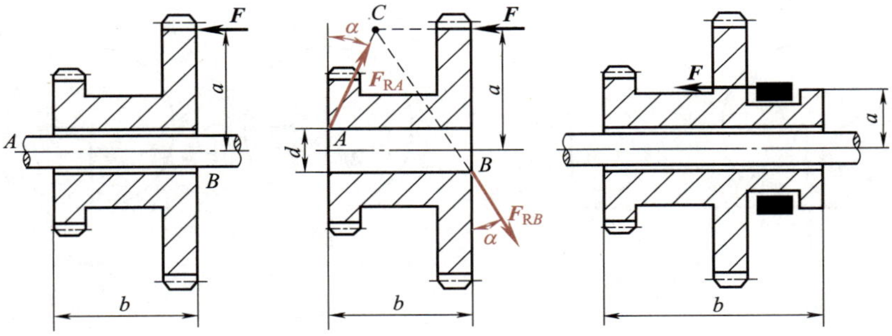

a) b) c)

图 2-30 例 2-16 图

3）自锁条件与滑动条件。如 $\tan\alpha \leqslant \mu_s$，即为自锁，所以自锁条件为 $a \geqslant \dfrac{b}{2\mu_s}$；反之即为滑动条件。因此，滑动条件为 $a<\dfrac{b}{2\mu_s}$。在设计中，必须满足滑动条件，齿轮才不会被卡住。如进一步加宽 b、减少 a，则会使齿轮在轴上的移动显得更加灵活。图 2-30c 所示就是由此产生的一种改进结构。

三、滚动摩擦简介

当搬运重物时，若在重物底下垫辊轴，比直接放在地面上推动省力得多，这说明用辊轴的滚动来代替箱底的滑动，所受到的阻力要小得多。如图 2-31 所示，车辆用车轮、机器中用滚动轴承，就是利用了这个道理。

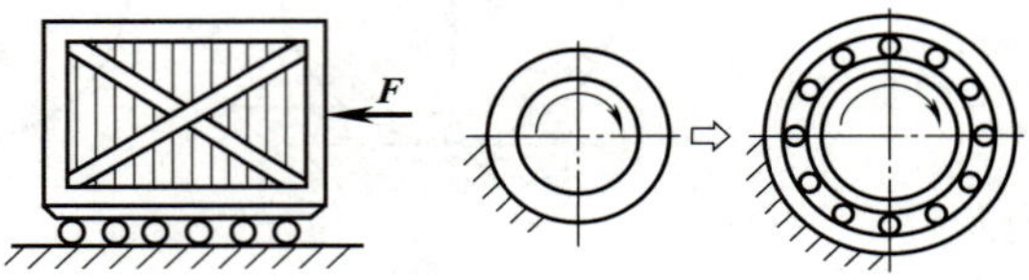

a)　　b)

图 2-31　辊轴与轴承

将一重力为 $\boldsymbol{W}$ 的车轮放在地面上，在车轮上加一微小的水平拉力 $\boldsymbol{F}$，此时车轮与地面接触处就会产生摩擦阻力 $\boldsymbol{F}_f$，以阻止车轮滑动。由图 2-32a 可见，主动力 $\boldsymbol{F}$ 与滑动摩擦力 $\boldsymbol{F}_f$ 形成一个力偶，其值为 Fr。若将轮视为刚体，它在这个力偶的作用下必定发生转动，但在实际情况下，若 $\boldsymbol{F}$ 不大，转动并不会发生，轮保持静止。造成这个矛盾的原因是实际情况下，车轮与地面都不是刚体，它们在力的作用下产生了变形。变形后车轮受到的地面接触面上的约束力分布情况如图 2-32b 所示，若将这些分布约束力向点 A 简化，可得法向约束力 $\boldsymbol{F}_N$（正压力）、切向约束力 $\boldsymbol{F}_f$（滑动摩擦力）及阻止轮发生滚动的摩擦力偶 M_f。当 $\boldsymbol{F}$ 逐渐增大时，M_f 也会增大，但 M_f 不可能无限增大，当 M_f 达到最大值 $M_{f,max}$，就到达了临界平衡状态，若 $\boldsymbol{F}$ 继续增大，则轮子就会发生滚动。

实验表明，滚动摩擦力偶的最大值 $M_{f,max}$ 与两个相互接触物体间的法向约束力成正比，即

$$M_{f,max}=\delta F_N \tag{2-18}$$

其中，比例常数 δ 的单位是 mm，可视为接触面的法向约束力与理论接触点的偏离值 e 的最大值（见图 2-32d），称为滚动摩擦系数。该系数取决于相互接触物体表面的材料性质和表面状况，可通过实验得到。

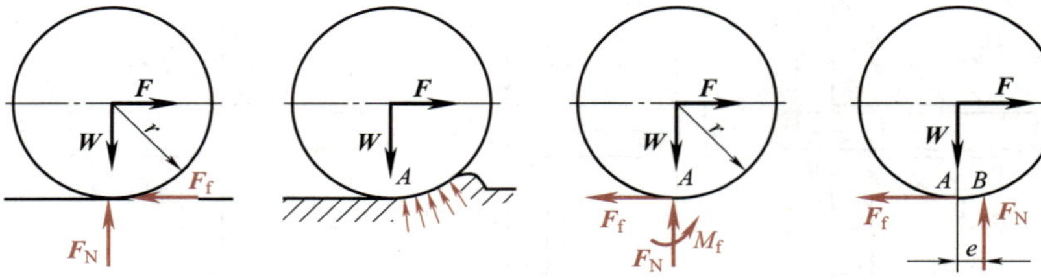

a)　　b)　　c)　　d)

图 2-32　滚动

本 章 小 结

1. 平面任意力系的简化

1）简化结果：

主矢 $\boldsymbol{F}'_R=\sum\boldsymbol{F}'_i=\sum\boldsymbol{F}_i$，与简化中心的位置无关。

主矩 $M_O=\sum M_O(\boldsymbol{F}_i)$ 与简化中心的位置有关。

2）简化结果讨论：

$F'_R \neq 0$，$M_O=0$，$\boldsymbol{F}_R=\boldsymbol{F}'_R$，合力作用线通过简化中心。

$F'_R=0$，$M_O\neq 0$，合力偶矩 M_O 与简化中心的选择无关。

$F'_R\neq 0$，$M_O\neq 0$，合力 $\boldsymbol{F}_R=\boldsymbol{F}'_R$，合力作用线到简化中心 O 的距离为 $d=|M_O|/F_R$。

$F'_R=0$，$M_O=0$，原力系为平衡力系。

2. 平面力系的平衡方程式

1）平面任意力系有三个独立平衡方程，平面平行力系和平面汇交力系有两个独立平衡方程，平面力偶系只有一个独立平衡方程。

2）平面力系中的平衡方程有力投影方程 $\sum F_{ix}=0$ 和 $\sum F_{iy}=0$，矩平衡方程 $\sum M_O(\boldsymbol{F}_i)=0$。力平衡方程的投影轴和矩平衡方程的矩心可以根据具体问题进行选择。

3. 求解物体系统平衡问题的步骤

1）适当选取研究对象，画出各研究对象的受力图。

2）分析各受力图，确定求解顺序，按序求解。

4. 考虑摩擦时的平面受力分析

1）摩擦力是一种被动力，其方向与物体相对运动或相对运动趋势相反。

2）静摩擦力一般通过对物体的平衡方程求解，往往是在一定范围内，当物体处于临界平衡状态时，静摩擦力达到最大静摩擦力，最大静摩擦力满足库仑摩擦定律，即 $F_{s,\max}=\mu_s F_N$，其中 μ_s 称为静滑动摩擦因数。

3）动滑动摩擦力的大小与接触面之间的正压力的大小成正比，即 $F_d=\mu F_N$，其中动滑动摩擦因数 μ 一般小于静滑动摩擦因数 μ_s。

4）临界平衡时，物体所受到的全约束力与接触面法线之间的夹角称为摩擦角，摩擦角的正切等于静滑动摩擦因数，即 $\tan\varphi_m=\mu_s$。当物体所受的外力的合力在摩擦角范围内时，无论这个外力的合力有多大，物体都不会发生滑动，这种现象称为自锁。

思　考　题

2-1　如图 2-33 所示的绞车，等长的三臂互成 120°，所受外力 $\boldsymbol{F}$、$\boldsymbol{F}'$、$\boldsymbol{F}''$ 等值且与臂垂直。试求此三力向绞盘中心 O 简化的结果。

2-2　如图 2-34 所示刚体在 A、B、C 三点各受一力 $\boldsymbol{F}$ 作用，$\triangle ABC$ 为等边三角形。此刚体能否平衡？其上的力系的简化结果是什么？

2-3　如图 2-35 所示，均质刚体 AB 的重力为 $\boldsymbol{G}$。由不计自重力的三根杆支撑，图示位置处于静止平衡，为了求解 A、B 处的约束力，讨论在列平衡方程时应如何选取投影轴和矩心。

2-4　如图 2-36 所示的平面任意力系，其平衡方程是否可写成三个投影式 $\sum F_x=0$、$\sum F_y=0$ 和 $\sum F_{x'}=0$ 的形式？为什么？

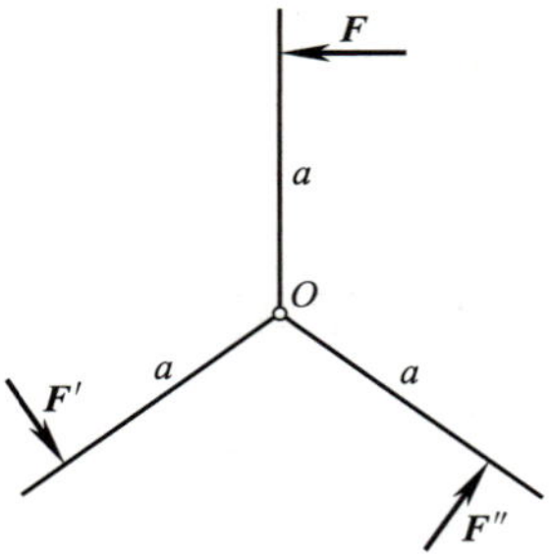

图 2-33 绞车

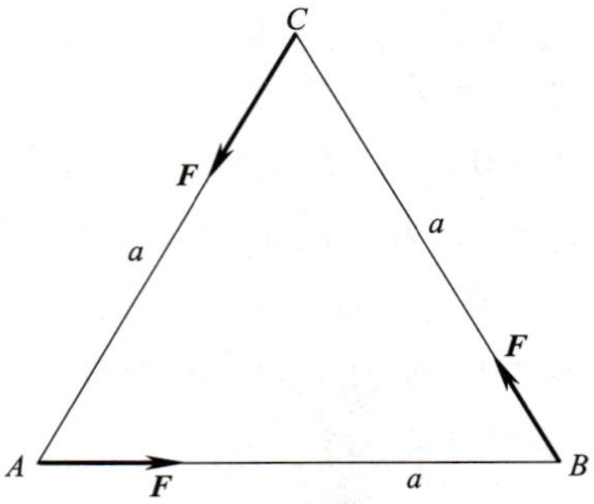

图 2-34 等边三角形

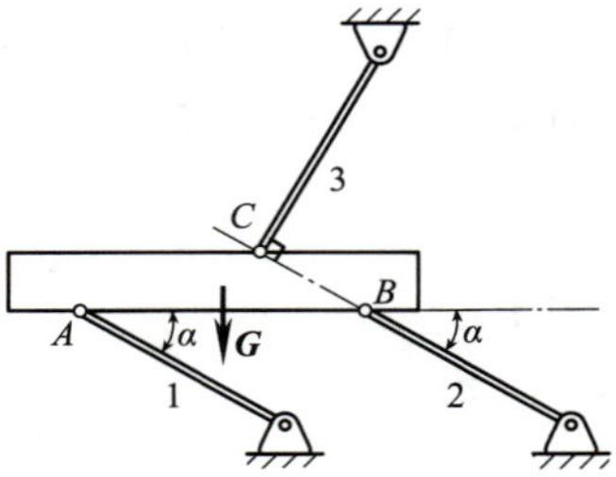

图 2-35 坐标轴的选择

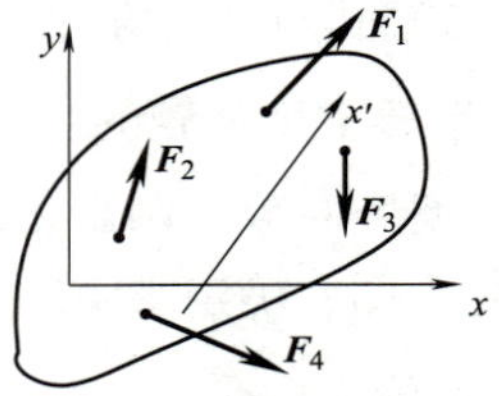

图 2-36 平面任意力系

2-5 试判断图 2-37 所示的各结构是静定的还是超静定的。

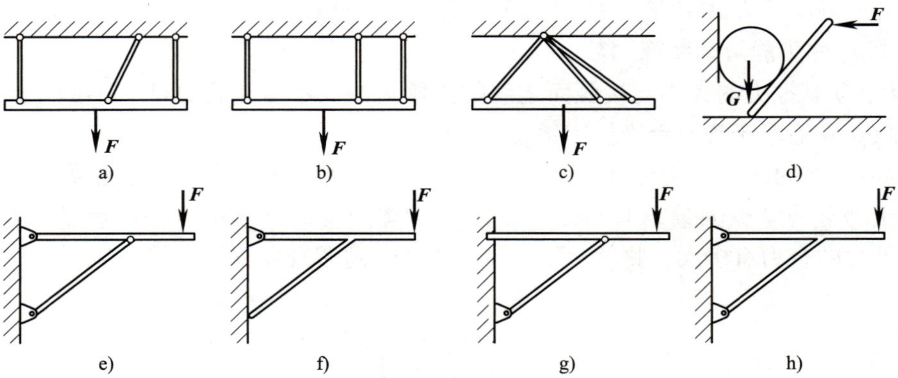

图 2-37 静定与超静定

2-6 物体系统如图 2-38a 所示。取整体和各杆件为研究对象时，其受力图分别按图 2-38b、c、d 画出。这些受力图是否存在错误？若有错，请画出正确的受力分析图。

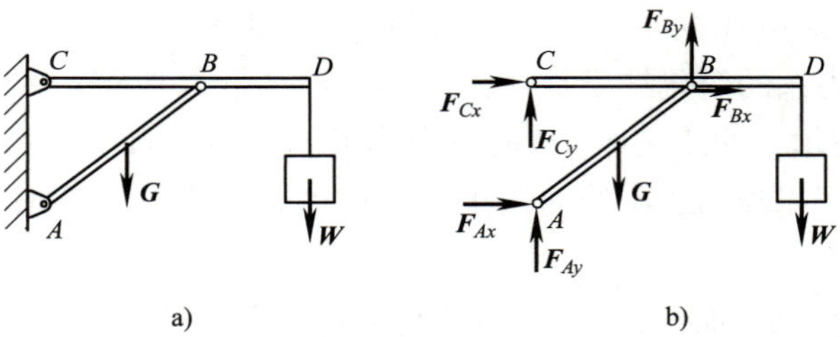

图 2-38 物体系统

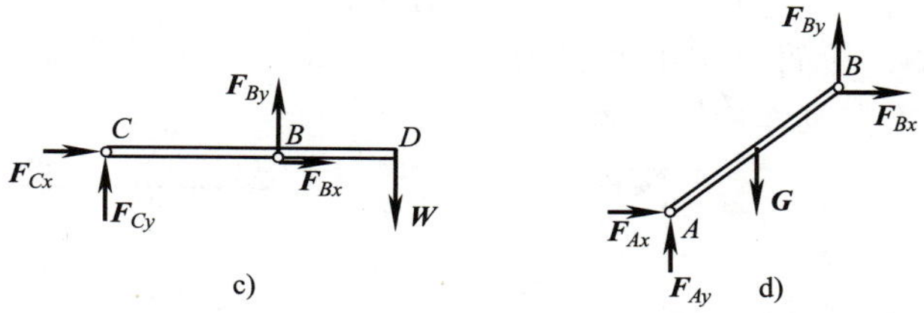

图 2-38　物体系统（续）

2-7　如图 2-39 所示桁架，受 $\boldsymbol{F}_{\mathrm{P}}$、$\boldsymbol{F}_{\mathrm{Q}}$ 两个力作用，桁架在点 E、D 两处铰支。用截面法求桁架 1、2、3 杆所受的内力时，采用图示截取的截面 $m—n$ 是否可行？

2-8　摩擦力是否是阻力？试分析图 2-40 所示的坦克向前行驶时地面给履带的摩擦力的方向。当坦克制动时，摩擦力的方向是否改变？

2-9　重力为 $\boldsymbol{W}$ 的物块放在地面上，如图 2-41 所示，有一主动力 $\boldsymbol{F}$ 作用于摩擦锥之外，此时物体是否一定移动？

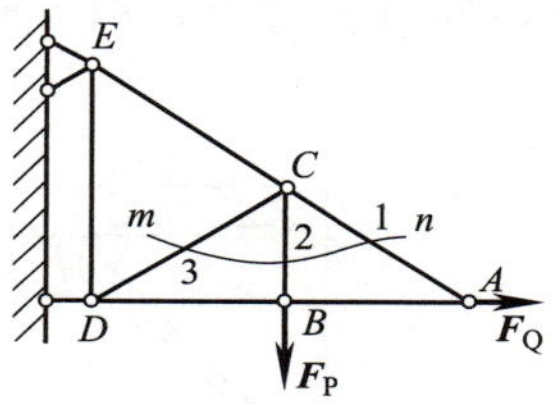

图 2-39　平面桁架

图 2-40　坦克

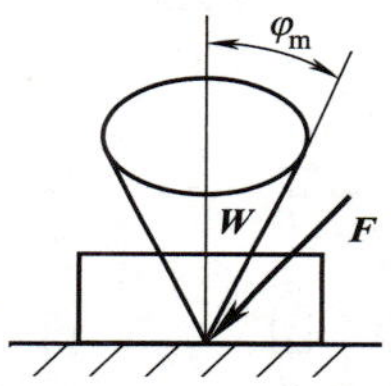

图 2-41　主动力与摩擦锥

2-10　有 A、B 两物体重叠地放在粗糙的水平面上，如图 2-42 所示。设 A、B 间最大静摩擦力为 $\boldsymbol{F}_{\mathrm{f1}}$，物体 B 与地面间的最大摩擦力为 $\boldsymbol{F}_{\mathrm{f2}}$，在物体 A 上加一水平力 $\boldsymbol{F}$。试判断以下三种情况物体 A、B 各是静止还是已经发生运动？1）$F<F_{\mathrm{f1}}<F_{\mathrm{f2}}$；2）$F_{\mathrm{f1}}<F<F_{\mathrm{f2}}$；3）$F<F_{\mathrm{f2}}<F_{\mathrm{f1}}$；4）$F_{\mathrm{f2}}<F<F_{\mathrm{f1}}$。

2-11　如图 2-43 所示，物块重力为 $\boldsymbol{W}$，其与水平面间的静摩擦因数为 μ_{s}。欲使物块向右滑动，将图 2-43a 所示的施力方法与图 2-43b 所示的施力方法相比较，哪种省力？若要最省力，α 角应取多大？

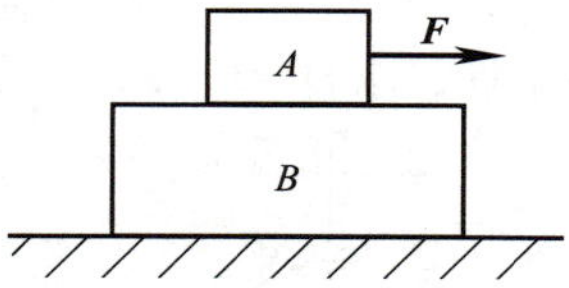

图 2-42　拖动重物

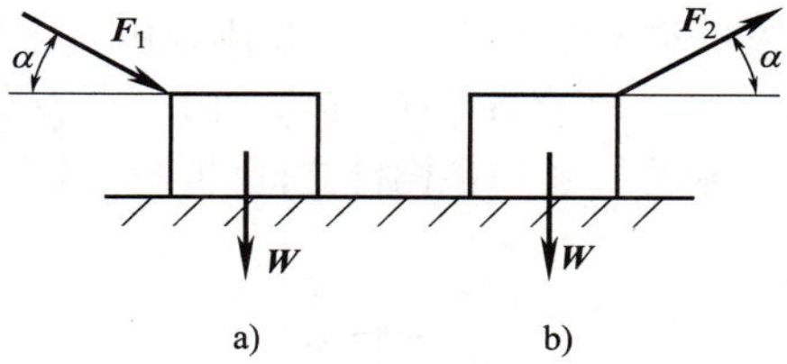

图 2-43　施力方法比较

2-12　拉车时，路硬、轮胎气足就能省力，试分析原因。

习　　题

2-1　如题 2-1 图所示，每方格边长为 10mm。平面任意力系中 $F_1=F_2=10\mathrm{kN}$，$F_3=F_4=10\sqrt{2}\,\mathrm{kN}$。试求力系向点 O 简化的结果。

2-2 如题 2-2 图所示，边长 $a=10\text{cm}$ 的正方形，在 B、A、D 处分别有 $\boldsymbol{F}_1$、$\boldsymbol{F}_2$、$\boldsymbol{F}_3$ 作用，$F_1=F_2=F_3=100\text{N}$，板面上作用力偶 $M=-15\text{N}\cdot\text{m}$。若在板上加一个力 $\boldsymbol{F}$ 使其处于平衡，求力 $\boldsymbol{F}$ 的大小、方向及作用线位置。

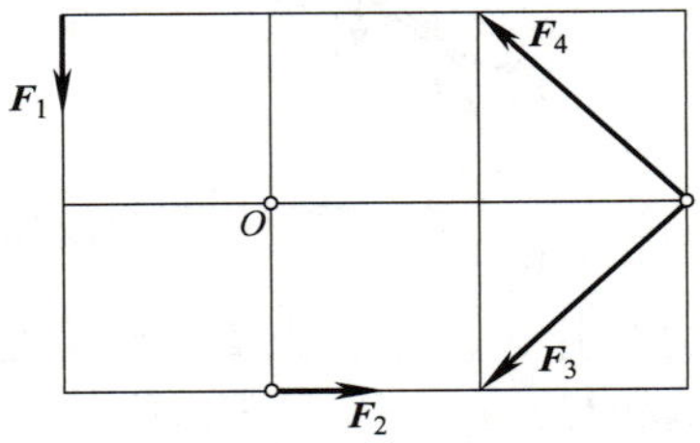

题 2-1 图

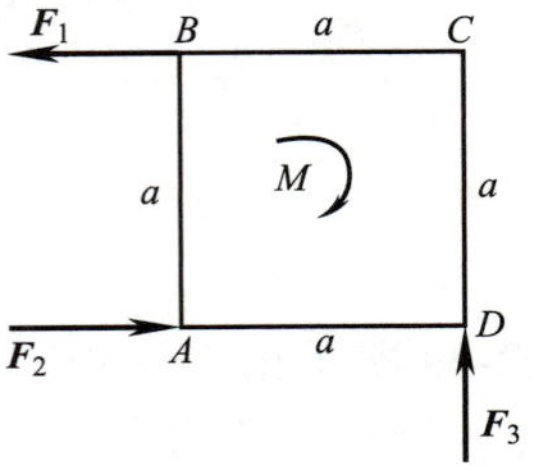

题 2-2 图

2-3 求题 2-3 图 a、b 所示的构架中各约束处的约束力。已知悬重重力 $G=2\text{kN}$，吊架自重不计。

2-4 求题 2-4 图 a、b 两种支架中支座 A、C 处的约束力。已知悬重重力 $G=10\text{kN}$，支架自重不计。

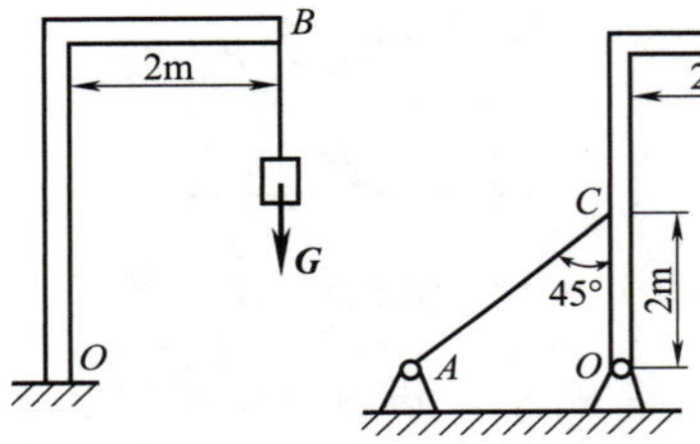

a) b)

题 2-3 图

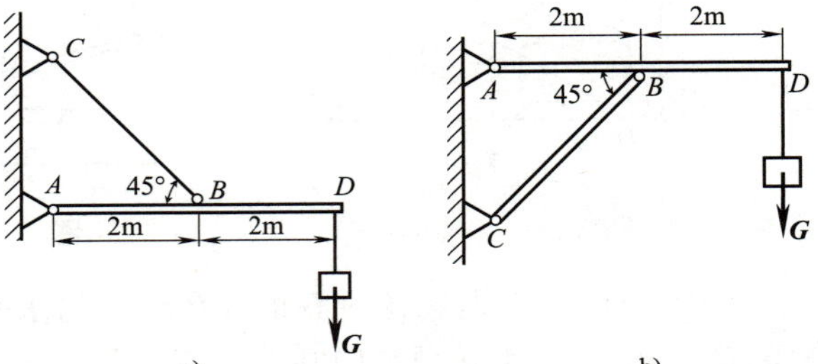

a) b)

题 2-4 图

2-5 如题 2-5 图所示，压路机碾子的重力为 $W=20\text{kN}$，半径 $r=40\text{cm}$，设碾子在 B 处不打滑。欲将此碾子拉过高 $h=8\text{cm}$ 的石块，在其中心作用水平力 $\boldsymbol{F}$，求此水平力的大小。将碾子拉过石块的最小作用力是多少？其方向如何？

2-6 起重机构架中的杆 AB、AC 用铰链支承在可旋转的立柱上，如题 2-6 图所示，并在点 A 用铰链互相连接。在点 A 装有滑轮，由绞车 D 匀速卷起钢索，经滑轮 A 起吊重物。如重物重力 $W=2\text{kN}$，滑轮的尺寸和各构件之间的摩擦及重力均忽略不计，求杆 AB、AC 所受到的力。

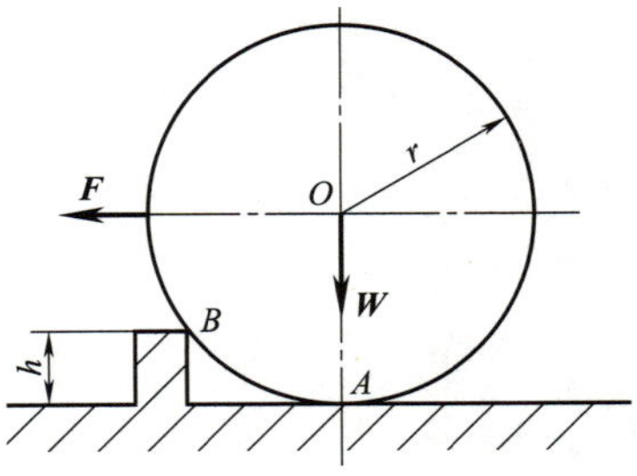

题 2-5 图

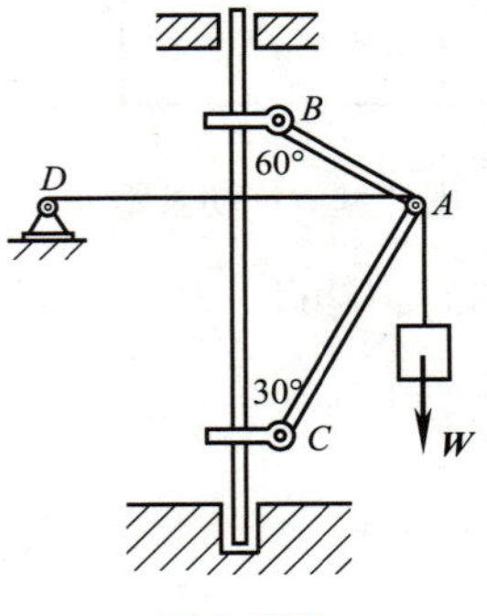

题 2-6 图

2-7 如题 2-7 图所示，已知梁上受力为 $F=1\text{kN}$，$M=1\text{kN}\cdot\text{m}$，$q=1\text{kN/m}$，$a=1\text{m}$。求

梁的约束力。

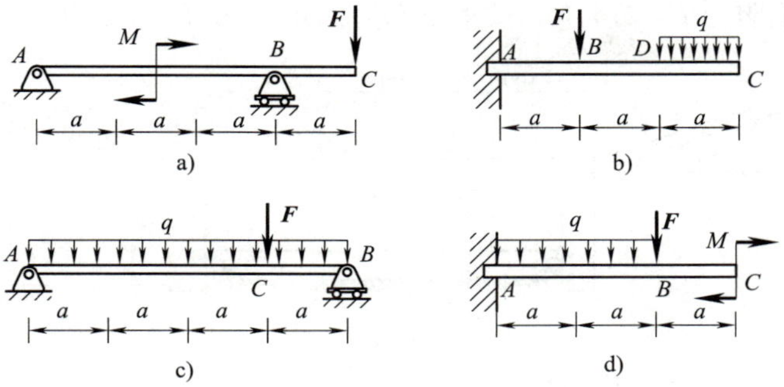

题 2-7 图

2-8　如题 2-8 图所示十字杆，已知 $F_1=F_1'=5\text{kN}$，$F_2=F_2'=2\text{kN}$。不计杆重，求支座 A、B 处的约束力。

2-9　如题 2-9 图所示，梁 AB 用三根支杆支承，已知 $F_1=30\text{kN}$，$F_2=40\text{kN}$，$M=30\text{kN}\cdot\text{m}$，求三根支杆的约束力。

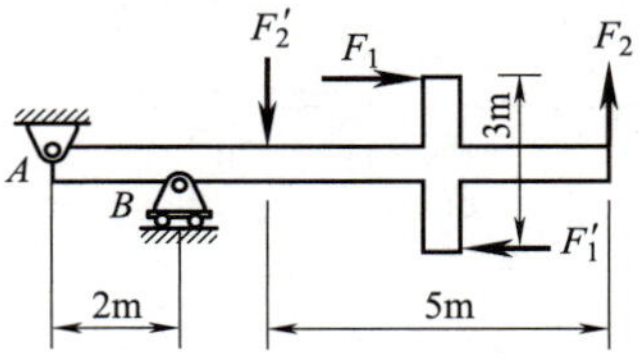

题 2-8 图

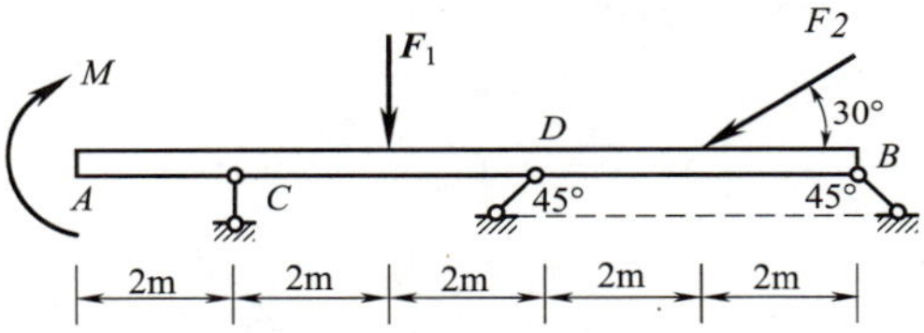

题 2-9 图

2-10　题 2-10 图所示的汽车起重机的车自重 $W_Q=26\text{kN}$，起重臂自重 $G=4.5\text{kN}$，起重机旋转及固定部分的重力 $W=31\text{kN}$。设起重臂工作在起重机对称面内，试求在图示位置起重机不致翻倒的最大起重载荷 G_P。

2-11　如题 2-11 图，重力为 $\boldsymbol{G}$ 的球夹在墙和均质杆 AB 之间。杆 AB 的重力 $G_Q=4G/3$，长为 l，$AD=2l/3$，$\alpha=30°$。求绳 BC 的拉力和铰链 A 处的约束力。

习题 2-12 精讲

2-12　飞机起落架尺寸如题 2-12 图所示，A、B、C 为光滑圆柱铰链，杆 OA 垂直于 AB。当飞机匀速直线滑行时，地面作用于轮上的铅垂压力 $F_P=30\text{kN}$。不计摩擦和各杆的自重力，试求 A、B 处的约束力。

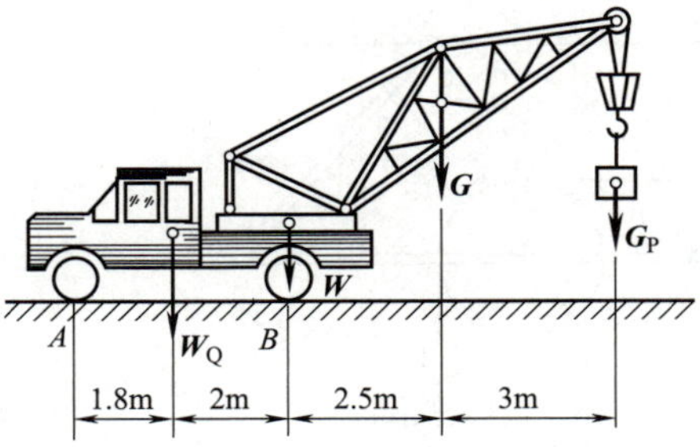

题 2-10 图

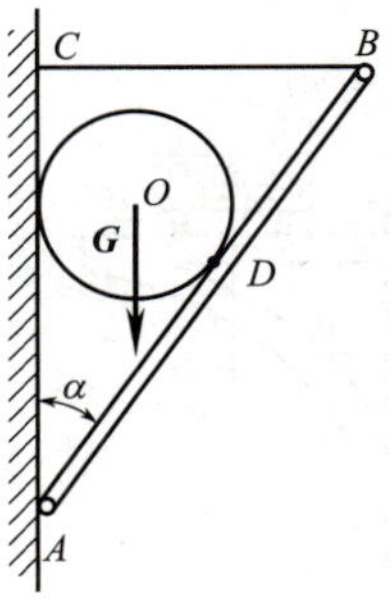

题 2-11 图

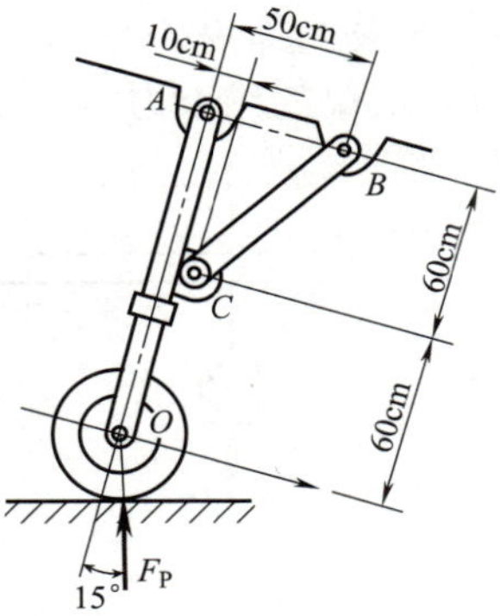

题 2-12 图

2-13 如题 2-13 图，驱动力偶矩 M 使锯床转盘旋转，并通过链杆 AB 带动锯弓往复移动。已知锯条的切削阻力 $F=2744\text{N}$，试求驱动力偶矩 M 及 O、C、D 三处支承的约束力。

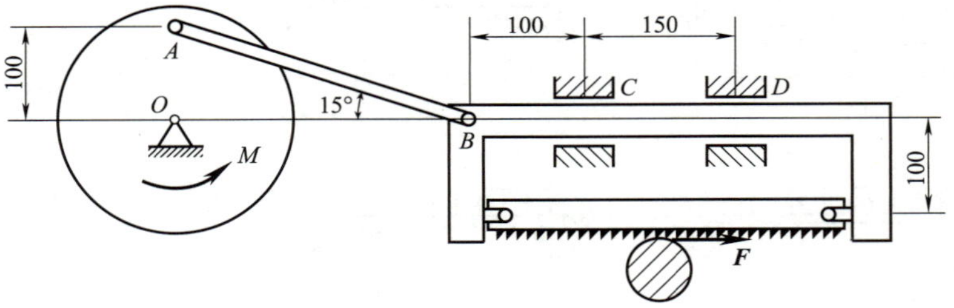

题 2-13 图

习题 2-13 精讲

2-14 组合梁如题 2-14 图所示，已知集中力大小为 F，均布载荷集度为 q，力偶矩为 M，求梁的支座约束力和铰 C 处所受的力。

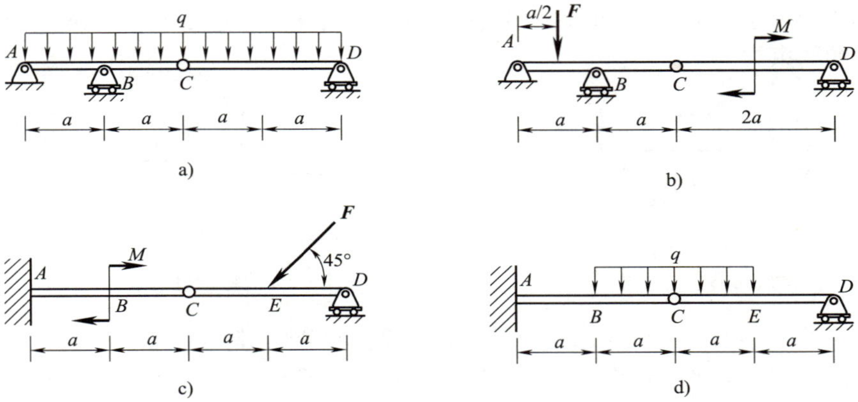

题 2-14 图

2-15 汽车地秤如题 2-15 图所示，BCE 为整体台面，杠杆 AOB 可绕轴 O 转动，B、C、D 均为光滑铰链，DC 为水平二力构件。已知砝码重力 $\boldsymbol{G}_1$ 和尺寸 l、a。求汽车重力 $\boldsymbol{G}_2$，各构件自重不计。

2-16 如题 2-16 图所示，水平梁 AB 由铰链 A 和杆 BC 所支撑，在梁上 D 处用销子安装一个半径 $r=0.1\text{m}$ 的滑轮。通过滑轮的绳子一端水平系在墙面上，另一端悬挂重 $W=1800\text{N}$ 的重物。如果 $AD=0.2\text{m}$，$BD=0.4\text{m}$，$\alpha=45°$，不计杆、绳、滑轮的重量，求铰链 A 和杆 BC 对梁的约束力。

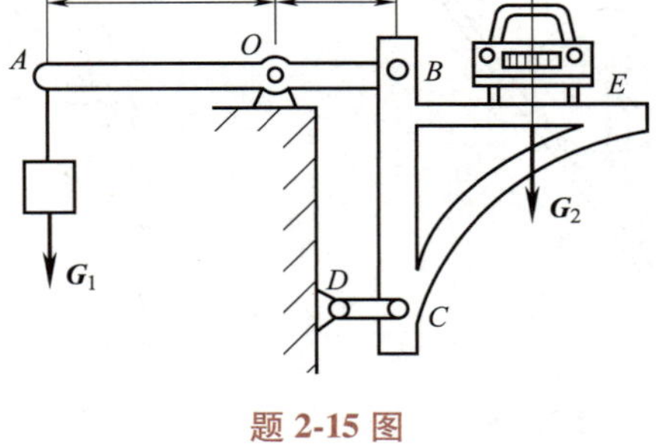

题 2-15 图

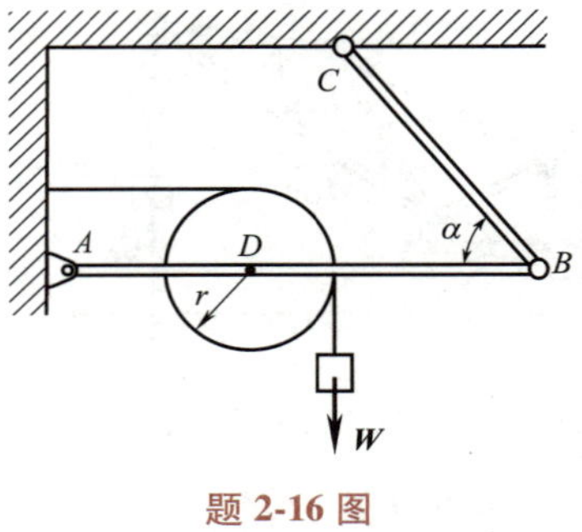

题 2-16 图

2-17 如题 2-17 图所示构架，*DF* 杆的中点有一销钉 *E* 套在杆 *AC* 的导槽内。已知作用在点 *F* 的力 $\boldsymbol{F}_P$ 的大小和尺寸 *a*，试求支座 *B*、*C* 处的约束力。

2-18 如题 2-18 图所示的焊接工作架简图。油压筒 *AB* 的伸缩可使工作台 *DE* 绕点 *O* 转动。已知工作台和工件的重力 $G_Q=1\text{kN}$，油压筒 *AB* 可近似为均质杆，其重力 $G=0.1\text{kN}$。当工作台 *DE* 处于水平位置时，点 *O*、*A* 在同一铅垂线上，求此位置 *O*、*A* 处的约束力。

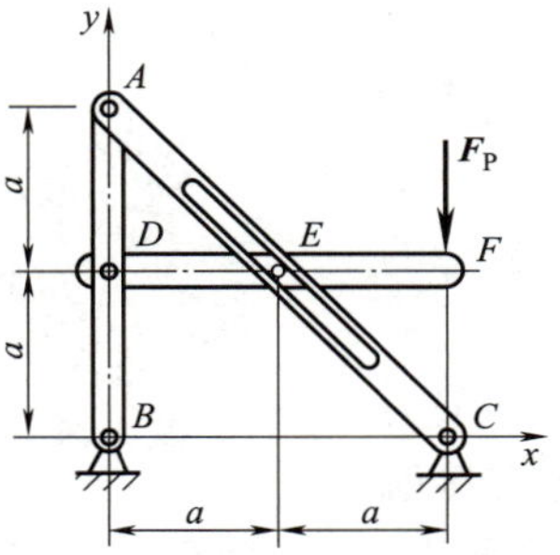

题 2-17 图

习题 2-17 精讲

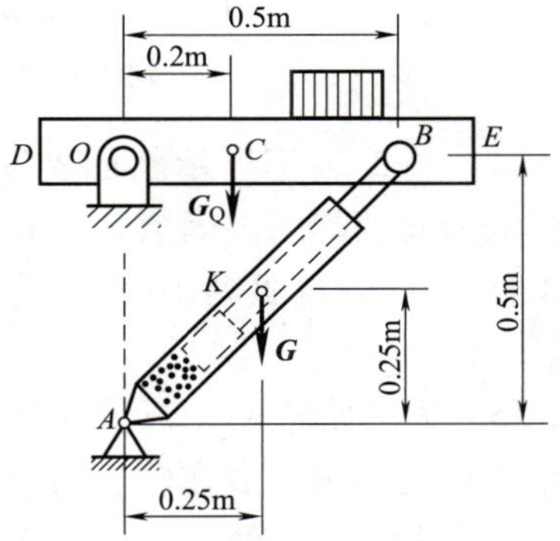

题 2-18 图

2-19 两个半径为 *r*、重力为 $\boldsymbol{W}$ 的均质球放在半径为 *R* 的两端开口的直圆筒内，如题 2-19 图 a 所示。求圆筒的重力 $\boldsymbol{G}$ 至少多大它才不致翻倒；又若圆筒有底，如题 2-19 图 b 所示，那么不论圆筒多轻都不会翻倒，为什么？

习题 2-19 精讲

2-20 用节点法或截面法求题 2-20 图所示桁架中杆 2、3、4 的内力。已知 $G=10\text{kN}$，$\alpha=45°$。

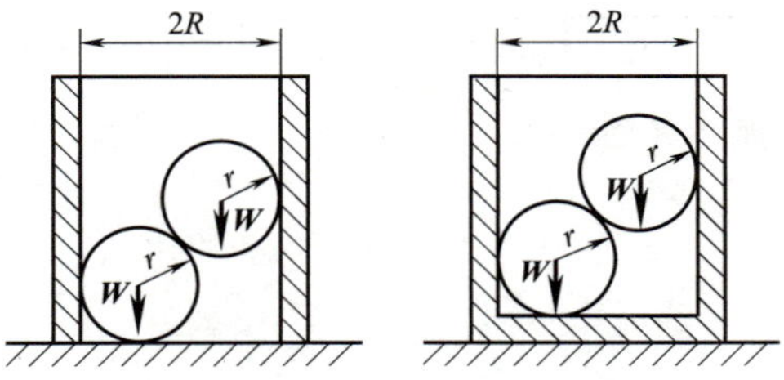

a)　　b)

题 2-19 图

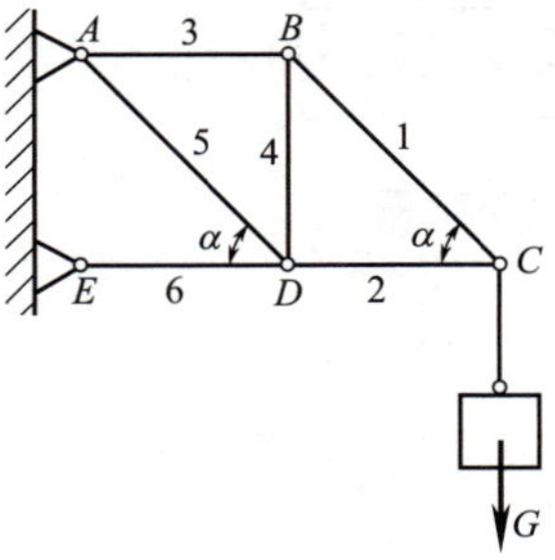

题 2-20 图

2-21 某人用双手夹一叠书向上提起，如题 2-21 图所示。手夹书的力 $F=250\text{N}$，手与书之间的静摩擦因数为 $\mu_{s1}=0.45$，书与书之间的静摩擦因数为 $\mu_{s2}=0.35$。设每本书的重力为 10N，问最多能夹几本书？

2-22 如题 2-22 图所示，已知物块 *A* 重力 $W_A=150\text{N}$，物块 *B* 重力 $W_B=450\text{N}$，两个物体通过不可伸长的轻质绳相连，斜面与物块 *B*、物块 *A* 和物块 *B* 之间的静摩擦因数均为 μ_s。若两物体静止不动，忽略滑轮处的摩擦，求 μ_s 的最小值。

2-23 用逐渐增加的水平力 $\boldsymbol{F}$ 去推重 $W=500\text{N}$ 的衣橱，如题 2-23 图所示。已知 $h=1.3a$，$\mu_s=0.4$，衣橱是先发生滑动还是先翻倒？

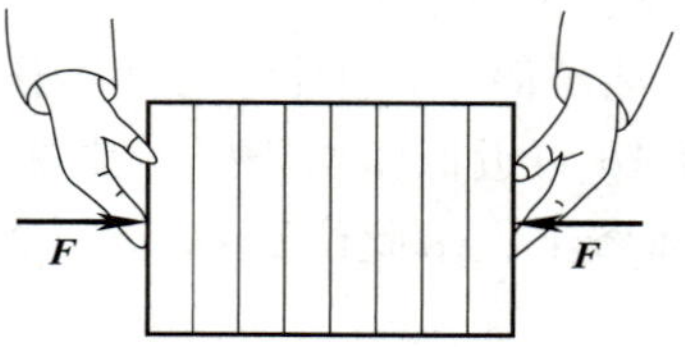

题 2-21 图

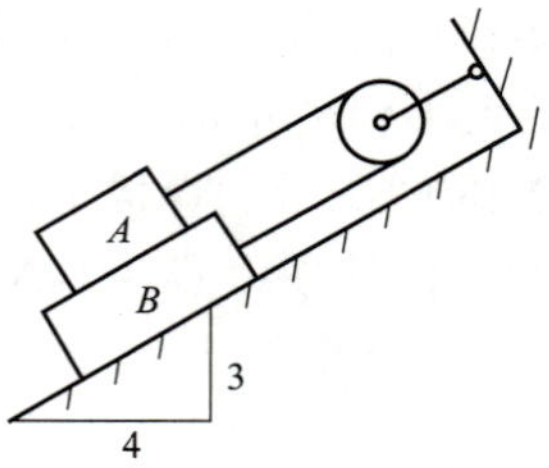

题 2-22 图

2-24 题 2-24 图所示斜面夹紧机构中，若已知驱动力 $\boldsymbol{F}$、角度 β 和各接触面间的静摩擦因数 μ_s，试求：1）工作阻力 $\boldsymbol{F}_Q$（其大小等于夹紧工件的力）与驱动力 $\boldsymbol{F}$ 的关系式；2）除去 $\boldsymbol{F}$ 后不产生松动的条件。

习题 2-24 精讲

2-25 为了使轮子 A 只能做逆时针的单向定轴转动，将一个重力可忽略不计的小圆柱放在轮子与墙之间，如题 2-25 图所示。已知接触处 B、C 的静摩擦因数 $\mu_s = 0.3$，轮子到墙的距离 $a = 225\text{mm}$，轮子半径 $R = 200\text{mm}$。若在轮子上施加一任意大小的顺时针转向的力偶 M，试确定能阻止轮子转动的小圆柱体的最大半径 r_{max}。

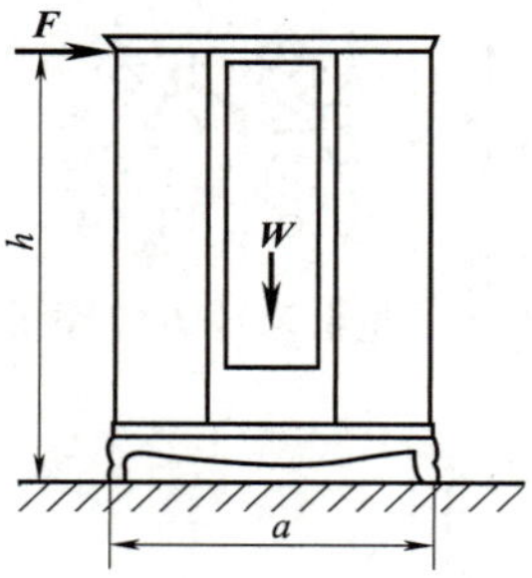

题 2-23 图

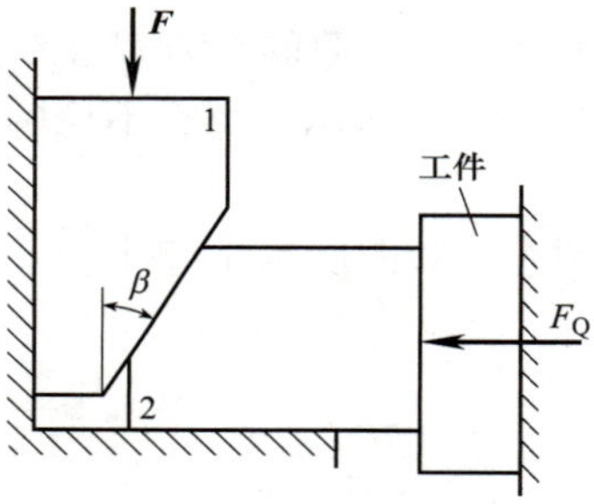

题 2-24 图

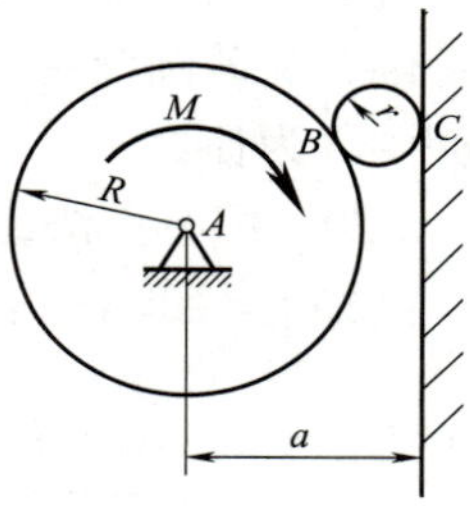

题 2-25 图

第三章 空 间 力 系

力系中各力不在同一平面内，称为空间力系。图 3-1a 所示桅杆起重机、图 3-1b 所示脚踏拉杆与图 3-1c 所示手摇钻等皆为空间力系的实例。

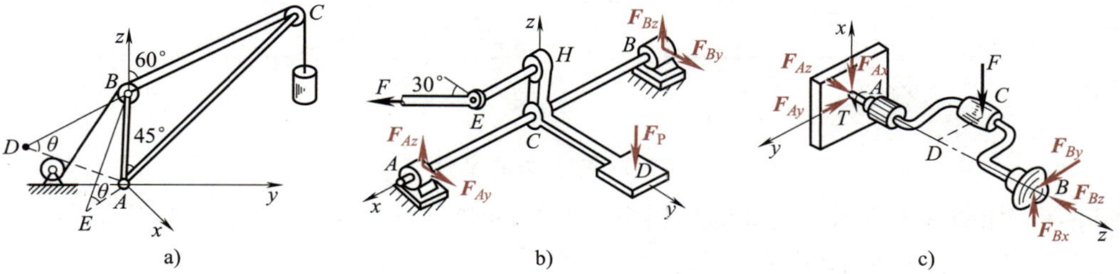

图 3-1　空间力系的实例

第一节　力在空间直角坐标轴上的投影

一、直接投影法

如图 3-2a 所示，力 $\boldsymbol{F}$ 与空间直角坐标系的三个坐标轴 x、y、z 的正向夹角分别为 α、β、γ。显然△OBA、△OCA、△ODA 都是直角三角形，可将力 $\boldsymbol{F}$ 直接在三个坐标轴上进行投影，故有

$$F_x = F\cos\alpha,\quad F_y = F\cos\beta,\quad F_z = F\cos\gamma \tag{3-1}$$

二、二次投影法

若已知力 $\boldsymbol{F}$ 与 z 轴的夹角 γ、$\boldsymbol{F}$ 与 z 轴所组成的平面 $OA'AD$ 和坐标平面 Oxz 的夹角 φ（见图 3-2b），则力 $\boldsymbol{F}$ 在 x、y、z 三轴的投影计算可分两步进行：

1）先将力 $\boldsymbol{F}$ 分解到 z 轴和坐标平面 Oxy 上，以 $\boldsymbol{F}_z$ 和 $\boldsymbol{F}_{xy}$ 表示，这时力 $\boldsymbol{F}$ 在轴 z 上的投影就是 F_z；2）将 $\boldsymbol{F}_{xy}$ 投影到 x、y 轴上，它的投影就是力 $\boldsymbol{F}$ 在 x、y 两坐标轴上的投影。其过程为

$$F \Rightarrow \begin{cases} F_z = F\cos\gamma \\ F_{xy} = F\sin\gamma \Rightarrow \begin{cases} F_x = F_{xy}\cos\varphi = F\sin\gamma\cos\varphi \\ F_y = F_{xy}\sin\varphi = F\sin\gamma\sin\varphi \end{cases} \end{cases} \tag{3-2}$$

反之，如果已知力 $\boldsymbol{F}$ 在 x、y、z 三个坐标轴上的投影 F_x、F_y、F_z，可确定力 $\boldsymbol{F}$ 的大小和方向余弦，即

$$\left.\begin{aligned}F=\sqrt{F_x^2+F_y^2+F_z^2}\\ \cos(\boldsymbol{F},\boldsymbol{i})=\frac{F_x}{F},\ \cos(\boldsymbol{F},\boldsymbol{j})=\frac{F_y}{F},\ \cos(\boldsymbol{F},\boldsymbol{k})=\frac{F_z}{F}\end{aligned}\right\}\tag{3-3}$$

其中，$\boldsymbol{i}$、$\boldsymbol{j}$、$\boldsymbol{k}$ 是沿空间直角坐标系坐标轴 x、y、z 正向的单位矢量。

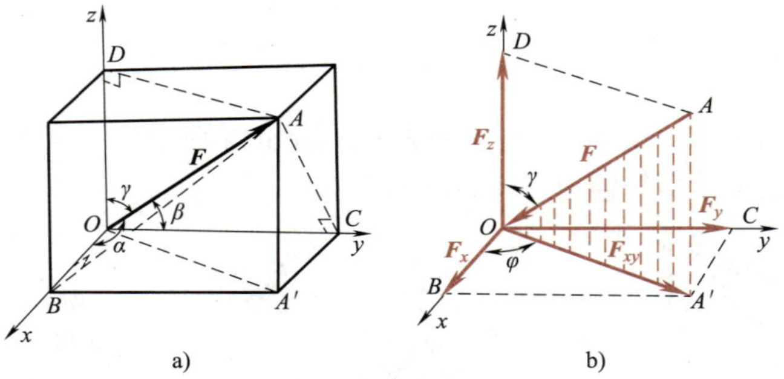

图 3-2 空间力的投影

例 3-1 如图 3-3 所示，已知圆柱斜齿轮所受的啮合力 $F_n=1410\text{N}$，齿轮压力角 $\alpha=20°$，螺旋角 $\beta=25°$。计算斜齿轮所受的圆周力 $\boldsymbol{F}_t$、轴向力 $\boldsymbol{F}_a$ 和径向力 $\boldsymbol{F}_r$ 的大小。

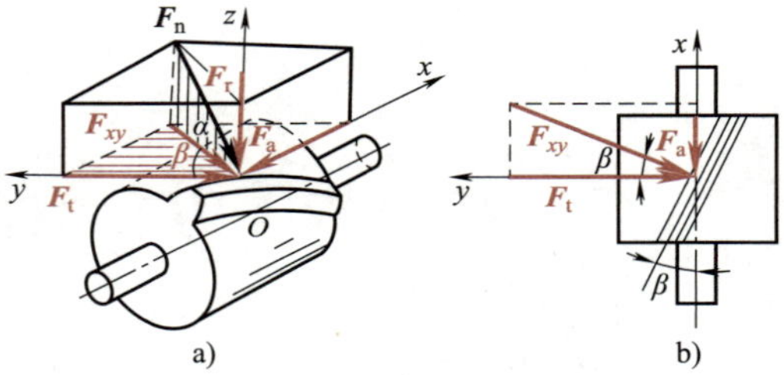

图 3-3 例 3-1 图

解 取坐标系如图 3-3 所示，使 x、y、z 轴分别沿齿轮的轴向、周向和径向。先把啮合力 $\boldsymbol{F}_n$ 向 z 轴和坐标平面 Oxy 投影，得

$$F_z=F_r=-F_n\sin\alpha=-1410\text{N}\times\sin20°=-482\text{N}$$

$\boldsymbol{F}_n$ 在平面 Oxy 上的分力 $\boldsymbol{F}_{xy}$ 的大小为

$$F_{xy}=F_n\cos\alpha=1410\text{N}\times\cos20°=1325\text{N}$$

进一步把 $\boldsymbol{F}_{xy}$ 投影到 x、y 两个坐标轴，得

$$F_x=F_a=-F_{xy}\sin\beta=-1325\text{N}\times\sin25°=-560\text{N}$$

$$F_y=F_t=-F_{xy}\cos\beta=-1325\text{N}\times\cos25°=-1201\text{N}$$

第二节 空间汇交力系的合成与平衡

一、空间汇交力系的合成

设空间汇交力系 $\boldsymbol{F}_1,\boldsymbol{F}_2,\cdots,\boldsymbol{F}_n$ 作用在某物体的一个点上，显然其中任意两个力共面，可连续应用平行四边形法则，最后将这个汇交力系合成为一个作用于汇交点的合力 $\boldsymbol{F}_R$，即

$$\boldsymbol{F}_R=\boldsymbol{F}_1+\boldsymbol{F}_2+\cdots+\boldsymbol{F}_n=\sum\boldsymbol{F}_i\tag{3-4}$$

将式（3-4）向 x、y、z 轴投影，可得到投影式，即

$$F_{Rx}=F_{1x}+F_{2x}+\cdots+F_{nx}=\sum F_{ix},\quad F_{Ry}=\sum F_{iy},\quad F_{Rz}=\sum F_{iz}\tag{3-5}$$

式（3-5）称为**合力投影定理**。它表明，合力在某轴上的投影等于各分力在同一轴上投影的代数和。按照式（3-5）求出力在各坐标轴的投影后，即可得汇交力系的合力的大小和方向，即

$$\left.\begin{array}{c}F_R=\sqrt{(\sum F_{ix})^2+(\sum F_{iy})^2+(\sum F_{iz})^2}\\ \cos(\boldsymbol{F}_R,\boldsymbol{i})=\dfrac{F_x}{F_R},\ \cos(\boldsymbol{F}_R,\boldsymbol{j})=\dfrac{F_y}{F_R},\ \cos(\boldsymbol{F}_R,\boldsymbol{k})=\dfrac{F_z}{F_R}\end{array}\right\}\tag{3-6}$$

空间汇交力系合成的结果为一合力，合力的作用线通过各力的汇交点，合力矢量为各分力矢量的矢量和。

二、空间汇交力系的平衡条件及平衡方程式

因为空间汇交力系可以合成为一个合力，所以其平衡的必要和充分条件为力系的合力等于零，即

$$\boldsymbol{F}_R=\sum \boldsymbol{F}_i=0\tag{3-7}$$

式（3-7）向 x、y、z 轴投影可得

$$\sum F_{ix}=0,\quad \sum F_{iy}=0,\quad \sum F_{iz}=0\tag{3-8}$$

式（3-8）为空间汇交力系的一种平衡方程形式。

例 3-2　如图 3-4a 所示的空间支架固定在相互垂直的墙上。支架由垂直于两墙的铰接二力杆 OA、OB 和钢绳 OC 组成。已知 $\theta=30°$，$\varphi=60°$，点 O 处吊重力 $G=1.2\text{kN}$ 的一个重物。求两杆和钢绳所受的力。图中 O、A、B、D 四点都在同一水平面上，杆和绳的重力均略去不计。

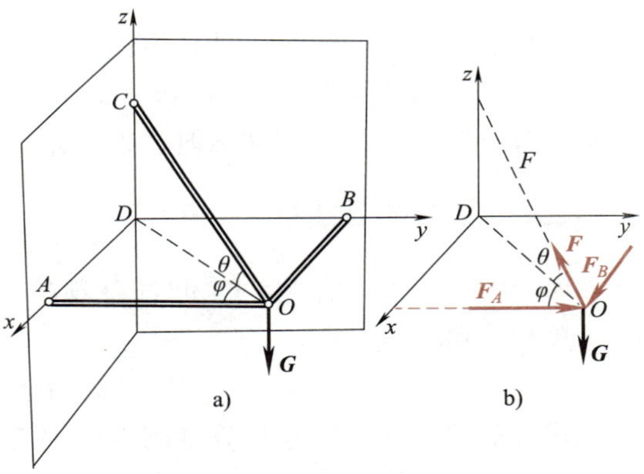

图 3-4　例 3-2 图

解　1）选择铰链 O 为研究对象，其受力分析图如图 3-4b 所示。

2）列力系的平衡方程式，求未知量，即

$$\sum F_{ix}=0,\quad F_B-F\cos\theta\sin\varphi=0$$

$$\sum F_{iy}=0,\quad F_A-F\cos\theta\cos\varphi=0$$

$$\sum F_{iz}=0,\quad F\sin\theta-G=0$$

3）解上述方程，得

$$F=G/\sin\theta=1.2\text{kN}/\sin30°=2.4\text{kN}$$

$$F_A=F\cos\theta\cos\varphi=2.4\text{kN}\times\cos30°\cos60°=1.04\text{kN}$$

$$F_B=F\cos\theta\sin\varphi=2.4\text{kN}\times\cos30°\sin60°=1.8\text{kN}$$

第三节　力对轴之矩

一、力对轴之矩的概念

我们在工程中常常会遇到刚体绕定轴转动的情形。为了度量力对转动刚体的作用效应，需要引入力对轴之矩的概念。

现以关门动作为例进行说明。如图 3-5 所示，门的一边有固定轴 z，在点 A 作用集中力 $\boldsymbol{F}$。为度量力 $\boldsymbol{F}$ 对刚体的转动效应，可将此力分解为两个互相垂直的分力：一个是与转轴平

行的分力 $\boldsymbol{F}_z$，其大小 $F_z=F\sin\beta$；另一个是在与转轴 z 垂直平面上的分力 $\boldsymbol{F}_{xy}$，其大小 $F_{xy}=F\cos\beta$。分力 $\boldsymbol{F}_z$ 平行于转轴 z，不能使门绕轴转动，分力 $\boldsymbol{F}_{xy}$ 对门有绕 z 轴的转动作用。如以 d 表示 z 轴与 xy 平面的交点 O 到 $\boldsymbol{F}_{xy}$ 作用线的垂直距离，则 $\boldsymbol{F}_{xy}$ 对点 O 之矩，就可以用来度量力 $\boldsymbol{F}$ 对 z 轴的转动作用，即

$$M_z(\boldsymbol{F})=M_O(\boldsymbol{F}_{xy})=\pm F_{xy}d \tag{3-9}$$

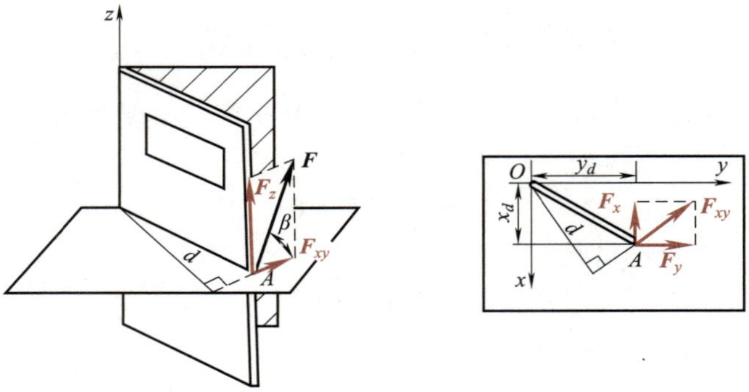

图 3-5 力对轴之矩

力对轴之矩是代数量，其正负代表其转动作用的方向。从轴正向看，逆时针方向转动为正，顺时针方向转动为负，图 3-4 中，力 $\boldsymbol{F}$ 对 z 轴的矩就是正的。当力的作用线与转轴平行或相交时，即当力与转轴共面时，力对该轴之矩等于零。力对轴之矩的单位为 N·m。

二、合力矩定理

设空间力系 $\boldsymbol{F}_1,\boldsymbol{F}_2,\cdots,\boldsymbol{F}_n$ 的合力为 $\boldsymbol{F}_R$，可证明合力对某轴之矩等于各分力对同轴力矩的代数和，可写成

$$M_z(\boldsymbol{F}_R)=\sum M_z(\boldsymbol{F}_i) \tag{3-10}$$

式（3-10）常被用来计算空间力对轴之矩。

例 3-3 计算图 3-6 所示手摇曲柄上的力 $\boldsymbol{F}$ 对 x、y、z 轴之矩。已知 $F=100\text{N}$，且力 $\boldsymbol{F}$ 平行于平面 Axz，$\alpha=60°$，$\overline{AB}=20\text{cm}$，$\overline{BC}=40\text{cm}$，$\overline{CD}=15\text{cm}$，$A$、$B$、$C$、$D$ 位于同一水平面上。

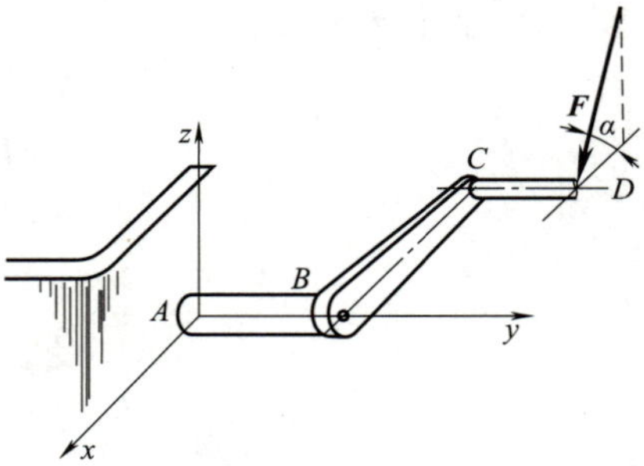

图 3-6 例 3-3 图

解 力 $\boldsymbol{F}$ 为平行于 Axz 平面的平面力，在 x 和 z 轴上有投影，其值为

$$F_x=F\cos\alpha,\quad F_y=0,\quad F_z=-F\sin\alpha$$

力 $\boldsymbol{F}$ 对 x、y、z 各轴之矩为

$$\begin{aligned}M_x(\boldsymbol{F})&=M_x(\boldsymbol{F}_x)+M_x(\boldsymbol{F}_y)+M_x(\boldsymbol{F}_z)\\&=0+0+(-F\sin\alpha)(\overline{AB}+\overline{CD})\\&=-100\text{N}\times\sin60°\times35\text{cm}=-3031\text{N}\cdot\text{cm}\end{aligned}$$

$$\begin{aligned}M_y(\boldsymbol{F})&=M_y(\boldsymbol{F}_x)+M_y(\boldsymbol{F}_y)+M_y(\boldsymbol{F}_z)\\&=F\cos\alpha\cdot0+0+(-F\sin\alpha)\cdot\overline{BC}=-100\text{N}\times\sin60°\times40\text{cm}=-3464\text{N}\cdot\text{cm}\end{aligned}$$

$$\begin{aligned}M_z(\boldsymbol{F})&=M_z(\boldsymbol{F}_x)+M_z(\boldsymbol{F}_y)+M_z(\boldsymbol{F}_z)\\&=-F\cos\alpha\cdot(\overline{AB}+\overline{CD})+0+0=-100\text{N}\times\cos60°\times35\text{cm}=-1750\text{N}\cdot\text{cm}\end{aligned}$$

第四节 空间任意力系的平衡方程

一、空间任意力系的平衡条件及平衡方程式

某物体上作用一个空间任意力系 $\boldsymbol{F}_1,\boldsymbol{F}_2,\cdots,\boldsymbol{F}_n$，如果物体不平衡，则力系可能使物体沿 x、y、z 轴方向的移动状态发生变化，也可能使该物体绕其三轴的转动状态发生变化；若物体在力系作用下处于平衡，则物体沿 x、y、z 三轴的移动状态应不变，同时绕该三轴的转动状态也不变。因此，当物体沿 x 方向的移动状态不变时，该力系各力在 x 轴上的投影的代数和为零，即 $\sum F_{ix}=0$；同理应有 $\sum F_{iy}=0$，$\sum F_{iz}=0$。当物体绕 x 轴的转动状态不变时，该力系对 x 轴力矩的代数和为零，即 $\sum M_x(\boldsymbol{F}_i)=0$；同理应有 $\sum M_y(\boldsymbol{F}_i)=0$，$\sum M_z(\boldsymbol{F}_i)=0$。由此可见，空间任意力系的平衡方程式为

$$\left.\begin{aligned}&\sum F_{ix}=0,\sum F_{iy}=0,\sum F_{iz}=0\\&\sum M_x(\boldsymbol{F}_i)=0,\sum M_y(\boldsymbol{F}_i)=0,\sum M_z(\boldsymbol{F}_i)=0\end{aligned}\right\} \qquad (3\text{-}11)$$

式（3-11）表达了空间任意力系平衡的必要和充分条件为：**各力在三个坐标轴上投影的代数和以及各力对三个坐标轴之矩的代数和都必须同时为零。**式（3-11）的各方程是相互独立的，所以，对于空间任意力系的平衡问题，通过平衡方程最多可以求解六个未知量。

二、空间平行力系的平衡方程式

设某一物体受空间平行力系作用而平衡，令 z 轴与该力系的各力平行，则有 $\sum F_{ix}=0$、$\sum F_{iy}=0$ 和 $\sum M_z(\boldsymbol{F}_i)=0$ 自然满足。因此，空间平行力系只有三个独立的平衡方程式，即

$$\sum F_{iz}=0,\quad \sum M_x(\boldsymbol{F}_i)=0,\quad \sum M_y(\boldsymbol{F}_i)=0 \qquad (3\text{-}12)$$

对于空间平行力系，通过平衡方程最多只能解三个未知量。

例 3-4 计算轮推车如图 3-7 所示。若已知 $\overline{AH}=\overline{BH}=0.5\text{m}$，$\overline{CH}=1.5\text{m}$，$\overline{EH}=0.3\text{m}$，$\overline{ED}=0.5\text{m}$，载荷 $G=1.5\text{kN}$，试求 A、B、C 三轮所受到的压力。

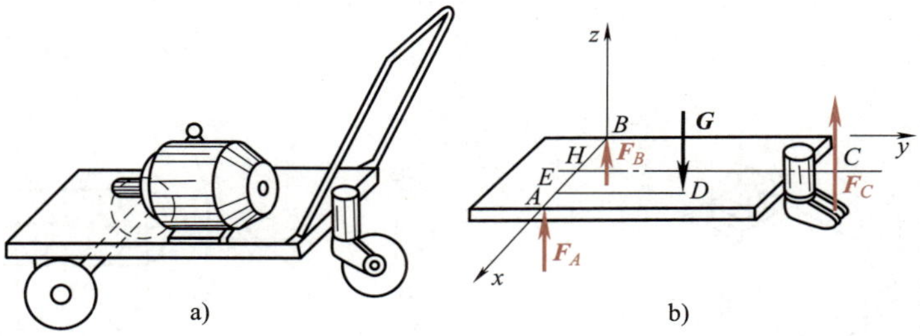

图 3-7 例 3-4 图

解 1）取小车为研究对象，其受力分析图如图 3-7b 所示。车板受已知载荷 $\boldsymbol{G}$ 和未知的轮 A、B、C 的约束力 $\boldsymbol{F}_A$、$\boldsymbol{F}_B$、$\boldsymbol{F}_C$ 的作用。这些力的作用线相互平行，构成空间平行力系。

2）按力作用线的方向和几何位置，取 z 轴为纵坐标，平板为 xy 平面，B 为坐标原点，BA 为 x 轴。

3）列力系的平衡方程式求解，即

$$\sum M_x(\boldsymbol{F}_i)=0,\ F_C\cdot\overline{HC}-G\cdot\overline{DE}=0$$

$$G=F_C\cdot\overline{HC}/\overline{DE}=(1.5\times0.5/1.5)\text{kN}=0.5\text{kN}$$

得

$$\sum M_y(\boldsymbol{F}_i)=0,\ G\cdot\overline{EB}-F_C\cdot\overline{HB}-F_A\cdot\overline{AB}=0$$

得

$$F_A=\frac{G\cdot\overline{EB}-F_C\cdot\overline{HB}}{\overline{AB}}=\frac{1.5\times0.8-0.5\times0.5}{1}\text{kN}=0.95\text{kN}$$

得

$$\sum F_{iz}=0,\ F_A+F_B+F_C-G=0$$

$$F_B=G-F_A-F_C=(1.5-0.95-0.5)\text{kN}=0.05\text{kN}$$

若重物放置过偏，致使 F_B 为负值，则小车将会翻倒。

例 3-5 图 3-8 为一脚踏拉杆装置。若已知 $F_P=500\text{N}$，$\overline{AB}=40\text{cm}$，$\overline{AC}=\overline{CD}=20\text{cm}$，$CH\perp CD$，$\overline{CH}=\overline{EH}=10\text{cm}$，拉杆垂直于 EH 且与水平面成 30°。求拉杆的拉力和 A、B 两轴承的约束力。

解 脚踏拉杆的受力如图 3-8 所示。取 $Bxyz$ 坐标系，列平衡方程式求解：

$$\sum M_x(\boldsymbol{F}_i)=0,\ F\cos30°\cdot\overline{HC}-F_P\cdot\overline{CD}=0$$

得

$$F=\frac{F_P\cdot\overline{CD}}{\cos30°\cdot\overline{HC}}=\frac{500\times20}{\cos30°\times10}\text{N}=1155\text{N}$$

$$\sum M_y(\boldsymbol{F}_i)=0,\ -F_{Ax}\cdot\overline{AB}+F\sin30°\cdot(\overline{CB}+\overline{HE})+F_P\cdot\overline{CB}=0$$

得

$$F_{Ax}=\frac{F\sin30°\cdot(\overline{CB}+\overline{HE})+F_P\cdot\overline{CB}}{\overline{AB}}=\frac{1155\times0.5\times30+500\times20}{40}\text{N}=683\text{N}$$

$$\sum M_z(\boldsymbol{F}_i)=0,\ -F\cos30°\cdot(\overline{CB}+\overline{HE})+F_{Ay}\cdot\overline{AB}=0$$

得

$$F_{Ay}=\frac{F\cos30°\cdot(\overline{CB}+\overline{HE})}{\overline{AB}}=\frac{1155\times0.866\times30}{40}\text{N}=750\text{N}$$

$$\sum F_{iy}=0,\ F_{Ay}-F\cos30°+F_{By}=0$$

得

$$F_{By}=F\cos30°-F_{Ay}=(1155\times0.866-750)\text{N}=250\text{N}$$

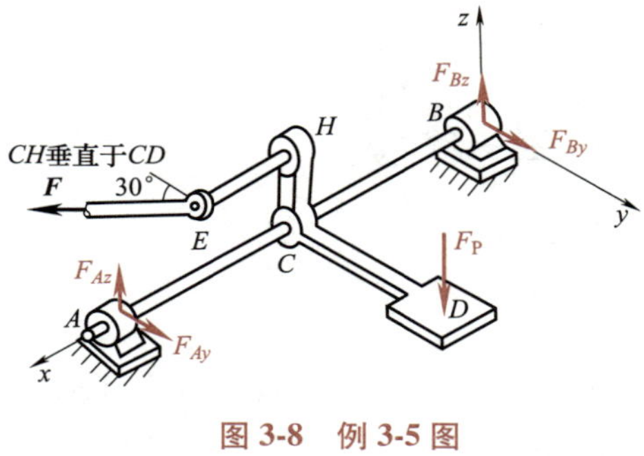

图 3-8 例 3-5 图

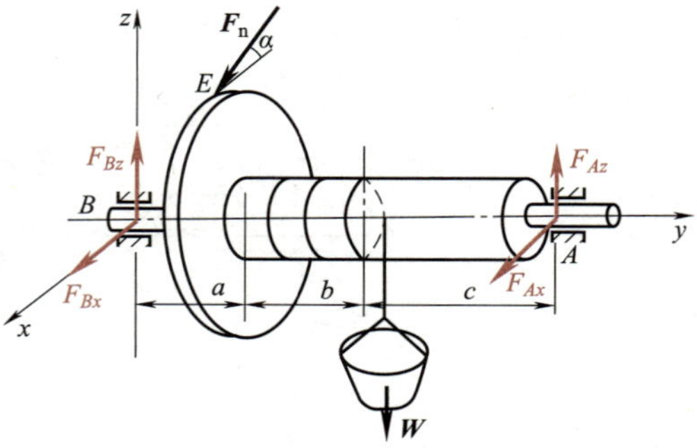

图 3-9 例 3-6 图（1）

例 3-6 有一起重绞车的鼓轮轴如图 3-9 所示。已知 $W=10\text{kN}$，$b=c=30\text{cm}$，$a=20\text{cm}$，大轮半径 $R=20\text{cm}$，在最高处点 E 受力 $\boldsymbol{F}_n$ 的作用，$\boldsymbol{F}_n$ 与齿轮分度圆切线之夹角为 $\alpha=20°$，

鼓轮半径 $r=10\text{cm}$。A、B 两端为深沟球轴承，试求齿轮作用力下，$\boldsymbol{F}_n$ 的大小以及 A、B 两轴承受的压力的大小。

解 取鼓轮轴为研究对象，其上作用有齿轮作用力 $\boldsymbol{F}_n$、起重重物的重力 $\boldsymbol{W}$ 和轴承 A、B 处的约束力 $\boldsymbol{F}_{Ax}$、$\boldsymbol{F}_{Az}$、$\boldsymbol{F}_{Bx}$、$\boldsymbol{F}_{Bz}$，如图 3-9 所示。该力系为空间任意力系，可列平衡方程式如下：

$$\sum M_y(\boldsymbol{F}_i)=0,\quad F_nR\cos\alpha-Wr=0,$$

$$F_n=\frac{Wr}{R\cos\alpha}=\frac{10\times10}{20\cos20^\circ}\text{kN}=5.32\text{kN}$$

$$\sum M_x(\boldsymbol{F}_i)=0,\ F_{Az}(a+b+c)-W(a+b)-F_na\sin\alpha=0$$

得

$$F_{Az}=\frac{W(a+b)+F_na\sin\alpha}{a+b+c}$$

$$=\frac{10\times(20+30)+5.32\times20\times\sin20^\circ}{20+30+30}\text{kN}=6.7\text{kN}$$

$$\sum F_{iz}=0,\ F_{Az}+F_{Bz}-F_n\sin\alpha-W=0$$

得

$$F_{Bz}=F_n\sin\alpha+W-F_{Az}=(5.32\sin20^\circ+10-6.7)\text{kN}=5.12\text{kN}$$

$$\sum M_z(\boldsymbol{F}_i)=0,\ -F_{Ax}(a+b+c)-F_na\cos\alpha=0$$

得

$$F_{Ax}=-\frac{F_na\cos\alpha}{a+b+c}=-\frac{5.32\times20\cos20^\circ}{20+30+30}\text{kN}=-1.25\text{kN}$$

$$\sum F_{ix}=0,\ F_{Ax}+F_{Bx}+F_n\cos\alpha=0$$

得

$$F_{Bx}=-F_{Ax}-F_n\cos\alpha=-(-1.25\text{kN})-5.32\text{kN}\times\cos20^\circ=-3.75\text{kN}$$

对轮轴类零件进行受力分析时，常将空间受力投影到三个坐标平面上，这样就把空间问题转换成了三个平面力系的问题，对这三个平面力系分列出它们的平衡方程，同样可解出所有的未知量。这种方法是空间力系的平面化处理。

对于例题 3-6，若采用此种方法，取胶轮轴为研究对象，并画出它在三个坐标平面上的受力投影图，如图 3-10 所示。可以看出，本题投影到 xz 平面的力系是平面任意力系，投影到 yz 与 xy 平面的力系是平面平行力系。

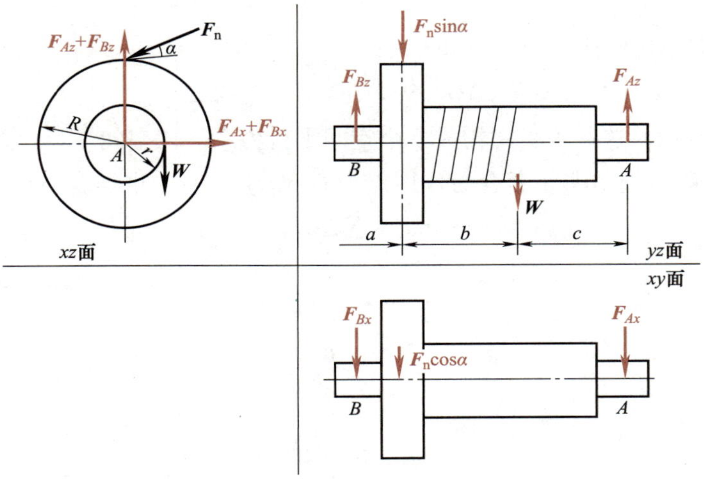

图 3-10 例 3-6 图（2）

在 xz 平面中通过对点 A 列矩平衡方程 $\sum M_A(\boldsymbol{F}_i)=0$ 即可求出 $\boldsymbol{F}_n$ 的大小，$F_nR\cos\alpha-Wr=0$，代入数据后解得 $F_n=5.32\text{kN}$。$\boldsymbol{F}_n$ 的大小求出后就意味着在 yz 与 xy 上都只有两个未知量，对于平面平行力系，只需要两个独立平衡方程，问题显然可解，运算的结果也必然和前面的结果相同。读者可自行列出平面中的平衡方程加以求解，并对前面的结果加以验证。空间问题通过向平面进行投影的平面化处理是一种常见的解决空间力系问题的方法。在实际问题中，也可通过三个受力投影图中的一个或两个与空间受力图结合起来使用。

第五节　物体的重心

一、重心的概念

日常生活与工程实际中都会遇到需要考虑重力及重心位置的问题。例如，我们用两轮手推车推重物，当物体的重心正好与车轮轴线在同一铅垂面内时，就会比较省力；起重机起吊重物时，吊钩必须位于被吊物体重心的上方，才能在起吊过程中使物体保持平衡的稳定；机械设备中高速旋转的构件，如电动机转子、砂轮、飞轮等，都要求它们的重心位于转动轴线上，否则就会引起机器剧烈的振动，甚至引起构件破坏，造成事故。由此可见重心与平衡稳定、安全生产有着密切的关系。当然我们也可以利用重心的偏移形成振源，从而制造振动打夯机、混凝土捣实机等来满足生产上的需要。

地球上的物体内各质点都受到地球的吸引力，这些力可近似地看成一个空间平行力系。该力系的合力 $\boldsymbol{G}$ 称为物体的重力。不论物体怎样放置，这些平行力的合力作用点总是一个确定的点，这个点就称为物体的**重心**。

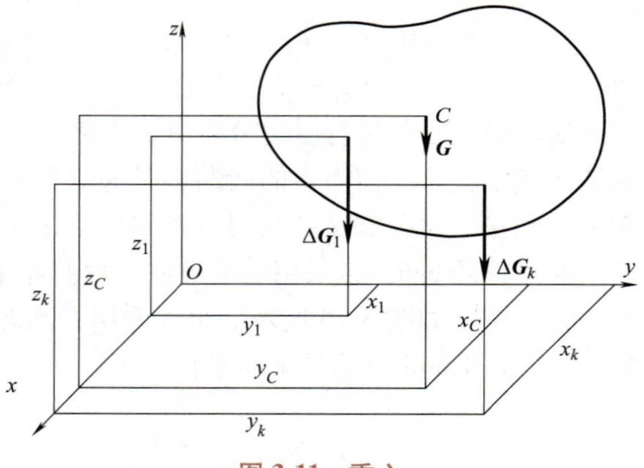

图 3-11　重心

设物体由许多小块组成，每一小块都受到地球的吸引，其吸引力为 $\Delta\boldsymbol{G}_1,\Delta\boldsymbol{G}_2,\cdots,\Delta\boldsymbol{G}_n$，如图 3-11 所示，这些吸引力构成一个空间平行力系。该空间平行力系的合力 $\boldsymbol{G}$，就是该物体的重力，即 $\boldsymbol{G}=\sum\Delta\boldsymbol{G}_k$。若合力作用点为 $C(x_C,y_C,z_C)$，根据合力矩定理，对 y 轴有

$$Gx_C=\sum\Delta G_kx_k$$

求得

$$x_C=\frac{\sum\Delta G_kx_k}{G} \tag{3-13a}$$

同理，对 x 轴有

$$y_C=\frac{\sum\Delta G_ky_k}{G} \tag{3-13b}$$

若将物体连同坐标系绕 x 轴逆时针方向转过 90°，再对 x 轴应用合力矩定理，则可得

$$z_C=\frac{\sum \Delta G_k z_k}{G} \tag{3-13c}$$

点 C 为重力作用点，就是物体的重心。式（3-13a）、式（3-13b）和式（3-13c）即为重心的坐标公式。

若物体为均质体，重力密度为 γ，体积为 V，则 $G=\gamma V$，$\Delta G_k=\gamma\Delta V_k$，代入式（3-13a）、式（3-13b）和式（3-13c），可得

$$x_C=\frac{\sum \Delta V_k x_k}{V},\ y_C=\frac{\sum \Delta V_k y_k}{V},\ z_C=\frac{\sum \Delta V_k z_k}{V} \tag{3-14}$$

可见，均质物体的重心位置完全取决于物体的形状。所以均质物体的重心与其形状中心，即形心，位置重合。

如果物体是均质等厚平板，在式（3-14）中可以消去板的厚度，则其形心坐标为

$$x_C=\frac{\sum \Delta A_k x_k}{A},\ y_C=\frac{\sum \Delta A_k y_k}{A},\ z_C=\frac{\sum \Delta A_k z_k}{A} \tag{3-15}$$

式（3-15）的第二式也可写成 $\sum \Delta A_k y_k=y_C A$ 的形式，称为图形对 x 轴的**静矩**。式（3-15）表明，图形对某轴的静矩等于该图形对此轴静矩的代数和；还可知，若 x 轴通过图形的形心，则 $y_C=0$，该图形对 x 轴的静矩为零。相反，若图形对 x 轴的静矩为零，必有 $y_C=0$，即 x 轴通过图形的形心。由此可得出结论：

1）若某轴通过图形的形心，则图形对该轴的静矩必为零。

2）若图形对某轴的静矩为零，则该轴必通过图形的形心。

二、重心及形心位置的计算

对于均质物体，若在几何形体上具有对称面、对称轴或对称点，则物体的重心或形心亦必在此对称面、对称轴或对称点上。若物体具两个对称面，则重心在两个对称面的交线上；若物体有两个对称轴，则重心在两个对称轴的交点上。例如，球心是圆球的对称点，也就是它的重心或形心；矩形的形心就在它的两个对称轴的交点上。

运用以上规律，对于非对称图形可通过找到对称的因素来确定形心的位置。如图 3-12a 所示，对任意形状的△ABD，可将图形分隔成无数平行于底边 AB 的直线，每一条直线的形心在其对称点，即中点上，这些中点连起来形成一条形心迹线 DE；若以 BD 为底边，则又可找到另一条形心迹线 AH；依对称律，△ABD 的形心必在 DE 与 AH 交点 C 上。如图 3-12b 所示，对任意四边形 $ABDE$，第一次将其分成了两个三角形△ABD 和△ADE，分别找出三角形的形心 C_1 和 C_2，连接 C_1 和 C_2，得到一条迹线；第二次将其分成△ABE 和△DBE，连接这两个三角形的形心 C_3 和 C_4 可得到另一条迹线，两条迹线的交点 C 就是四边形 $ABDE$ 的形心。有些图形，采用负面积法确定形心位置更为简便。如图 3-12c 所示角钢的横截面，第一次将它划成以 C_3 和 C_4 两个形心为代表的矩形面积之和；第二次将它划成整个矩形 C_1 和虚线矩形 C_2 之差；连接 C_1C_2 迹线和 C_3C_4 迹线相交于点 C，即得到角钢截面的形心。读者不难将此法推广到任意组合图形的形心求法上。㊀

㊀ 以上方法是张秉荣教授在指导大型设备安装（为保持设备水平，设备重心必须与等厚地基的形心吻合）时现场所创，有实际的工程应用价值。

对于一般形状的均质物体，如果不能将其分割为规则的形状，就要利用积分的方法求其形心位置。将形体分割成无限多块微小的形体，在此极限情况下，式（3-13）、式（3-14）和式（3-15）均可写成积分形式。相应的重心公式为

$$x_C=\frac{\int_C x\mathrm{d}G}{G}\qquad y_C=\frac{\int_C y\mathrm{d}G}{G}\qquad z_C=\frac{\int_C z\mathrm{d}G}{G}\tag{3-16}$$

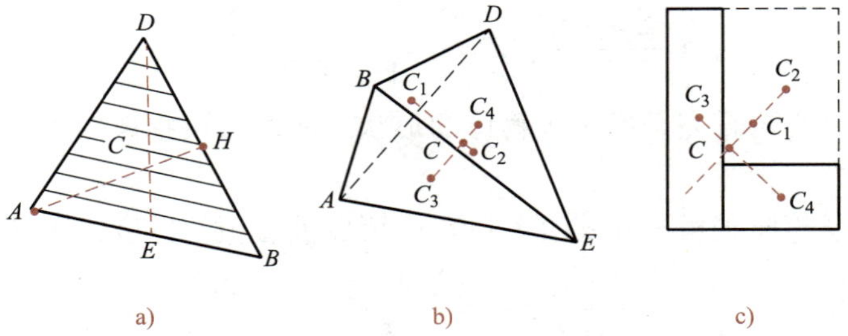

图 3-12　平面图形的形心

体积、面积等形心公式可依此类推。

机械设计手册中，给出了的常见基本几何形体的形心位置，表 3-1 列出了其中最常用的一部分。

表 3-1　基本平面图形的形心位置表

图形	形心位置	图形	形心位置
三角形 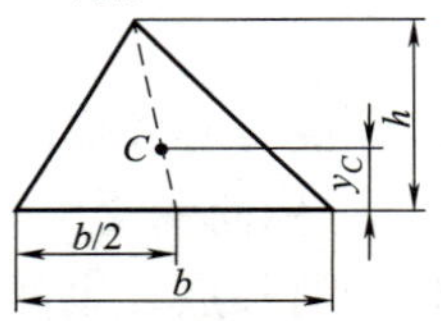	$y_C=\frac{h}{3}$ $A=\frac{1}{2}bh$	抛物线 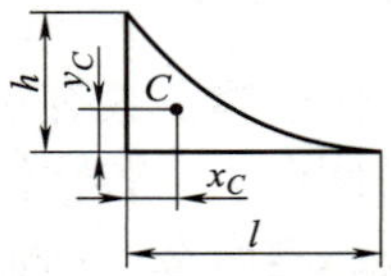	$x_C=\frac{1}{4}l$ $y_C=\frac{3}{10}b$ $A=\frac{1}{3}hl$
梯形 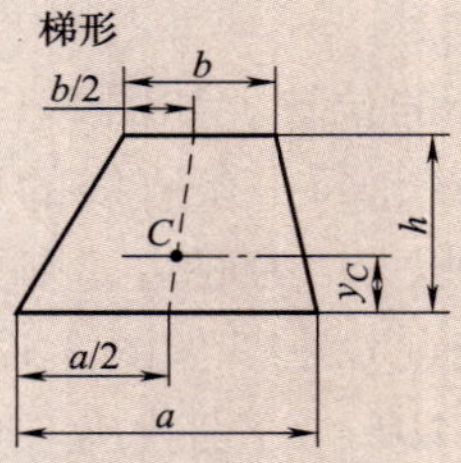	$y_C=\frac{h(a+2b)}{3(a+b)}$ $A=\frac{h}{2}(a+b)$	扇形 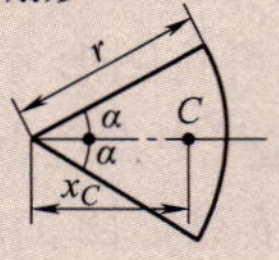	$x_C=\frac{2r\sin\alpha}{3\alpha}$ $A=\alpha r^2$ 半圆的 $\alpha=\frac{\pi}{2}$ $x_C=\frac{4r}{3\pi}$

机械和结构的零件往往由几个简单的基本形体组合而成，每个基本形体的形心位置可以根据对称判断或查表获得，这样整个形体的形心可用式（3-14）和式（3-15）求得。若某物体为一个基本形体挖去一部分后的残留体，则只需将被挖去的体积或面积看成负值，仍然可应用相同的方法求出形心。

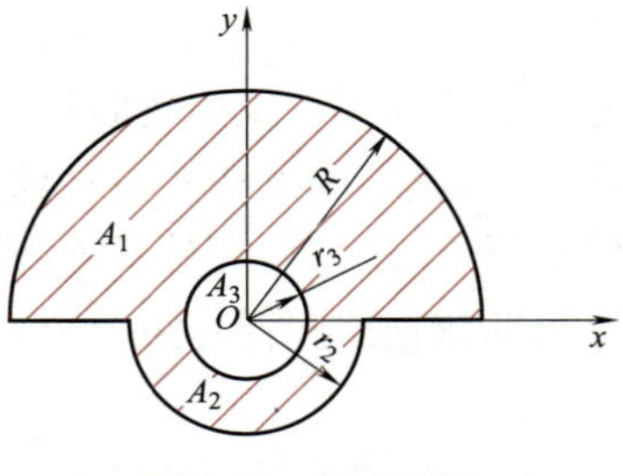

图 3-13　例 3-7 图

例 3-7　如图 3-13 的平面图形，按照图示坐标系求图形的形心位置。已知 $R=10\text{cm}$，$r_2=3\text{cm}$，$r_3=1.7\text{cm}$。

解 此平面图形可看成半径为 R 的半圆面 A_1、半径为 r_2 的半圆面 A_2 组成的图形中间挖去半径 r_3 的圆 A_3。

1）半圆面 A_1：$A_1=\dfrac{\pi R^2}{2}=157\text{cm}^2$，$y_1=\dfrac{4R}{3\pi}=4.24\text{cm}$。

2）半圆面 A_2：$A_2=\dfrac{\pi r_2^2}{2}=14\text{cm}^2$，$y_2=-\dfrac{4r_2}{3\pi}=-1.27\text{cm}$。

3）挖去的圆面积 A_3：$A_3=-\pi r_3^2=-9.1\text{cm}^2$，$y_3=0$。

图形关于 y 轴对称，重心 C 必在 y 轴上，所以 $x_C=0$，应用式（3-15）则可得

$$y_C=\frac{\sum A_i y_i}{\sum A_i}=\frac{A_1y_1+A_2y_2+A_3y_3}{A_1+A_2+A_3}=\frac{157\times4.24+14\times(-1.27)+(-9.1)\times0}{157+14+(-9.1)}\text{cm}=4\text{cm}$$

如物体的形状复杂或质量分布不均匀，其重心可通过实验来确定。实验通常有悬挂法和称重法两种。悬挂法如图 3-14 所示，将板悬挂于任一点 A，根据二力平衡公理，板的重力与绳的张力必在同一直线上，故形心一定在铅垂的挂绳延长线 AB 上；重复施用上述方法，将板挂于点 D，可得 DE 线。显而易见，平板的重心即为 AB 和 DE 的交点 C。对于形状复杂的零件、体积庞大的物体以及由许多构件组成的机械部件，常用称重法确定其重心的位置。如图 3-15 所示，连杆本身具有两个互相垂直的纵向对称面，其重心必在这两个对称平面的交线上，即连杆的中心线 AB 上。其重心在 x 轴上的位置可用下述方法确定：先称出连杆重量 G，然后将连杆的一端置于固定点 A 上，另一端支承于磅秤上，使中心线 AB 处于水平位置，读出磅秤读数 F_B，并量出两支点间的水平距离 l，则由

$$\sum M_A(\boldsymbol{F}_i)=0,\ F_Bl-Gx_C=0$$

可得

$$x_C=\frac{F_Bl}{G}$$

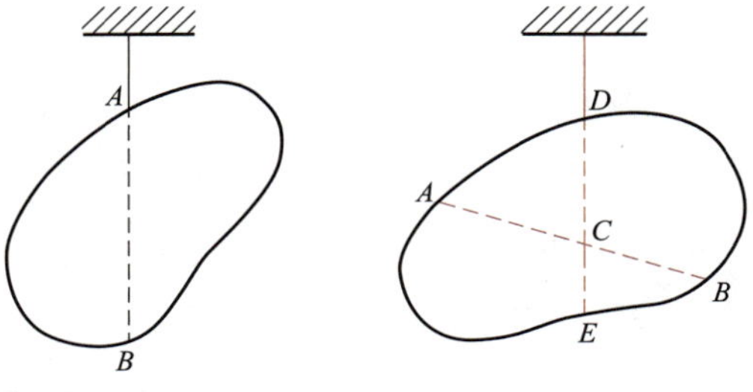

图 3-14 悬挂法

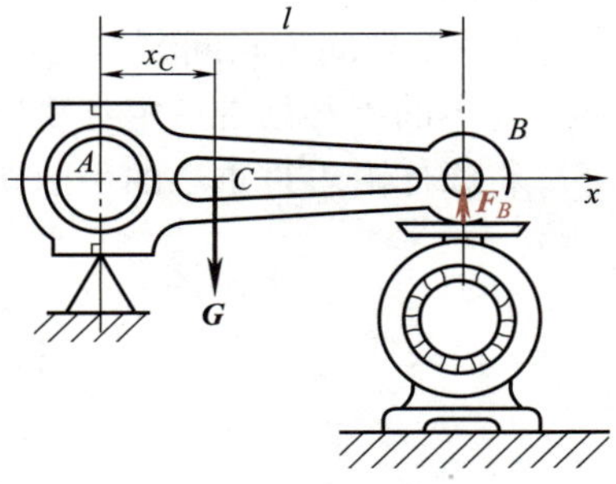

图 3-15 称重法

本 章 小 结

1. 空间力系的两项基本运算

（1）计算力在直角坐标轴上的投影

1）直接投影法：如已知力 $\boldsymbol{F}$ 及其与 x、y、z 轴之间的夹角分别为 α、β、γ，则有

$$F_x = F\cos\alpha,\ F_y = F\cos\beta,\ F_z = F\cos\gamma$$

2）二次投影法：通过 $\boldsymbol{F}$ 向坐标面上的投影，再向坐标轴投影。

（2）计算力对轴之矩

应用式 $M_z(\boldsymbol{F}) = M_O(\boldsymbol{F}_{xy})$，将空间问题中力对轴之矩转化为与轴垂直平面内的分力对轴与该面交点之矩来计算。

如果力的作用线与轴线共面，那么力对此轴之矩为 0。

2. 空间力系平衡问题的两种解法

1）应用空间力系的六个独立平衡方程式，直接求解。

2）空间问题的平面解法。将物体与力一起投影到三个坐标平面，化为三个平面力系去求解。

3. 物体重心与图形形心的求法

1）重心与形心的基本公式均由合力矩定理导出。

2）均质物体在地球表面附近的重心和形心位置重合。规则形状均质形体之重心、形心可在有关工程手册中查取；组合图形的形心通过计算公式求解。

3）非均质、形状复杂的物体，或多件组合的物体，可采用悬挂法或称重法确定其重心位置。

思 考 题

3-1　设力 $\boldsymbol{F}$ 与 x 轴所成夹角为 α，何种情况下 $F_x = F\sin\alpha$？此时 F_x 为多少？

3-2　已知力 $\boldsymbol{F}$ 的大小及其与 x 轴的夹角为 α 以及它与 y 轴的夹角 β，此种情况下能否算出 $\boldsymbol{F}$ 的大小？

3-3　空间力系问题可转化为三个平面力系问题，每个平面力系问题都可列出三个平衡方程式，为什么空间力系问题解决不了 9 个未知量？

3-4　物体的重心是否一定在物体的内部？

3-5　将物体沿着过重心的平面切开，两边是否等重？

习　　题

3-1　已知在边长为 a 的正六面体上作用有三个力，其中 $F_1 = 6\text{kN}$，$F_2 = 4\text{kN}$，$F_3 = 2\text{kN}$，如题 3-1 图所示。计算各力在三坐标轴上的投影。

3-2　如题 3-2 图所示，不计自重的三杆 AO、BO、CO 铰接于点 O，且 A、B、C 三处与墙体铰接，在点 O 悬挂重力 $G = 1\text{kN}$ 的重物。已知 $\alpha = 30°$，$\beta = 45°$，求三支承杆的内力。

习题 3-2 精讲

3-3　如题 3-3 图所示，在水平转盘 A 处作用大小 $F = 1\text{kN}$ 的力，$\boldsymbol{F}$ 作用在与转盘垂直的平面内，且与过点 A 的切线成夹角 $\alpha = 60°$，OA 与 y 轴的夹角 $\beta = 45°$，$h = r = 1\text{m}$。计算力 $\boldsymbol{F}$ 在图示三个坐标轴上的投影以及对三个轴之矩。

3-4　如题 3-4 图所示，力 $\boldsymbol{F}_1$、$\boldsymbol{F}_2$ 作用于点 B，已知 $F_1=500\text{N}$，$F_2=600\text{N}$。求 1）两个力的合力；2）合力对坐标轴 x、y、z 之矩。

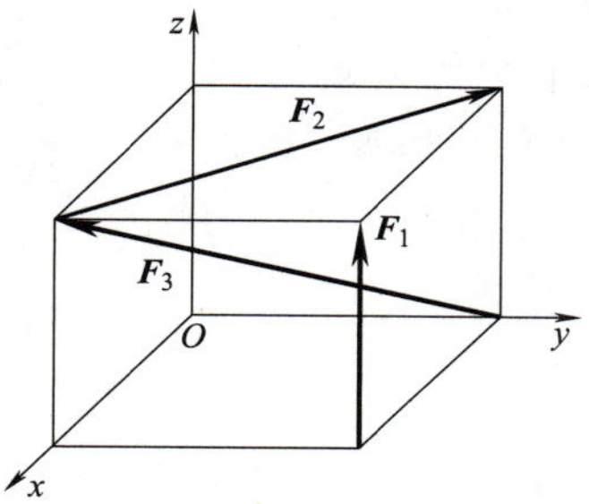

题 3-1 图

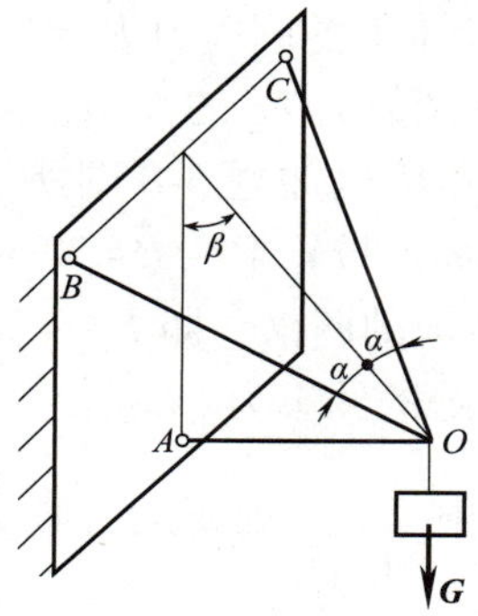

题 3-2 图

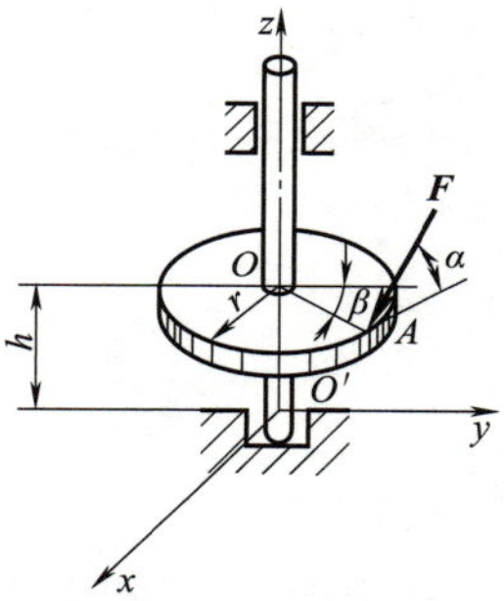

题 3-3 图

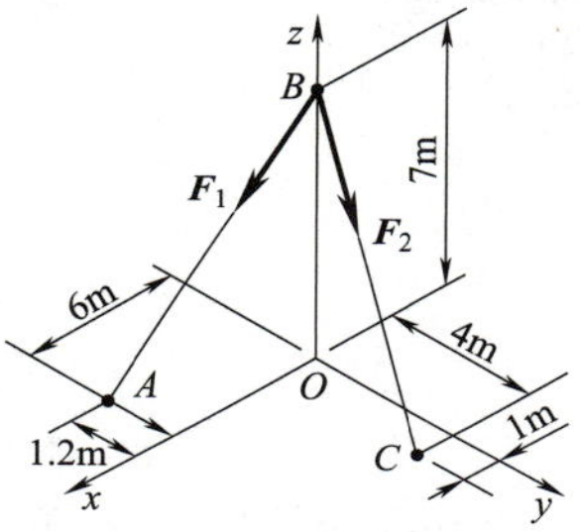

题 3-4 图

习题 3-4 精讲

3-5　简易起重机如题 3-5 图所示，已知 $\overline{AD}=\overline{DB}=1\text{m}$，$\overline{CD}=1.5\text{m}$，$\overline{CM}=1\text{m}$，$\overline{ME}=4\text{m}$，$\overline{MS}=0.5\text{m}$，起重机自重 $G_1=100\text{kN}$，起吊重物的重力 $G_2=10\text{kN}$。求 A、B、C 三轮对地面的压力。

3-6　如题 3-6 图所示矩形支撑板 $ABCD$ 可绕轴线 AB 转动，用杆 DE 支撑成水平位置。撑杆 DE 两端铰接，搁板连同其上重物的总重 $G=800\text{N}$，并通过矩形板的几何中心。已知 $\overline{AB}=1.5\text{m}$，$\overline{AD}=0.6\text{m}$，$\overline{AK}=\overline{BH}=0.25\text{m}$，$\overline{ED}=0.75\text{m}$。不计杆自重，求撑杆的内力及 H、K 处的约束力。

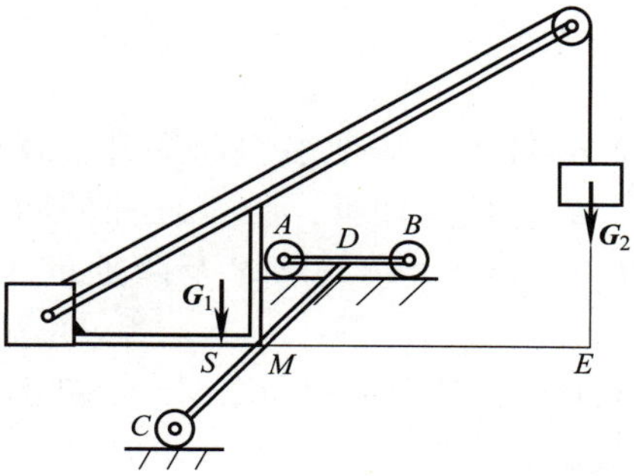

题 3-5 图

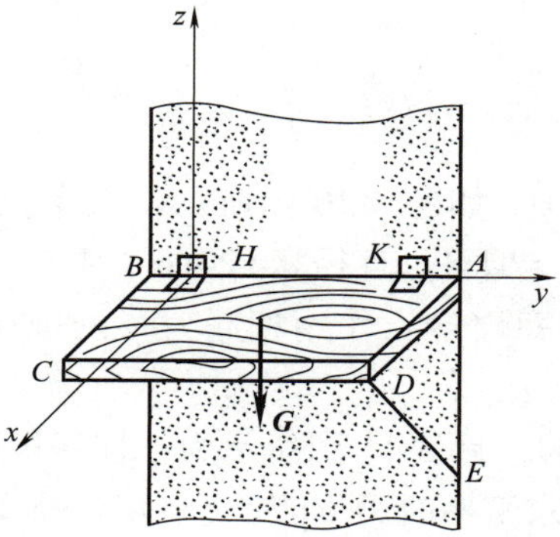

题 3-6 图

3-7　变速箱中间装有两直齿圆柱齿轮，其分度圆半径 $r_1=100\text{mm}$，$r_2=72\text{mm}$，啮合点分别在两齿轮的最低与最高位置，如题 3-7 图所示。已知齿轮压力角 $\alpha_2=20°$，在齿轮 1 上的圆周力 $F_1=1.58\text{kN}$。试求当轴匀速旋转时，作用于齿轮 2 上的圆周力 $\boldsymbol{F}_2$ 的大小，以及轴承 A、B 处的约束力。

习题 3-8 精讲

3-8　电动卷扬机如题 3-8 图所示。胶带与水平线的夹角为 30°，鼓轮半径 $r=10\text{cm}$，带轮半径 $R=20\text{cm}$，起吊重物重 $G=10\text{kN}$。设带紧边拉力为松边拉力的两倍，即 $F_{T1}=2F_{T2}$，其余尺寸见图。试求带的拉力及轴承 A、B 处的约束力。

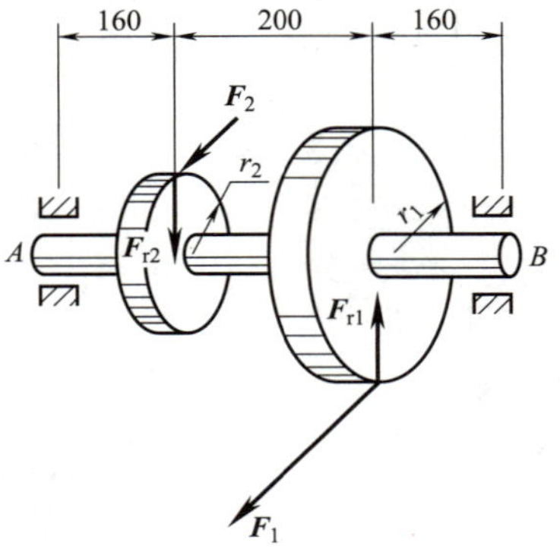

题 3-7 图

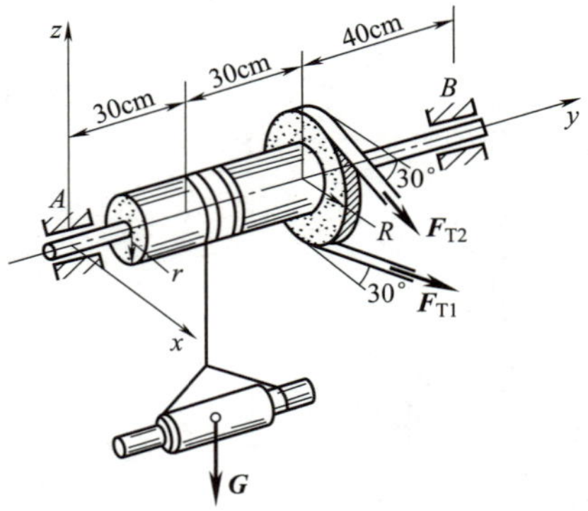

题 3-8 图

3-9　题 3-9 图所示为一绞车的正、侧视图。已知 $G=2\text{kN}$，求垂直作用于手柄的力 $\boldsymbol{F}$ 多大才能保持平衡？求平衡时两轴承 A、B 处的约束力。

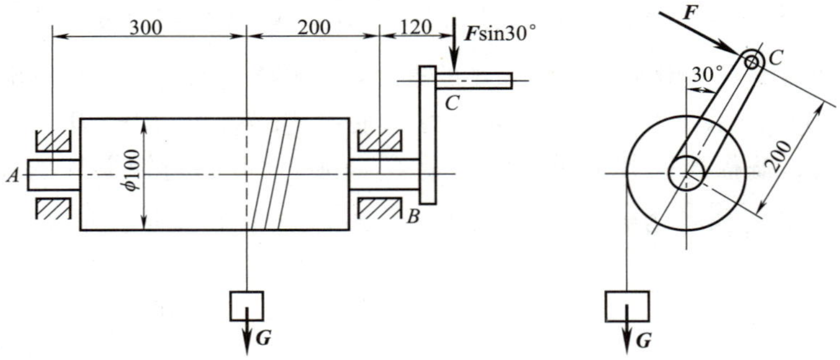

题 3-9 图

3-10　如题 3-10 图所示，绞车拉动重 $G_1=10\text{kN}$ 的货车匀速地沿斜面提升，绞车鼓轮自重 $G_2=1\text{kN}$，直径 $d=24\text{cm}$，A 为径向推力轴承，B 为径向轴承，十字杠杆的四臂各长 1m，在每臂端点作用相同大小的圆周力，即 $F_1=F_2=F_3=F_4=F$。求 F 及两轴承 A、B 处的约束力。

3-11　题 3-11 图所示为一杠杆机构。若已知 $F=200\text{N}$，其余尺寸如图所示。杆的重力不计，试求平衡时力 $\boldsymbol{F}_1$ 的大小及两轴承 A、B 处的约束力。

3-12　如题 3-12 图所示的踏板刹车机构，若作用在踏板上的铅垂力 $\boldsymbol{F}$ 能使位于铅垂未知的连杆上产生拉力 $\boldsymbol{F}_{\mathrm{T}}=400\mathrm{N}$，求此时轴承 A、B 上的约束力。各构件自重不计，相关尺寸见图。

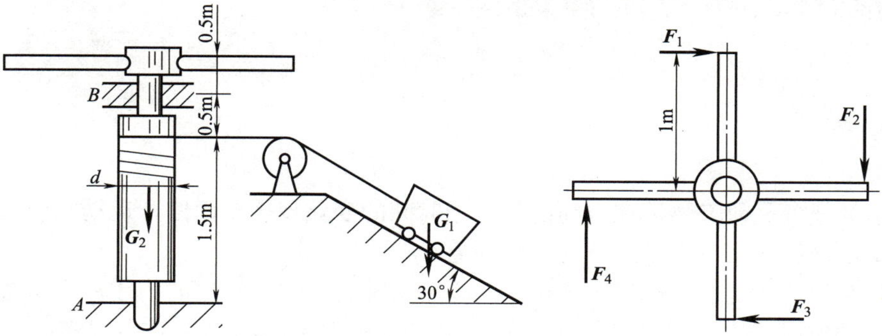

题 3-10 图

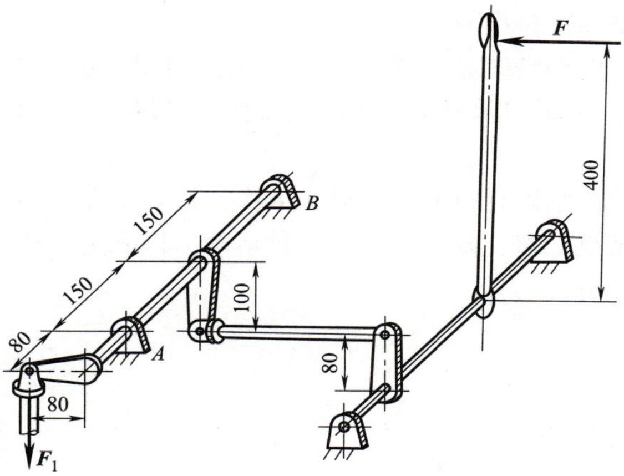

题 3-11 图

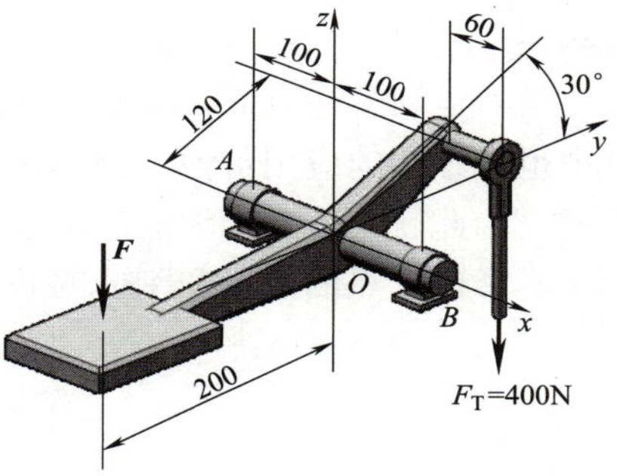

题 3-12 图

3-13　求题 3-13 图所示各平面图形的形心位置。

3-14　如题 3-14 图所示，均质曲杆尺寸均已知，求此曲杆重心坐标。

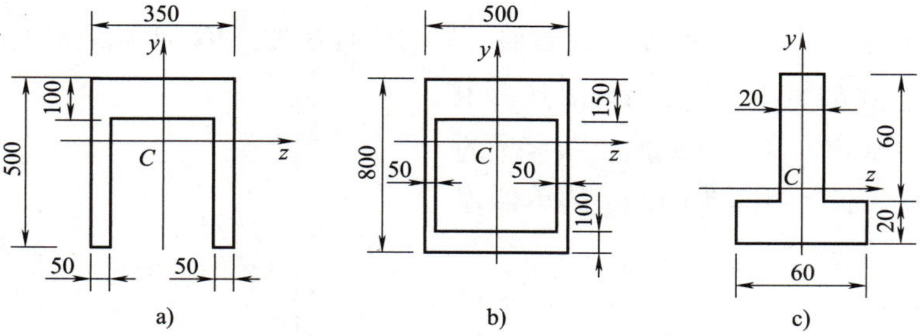

题 3-13 图

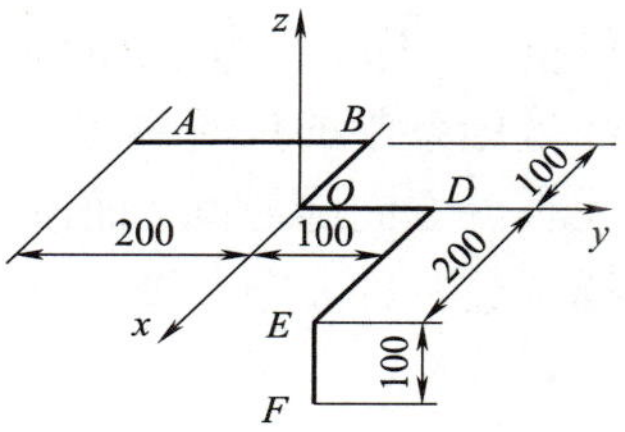

题 3-14 图

第四章
点的运动与刚体的基本运动

运动学的任务是研究物体在空间的位置随时间的变化规律，而撇开运动状态发生变化的原因。点是运动物体在一定条件下的力学抽象。

物体在空间的位置必须相对于某给定的物体来确定。这个给定的物体称为**参考体**。固连在参考体上的坐标系称为参考坐标系，简称**参考系**。在不同的参考系中观察同一物体的运动，其结果可以完全不同，所以运动具有**相对性**。对于大多数的工程实际问题，总是将固连在地球上的坐标系作为参考系，称为**静参考系**或**定参考系**。

在描述物体在空间的位置和运动时，常需明确瞬时和时间间隔两个概念。**瞬时**是指物体运动经过某一位置所对应的时刻，用 t 表示；**时间间隔**则是两瞬时之间的一段时间，记为 $\Delta t=t_2-t_1$。

学习运动学一方面是为学习动力学和其他后续课程打基础；另一方面，运动学在实际工程中也有独立的应用价值，例如在设计或改装机器时，要求它实现某种运动，以满足生产的需要，为此就必须对物体的运动进行分析和综合。

本章讨论点的运动和刚体的基本运动。

第一节　点的运动

一、矢径表示

1. 点的运动方程

如图 4-1 所示，动点 M 相对某参考系 $Oxyz$ 做曲线运动，如由坐标系原点 O 向动点 M 作矢量 $\boldsymbol{r}=\overrightarrow{OM}$，这个矢量称为动点 M 的**矢径**（或位矢）。动点 M 在坐标系中的位置由矢径 $\boldsymbol{r}$ 惟一确定。动点运动时，矢径 $\boldsymbol{r}$ 的大小、方向随时间 t 而改变，故矢径 $\boldsymbol{r}$ 可写为时间 t 的单值连续函数，即

$$\boldsymbol{r}=\boldsymbol{r}(t) \tag{4-1}$$

式（4-1）是动点 M 以矢径形式表达的**运动方程**，其矢端曲线即为动点的**运动轨迹**。

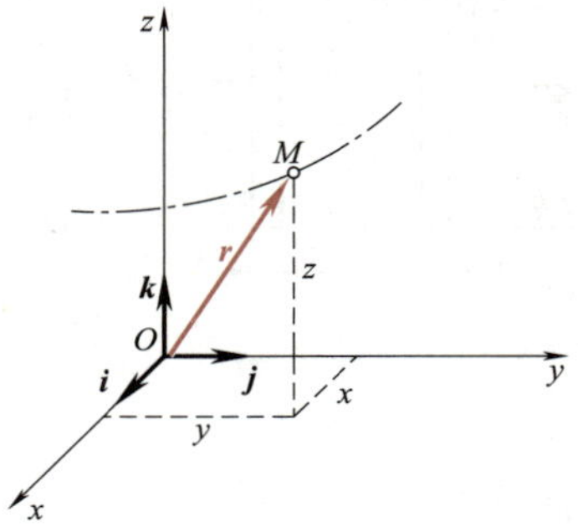

图 4-1　点的运动

2. 点的速度

速度是表示动点的位置随时间变化的物理量，它表示动点运动的快慢和方向。设在某瞬时 t，动点位于 M 处，其矢径为 $\boldsymbol{r}(t)$，经过 Δt 时间后，动

点运动到M'处，其矢径为$\boldsymbol{r}(t+\Delta t)$，如图 4-2 所示。显然动点在 Δt 时间内的位移为$\overrightarrow{MM'}=\Delta\boldsymbol{r}=\boldsymbol{r}(t+\Delta t)-\boldsymbol{r}(t)$，所以动点在 Δt 时间间隔内的平均速度为

$$\boldsymbol{v}_{\mathrm{m}}=\frac{\Delta\boldsymbol{r}}{\Delta t}=\frac{\boldsymbol{r}(t+\Delta t)-\boldsymbol{r}(t)}{\Delta t}$$

当 $\Delta t\to 0$ 时，平均速度$\boldsymbol{v}_{\mathrm{m}}$ 的极限就是动点 M 在瞬时 t 的速度，即

$$\boldsymbol{v}=\lim_{\Delta t\to 0}\frac{\boldsymbol{r}(t+\Delta t)-\boldsymbol{r}(t)}{\Delta t}=\frac{\mathrm{d}\boldsymbol{r}}{\mathrm{d}t} \tag{4-2}$$

即动点的速度等于动点的矢径对时间的一阶导数。

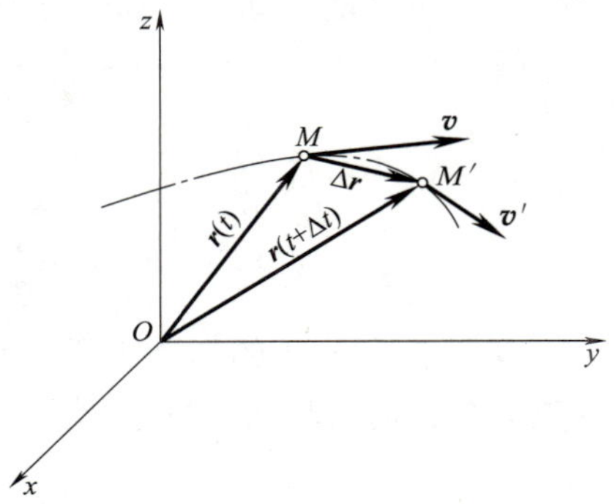

图 4-2　点的速度

动点的速度是矢量，动点速度方向为其轨迹曲线在点 M 的切线方向并指向运动的一方。速度的单位为 m/s。

3. 点的加速度

加速度是表示点的运动速度对时间变化率的物理量。设在某瞬时 t，动点位于 M 处，速度为$\boldsymbol{v}$，经过时间间隔 Δt，点运动到 M'处，速度为$\boldsymbol{v}'$，如图 4-2 所示。在时间间隔 Δt，动点速度的改变量为 $\Delta\boldsymbol{v}=\boldsymbol{v}'-\boldsymbol{v}$，$\Delta\boldsymbol{v}$ 与对应时间间隔 Δt 的比值 $\Delta\boldsymbol{v}/\Delta t$ 表示点在 Δt 时间间隔内速度的平均变化率，称为平均加速度，即 $\boldsymbol{a}_{\mathrm{m}}=\Delta\boldsymbol{v}/\Delta t$。当 $\Delta t\to 0$，平均加速度 $\boldsymbol{a}_{\mathrm{m}}$ 的极限就是动点 M 在瞬时 t 的加速度，即

$$\boldsymbol{a}=\lim_{\Delta t\to 0}\frac{\Delta\boldsymbol{v}}{\Delta t}=\frac{\mathrm{d}\boldsymbol{v}}{\mathrm{d}t}=\frac{\mathrm{d}^2\boldsymbol{r}}{\mathrm{d}t^2} \tag{4-3}$$

式（4-3）表明，点的加速度等于它的速度对时间的一阶导数，或等于它的矢径对时间的二阶导数。加速度的单位为 $\mathrm{m/s^2}$。

二、直角坐标表示

通过动点的位置、速度、加速度矢量在直角坐标轴上的投影，将其相关的矢量形式变为代数形式，则便于运算，在工程实际应用广泛。

1. 点的直角坐标运动方程

由矢径表示可知，动点 M 的位置可由其矢径 $\boldsymbol{r}$ 确定。若在原点 O 取直角坐标系 $Oxyz$，如图 4-1 所示，$\boldsymbol{i}$、$\boldsymbol{j}$、$\boldsymbol{k}$ 分别为沿 x、y、z 三个坐标轴正向的单位矢量，则矢径 $\boldsymbol{r}$ 可表示为

$$\boldsymbol{r}=x\boldsymbol{i}+y\boldsymbol{j}+z\boldsymbol{k} \tag{4-4}$$

坐标 x、y、z 也是时间的单值连续函数，即

$$\left.\begin{aligned}x&=f_1(t)\\y&=f_2(t)\\z&=f_3(t)\end{aligned}\right\} \tag{4-5}$$

式（4-5）是点的直角坐标形式的运动方程，也是点的轨迹的参数方程，若消去时间参数 t，可以得到轨迹方程。

例 4-1　如图 4-3 所示，椭圆规机构中，已知长 l 的连杆 AB 两端分别与滑块铰接，滑块可在两互相垂直的导轨内滑动，角度 $\alpha=\omega t$，ω 是一个常数。连杆上有一点 M，其位置 $AM=$

$2l/3$，求点 M 的运动方程和轨迹方程。

解 如图 4-3 所示，以垂直导轨的交点为原点，作直角坐标系 Oxy，得

$$x(t)=\frac{2}{3}l\cos\alpha=\frac{2}{3}l\cos\omega t$$

$$y(t)=\frac{1}{3}l\sin\alpha=\frac{1}{3}l\sin\omega t$$

以上就是点 M 的运动方程，在上述方程中利用三角函数关系，消去时间变量 t，有

$$\frac{x^2}{4}+y^2=\frac{l^2}{9}$$

结果表明，动点 M 的运动轨迹为一椭圆。

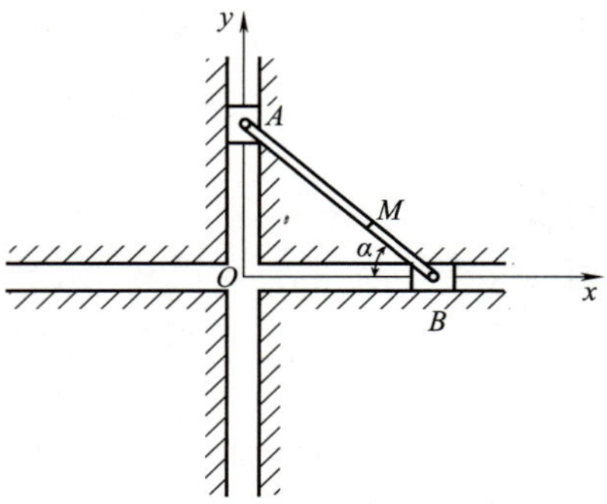

图 4-3 例 4-1 图

2. 点的速度在直角坐标轴上的投影

将式（4-4）代入式（4-2），得

$$\boldsymbol{v}=\frac{\mathrm{d}\boldsymbol{r}}{\mathrm{d}t}=\frac{\mathrm{d}}{\mathrm{d}t}(x\boldsymbol{i}+y\boldsymbol{j}+z\boldsymbol{k})=\frac{\mathrm{d}x}{\mathrm{d}t}\boldsymbol{i}+\frac{\mathrm{d}y}{\mathrm{d}t}\boldsymbol{j}+\frac{\mathrm{d}z}{\mathrm{d}t}\boldsymbol{k} \tag{4-6}$$

即速度在坐标轴上以投影分量的形式可写成

$$\boldsymbol{v}=v_x\boldsymbol{i}+v_y\boldsymbol{j}+v_z\boldsymbol{k} \tag{4-7}$$

其中

$$v_x=\frac{\mathrm{d}x}{\mathrm{d}t},\ v_y=\frac{\mathrm{d}y}{\mathrm{d}t},\ v_z=\frac{\mathrm{d}z}{\mathrm{d}t} \tag{4-8}$$

式（4-8）表明，动点速度在各坐标轴上的投影，分别等于对应的位置坐标对时间的一阶导数。

速度的大小及方向余弦为

$$\left.\begin{array}{r}v=\sqrt{v_x^2+v_y^2+v_z^2}\\ \cos(\boldsymbol{v},\boldsymbol{i})=\dfrac{v_x}{v},\ \cos(\boldsymbol{v},\boldsymbol{j})=\dfrac{v_y}{v},\ \cos(\boldsymbol{v},\boldsymbol{k})=\dfrac{v_z}{v}\end{array}\right\} \tag{4-9}$$

3. 点的加速度在直角坐标轴上的投影

将式（4-7）代入式（4-3），由于 $\boldsymbol{i}$、$\boldsymbol{j}$、$\boldsymbol{k}$ 是方向不变的单位矢量，得

$$\boldsymbol{a}=\frac{\mathrm{d}\boldsymbol{v}}{\mathrm{d}t}=\frac{\mathrm{d}}{\mathrm{d}t}(v_x\boldsymbol{i}+v_y\boldsymbol{j}+v_z\boldsymbol{k})=\frac{\mathrm{d}v_x}{\mathrm{d}t}\boldsymbol{i}+\frac{\mathrm{d}v_y}{\mathrm{d}t}\boldsymbol{j}+\frac{\mathrm{d}v_z}{\mathrm{d}t}\boldsymbol{k}=\frac{\mathrm{d}^2x}{\mathrm{d}t^2}\boldsymbol{i}+\frac{\mathrm{d}^2y}{\mathrm{d}t^2}\boldsymbol{j}+\frac{\mathrm{d}^2z}{\mathrm{d}t^2}\boldsymbol{k} \tag{4-10}$$

即加速度在坐标轴上以投影分量的形式可写成

$$\boldsymbol{v}=a_x\boldsymbol{i}+a_y\boldsymbol{j}+a_z\boldsymbol{k} \tag{4-11}$$

其中

$$a_x=\frac{\mathrm{d}v_x}{\mathrm{d}t}=\frac{\mathrm{d}^2x}{\mathrm{d}t^2},\ a_y=\frac{\mathrm{d}v_y}{\mathrm{d}t}=\frac{\mathrm{d}^2y}{\mathrm{d}t^2},\ a_z=\frac{\mathrm{d}v_z}{\mathrm{d}t}=\frac{\mathrm{d}^2z}{\mathrm{d}t^2} \tag{4-12}$$

式（4-12）表明，动点加速度在各坐标轴上的投影，分别等于对应的速度投影对时间的一阶导数，或等于对应的位置坐标对时间的二阶导数。

加速度的大小及方向余弦为

$$\left.\begin{aligned}a=\sqrt{a_x^2+a_y^2+a_z^2}\\ \cos(\boldsymbol{a},\boldsymbol{i})=\frac{a_x}{a},\ \cos(\boldsymbol{a},\boldsymbol{j})=\frac{a_y}{a},\ \cos(\boldsymbol{a},\boldsymbol{k})=\frac{a_z}{a}\end{aligned}\right\}\tag{4-13}$$

例 4-2　摆动导杆机构如图 4-4 所示，已知 $\varphi=\omega t$，其中 ω 是一个常数。点 O 到滑杆 CD 间的距离为 l。求滑杆上销 A 的运动方程、速度方程和加速度方程。

解　取直角坐标系如图 4-4 所示。销 A 与滑杆一起沿水平轨道运动，其运动方程为

$$x=l\tan\varphi=l\tan\omega t,\quad y=l$$

将运动方程对时间 t 求导，得销 A 的速度方程

$$v_{Ax}=\frac{\mathrm{d}x}{\mathrm{d}t}=\frac{\omega l}{\cos^2\omega t},\quad v_{Ay}=\frac{\mathrm{d}y}{\mathrm{d}t}=0$$

将速度方程对时间 t 求导，得销 A 的加速度方程

$$a_{Ax}=\frac{\mathrm{d}}{\mathrm{d}t}v_{Ax}=\frac{2\omega^2 l\sin\omega t}{\cos^3\omega t},\quad a_{Ay}=0$$

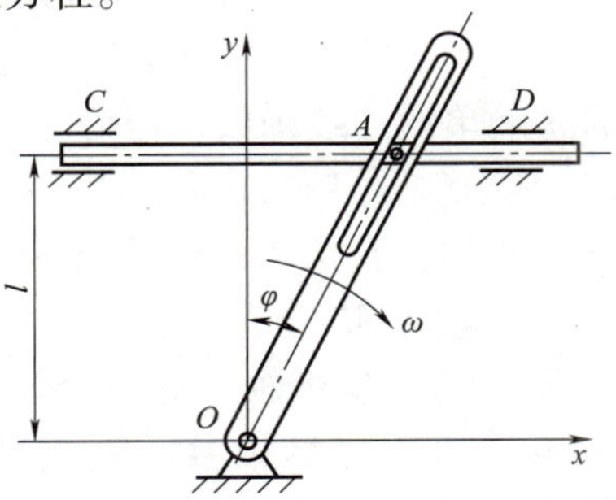

图 4-4　例 4-2 图

例 4-3　提升重物的装置如图 4-5 所示，绕过滑轮 C 的绳子，一端挂着重物 B，另一端 A 由小车拉着沿水平方向做匀速直线运动，速度 $v_0=1\mathrm{m/s}$，水平位移 $\overline{AA_0}=v_0t$。A 端到地面的高度 $h=1\mathrm{m}$。滑轮 C 离地面的高度 $H=9\mathrm{m}$，不计滑轮半径及重物尺寸。运动开始时，重物在 B_0 处，绳的 AC 段在铅直位置 A_0C 处。求重物 B 上升的运动方程、速度和加速度方程以及重物上升到架顶所需的时间。

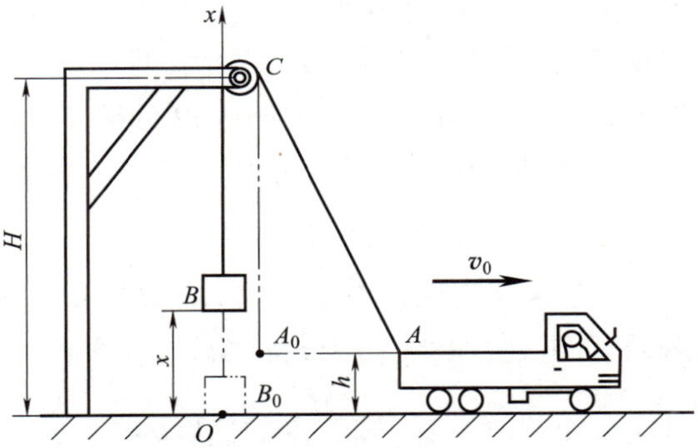

图 4-5　例 4-3 图

解　以地面 B_0 处为坐标系原点 O，作 x 轴铅垂向上，如图 4-5 所示。设在瞬时重物 B 的坐标为 x，因绳保持长度不变，故绳绕过轮 C 拉过的长度等于重物 B 上升的高度，即

$$x=\overline{BB_0}=\overline{CA}-\overline{CA_0}$$

在 $\triangle AA_0C$ 中，有 $\overline{AA_0}=v_0t$，$\overline{CA_0}=H-h=8\mathrm{m}$，求得

$$\overline{CA}=\sqrt{(\overline{CA_0})^2+(\overline{AA_0})^2}=\sqrt{64+t^2}$$

将 CA 及 CA_0 代入 x 的表达式，可得重物 B 上升的运动方程为

$$x=\sqrt{64+t^2}-8$$

对时间 t 求导，得到重物 B 的速度方程为

$$v=\frac{\mathrm{d}x}{\mathrm{d}t}=\frac{t}{\sqrt{64+t^2}}$$

再对时间 t 求一次导，得到重物 B 的加速度方程为

$$a=\frac{\mathrm{d}v}{\mathrm{d}t}=\frac{1}{\sqrt{64+t^2}}-\frac{t^2}{\sqrt{(64+t^2)^3}}$$

当重物 B 升到架顶部，$x=H=9\text{m}$，代入运动方程，可求得所需时间 $t=15\text{s}$。

三、自然坐标表示

1. 自然坐标与自然轴系

如图 4-6a 所示，当点的运动轨迹 AB 为已知时，工程上常以轨迹为坐标轴，并用动点到设定原点的弧长 s（弧坐标）来确定点的位置。当点 M 沿已知轨迹运动时，弧坐标 s 是时间 t 的单值连续函数，记为

$$s=f(t) \tag{4-14}$$

式（4-14）称为**以弧坐标表示的点的运动方程**。

以动点 M 为坐标原点，以轨迹上过点 M 的切线和法线为坐标轴，此正交坐标系称为**自然坐标轴系**，简称**自然轴系**。显然动点做曲线运动时，其自然轴系的指向是不断变化的。自然坐标的切向轴和法向轴的单位矢量一般分别用 $\boldsymbol{\tau}$ 和 $\boldsymbol{n}$ 表示。单位矢量 $\boldsymbol{\tau}$ 和 $\boldsymbol{n}$ 大小为 1，但方向随点在轨迹上的位置变化而变化，因此，在曲线运动中，它为变矢量，如图 4-6b 所示。当动点 M 的轨迹为空间曲线时，自然轴系还有一个与 $\boldsymbol{\tau}$ 和 $\boldsymbol{n}$ 相垂直的副法线轴，轴上单位矢量用 $\boldsymbol{b}$ 表示，其方向按右手法则由 $\boldsymbol{b}=\boldsymbol{\tau}\times\boldsymbol{n}$ 决定。

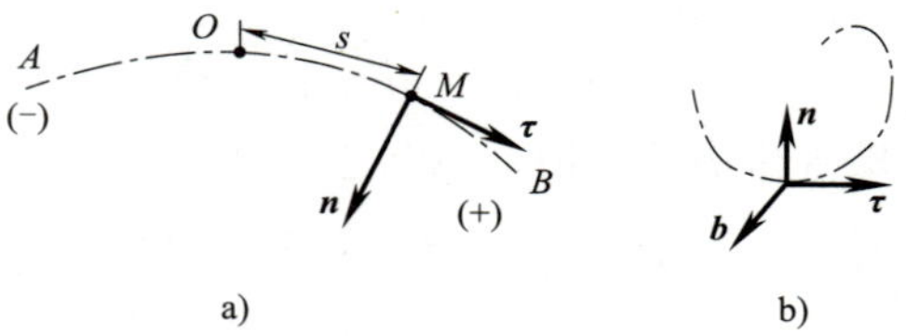

图 4-6 自然坐标

2. 自然坐标下动点的速度表示

如图 4-7 所示，在某瞬时 t，动点 M 的矢径为 $\boldsymbol{r}(t)$，经时间间隔 Δt，动点 M 沿已知轨迹运动至 M' 处，其矢径为 $\boldsymbol{r}(t+\Delta t)$。位矢的增量称位移，点 M 的位移 $\Delta\boldsymbol{r}$ 与弧坐标增量 Δs 相对应。由式（4-2）知，点的速度 $\boldsymbol{v}=\lim\limits_{\Delta t\to 0}\dfrac{\Delta\boldsymbol{r}}{\Delta t}$，分子、分母同时乘以 Δs，可得

$$\boldsymbol{v}=\lim_{\Delta t\to 0}\frac{\Delta\boldsymbol{r}}{\Delta s}\frac{\Delta s}{\Delta t}=\lim_{\Delta t\to 0}\frac{\Delta\boldsymbol{r}}{\Delta s}\lim_{\Delta t\to 0}\frac{\Delta s}{\Delta t}$$

当 $\Delta t\to 0$，$\Delta\boldsymbol{r}/\Delta s$ 的大小趋于 1，方向趋近于轨迹的切向，并指向弧坐标的正向，故 $\lim\limits_{\Delta t\to 0}\dfrac{\Delta\boldsymbol{r}}{\Delta s}=\boldsymbol{\tau}$，而 $\lim\limits_{\Delta t\to 0}\dfrac{\Delta s}{\Delta t}=\dfrac{\mathrm{d}s}{\mathrm{d}t}=v$，所以可得到速度在自然坐标下的表达为

$$\boldsymbol{v}=v\boldsymbol{\tau}=\frac{\mathrm{d}s}{\mathrm{d}t}\boldsymbol{\tau} \tag{4-15}$$

式（4-15）表明，速度在法向轴上的投影为零；在切向轴上的投影即速度的大小，其值等于点的弧坐标对时间的一阶导数，即

$$v=\frac{\mathrm{d}s}{\mathrm{d}t} \tag{4-16}$$

式（4-16）中，若 $\mathrm{d}s/\mathrm{d}t>0$，表明速度与 $\boldsymbol{\tau}$ 同向；若 $\mathrm{d}s/\mathrm{d}t<0$，则速度与 $\boldsymbol{\tau}$ 反向。当弧坐标表示的点的运动方程（4-14）为已知时，利用式（4-16）可直接求出点的速度大小并判断其方向。

3. 自然坐标下动点的加速度表示

将点的速度$\boldsymbol{v}=v\boldsymbol{\tau}$对时间求导，可得加速度的矢量表达，即

$$\boldsymbol{a}=\frac{\mathrm{d}}{\mathrm{d}t}(v\boldsymbol{\tau})=\frac{\mathrm{d}v}{\mathrm{d}t}\boldsymbol{\tau}+v\frac{\mathrm{d}\boldsymbol{\tau}}{\mathrm{d}t} \tag{4-17}$$

在任意瞬时 t，动点在 M 处的切向单位矢量为 $\boldsymbol{\tau}$，法向单位矢量为 $\boldsymbol{n}$，指向该处的曲率中心 C。其中 $\boldsymbol{\tau}$ 与轴 x 的夹角为 φ，如图 4-7 所示。点在运动，所以 $\boldsymbol{\tau}$ 和 $\boldsymbol{n}$ 都是关于时间的函数。

用 x、y 轴方向的单位矢量 $\boldsymbol{i}$、$\boldsymbol{j}$ 表示 $\boldsymbol{\tau}$ 和 $\boldsymbol{n}$，$\boldsymbol{\tau}=\cos\varphi\boldsymbol{i}+\sin\varphi\boldsymbol{j}$，$\boldsymbol{n}=-\sin\varphi\boldsymbol{i}+\cos\varphi\boldsymbol{j}$。将 $\boldsymbol{\tau}$ 对时间 t 求导，注意到 $\boldsymbol{i}$、$\boldsymbol{j}$ 是常矢量，可得

$$\frac{\mathrm{d}\boldsymbol{\tau}}{\mathrm{d}t}=\frac{\mathrm{d}\varphi}{\mathrm{d}t}(-\sin\varphi\boldsymbol{i}+\cos\varphi\boldsymbol{j})=\frac{\mathrm{d}\varphi}{\mathrm{d}t}\boldsymbol{n}$$

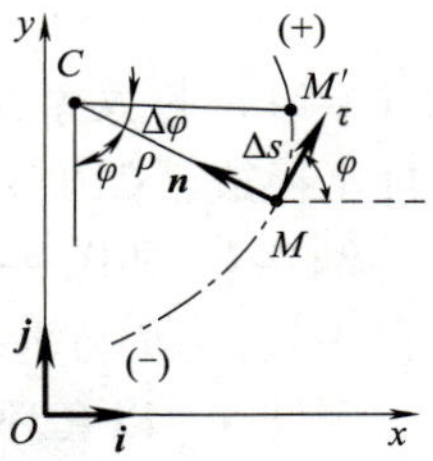

图 4-7　动点的加速度

当 $\Delta\varphi$ 很小时，曲线段$\overset{\frown}{MM'}$可看作以曲率中心 C 为圆心的一段圆弧，于是 $\Delta s=\rho\Delta\varphi$，其中 ρ 是轨迹在点 M 处的曲率半径。因而$\dfrac{\Delta s}{\Delta t}=\rho\dfrac{\Delta\varphi}{\Delta t}$，当 $\Delta t\to 0$ 时，有$\dfrac{\mathrm{d}s}{\mathrm{d}t}=\rho\dfrac{\mathrm{d}\varphi}{\mathrm{d}t}$。于是计算$\dfrac{\mathrm{d}\boldsymbol{\tau}}{\mathrm{d}t}=\dfrac{\mathrm{d}\varphi}{\mathrm{d}t}\boldsymbol{n}=\dfrac{1}{\rho}\dfrac{\mathrm{d}s}{\mathrm{d}t}\boldsymbol{n}=\dfrac{v}{\rho}\boldsymbol{n}$。将此结果代入式（4-17），有

$$\boldsymbol{a}=\frac{\mathrm{d}v}{\mathrm{d}t}\boldsymbol{\tau}+\frac{v^2}{\rho}\boldsymbol{n} \tag{4-18}$$

式（4-18）表明加速度有两个分量，第一个分量记为 $\boldsymbol{a}_{\mathrm{t}}$，称为**切向加速度**。

$$\boldsymbol{a}_{\mathrm{t}}=\frac{\mathrm{d}v}{\mathrm{d}t}\boldsymbol{\tau} \tag{4-19}$$

切向加速度表明的是速度大小的变化率，其大小 $a_{\mathrm{t}}=\dfrac{\mathrm{d}v}{\mathrm{d}t}$，方向沿轨迹的切线方向。当速度$\boldsymbol{v}$与切向加速度 $\boldsymbol{a}_{\mathrm{t}}$ 指向相同时，点做加速运动；反之，做减速运动。

式（4-18）中的第二个分量记为 $\boldsymbol{a}_{\mathrm{n}}$，称为**法向加速度**，即

$$\boldsymbol{a}_{\mathrm{n}}=\frac{v^2}{\rho}\boldsymbol{n} \tag{4-20}$$

其大小 $a_{\mathrm{n}}=\dfrac{v^2}{\rho}$，恒为正；若已知曲线的轨迹方程 $y=y(x)$，则曲率可表示为

$$\rho=\frac{(1+y'^2)^{\frac{3}{2}}}{|y''|} \tag{4-21}$$

法向加速度的方向总是和 $\boldsymbol{n}$ 相同，恒指向轨迹的曲率中心。

加速度 $\boldsymbol{a}$ 称为**全加速度**。若已知其分量 $\boldsymbol{a}_{\mathrm{t}}$ 和 $\boldsymbol{a}_{\mathrm{n}}$，根据图 4-8，求出其大小和方向，即

$$a=\sqrt{a_{\mathrm{t}}^2+a_{\mathrm{n}}^2} \tag{4-22}$$

$$\tan\theta=\frac{|a_{\mathrm{t}}|}{a_{\mathrm{n}}} \tag{4-23}$$

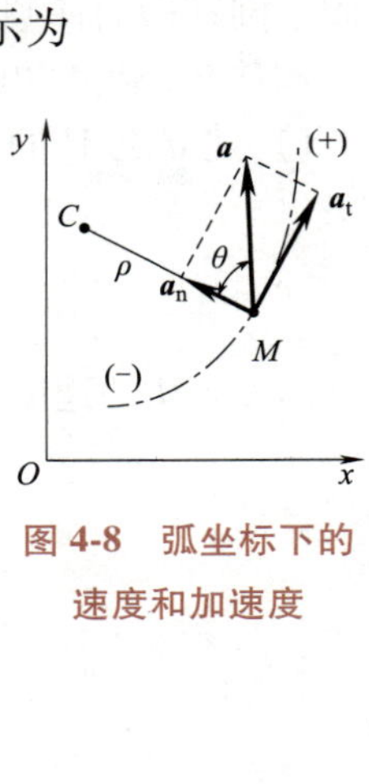

图 4-8　弧坐标下的速度和加速度

当初瞬时 $t=0$ 时，若动点的初速度为 v_0，初始弧坐标 s_0，将 $a_t=\dfrac{dv}{dt}$两边积分，$v=v_0+\int_0^t a_t dt$，再积分一次，可得 $s=s_0+v_0t+\int_0^t\int_0^t a_t dtdt$。当 a_t 为常数，即点做匀变速曲线运动时，可得到下面一组公式：

$$\left.\begin{aligned} v&=v_0+a_t t\\ s&=s_0+v_0t+\frac{1}{2}a_t t^2\\ v^2&=v_0^2+2a_t(s-s_0)\end{aligned}\right\}\tag{4-24}$$

式（4-24）与大家在中学阶段熟悉的匀变速直线运动的相应公式类似，其差别仅在于把直线坐标 x 换成了弧坐标 s；把加速度 a 换成了切向加速度的代数值 a_t。

例 4-4 如图 4-9a 所示，杆 AB 的 A 端铰接固定，环 M 将杆 AB 与半径为 R 的固定圆环套在一起，AB 与垂线之夹角为 $\varphi=\omega t$，ω 是常数，求套环 M 的运动方程、速度和加速度。

解法 1 以套环 M 为研究对象。由于环 M 的运动轨迹已知，故采用自然坐标法求解。以圆环上 O'点为弧坐标原点，顺时针为弧坐标正向，建立弧坐标轴。

1）建立点的运动方程。由图中几何关系建立运动方程为

$$s=R(2\varphi)=2R\omega t$$

2）求 M 的速度。

$$v=\frac{ds}{dt}=2R\omega$$

3）求 M 的加速度。通过速度对时间的导数求得切向加速度

$$a_t=\frac{dv}{dt}=\frac{d}{dt}(2R\omega)=0$$

法向加速度

$$a_n=\frac{v^2}{\rho}=\frac{(2R\omega)^2}{R}=4R\omega^2$$

则动点的全加速度 $a=\sqrt{a_t^2+a_n^2}=a_n=4R\omega^2$，方向沿 MO 指向 O，可知套环 M 沿固定圆环做匀速圆周运动。

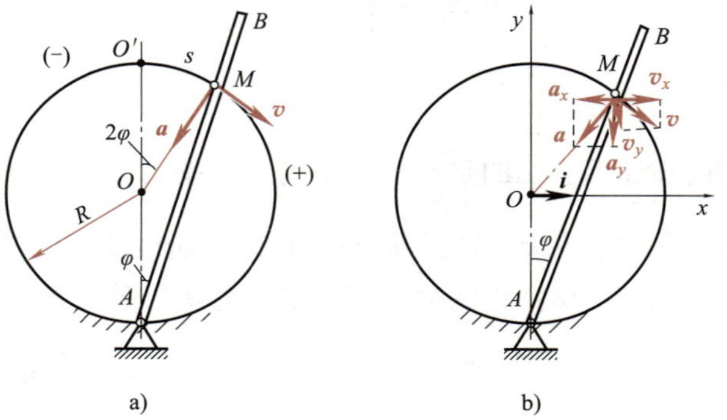

图 4-9 例 4-4 图

解法 2 建立如图 4-9b 所示的直角坐标系 Oxy。以套环 M 为研究对象。

1）建立点 M 的运动方程。由图中几何关系建立运动方程为

$$\left.\begin{aligned} x&=R\cos\left(\frac{\pi}{2}-2\varphi\right)=R\sin2\omega t\\ y&=R\cos2\varphi=R\cos2\omega t\end{aligned}\right\}$$

2）求 M 的速度。对运动方程求导，求得速度在 x、y 轴上的投影

$$\left.\begin{aligned} v_x&=\frac{dx}{dt}=2\omega R\cos2\omega t\\ v_y&=\frac{dy}{dt}=-2\omega R\sin2\omega t\end{aligned}\right\}$$

求得套环 M 速度的大小 $v=\sqrt{v_x^2+v_y^2}=2R\omega$，其方向余弦 $\cos(\boldsymbol{v},\boldsymbol{i})=\dfrac{v_x}{v}=\cos2\omega t$。

3）求 M 的加速度。通过速度对时间的导数，求得加速度在 x、y 轴上的投影

$$\left.\begin{aligned}a_x&=\frac{\mathrm{d}v_x}{\mathrm{d}t}=-4\omega^2R\sin2\omega t\\a_y&=\frac{\mathrm{d}v_y}{\mathrm{d}t}=-4\omega^2R\cos2\omega t\end{aligned}\right\}$$

求得套环 M 加速度的大小 $a=\sqrt{a_x^2+a_y^2}=4R\omega^2$，其方向余弦 $\cos(\boldsymbol{a},\boldsymbol{i})=\dfrac{a_x}{a}=-\sin2\omega t$，或写为 $\boldsymbol{a}=a_x\boldsymbol{i}+a_y\boldsymbol{j}=-4\omega^2R(\sin2\omega t\boldsymbol{i}+\cos2\omega t\boldsymbol{j})=-4\omega^2\boldsymbol{r}_M$。此结果说明加速度 $\boldsymbol{a}$ 与点 M 的矢径 $\boldsymbol{r}_M$ 的方向相反。

从例题 4-4 可以看出，采用不同坐标系求解的结果是一致的。在点的运动轨迹已知的情况下，用自然坐标法解题更为简便，结果也更加清晰直观。在机械工程的具体问题中，多数物体处于被约束状态，其运动轨迹是确定的，故自然坐标法得到广泛应用。如用直角坐标法，解题较繁，但它既适用于点的运动轨迹已知，也尤其适用于点的运动轨迹未知的情况，所以适用范围较广。在航空、航天工程领域的弹道设计计算中，常采用直角坐标。

例 4-5　已知点的运动方程 $x=2t$、$y=t^2$，其中坐标、时间的单位分别为 m 和 s。求 $t=2\text{s}$ 时，动点轨迹的曲率半径 ρ。

解　由已知点的运动方程可求点的速度和加速度。为求曲率半径 ρ，则需求出点的法向加速度。

1）求点的速度。

$$v_x=\frac{\mathrm{d}x}{\mathrm{d}t}=\frac{\mathrm{d}}{\mathrm{d}t}(2t)=2\text{m/s},\quad v_y=\frac{\mathrm{d}y}{\mathrm{d}t}=\frac{\mathrm{d}}{\mathrm{d}t}(t^2)=2t$$

$$v=\sqrt{v_x^2+v_y^2}=2\sqrt{1+t^2}$$

2）求点的加速度。

$$a_x=\frac{\mathrm{d}v_x}{\mathrm{d}t}=0,\quad a_y=\frac{\mathrm{d}v_y}{\mathrm{d}t}=\frac{\mathrm{d}}{\mathrm{d}t}(2t)=2\text{m/s}^2$$

$$a=\sqrt{a_x^2+a_y^2}=2\text{m/s}^2$$

点的切向加速度

$$a_\mathrm{t}=\frac{\mathrm{d}v}{\mathrm{d}t}=\frac{\mathrm{d}}{\mathrm{d}t}(2\sqrt{1+t^2})=\frac{2t}{\sqrt{1+t^2}}$$

点的法向加速度

$$a_\mathrm{n}=\frac{v^2}{\rho}=\sqrt{a^2-a_\mathrm{t}^2},\quad \rho=\frac{v^2}{\sqrt{a^2-a_\mathrm{t}^2}}=2(1+t^2)^{\frac{3}{2}}$$

将 $t=2\text{s}$ 代入，求得

$$\rho=2(1+2^2)^{\frac{3}{2}}\text{m}=22.36\text{m}$$

第二节　刚体的基本运动

本节阐述刚体的两种基本运动，刚体的平行移动以及刚体的定轴转动。

一、刚体的平行移动

刚体在运动过程中，若其上任意一条直线始终平行它的初始位置，则这种运动称为刚体的平行移动，简称平动。如图 4-10 所示，直线轨道上车厢的运动、摆式输送机送料槽的运动等，都是刚体做平动的实例。

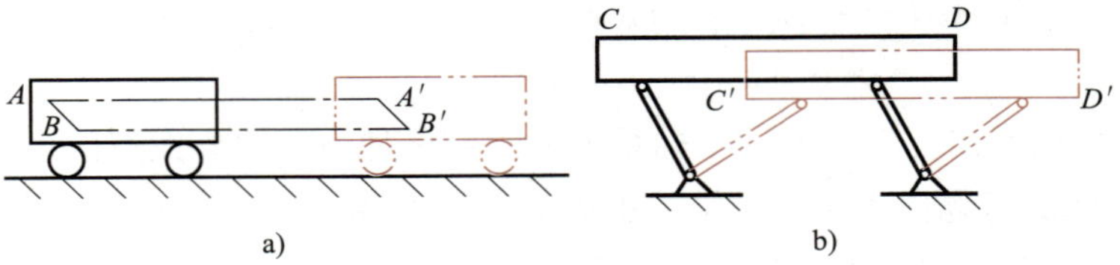

图 4-10　平动实例

刚体平动时，其上各点的轨迹若是直线，则称刚体做直线平动；其上各点轨迹若是曲线，则称刚体做曲线平动。

如图 4-11 所示，在平动刚体上任取两点 A、B，作矢量$\overrightarrow{BA}$，根据刚体不变形的性质和刚体平动的特征，矢量$\overrightarrow{BA}$的长度和方向始终不变，故$\overrightarrow{BA}$是常矢量。若将点 B 的轨迹平行移动一定的距离，则必然与点 A 的轨迹重合。点 A、B 的矢径有如下关系：

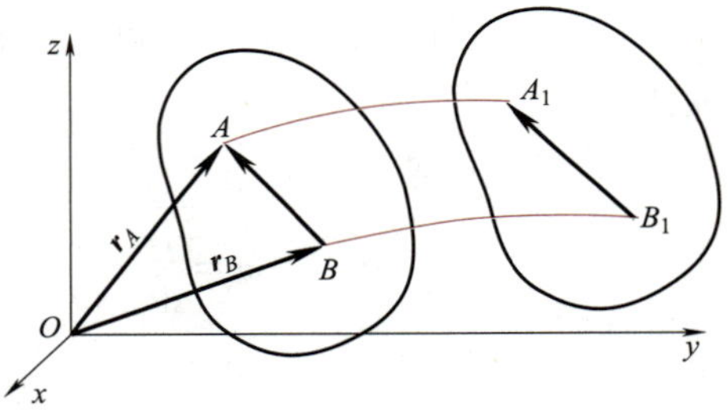

图 4-11　平动刚体上各点的轨迹

$$\boldsymbol{r}_A=\boldsymbol{r}_B+\overrightarrow{BA}$$

将上式对时间求导，有

$$\frac{\mathrm{d}}{\mathrm{d}t}\boldsymbol{r}_A=\frac{\mathrm{d}}{\mathrm{d}t}(\boldsymbol{r}_B+\overrightarrow{BA})=\frac{\mathrm{d}}{\mathrm{d}t}\boldsymbol{r}_B+\frac{\mathrm{d}}{\mathrm{d}t}\overrightarrow{BA}$$

由于$\overrightarrow{BA}$是常矢量，所以$\dfrac{\mathrm{d}\overrightarrow{BA}}{\mathrm{d}t}=0$，另$\dfrac{\mathrm{d}}{\mathrm{d}t}\boldsymbol{r}_A=\boldsymbol{v}_A$，$\dfrac{\mathrm{d}}{\mathrm{d}t}\boldsymbol{r}_B=\boldsymbol{v}_B$，所以有

$$\boldsymbol{v}_A=\boldsymbol{v}_B \tag{4-25}$$

再将式（4-25）对时间求导可得

$$\boldsymbol{a}_A=\boldsymbol{a}_B \tag{4-26}$$

因为 A、B 是刚体上任意的两点，所以上述结论对刚体上所有点都成立，即刚体平动时，其上各点的运动轨迹形状相同且彼此平行，在任一瞬时，各点的速度、加速度也都相同。上述结论表明，刚体的平动可以用其上任一点的运动来代替，即刚体平动的运动学问题，可以归结为点的运动学问题来研究。

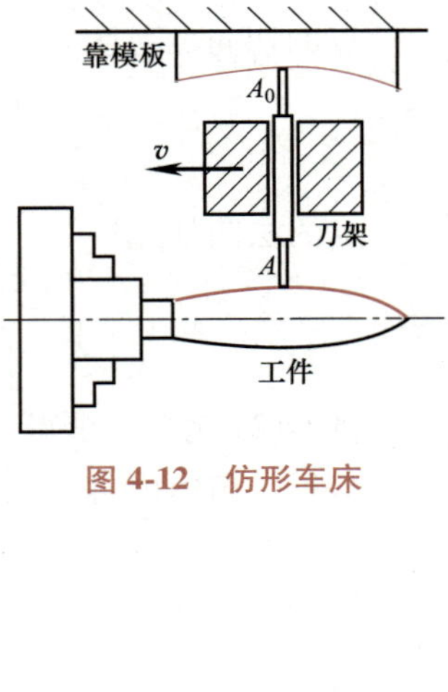

图 4-12　仿形车床

刚体的平动在工程实际中应用很广，如图 4-12 所示的仿形车床，刀架 A_0A 上的点 A_0 与靠模板接触，刀尖 A 切削工件。由

于刀架做平动，A_0 与 A 的运动轨迹相同，从而保证了工件形状与靠模板形状一致。

例 4-6　曲柄导杆机构如图 4-13 所示，曲柄 OA 绕固定轴 O 转动，通过滑块 A 带动导杆 BC 在水平导槽内做直线往复运动。已知 $OA=r$，$\varphi=\omega t$（ω 为常量），求导杆在任一瞬时的速度和加速度。

解　由于导杆在水平直线导槽内运动，所以其上任意一条直线始终与它的最初位置相平行，且其上各点的轨迹均为直线。因此，导杆做直线平动。导杆的运动可以用其上任一点的运动来表示。选取导杆点 M 研究，点 M 沿 x 轴做直线运动，其运动方程为

$$x_M=OA\cos\varphi=r\cos\omega t$$

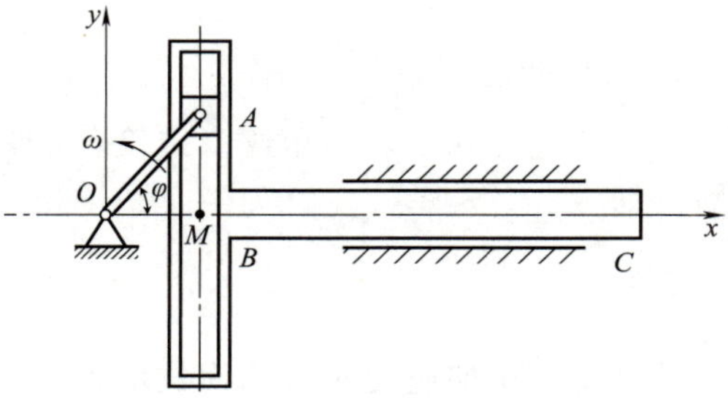

图 4-13　例 4-6 图

将运动方程对时间求一阶导和二阶导，则点 M 的速度、加速度分别为

$$v_M=\frac{\mathrm{d}x_M}{\mathrm{d}t}=-\omega r\sin\omega t$$

$$a_M=\frac{\mathrm{d}v_M}{\mathrm{d}t}=-\omega^2 r\cos\omega t$$

二、刚体的定轴转动

刚体在运动过程中，若其上或其延拓部分有一条直线始终固定不动，这种运动称为刚体的**定轴转动**。位置保持不变的直线称为转轴。机械中齿轮、带轮、飞轮、电动机转子、机床主轴、传动轴等的转动，都是刚体定轴转动的实例。

1. 转动方程

为确定定轴转动刚体在空间的位置，在图 4-14 中，过转轴 z 作一固定平面 Ⅰ 为参考面，平面 Ⅱ 过转轴 z 且固连在刚体上，初始平面 Ⅰ、Ⅱ 共面。刚体绕轴 z 转动的任一瞬时，刚体在空间的位置都可以用平面 Ⅰ 与 Ⅱ 之间的夹角 φ 来表示，φ 称为转角。刚体转动时，转角 φ 随时间 t 变化，是时间 t 的单值连续函数，即

$$\varphi=\varphi(t) \tag{4-27}$$

式（4-27）称为刚体的转动方程，它反映了转动刚体任一瞬时在空间的位置，即刚体转动的规律。转角 φ 是代数量，从 z 轴正向看去，逆时针转向为正，顺时针为负。转角 φ 的单位是 rad。

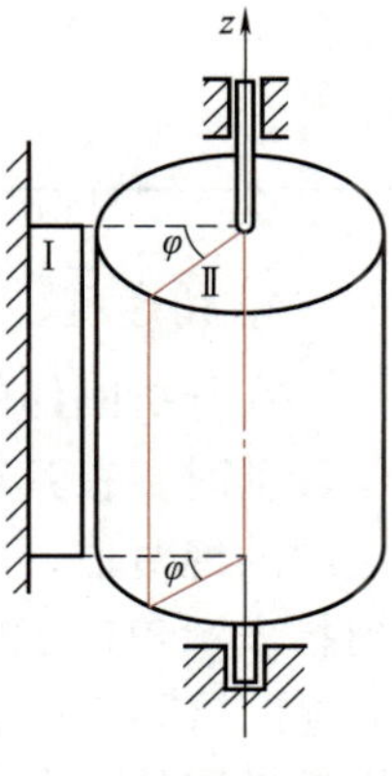

图 4-14　定轴转动

2. 角速度

角速度是描述刚体转动快慢和转动方向的物理量。角速度常用符号 ω 来表示，它是转角 φ 对时间 t 的一阶导数，即

$$\omega=\frac{\mathrm{d}\varphi}{\mathrm{d}t} \tag{4-28}$$

这里，角速度可用代数量表示，其正负表示刚体的转动方向。当 $\omega>0$ 时，刚体逆时针

转动；反之则顺时针转动。角速度的单位是 rad/s。

工程上常用每分钟转过的圈数表示刚体转动的快慢，称为转速，用符号 n 表示，单位是 r/min（转/分）。转速 n 与角速度 ω 的关系为

$$\omega=\frac{2\pi n}{60}=\frac{\pi n}{30} \tag{4-29}$$

3. 角加速度

角加速度 α 是表示角速度 ω 变化的快慢和方向的物理量，是角速度 ω 对时间的一阶导数，即

$$\alpha=\frac{\mathrm{d}\omega}{\mathrm{d}t}=\frac{\mathrm{d}^2\varphi}{\mathrm{d}t^2} \tag{4-30}$$

这里，角加速度 α 可用代数量表示。当 α 与 ω 同号时，表示角速度的绝对值随时间增加而增大，刚体做加速转动；反之则做减速转动。角加速度的单位是 $\mathrm{rad/s^2}$。

虽然刚体的定轴转动与点的曲线运动的运动形式不同，但它们相对应的变量之间的数学关系却是相似的，其相似关系如表 4-1 所示。

表 4-1 刚体定轴转动与点的曲线运动比较

点的曲线运动		刚体定轴转动	
运动方程	$s=s(t)$	转动方程	$\varphi=\varphi(t)$
速度	$v=\mathrm{d}s/\mathrm{d}t$	角速度	$\omega=\mathrm{d}\varphi/\mathrm{d}t$
切向加速度	$a_t=\frac{\mathrm{d}v}{\mathrm{d}t}=\frac{\mathrm{d}^2s}{\mathrm{d}t^2}$	角加速度	$\alpha=\frac{\mathrm{d}\omega}{\mathrm{d}t}=\frac{\mathrm{d}^2\varphi}{\mathrm{d}t^2}$
匀速运动	$v=$常数 $s=s_0+vt$	匀速转动	$\omega=$常数 $\varphi=\varphi_0+\omega t$
匀变速运动	$a_t=$常数 $v=v_0+a_tt$ $s=s_0+vt+\frac{1}{2}at^2$	匀变速转动	$\alpha=$常数 $\omega=\omega_0+\alpha t$ $\varphi=\varphi_0+\omega t+\frac{1}{2}\alpha t^2$

4. 角速度、角加速度的矢量表示

在分析刚体的复杂运动问题时，用矢量表示转动刚体的角速度和角加速度较为方便。刚体转动时，在其转轴上任取一点作为起点，沿转轴作矢量 $\boldsymbol{\omega}$，其模等于角速度的绝对值，用右手螺旋法则确定其指向：右手四指代表转动的方向，拇指表示角速度矢 $\boldsymbol{\omega}$ 的指向。从矢量 $\boldsymbol{\omega}$ 的末端向起点看，刚体绕转轴应做逆时针转动的转向，如图 4-15 所示。设沿转轴 z 正向的单位矢量为 $\boldsymbol{k}$，则转动刚体的角速度矢可写为 $\boldsymbol{\omega}=\omega\boldsymbol{k}$，其中 ω 是角速度的代数值。类似的，也可以用矢量表示角加速度，即 $\boldsymbol{\alpha}=\alpha\boldsymbol{k}$，$\boldsymbol{\alpha}$ 是角加速度矢，α 是角加速度的代数值。因为角速度矢、角加速度矢的起点可在轴线上任意选取，所以两者均为滑动矢量。

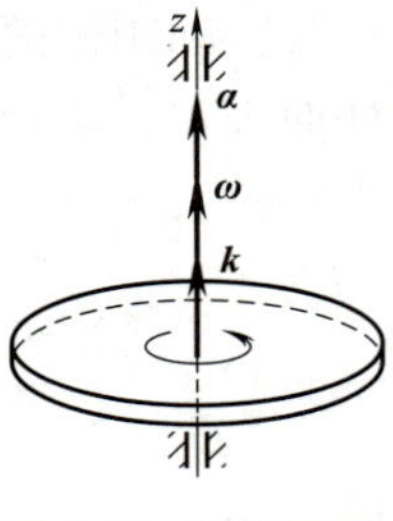

图 4-15 角速度矢和角加速度矢

例 4-7　某发动机转子在起动过程中的转动方程为 $\varphi=t^3$，其中 φ 以 rad 计，t 以 s 计。计算转子在 2s 内转过的圈数和 $t=2$s 时转子的角速度及角加速度。

解　由转动方程 $\varphi=t^3$ 可知 $t=0$ 时，$\varphi_0=0$，转子在 2s 内转过的角度为

$$\Delta\varphi=\varphi-\varphi_0=t^3-0=2^3\text{rad}-0=8\text{rad}$$

转子转过的圈数为

$$n=\frac{\Delta\varphi}{2\pi}=\frac{8\text{rad}}{2\pi}=1.27$$

计算转子的角速度和角加速度，即

$$\omega=\frac{\mathrm{d}\varphi}{\mathrm{d}t}=\frac{\mathrm{d}t^3}{\mathrm{d}t}=3t^2,\quad \alpha=\frac{\mathrm{d}\omega}{\mathrm{d}t}=\frac{\mathrm{d}}{\mathrm{d}t}(3t^2)=6t$$

当 $t=2$s 时，可得

$$\omega=3\times2^2\text{rad/s}=12\text{rad/s},\quad \alpha=6\times2\text{rad/s}^2=12\text{rad/s}^2$$

例 4-8　如图 4-16 所示的正切机构，杆 AB 以匀速率 u 竖直向上运动，通过滑块 A 带动杆 OC 绕轴 O 转动。已知 O 到 AB 的距离为 L，运动开始时，OC 处于水平位置，$\varphi_0=0$。求杆 OC 的转动方程，并求当 $\varphi=45°$时杆 OC 的角速度和角加速度。

解　分析机构运动：杆 AB 做平动，杆 OC 做定轴转动，运动开始时 $\varphi_0=0$，杆 AB 上点 A 在 A_0 处。在 t 瞬时，$AA_0=ut$。由几何关系得 $\tan\varphi=AA_0/OA_0=ut/L$，即

$$\varphi=\arctan(ut/L)$$

此即杆 OC 转动方程。

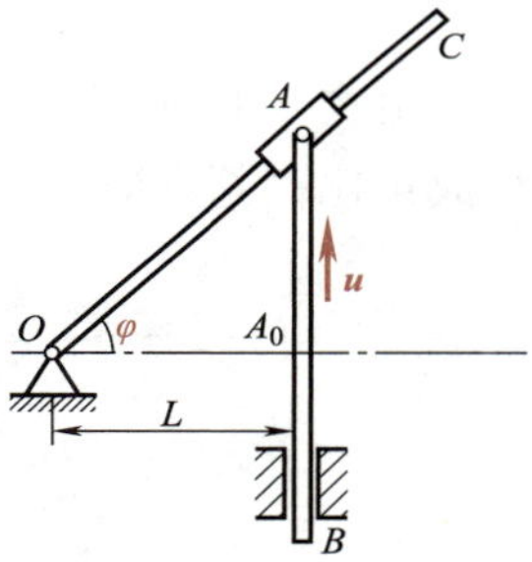

图 4-16　例 4-8 图

由式（4-28），求出杆 OC 角速度为

$$\omega=\frac{\mathrm{d}\varphi}{\mathrm{d}t}=\frac{u}{L}\Bigg/\left[1+\left(\frac{ut}{L}\right)^2\right]=\frac{Lu}{L^2+u^2t^2}$$

由式（4-30），求出杆 OC 角加速度为

$$\alpha=\frac{\mathrm{d}\omega}{\mathrm{d}t}=\frac{-Lu^3t}{(L^2+u^2t^2)^2}$$

当 $\varphi=45°$时，由杆 OC 的转动方程，$\pi/4=\arctan(ut/L)$，求出时间 $t=L/u$，代入角速度和角加速度的计算表达式，得

$$\omega=u/2L,\ \alpha=-u^2/2L^2$$

5. 定轴转动刚体上各点的速度和加速度

实际问题中，定轴转动刚体往往和其他零部件通过铰链、滑块、接触等方式连接，这就需要求出转动刚体上特定点的速度和加速度，进而得到其他零部件的运动规律。

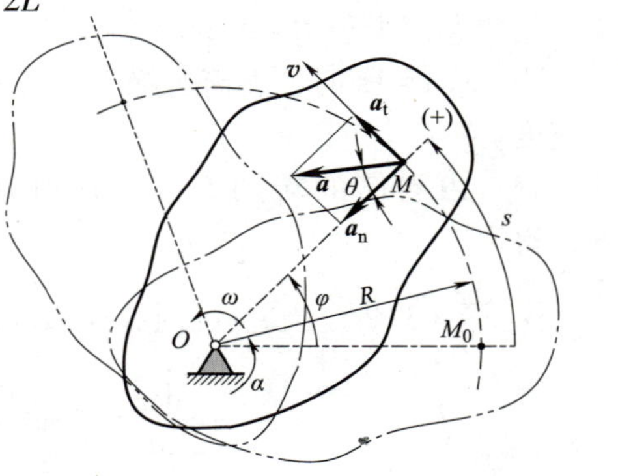

图 4-17　定轴转动刚体上各点的速度和加速度

如图 4-17 所示，定轴转动刚体除了转轴上的点，其他位置的各点都在垂直于转轴的平面上做圆周运动，圆心就是该平面与转轴的交点，而转动半径就是点到转轴的距离。考虑刚体上转动半

径为 R 的任意一点 M，取刚体转角 $\varphi=0$ 的位置 M_0 为弧坐标原点，以转角 φ 正向为弧坐标 s 的正向，则有 $s=R\varphi$。点 M 在任意瞬时的速度为

$$v=\frac{\mathrm{d}s}{\mathrm{d}t}=R\frac{\mathrm{d}\varphi}{\mathrm{d}t}=R\omega \tag{4-31}$$

即刚体定轴转动时，刚体上任一点的速度的大小等于该点到转轴的距离与刚体角速度的乘积，其方向沿该点圆周的切线，并指向转动的一方。同一瞬时，距离轴心越远的转动刚体上的点，其速度越大，轴心上的速度为 0，如图 4-18a 所示。

点 M 的切向加速度、法向加速度的大小可由式（4-32）、式（4-33）分别得到：

$$a_t=\frac{\mathrm{d}v}{\mathrm{d}t}=R\frac{\mathrm{d}\omega}{\mathrm{d}t}=R\alpha \tag{4-32}$$

$$a_n=\frac{v^2}{R}=\frac{R^2\omega^2}{R}=R\omega^2 \tag{4-33}$$

全加速度的大小及其与转动半径 OM 的夹角 θ 为

$$\left.\begin{aligned}a&=\sqrt{a_n^2+a_t^2}=\sqrt{(R\omega^2)^2+(R\alpha)^2}=R\sqrt{\omega^4+\alpha^2}\\ \theta&=\arctan\frac{|a_t|}{a_n}=\arctan\frac{|R\alpha|}{R\omega^2}=\arctan\frac{|\alpha|}{\omega^2}\end{aligned}\right\} \tag{4-34}$$

由式（4-34）可以看出，在同一瞬时，定轴转动刚体内各点的全加速度的大小和转动半径成正比，其方向与转动半径的夹角 θ 大小不变，与转动半径无关，如图 4-18b、c 所示。

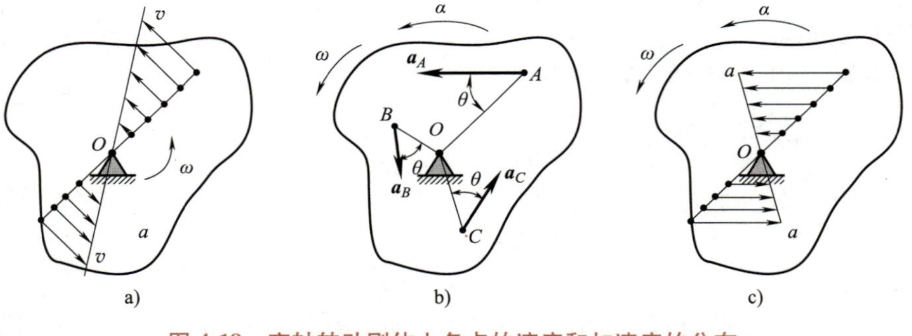

图 4-18 定轴转动刚体上各点的速度和加速度的分布

例 4-9 如图 4-19 所示的机构，卷筒 O 通过不可伸长的钢丝绳绕过滑轮 B 与重物 A 相连，已知卷筒半径 $R=0.2\mathrm{m}$，转动方程 $\varphi=3t-t^2$，φ 以 rad 计，t 以 s 计。求 $t=1\mathrm{s}$ 时，卷筒边缘上任意一点 M 及重物 A 的速度和加速度。

解 由卷筒的转动方程，分别对时间 t 求一阶、二阶导数，得

$$\omega=\frac{\mathrm{d}\varphi}{\mathrm{d}t}=3-2t，当 t=1\mathrm{s} 时，\omega=1\mathrm{rad/s}，$$

$$\alpha=\frac{\mathrm{d}\omega}{\mathrm{d}t}=-2\mathrm{rad/s^2}$$

卷筒上任意一点 M 的速度和加速度分别为

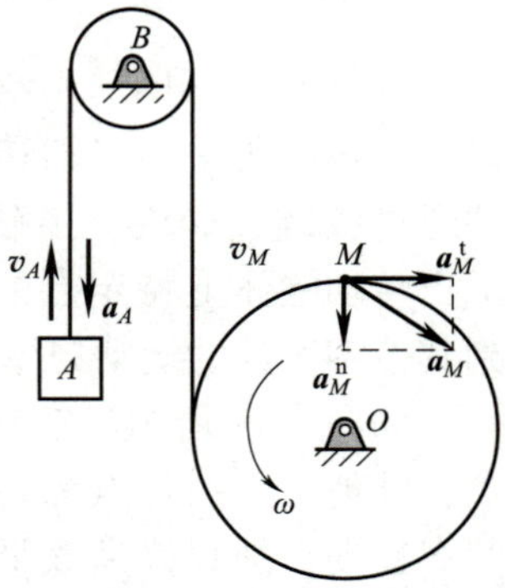

图 4-19 例 4-9 图

$$v_M = R\omega = 0.2\times1\text{m/s} = 0.2\text{m/s}$$
$$a_M^n = R\omega^2 = 0.2\times1^2\text{m/s}^2 = 0.2\text{m/s}^2$$
$$a_M^t = R\alpha = 0.2\times(-2)\text{m/s}^2 = -0.4\text{m/s}^2$$

它们的实际方向如图 4-19 所示。由于钢丝绳不可伸长，重物 A 上升的距离与边缘上点 M 在同一时间内走过的弧长相等，它们的速度也应相等，故 $v_A = v_M = 0.2\text{m/s}$；点 A 的加速度与点 M 的切向加速度大小相等，$a_A = a_M^t = -0.4\text{m/s}^2$，其实际方向铅垂向上。

例 4-10　图 4-20 所示为带式输送机，电动机与齿轮Ⅰ同轴，且做逆时针转动，转速 $n=1440\text{r/min}$。齿轮Ⅰ的齿数 $z_1=20$，齿轮Ⅱ的齿数 $z_2=50$，与齿轮Ⅱ同轴的小带轮Ⅲ的直径 $d_3=160\text{mm}$，大带轮Ⅳ的直径 $d_4=400\text{mm}$，辊轮Ⅴ的直径 $D=600\text{mm}$。求输送带的运动速度。

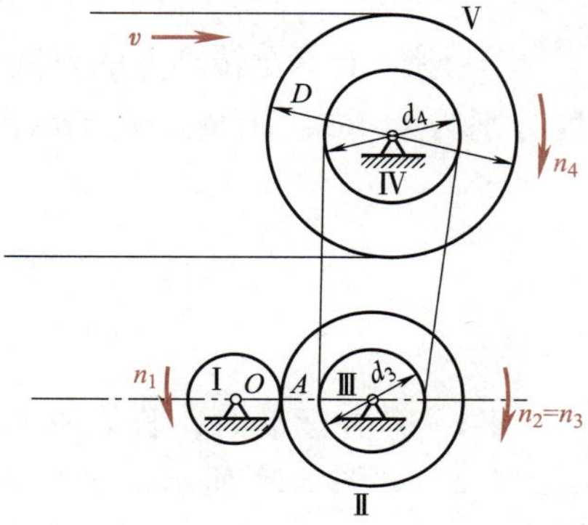

图 4-20　例 4-10 图

解　在齿轮Ⅰ、Ⅱ的传动中，两齿轮节点 A 处的线速度相同，$v_{A1}=v_{A2}$，故有 $\dfrac{\pi n_1 r_1}{30}=\dfrac{\pi n_2 r_2}{30}$，即 $\dfrac{n_1}{n_2}=\dfrac{r_2}{r_1}$。又因在齿轮中 $\dfrac{r_2}{r_1}=\dfrac{z_2}{z_1}$，代入可得

$$n_2=\frac{z_1}{z_2}n_1=\frac{20}{50}\times1440\text{r/min}=576\text{r/min}$$

由于轮Ⅱ、Ⅲ同轴，$n_3=n_2=576\text{r/min}$。带轮Ⅲ、Ⅳ传动中带速相同，有 $\dfrac{\pi n_3}{30}\cdot\dfrac{d_3}{2}=\dfrac{\pi n_4}{30}\cdot\dfrac{d_4}{2}$，故可得

$$n_4=\frac{d_3}{d_4}n_3=\frac{160}{400}\times576\text{r/min}=230.4\text{r/min}$$

由式（4-29）可得

$$\omega_4=\frac{\pi n_4}{30}=\frac{\pi\times230.4}{30}\text{rad/s}=24.13\text{rad/s}$$

辊轮Ⅴ与带轮Ⅳ同轴，因此输送带的运动速度（方向见图 4-20）

$$v=\frac{D}{2}\omega_4=\frac{0.6}{2}\times24.13\text{m/s}=7.24\text{m/s}$$

本章小结

1）本章介绍了描述点的运动的三种坐标表示，即矢径表示、直角坐标表示和自然坐标表示；给出了利用这些坐标表示的点的运动方程和轨迹方程；导出了点的速度、加速度的计算公式。其中，矢径表示形式简单，主要用于公式推导；自然坐标表示用于动点轨迹为已知的运动分析；当动点轨迹未知时，宜采用直角坐标法。

2）刚体平动时，其上各点的轨迹形状相同且平行，同一瞬时各点的速度和加速度相同。

3）刚体定轴转动时：

① 刚体的位置用转角方程 $\varphi=\varphi(t)$ 确定。

② 刚体的角速度 $\omega=\dfrac{\mathrm{d}\varphi}{\mathrm{d}t}$，转动的快慢也可用转速 n 表示，ω 与 n 的关系是 $\omega=\pi n/30$。

③ 刚体的角加速度 $\alpha=\dfrac{\mathrm{d}\omega}{\mathrm{d}t}=\dfrac{\mathrm{d}^2\varphi}{\mathrm{d}t^2}$。

④ 刚体上不在转轴上的点的运动轨迹为圆，其弧坐标、速度、切向加速度、法向加速度分别为 $s=R\varphi$，$v=R\omega$，$a_t=R\alpha$，$a_n=R\omega^2$。

思 考 题

4-1　点在运动时，若某瞬时速度为零，该瞬时加速度是否必为零？

4-2　如图 4-21 所示，点 M 做曲线运动，试就下列三种情况，画出动点 M 加速度的大致方向：

1）点 M 做匀速运动；2）点 M 做加速运动且处于曲线上的拐点；3）点 M 做减速运动。

4-3　点在下列各种情况下，各做何种运动？

1）$a_t=0$，$a_n=0$；2）$a_t\neq0$，$a_n=0$；3）$a_t=0$，$a_n\neq0$；4）$a_t\neq0$，$a_n\neq0$。

4-4　在铁路拐弯处，两直线需用一段光滑曲线连接起来。试解释为什么不能用一圆弧段直接连接？

4-5　自行车直线行驶时，脚踏板做什么运动？汽车在水平圆弧弯道上行驶时，车身做什么运动？

4-6　飞轮匀速转动，若半径增大一倍，轮缘上点的速度、加速度是否都增加一倍？若转速增大一倍呢？

4-7　如图 4-22 所示的四杆机构，在某瞬时 A、B 两点的速度大小相同，方向也相同。试问板 AB 的运动是否为平动？

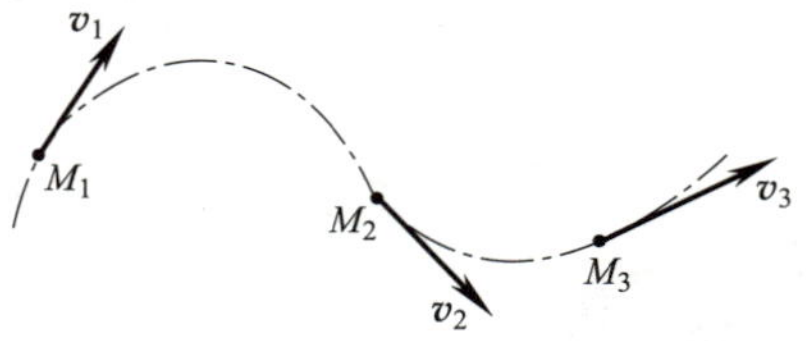

图 4-21　点的曲线运动

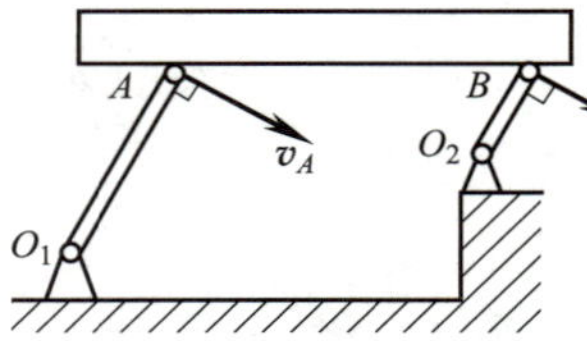

图 4-22　四杆机构

4-8　如图 4-23 所示，若已知曲柄 OA 的角速度 ω、角加速度 α 及所注尺寸，试分析刚体上两点 A、B 的速度、加速度的大小和方向。

4-9　重物 M 通过细绳绕在鼓轮上，如图 4-24 所示，以速度 $\boldsymbol{v}$ 和加速度 $\boldsymbol{a}$ 向下运动，问绳上两点 A、B 和轮缘上对应的两点 A'、B' 的加速度是否相同？

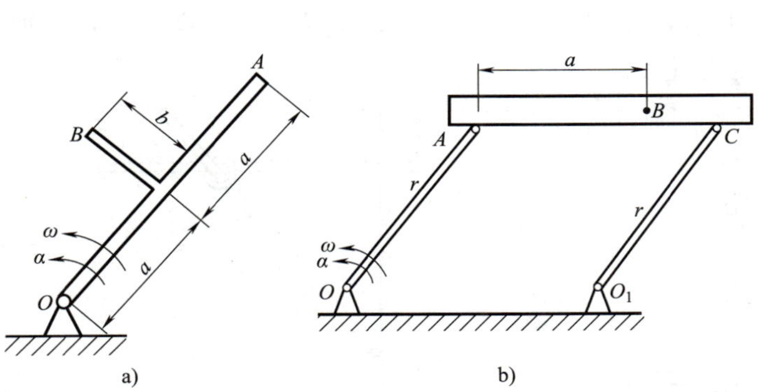

图 4-23　曲柄与双摇杆机构

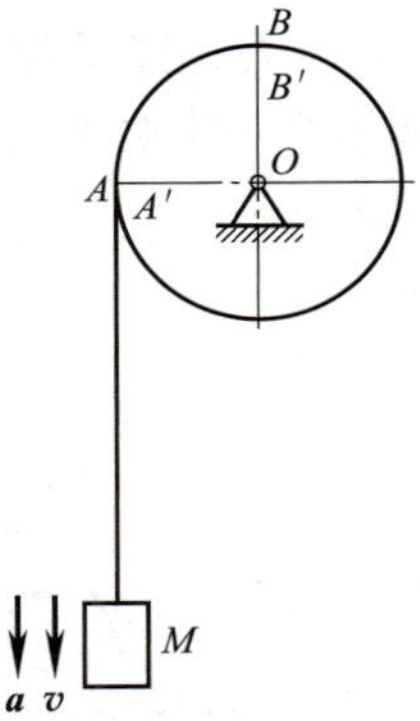

图 4-24　鼓轮

习　题

4-1　在题 4-1 图所示的机构中，曲柄$\overline{OA}=r$，其初始位置与铅垂线的夹角为 α，且以 $\varphi=\omega t$ 绕轴 O 转动。试求导杆上点 M 的运动方程、速度和加速度。

4-2　已知点的运动方程 $x=2t+4$、$y=3t^2-3$，求点的轨迹方程，并计算在 $t=1$s 和 $t=2$s 时的速度和加速度（位移以 m 计，时间以 s 计，角度以 rad 计）。

4-3　如题 4-3 图所示，曲柄 OA 以 $\varphi=2t$ 绕轴 O 转动，OA 与 MB 在 A 处铰接。$\overline{OA}=\overline{AB}=30$cm，$\overline{AM}=10$cm，初始时 OA 处于水平位置。求连杆上点 M 的运动方程和轨迹方程。

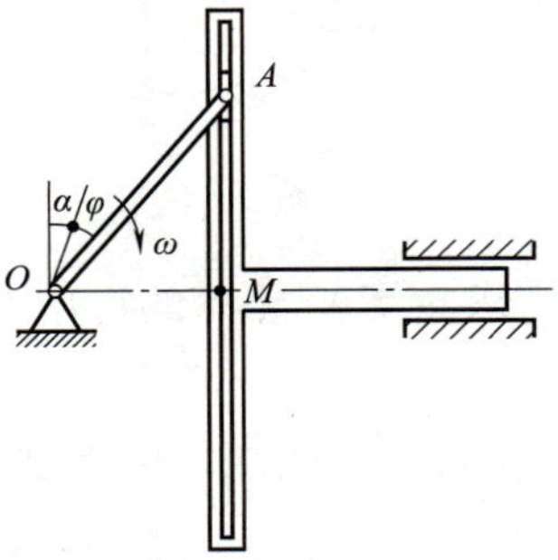

题 4-1 图

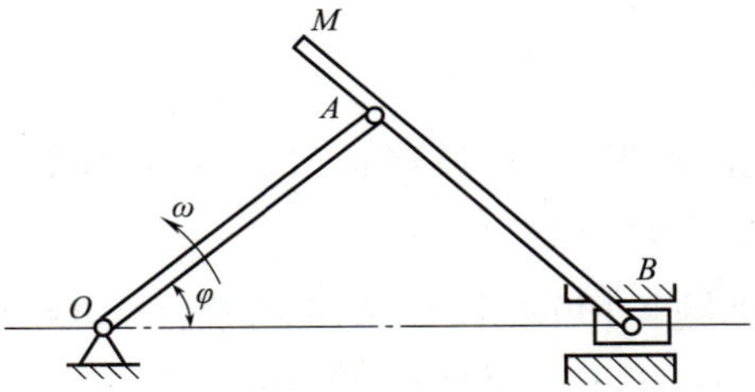

题 4-3 图

4-4　如题 4-4 图所示，半圆形凸轮以匀速率 $v_0=1$cm/s 水平向左运动，使活塞杆 AB 沿铅垂方向运动。已知运动初始，活塞杆 A 端在凸轮的最高点。凸轮半径 $R=8$cm。求杆端点 A 的运动方程和 $t=4$s 时的速度及加速度。

习题 4-4 精讲

4-5　如题 4-5 图所示，杆 AB 以 $\varphi=\omega t$ 绕轴 A 转动，并带动套在水平杆 OC 上的小环 M 运动。开始时杆 AB 在铅直位置，且$\overline{OA}=h$。求小环 M 沿 OC 杆滑动的速度。

4-6　如题 4-6 图所示，一人在岸上自点 O 出发，以匀速$\boldsymbol{v}_0$ 拉着在静水中的船向前行走。

设$\overline{OM_0}=l$，人、绳子和船均在同一铅垂面内运动，且水平段绳子距水面高度为 h，列出小船的运动方程，并求小船的速度与加速度。

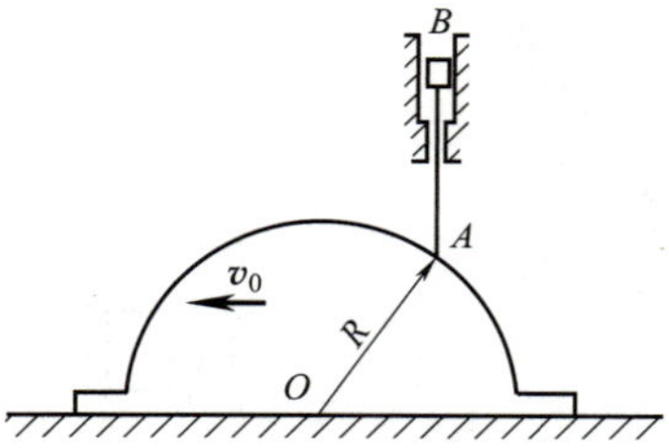

题 4-4 图

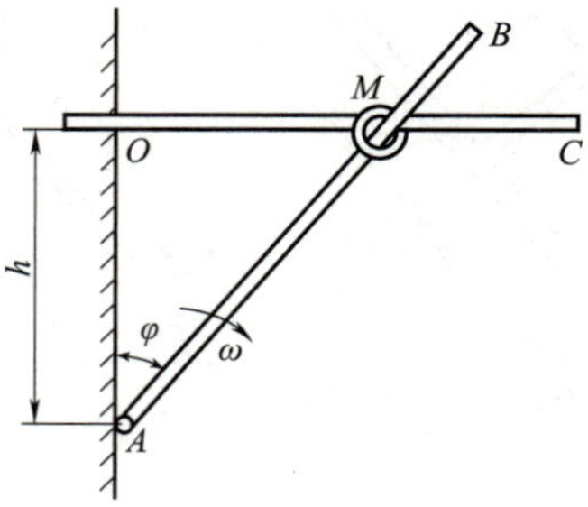

题 4-5 图

4-7　点做平面曲线运动，在 x 方向的运动方程为 $x=3t^3-2t$，式中长度以 m 计，时间以 s 计。若点的加速度在 y 方向的投影 $a_y=8t$，且 $t=0$，$v_{0y}=6\text{m/s}$。求当 $t=1\text{s}$ 时点 M 的速度及加速度的大小和方向。

习题 4-8 精讲

4-8　列车沿曲线轨道行驶，其轨迹如题 4-8 图所示。在 M_1 处速度 $v_0=18\text{km/h}$，设速度均匀增加，经过路程 $s=1\text{km}$ 后到达 M_2 位置，此时速度为 $v=54\text{km/h}$。若轨迹在 M_2 处的曲率半径 $\rho=800\text{m}$，求列车从 M_1 到 M_2 所需的时间以及在 M_2 处的切向、法向加速度。

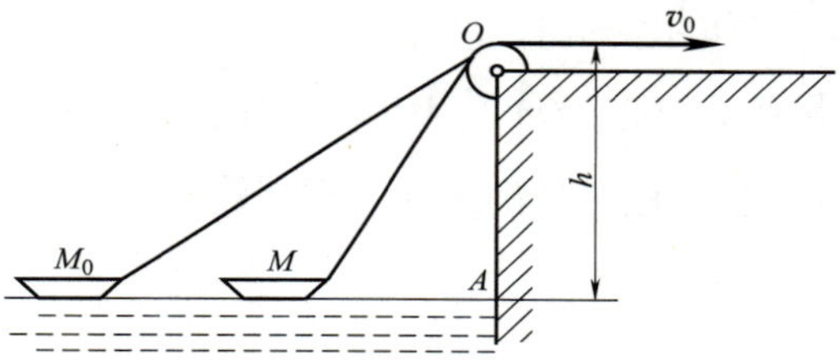

题 4-6 图

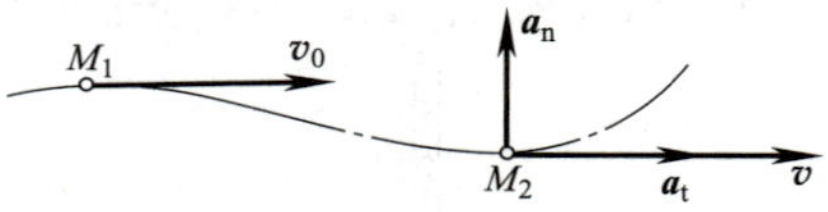

题 4-8 图

4-9　飞轮的半径 $R=0.75\text{m}$，以 $\varphi=4t^2$ 绕轴 O 转动。求轮缘上点 M 的运动方程和当 $t=1\text{s}$ 时点 M 的位置、速度和加速度。

4-10　如题 4-10 图所示，两平行摆杆$\overline{O_1B}=\overline{O_2C}=5\text{cm}$，且$\overline{BC}=\overline{O_1O_2}$。若在某一瞬时，摆杆的角速度 $\omega=2\text{rad/s}$，角加速度 $\alpha=3\text{rad/s}^2$，试求吊钩尖端点 A 的速度和加速度。

4-11　滚子传送带如题 4-11 图所示。已知滚轮直径 $d=200\text{mm}$，转速 $n=50\text{r/min}$。求钢板运动的速度、加速度，并求滚轮上与钢板相接触点的加速度。

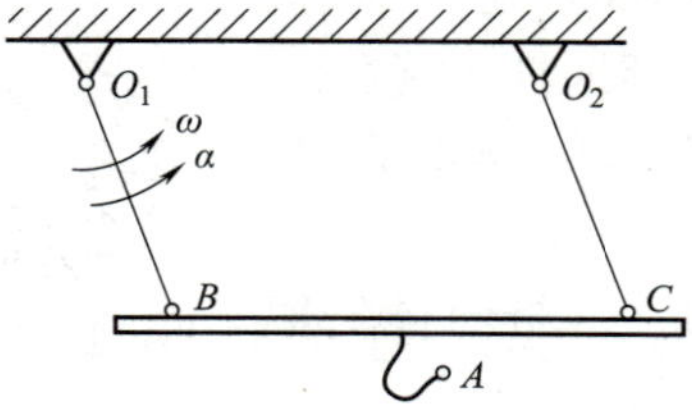

题 4-10 图

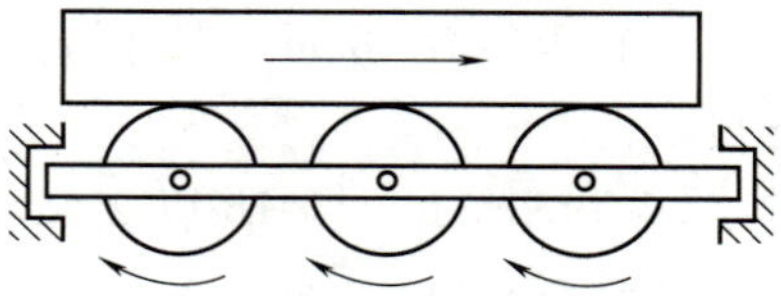

题 4-11 图

4-12　如题 4-12 图所示，圆盘绕定轴 O 转动，在某瞬时，圆盘边缘上点 A 的速度 $v_A=$

0. 8m/s，转动半径 $r_A=0.1\text{m}$；圆盘上任意一点 B 的全加速度 $\boldsymbol{a}_B$ 与其转动半径 r_B 成 θ 角，且 $\tan\theta=0.6$。求此瞬时圆盘的角加速度。

4-13　如题 4-13 图示机构，齿轮 1 紧固在杆 AC 上，$\overline{AB}=\overline{O_1O_2}$，齿轮 1 和半径为 r_2 的齿轮 2 啮合，齿轮 2 可绕 O_2 轴转动且和曲柄 O_2B 没有联系。设 $\overline{O_1A}=\overline{O_2B}=l$，$\varphi=b\cos\omega t$，试确定 $t=\pi/(2\omega)$ 时，齿轮 2 的角速度和角加速度。

习题 4-13 精讲

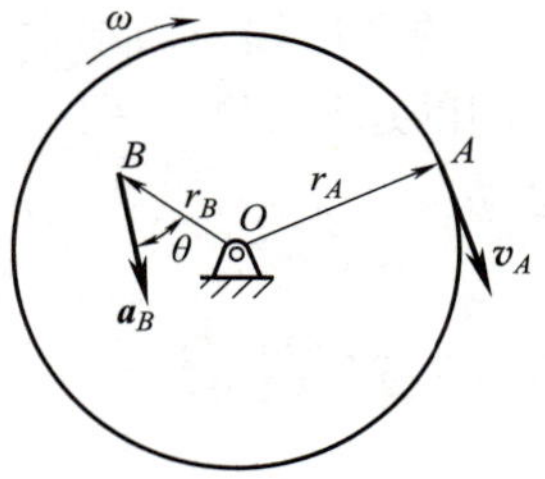

题 4-12 图

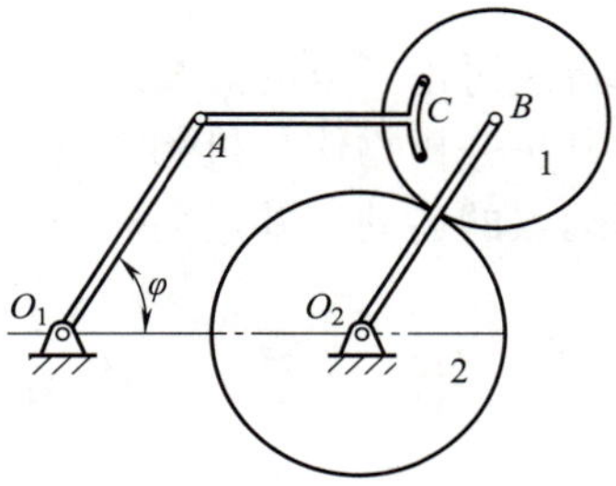

题 4-13 图

4-14　如题 4-14 图示平面机构中，刚性板 AMB 与杆 O_1A、O_2B 铰接，若 $\overline{O_1A}=\overline{O_2B}=l$，$\overline{O_1O_2}=\overline{AB}$，在图示瞬时，$O_1A$ 杆角速度为 ω，角加速度为 α，求点 M 的速度和加速度大小，并在图中标出速度和加速度的方向。

4-15　电动绞车由带轮Ⅰ、Ⅱ和鼓轮Ⅲ组成，鼓轮Ⅲ与带轮Ⅱ固定在同一轴上，如题 4-15 图所示。各轮半径分别为 $R_1=30\text{cm}$、$R_2=75\text{cm}$、$R_3=40\text{cm}$，轮Ⅰ的转速 $n_1=100\text{r/min}$。设带轮与胶带间无相对滑动，求重物 Q 上升的速度和胶带上各段点的加速度。

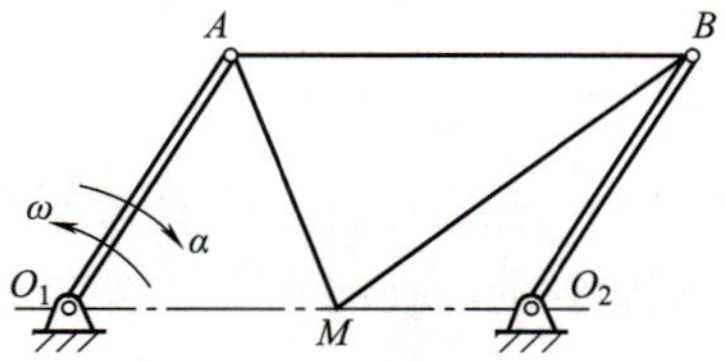

题 4-14 图

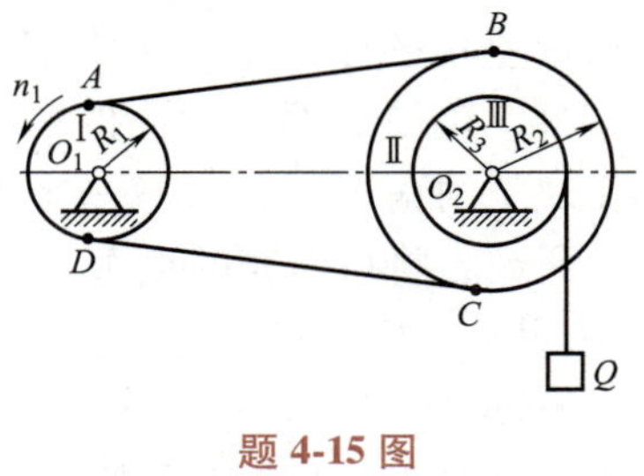

题 4-15 图

第五章
点的合成运动与刚体的平面运动

第四章用分析法讨论了点的曲线运动与刚体基本运动的全过程，而本章则提出了用运动的合成与分解的方法分析物体与机构上某一点在特定瞬间的运动情况。引入可变几何参量也能全过程地分析动点的运动，并进而研究刚体的平面运动。

第一节　点的合成运动的概念

在点的运动学中，我们研究了动点相对一个参考系的运动。但是在工程中，常常需要同时用两个不同的参考系去描述同一个点的运动情况。点的运动是绝对的，但是对点的运动的描述是相对的，同一个点对于不同的参考系下的运动描述不同但又有关联。例如，图 5-1 所描述的无风下雨时雨滴的运动，对于地面上的观察者来说，雨滴是铅垂向下的；但是对于正在行驶的车上的观察者来说，雨滴便是倾斜向后的。产生这种差别的原因是由于观察者所在的参考系不一样。但是，两者得出的结论都是正确的，都反映了雨滴 M 的运动这一客观存在。

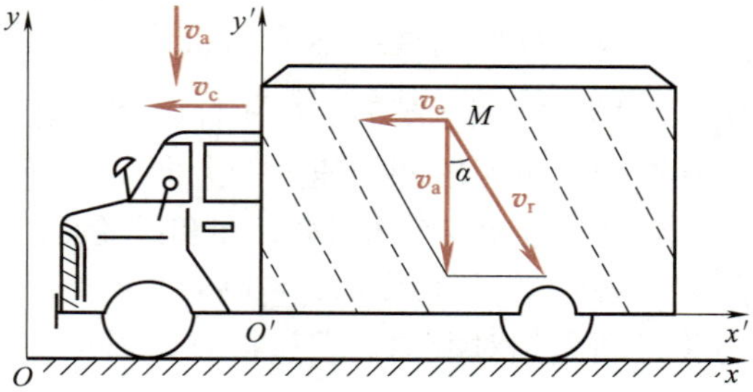

图 5-1　车厢与雨滴

为了便于研究，将所研究的点 M 称为**动点**；将固结在地球表面上的参考系称为**定参考系**，并以 $Oxyz$ 表示；把相对于地球运动的参考系（如固结在行驶的车上的参考系）称为**动参考系**，并以 $O'x'y'z'$ 表示。

为了区别动点对于不同参考系的运动，规定动点相对于定参考系的运动为**绝对运动**，动点相对于动参考系的运动为**相对运动**，而动参考系相对于定参考系的运动为**牵连运动**。如图 5-1 所示的例子中，如果把动参考系固连在行驶的车上，则雨滴相对于车沿着与铅直线成 α 角的直线运动是相对运动，相对于地面的铅直线运动是绝对运动，而车对地面的直线平动则是牵连运动。

又如图 5-2 所示，管 AO 绕轴做逆时针转动，管内一动点 M 同时沿管向外运动。若选取与地面相固结的参考系为定参考系，动参考系固连在管 AO 上，则动点 M 相对于地面所做的平面曲线运动（沿$\widehat{MM'}$）为绝对运动，动点 M 相对于管所做的直线运动（沿直线 M_1M'）为相对运动，AO 杆相对 M 于

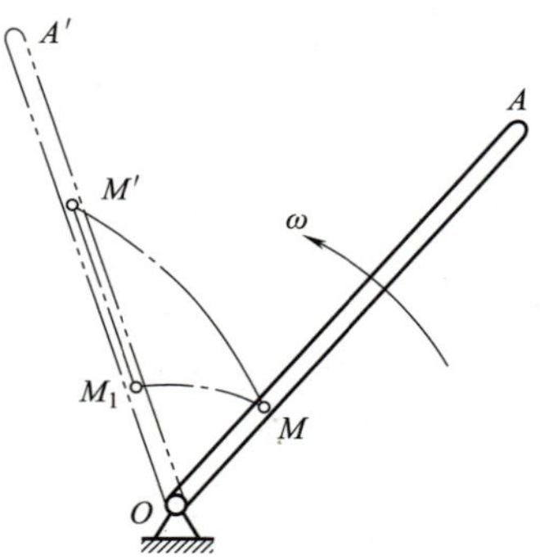

图 5-2　转管与动点

地面的定轴转动为牵连运动。

显然，如果没有牵连运动，则动点的相对运动就是它的绝对运动；如果没有相对运动，则动点随动参考系所做的牵连运动就是它的绝对运动。由此可见，动点的绝对运动可看成是动点的相对运动与动点随动参考物体的牵连运动的合成。因此，这类运动就称为**点的合成运动**或**复合运动**。

研究点的合成运动，就是要研究绝对、相对、牵连这三种运动之间的关系。也就是如何由已知动点的相对运动和牵连运动求出其绝对运动；或者将已知的绝对运动分解为相对运动与牵连运动。

动点的绝对运动、相对运动是点的运动，它可以是直线运动或者是曲线运动；而牵连运动是指动参考系的运动，也就是设想的与动参考系相固结的刚体的运动，它可能是平动、转动或其他刚体运动。

应指出，不论是定参考系还是动参考系都应理解为该参考系所在的整个空间，而不局限于所观察到的参考体的有限实体。

牵连运动是动参考系的运动，动参考系上各点的运动特征一般是不同的，但是，在某一瞬时和动点重合的那个点的运动特征是联系绝对运动和相对运动的关键，这个点我们称为**牵连点**。当然，由于相对运动的存在，在不同的瞬时，牵连点在动系上的位置是不同的。

一般在动点和动参考系的选择上，应遵循以下原则：

1）动点和动参考系不能选在同一物体上，即动点和动参考系必须有相对运动。

2）动点、动系的选择应以相对运动轨迹易于辨认为宜。机械中两构件在传递运动时，常以点相接触，其中有的点始终处于接触位置，称为持续接触点，有的点则为瞬时接触点，为使相对运动易于辨认，一般将动参考系固连在瞬时接触点所在的物体上，而选择持续接触点作为动点。

第二节　点的速度合成定理

动点对于动参考系的速度，称为动点的**相对速度**，用$\boldsymbol{v}_r$表示。动点对于定参考系的速度，称为动点的**绝对速度**，用$\boldsymbol{v}_a$表示。牵连点相对于定参考系的速度，称为动点的**牵连速度**，用$\boldsymbol{v}_e$表示。

下面讨论动点的绝对速度、相对速度和牵连速度三者之间的关系。

如图5-3所示，设动点M按某一规律沿已知曲线K运动，而曲线K又随动参考系$O'x'y'z'$运动。曲线K称为动点的**相对轨迹**。设在瞬时t，动点位于相对轨迹上的点M，经过时间间隔Δt之后，动点运动到点M''。假如动点不做相对运动，则动点随动参考系运动到点M'，$\widehat{MM'}$称为动点的**牵连轨迹**。但由于有相对运动，在Δt时间间隔内，动点沿曲线K做相对运动，最后到达M''点。曲线$\widehat{MM''}$称为动点的**绝对轨迹**。显

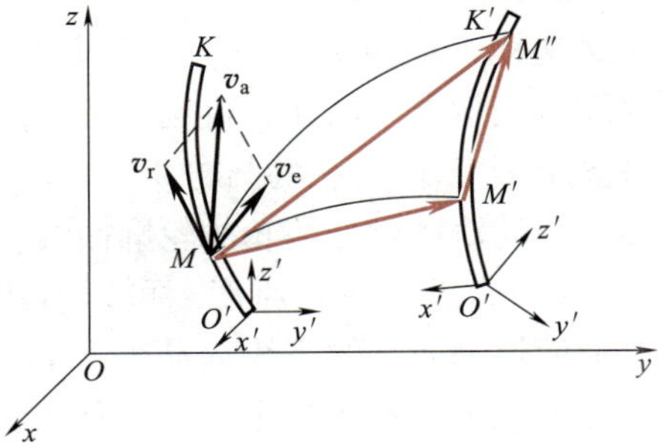

图5-3　速度合成定理

然，矢量$\overrightarrow{MM''}$、$\overrightarrow{M'M''}$分别代表了动点在 Δt 时间内的绝对位移和相对位移，而矢量$\overrightarrow{MM'}$为动参考系牵连点在 Δt 时间内的位移，称为**动点的牵连位移**。由矢量$\triangle MM'M''$可以得到这三个位移的关系为

$$\overrightarrow{MM''}=\overrightarrow{MM'}+\overrightarrow{M'M''}$$

将上式除以 Δt，并取 Δt 趋近于零的极限，则得

$$\lim_{\Delta t\to 0}\frac{\overrightarrow{MM''}}{\Delta t}=\lim_{\Delta t\to 0}\frac{\overrightarrow{MM'}}{\Delta t}+\lim_{\Delta t\to 0}\frac{\overrightarrow{M'M''}}{\Delta t}$$

矢量$\lim\limits_{\Delta t\to 0}\dfrac{\overrightarrow{MM''}}{\Delta t}$就是动点 M 在瞬时 t 的绝对速度$\boldsymbol{v}_a$，其方向沿着绝对轨迹 MM''上点 M 的切线方向。

矢量$\lim\limits_{\Delta t\to 0}\dfrac{\overrightarrow{M'M''}}{\Delta t}$就是动点 M 在瞬时 t 的相对速度$\boldsymbol{v}_r$，其方向沿着相对轨迹 K 上点 M 的切线方向。

矢量$\lim\limits_{\Delta t\to 0}\dfrac{\overrightarrow{MM'}}{\Delta t}$就是动点 M 在瞬时 t 相应的牵连点的牵连速度$\boldsymbol{v}_e$，即瞬时 t 在动参考系上与动点 M 重合点（牵连点）的速度，其方向沿着牵连轨迹 MM'上点 M 的切线方向。于是就有

$$\boldsymbol{v}_a=\boldsymbol{v}_e+\boldsymbol{v}_r \tag{5-1}$$

式（5-1）称为点的**速度合成定理**。它表明：动点的绝对速度等于它的牵连速度和相对速度的矢量和。

在应用速度合成定理解决具体问题时，应注意：

① 应选择适合求解的动点及动参考系；

② 分析三种运动及三种速度；

③ 根据速度合成定理并结合各速度的已知条件作出速度矢量关系图，然后利用几何关系或投影来求解未知量。

例 5-1　如图 5-4 所示圆形凸轮机构，凸轮半径为 R。若已知凸轮的移动速度大小为 v，从动杆 AB 被凸轮推起。求图示位置瞬时从动杆 AB 的移动速度。

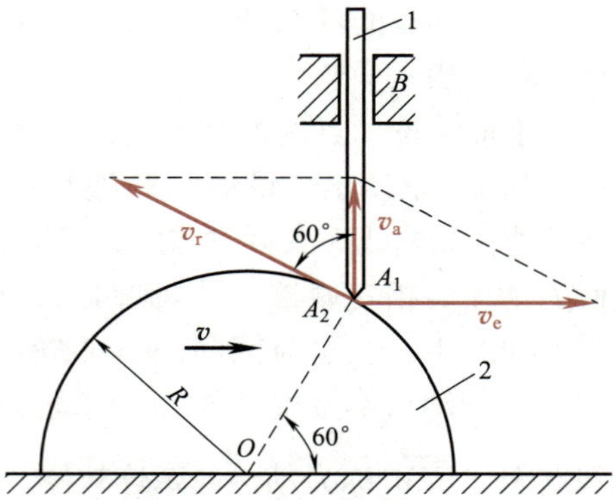

图 5-4　例 5-1 图

解　1）选取动点和动参考系。设凸轮为构件 2，从动杆为构件 1，两者在点 $A_1(A_2)$处相接触，显然从动杆上的点 A_1 为持续接触点，凸轮上的点 A_2 为瞬时接触点。因此，可选取点 A_1 为动点；动参考系固结于点 A_2 所在的凸轮 2 上。可观察到动点 A_1 的相对运动轨迹就是凸轮的轮廓曲线。

2）分析运动和速度。可以看出，动点 A_1 相对于地面铅垂向上的直线运动为绝对运动。点 A_1 绝对速度$\boldsymbol{v}_a$ 的方向铅垂向上，大小待求。点 A_1 相对于凸轮的运动为相对运动，它是动点 A_1 沿着凸轮轮廓曲线的运动，故点 A_1 相对速度$\boldsymbol{v}_r$ 的方向将

沿着凸轮半圆轮廓在A_2点的切线方向，大小未知。动参考系随凸轮一起向右的平动为牵连运动，凸轮上牵连点A_2的速度就是动点A_1的牵连速度$\boldsymbol{v}_e$。由于凸轮做平动，其上各点在图示瞬时的速度都相同，因此牵连速度的方向向右，大小为$v_e=v$。

3）由速度合成定理，作速度平行四边形，如图 5-4 所示。由几何关系求得点A_1在图示位置的速度为

$$v_{A_1}=v_a=v_e\cot60°=\frac{\sqrt{3}}{3}v$$

由于杆AB做平行移动，故点A_1的速度即为从动杆AB的速度。

例 5-2　如图 5-5 所示的滑道机构，曲柄O_1A绕O_1以匀角速度ω转动，通过滑块C带动竖杆CD做上下往复运动。已知$\overline{O_1A}=\overline{O_2B}=r$，求图示瞬时竖杆$CD$的速度。

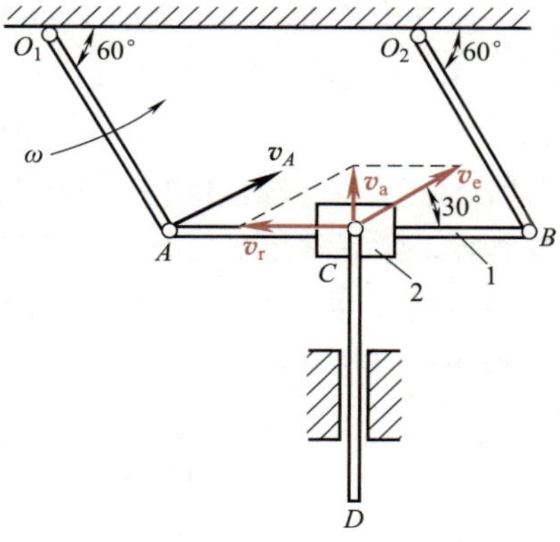

图 5-5　例 5-2 图

解　1）选取动点和动参考系。以滑块C为动点，动坐标固结在杆AB上。

2）分析运动和速度。由于杆CD受滑道限制，只能做竖向往复运动，所以动点C的绝对运动为铅垂方向的直线运动，绝对速度$\boldsymbol{v}_a$沿铅垂方向，大小未知。动点C对杆AB的相对速度$\boldsymbol{v}_r$的方向沿杆AB，其大小为未知。牵连运动为杆AB的曲线平动，由于平动刚体上各点速度相同，所以杆AB上和动点C重合的牵连点C_1的速度与点A相同，牵连速度$\boldsymbol{v}_e$的大小$v_e=v_A=\omega r$，方向与水平线成 30°斜向上。

3）画出速度平行四边形，由几何关系得$v_a=v_e\sin30°=\dfrac{1}{2}\omega r$，此即为杆$CD$的速度。

例 5-3　如图 5-6 所示的曲柄摇杆机构，曲柄$O_1A=r$，以匀角速度ω_1绕O_1转动，通过滑块A带动摇杆O_2B绕O_2往复摆动。当曲柄O_1A处于水平位置时，摇杆O_2B与垂线O_1O_2之间的夹角为θ。求图示瞬时摇杆O_2B的角速度ω_2。

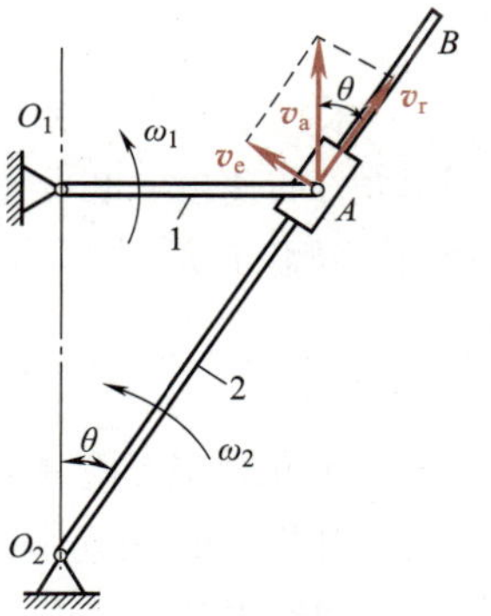

图 5-6　例 5-3 图

解　1）选择滑块A为动点，动坐标固结在摇杆O_2B上。

2）运动和速度分析。滑块A的绝对运动是以O_1为圆心，O_1A为半径的圆周运动，绝对速度的大小$v_a=\omega_1 r$，方向垂直于O_1A向上。动点A的相对运动为沿O_2B的直线运动，相对速度$\boldsymbol{v}_r$的方向沿直线O_2B，大小未知。牵连运动为O_2B的定轴转动，牵连点为该瞬时O_2B上与滑块重合的点，故牵连速度的大小$v_e=\overline{O_2A}\cdot\omega_2$，但由于$\omega_2$未知，故$\boldsymbol{v}_e$大小未知，方向垂直于$O_2B$。

3）画出速度平行四边形，如图 5-6 所示。由几何关系得

$$v_e=v_a\sin\theta=r\omega_1\sin\theta$$

$$\omega_2=\frac{v_e}{O_2A}=\frac{r\omega_1\sin\theta}{r/\sin\theta}=\omega_1\sin^2\theta$$

ω_2的转向为逆时针。

第三节 点的加速度合成定理

点的速度合成定理适用于任何运动形式的牵连运动，但是加速度合成的问题则比较复杂，牵连运动平动时的加速度合成关系与牵连运动为转动时并不相同。尽管如此，所得结论虽然在形式上不同，但本质上却又是统一的。下面先就牵连运动为一般运动时的情况进行研究。

设动点沿曲线 AB 运动，而 AB 又随动参考系做转动，如图 5-7 所示。在瞬时 t 动点位于曲线 AB 上的点 M，其绝对速度为$\boldsymbol{v}_a$，牵连速度为$\boldsymbol{v}_e$，相对速度为$\boldsymbol{v}_r$。经过时间间隔 Δt 后，曲线 AB 运动到 A_1B_1 位置，动点则运动至点 M'的位置，此时的绝对速度为$\boldsymbol{v}'_a$，牵连速度$\boldsymbol{v}'_e$，相对速度为$\boldsymbol{v}'_r$。在 Δt 时间段内，可以将动点 M 到 M'的连续过程看成两个阶段，即由 M 先到 M_1，再由 M_1 到 M'，则由速度合成定理，有

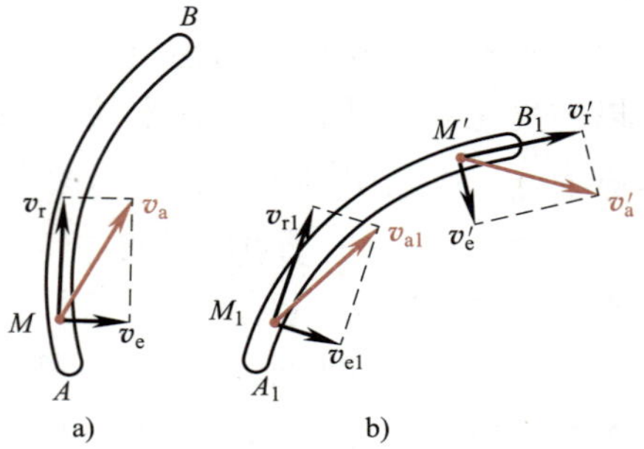

图 5-7 加速度合成定理

$$\left.\begin{aligned} \boldsymbol{v}_a &= \boldsymbol{v}_e + \boldsymbol{v}_r \\ \boldsymbol{v}'_a &= \boldsymbol{v}'_e + \boldsymbol{v}'_r \\ \boldsymbol{v}_{a1} &= \boldsymbol{v}_{e1} + \boldsymbol{v}_{r1} \end{aligned}\right\} \tag{a}$$

动点的绝对加速度反映了绝对速度对时间的变化率，即

$$\boldsymbol{a}_a = \lim_{\Delta t \to 0} \frac{\boldsymbol{v}'_a - \boldsymbol{v}_a}{\Delta t} = \lim_{\Delta t \to 0} \frac{\boldsymbol{v}'_a - \boldsymbol{v}_{a1} + \boldsymbol{v}_{a1} - \boldsymbol{v}_a}{\Delta t} \tag{b}$$

再以式（a）代入式（b）可得

$$\begin{aligned} \boldsymbol{a}_a &= \lim_{\Delta t \to 0} \frac{(\boldsymbol{v}'_e + \boldsymbol{v}'_r) - (\boldsymbol{v}_{e1} + \boldsymbol{v}_{r1}) + (\boldsymbol{v}_{e1} + \boldsymbol{v}_{r1}) - (\boldsymbol{v}_e + \boldsymbol{v}_r)}{\Delta t} \\ &= \lim_{\Delta t \to 0} \frac{\boldsymbol{v}'_e - \boldsymbol{v}_{e1}}{\Delta t} + \lim_{\Delta t \to 0} \frac{\boldsymbol{v}'_r - \boldsymbol{v}_{r1}}{\Delta t} + \lim_{\Delta t \to 0} \frac{\boldsymbol{v}_{e1} - \boldsymbol{v}_e}{\Delta t} + \lim_{\Delta t \to 0} \frac{\boldsymbol{v}_{r1} - \boldsymbol{v}_r}{\Delta t} \end{aligned} \tag{c}$$

根据定义，动点的牵连加速度应该是牵连点相对定参考系运动的加速度，即 AB 上 M 点运动的加速度。可设想动点在轨道上没有相对运动而“固结”在 AB 上，经过 Δt 时间，动点由 M 位置运动到 M_1 位置，牵连速度由$\boldsymbol{v}_e$ 变为$\boldsymbol{v}_{e1}$，则牵连加速度为

$$\boldsymbol{a}_e = \lim_{\Delta t \to 0} \frac{\boldsymbol{v}_{e1} - \boldsymbol{v}_e}{\Delta t} \tag{d}$$

动点对于动参考系运动的加速度是相对加速度。动参考系上的观察者观察到 AB 是静止的，因此在时间间隔 Δt 内观察到动点由 M_1 位置运动到 M'位置，相对速度由$\boldsymbol{v}_{r1}$变为$\boldsymbol{v}'_r$，则相对加速度为

$$\boldsymbol{a}_r = \lim_{\Delta t \to 0} \frac{\boldsymbol{v}'_r - \boldsymbol{v}_{r1}}{\Delta t} \tag{e}$$

将式（c）中除 $\boldsymbol{a}_e$、$\boldsymbol{a}_r$ 外的两项合并为 $\boldsymbol{a}_C$，则

$$\boldsymbol{a}_C = \lim_{\Delta t \to 0} \frac{\boldsymbol{v}'_e - \boldsymbol{v}_{e1}}{\Delta t} + \lim_{\Delta t \to 0} \frac{\boldsymbol{v}_{r1} - \boldsymbol{v}_r}{\Delta t} \tag{f}$$

称为**科氏加速度**。由式（f）可以看出，$\boldsymbol{a}_C$ 反映了因动点的相对运动改变了它在动系中牵连点的位置，从而导致牵连速度大小与方向的变化，又因牵连运动的转动而改变了相对运动的方向，它是牵连、相对两种运动相互影响的结果。将式（d）、式（e）、式（f）代入式（c），得

$$\boldsymbol{a}_a=\boldsymbol{a}_e+\boldsymbol{a}_r+\boldsymbol{a}_C \tag{5-2}$$

式（5-2）说明：**在任一瞬时，动点的绝对加速度等于在同一瞬时动点相对加速度、牵连加速度和科氏加速度的矢量和，此即牵连运动为转动时点的加速度合成定理。**

经进一步演算可得

$$\boldsymbol{a}_C=2\boldsymbol{\omega}_e\times\boldsymbol{v}_r \tag{5-3}$$

这是法国工程师科里奥利于 1832 年在研究水轮机时发现的。为了纪念他，故将 $\boldsymbol{a}_C$ 称为科里奥利加速度，简称科氏加速度。其中，$\boldsymbol{\omega}_e$ 为牵连运动，即动系转动的角速度矢，$\boldsymbol{v}_r$ 为相对速度。当动参考系的转轴与相对速度$\boldsymbol{v}_r$ 不相垂直时，根据式（5-3），可按照图 5-8a 所示的右手法则确定科氏加速度的方向，其大小为

$$a_C=2\omega_e v_r\sin\theta \tag{5-4}$$

其中，θ 是角速度矢 $\boldsymbol{\omega}_e$ 和相对速度$\boldsymbol{v}_r$ 的夹角。

在研究平面问题时，$\boldsymbol{\omega}_e$ 与$\boldsymbol{v}_r$ 相互垂直，故科氏加速度大小 $a_C=2\omega_e v_r$，方向可将$\boldsymbol{v}_r$ 矢量顺着 ω_e 的转向转动 90°，即可得到 $\boldsymbol{a}_C$ 的方向，如图 5-8b 所示。

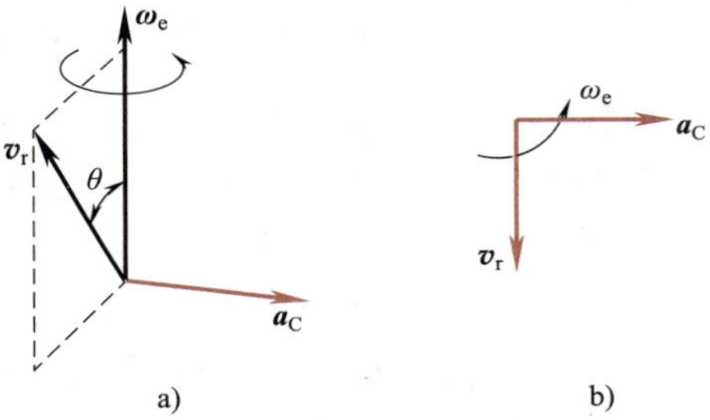

图 5-8　科氏加速度

牵连运动为平动时，其角速度矢量 $\boldsymbol{\omega}_e$ 为零，科氏加速度 $\boldsymbol{a}_C$ 为零，式（5-2）就简化为

$$\boldsymbol{a}_a=\boldsymbol{a}_e+\boldsymbol{a}_r \tag{5-5}$$

需要说明的是，刚体做复杂运动时，一般其角速度不为零，只要动参考系固连到角速度不为零的刚体上，那么科氏加速度一般就不会等于零。下一节中我们讨论的平面运动刚体，如果它在某瞬时的角速度不为零，当动参考系固连在这个刚体上时，相应的科氏加速度一般也不会等于零。

例 5-4　小车沿水平方向向右做加速运动，其加速度为 $\boldsymbol{a}$，如图 5-9 所示。小车上有一半径为 R 的轮子，以匀角速度 ω 绕轴 O 转动。求轮缘上点 1、2、3、4 的绝对加速度。

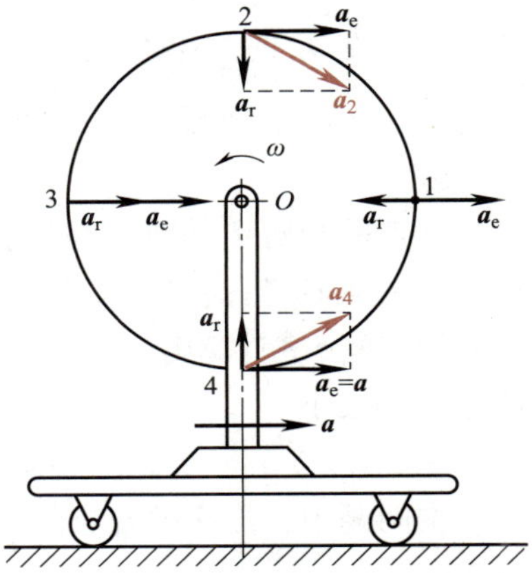

图 5-9　例 5-4 图

解　分别取轮缘上点 1、2、3、4 为动点，与小车固结的坐标系为动参考系，则牵连运动为平动，故各点的牵连加速度都为 $\boldsymbol{a}$。各点的相对运动为以点 O 为圆心的圆周运动，相对加速度分别如图 5-9 所示，它们的大小都等于 $R\omega^2$。因此，各点绝对加速度的大小分别为

$$a_1=a-R\omega^2;\quad a_2=\sqrt{a^2+R^2\omega^4}$$

$$a_3=a+R\omega^2;\quad a_4=\sqrt{a^2+R^2\omega^4}$$

方向见图。

例 5-5 如图 5-10 所示的机构中，曲柄 O_1A 以角速度 ω、角加速度 α 绕轴 O_1 转动。求图示瞬时杆 CD 的加速度。

解 1）动点和动坐标的选择同例 5-2。

2）速度分析和加速度分析。速度分析如例 5-2。动点 C 的绝对加速度 $\boldsymbol{a}_a$ 沿竖直方向，但大小未知。动点的相对加速度 $\boldsymbol{a}_r$，方向沿直线 AB，大小未知。牵连加速度为该瞬时杆 AB 上与动点 C 重合的牵连点的加速度。由于动参考系（杆 AB）做平动，其上各点的加速度相同。故牵连加速度与点 A 的加速度相同，故有 $a_e^n=a_A^n=r\omega^2$，方向与水平方向成 60°斜向上。$a_e^t=a_A^t=r\alpha$，方向与水平方向成 30°斜向上。各加速度方向如图 5-10 所示。

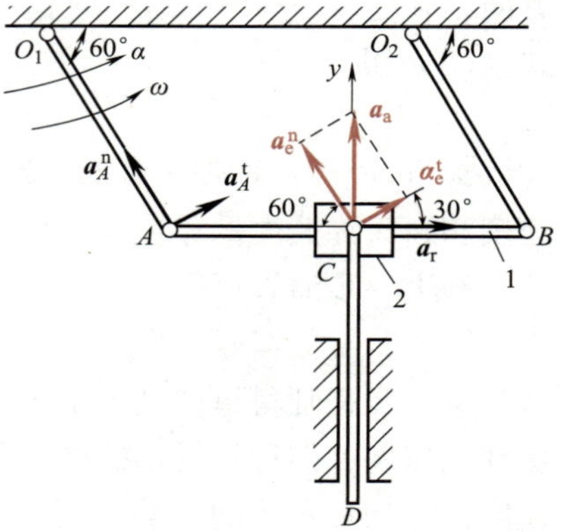

图 5-10 例 5-5 图

3）计算点 C 的加速度。加速度合成定理

$$\boldsymbol{a}_a=\boldsymbol{a}_e+\boldsymbol{a}_r=\boldsymbol{a}_e^n+\boldsymbol{a}_e^t+\boldsymbol{a}_r$$

将上面的矢量式向 y 方向投影得

$$a_a=a_e^n\sin60°+a_e^t\sin30°=r\omega^2\sin60°+r\alpha\sin30°=\frac{r}{2}(\sqrt{3}\omega^2+\alpha)$$

此即杆 CD 的平动加速度。

例 5-6 在例 5-3 情况下，求摆杆 O_2B 的角加速度。

解 1）以滑块 A 为动点，动参考系固连在杆 O_2B 上，由于杆 O_2B 做定轴转动，因此在进行加速度分析时需要考虑科氏加速度。

2）在例 5-3 中，已进行了速度分析，分别求得

$$v_a=r\omega_1,\ v_e=r\omega_1\sin\theta,\ v_r=r\omega_1\cos\theta$$

3）加速度分析。画出动点的加速度矢量图，如图 5-11 所示。

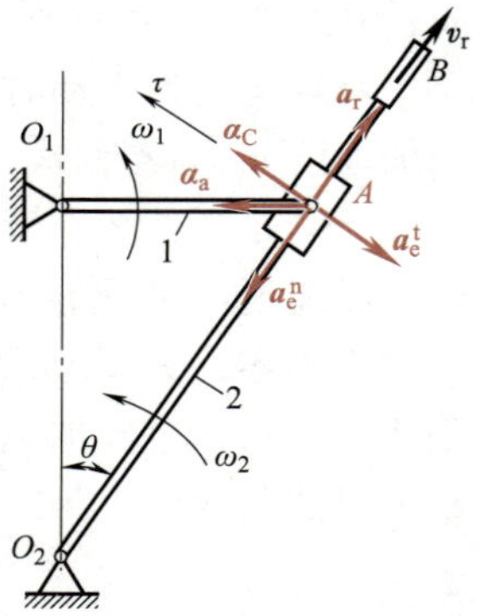

图 5-11 例 5-6 图

动点 A 的绝对运动为匀速圆周运动，故绝对加速度 $\boldsymbol{a}_a$ 大小为 $a_a=\omega_1^2r$，方向指向转轴中心 O_1。

牵连点为杆 O_2B 上此瞬时与点 A 重合的点 A_2，该点做变速曲线运动。在此瞬时牵连加速度包括法向加速度和切向加速度，其中法向加速度 $\boldsymbol{a}_e^n$ 的大小为 $a_e^n=\omega_2^2\cdot\overline{O_2A}=\omega_2^2\cdot r/\sin\theta$，方向指向转轴中心 O_2；切向加速度 $\boldsymbol{a}_e^t$ 的大小为 $a_e^t=\alpha_2\cdot\overline{O_2A}=\alpha_2\cdot r/\sin\theta$，方向垂直于 O_2B，并假设指向右下方。

动点的相对运动轨迹是沿着 O_2B 的直线，所以其相对加速度 $\boldsymbol{a}_r$ 的方向沿着 O_2B，指向可暂定为从 O_2 指向 B，大小未知。

根据例 5-3 计算出 $\boldsymbol{v}_r$ 和 ω_2 后，可以确定科氏加速度的大小和方向，其方向可按照图 5-8b 确定，其大小

$$a_C=2\omega_2\cdot v_r=2\omega_1\sin^2\theta\cdot r\omega_1\cos\theta=2\omega_1^2r\sin^2\theta\cos\theta$$

本问题中，加速度合成关系矢量式可写为

$$\boldsymbol{a}_a=\boldsymbol{a}_e^n+\boldsymbol{a}_e^t+\boldsymbol{a}_r+\boldsymbol{a}_C$$

因本问题中并不需要求解 $\boldsymbol{a}_r$ 的大小，所以将矢量式在图 5-11 所示的 $\boldsymbol{\tau}$ 轴上进行投影，有

$$a_a\cos\theta=-a_e^t+a_C$$

$$\omega_1^2 r\cos\theta=-a_e^t+2\omega_1^2 r\sin^2\theta\cos\theta$$

求得

$$\alpha_2=\frac{a_e^t}{O_2A}=\frac{2\omega_1^2 r\sin^2\theta\cos\theta-\omega_1^2 r\cos\theta}{r/\sin\theta}=\omega_1^2\sin\theta\cos\theta(2\sin^2\theta-1)$$

第四节　刚体平面运动的简化及其运动方程

刚体的两种基本运动是平动和定轴转动。本节将利用前面所述的概念和方法来研究刚体的一般平面运动。刚体的平面运动在工程上是常见的。例如，车轮沿直线轨道滚动（见图 5-12a），曲柄连杆机构中连杆的运动（见图 5-12b）等，都是刚体的平面运动。这些刚体的运动具有一个共同的特点：刚体在运动过程中，其上的任意一点与某一固定平面始终保持相等的距离。刚体的这种运动称为**平面运动**。

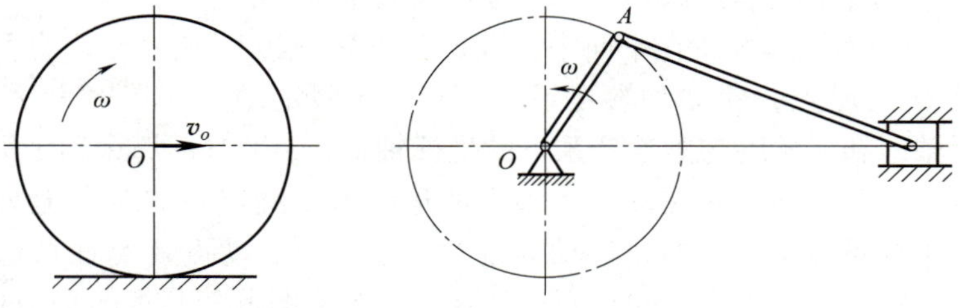

图 5-12　平面运动

如图 5-13 所示，设平面 Ⅰ 为某一固定平面，作平行于平面 Ⅰ 的平面 Ⅱ，平面 Ⅱ 横截该物体而得到平面图形 S。由平面运动定义可知，刚体运动时，平面图形 S 必在平面 Ⅱ 内运动。在刚体内取任意一条垂直于截面 S 的直线 A_1A_2，直线与截面 S 的交于点 A。刚体运动时，直线 A_1A_2 始终垂直于平面 Ⅱ，而做平行于自身的运动，即平动。由平动性质可知，直线 A_1A_2 上各点的运动完全相同。因此，点 A 的运动就可以代表直线 A_1A_2 上所有各点的运动。同理，作垂直线 B_1B_2，则 B_1B_2 上各点的运动完全可由点 B（直线 B_1B_2 与平面 Ⅱ 的交点）代表。由此可见，平面图形刚体的平面运动可简化为平面图形 S 在其自身平面内的运动。

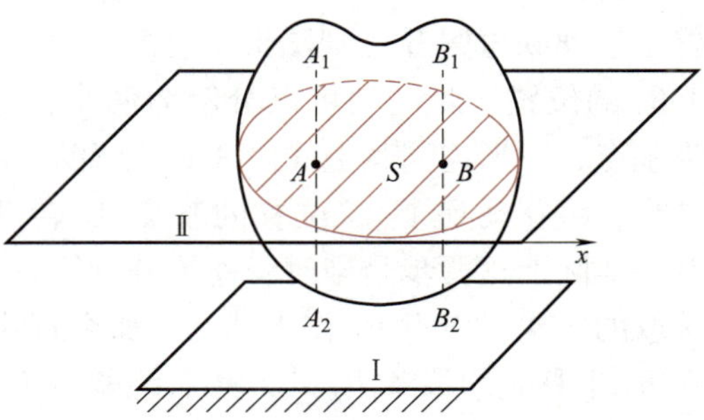

图 5-13　平面图形

如图 5-14 所示，设平面图形 S 在其自身平面 Oxy 内运动，现欲确定该图形在任一瞬时的位置。在平面图形上任取线段 $O'A$，若能确定该线段的位置，则图形 S 的位置显然也就确定了。线段 $O'A$ 的位置可以由点 O'的两个坐标 $x_{O'}$、$y_{O'}$及该线段与 x 轴的夹角 φ 来确定。点 O'称为**基点**。当图形 S 运动时，O'坐标和角 φ 都将随时间而改变，它们可以表示为时间 t 的单值连续函数

$$\left.\begin{aligned}x_{O'}&=f_1(t)\\y_{O'}&=f_2(t)\\\varphi&=f_3(t)\end{aligned}\right\}\tag{5-6}$$

若这些函数是已知的，则图形 S 在每一瞬时 t 的位置都可以确定。式（5-6）称为**刚体的平面运动方程**。

从上述平面运动方程中可以看到两种特殊情形：

1）若 φ 等于常数，不随时间变化，则图形 S 上任意一条直线在运动过程中始终保持与原来的位置平行，即图形 S 只在其自身平面上做平动。

2）若 $x_{O'}$、$y_{O'}$ 为常数，不随时间变化，则基点 O' 的位置不变，图形 S 绕通过基点 O' 且垂直于其自身平面的轴做定轴转动。

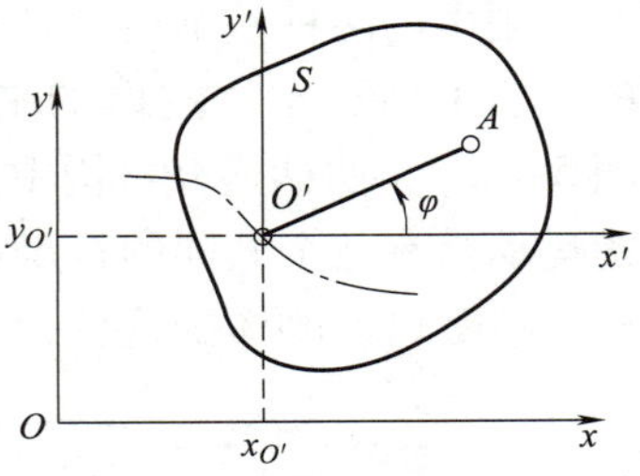

图 5-14 平面图形的位置

由此可见，刚体的平面运动包含着刚体基本运动的两种形式：平动和转动。

事实上，刚体的平面运动可以由平动与转动复合而成。如图 5-14 所示，在平面图形 S 所在平面中，取 S 上任意一点 A 为动点，以基点 O' 为原点，建立动参考系 $O'x'y'$，并假定动参考系下的坐标轴 x' 和 y' 始终与静参考系下的坐标轴 x 和 y 平行，那么动坐标系随同基点 O' 做平动，这是牵连运动；动点 A 在动参考系下的运动就是绕点 O' 的圆周运动，这是相对运动。动点 A 在静坐标系 Oxy 下的曲线运动为绝对运动。由于动点 A 是任意选择的，基点 O' 也是任意选择的，所以平面图形 S 的平面运动就可以视为图形随基点的平动和绕基点定轴转动的合成。

讨论平面运动的一般情况，如图 5-15 所示，设在微小的时间间隔 Δt 内，平面图形由位置Ⅰ运动到位置Ⅱ，则图形上任意一段直线 A_1B_1 运动到 A_2B_2 的位置。此运动可以分解为两步：第一步，取点 A_1 为基点，图形连同其上线段 A_1B_1 平移到 A_2B_2' 的位置；第二步，绕移动到了 A_2 位置的基点 A_1 转动 $\Delta\varphi_1$ 到达位置Ⅱ。实际上这两步是同时、连续进行的。由于基点是任意选取的，也可以点 B_1 作为基点，那么直线 A_1B_1 可先随基点 B_1 平移到线段 $A_2'B_2$ 处，然后绕基点 $B_1(B_2)$ 转动 $\Delta\varphi_2$ 到达位置Ⅱ。

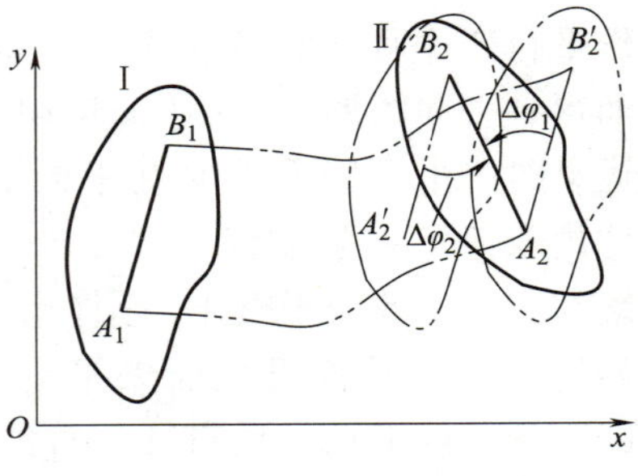

图 5-15 平面运动的合成

可以判断，选择不同的基点，平面图形随基点移动的位移矢量是不同的，所以其随基点移动的速度和加速度不同，这说明随基点移动的这些运动物理量与基点的选择有关；从图 5-15 也能看出，$\Delta\varphi_1$、$\Delta\varphi_2$ 两个角位移具有相同的大小和转向，因此与之相关的角速度和角加速度也必定分别相同。这就表明，**无论取平面图形上哪个点作为基点，绕基点转动的角位移、角速度和角加速度分别都是相同的，与基点的选择无关。所以，在提及平面图形的角速度、角加速度时，无须指明基点所在，也就无须指明转轴了。**上述角位移、角速度和角加速度都是相对于动参考系而言的，在我们讨论的过程中，采用的动参考系相对于定参考系只有平移而没有转动（见图 5-14），所以这些转动参数实际上也是相对于定参考系的，因此也是绝对的量，至于动参考系相对于定参考系做转动的情况，本书不做讨论。另外需要说明的是，尽管基点可以任意选取，但在具体问题中，往往选择速度、加速度已知或容易求解的点作为基点，从而便于问题的求解。

第五节　求平面图形上各点的速度

刚体的平面运动既然可以分解为随基点的移动（牵连运动）和绕基点的转动（相对运动），那么平面图形上任意一点的速度就可以利用点的速度合成定理进行求解。求解的方法通常有基点法、速度投影法和速度瞬心法三种。

一、基点法（速度合成法）

设已知在某一瞬时平面图形 S 内某点 A 的速度$\boldsymbol{v}_A$ 和图形的角速度 ω，如图 5-16 所示。现求平面图形上任一点 B 的速度$\boldsymbol{v}_B$。为此，取点 A 为基点。由前一节可知，平面图形 S 的运动可以看成随基点 A 的平动（牵连运动）和绕基点 A 的转动（相对运动）的合成。因此可用速度合成定理求点 B 的速度，即

$$\boldsymbol{v}_B=\boldsymbol{v}_e+\boldsymbol{v}_r$$

因为动参考系固连在基点 A 上，且做平动，所以动系上与点 B 重合的点的速度，即牵连速度$\boldsymbol{v}_e$ 就等于基点 A 的速度 $\boldsymbol{v}_A$，即

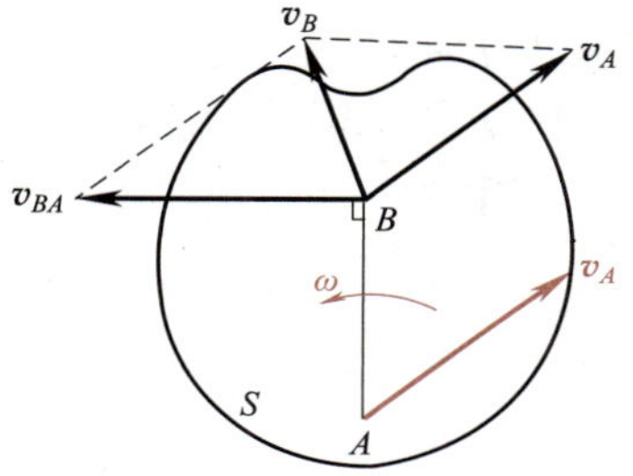

图 5-16　基点法

$$\boldsymbol{v}_e=\boldsymbol{v}_A$$

又因为点 B 的相对运动是绕以基点 A 为圆心的圆周运动，所以点 B 的相对速度$\boldsymbol{v}_r$ 可记为$\boldsymbol{v}_{BA}$，其大小 $v_{BA}=\omega\cdot\overline{BA}$，$BA$ 是以基点 A 为圆心的圆周的半径，方向垂直于 BA 且符合平面图形 S 的角速度 ω 的转向。由以上各项的分析，可得

$$\boldsymbol{v}_B=\boldsymbol{v}_A+\boldsymbol{v}_{BA} \tag{5-7}$$

其中

$$v_{BA}=\omega\cdot\overline{BA} \tag{5-8}$$

式（5-7）表明，平面图形上任意一点的速度等于基点的速度与该点绕基点转动的速度的矢量和。基点法是求解平面图形上任意一点速度的基本方法。

二、速度投影法

如图 5-17 所示，若将式（5-7）在 AB 的连线上投影，因 $\boldsymbol{v}_{BA}\perp BA$，$\boldsymbol{v}_{BA}$在此连线上的投影为零，因此有

$$[\boldsymbol{v}_B]_{AB}=[\boldsymbol{v}_A]_{AB} \tag{5-9}$$

设 θ_A、θ_B 分别是$\boldsymbol{v}_A$、$\boldsymbol{v}_B$ 与连线 AB 的夹角，则有

$$v_B\cos\theta_B=v_A\cos\theta_A \tag{5-10}$$

以上表明，平面图形上任意两点的速度在该两点的连线上的投影彼此相等。这一关系称为速度投影定理。应用此定理求解平面图形上任意一点的速度的方法，称为**速度投影法**。

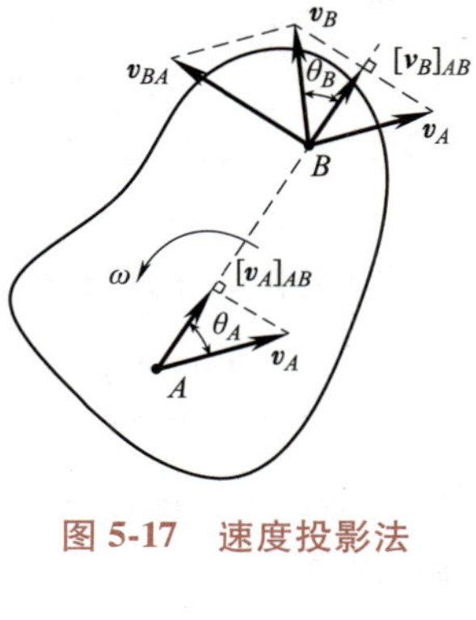

图 5-17　速度投影法

速度投影法只适用于刚体。因为 A、B 两点是刚体上的点，它们之间的距离应保持不变，所以这两点的速度在 AB 连线上的投影必然相等，且方向一致，否则 A、B 两点之间的距离必然发生变化。速度投影定理不仅适用于刚体的平面运动，而且也适用于刚体做其他任意运动。

例 5-7 如图 5-18a 所示，直杆 AB 长 $l=200\text{mm}$，在铅垂面内运动，杆的两端分别沿铅直墙及水平面滑动，图示时刻，$\alpha=60°$，$v_B=20\text{mm/s}$。求此时杆 AB 的角速度、A 端的速度。

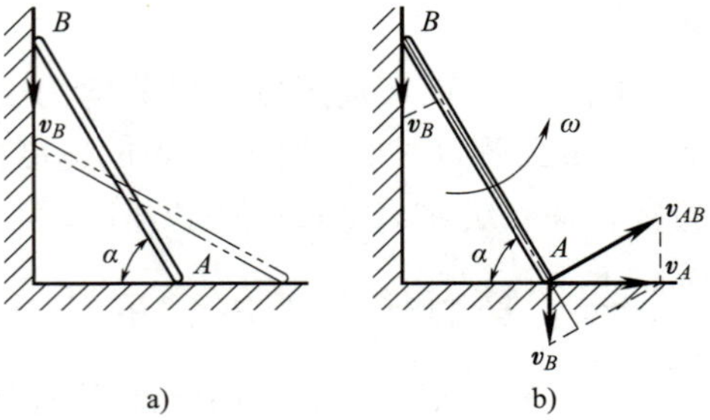

图 5-18 例 5-7 图

解法 1 基点法。杆 AB 做平面运动。选取速度已知的点 B 作为基点，图 5-18a 的双点画线位置表明下一瞬时杆件 AB 的位置，因此可以确定点 A 的速度 $\boldsymbol{v}_A$ 水平向右，角速度为逆时针，从而确定 $\boldsymbol{v}_{AB}$ 的速度方向。

根据式（5-7），$\boldsymbol{v}_A=\boldsymbol{v}_B+\boldsymbol{v}_{AB}$，作速度关系图，如图 5-18b 所示。根据合矢量平行四边形关系，有

$$v_A=v_B\tan\alpha=20\times\tan60°\text{mm/s}=20\sqrt{3}\,\text{mm/s}=34.6\text{mm/s}$$

$$v_{AB}=\frac{v_B}{\cos\alpha}=\frac{20}{\cos60°}\text{mm/s}=\frac{20}{0.5}\text{mm/s}=40\text{mm/s}$$

根据式（5-8），可得 $$\omega=\frac{v_{AB}}{\overline{AB}}=\frac{40}{200}\text{rad/s}=0.2\text{rad/s}$$

解法 2 速度投影法。根据式（5-9）可得

$$v_A\cos60°=v_B\cos30°$$

$$v_A=\frac{v_B\cos30°}{\cos60°}=20\sqrt{3}\,\text{mm/s}=34.6\text{mm/s}$$

显然，利用速度投影法可以很方便地求出 v_A，但却不能直接求出角速度 $\boldsymbol{\omega}$，仍然需要利用基点法式（5-7）求出 v_{BA}后，再用式（5-8）进行求解。

例 5-8 如图 5-19a 所示，圆轮沿着直线轨道做纯滚动。已知轮心 O 的速度$\boldsymbol{v}$，轮的半径为 R。求圆轮边缘上 A、B、C、D 四点的速度。

解 所谓纯滚动，是指无滑动的滚动，轮缘上与地面接触点 A 的速度为零。

取轮心 O 为基点，用基点法分析各点速度。如图 5-19b 所示，点 A 的速度为

$$\boldsymbol{v}_A=\boldsymbol{v}_O+\boldsymbol{v}_{AO}$$

式中，$\boldsymbol{v}_O$、$\boldsymbol{v}_{AO}$均垂直于 AO，由于 $v_A=0$，则必然有$\boldsymbol{v}_{AO}$与$\boldsymbol{v}_O$ 大小相等，方向相反，进而得出轮的角速度为顺时针转向，且

$$\omega=v_{AO}/\overline{AO}=v/R$$

分析点 B 的速度，同样取轮心 O 为基点，$\boldsymbol{v}_B=\boldsymbol{v}_O+\boldsymbol{v}_{BO}$，根据如图 5-19b 所示的速度关系，可得

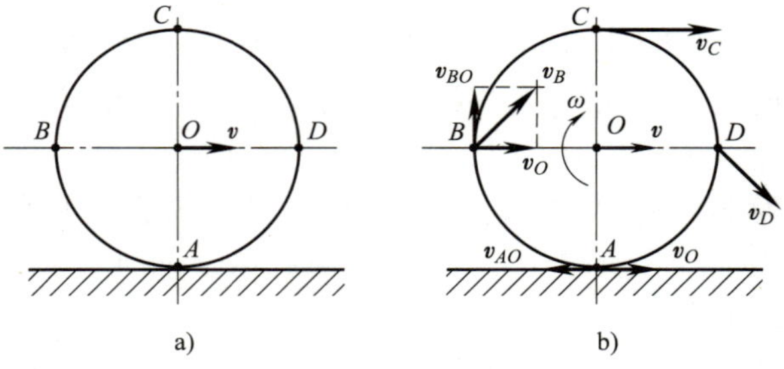

图 5-19 例 5-8 图

$$v_B=\sqrt{v_O^2+v_{BO}^2}=\sqrt{v^2+\omega^2R^2}=\sqrt{v^2+\left(\frac{v}{R}\right)^2R^2}=\sqrt{2}v$$

同理可得 $v_C=2v$，$v_D=\sqrt{2}v$，方向均在图 5-19b 中标出，作为练习，读者可以自行计算验证。

三、速度瞬心法

1. 瞬心的定义和速度瞬心法

根据基点法，平面图形在其自身平面内运动时，其中任意一点 M 的速度满足 $\boldsymbol{v}_M=\boldsymbol{v}_C+\boldsymbol{v}_{MC}$，其中 $\boldsymbol{v}_C$ 是基点的速度。由于基点是任意选择的，在某瞬时，若能够在平面图形（或其延拓部分）找到速度为零的基点 C，即 $v_C=0$，那么点 M 的速度就可以写为

$$\boldsymbol{v}_M=\boldsymbol{v}_{MC}$$

上式表明，在该瞬时平面图形内各点的运动可以看作以点 C 为圆心的“圆周”运动。这个瞬时速度恰好为零的点，称为平面图形在该瞬时的速度中心，简称**速度瞬心**或**瞬心**。可见，只要找到平面图形在某一瞬时的瞬心位置，则图形内其他各点在此瞬时的绝对速度就等于它们相对于瞬心 C 运动的速度。以上述的点 M 为例，若该点到瞬心 C 的距离为 $\overline{CM}$，则点 M 速度的大小即为

$$v_M=\omega\cdot\overline{CM}$$

速度方向则是顺着角速度 ω 的转向而与 CM 垂直。这种应用瞬心来求平面图形内各点速度的方法，称为**速度瞬心法**。

如图 5-20 所示，做纯滚动的轮子与轨道的接触点 C 的速度为零，故在该瞬时，点 C 就是轮子的瞬心。于是，应用速度瞬心法很快就能求出其他各点的速度。如点 A、B、D、E 的速度大小分别为

$v_A=\omega\cdot\overline{AC}=\dfrac{v_O}{r}(R+r)$，方向水平向右；

$v_B=\omega\cdot\overline{BC}=\dfrac{v_O}{r}(2r)=2v_O$，方向水平向右；

$v_D=\omega\cdot\overline{DC}=\dfrac{v_O}{r}(R-r)$，方向水平向左；

$v_E=\omega\cdot\overline{CE}=\sqrt{2}r\dfrac{v_O}{r}=\sqrt{2}v_O$，其方向垂直于 CE。

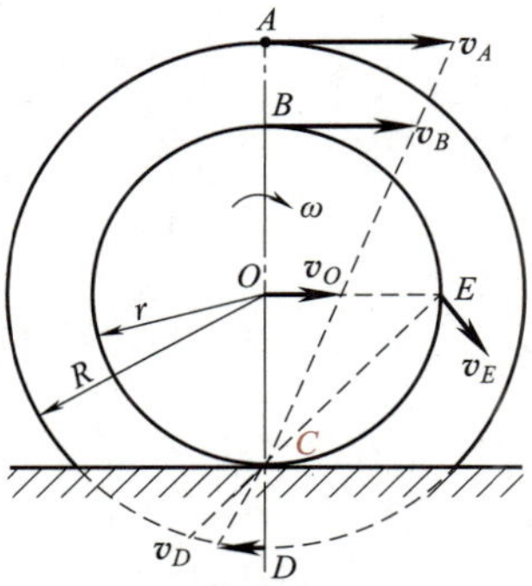

图 5-20　纯滚动

2. 瞬心位置的确定

上面介绍了应用速度瞬心法求平面图形内各点速度的方法，现在进一步讨论如何确定瞬心的位置。设某一平面图形在某一瞬时的位置如图 5-21 所示，已知其中一点 O' 的速度为 $\boldsymbol{v}_{O'}$，图形绕该点的角速度为 ω。若自 $\boldsymbol{v}_{O'}$ 矢顺着 ω 的转向绕点 O' 转过 90°，通过点 O' 作一条射线，并在其上截取一点 C，使其与点 O' 的距离满足

$$\overline{CO'}=\frac{v_{O'}}{\omega}$$

则点 C 就是平面图形在此瞬时的速度瞬心。这是因为由基点法确定点 C 的速度

$$\boldsymbol{v}_C=\boldsymbol{v}_{O'}+\boldsymbol{v}_{CO'}$$

$\boldsymbol{v}_{CO'}$ 的大小为 $v_{CO'}=\omega\cdot\overline{CO'}=\omega\cdot\dfrac{v_{O'}}{\omega}=v_{O'}$，其方向正好与 $\boldsymbol{v}_{O'}$ 相反，如图 5-21 所示，所以 $v_C=v_{O'}+v_{CO'}=0$。因此点 C 就是所要求的平面图形在该瞬时的瞬心。

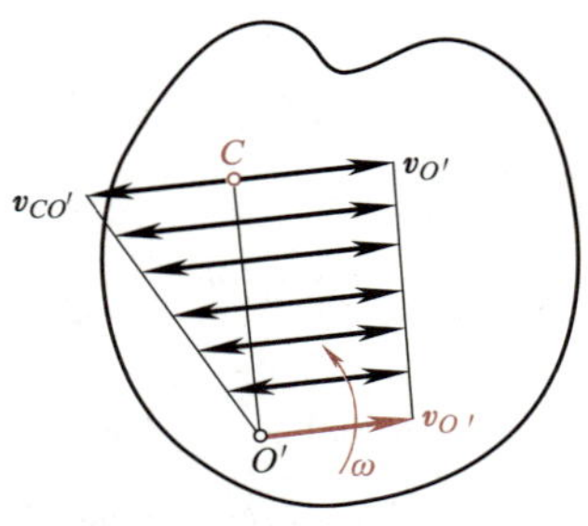

图 5-21 瞬心的位置求法

这里必须强调，由于平面图形上各点的速度一般均随时间而变化，所以要注意瞬心的瞬时性，同一平面图形在不同瞬时往往具有不同的瞬心。瞬心的加速度一般也不为零。

除了上述方法以外，下面还有几种确定瞬心位置的方法：

1）平面图形沿某一固定面做纯滚动时，它与固定面的接触点即为该瞬时平面图形的瞬心（如图 5-20 中的点 C）。

2）若平面图形内任意两点的速度方向为已知，如图 5-22a 所示，通过这两点作其速度矢的垂线，两垂线的交点 C 即为瞬心。

3）若平面图形内任意两点的速度方向平行，且垂直于该两点的连线，如图 5-22b、c 所示，则瞬心 C 应在这两点 A、B 的连线或其延长线上。且有

$$\frac{\overline{AC}}{\overline{BC}}=\frac{v_A}{v_B}$$

即各点速度的大小分别与它们到瞬心的距离成正比。只要把这两点速度的矢端用一条直线连接起来，它与 AB 连线（或其延长线）的交点 C，即为平面图形在此时刻的瞬心。

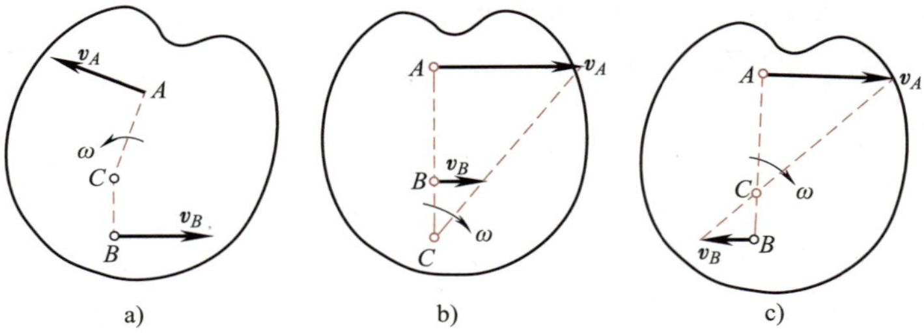

图 5-22 速度瞬心的位置

4）若平面图形内任意两点的速度平行，且大小相等，如图 5-23a、b 所示，则瞬心的位置将趋于无穷远。此瞬时，平面图形的角速度 $\omega=0$，图形内各点的速度都相同。但由于在该瞬时各点的加速度一般并不相同，因此，在下一瞬时各点的速度就不一定相同了，平面图形的运动不符合平动的条件，仅仅由于该瞬时图形上各点同速，故称该瞬时平面图形做瞬时平动。

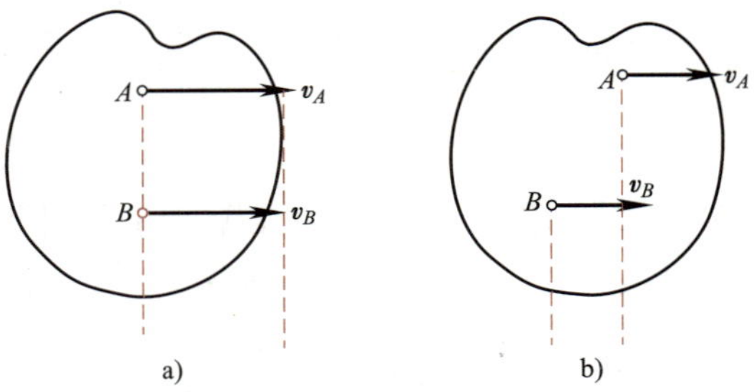

图 5-23 瞬时平动

例 5-9　如图 5-24 所示为四连杆机构。$O_1A=r$，$AB=O_2B=3r$，曲柄 O_1A 以角速度 ω_1 绕 O_1 轴转动。在图示位置时，$O_1A\perp AB$，$\angle ABO_2=60°$。求此瞬时摇杆 O_2B 的角速度 ω_2。

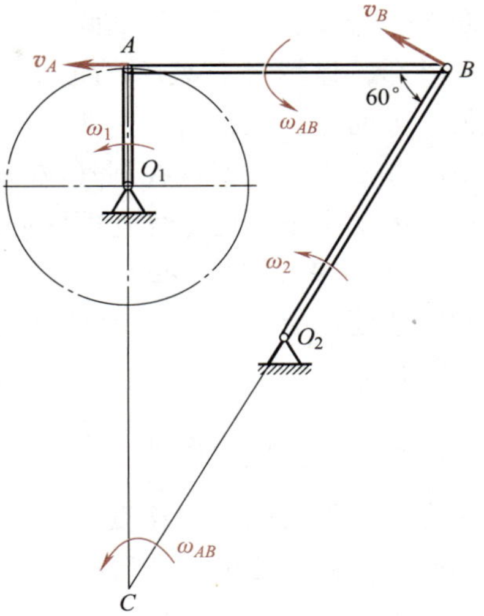

图 5-24　例 5-9 图

解　连杆 AB 做平面运动，点 A 的速度已知，$v_A=r\omega_1$，方向与 O_1A 垂直；点 B 速度方向已知，$\boldsymbol{v}_B$ 与 O_2B 垂直。过 A、B 两点作 $\boldsymbol{v}_A$ 和 $\boldsymbol{v}_B$ 的垂线，其交点 C 就是连杆 AB 的瞬心。

设连杆的角速度为 ω_{AB}，因平面运动在讨论各点速度问题上，可看成绕瞬心转动，故

$$\omega_{AB}=\frac{v_A}{\overline{AC}}=\frac{r\omega_1}{\overline{AB}\cdot\tan60°}=\frac{r\omega_1}{3r\sqrt{3}}=0.192\omega_1$$

$$v_B=\omega_{AB}\cdot\overline{BC}=\omega_{AB}\cdot 2AB=1.155r\omega_1$$

求得摇杆 O_2B 的角速度为

$$\omega_2=\frac{v_B}{\overline{O_2B}}=0.385\omega_1$$

第六节　用基点法求平面图形上各点的加速度

平面运动刚体上点的加速度分析，一般采用基点法。尽管基点是可以任意选取的，但一般选择速度、加速度已知的点作为基点，以便于后续的分析计算。如图 5-25 所示，设基点 A 的加速度 $\boldsymbol{a}_A$ 已知，平面图形在某瞬时的角速度为 ω，角加速度为 α，求图形上任意一点 B 的加速度 $\boldsymbol{a}_B$。根据本章第四节所述的平面运动分解，固连在基点 A 上的动参考系做平动，可以利用本章第三节中牵连运动为平动时的加速度合成定理式（5-5）进行分析。动系做平动，所以牵连加速度等于基点的加速度，即 $\boldsymbol{a}_e=\boldsymbol{a}_A$。待求点 B 相对于基点 A 的相对运动轨迹是以点 A 为圆心，BA 为半径的圆周，所以其相对加速度 $\boldsymbol{a}_r$ 具有法向和切向分量。将 $\boldsymbol{a}_r$ 改写为 $\boldsymbol{a}_{BA}$，明确是待求点 B 相对于基点 A 的加速度，则 $\boldsymbol{a}_r=\boldsymbol{a}_{BA}=\boldsymbol{a}_{BA}^n+\boldsymbol{a}_{BA}^t$。将此代入式（5-5），得

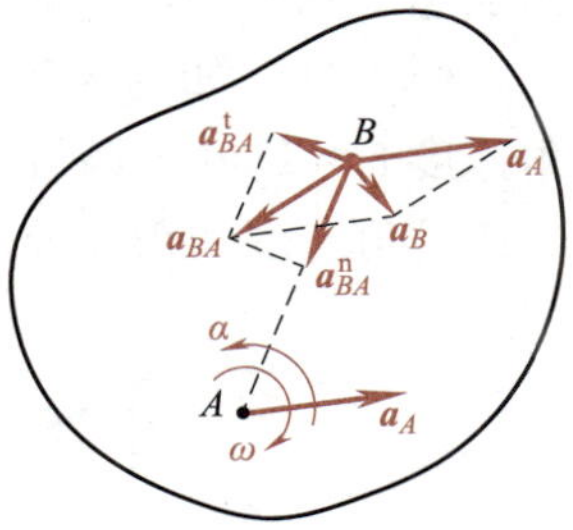

图 5-25　基点法求加速度

$$\boldsymbol{a}_B=\boldsymbol{a}_A+\boldsymbol{a}_{BA}=\boldsymbol{a}_A+\boldsymbol{a}_{BA}^n+\boldsymbol{a}_{BA}^t \tag{5-11}$$

式（5-11）表明，平面图形内任一点的加速度等于基点的加速度与该点随图形绕基点转动的法向加速度和切向加速度三者的矢量和。

式（5-11）中，相对法向加速度的方向是由待求点指向基点，其大小

$$a_{BA}^n=\omega^2\cdot\overline{BA} \tag{5-12}$$

相对切向加速度的方向与待求点和基点的连线 BA 垂直，其指向依据连线 BA 顺着角加速度 α 的转向确定，其大小

$$a_{BA}^t=\alpha\cdot\overline{BA} \tag{5-13}$$

式（5-11）是一个平面矢量式，式中每一项包括了大小和方向，将此式在两个互不平行的方向上进行投影，可以得到两个代数方程，从而进行物理量的求解。若将式（5-11）向 AB 方向投影，显然由于 $\boldsymbol{a}_{BA}^{n}$ 的存在，$[\boldsymbol{a}_B]_{BA} \neq [\boldsymbol{a}_A]_{BA}$，因此也就不存在所谓的加速度投影定理。另一方面，在某瞬时，虽然平面图形上存在有加速度为 0 的加速度瞬心，通常其位置和速度瞬心并不重合，不仅找到其位置困难，而且即便找到对于多数问题也并不能有效简化计算过程，因此本书不讨论加速度瞬心问题。

例 5-10 如图 5-26 所示，半径为 R 的刚性车轮沿直线轨道做纯滚动，若已知轮心随时间的速度函数 $v(t)$，讨论任意瞬时车轮的角加速度与轮心加速度的关系。

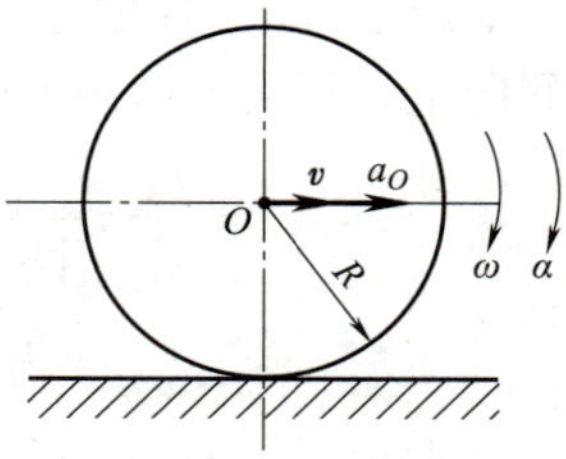

图 5-26 例 5-10 图

解 车轮做纯滚动，由例 5-9 可知轮的角速度 $\omega(t)=\dfrac{v(t)}{R}$，角速度转向可由轮心的速度方向确定，以上关系在任意瞬时均成立，因此可求得车轮的角加速度

$$\alpha(t)=\frac{\mathrm{d}\omega(t)}{\mathrm{d}t}=\frac{1}{R}\frac{\mathrm{d}v(t)}{\mathrm{d}t}$$

车轮沿着直线轨道运动，轮心 O 做直线运动，所以 $\mathrm{d}v(t)/\mathrm{d}t=a_O(t)$，因而在任意瞬时有

$$\alpha=\frac{a_O}{R}$$

若车轮沿曲线轨道运动，那么 $\mathrm{d}v(t)/\mathrm{d}t=a_O^{t}(t)$，则在任意瞬时有

$$\alpha=\frac{a_O^{t}}{R} \tag{5-14}$$

角加速度的转向由轮心 O 的加速度 $\boldsymbol{a}_O$ 的方向确定。

例 5-11 如图 5-27a 所示，四连杆机构 $OABO_1$ 中，$OO_1=OA=O_1B=100\text{mm}$，杆 OA 以匀角速度 $\omega=2\text{rad/s}$ 绕轴 O 转动。图示瞬时，$OA\perp OO_1$，杆 O_1B 水平，求此瞬时杆 AB 和杆 O_1B 的角速度和角加速度。

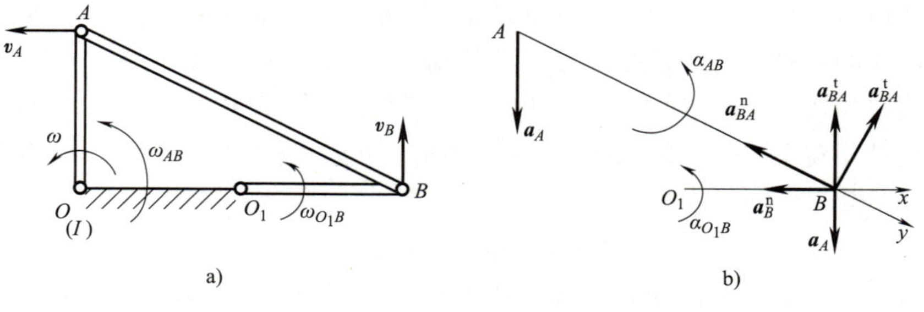

图 5-27 例 5-11 图

解 分析平面运动的加速度问题，速度分析是前提。本问题中点 A 的速度、加速度均能直接求出，因此选择点 A 作为基点。

1）速度分析。根据点 A 和点 B 的运动轨迹，判断点 O 即为此瞬时杆 AB 的速度瞬心 I。点 A 的速度 $v_A=\overline{OA}\cdot\omega=0.1\times2\text{m/s}=0.2\text{m/s}$，杆 AB 的角速度 $\omega_{AB}=v_A/\overline{AI}=\omega=2\text{rad/s}$。点 B 的速度 $v_B=\omega_{AB}\cdot\overline{IB}=2\times0.2\text{m/s}=0.4\text{m/s}$，那么，杆 O_1B 的角速度 $\omega_{O_1B}=v_B/\overline{O_1B}=(0.4/0.1)\text{rad/s}=$

4rad/s。

2）加速度分析。以点 A 为基点，点 B 为待求点，根据 $\boldsymbol{a}_B^{\mathrm{n}}+\boldsymbol{a}_B^{\mathrm{t}}=\boldsymbol{a}_A+\boldsymbol{a}_{BA}^{\mathrm{n}}+\boldsymbol{a}_{BA}^{\mathrm{t}}$，分别画出各加速度矢量，如图 5-27b 所示。

因 OA 杆做匀速转动，点 A 的加速度 $\boldsymbol{a}_A$ 方向从点 A 指向点 O，其大小

$$a_A=\omega^2\cdot\overline{OA}=2^2\times0.1\mathrm{m/s^2}=0.4\mathrm{m/s^2}$$

点 B 的运动轨迹是以 O_1 为圆心，O_1B 为半径的圆周，其加速度法向分量 $\boldsymbol{a}_B^{\mathrm{n}}$ 的方向从点 B 指向点 O_1，大小为

$$a_B^{\mathrm{n}}=\frac{v_B^2}{\overline{O_1B}}=\frac{0.4^2}{0.1}\mathrm{m/s^2}=1.6\mathrm{m/s^2}$$

点 B 的加速度切向分量 $\boldsymbol{a}_B^{\mathrm{t}}$ 垂直于 O_1B，假定 O_1B 的角加速度 α_{O_1B}逆时针转向，则 $\boldsymbol{a}_B^{\mathrm{t}}$ 指向竖直向上，大小待求。

相对加速度法向分量 $\boldsymbol{a}_{BA}^{\mathrm{n}}$的方向由待求点 B 指向基点 A，其大小

$$a_{BA}^{\mathrm{n}}=\omega_{BA}^2\cdot\overline{BA}=2^2\times0.1\times\sqrt{5}\mathrm{m/s^2}=0.4\sqrt{5}\mathrm{m/s^2}$$

设杆 AB 角加速度 α_{AB}逆时针转向，则相对加速度法向分量 $\boldsymbol{a}_{BA}^{\mathrm{t}}$指向右上角，大小待求。选择图 5-27b 所示轴 y（AB 方向）对式 $\boldsymbol{a}_B^{\mathrm{n}}+\boldsymbol{a}_B^{\mathrm{t}}=\boldsymbol{a}_A+\boldsymbol{a}_{BA}^{\mathrm{n}}+\boldsymbol{a}_{BA}^{\mathrm{t}}$进行投影，有

$$-a_B^{\mathrm{t}}\times\frac{1}{\sqrt{5}}-a_B^{\mathrm{n}}\times\frac{2}{\sqrt{5}}=a_A\times\frac{1}{\sqrt{5}}-a_{BA}^{\mathrm{n}}$$

代入已求得的数据，计算可得 $a_B^{\mathrm{t}}=-1.6\mathrm{m/s^2}$，则

$$\alpha_{O_!B}=\frac{a_B^{\mathrm{t}}}{\overline{O_1B}}=\frac{-1.6}{0.1}\mathrm{rad/s^2}=-16\mathrm{rad/s^2}$$

负号表明角加速度 α_{O_1B}方向与预设相反，实际为顺时针转向。

选择图 5-27b 所示轴 x（O_1B 方向）对式 $\boldsymbol{a}_B^{\mathrm{n}}+\boldsymbol{a}_B^{\mathrm{t}}=\boldsymbol{a}_A+\boldsymbol{a}_{BA}^{\mathrm{n}}+\boldsymbol{a}_{BA}^{\mathrm{t}}$进行投影，有

$$-a_B^{\mathrm{n}}+0=0-a_{BA}^{\mathrm{n}}\times\frac{2}{\sqrt{5}}+a_{BA}^{\mathrm{t}}\times\frac{1}{\sqrt{5}}$$

代入已求得的数据，计算可得 $a_{BA}^{\mathrm{t}}=-0.8\sqrt{5}\mathrm{m/s^2}$，则

$$\alpha_{BA}=\frac{a_{BA}^{\mathrm{t}}}{BA}=\frac{-0.8\sqrt{5}}{0.1\sqrt{5}}\mathrm{rad/s^2}=-8\mathrm{rad/s^2}$$

负号表明角加速度 α_{AB}方向与预设相反，实际为顺时针转向。

本 章 小 结

本章对点的合成运动研究了动点在不同参考系下运动之间的关系，建立了点的速度合成定理和加速度合成定理。

本章点的合成运动的分析基础上，用运动合成方法来研究了刚体的平面运动，将平面运动分解为随基点的平动（牵连运动）和绕基点的转动（相对运动）。平动与基点的选取有关，而转动与基点的选取无关。

1. 点的合成运动

讨论一个动点在两种坐标系间而形成三种运动间的关系。

1） 三种运动：

绝对运动——动点相对于定参考系的运动；

相对运动——动点相对于动参考系的运动；

牵连运动——动参考系相对于定参考系的运动。

2） 点的速度合成定理：

$$\boldsymbol{v}_a=\boldsymbol{v}_e+\boldsymbol{v}_r$$

此定理对于做任何运动的动参考系都适用。

3） 点的加速度合成定理，必须分清动参考系做什么运动。当动参考系做平动时，点的加速度合成定理为

$$\boldsymbol{a}_a=\boldsymbol{a}_e+\boldsymbol{a}_r$$

当动参考系做转动时，点的加速度合成定理为

$$\boldsymbol{a}_a=\boldsymbol{a}_e+\boldsymbol{a}_r+\boldsymbol{a}_C$$

其中科氏加速度 $\boldsymbol{a}_C=2\boldsymbol{\omega}_e\times\boldsymbol{v}_r$，其大小为 $a_C=2\omega_e v_r\sin\theta$，方向由右手法则决定。在平面问题中，可将$\boldsymbol{v}_r$ 矢量顺着 ω_e 的转向转动 90°确定科氏加速度的方向。

2. 刚体的平面运动

1） 平面运动先简化成平面图形的运动，再进而用合成运动的方法将平面图形的平面运动视为随基点的平动和绕基点的转动的合成，选择不同的基点会有不同的平动，但转动部分与基点的选择无关。

2） 速度基点法：

$$\boldsymbol{v}_B=\boldsymbol{v}_A+\boldsymbol{v}_{BA}$$

3） 速度投影法：刚体上任两点在其连线上的投影始终相等，即

$$[\boldsymbol{v}_B]_{AB}=[\boldsymbol{v}_A]_{AB}$$

4） 速度瞬心法：平面图形上任一点 M 的速度等于该点绕瞬心 C 转动的速度，大小为

$$v_M=\omega\cdot\overline{CM}$$

其方向垂直于该点与瞬心 C 的连线，指向图形转动的一方。

瞬心只在此瞬时速度等于零，而它的加速度并不等于零，因此它和刚体绕固定轴转动有本质的不同。

5） 基点法的加速度合成定理为

$$\boldsymbol{a}_B=\boldsymbol{a}_A+\boldsymbol{a}_{BA}=\boldsymbol{a}_A+\boldsymbol{a}_{BA}^n+\boldsymbol{a}_{BA}^t$$

其中 $a_{BA}^t=\alpha_{BA}\cdot\overline{BA}$，方向与连线 AB 垂直，指向符合 α_{BA} 转向；$a_{BA}^n=\omega_{BA}^2\cdot\overline{BA}$，方向沿连线 AB，并指向基点 A。

应用本章的内容解题时，通常采用投影的方法，对于矢量式比较简单的情况也可用几何作图法，无论何种方法，关键是要正确分析速度和加速度表达式中每一个矢量的物理意义，搞清哪些物理量是已知的（包括大小和方向），哪些是未知的，正确选择投影轴得到投影代数方程式，并进行求解。

思 考 题

5-1 什么是牵连运动、牵连点？是否动参考系中任何一点的速度（或加速度）就是牵连速度（或加速度）？

5-2 若某瞬时动点的绝对速度 $v_a=0$，是否动点的相对速度 v_r、牵连速度 v_e 都为零？为什么？

5-3 科氏加速度是反映了哪两种运动相互影响的结果？为什么当牵连运动为平动时，这种影响就不存在了呢？

5-4 平面运动图形上任意两点 A 和 B 的速度$\boldsymbol{v}_A$ 与$\boldsymbol{v}_B$ 之间有何种关系？为什么$\boldsymbol{v}_{BA}$一定与 AB 垂直？$\boldsymbol{v}_{BA}$与$\boldsymbol{v}_{AB}$有何不同？

5-5 做平面运动的刚体绕速度瞬心的转动与刚体绕定轴转动有何异同？

5-6 “瞬心不在平面运动刚体上，则该刚体无瞬心”“瞬心 C 的速度等于零，则点 C 的加速度也等于零”。这两句话对吗？为什么？

5-7 在求平面图形上一点的加速度时，能否不进行速度分析，直接求加速度？为什么？

习 题

5-1 在题 5-1 图所示机构中，合理选取动点、动系，并指出绝对运动、相对运动和牵连运动分别是什么？画出速度关系矢量图。

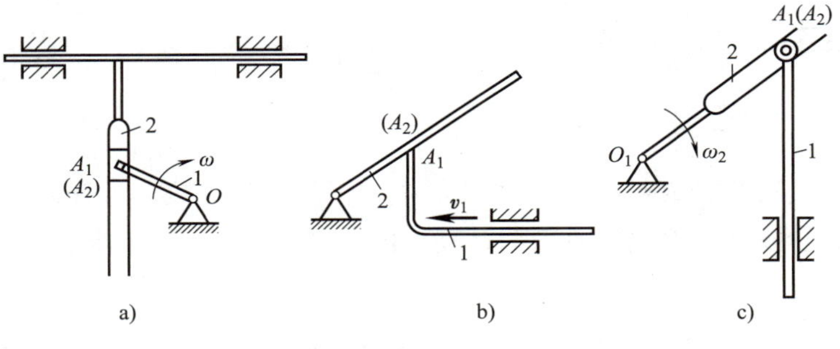

题 5-1 图

习题 5-1 精讲

5-2 车厢以大小为 v_1 的速度沿水平线轨道行驶。雨点铅直落下，滴在车厢的玻璃上，留下与铅垂线成 α 角的雨痕。求雨滴的绝对速度。

5-3 如题 5-3 图所示，杆 OA 长 l，以角速度 ω_0 绕轴 O 转动。叶片的一半$\overline{AB}=R$，叶片以相对角速度 ω_r 绕直杆 OA 的 A 端转动，若将动参考系固连在杆 OA 上，求图示瞬时点 B 的牵连速度$\boldsymbol{v}_e$ 的大小，并在图中标出其方向。

5-4 如题 5-4 图所示，已知三角块沿水平面向左侧运动，速度 $v_1=1\text{m/s}$，推动杆长 $l=1\text{m}$ 的杆 AB 绕轴 A 转动。图示瞬时，$\theta=60°$。求此时杆 AB 的角速度，点 B 相对于斜面的速度。

5-5　如题5-5图所示，曲杆 OAB 以角速度 ω 绕轴 O 转动。通过滑块 B 推动杆 BC 运动。图示瞬时 $\overline{OA}=\overline{AB}=l$，求此时推杆 BC 的速度。

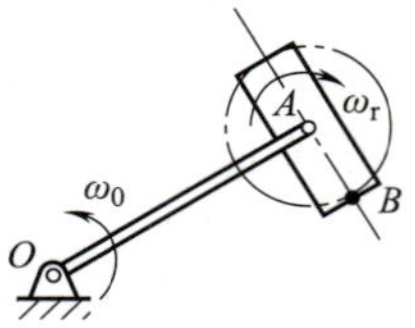

题5-3图

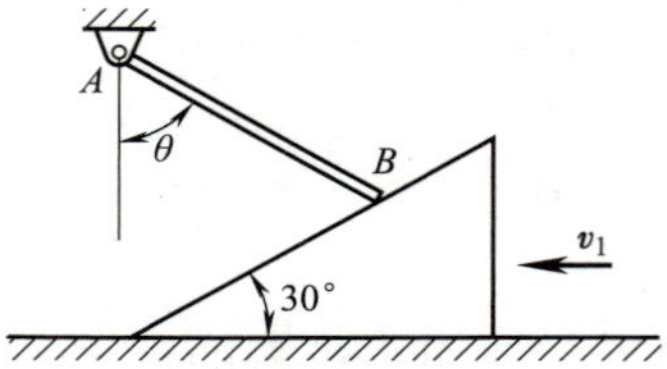

题5-4图

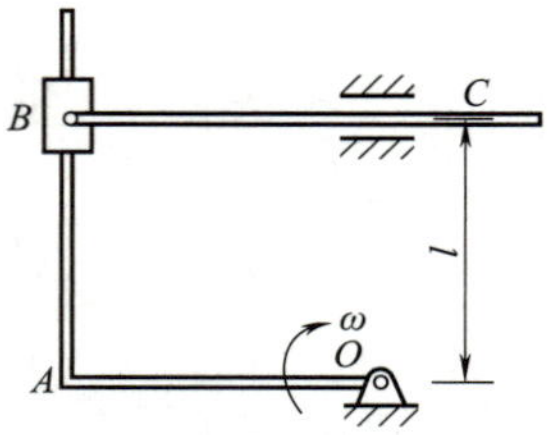

题5-5图

5-6　如题5-6图所示的裁纸机示意图，纸由传送带以大小为 v_1 的速度输送，裁纸刀 K 沿固定杆 AB 移动，其速度大小为 v_2。已知 $v_1=0.5\text{m/s}$，$v_2=1\text{m/s}$，为裁出矩形纸板，求杆 AB 的安装角 θ 应为何值？

5-7　如题5-7图所示曲柄滑槽机构中，曲柄 $\overline{OA}=10\text{cm}$，绕轴 O 转动。在图示瞬时，$\angle AOB=30°$，角速度 $\omega=1\text{rad/s}$，角加速度 $\alpha=1\text{rad/s}^2$，方向如图所示。求此时导杆上点 C 的加速度和滑块 A 在滑道中相对加速度的大小。

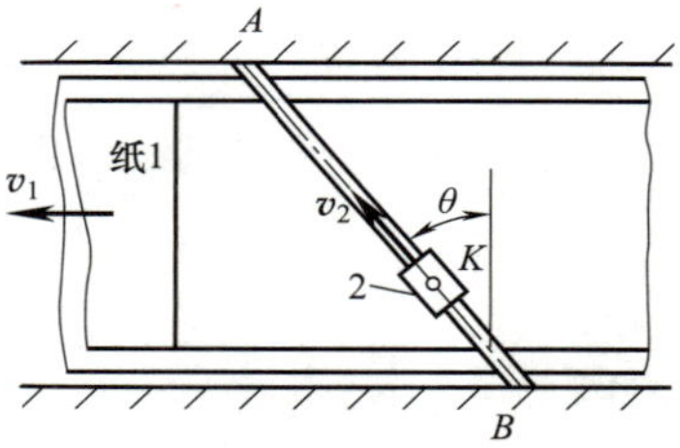

题5-6图

习题5-6精讲

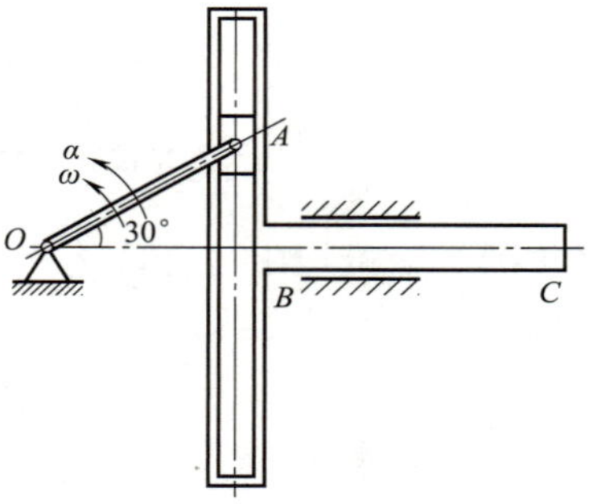

题5-7图

习题5-7精讲

5-8　如题5-8图示，具有半径 $R=0.2\text{m}$ 的半圆形槽的滑块，以速度 $v_0=1\text{m/s}$、加速度 $a_0=2\text{m/s}^2$ 水平向右运动。推动杆 AB 沿铅垂方向运动。图示瞬时，$\varphi=60°$，求此时杆 AB 的速度和加速度。

5-9　在题5-9图所示盘状凸轮机构中，凸轮的半径 $R=80\text{mm}$，偏心距 $\overline{OO_1}=e=25\text{mm}$，若凸轮的角速度 $\omega=20\text{rad/s}$，角加速度 $\alpha=0$，求在图示位置时推杆 AB 上升的速度和加速度。

5-10　如题5-10图所示，摇杆 OC 带动齿条 AB 上下移动，齿条又带动直径为10cm的齿轮绕轴 O_1 转动。在图示瞬时，OC 的角速度 $\omega_0=0.5\text{rad/s}$，角加速度 $\alpha_0=0$。求此时齿轮的角速度和角加速度。

习题5-10精讲

5-11　如题5-11图所示偏心轮摇杆机构，摇杆 O_1A 借助于弹簧压在半径为 R 的偏心轮 C 上。偏心轮 C 绕轴 O 往复摆动，从而带动摇杆绕轴 O_1 摆动，设图示瞬时，$OC\perp OO_1$，轮 C 的角速度为 ω，角加速度为 0，$\theta=60°$，求此时摇杆 O_1A 的角速度和角加速度。

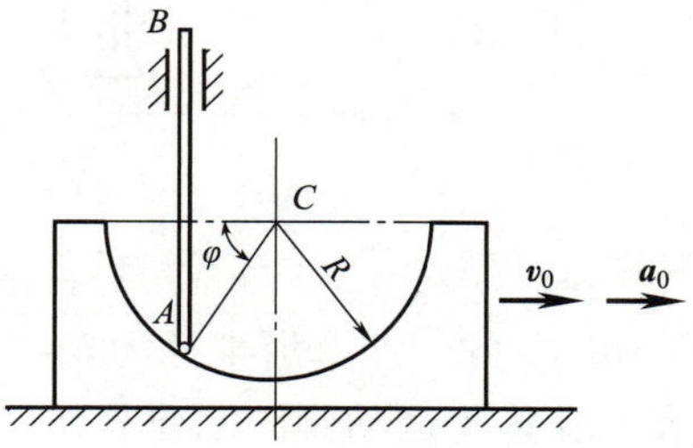

题 5-8 图

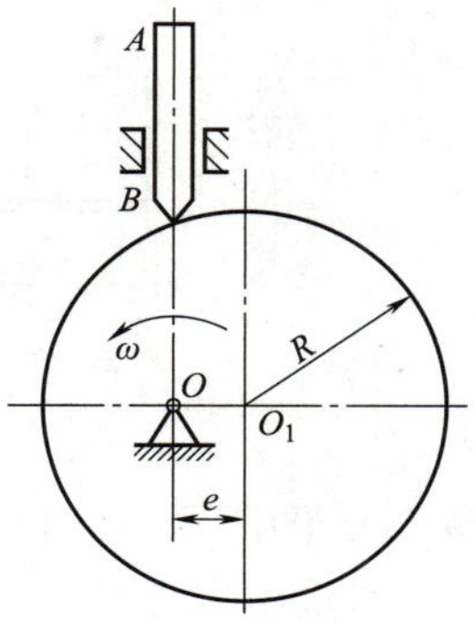

题 5-9 图

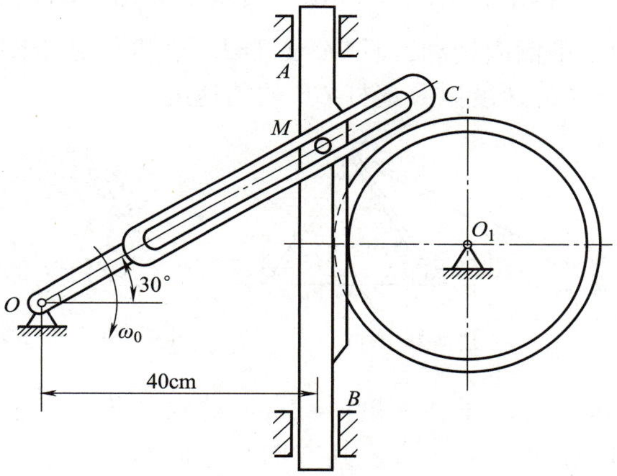

题 5-10 图

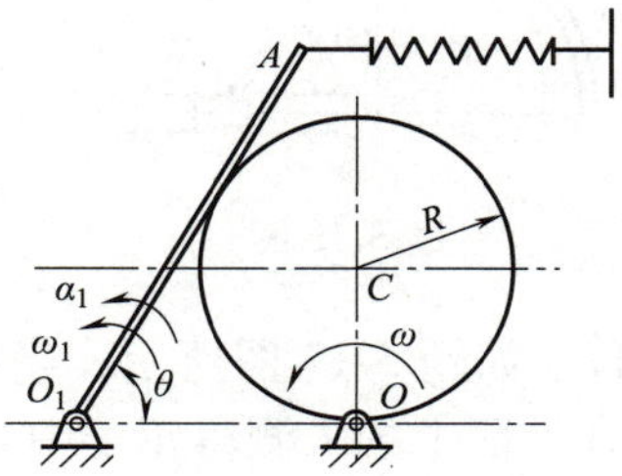

题 5-11 图

5-12　如题 5-12 图所示，椭圆规尺 AB 由曲柄 OC 带动，曲柄以匀角速度 $\omega=2\text{rad/s}$ 绕轴 O 转动。已知 $\overline{OC}=\overline{BC}=\overline{AC}=0.12\text{m}$，求当 $\varphi=45°$时点 A 和点 B 的速度。

5-13　偏置曲柄滑块机构如题 5-13 图所示，曲柄以匀角速度 $\omega=1.5\text{rad/s}$ 绕轴 O 转动。已知 $\overline{OA}=0.4\text{m}$，$\overline{AB}=2\text{m}$，$\overline{OC}=0.2\text{m}$，求曲柄在水平和铅直位置时滑块 B 的速度。

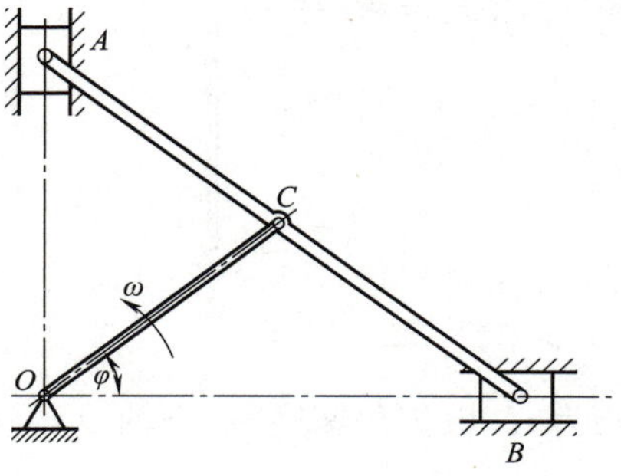

题 5-12 图

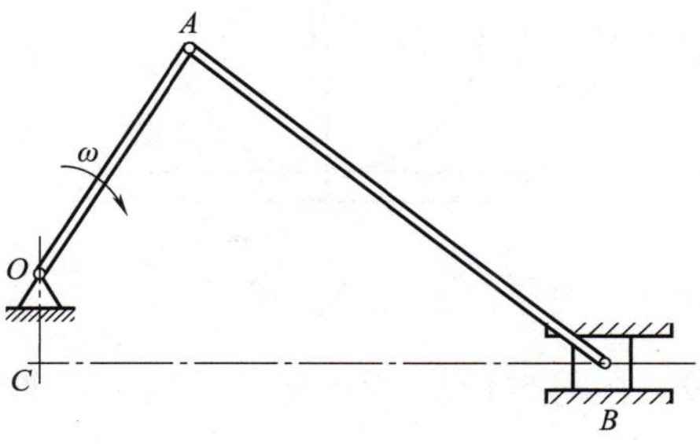

题 5-13 图

5-14　如题 5-14 图所示的两个机构，求图示瞬时两机构中杆 AB 和 BC 的角速度。

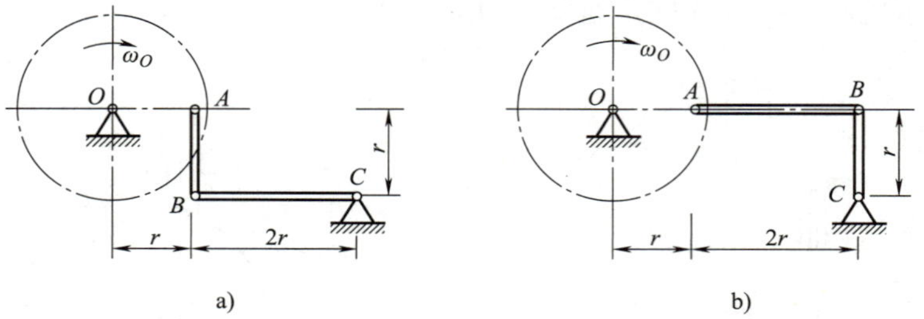

题 5-14 图

5-15 如题 5-15 图所示，已知滑套 A 以 $v_A=10\text{m/s}$ 的匀速率沿半径为 $R=2\text{m}$ 的固定曲杆 CD 逆时针滑动，滑块 B 可在水平槽内滑动。求当滑套 A 运动到图示位置时，杆 AB 的角速度 ω_{AB} 与滑块 B 的速度 $\boldsymbol{v}_B$。

5-16 如题 5-16 图所示，双滑块摇杆机构中，滑块 A 和 B 可沿水平导槽滑动，摇杆 OC 可绕定轴 O 转动，连杆 CA 和 CB 可在图示平面内运动，且 $\overline{CA}=\overline{CB}=l$。当机构处于图示位置时，滑块 A 的速度为 $\boldsymbol{v}_A$，试求该瞬时滑块 B 的速度以及连杆 CB 的角速度。

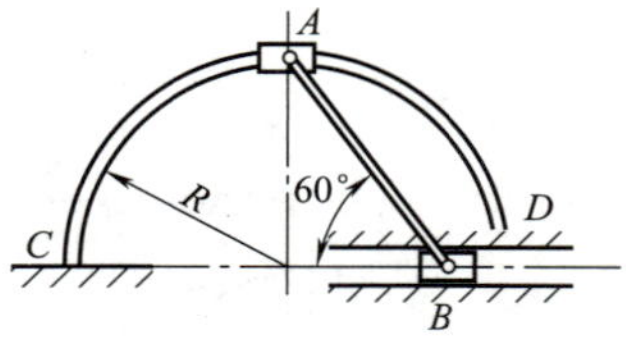

题 5-15 图

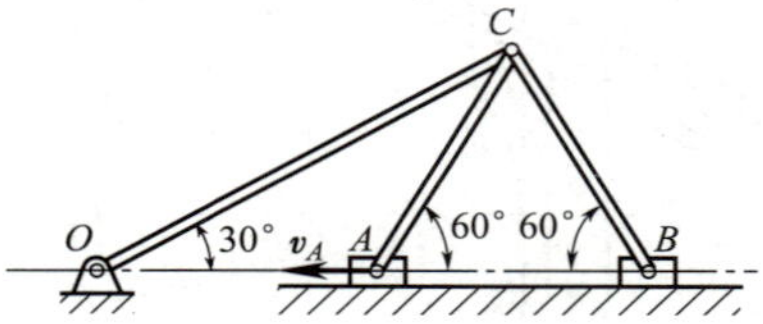

题 5-16 图

习题 5-16 精讲

5-17 如题 5-17 图所示，半径 $r=80\text{cm}$ 的轮子在速度 $v=2\text{m/s}$ 的水平传送带上反向滚动，站在地面上的人测得轮子中心点 C 的速度 $v_C=6\text{m/s}$，其方向水平向右。求 $\theta=30°$ 的轮缘上一点 P 的绝对速度。

5-18 如题 5-18 图所示四连杆机构，已知 $\overline{OA}=r=5\text{cm}$，$\overline{AB}=2r$，$\overline{BO_1}=4r$。杆 OA 以匀角速度 $\omega=2\text{rad/s}$ 转动。在图示瞬时，杆 OA 水平，杆 BO_1 铅垂，且 $\varphi=30°$。求该瞬时杆 AB 和杆 BO_1 的角速度，以及杆 BO_1 的角加速度。

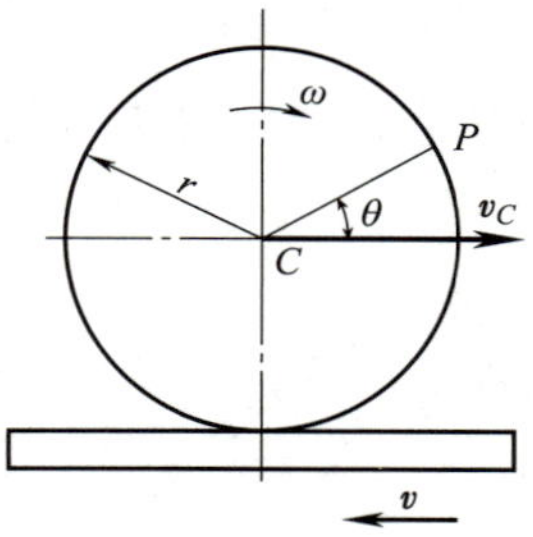

题 5-17 图

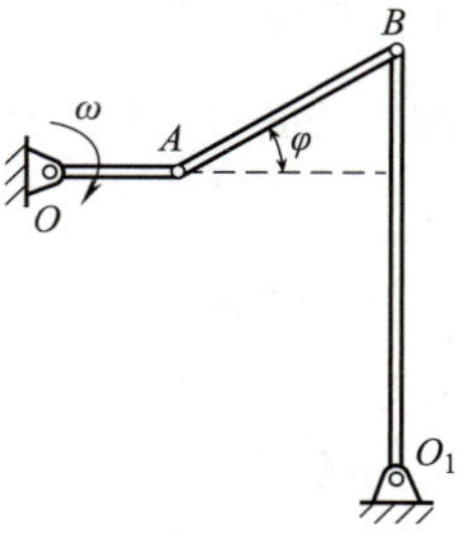

题 5-18 图

5-19 在题 5-19 图所示配气机构中，曲柄 OA 长为 r，以匀角速度 ω_0 绕轴 O 转动，已知 $\overline{AB}=6r$，$\overline{BC}=3r$。在某瞬时 $\varphi=60°$、$\alpha=90°$。求此时滑块 C、B 的速度和加速度。

5-20 如题 5-20 图所示机构，曲柄 OA 长 l，以匀角速度 ω_0 绕轴 O 转动；滑块 B 可在水平滑槽内滑动。已知 $\overline{AB}=\overline{AD}=2l$，在图示瞬时，$OA$ 沿铅垂方向。求此时点 D 的速度和加速度。

习题 5-19 精讲

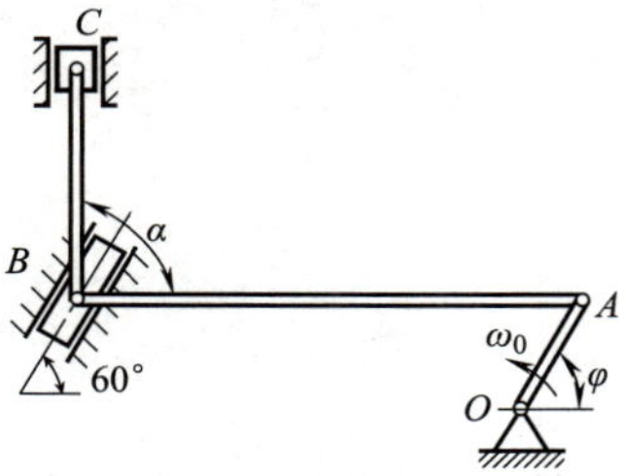

题 5-19 图

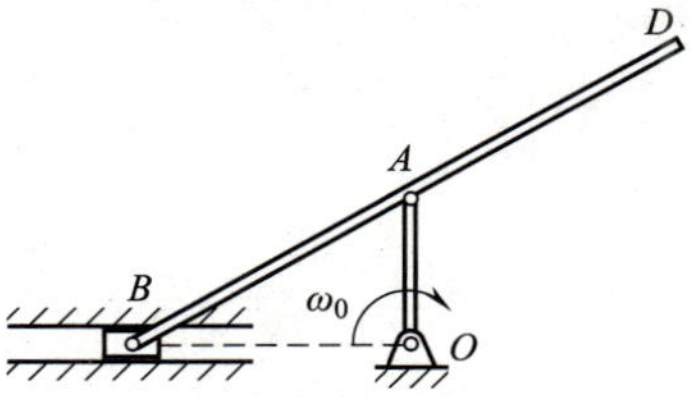

题 5-20 图

第六章
动力学基本方程与动静法

运动学只研究如何描述物体的运动，静力学只研究作用于物体上的力系的简化和平衡条件，并不考虑当作用于物体上的力系不满足平衡条件时物体将如何运动，或其运动状态将发生何种改变。动力学研究的是物体的运动与其所受到的力之间的关系。目前我们研究的对象是质点、质点系和刚体，动力学是刚体力学中的核心内容。本章还将对动静法，即达朗贝尔原理做简单介绍。

第一节　质点动力学基本方程

一、质点动力学基本方程的导出

在中学物理中，我们就认识到要改变一个物体的运动状态（即产生加速度），必须对物体施加力。用同样大的力来推质量不同的物体，则质量大的物体产生的加速度小，质量小的物体产生的加速度就大。它们的关系可用牛顿第二定律阐述如下：质点受力作用时所获得加速度的大小，与作用力的大小成正比，与质点的质量成反比，加速度的方向与力的方向相同。

设作用在质点上所有的力的合力为 $\boldsymbol{F}$，质点的质量为 m，质点获得的加速度为 $\boldsymbol{a}$，则牛顿第二定律可以用矢量方程表示为

$$\boldsymbol{F}=m\boldsymbol{a} \tag{6-1}$$

若将作用于质点上的合力 $\boldsymbol{F}$ 视为主动力 $\sum\boldsymbol{F}_i$ 与约束力 $\sum\boldsymbol{F}_{\mathrm{N}j}$ 的合成，则式（6-1）可写为

$$\sum\boldsymbol{F}_i+\sum\boldsymbol{F}_{\mathrm{N}j}=m\boldsymbol{a} \tag{6-2}$$

式（6-1）及式（6-2）即被称为质点动力学的基本方程。

需要指出：动力学基本方程给出了质点所受的力与质点加速度之间的瞬时关系，即任意瞬时，质点只有在力的作用下才有加速度。不受力作用（合力为零）的质点，加速度必为零，此时质点将保持原来的静止或匀速直线运动状态。物体的这种保持运动状态不变的属性称为惯性。对于不同的质点，在获得相同的加速度时，质量大的质点所需施加的力大，即质点的质量越大，其惯性也越大。由此可见，质量是质点惯性的度量。

二、质量与重力的关系以及国际单位制

在地球表面上，质量为 m 的物体，在只有重力 $\boldsymbol{W}$ 作用而自由下落时，其加速度为重力加速度 $\boldsymbol{g}$。显然由式（6-1）可得物体重力和质量的关系式为

$$W=mg \tag{6-3}$$

重力和质量是两个不同的概念。在不同地区，重力加速度稍有差异，物体的重力也略有不同。在一般计算中，可取 $g=9.8\mathrm{m/s^2}$。而质量是物体惯性的度量，是物体的固有属性，它不随物体的位置变化而改变。在经典力学中，它是不变的常量。

在力学的单位制中，我国采用以国际单位制为基础的法定计量单位。在国际单位制中，长度单位是 m（米），质量单位是 kg（千克），时间单位是 s（秒）。力的单位为导出单位，根据牛顿第二定律，力的单位是 $\mathrm{kg\cdot m/s^2}$，称为 N。即使 1kg 质量的物体，产生 $1\mathrm{m/s^2}$ 的加速度所需施加力的大小为 1N。于是质量为 1kg 的物体，它的重力为 $W=mg=1\mathrm{kg}\times9.8\mathrm{m/s^2}=9.8\mathrm{N}$。

国家标准 GB/T 3102.3—1993 中，对物理量“重量”的定义是：“物体在特定参考系中获得其加速度等于当地自由落体加速度时的力。当此参考系为地球时，此量常称为物体所在地的重力。”同时指出，“重量”一词按照习惯仍可用于表示质量，但不赞成这种习惯。本书为避免与质量混淆，一般均采用“重力”而不使用“重量”一词。

三、质点运动微分方程及其应用

设质点 M 的质量为 m，在合力 $\boldsymbol{F}$ 的作用下，以加速度 $\boldsymbol{a}$ 运动，如图 6-1 所示。根据动力学基本方程有 $m\boldsymbol{a}=\boldsymbol{F}$，这个矢量式在直角坐标系上的投影为

$$\left.\begin{aligned} ma_x&=m\frac{\mathrm{d}^2x}{\mathrm{d}t^2}=\sum F_{ix}\\ ma_y&=m\frac{\mathrm{d}^2y}{\mathrm{d}t^2}=\sum F_{iy}\\ ma_z&=m\frac{\mathrm{d}^2z}{\mathrm{d}t^2}=\sum F_{iz}\end{aligned}\right\} \tag{6-4}$$

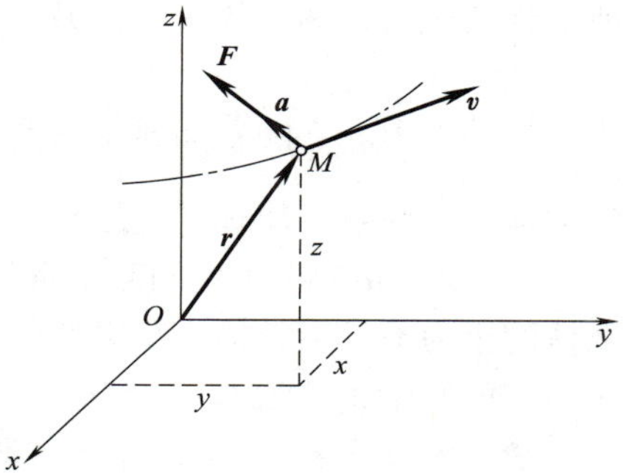

图 6-1　质点的动力分析

工程中，有时采用动力学基本方程在自然坐标系上的投影较为方便。在点做平面曲线运动时，它在自然坐标系的质点运动的微分方程为

$$\left.\begin{aligned} ma_{\mathrm{n}}&=m\frac{v^2}{\rho}=\sum F_i^{\mathrm{n}}\\ ma_{\tau}&=m\frac{\mathrm{d}^2s}{\mathrm{d}t^2}=\sum F_{\mathrm{t}}\end{aligned}\right\} \tag{6-5}$$

求解运动微分方程可以解决动力学两类基本问题：第一类是已知物体的运动规律，求作用在物体上的力。从式（6-4）来看，是一个微分过程。第二类是已知物体的受力，求物体的运动规律，这是一个积分过程，还需要物体运动的初始条件。大多数的动力学问题是混合问题，此时既有未知的运动，也有未知的力（约束力）。

求解质点动力学问题，其步骤如下：

1）根据问题，确定研究对象，选择恰当的坐标系。

2）分析研究对象的受力情况，画出受力分析图。这些力应包含主动力和约束力，若力是已知的，则应表示其变化规律。

3）分析研究对象的运动情况，也就是任意瞬时的状态；若运动规律已知，则需要求解

其加速度。

4）列出质点的动力学基本方程，进行求解，若属于已知力求运动的第二类问题，还需要根据初始条件确定积分常数。

例 6-1 升降台以匀加速 $\boldsymbol{a}$ 上升，台面上放置重力为 $\boldsymbol{G}$ 的重物，如图 6-2 所示。求重物对台面的压力。

解 本问题是动力学的第一类问题，即已知运动求力的问题。选择重物为研究对象，其上受主动力 $\boldsymbol{G}$ 和约束力 $\boldsymbol{F}$ 两力作用，如图 6-2。取图示坐标轴 x，由动力学基本方程可得

$$F-G=\frac{G}{g}a$$

故

$$F=G\left(1+\frac{a}{g}\right)$$

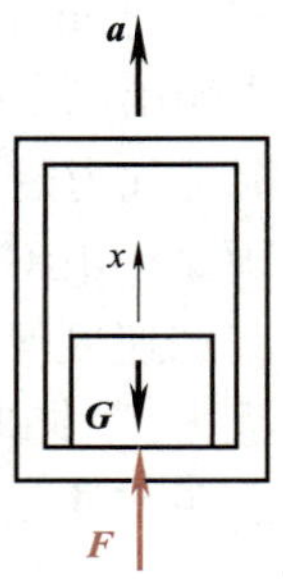

图 6-2 例 6-1 图

根据作用力和反作用力定律，重物对台面的压力为 $G\left(1+\frac{a}{g}\right)$。它可以看作由两部分组成，一部分是重物的重力 G，它是升降台处于静止或匀速直线运动时台面所受到的压力，称为静压力；另一部分为 $\frac{a}{g}G$，是由物体做加速运动而附加产生的压力，称为附加动压力。它随着加速度的增大而增大。在工程计算中，常令 $K_d=1+\frac{a}{g}$，而将因数 K_d 称为动载荷因数，简称动荷因数。

例 6-2 卷扬小车连同起吊重物一起沿横梁以匀速 $\boldsymbol{v}_0$ 向右运动。此时钢索中的拉力等于物体的重力 $\boldsymbol{G}$。当卷扬小车突然制动时，重物将向右摆动，如图 6-3 所示。求此时钢索中的拉力，已知钢索长为 l。

解 本问题是动力学的第一类问题，即已知运动求力的问题。取自然坐标系如图 6-3 所示。重物在摆动过程中，其上作用有重力、钢索拉力。应用自然坐标形式的质点运动微分方程式（6-5），得

$$F-G\cos\varphi=\frac{G}{g}\frac{v^2}{l}$$

$$F=G\cos\varphi+\frac{G}{g}\frac{v^2}{l}=G\left(\cos\varphi+\frac{v^2}{gl}\right)$$

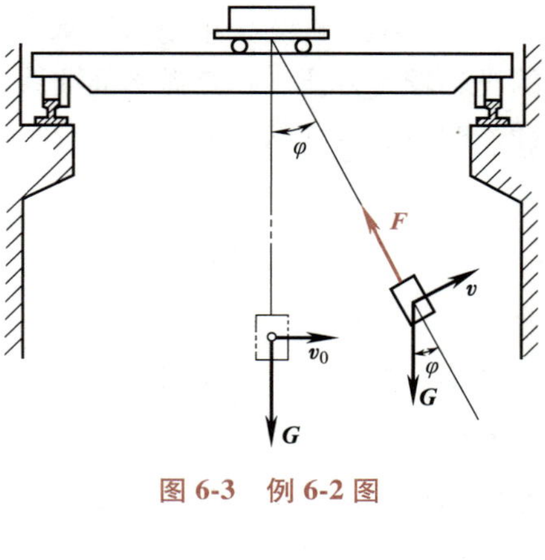

图 6-3 例 6-2 图

小车突然制动、重物向前摆动的瞬间，$\varphi=0$，此时钢索中的拉力达最大值

$$F_{max}=G\left(1+\frac{v_0^2}{gl}\right)$$

例 6-3 已知质量为 m 的质点 M 在水平坐标平面 Oxy 内运动，如图 6-4 所示，其运动方程为 $x=a\cos\omega t$，$y=b\sin\omega t$，其中 a、b、ω 为常数。求作用在质点上的力 $\boldsymbol{F}$。

解 本问题是已知运动求力的动力学第一类问题。

根据质点的运动方程，消去时间 t，可得到质点的运动轨迹

$$\frac{x^2}{a^2}+\frac{y^2}{b^2}=1$$

可见，质点的运动轨迹是以 a、b 为半轴的椭圆。将运动方程对时间 t 求二阶导数，得

$$a_x=x''=-a\omega^2\cos\omega t=-\omega^2 x,\quad a_y=y''=-b\omega^2\sin\omega t=-\omega^2 y$$

将上述两式写成矢量形式，有

$$a_x\boldsymbol{i}+a_y\boldsymbol{j}=-\omega^2\boldsymbol{r}$$

根据式（6-4），可得力 $\boldsymbol{F}$ 在坐标轴上的投影

$$F_x=mx''=-m\omega^2 x,\qquad F_y=my''=-m\omega^2 y$$

即

$$F_x\boldsymbol{i}+F_x\boldsymbol{j}=-m\omega^2\boldsymbol{r}$$

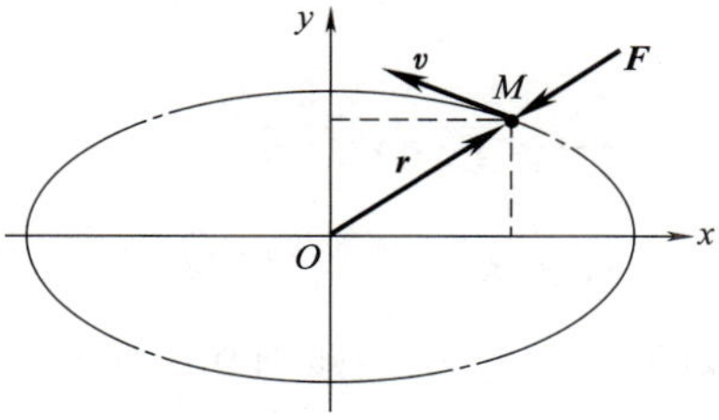

图 6-4　例 6-3 图

可见，本问题中力 $\boldsymbol{F}$ 和点 M 的矢径 $\boldsymbol{r}$ 方位相同，指向相反，力 $\boldsymbol{F}$ 始终指向中心，其大小与矢径 $\boldsymbol{r}$ 的大小成正比，是一个有心力。

例 6-4　如图 6-5 所示，液压减振器工作时，活塞在液压缸内做直线运动。若液体对活塞的阻力正比于活塞的速度 v，即 $F_R=cv$，其中 c 为比例常数，设初始速度为 v_0，试求活塞相对于液压缸的运动规律，并确定液压缸的长度。

解　本问题是已知力求运动的动力学第二类问题。取活塞为研究对象，如图 6-5 所示。在水平方向建立坐标轴，取活塞初始位置为坐标轴原点。活塞在任意位置时受到液体阻力为 $F_R=-cv=-c\dfrac{dx}{dt}$，式中负号表示阻力方向与速度方向相反。据此建立质点运动微分方程为

$$m\frac{d^2x}{dt^2}=-c\frac{dx}{dt},\qquad m\frac{dv}{dt}=-cv$$

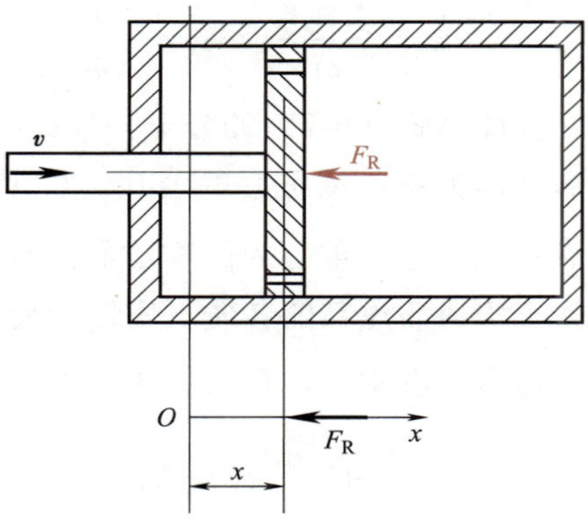

图 6-5　例 6-4 图

令 $k=\dfrac{c}{m}$，则有 $\dfrac{dv}{dt}=-kv$，分离变量，对等式两边积分，并以初始条件 $t=0$ 时，$v=v_0$ 代入，则

$$\int_{v_0}^{v}\frac{1}{v}dv=-\int_0^t k\,dt$$

求得

$$v=v_0e^{-kt}$$

再次积分，并以初始条件 $t=0$ 时，$x=0$ 代入

$$\int_0^t v_0e^{-kt}dt=x(t)$$

求得

$$x(t)=\frac{v_0}{k}(1-e^{-kt})$$

从以上结论可见，经过较长的时间后，e^{-kt} 趋近于零，活塞的速度也趋近于零。此时 x 趋于最大值，由此可确定活塞不撞缸底的液压缸长度

$$x_{max}=\frac{v_0}{k}=\frac{mv_0}{c}$$

第二节 质心运动定理

一、质心概念

在由 n 个质点组成的质点系中，设其中任意一个质点 M_i 的质量为 m_i，它在空间的位置以矢径 $\boldsymbol{r}_i$ 表示，如图 6-6 所示，则由式

$$\boldsymbol{r}_C=\frac{\sum m_i\boldsymbol{r}_i}{\sum m_i}=\frac{\sum m_i\boldsymbol{r}_i}{m} \tag{6-6}$$

所确定的点 C 称为质点系的**质量中心**，简称**质心**。式中，$m=\sum m_i$ 为质点系的总质量。

质心位置的直角坐标形式为

$$x_C=\frac{\sum m_i x_i}{m},\quad y_C=\frac{\sum m_i y_i}{m},\quad z_C=\frac{\sum m_i z_i}{m} \tag{6-7}$$

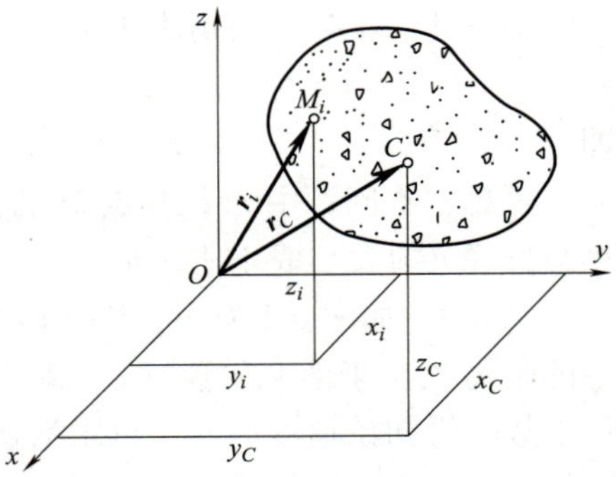

图 6-6 质点系的质心

如将式（6-7）的分子、分母同乘以重力加速度 $\boldsymbol{g}$ 后，即为质点系重心的公式。可见，在重力场中，质点系的质心与重心的位置是重合的。但需指出的是，质心与重心是两个不同的概念。质心反映了构成质点系的各质点质量的大小及质点的分布情况；而重心是各质点所受的重力组成的平行力系的中心，在失重状态下，重心也就没有意义了，而质心却始终存在。

二、质心运动定理

将式（6-6）对时间 t 求一阶导数，得

$$\boldsymbol{v}_C=\frac{\sum m_i\boldsymbol{v}_i}{m} \quad 或 \quad m\boldsymbol{v}_C=\sum m_i\boldsymbol{v}_i \tag{6-8}$$

将式（6-6）对时间 t 求二阶导数，得

$$\boldsymbol{a}_C=\frac{\sum m_i\boldsymbol{a}_i}{m} \quad 或 \quad m\boldsymbol{a}_C=\sum m_i\boldsymbol{a}_i \tag{6-9}$$

而 $m_i\boldsymbol{a}_i=\boldsymbol{F}_i^{(e)}+\boldsymbol{F}_i^{(i)}$，其中 $\boldsymbol{F}_i^{(e)}$ 和 $\boldsymbol{F}_i^{(i)}$ 分别代表作用于第 i 个质点上的外力和内力，代入式（6-9）得 $m\boldsymbol{a}_C=\sum(\boldsymbol{F}_i^{(e)}+\boldsymbol{F}_i^{(i)})$，考虑到质点系的内力总是成对出现的，故 $\sum\boldsymbol{F}_i^{(i)}=0$，$\sum\boldsymbol{F}_i^{(e)}=\boldsymbol{F}_{\mathrm{R}}^{(e)}$，$\boldsymbol{F}_{\mathrm{R}}^{(e)}$ 称为外力系的主矢，代入上式，得

$$m\boldsymbol{a}_C=\sum\boldsymbol{F}_i^{(e)}=\boldsymbol{F}_{\mathrm{R}}^{(e)} \tag{6-10}$$

质点系的质量与质心加速度的乘积，等于作用于质点系上外力的矢量和（或外力系的主矢），这就是**质心运动定理**。

在实际应用时，常将质心运动定理写成投影式，即

$$ma_{Cx}=\sum F_{ix}^{(e)},\quad ma_{Cy}=\sum F_{iy}^{(e)},\quad ma_{Cz}=\sum F_{iz}^{(e)} \tag{6-11}$$

三、质心运动守恒定律

根据式（6-10），若作用于质点系上外力系的矢量和恒等于零，即$\sum \boldsymbol{F}_i^{(e)}=0$，可得$m\boldsymbol{a}_C=0$，即质心的加速度$\boldsymbol{a}_C=0$等于零，于是质心的速度$\boldsymbol{v}_C$就是一个常矢量，这样就意味着质心速度不变，做惯性运动。这就是质心运动守恒定律。

根据式（6-11），若作用于质点系上的外力系在某轴上投影的代数和恒等于零，如$\sum F_{ix}^{(e)}=0$，可得$ma_{Cx}=0$，这个结果表明质心速度在x轴上的投影保持不变。若开始时质心在x轴的速度投影的大小为0，即$v_{Cx0}=0$，则无论质点系各质点如何运动，其质心坐标x_C将保持不变。此结论又称质心位置守恒定律，根据$x_C=x_{C0}$，又可改写成

$$\sum m_i x_i = m x_{C0} = \text{常数} \tag{6-12}$$

应该指出，质心的运动与质点系内的内力无关（即内力不能改变质心的运动），也与外力的作用位置无关，而仅与外力系的主矢有关。

例 6-5　已知电动机外壳和定子质量为m_1，转子质量为m_2。由于制造和安装上的误差，转子的质心O_2与转轴中心O_1存在偏心距$O_1O_2=e$，如图6-7所示。设转子以匀角速度ω转动。如电动机固定在机座上，求机座对电动机的约束力。

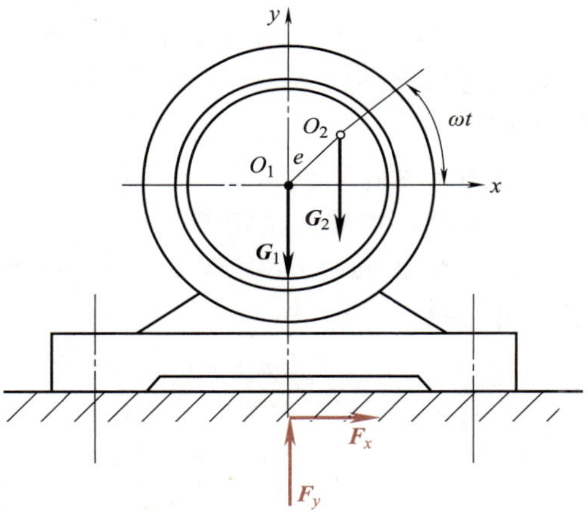

图6-7　例6-5图

解　选取外壳、定子及转子为质点系，作用在质点系上的外力有外壳、定子的重力$G_1=m_1g$，转子的重力$G_2=m_2g$，约束力$\boldsymbol{F}_x$及$\boldsymbol{F}_y$。取坐标系如图6-7所示。外壳与定子的质心位于坐标原点O_1处，转子质心O_2的坐标为$x_2=e\cos\omega t$，$y_2=e\sin\omega t$。质点系的质心C的坐标为

$$x_C=\frac{m_1x_1+m_2x_2}{m_1+m_2}=\frac{m_2}{m_1+m_2}e\cos\omega t,$$

$$y_C=\frac{m_1y_1+m_2y_2}{m_1+m_2}=\frac{m_2}{m_1+m_2}e\sin\omega t$$

质心C的加速度为

$$a_{Cx}=\frac{\mathrm{d}^2x_C}{\mathrm{d}t^2}=-\frac{m_2}{m_1+m_2}e\omega^2\cos\omega t,\quad a_{Cy}=\frac{\mathrm{d}^2y_C}{\mathrm{d}t^2}=-\frac{m_2}{m_1+m_2}e\omega^2\sin\omega t$$

根据质心运动定理式（6-11），有

$$(m_1+m_2)a_{Cx}=F_x$$

$$(m_1+m_2)a_{Cy}=F_y-G_1-G_2$$

将a_{Cx}、a_{Cy}代入上两式，解得机座对电动机的约束力为

$$F_x=-m_2e\omega^2\cos\omega t, F_y=G_1+G_2-m_2e\omega^2\sin\omega t$$

在约束力的计算结果中，若角速度不为零，则$-m_2e\omega^2\cos\omega t$和$-m_2e\omega^2\sin\omega t$这两部分随时间做周期性变化，本质上是由于转子偏心引起的附加动反力。附加动反力将会导致机座的振动，使电动机及机座受到损坏。

例 6-6 浮动起重机质量 m_1 为 20t（吨），吊起重物的质量 m_2 为 2t（吨），起重臂长 $AB=l=8\text{m}$，并与垂线成 60°，如图 6-8 所示。若水的阻力和起重臂 AB 的质量不计，求起重臂 AB 转到与垂线成 30°时，浮动起重机的位移。

解 将起重机与重物视为质点系。不计水的阻力，因此质点系在水平方向不受外力。根据质心运动定理，$a_x=0$；又因为起始时质点系质心是静止的，即 $v_{0x}=0$，所以符合质心位置守恒的条件，质点系质心在水平方向的坐标 x_C 始终保持不变。

设船宽的一半为 a，取固结在海底的坐标轴 y 与起始位置的起重机中心线重合，如图 6-8a 所示。根据式（6-12）可列出

$$\sum m_i x_{0i}=m_1\times 0+m_2(a+l\sin 60°)$$

当起重臂 AB 转到与铅垂线成 30°时，浮动起重机位移为 Δx，如图 6-8b 所示。此时可列出

$$\sum m_i x_i=m_1\Delta x+m_2(\Delta x+a+l\sin 30°)$$

根据质心位置守恒定律，故

$$m_1\Delta x+m_2(\Delta x+a+l\sin 30°)=m_2(a+l\sin 60°)$$

化简并整理后可得

$$\Delta x=\frac{8m_2(\sin 60°-\sin 30°)}{m_1+m_2}=\frac{2\times 8\times(0.866-0.5)}{20+2}\text{m}=0.266\text{m}$$

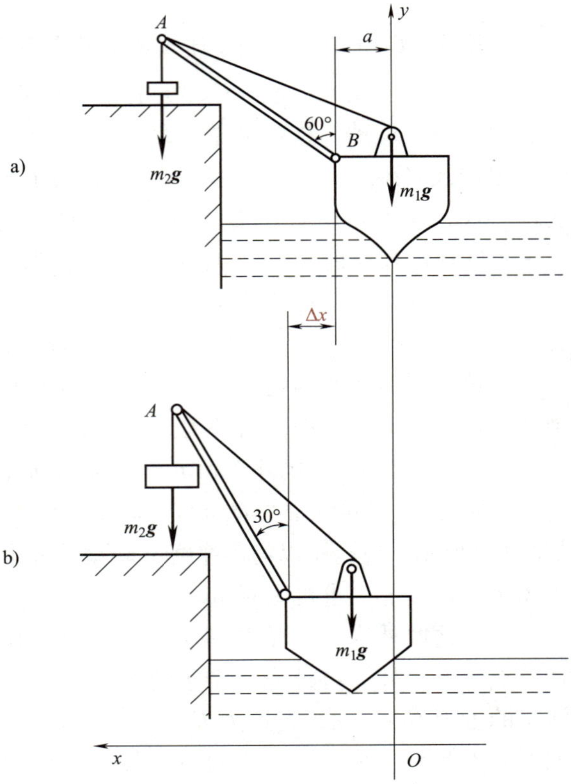

图 6-8 例 6-6 图

第三节 质点动力学问题的动静法

一、惯性力的概念

当物体受到其他物体的作用而引起其运动状态发生改变时，由于它具有惯性，力图保持其原有的运动状态，因此对于施力物体有反作用力。这种反作用力称为**惯性力**。

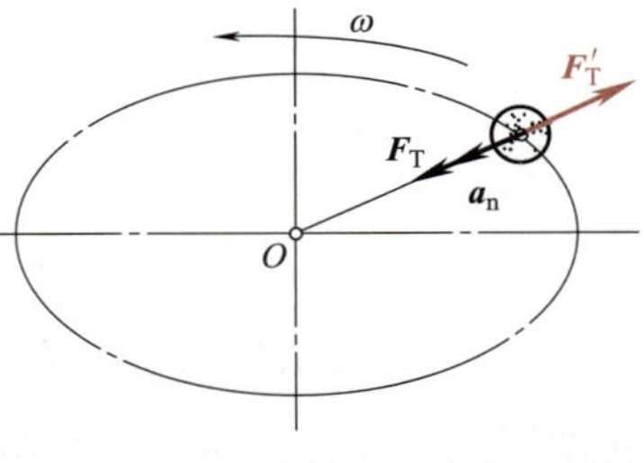

图 6-9 小球的惯性力

如图 6-9 所示，质量为 m 的小球，用绳子系住并在水平面内做匀速圆周运动，小球在绳的拉力 $\boldsymbol{F}_T$ 的作用下，产生向心的加速度 $\boldsymbol{a}_n$。由牛顿第二定律可知，小球上的作用力 $\boldsymbol{F}_T=m\boldsymbol{a}_n$，称为向心力。小球由于惯性而给绳的反作用力 $\boldsymbol{F}'_T$ 即为小球的惯性力。根据作用与反作用公理，$\boldsymbol{F}'_T$ 与

$\boldsymbol{F}_\mathrm{T}$ 大小相等、方向相反，称为离心力，故

$$\boldsymbol{F}'_\mathrm{T}=-\boldsymbol{F}_\mathrm{T}=-m\boldsymbol{a}_\mathrm{n}$$

因此当质点受到力的作用而产生加速度时，质点由于惯性必然给施力物体以反作用力，该反作用力即为质点的惯性力。质点惯性力的大小等于质点的质量与其加速度的乘积，方向与加速度的方向相反。惯性力不作用于运动质点本身，而作用于周围施力物体上。一般用 $\boldsymbol{F}_\mathrm{I}$ 表示惯性力，即

$$\boldsymbol{F}_\mathrm{I}=-m\boldsymbol{a} \tag{6-13}$$

二、质点动力学问题的动静法

质量为 m 的质点 M，在主动力 $\boldsymbol{F}$ 和约束力 $\boldsymbol{F}_\mathrm{N}$ 的作用下沿曲线运动，并产生加速度 $\boldsymbol{a}$，如图 6-10 所示。根据动力学基本方程，必然有 $\boldsymbol{F}+\boldsymbol{F}_\mathrm{N}=m\boldsymbol{a}$。此时质点由于运动状态发生改变，它的惯性力 $\boldsymbol{F}_\mathrm{I}=-m\boldsymbol{a}$。将以上两式相加，得

$$\boldsymbol{F}+\boldsymbol{F}_\mathrm{N}+\boldsymbol{F}_\mathrm{I}=0 \tag{6-14}$$

对于质点受到多个主动力、多个约束力的情形，则 $\boldsymbol{F}$ 是主动力的合力，$\boldsymbol{F}_\mathrm{N}$ 是约束力的合力。式（6-14）表明，在任一瞬时，作用于质点上的主动力、约束力和虚加在质点上的惯性力在形式上组成一个平衡力系。这是 1743 年法国科学家达朗贝尔提出的一个原理，称为**达朗贝尔原理**。从数学上看，达朗贝尔原理只是牛顿第二运动定律的移项，但原理中却含有深刻的意义。这就是通过加惯性力的办法将动力学问题转化为静力学问题，求解过程中可充分使用静力学中的各种技巧。一些动力学现象亦可从静力学的观点做出简洁的解释。这就形成了求解动力学的静力学方法，简称**动静法**。这种方法不仅在求解非自由质点系的动力学问题十分有益，同时在工程技术中也获得了广泛的应用。

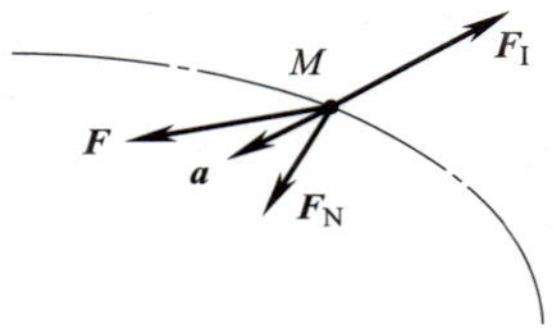

图 6-10　质点的动静法

需要指出的是，质点并没有受到惯性力的作用，这里的“平衡力系”是虚拟的，质点也并不平衡。

将式（6-14）向直角坐标轴投影，可得

$$\left.\begin{aligned}F_x+F_{\mathrm{N}x}+F_{\mathrm{I}x}=0\\F_y+F_{\mathrm{N}y}+F_{\mathrm{I}y}=0\end{aligned}\right\} \tag{6-15}$$

将式（6-14）向自然坐标轴投影，可得

$$\left.\begin{aligned}F_\mathrm{t}+F_\mathrm{N}^\mathrm{t}+F_\mathrm{I}^\mathrm{t}=0\\F_\mathrm{n}+F_\mathrm{N}^\mathrm{n}+F_\mathrm{I}^\mathrm{n}=0\end{aligned}\right\} \tag{6-16}$$

式中，$F_\mathrm{I}^\mathrm{t}=-ma_\mathrm{t}=-m\dfrac{\mathrm{d}v}{\mathrm{d}t}$，$F_\mathrm{I}^\mathrm{n}=-ma_\mathrm{n}=-m\dfrac{v^2}{\rho}$。

利用动静法解题时，首先要明确研究对象，分析它所受的力，画出受力图；其次分析它的运动，确定惯性力并虚加在质点上；最后利用静力学平衡方法求解。

例 6-7　如图 6-11a 所示，物块 A 放在车的斜面上，斜面倾角为 30°，物块 A 与斜面的摩擦因数 $\mu_\mathrm{s}=0.2$。若车向左加速运动，试求物块不致沿斜面下滑的加速度 $\boldsymbol{a}$ 的大小。

解　以小物块 A 为研究对象，并视其为质点。作物块 A 的受力图，其上作用有重力 $\boldsymbol{G}$、

法向约束力 $\boldsymbol{F}_N$ 和摩擦力 $\boldsymbol{F}_f$。物块随车以加速度 $\boldsymbol{a}$ 运动，其惯性力的大小为 $F_I=(G/g)a$。将此惯性力以与加速度 $\boldsymbol{a}$ 相反的方向加到物块上，如图 6-11b 所示。

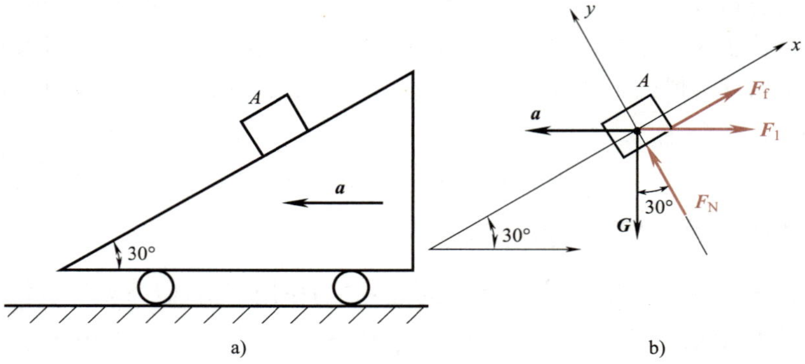

图 6-11 例 6-7 图

取直角坐标系，建立平衡方程

$$\sum F_x=0,\ F_f+F_I\cos30°-G\sin30°=0$$

得

$$\mu_s F_N+\frac{G}{g}a\cos30°-G\sin30°=0 \tag{a}$$

$$\sum F_y=0,\ F_N-F_I\sin30°-G\cos30°=0$$

得

$$F_N-\frac{G}{g}a\sin30°-G\cos30°=0 \tag{b}$$

由式（a）、式（b）联立解得

$$a=\frac{\sin30°-\mu_s\cos30°}{\mu_s\sin30°+\cos30°}g=3.32\text{m/s}^2$$

故欲使物块不沿斜面下滑，必须满足 $a\geqslant 3.32\text{m/s}^2$。

例 6-8 如图 6-12a 所示，球磨机的滚筒以匀角速度 ω 绕水平轴 O 转动，内装钢球和需要研磨的物料。钢球被筒壁带到一定高度后脱离筒壁，然后沿抛物线轨迹自由落下。已知滚筒的半径为 r，试求脱离处半径 OA 与铅垂线的夹角 α。

解 以最外层的一个钢球为研究对象，不考虑钢球间的相互作用力，则钢球所受的力有重力 $\boldsymbol{G}$、筒壁对钢球的摩擦力 $\boldsymbol{F}_f$ 和约束力 $\boldsymbol{F}_N$，如图 6-12b 所示。

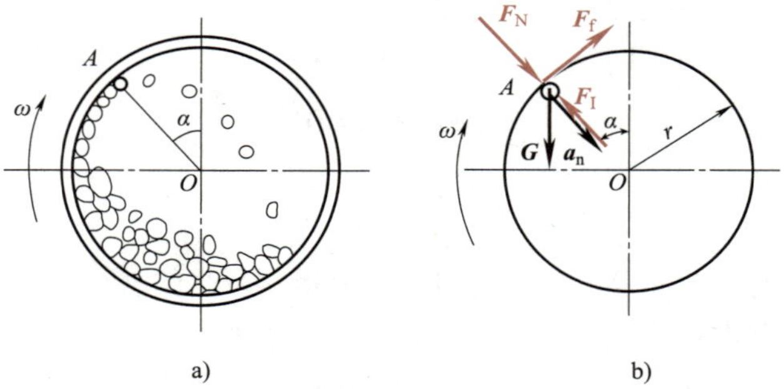

图 6-12 例 6-8 图

钢球做匀速圆周运动，只有法向加速度。因此，惯性力的大小 $F_I=ma=(G/g)r\omega^2$。其

方向通过点 A 背向滚筒中心 O。

取自然坐标系，列平衡方程

$$\sum F_n=0,\quad F_N+G\cos\alpha-F_I=0$$

由此解得

$$F_N=G\left(\frac{r\omega^2}{g}-\cos\alpha\right) \tag{c}$$

钢球脱离筒壁的条件为 $F_N=0$，代入式（c）后，可求得脱离角 α 为

$$\alpha=\arccos\left(\frac{r\omega^2}{g}\right)$$

由此结果可以看出，当 $r\omega^2/g=1$ 时，$\alpha=0$，此种情况相当于钢球始终不脱离筒壁。此时转筒的转速 $\omega_L=\sqrt{g/r}$，一般称为临界转速。对球磨机而言，应要求 $\omega<\omega_L$，否则球磨机就不能工作。若对离心浇铸机而言，为了使熔液在旋转着的铸型内能紧贴内壁成型，则要求 $\omega>\omega_L$。

第四节　刚体绕定轴转动动力学方程

一、定轴转动刚体的动力学基本方程

设刚体在力系作用下绕固定轴 O 以角加速度 α 加速转动。如图 6-13 所示，取刚体上任一点 i，其质量为 m_i，其上作用有外力 $\boldsymbol{F}_i$，在它上面虚加切向（τ 方向）惯性力 $\boldsymbol{F}_{Ii}^{t}$、法向惯性力 $\boldsymbol{F}_{Ii}^{n}$后，形成一个形式上的平衡力系，故有

$$M_O(\boldsymbol{F}_i)=m_i(r_i\alpha)r_i \tag{a}$$

将式（a）对于全部质点进行累加，则有

$$\sum M_O(\boldsymbol{F}_i)=\alpha\sum m_ir_i^2$$

将 $J_O=\sum m_ir_i^2$ 定义为此刚体对轴 O 的转动惯量，外力矩之总和用 M 表示代替，则可得到刚体绕定轴转动的动力学方程，即

$$M=J_O\alpha \tag{6-17}$$

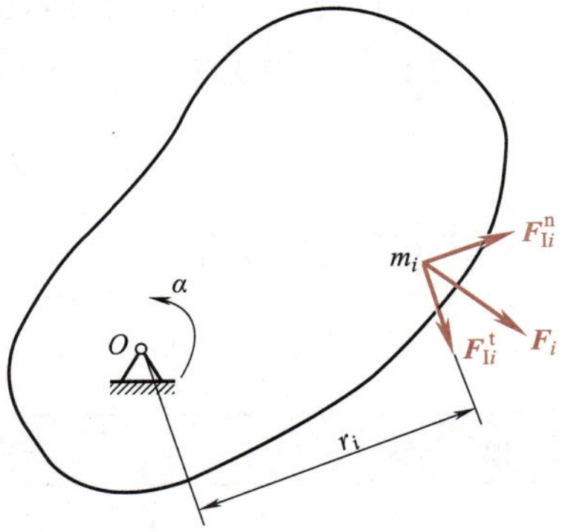

图 6-13　刚体定轴转动

式（6-17）表明刚体绕定轴转动时，刚体对转轴的转动惯量与其角加速度的乘积，等于作用在刚体上的所有外力对转轴力矩的代数和。

二、转动惯量

刚体绕定轴 z 的转动惯量为 $J_z=\sum m_ir_i^2$，它表明了刚体绕定轴 z 转动时的惯性大小。从转动惯量的公式可见，影响其大小的有两个因素，一个是刚体质量大小，另一个是质量对转轴的分布情况，后一个因素具体反映在刚体的形状及其与转轴的相对位置上。当质量连续分布时，刚体对 z 轴的转动惯量可写为

$$J_z=\int_M r^2\mathrm{d}m \tag{6-18}$$

在国际单位制中，其单位是 $\mathrm{kg\cdot m^2}$。

工程中常常把刚体的转动惯量表示为

$$J_z=m\rho_z^2 \quad 或 \quad \rho_z=\sqrt{\frac{J_z}{m}} \tag{6-19}$$

式（6-19）中，ρ_z 称为刚体对 z 轴的**回转半径**。

例 6-9 均质等厚薄圆板如图 6-14 所示，其半径为 R，质量为 m，求它对于通过板质心 C 且垂直于圆板的轴 z_C 的转动惯量。

解 由于圆板等厚度，其质量在圆的面积范围内均匀分布，在圆板上取任意半径 ρ 处宽为的 $\mathrm{d}\rho$ 圆环作为微元，有

$$\mathrm{d}m=\frac{m}{\pi R^2}\cdot 2\pi\rho\mathrm{d}\rho \tag{b}$$

将式（b）代入式（6-18），得

$$J_{zC}=\int_m r^2\mathrm{d}m=\int_0^R \rho^2\,\frac{m}{\pi R^2}\cdot 2\pi\rho\mathrm{d}\rho=\frac{mR^2}{2}$$

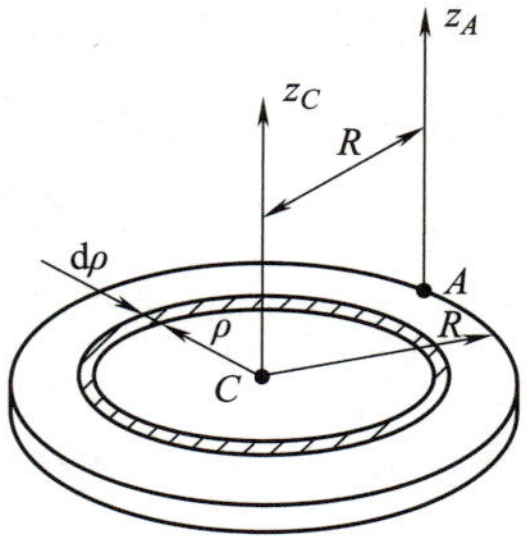

图 6-14 例 6-9 图

工程中，常需要确定刚体对不通过质心轴的转动惯量，例如，在图 6-14 中求对平行于质心轴 z_C 且通过圆盘边缘上的点 A 的轴 z_A 的转动惯量。这里不加证明，给出转动惯量计算的**平行移轴公式**

$$J_z=J_{zC}+md^2 \tag{6-20}$$

式（6-20）说明，刚体对任意轴 z 的转动惯量，等于对与此轴平行的质心轴 z_C 的转动惯量 J_{zC}，加上刚体的质量与轴 z 到质心轴 z_C 的距离 d 平方的乘积。对于图 6-14 的轴 z_A，有

$$J_{zA}=J_{zC}+md^2=\frac{1}{2}mR^2+mR^2=\frac{3}{2}mR^2$$

表 6-1 给出细直杆、细圆环和薄圆板对质心轴以及与质心轴平行的特殊轴的转动惯量和回转半径。

表 6-1 简单形状均质物体的转动惯量

物体形状	简图	转动惯量	回转半径
细直杆	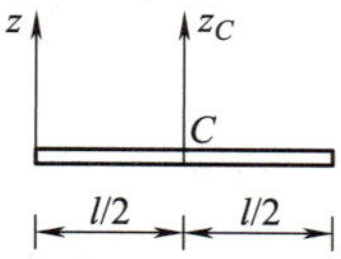	$J_{zC}=\frac{m}{12}l^2$ $J_z=\frac{m}{3}l^2$	$\rho_{z_C}=\frac{l}{2\sqrt{3}}$ $\rho_z=\frac{l}{\sqrt{3}}$
细圆环	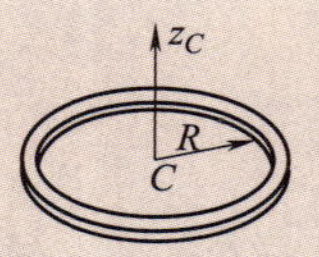	$J_{zC}=mR^2$	$\rho_{zC}=R$
薄圆板	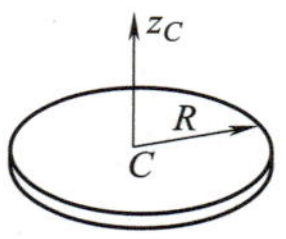	$J_{zC}=\frac{1}{2}mR^2$	$\rho_{zC}=\frac{R}{\sqrt{2}}$

例 6-10　如图 6-15 所示的钟摆，已知均质细杆和均质圆盘的质量分别为 m_1 和 m_2，杆长为 l，圆盘直径为 d。求钟摆对于通过点 O 垂直于纸面向外的轴的转动惯量。

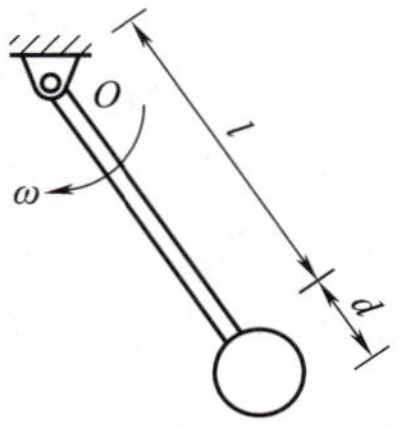

图 6-15　例 6-10 图

解　钟摆由杆和圆盘构成。先计算组合结构对轴 O 的转动惯量，有 $J_O=J_{OL}+J_{OP}$，其中 J_{OL}是细杆对轴 O 的转动惯量，由表 6-1 可知，$J_{OL}=\frac{1}{3}m_1l^2$；J_{OP}是圆盘对轴 O 的转动惯量，利用表 6-1 和平行移轴公式，有

$$J_{OP}=\frac{1}{2}m_2\left(\frac{d}{2}\right)^2+m_2\left(l+\frac{d}{2}\right)^2=m_2\left(\frac{3}{8}d^2+l^2+ld\right)$$

则组合结构对轴 O 的转动惯量

$$J_O=J_{OL}+J_{OP}=\frac{1}{3}m_1l^2+m_2\left(\frac{3}{8}d^2+l^2+ld\right)$$

例 6-11　如图 6-16 所示的复摆，其质量为 m，质心为 C，复摆对悬挂点的转动惯量为 J_O，求复摆微幅摆动时的周期 T。

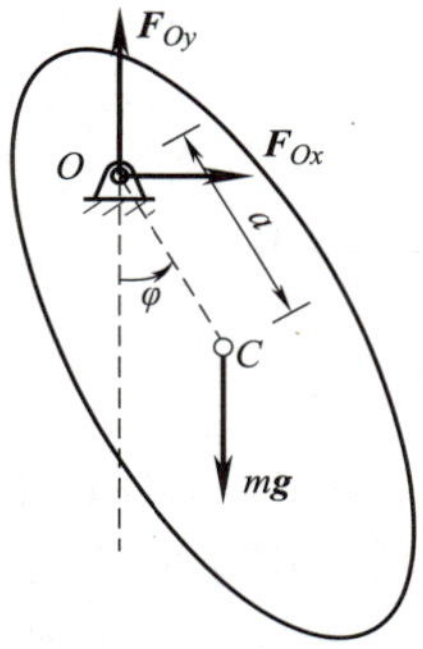

图 6-16　例 6-11 图

解　复摆做绕轴 O 的定轴转动，以 φ 为广义坐标，逆时针方向为正，则任意瞬时复摆的角加速度 $\alpha=\frac{d^2\varphi}{dt^2}$，在任意位置 φ 处的受力分析如图 6-16 所示，利用式（6-17）得

$$J_O\alpha=M_O(\boldsymbol{F}_i)=-mga\sin\varphi$$

即

$$J_O\frac{d^2\varphi}{dt^2}+mga\sin\varphi=0$$

复摆微幅摆动时，有 $\sin\varphi\approx\varphi$，则微分方程可改写为

$$\frac{d^2\varphi}{dt^2}+\frac{mga}{J_O}\varphi=0$$

此微分方程的解是

$$\varphi=\varphi_0\sin\left(\sqrt{\frac{mga}{J_O}}t+\theta\right) \tag{c}$$

式（c）就是复摆微幅摆动时的运动规律。式中，φ_0 是角振幅，θ 是初相位。进一步可得到复摆微幅摆动时的周期，即

$$T=2\pi\sqrt{\frac{J_O}{mga}} \tag{d}$$

工程中，对于几何形状复杂的物体，常常采用实验方法测定其转动惯量，其中复摆方法是一种较为常见的方法。先测出零部件的摆动周期后，就可以利用式（d）计算出它的转动惯量。对于例 6-11 中的问题，若测量出周期 T，则其对于转轴的转动惯量为 $J_O=\frac{T^2}{4\pi^2}mga$。进一步根据平行移轴公式（6-20）得 $J_O=J_C+ma^2$，就可以算出物体相对于质心轴的转动惯量。例 6-11 中，$J_C=mga\left(\frac{T^2}{4\pi^2}-\frac{a}{g}\right)$。

例 6-12 长 l 的均质杆 OA，质量为 m，其 O 端用铰链支撑，A 端用细绳悬挂，如图 6-17 所示。求将细绳突然剪断的瞬间，铰链 O 处的约束力。

解 杆件 OA 做定轴转动。细绳剪断瞬间，杆受到重力 $m\boldsymbol{g}$ 以及铰链 O 处的约束力 $\boldsymbol{F}_{Ox}$、$\boldsymbol{F}_{Oy}$ 的作用，其受力图如图 6-17 所示。此时，杆件的角速度 $\omega=0$，但角加速度 $\alpha\neq0$。先通过刚体定轴转动方程求出角加速度，进一步采用质心运动定理求铰链处的约束力。

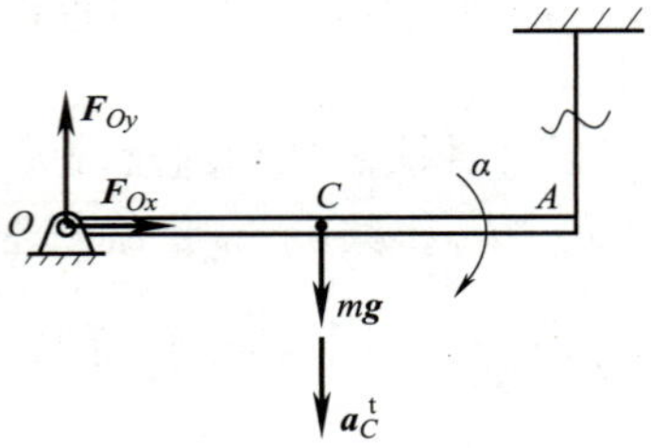

图 6-17 例 6-12 图

根据式（6-17），$J_O\alpha=\sum M_O(\boldsymbol{F}_i)$，有

$$\frac{1}{3}ml^2(-\alpha)=-mg\frac{l}{2}$$

求得细绳在剪断瞬时的角加速度

$$\alpha=\frac{3g}{2l}$$

此时，质心 C 的加速度 $a_C^{\mathrm{n}}=\omega^2l/2=0$，$a_C^{\mathrm{t}}=\alpha l/2$。根据质心运动定理，得

$$ma_C^{\mathrm{n}}=0=\sum F_{ix}=F_{Ox}\text{，}\quad ma_C^{\mathrm{t}}=m\alpha\frac{l}{2}=\sum F_{iy}=mg-F_{Oy}$$

由此解得

$$F_{Ox}=0\text{，}\quad F_{Oy}=mg-m\alpha\frac{l}{2}=mg-m\frac{3g}{2l}\frac{l}{2}=\frac{1}{4}mg$$

例 6-12 所表述的问题称为突然解除约束问题，这类问题的力学特征是在解除约束后，系统自由度增加，在解除约束的瞬间，其一阶运动量（速度、角速度）连续，而二阶运动量（加速度、角加速度）发生突变。

第五节 质点系的动静法

一、刚体惯性力系的简化

应用动静法解质点系的动力学问题时，需要在质点系中每个质点上假想地加上惯性力。刚体是由无数质点组成的，对所有点计算惯性力，显然是不可能做到的。若应用静力学中力系简化的方法，将刚体上每个质点的惯性力组成的惯性力系加以简化，得到与此惯性力系等效的简化结果，则可直接在刚体上假想地加上此简化结果，从而省去了逐点施加惯性力的复杂过程。下面研究刚体做平面运动时惯性力系简化的结果。

我们仅讨论刚体具有质量对称平面且刚体仅沿此面做平面运动的情况。此时可先将刚体的空间惯性力系简化为在对称平面内的平面力系，再将此平面力系向质心 C 简化，如图 6-18 所示。由静力学知识，可得惯性力系的主矢 $\boldsymbol{F}_{\mathrm{I}C}$ 与惯性力系对点 C 的主矩 $M_{\mathrm{I}C}$。

惯性力系的主矢 $\boldsymbol{F}_{\mathrm{I}C}$ 为

$$\boldsymbol{F}_{\mathrm{I}C}=\sum\boldsymbol{F}_{\mathrm{I}i}=-\sum m_i\boldsymbol{a}_i \tag{*}$$

按质心运动定理有

$$\sum m_i\boldsymbol{a}_i=m\boldsymbol{a}_C$$

其中，刚体的质量 $m=\sum m_i$，将此结果代入式（*），则得

$$\boldsymbol{F}_{IC}=-m\boldsymbol{a}_C \tag{6-21}$$

下面再讨论惯性力系对质心 C 的主矩 M_{IC}。假设刚体的角速度为 ω，角加速度为 α，质心 C 的加速度为 $\boldsymbol{a}_C$，刚体内任意一个质点 M 的质量为 m_i，到质心 C 的矢径为 $\boldsymbol{r}_i$，由运动学可知，以质心 C 为基点，则刚体上质点 M 的加速度为

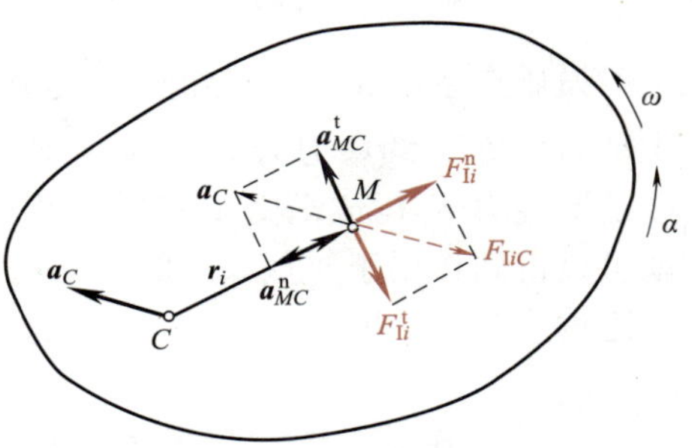

图 6-18　刚体惯性力系简化

$$\boldsymbol{a}_M=\boldsymbol{a}_C+\boldsymbol{a}^n_{MC}+\boldsymbol{a}^t_{MC}$$

其中 $a^n_{MC}=\omega^2|MC|=\omega^2 r$，$a^t_{MC}=\alpha|MC|=\alpha r$。于是作用在质点 M 上的惯性力可以分解为切向惯性力 $\boldsymbol{F}^t_{Ii}$、法向惯性力 $\boldsymbol{F}^n_{Ii}$和与质心加速度方向相反的惯性力 $\boldsymbol{F}_{IiC}$，大小分别为

$$F^t_{Ii}=m_i a^t_{MC}=m_i\alpha r$$

$$F^n_{Ii}=m_i a^n_{MC}=m_i\omega^2 r$$

$$F_{IiC}=m_i a_C$$

考虑刚体上的所有质点，则总的惯性力系对质心 C 的矩为

$$M_{IC}=\sum_i M_C(\boldsymbol{F}^t_{Ii}+\boldsymbol{F}^n_{Ii}+\boldsymbol{F}_{IiC})$$

式中，

$$\sum M_C(\boldsymbol{F}^t_{Ii})=\sum F^t_{Ii}r_i=-\sum(m_i\alpha r_i)r_i=-\alpha\sum m_i r_i^2=-J_C\alpha$$

$$\sum M_C(\boldsymbol{F}^n_{Ii})=0$$

基于力对点之矩的基本定义，

$$\sum M_C(\boldsymbol{F}_{IiC})=\sum\boldsymbol{r}_i\times\boldsymbol{F}_{IiC}=\sum\boldsymbol{r}_i\times m_i\boldsymbol{a}_C=(\sum m_i\boldsymbol{r}_i)\times\boldsymbol{a}_C$$

根据式（6-6），注意到 $m\boldsymbol{r}_C=\sum m_i\boldsymbol{r}_i$，而质心的矢径 $\boldsymbol{r}_C=\boldsymbol{0}$（见图 6-18），所以必有

$$\sum M_C(\boldsymbol{F}_{IiC})=0$$

于是得

$$M_{IC}=\sum M_C(\boldsymbol{F}^t_{Ii})=-J_C\alpha \tag{6-22}$$

式（6-21）、式（6-22）表明：具有质量对称平面且平行于此平面运动的刚体，惯性力系可简化为通过质心点的一个惯性力 $\boldsymbol{F}_{IC}=-m\boldsymbol{a}_C$ 和一个惯性力偶 $M_{IC}=-J_C\alpha$。

对于刚体运动的几种特殊情况，惯性力系能被简化为比较简单的结果：①刚体做平动，则必有 $\omega=0$、$\alpha=0$，此种情况下惯性力系简化为一个主矢，$\boldsymbol{F}_{IC}=-m\boldsymbol{a}_C$，而其主矩 $M_{IC}=0$。②刚体绕垂直于质量对称平面的任一轴做定轴转动。由于刚体此时的定轴转动可以看成上述平面运动的特例，可将惯性力系向质心 C 简化，仍得式（6-21）、式（6-22）所示的结果；对于定轴转动情况，也可将惯性力系向转轴与平面的交点，即转轴中心 O 简化，同样得到一个主矢和一个主矩，其中主矢 $\boldsymbol{F}_{IC}=-m\boldsymbol{a}_C$，主矩 $M_{IO}=-J_O\alpha$，此结论读者可以自行推导并加以验证。③刚体绕垂直于质量对称平面并通过质心 C 的转轴做定轴转动。由于 $\boldsymbol{a}_C=0$，则惯性力系简化后主矢为零，若角加速度不为 0，则主矩不为 0。④刚体绕垂直于质量对称平面的任一轴做定轴匀速转动。由于 $\alpha=0$，则惯性力系的主矩为零，此时惯性力系简化为通过转轴中心 O 和质心 C 的一个力。⑤刚体绕垂直于质量对称平面并通过质心 C 的转轴做定

轴匀速转动。由于 $\boldsymbol{a}_C=\boldsymbol{0}$，$\alpha=0$，则惯性力系的主矢和主矩同时为零。

二、质点系的动静法

设质点系由 n 个质点组成，其中某质点的质量为 m_i，加速度为 $\boldsymbol{a}_i$，作用于该质点上的主动力为 $\boldsymbol{F}_i$、约束力为 $\boldsymbol{F}_{Ni}$。按照质点动静法，在质点上加上假想的惯性力，则力 $\boldsymbol{F}_i$、$\boldsymbol{F}_{Ni}$ 以及惯性力 $\boldsymbol{F}_{Ii}$构成汇交于该质点的形式上的平衡力系。将质点系内的所有质点同样处理，就可以得到作用于质点系上的一个任意平衡力系。该平衡力系向任一点简化，所得的主矢和主矩均应为零，即

$$\left.\begin{aligned}\sum\boldsymbol{F}_i+\sum\boldsymbol{F}_{Ni}+\sum\boldsymbol{F}_{Ii}=0\\ \sum M_O(\boldsymbol{F}_i)+\sum M_O(\boldsymbol{F}_{Ni})+\sum M_O(\boldsymbol{F}_{Ii})=0\end{aligned}\right\}\tag{6-23a}$$

如将作用于质点上的力分成外力 $\boldsymbol{F}_i^{(e)}$ 和内部质点之间的相互作用力 $\boldsymbol{F}_i^{(i)}$，则式（6-23a）可改写为

$$\left.\begin{aligned}\sum\boldsymbol{F}_i^{(i)}+\sum\boldsymbol{F}_i^{(e)}+\sum\boldsymbol{F}_{Ii}=0\\ \sum M_O(\boldsymbol{F}_i^{(i)})+\sum M_O(\boldsymbol{F}_i^{(e)})+\sum M_O(\boldsymbol{F}_{Ii})=0\end{aligned}\right\}\tag{6-23b}$$

由于质点系的内力都是成对出现，且大小相等、方向相反、作用在一条直线上，所以 $\sum\boldsymbol{F}_i^{(i)}=0$，$\sum M_O(\boldsymbol{F}_i^{(i)})=0$，于是式（6-23）简化为

$$\left.\begin{aligned}\sum\boldsymbol{F}_i^{(e)}+\sum\boldsymbol{F}_{Ii}=0\\ \sum M_O(\boldsymbol{F}_i^{(e)})+\sum M_O(\boldsymbol{F}_{Ii})=0\end{aligned}\right\}\tag{6-24}$$

式（6-23）和式（6-24）表明：质点系在运动的每一瞬时，作用于质点系上所有的外力与虚加在质点系上的惯性力系，在形式上构成一平衡力系，这就是**质点系的动静法**。运用动静法来解决刚体及刚体系统的动力学问题，特别是求解约束力较为方便。

例 6-13 直角杆 ABD，质量为 $m=6\text{kg}$，以绳 AF 和两等长且平行的杆 AE、BF 支承，如图 6-19a 所示。求割断绳 AF 的瞬时两杆所受的力。杆的质量忽略不计，刚体质心坐标 $x_C=0.75\text{m}$，$y_C=0.25\text{m}$。

解 取刚体 ABD 为研究对象。刚体 ABD 上作用有重力 $\boldsymbol{W}$，两杆的约束力分别为 $\boldsymbol{F}_A$ 和 $\boldsymbol{F}_B$，如图 6-19b 所示。

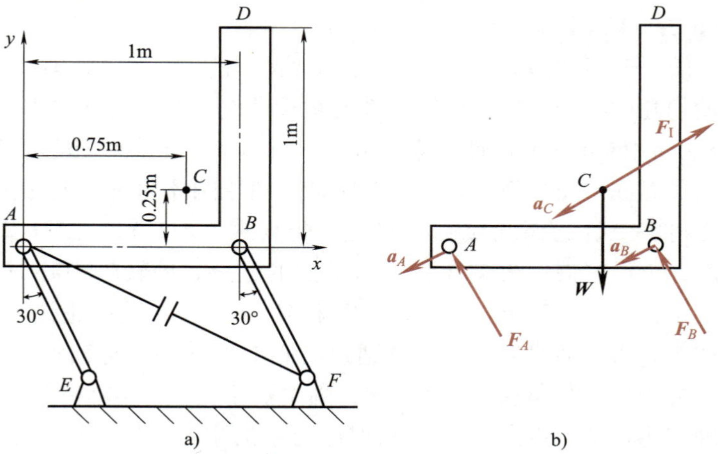

图 6-19 例 6-13 图

刚体做曲线平动。在割断绳的瞬时，两杆的角速度为零，角加速度为 α。在刚体质心上加上惯性力 $\boldsymbol{F}_{\mathrm{I}}$，其大小为 $F_{\mathrm{I}}=ma_C$。取自然坐标，列切向平衡方程

$$\sum F_i^{\mathrm{t}}=0,\quad W\sin30°-F_{\mathrm{I}}=0$$

即 $mg\sin30°-ma_C=0$，求得 $a_C=g\sin30°=4.9\mathrm{m/s^2}$。以点 A 为矩心，取矩平衡方程

$$\sum M_A(\boldsymbol{F}_i)=0,\quad F_B\cos30°\times1-W\times0.75-F_{\mathrm{I}}\cos30°\times0.25+F_{\mathrm{I}}\sin30°\times0.75=0$$

$$F_B\cos30°\times1-mg\times0.75-ma_C\cos30°\times0.25+ma_C\sin30°\times0.75=0$$

解得

$$F_B=45.5\mathrm{N}$$

列法向平衡方程

$$\sum F_i^{\mathrm{n}}=0,\quad W\cos30°-F_A-F_B=0$$

$$mg\cos30°-F_A-F_B=0$$

解得

$$F_A=5.4\mathrm{N}$$

例 6-14　如图 6-20 所示，半径为 R_1 和 R_2 的两轮固连而成的鼓轮。鼓轮对水平固定轴 O 的转动惯量为 J_O，总重力为 $\boldsymbol{G}$。用细绳悬挂的重物 A、B 的重力分别为 $\boldsymbol{P}$ 和 $\boldsymbol{W}(P>W)$。不计绳重及轴承摩擦，求鼓轮的角加速度及轴承 O 的约束力。

解　取整个系统为研究对象，系统所受的力为重力 $\boldsymbol{G}$、$\boldsymbol{P}$、$\boldsymbol{W}$，以及约束力 $\boldsymbol{F}_{Ox}$ 和 $\boldsymbol{F}_{Oy}$。

重物 A、B 做平动，鼓轮做定轴转动。设鼓轮转动的角加速度为 α，则重物 A、B 的加速度大小分别为 $a_1=R_1\alpha$，$a_2=R_2\alpha$。其虚加惯性力的大小分别为 $F_{\mathrm{I1}}=(P/g)a_1$，$F_{\mathrm{I2}}=(W/g)a_2$，方向与 $\boldsymbol{a}_1$、$\boldsymbol{a}_2$ 相反。鼓轮的转轴通过鼓轮的质心，虚加在鼓轮上的惯性力偶矩 $M_{\mathrm{I}}=J_O\alpha$，其转向与 α 相反。

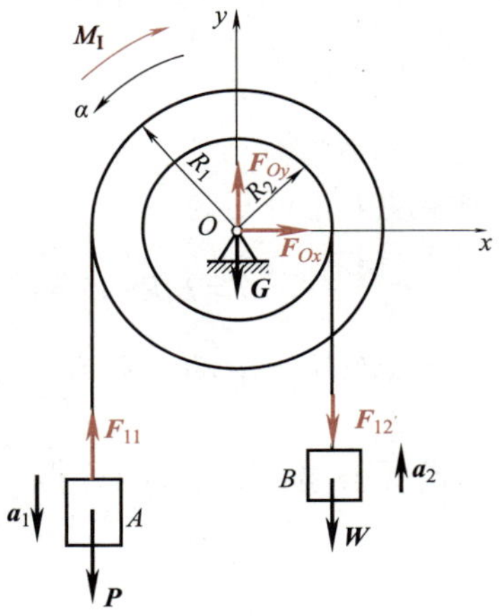

图 6-20　例 6-14 图

列矩平衡方程

$$\sum M_O(\boldsymbol{F}_i)=0,\quad (P-F_{\mathrm{I1}})R_1-(W+F_{\mathrm{I2}})R_2-M_{\mathrm{I}}=0$$

$$\left(P-\frac{P}{g}R_1\alpha\right)R_1-\left(W+\frac{W}{g}R_2\alpha\right)R_2-J_O\alpha=0$$

求得

$$\alpha=\frac{PR_1-WR_2}{J_Og+PR_1^2+WR_2^2}$$

列力平衡方程

$$\sum F_{ix}=0,\quad F_{Ox}=0$$

$$\sum F_{iy}=0,\quad F_{Oy}-G-P-W+F_{\mathrm{I1}}-F_{\mathrm{I2}}=0$$

$$F_{Oy}-G-P-W+\frac{P}{g}R_1\alpha-\frac{W}{g}R_2\alpha=0$$

求得

$$F_{Oy}=G+P+W-\frac{(PR_1-WR_2)^2}{J_Og+PR_1^2+WR_2^2}$$

例 6-15　牵引车的主动轮质量为 m，半径为 R。车轮沿水平直线轨道滚动，如图 6-21 所示。设车轮除自身重力 $\boldsymbol{P}$ 外，所受的主动力可简化为作用于质心的两力 $\boldsymbol{F}_{\mathrm{S}}$、$\boldsymbol{F}_{\mathrm{T}}$ 及驱动力矩

T，车轮对于通过质心 C 并垂直于轮盘的轴的回转半径为 ρ，轮与轨道间的静滑动摩擦因数为 μ_s。求在车轮滚动而不滑动的条件下，驱动力矩 T 的最大值。

解 取车轮为研究对象，画出其受力分析图如图 6-21 所示，其中接触点上作用有约束力 $\boldsymbol{F}_N$ 和摩擦力 $\boldsymbol{F}_f$。车轮做平面运动，惯性力系向质心 C 简化得到惯性力 $\boldsymbol{F}_I$ 和惯性力偶矩 M_I，它们的大小分别为

$$F_I = ma_C = mR\alpha, \quad M_I = J_C\alpha = m\rho^2\alpha$$

惯性力方向与质心加速度 a_C 相反，惯性力偶矩转向与角加速度 α 相反。

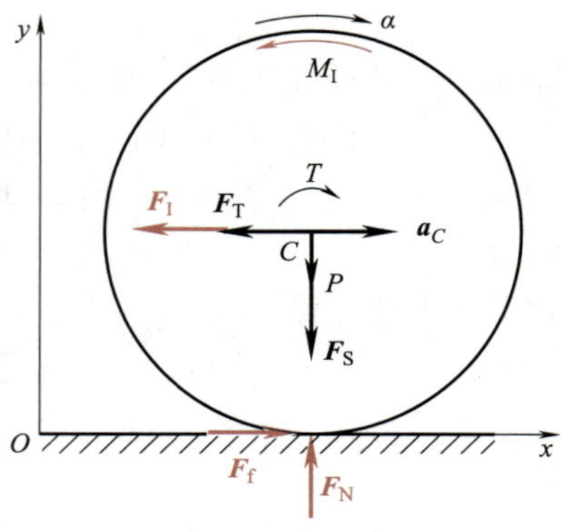

图 6-21 例 6-15 图

取直角坐标如图所示，列平衡方程

$$\sum F_{ix} = 0, \quad F_f - F_T - F_I = 0$$

$$\sum F_{iy} = 0, \quad F_N - mg - F_S = 0$$

$$\sum M_C(\boldsymbol{F}_i) = 0, \quad -T + F_f R + M_I = 0$$

由以上三式，可得

$$F_I = mR\alpha = F_f - F_T, \quad \alpha = \frac{F_f - F_T}{mR}$$

则驱动力矩可写为

$$T = F_f R + M_I = F_f R + m\rho^2 \frac{F_f - F_T}{mR} = F_f R + \frac{\rho^2}{R}(F_f - F_T) = F_f\left(\frac{\rho^2}{R} + R\right) - F_T\frac{\rho^2}{R} \tag{a}$$

要保证车轮不滑动，必须满足

$$F_f < \mu_s F_N = \mu_s(mg + F_S) \tag{b}$$

把式（b）代入式（a），得

$$T < \mu_s(mg + F_S)\left(\frac{\rho^2}{R} + R\right) - F_T\frac{\rho^2}{R} \tag{c}$$

式（c）改为等号就是驱动力矩 T 的理论最大值。显然，当 T 为固定值时，μ_s 越大车轮越不易滑动。在雨雪天行车，由于摩擦因数 μ_s 减小面使车轮容易打滑，为克服行车困难，常从机车的砂包中向轨道上喷砂，以增大摩擦因数。

本 章 小 结

1. 动力学基本方程

$$\sum \boldsymbol{F} = m\boldsymbol{a}$$

直角坐标形式的质点运动微分方程为

$$\left.\begin{aligned} ma_x &= m\frac{\mathrm{d}^2x}{\mathrm{d}t^2} = \sum F_{ix} \\ ma_y &= m\frac{\mathrm{d}^2y}{\mathrm{d}t^2} = \sum F_{iy} \\ ma_z &= m\frac{\mathrm{d}^2z}{\mathrm{d}t^2} = \sum F_{iz} \end{aligned}\right\}$$

质点做平面曲线运动时，自然坐标形式的质点运动微分方程为

$$\left.\begin{aligned} ma_{\mathrm{n}} &= m\frac{v^2}{\rho} = \sum F_i^{\mathrm{n}} \\ ma_{\mathrm{t}} &= m\frac{\mathrm{d}^2 s}{\mathrm{d}t^2} = \sum F_i^{\mathrm{t}} \end{aligned}\right\}$$

2. 质心运动定理

$$m\boldsymbol{a}_C = \sum \boldsymbol{F}_i^{(\mathrm{e})} = \boldsymbol{F}_{\mathrm{R}}^{(\mathrm{e})}$$

直角坐标投影形式的质心运动微分方程

$$ma_{Cx} = \sum F_{ix}^{(\mathrm{e})}, \ ma_{Cy} = \sum F_{iy}^{(\mathrm{e})}, \ ma_{Cz} = \sum F_{iz}^{(\mathrm{e})}$$

质心运动守恒定律：若$\sum \boldsymbol{F}_i^{(\mathrm{e})} = 0$，则 $mv_{C0} = \sum m_i v_i =$常数。

质心位置守恒定律：若$\sum F_{ix}^{(\mathrm{e})} = 0$，且 $v_{Cx0} = 0$，则 $x_C = x_{C0}$。

3. 惯性力

惯性力是由于物体（或质点）运动状态的改变而产生的对施力物体的反作用力，作用在施力物体上，其大小与方向可用如下的矢量式表达：

$$\boldsymbol{F}_{\mathrm{I}} = -m\boldsymbol{a}$$

当刚体在平行于质量对称平面内做平面运动时，其惯性力系可向质心简化，所得结果为一主矢和一主矩。其主矢为 $\boldsymbol{F}_{\mathrm{IC}} = -m\boldsymbol{a}_C$，且通过质心；主矩为 $M_{\mathrm{IC}} = -J_C\alpha$。

刚体做平动和定轴转动是刚体做平面运动的特殊情况，平面运动刚体惯性力系的简化结果同样适用。由于平动刚体的 $\alpha = 0$，所以平动刚体的惯性力系简化结果为一个力 $\boldsymbol{F}_{\mathrm{IC}} = -m\boldsymbol{a}_C$，作用于质心；定轴转动刚体的惯性力系简化结果为一个力和一个力偶矩，其主矢为 $\boldsymbol{F}_{\mathrm{IC}} = -m\boldsymbol{a}_C$，通过质心，主矩为 $M_{\mathrm{IC}} = -J_C\alpha$。定轴转动刚体的惯性力系还可以进一步向转轴简化，结果为一个力和一个力偶矩，其主矢 $\boldsymbol{F}_{\mathrm{IC}} = -m\boldsymbol{a}_C$，主矩 $M_{\mathrm{IO}} = -J_O\alpha$，这里有两点特别要注意，即①力通过转轴；②$J_O$ 是刚体对转轴的转动惯量。

4. 动静法

1）动静法是在不平衡的质点（质点系）上虚加惯性力（惯性力系），就可使其处于虚拟的平衡状态，从而使较复杂的动力学问题得以在形式上转化成简单的静力平衡问题。

2）用动静法解动力学问题的步骤为：

① 根据问题的已知条件和所求量选定研究对象。

② 分析研究对象上所受的主动力和约束力，画出受力图。

③ 分析研究对象的运动状态，并在受力图上虚加上经简化后的惯性力与惯性力偶矩，在形式上构成一个平衡力系。

3）用静力学平衡方程求解未知量。

思　考　题

6-1　什么是质量？质量与重量是否一样？重量的理论含义与习惯含义有什么不同？

6-2 质点所受力的方向是否就是质点的运动方向？质点的加速度方向是否就是质点的速度方向？

6-3 内力不能改变质心的运动，但汽车似乎是靠发动机开动的，如何解释这一现象？最终是什么力推动汽车前进的？

6-4 什么是惯性力，怎样确定其大小和方向？做匀速直线运动的质点，其惯性力为多少？

6-5 是否运动物体都有惯性力？质点做匀速圆周运动时有无惯性力？

6-6 如图 6-22 所示，物块重力 $W=400\text{N}$，静摩擦因数 $\mu_s=0.15$，作用于物体上的水平力 $F=50\text{N}$。求物块惯性力的大小和方向。

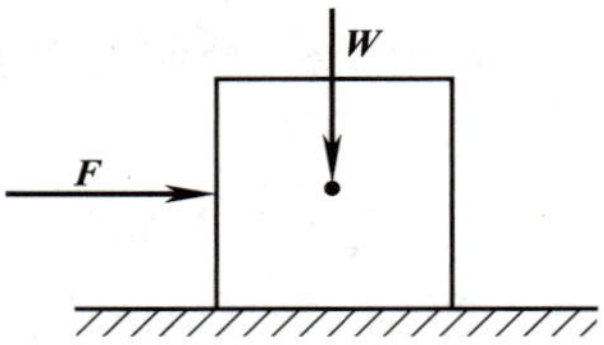

图 6-22 物块

6-7 车轮上的水点脱离轮缘飞溅出去，如何解释这个现象？是因为受到惯性力的作用吗？

6-8 如图 6-23a、b 所示均质圆盘，其质量和半径均相同，但一个是在力 $\boldsymbol{F}$ 的作用下而转动，另一个是由挂上重力为 $\boldsymbol{G}(G=F)$ 的重物而转动。试问两轮的角加速度是否相同？为什么？

6-9 在惯性力系的简化中，选择不同的简化中心后，惯性力系的主矢和主矩有无变化？

6-10 如图 6-24 所示，均质薄圆盘半径为 R，质量为 m，以角速度 ω 和角加速度 α 绕定轴 O 转动，圆盘的偏心距 $OC=e$。证明圆盘惯性力系向其质心进行简化的结果与向定轴进行简化的结果是一致的。

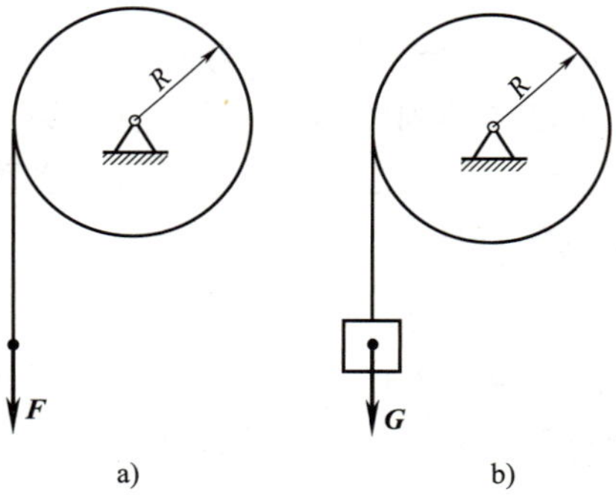

图 6-23 定轴转动圆盘

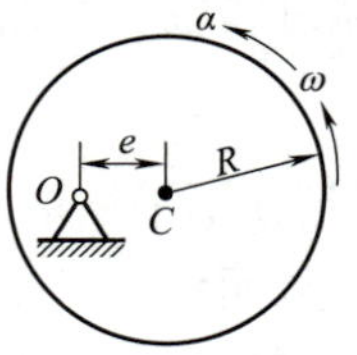

图 6-24 偏心圆盘

习 题

6-1 缆车质量为 700kg，沿斜面以初速度 $v=1.6\text{m/s}$ 下降，如题 6-1 图所示。已知轨道倾角 $\alpha=15°$，摩擦因数 $\mu=0.015$。欲使缆车静止，设制动时间为 $t=4\text{s}$，在制动时缆车做匀减速运动，求此时缆绳的拉力。

6-2 物块由静止开始沿倾角为 α 的斜面下滑，如题 6-2 图所示。设物块重力的大小为 G，物块与斜面间的摩擦因数 μ 为常数，求物块下滑 s 距离时所需的时间。

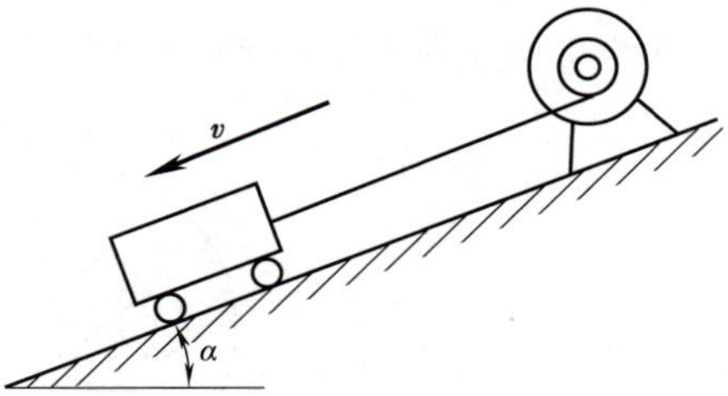

题 6-1 图

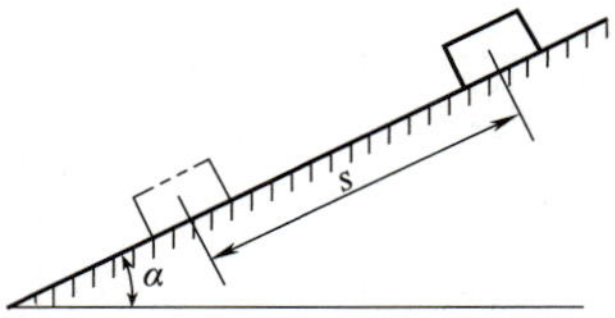

题 6-2 图

6-3　质量为 m 的物块放在匀速转动的水平台上，其重心距转轴距离为 r，物块与台面之间的摩擦因数为 μ，如题 6-3 图所示。求使物体不因转台旋转而滑出的最大转速 n。

习题 6-3 精讲

6-4　质量为 m 的小球 M 用两根长均为 l 的无重细杆支承，如题 6-4 图所示。小球与细杆一起以匀角速度 ω 绕铅重轴 AB 转动。设 $AB=l$，求两杆所受的拉力。

6-5　如题 6-5 图所示，质量为 m_1 的电动机，在转动轴上带动一质量为 m_2 的偏心小轮，偏心距为 e。如电动机的角速度为 ω，试求：1）如电动机外壳套在固定于基础上的螺杆上，求作用在螺杆上最大的水平约束力 $\boldsymbol{F}$ 的大小；2）如不用螺母固定，求角速度 ω 为多大时，电动机会跳离地面？

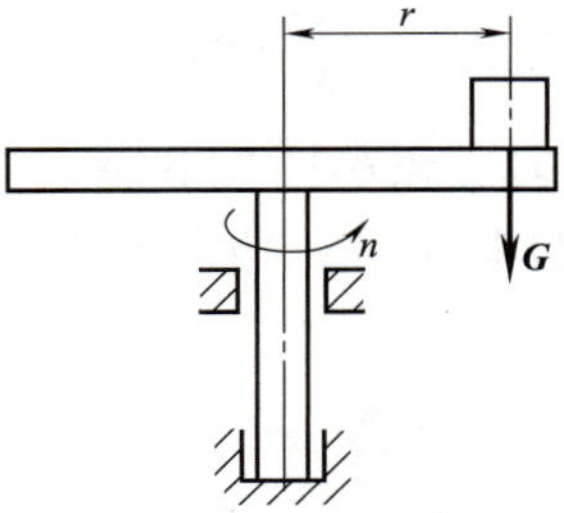

题 6-3 图

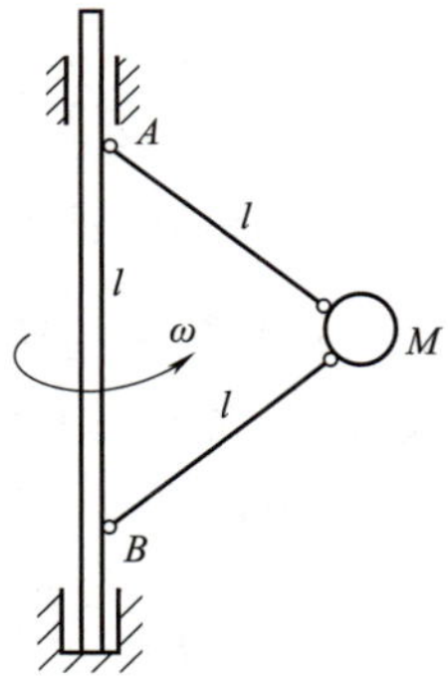

题 6-4 图

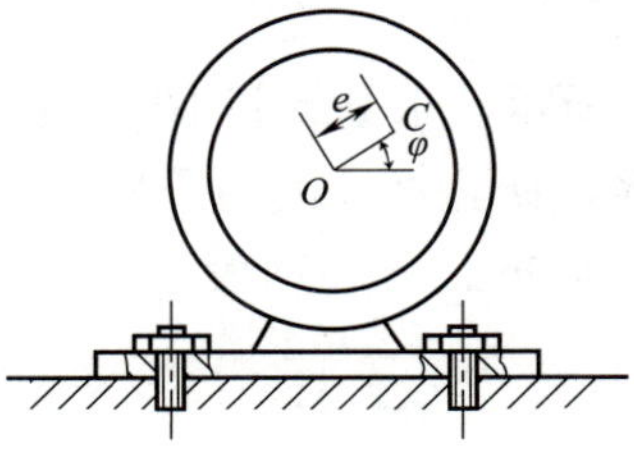

题 6-5 图

6-6　题 6-6 图所示框架质量为 m_1，置于光滑的水平面上，框架上单摆的摆长为 l，质量为 m_2，在摆角为 θ_0 时自由释放，此时框架处于静止状态。求单摆运动到铅垂位置时框架的位移。

6-7　重力大小为 8N、半径为 6.5cm 的圆柱体无滑动地沿棱柱体的斜面滚下两圈，如题 6-7 图所示。已知：$\overline{AB}=50\text{cm}$，$\overline{BC}=120\text{cm}$，求在这段时间内，重力大小为 16N 的棱柱体沿光滑水平面移动了多少距离？

习题 6-7 精讲

6-8　均质圆盘如题 6-8 图所示。其外径 $D=60\text{cm}$，厚 $h=10\text{cm}$，其上钻有四个直径 $d_1=10\text{cm}$ 的圆孔，圆孔布局在直径 $d=30\text{cm}$ 的圆周上。已知钢的密度 $\rho=7.9\times10^{-3}\text{kg/cm}^3$。求此圆盘对过其中心 O 并与盘面垂直的轴的转动惯量。

6-9 如题 6-9 图所示冲击摆由摆杆 OA 及摆锤组成。若将 OA 看成质量为 m_1、长为 l 的均质细长杆，将 B 看成质量为 m_2、半径为 R 的等厚均质圆盘，求整个摆对转轴 O 的转动惯量。

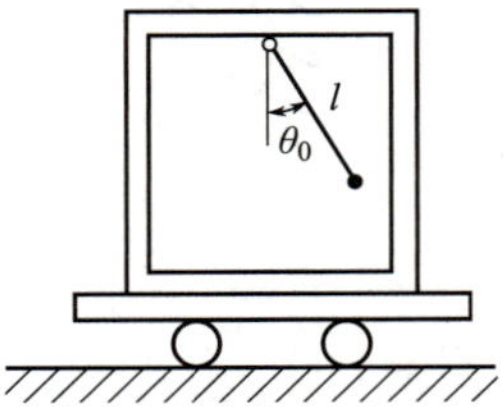

题 6-6 图

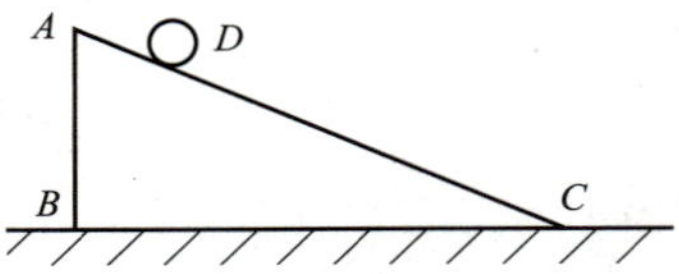

题 6-7 图

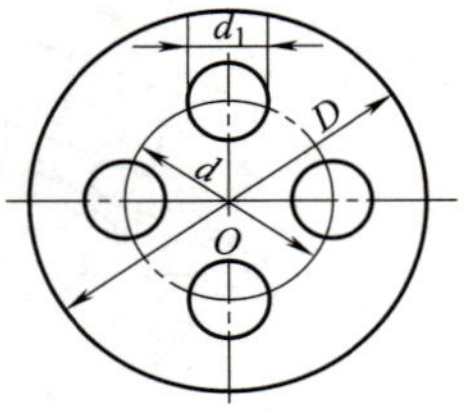

题 6-8 图

6-10 如题 6-10 图所示，圆盘的质量为 m，半径为 r，该圆盘绕 x 轴的转动惯量 $J_x = 0.26mr^2$。试求圆盘绕 x'轴的转动惯量。x'与 x 轴平行，均不通过质心，相距 $0.3r$。

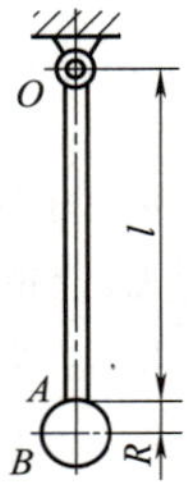

题 6-9 图

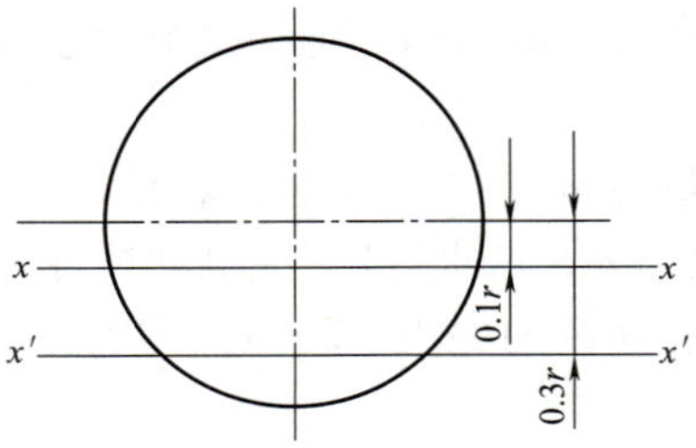

题 6-10 图

习题 6-10 精讲

6-11 已知边长为 a 的均质正方形薄板对其质心轴 z 的转动惯量为 $J_z = \frac{1}{6}ma^2$，如题 6-11 图 a 所示。求题 6-11 图 b、c 中所示的薄板对其转轴的转动惯量。其中题 6-11 图 b 表示半径为 R、质量为 m 的均质板，在中央挖去边长为 R 的正方形；题 6-11 图 c 表示边长为 $4a$、质量为 m 的正方形钢板，在中央挖去半径为 a 的圆。

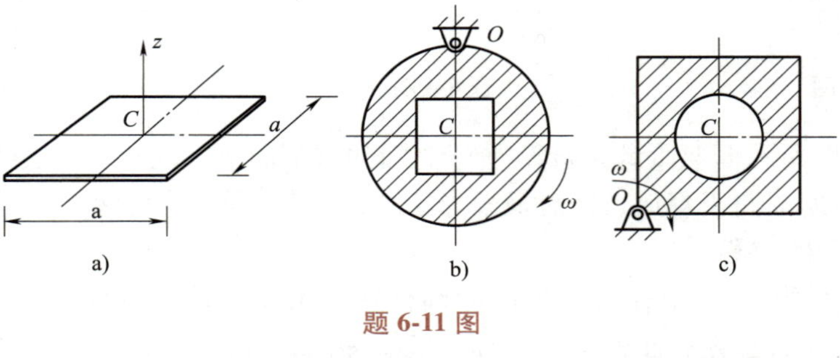

题 6-11 图

6-12 如题 6-12 图所示矿车的质量为 700kg，以速度 1.6m/s 沿倾角为 15°的斜坡下滑，摩擦因数 $\mu = 0.015$。现使矿车在 4s 内制动并停止，矿车制动后做匀减速运动，利用动静法求制动时绳子的拉力。

6-13 如题 6-13 图所示，在空气压缩机的惯性离合器中，有四个惯性块 C，每个惯性块由弹簧拉住，但能沿着轮的径向滑动。当惯性

习题 6-13 精讲

块压紧从动轮时，活套在主动轮上的从动轮就被带动。现已知主动轮转速 $n=960\text{r/min}$，每个惯性块 C 的质量为 2kg，从动轮直径 $D=0.44\text{m}$，惯性块质心到转轴中心的距离（正常运转时）$r_C=0.19\text{m}$，惯性块与从动轮的摩擦因数 $\mu=0.3$，每根弹簧拉力为 $F=960\text{N}$。试求离合器能传递的最大转矩。

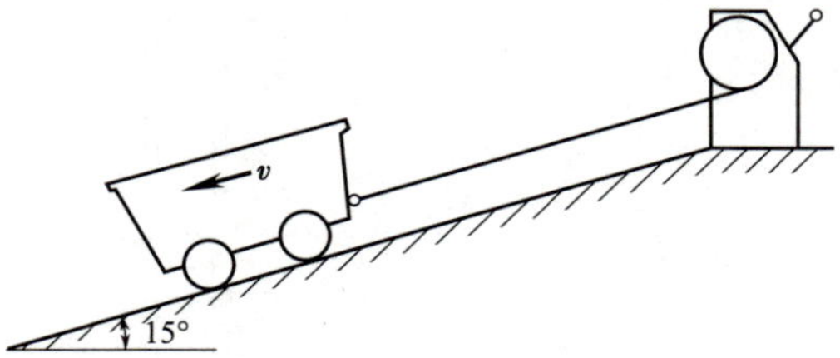

题 6-12 图

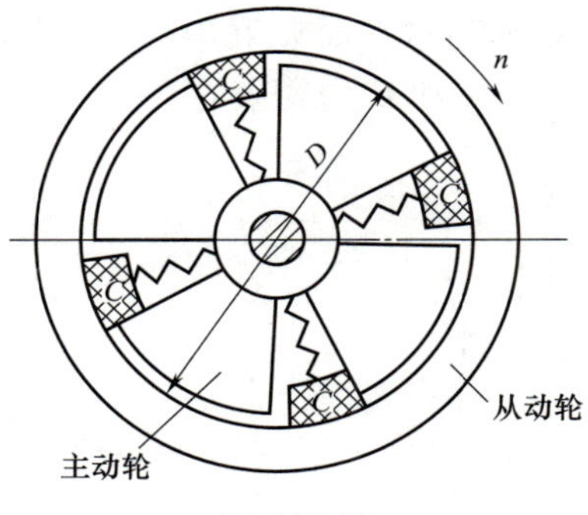

题 6-13 图

6-14　如题 6-14 图所示，汽车连同货物的质量共为 8t（吨），在直线道路上以速度 $v=36\text{km/h}$ 行驶，因遇突然情况而紧急制动，做匀减速运动后停止。路面与轮胎间的摩擦因数 $\mu=0.8$，车的重心在 C 处，$h=1.2\text{m}$，$l_1=2.6\text{m}$，$l_2=1.4\text{m}$。试求制动后前后轮对地面的压力。

6-15　电动绞车装在梁的中点，绞车提起质量为 2t（吨）的重物 B，以 1m/s^2 的加速度上升，绞车和梁的质量共为 800kg，其他尺寸如题 6-15 图所示。试求支座 C 与 D 处的约束力。

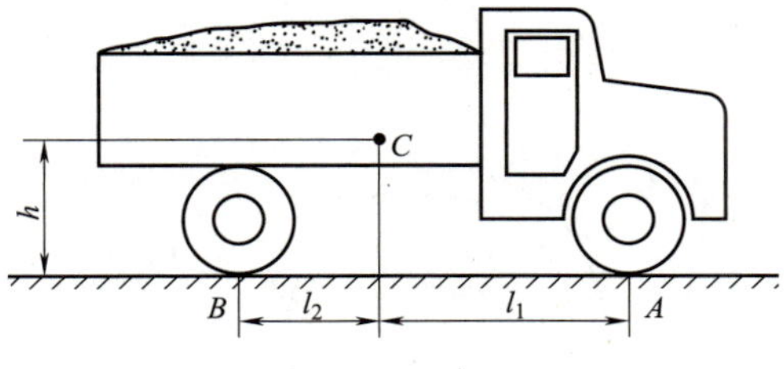

题 6-14 图

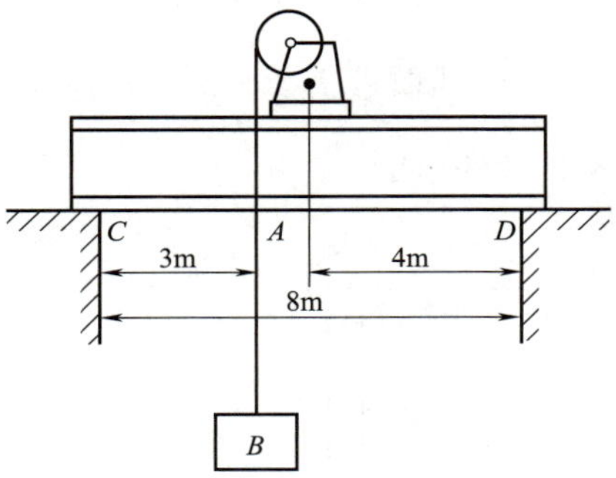

题 6-15 图

6-16　如题 6-16 图所示，平板车运送钢锭，已知钢锭与平板的静摩擦因数 $\mu_s=0.2$，钢锭的重心在 C 处。求使钢锭在车上既不滑动也不翻转时，平板车的最大加速度。

6-17　如题 6-17 图所示，悬臂梁 CB 的 B 端用铰链连接一个定滑轮，其上绕以不可伸长的绳，绳不计自重。悬挂的重物 A 的重力的大小为 W_1。重物 A 下落时，带动重力大小为 W_2 的滑轮转动，滑轮为均质圆盘，不计轴上的摩擦及梁的自重。若已知杆长 $CB=l$，试求固定端 C 的约束力。

习题 6-17 精讲

6-18　如题 6-18 图所示的凸轮导板机构位于铅垂平面中，其偏心轮的偏心距 $OA=e$，偏心轮绕轴 O 以匀角速度 ω 转动。如当导板 CD 在最低位置时，弹簧的

压缩量为 b，导板质量为 m，求弹簧的弹性系数 k 为多大时，方使导板在运动过程中始终与偏心轮保持接触。

6-19 如题6-19图所示打桩机支架，其质量 $m_1=2000\text{kg}$，质心在点 C。已知 $a=4\text{m}$，$b=1\text{m}$，$h=10\text{m}$，锤质量 $m_2=700\text{kg}$，绞车鼓轮质量 $m_3=500\text{kg}$，半径 $r=0.28\text{m}$，回转半径 $\rho=0.2\text{m}$，钢绳与水平面夹角 $\alpha=60°$，鼓轮上作用着转矩 $M=1960\text{N}\cdot\text{m}$。不计滑轮的大小和质量，求支座 A 和 B 的约束力。

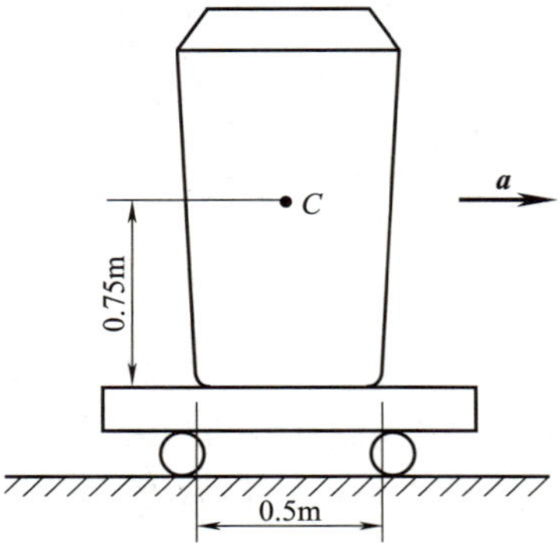

题 6-16 图

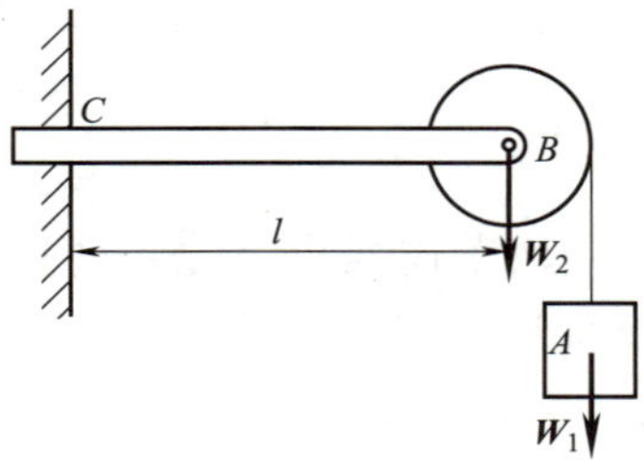

题 6-17 图

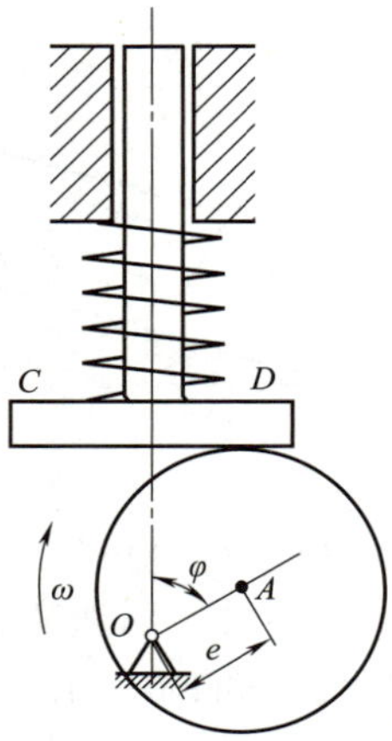

题 6-18 图

6-20 重力大小为 G_1 的电梯挂在卷筒的绳子上以加速度 $\boldsymbol{a}$ 上升，在电梯中有重力大小为 G_2、长为 l 的梁 AB，以倾角 α 斜搁，如题6-20图所示。卷筒重力大小为 G_3、半径为 r，绕轴旋转的转动惯量 $J_O=\dfrac{G_3}{g}\rho^2$。求电动机作用于卷筒的驱动力矩 M、绳的拉力和电梯中梁 A、B 端处的约束力。

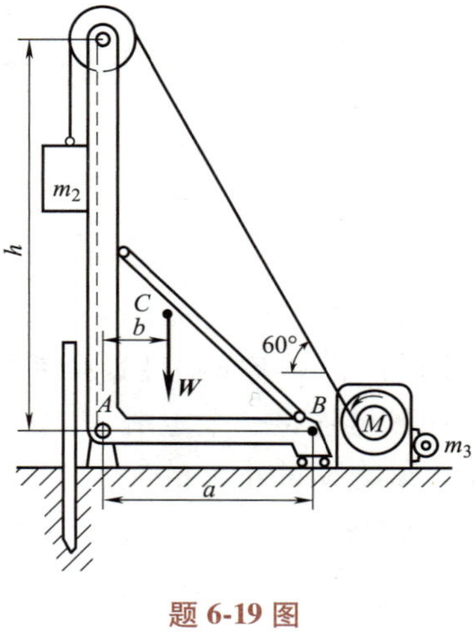

题 6-19 图

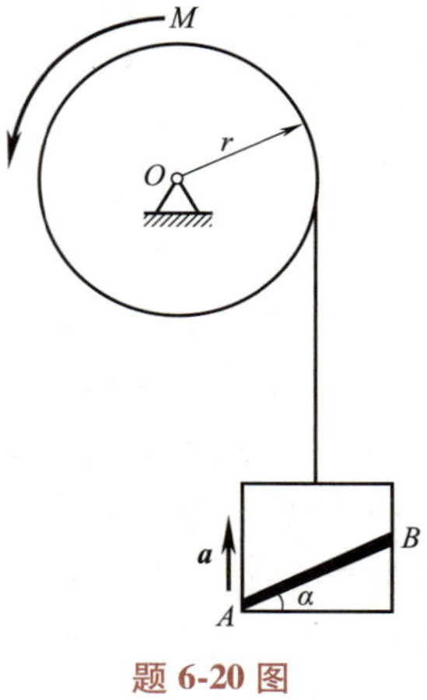

题 6-20 图

6-21 在题6-21图中，沿斜面做纯滚动的圆柱体 O' 和鼓轮 O 皆为均质物体，其重力的大小分别为 W_1 和 W_2，半径均为 R，绳子不能伸长，质量忽略不计。粗糙斜面的倾角为 θ，只计滑动摩擦，不计滚动摩擦。如在鼓轮上作用一常力偶矩 M，求鼓轮的角加速度和轴承 O 的水平约束力。

6-22　如题 6-22 图所示，质量为 m 的均质长方形板置于光滑水平面上，若点 B 的支承面突然移开，求此瞬时点 A 的加速度，已知长方形板对质心轴的转动惯量为 $J_C=\frac{1}{12}m(l^2+b^2)$。

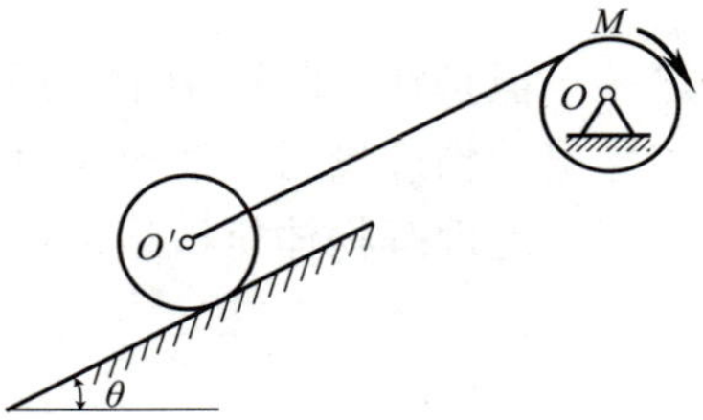

题 6-21 图

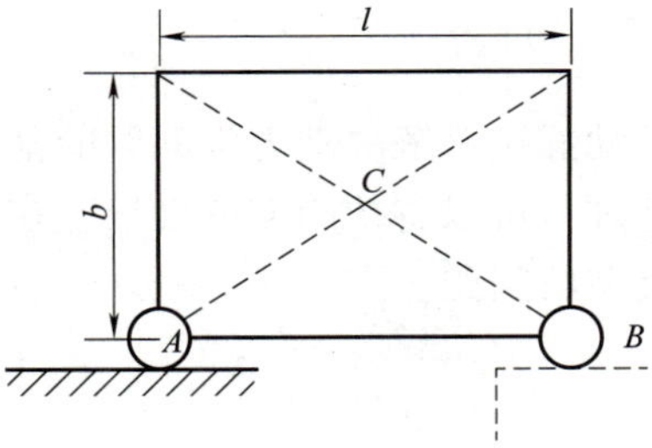

题 6-22 图

习题 6-22 精讲

第七章 动力学普遍定理

动力学基本方程及其动静法是解决动力学问题的基本方法之一，但是在实际运用中，通过使用几个动力学普遍定理，可以省却前期的推导，在引入一些导出的物理量后，能更直观且简单地解决某些特定类型的问题。引入这些概念，也有助于更深入地理解物体机械运动的一些特性。

第一节 动量定理

一、质点动量定理

1. 质点的动量

质量和速度是决定物体机械运动强弱的两个重要因素。设质点的质量为 m，其速度为 $\boldsymbol{v}$，则质点质量与其速度的乘积即称为该瞬时质点的**动量**，用 $\boldsymbol{p}$ 表示，即

$$\boldsymbol{p}=m\boldsymbol{v} \tag{7-1}$$

动量 $\boldsymbol{p}$ 是矢量，它的方向与质点的速度 $\boldsymbol{v}$ 方向相同，动量的单位是 kg · m/s。

2. 冲量

物体运动的改变，不仅取决于作用在物体上的力，而且与力所作用的时间有关。例如，杂技顶缸中的演员就是通过增加头与缸之间的接触时间来降低缸对头的冲击。打桩、打铁则反其道，锤击过程中，在极短的时间间隔内，铁锤的动量得到一定的改变，因而形成了巨大的锤击力。因此，工程中将力在一段时间间隔内作用的累积效应称为力的冲量。当作用力 $\boldsymbol{F}$ 为常力、作用时间为 Δt 时，$\boldsymbol{F}$ 在时间间隔内的冲量 $\boldsymbol{I}$ 为

$$\boldsymbol{I}=\boldsymbol{F}\Delta t \tag{7-2}$$

冲量是矢量，它的方向与力的方向相同。冲量的单位是 N · s。

当作用力 $\boldsymbol{F}$ 为变力时，它在无穷小的时间间隔 $\mathrm{d}t$ 内仍可视为常量，故可得时间 $\mathrm{d}t$ 内力的元冲量为 $\mathrm{d}\boldsymbol{I}=\boldsymbol{F}\mathrm{d}t$。于是，可得在时间间隔 t 内，力的冲量为

$$\boldsymbol{I}=\int_0^t \boldsymbol{F}\mathrm{d}t \tag{7-3}$$

3. 质点的动量定理

如图 7-1 所示，设质量为 m 的质点 M 在合力 $\boldsymbol{F}$ 的作用下运动，其速度为 $\boldsymbol{v}$。根据动力学基本方程有

$$m\frac{\mathrm{d}\boldsymbol{v}}{\mathrm{d}t}=\boldsymbol{F}$$

由于质点的质量为常量，上式亦可写成

$$\frac{\mathrm{d}\boldsymbol{p}}{\mathrm{d}t}=\frac{\mathrm{d}}{\mathrm{d}t}(m\boldsymbol{v})=\boldsymbol{F} \tag{7-4}$$

式（7-4）表明：质点动量对时间的变化率等于该质点所受的合力。这就是微分形式的质点的动量定理。将式（7-4）分离变量并两边进行积分可得

$$\boldsymbol{p}_2-\boldsymbol{p}_1=m\boldsymbol{v}_2-m\boldsymbol{v}_1=\int_{t_1}^{t_2}\boldsymbol{F}\mathrm{d}t=\boldsymbol{I} \tag{7-5}$$

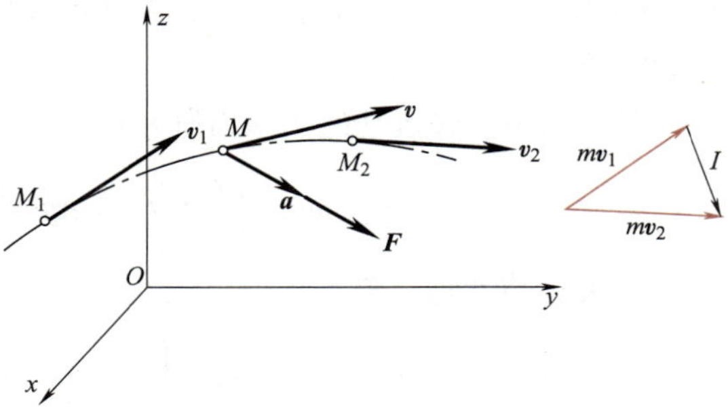

图 7-1　质点的动量定理

式（7-5）表明：质点动量在任一时间间隔内的改变，等于在同一时间间隔内作用在该质点上的合力的冲量。这就是积分形式的质点的动量定理。

二、质点系的动量定理

设质点系由 n 个质点组成，其中某质点的质量为 m_i，速度为$\boldsymbol{v}_i$，作用于该质点上的力有外力 $\boldsymbol{F}_i^{(\mathrm{e})}$ 和质点系内各质点之间相互作用的力，即内力 $\boldsymbol{F}_i^{(\mathrm{i})}$。由质点动量定理，有

$$\frac{\mathrm{d}}{\mathrm{d}t}(m_i\boldsymbol{v}_i)=\boldsymbol{F}_i^{(\mathrm{e})}+\boldsymbol{F}_i^{(\mathrm{i})}$$

若将质点系中所有质点的动量定理相加，可得

$$\frac{\mathrm{d}}{\mathrm{d}t}(\sum m_i\boldsymbol{v}_i)=\sum\boldsymbol{F}_i^{(\mathrm{e})}+\sum\boldsymbol{F}_i^{(\mathrm{i})} \tag{7-6}$$

式中，$\sum m_i\boldsymbol{v}_i$ 为质点系内各质点动量的矢量和，是质点系的动量，用 $\boldsymbol{p}$ 加以表示。由质心运动定理可知，$\sum m_i\boldsymbol{v}_i=m\boldsymbol{v}_C$，其中 m 是整个质点系的质量，$\boldsymbol{v}_C$ 是质点系质心的速度，所以质点系的动量可写为

$$\boldsymbol{p}=m\boldsymbol{v}_C \tag{7-7}$$

又因为作用于质点系上的所有内力总是成对出现，且它们的大小相等、方向相反，所以内力的矢量和恒等于零，即$\sum\boldsymbol{F}_i^{(\mathrm{i})}=0$。于是式（7-6）可简化为

$$\frac{\mathrm{d}\boldsymbol{p}}{\mathrm{d}t}=\sum\boldsymbol{F}_i^{(\mathrm{e})} \tag{7-8}$$

式（7-8）表明：质点系的动量对时间的变化率，等于质点系所受外力的矢量和。这就是微分形式的质点系的动量定理。

将式（7-8）两边乘以 dt，并在时间间隔(t_2-t_1)内进行积分，可得

$$\boldsymbol{p}_2-\boldsymbol{p}_1=\int_{t_1}^{t_2}\sum\boldsymbol{F}_i^{(\mathrm{e})}\mathrm{d}t=\sum\boldsymbol{I}_i^{(\mathrm{e})} \tag{7-9}$$

式（7-9）表明：质点系的动量在任一时间间隔内的改变，等于在同一时间间隔内，作用在该质点系上所有外力冲量的矢量和。这就是积分形式的质点系的动量定理。

当质点系不受外力作用或作用于质系上外力的矢量和为零，即$\sum\boldsymbol{F}_i^{(\mathrm{e})}=0$时，由式（7-8）得

$$\boldsymbol{p}=\sum m_i\boldsymbol{v}_i=m\boldsymbol{v}_C=\text{常矢量} \tag{7-10}$$

式（7-10）表明：当作用于质点系上外力的矢量和恒等于零时，质点系的动量将保持不变。这就是质点系的动量守恒定律。

例 7-1 设作用在活塞上的合力为 $\boldsymbol{F}$，按规律 $F=0.4mg(1-kt)$ 变化，其中 m 为活塞的质量，$k=1.6/\mathrm{s}$，是一个常系数。已知 $t=0\mathrm{s}$ 时，活塞的速度 $v_1=0.2\mathrm{m/s}$，方向沿水平向右。求 $t=0.5\mathrm{s}$ 时活塞的速度。

解 以做直线运动的活塞为研究对象，采用积分形式的动量定理式（7-5），取 $t_1=0$，有

$$mv_2-mv_1=\int_{t_1}^{t_2}F\mathrm{d}t=0.4mg\int_{t_1}^{t_2}(1-kt)\mathrm{d}t=0.4mg\left(t_2-\frac{k}{2}t_2^2\right)$$

代入相关具体数值，有

$$v_2=v_1+0.4g\left(t_2-\frac{k}{2}t_2^2\right)=\left[0.2+0.4\times9.8\times\left(0.5-\frac{1.6}{2}\times0.5^2\right)\right]\mathrm{m/s}=1.38\mathrm{m/s}$$

例 7-2 锤的质量为 3000kg，从高度 $H=1.5\mathrm{m}$ 处自由落到工件上，如图 7-2 所示。已知工件因受锤击而变形所经时间为 $t=0.01\mathrm{s}$，求锻锤对工件的平均打击力。

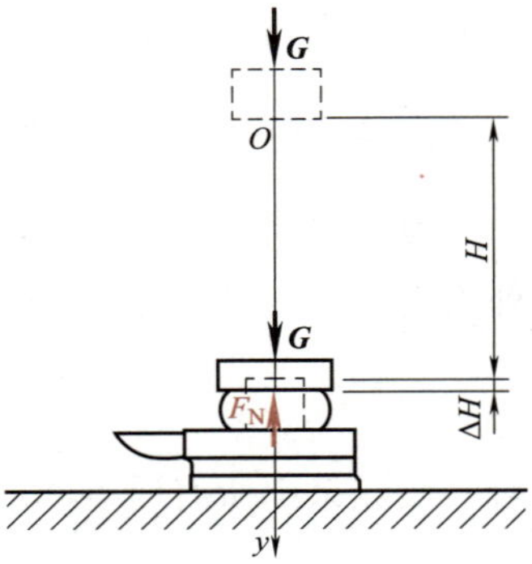

图 7-2 例 7-2 图

解 取锤为研究对象。作用在锤上的力有重力 $\boldsymbol{G}$ 及其与工件接触时的反作用力。在工件塑性变形过程中，反作用力是变力，在极短的时间内，反作用力由小急剧增大，我们用平均值 $\boldsymbol{F}_{\mathrm{N}}$ 来代替。

设锤自由下落 H 时的速度大小为 v_{1y}，由运动学可得

$$v_{1y}=\sqrt{2gH}$$

取铅锤坐标轴 y 向下为正。根据质点动量定理有

$$mv_{2y}-mv_{1y}=\int_{t_1}^{t_2}F_y\mathrm{d}t=\int_0^t F_y\mathrm{d}t$$

按题意，锤从自由落下到工件变形完成这一过程中，$v_{2y}=0$，反作用力比重力大得多，重力可忽略，因此有

$$-mv_{1y}=-F_{\mathrm{N}}t$$

将已知条件代入上式，得

$$F_{\mathrm{N}}=\frac{m}{t}\sqrt{2gH}=\frac{3000}{0.01}\sqrt{2\times9.8\times1.5}\,\mathrm{N}\approx1626.7\mathrm{kN}$$

锤对工件的平均打击力与 $\boldsymbol{F}_{\mathrm{N}}$ 是作用与反作用关系，故两者大小相等，即锤对工件的平均打击力也是 1626.7kN，相当于锤自重的 65 倍，可见打击力非常之大。

例 7-3 有一质量 $m=10\mathrm{kg}$ 的邮包从传送带上以速度 $v_1=3\mathrm{m/s}$ 沿斜面落入一邮车内，如图 7-3 所示。已知邮车的质量 $m'=50\mathrm{kg}$，开始处于静止。不计车与地面的摩擦，求邮包落入车内后，车的速度大小 v_2。

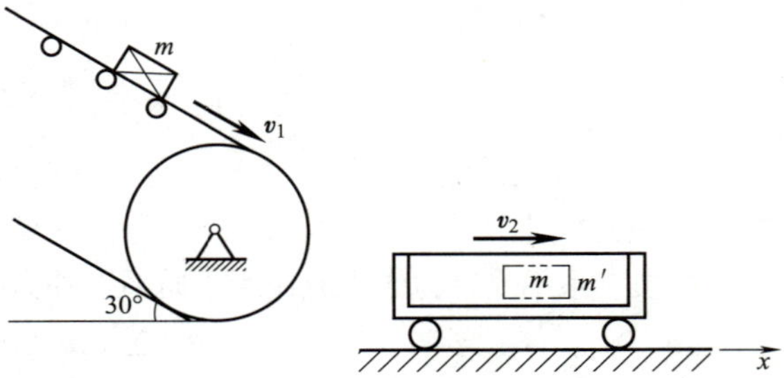

图 7-3 例 7-3 图

解 将邮包及邮车分别视为两质点，组成质点系。由于作用于质点系上的外力在 x 轴上投影的代数和等于零，即 $\sum\boldsymbol{F}_i^{(\mathrm{e})}=0$。所以质点系的动量在 x 轴上的投影应保

持常量，即

$$mv_1\cos30°+0=mv_2+m'v_2$$

得

$$v_2=\frac{mv_1\cos30°}{m+m'}=\left(\frac{10\times3\times\cos30°}{10+50}\right)\text{m/s}=0.433\text{m/s}$$

第二节 动量矩定理

一、动量矩

工程中，常用动量矩的概念来表示物体绕某点（或轴）转动运动量的大小。

1. 质点对轴的动量矩

如图 7-4 所示，设有质点 M，其质量为 m，它在与轴 z 垂直的平面 N 内的速度为$\boldsymbol{v}$，动量为 $m\boldsymbol{v}$，称质点的动量大小 mv 与质点至 z 轴距离 r 的乘积为质点对固定轴 z 的动量矩，以 $M_z(m\boldsymbol{v})$表示，即

$$M_z(m\boldsymbol{v})=\pm mvr \tag{7-11}$$

实际上，质点对轴的动量矩可以想象成把质点的动量视为一个"力"，考虑这个"力"对轴之矩。由式（7-11）可以看出，对固定轴的动量矩是代数量。通常规定：从 z 轴的正向看去，使质点绕 z 轴做逆时针转动的动量矩为正，反之为负。图 7-4 中，质点 M 对 z 轴的动量矩为正值。动量矩的单位为 $\text{kg}\cdot\text{m}^2/\text{s}$。

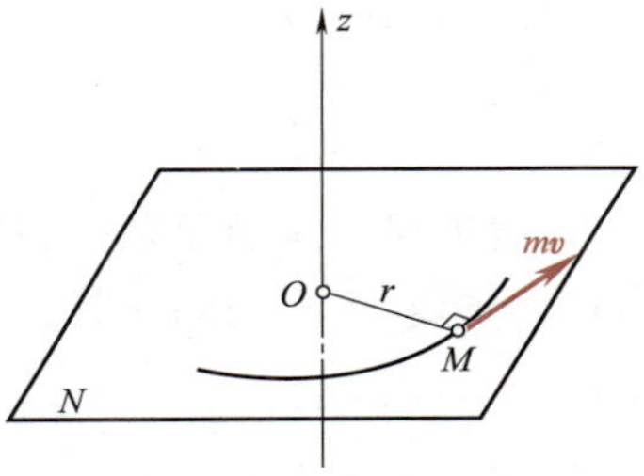

图 7-4 质点对轴的动量矩

2. 质点系及刚体对轴的动量矩

设质点系由 n 个质点组成，称该质点系中所有质点对于固定轴 z 的动量矩的代数和为质点系对 z 轴的动量矩，记为 L_z，即

$$L_z=\sum M_z(m_i\boldsymbol{v}_i) \tag{7-12}$$

工程中，常需计算绕定轴转动的刚体对固定轴的动量矩。设刚体以匀角速度 ω 绕定轴转动，如图 7-5 所示。在刚体内任取一点 M_i，其质量为 m_i，该质点至转轴 z 的距离为 r_i，质点的速度 v_i 的大小为 $r_i\omega$，它对转轴 z 的动量矩为

$$M_z(m_i\boldsymbol{v}_i)=m_iv_ir_i=m_ir_i^2\omega$$

整个刚体对固定轴 z 的动量矩为组成刚体的所有质点动量矩的代数和，即

$$L_z=\sum M_z(m_i\boldsymbol{v}_i)=\omega\sum m_ir_i^2=J_z\omega \tag{7-13}$$

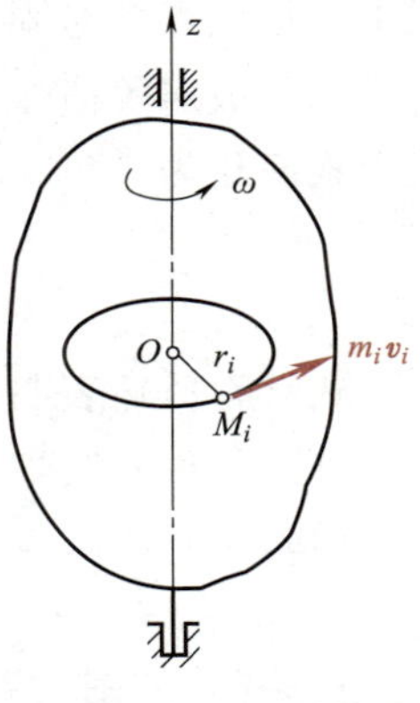

图 7-5 刚体定轴转动

式（7-13）表明：绕定轴转动的刚体对于转轴的动量矩，等于刚体对于转轴的转动惯量与其角速度的乘积。

二、动量矩定理

1. 质点动量矩定理

设在平面内质点 M 绕与平面 N 垂直的 z 轴做圆周运动，已知质点的质量为 m，某瞬时的速度为$\boldsymbol{v}$，加速度为 $\boldsymbol{a}$，其动量为 $m\boldsymbol{v}$，如图 7-6 所示。根据动力学基本方程 $\boldsymbol{F}=m\boldsymbol{a}$，将此式向点 M 处的圆周的切线方向投影，得

$$F_{\mathrm{t}}=ma_{\mathrm{t}}$$

再将上式两边乘以圆的半径 R，得

$$F_{\mathrm{t}}R=ma_{\mathrm{t}}R=m\frac{\mathrm{d}v}{\mathrm{d}t}R=\frac{\mathrm{d}}{\mathrm{d}t}(mvR)$$

式中，$F_{\mathrm{t}}R$ 表示作用于质点上的力 $\boldsymbol{F}$ 对转轴 z 之矩，mvR 表示质点的动量与它到 z 轴垂直距离的乘积，即质点对 z 轴的动量矩，它表征质点绕 z 轴转动的强度，故上式可写成

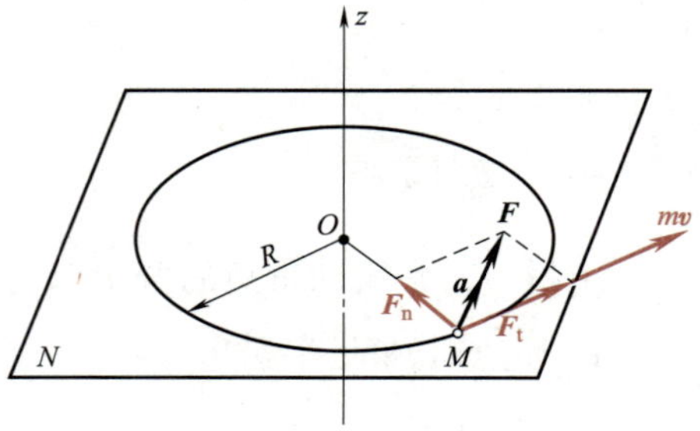

图 7-6 质点动量矩定理

$$\frac{\mathrm{d}}{\mathrm{d}t}M_z(m\boldsymbol{v})=M_z(\boldsymbol{F}) \tag{7-14}$$

式（7-14）虽然是从一特例中推导出来的，但是具有普遍意义。它表明质点对某一固定轴的动量矩对于时间的导数，等于作用在质点上的力对同一轴之矩。这就是质点的动量矩定理的微分形式。

2. 质点系动量矩定理

由 n 个质点组成的质点系，取其中任一质点 M_i，此质点的动量为 $m_i\boldsymbol{v}_i$，作用在该质点上内力的合力为 $\boldsymbol{F}_i^{(\mathrm{i})}$，外力的合力为 $\boldsymbol{F}_i^{(\mathrm{e})}$。由质点动量矩定理有

$$\frac{\mathrm{d}}{\mathrm{d}t}M_z(m_i\boldsymbol{v}_i)=M_z(\boldsymbol{F}_i^{(\mathrm{i})})+M_z(\boldsymbol{F}_i^{(\mathrm{e})})$$

即

$$\sum\frac{\mathrm{d}}{\mathrm{d}t}M_z(m_i\boldsymbol{v}_i)=\sum M_z(\boldsymbol{F}_i^{(\mathrm{i})})+\sum M_z(\boldsymbol{F}_i^{(\mathrm{e})})$$

式中，记质点系对固定轴 z 的动量矩 $L_z=\sum M_z(m_i\boldsymbol{v}_i)$。显然在质点系中，质点间相互作用的内力总是成对等值、反向出现，所以它们对 z 轴力矩的代数和必然为零，即 $\sum M_z(\boldsymbol{F}_i^{(\mathrm{i})})=0$，故上式简化为

$$\frac{\mathrm{d}L_z}{\mathrm{d}t}=\sum M_z(\boldsymbol{F}_i^{(\mathrm{e})}) \tag{7-15}$$

式（7-15）表明：质点系对某一固定轴的动量矩对于时间的导数，等于质点系所有外力对同一轴之矩的代数和。这就是质点系的动量矩定理。

由式（7-15）可以看出，当作用于质点系上的外力对某一固定轴之矩的代数和等于零，即 $\sum M_z(\boldsymbol{F}_i^{(\mathrm{e})})=0$ 时，质点系对该固定轴的动量矩保持不变，这就是质点系动量矩守恒定律。

例 7-4 如图 7-7 所示的提升装置中，已知滚筒直径为 d，它对转轴的转动惯量为 J，作用于滚筒上的主动力偶矩为 T，被提升重物的质量为 m，求重物上升的加速度。

解 取滚筒与重物组成的质点系为研究对象，作用于质点系上的外力有重物的重力 $m\boldsymbol{g}$，

滚筒重力 $\boldsymbol{G}$，轴承处的约束力 $\boldsymbol{F}_x$、$\boldsymbol{F}_y$，设某瞬时滚筒转动的角速度为 ω，则重物上升的速度为 $v=\omega d/2$。整个系统对转轴 O 的动量矩为

$$L=J\omega+mvd/2=J\omega+m\omega d^2/4$$

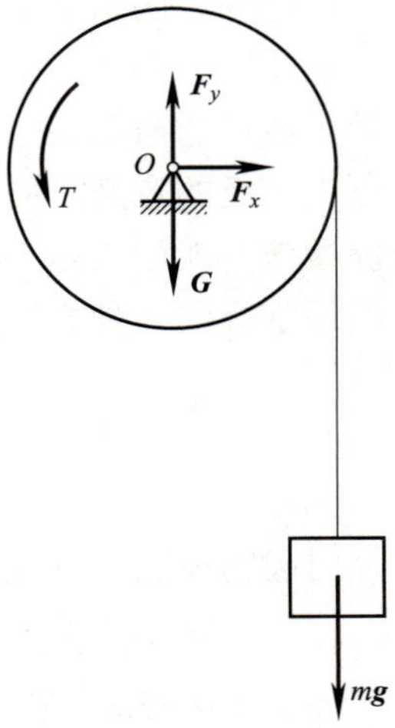

图 7-7 例 7-4 图

由质点系动量矩定理得

$$\frac{\mathrm{d}}{\mathrm{d}t}\left(J\omega+\frac{m\omega d^2}{4}\right)=T-mg\ \frac{d}{2}$$

即

$$\left(J+\frac{md^2}{4}\right)\frac{\mathrm{d}\omega}{\mathrm{d}t}=T-mg\ \frac{d}{2}$$

解得滚筒角加速度为

$$\alpha=\frac{\mathrm{d}\omega}{\mathrm{d}t}=\frac{4T-2mgd}{4J+md^2}$$

重物上升的加速度等于滚筒边缘上任意一点的切向加速度，因此有

$$a=\alpha\cdot\frac{d}{2}=\frac{2Td-mgd^2}{4J+md^2}$$

例 7-5 如图 7-8 所示的调速器中，长为 $2a$ 的水平杆 AB 与铅垂轴 z 相固连，并可一起绕 z 轴转动，其两端用铰链与长为 l 的细杆 AC、BD 相连，细杆端部各有一重力大小为 G 的球。起初两球用线相连，杆 AC、BD 位于铅垂位置，如图 7-8a 所示。当该机构以角速度 ω 绕铅直轴转动时，线被拉断。此后，杆 AC、BD 各与铅垂线成 θ 角，如图 7-8b 所示。若不计各杆重力，且此时转轴不受外力矩作用，求此系统的角速度 ω。

解 将整个调速器视为质点系，其所受外力包括小球的重力及轴承处的约束力，这些力对转轴之矩均为零。由质点系动量矩守恒定理知，绳拉断前后系统对 z 轴的动量矩不变。绳拉断前系统的动量矩为

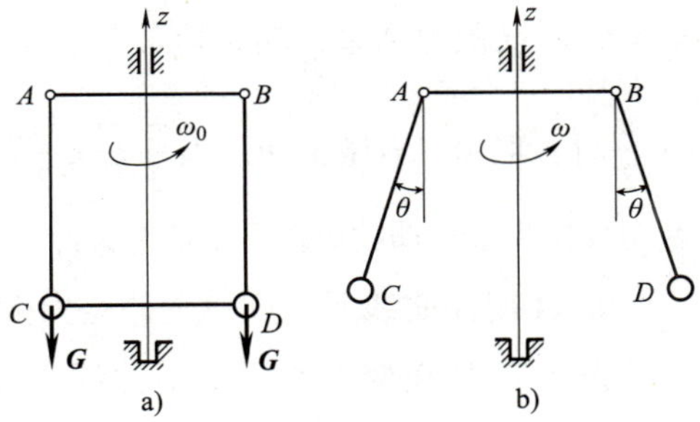

图 7-8 例 7-5 图

$$L_z=2\left(\frac{G}{g}a^2\omega_0\right)$$

绳拉断后系统的动量矩为

$$L_z'=2\ \frac{G}{g}(a+l\sin\theta)^2\omega$$

由 $L_z=L_z'$ 得

$$2\left(\frac{G}{g}a^2\omega_0\right)=2\ \frac{G}{g}(a+l\sin\theta)^2\omega$$

故绳拉断该系统的角速度为

$$\omega=\frac{a^2\omega_0}{(a+l\sin\theta)^2}$$

第三节 动能定理（能量法）

在以前各章中所讨论物体间的相互机械作用以及物体动量的变化等，都是以矢量的形式

出现，所以有人将它称之为“矢量力学”。

但是物质的运动形式是多种多样的，度量不同形式运动量的统一物理量是能量，如电能、热能等。物体机械运动的能量为机械能，它包括动能与势能。物体机械能的变化用功来度量。通过功与能的概念来研究物体的机械运动，可使它与其他运动形式联系起来，因而具有更为广泛的意义。同时，它还提供了一个利用标量来研究力学问题的方法，这种方法称之为能量法。能量法是一个重要的、常用的、颇具特色的方法，是工程技术人员必须深刻理解和熟练掌握的一种方法。

一、力的功

作用在物体上力的功，表征了力在其作用点的运动路程中对物体作用的累积效果，其结果是引起物体能量的改变和转化。

1. 作用在直线运动质点上的常力做功

如图 7-9 所示，设质点 M 做直线运动，在常力 $\boldsymbol{F}$ 作用下，从 M_1 到 M_2 的位移为 $\boldsymbol{s}$，则常力 $\boldsymbol{F}$ 所做的功为力在位移矢量上的投影与位移矢量大小的乘积，即

$$W=Fs\cos\alpha \tag{7-16a}$$

式中，α 为力 $\boldsymbol{F}$ 与质点位移 $\boldsymbol{s}$ 之间的夹角。式（7-16a）可写成力矢量和位移矢量的点积形式，即

$$W=\boldsymbol{F}\cdot\boldsymbol{s} \tag{7-16b}$$

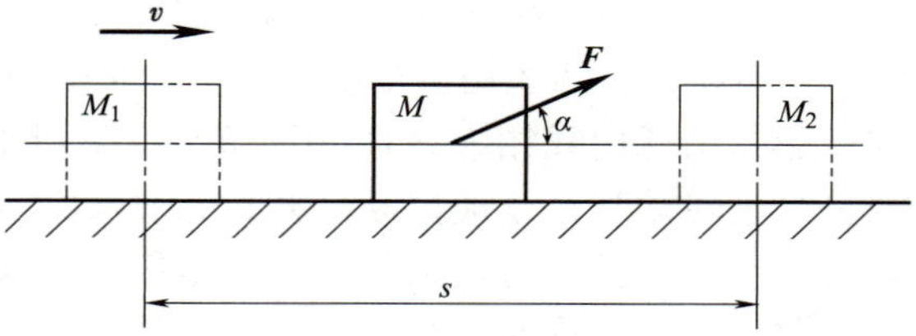

图 7-9 作用在直线运动质点上的常力做功

根据矢量点积的结果，功是代数量，当 $-\frac{\pi}{2}<\alpha<\frac{\pi}{2}$ 时，$W>0$，力做正功；当 $\frac{\pi}{2}<\alpha<\frac{3\pi}{2}$ 时，$W<0$，力做负功；当 $\alpha=\frac{\pi}{2}$ 或 $\alpha=\frac{3\pi}{2}$ 时，$W=0$，力不做功或功为零。功的单位是 J（焦耳），1J = 1N · m。

2. 作用在曲线运动质点上的变力做功

设质点 M 在变力作用下沿曲线由 M_1 运动到 M_2，如图 7-10 所示，求力 $\boldsymbol{F}$ 在路程 $\widehat{M_1M_2}$ 中所做的功。由于 $\boldsymbol{F}$ 是变力，因此把 $\widehat{M_1M_2}$ 分成无数微小的弧段。在微小弧段 ds 上，力 $\boldsymbol{F}$ 可近似地看成常力，ds 也近似为直线。由式（7-16a）可得力在微小弧段 ds 中的元功为

$$\delta W=F\cos\alpha\cdot \mathrm{d}s^{㊀} \tag{7-17}$$

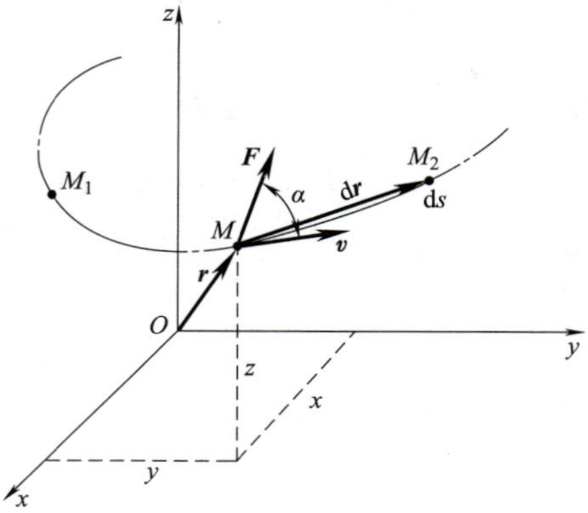

图 7-10 作用在曲线运动质点上的变力做功

式中，α 是力 $\boldsymbol{F}$ 与轨迹切向之间的夹角。若考虑质点的矢径为 $\boldsymbol{r}$，当 ds 足够小时，$\mathrm{d}s=|\mathrm{d}\boldsymbol{r}|$，其中，$\mathrm{d}\boldsymbol{r}$ 是

㊀ 只有有势力的元功可写为全微分形式，因此这里元功用 δW 表示。δW 仅作为元功的表示符号，一般情况下不一定代表某个函数的全微分。

与 ds 相对应的微小位移，则式（7-17）所表示的元功可写成

$$\delta W=\boldsymbol{F}\cdot \mathrm{d}\boldsymbol{r} \tag{7-18}$$

将矢量 $\boldsymbol{F}$ 和 d$\boldsymbol{r}$ 写为直角坐标系下的分量形式，并以 $\boldsymbol{i}$、$\boldsymbol{j}$、$\boldsymbol{k}$ 表示直角坐标系下的单位矢量，则元功以力和位移的分量形式表示为

$$\delta W=(F_x\boldsymbol{i}+F_y\boldsymbol{j}+F_z\boldsymbol{k})\cdot(\mathrm{d}x\boldsymbol{i}+\mathrm{d}y\boldsymbol{j}+\mathrm{d}z\boldsymbol{k})=F_x\mathrm{d}x+F_y\mathrm{d}y+F_z\mathrm{d}z \tag{7-19}$$

对式（7-19）积分，就可以求得变力 $\boldsymbol{F}$ 在路程$\overset{\frown}{M_1M_2}$上的总功，即

$$W_{12}=\int_{M_1}^{M_2}\boldsymbol{F}\cdot \mathrm{d}\boldsymbol{r}=\int_{M_1}^{M_2}(F_x\mathrm{d}x+F_y\mathrm{d}y+F_z\mathrm{d}z) \tag{7-20}$$

3. 合力的功

若质点 M 受力系 $\boldsymbol{F}_1,\boldsymbol{F}_2,\cdots\cdots,\boldsymbol{F}_n$ 作用，其合力为 $\boldsymbol{F}_{\mathrm{R}}=\sum\boldsymbol{F}_i$，于是质点 M 在合力 $\boldsymbol{F}_{\mathrm{R}}$ 作用下沿曲线$\overset{\frown}{M_1M_2}$路程中的总功为

$$\begin{aligned}W_{12}&=\int_{M_1}^{M_2}\boldsymbol{F}_{\mathrm{R}}\cdot \mathrm{d}\boldsymbol{r}=\int_{M_1}^{M_2}(\boldsymbol{F}_1+\boldsymbol{F}_2+\cdots\cdots+\boldsymbol{F}_n)\cdot \mathrm{d}\boldsymbol{r}\\&=\int_{M_1}^{M_2}\boldsymbol{F}_1\cdot \mathrm{d}\boldsymbol{r}+\int_{M_1}^{M_2}\boldsymbol{F}_2\cdot \mathrm{d}\boldsymbol{r}+\cdots\cdots+\int_{M_1}^{M_2}\boldsymbol{F}_n\cdot \mathrm{d}\boldsymbol{r}=W_1+W_2+\cdots\cdots+W_n=\sum W_i\end{aligned} \tag{7-21}$$

式（7-21）表明：在任一路程中，作用于质点上合力的功等于各分力在同一路程中所做功的代数和。

4. 几种常见力的功

（1）重力的功　设质点 M 的重力为 $\boldsymbol{G}$，沿曲线由 M_1 运动到 M_2，如图 7-11 所示。作用在质点 M 上的重力在三个坐标轴上的投影分别为 $F_x=F_y=0$，$F_z=-G$，由式（7-20）得重力的功为

$$\begin{aligned}W_{12}&=\int_{z_1}^{z_2}(-G)\cdot \mathrm{d}z=-G(z_2-z_1)\\&=G(z_1-z_2)=Gh\end{aligned} \tag{7-22}$$

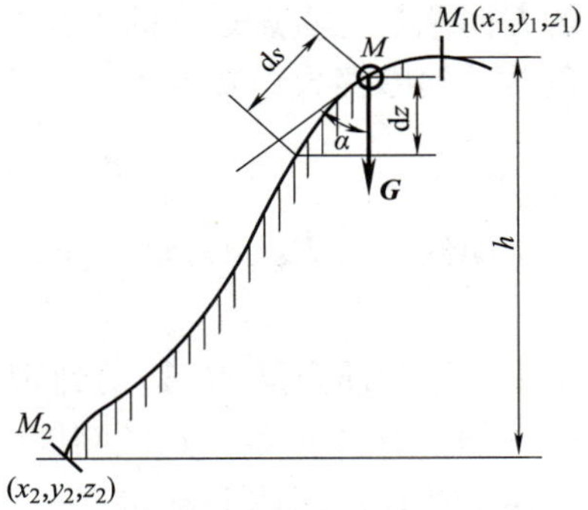

图 7-11　重力做功

式中，h 为质点在始点位置 M_1 与终点位置 M_2 的高度差。

对于质点系而言，其重力的功就等于质点系中各质点重力功的和，则有

$$W_{12}=\sum G_i(z_1-z_2)=\sum m_ig(z_1-z_2)=mg(z_{C1}-z_{C2})=Gh \tag{7-23}$$

式（7-23）中，m 是整个质点系的总的质量。式（7-23）表明：质点系在运动过程中，其重力的功等于质点系的重力与其质心始末位置高度之差的乘积，质心下降功为正值，质心上升功为负值。

（2）弹性力的功　质点与弹簧一端连接，如图 7-12a 所示，弹簧的另一端固定于 O'点。质点做直线运动，从 M_1 运动到 M_2。设弹簧的原长为 l_0，刚度系数为 k，k 的单位是 N/m，表示弹簧发生单位变形（伸长或缩短）所需的作用力。取自然长度的位置为坐标原点 O，弹簧中心线为坐标轴，并以弹簧伸长方向为正方向。设质点位于 M 处时弹簧被拉长 x。根据胡克定律，在弹性极限内，弹性力与弹簧的变形成正比，即 $F=-kx$，弹性力的方向指向自然长度的 O 点，与变形方向相反。当质点有一微小位移 dx 时，弹性力的元功为

$$\delta W=-F\mathrm{d}x=-kx\mathrm{d}x$$

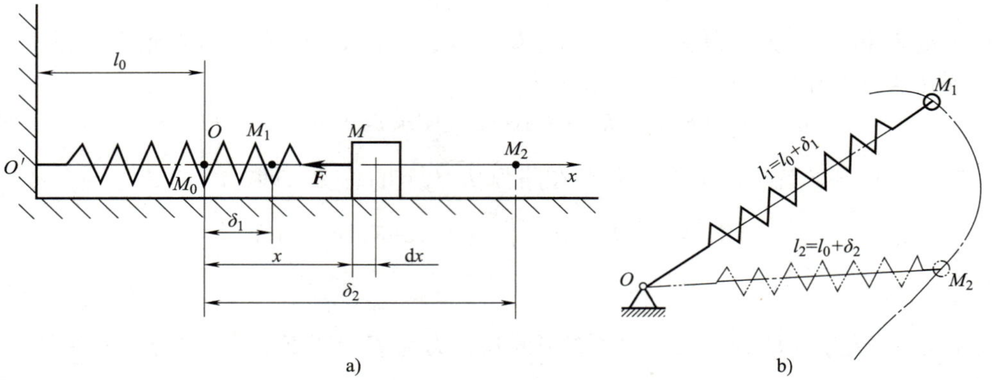

图 7-12 弹性力做功

当质点由位置 M_1 移动到 M_2，弹簧的变形从 δ_1 变化为 δ_2。在此过程中，弹性力所做的功为

$$W_{12}=\int_{\delta_1}^{\delta_2}-kx\mathrm{d}x=\frac{1}{2}k(\delta_1^2-\delta_2^2) \tag{7-24}$$

式（7-24）表明：当初变形 δ_1 大于末变形 δ_2 时，弹性力的功为正，反之为负。若弹簧端点的质点做曲线运动，如图 7-12b 所示，不难证明式（7-24）仍然是适用的。由此可知，弹性力的功只和弹簧的始末变形有关，而与质点运动所经过的路径无关。

（3）动摩擦力的功 当质点受动摩擦力作用从 M_1 运动到 M_2 的过程中，由于动摩擦力的方向总是与质点运动的方向相反，根据摩擦定律，$F_f=\mu F_N$，在一般情况下，动摩擦力做负功。动摩擦力做功的大小与质点的运动路径有关，即

$$W_{12}=-\int_{M_1}^{M_2}\mu F_N\mathrm{d}s \tag{7-25}$$

若法向约束力 F_N 为常量，则

$$W_{12}=-\mu F_N s_{12} \tag{7-26}$$

式中，s_{12} 为质点从 M_1 运动到 M_2 所经路程的曲线距离。

（4）作用于定轴转动刚体上力的功（力矩做功） 设力 $\boldsymbol{F}$ 作用在定轴转动刚体上点 M 处，如图 7-13 所示，将此力可分解为三个分力，其中 $\boldsymbol{F}_z$ 平行于 z 轴，$\boldsymbol{F}_r$ 为垂直于转轴的径向力，$\boldsymbol{F}_t$ 为切于点 M 圆周运动路径的切向力。设刚体转动了微小的角度 $\mathrm{d}\varphi$，则点 M 经过的路程 $\mathrm{d}s=r\mathrm{d}\varphi$，$r$ 为点 M 离转轴的距离。由于 $\boldsymbol{F}_z$ 与 $\boldsymbol{F}_r$ 均垂直于 $\mathrm{d}s$ 不做功，故力 $\boldsymbol{F}$ 在 $\mathrm{d}s$ 上的元功为

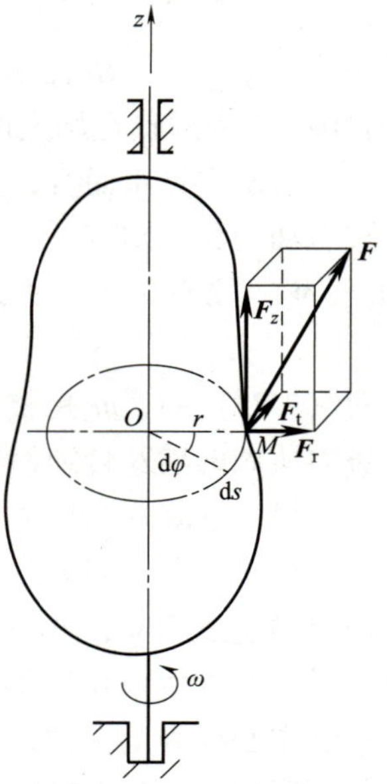

图 7-13 力矩做功

$$\delta W=F_t\mathrm{d}s=F_t r\mathrm{d}\varphi$$

显然可以看出，$F_t r=M_z(\boldsymbol{F})$，是力 $\boldsymbol{F}$ 对转轴 z 的矩。

当刚体从转角 φ_1 转到 φ_2 的过程中，力 $\boldsymbol{F}$ 所做的功为

$$W_{12}=\int_{\varphi_1}^{\varphi_2}M_z(\boldsymbol{F})\mathrm{d}\varphi \tag{7-27}$$

如果力对轴的矩 $M_z(\boldsymbol{F})$ 为常量 M，或考虑垂直于转轴平面的力偶

矩为 M 的力偶做功，则

$$W_{12}=M(\varphi_2-\varphi_1)=M\Delta\varphi \tag{7-28}$$

式（7-28）表明：当力矩与转角转向一致时，力矩做正功；相反时，力矩做负功。

（5）内力的功　由于质点系的内部作用力总是成对出现，且等值反向共线，它们的合力为零，对任意一点的力矩之和也为零，所以力和力矩作用的外效应是相互抵消的。需要注意的是，将物体视为变形体，或离散质点系中质点之间的距离发生变化时，质点系的内部相互作用力也将做功，所以质点系内力做功一般不为零。对于刚体而言，由于刚体内部质点之间的距离在外力作用下始终保持不变，所以刚体中内力做功之和等于零。

（6）约束力的功　在许多理想情况下，约束力的功（或功之和）等于零，这样的约束称为**理想约束**。在本书范围内，即在静力学中已介绍过的不计摩擦的约束、不计自重的刚杆、不可伸长之绳索皆为理想约束。此外，做纯滚动的轮子对作用在轮上、位于轮和地接触处的摩擦力来说，因作用点为瞬心，其速度为零，瞬时无位移，故摩擦力做功为零。但对作用于轮上的滚阻力矩，因为轮有转角，所以滚阻力矩做功一般不为零。

例 7-6　质量 $m=10\text{kg}$ 的物体 M，放在倾角 $\alpha=30°$的斜面上，用刚度系数 $k=100\text{N/m}$ 的弹簧系住，如图 7-14 所示。斜面与物体的动摩擦因数 $\mu=0.2$，试求物体由弹簧原长位置 M_0 沿斜面运动到 M_1 位置的过程中，作用于物体上的各力在路程 $s=0.5\text{m}$ 上所做的功及合力的功。

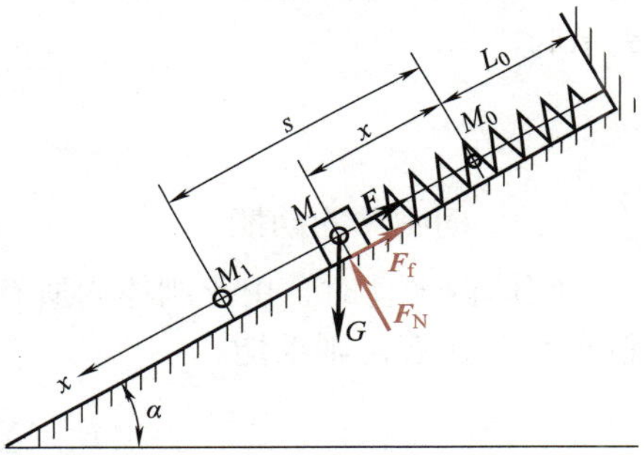

图 7-14　例 7-6 图

解　取物体 M 为研究对象，作用于 M 上的有重力 $\boldsymbol{G}$、斜面的法向约束力 $\boldsymbol{F}_{\text{N}}$、摩擦力 $\boldsymbol{F}_{\text{f}}$ 以及弹性力 $\boldsymbol{F}$，各力所做的功分别为

$$W_{\text{G}}=Gs\sin30°=(10\times9.8\times0.5\times0.5)\text{J}=24.5\text{J}$$

$$W_{\text{N}}=0$$

$$W_{\text{f}}=-F_{\text{f}}s=-\mu F_{\text{N}}s=-\mu Gs\cos30°=-(0.2\times10\times9.8\times0.5\times0.866)\text{J}=-8.5\text{J}$$

$$W_{\text{F}}=\frac{1}{2}k(\delta_1^2-\delta_2^2)=\frac{100}{2}(0-0.5^2)\text{J}=-12.5\text{J}$$

$$W=W_{\text{G}}+W_{\text{N}}+W_{\text{f}}+W_{\text{F}}=(24.5+0-8.5-12.5)\text{J}=3.5\text{J}$$

例 7-7　原长为$\sqrt{2}l$、刚度系数为 k 的弹簧，与长为 l、质量为 m 的均质杆 OA 连接，OA 杆直立于铅直面内，如图 7-15 所示。当 OA 杆受到常力矩 M 的作用，由铅直位置绕 O 轴转动到水平位置时，求各力所做的功及合力的功。

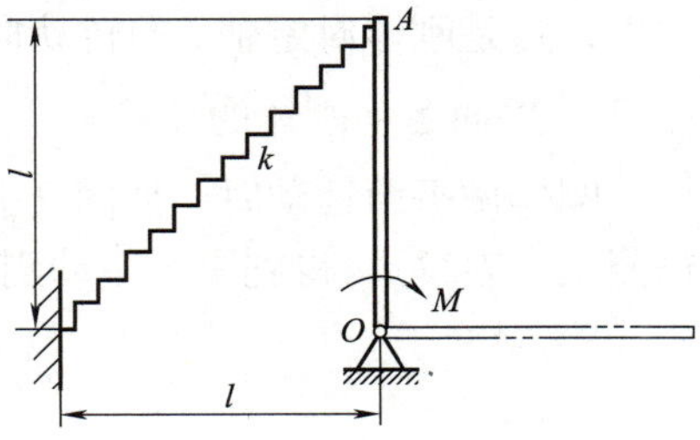

图 7-15　例 7-7 图

解　杆受重力、弹性力及力矩作用，各力所做的功分别为

$$W_{\text{G}}=mgl/2$$

$$W_{\text{F}}=\frac{1}{2}k(\delta_1^2-\delta_2^2)$$

$$=\frac{k[0-(2l-\sqrt{2}l)^2]}{2}=-0.17kl^2$$

$$W_M = M\varphi = \frac{M\pi}{2}$$

则合力的功为

$$W = W_G + W_F + W_M \approx 0.5mgl - 0.17kl^2 + 1.57M$$

二、动能

1. 质点的动能

质量为 m 的质点，在某一位置时的速度为 $\boldsymbol{v}$，则质点质量与其速度平方乘积的一半，称为质点在该瞬时的动能，以 E_k 表示，即

$$E_k = \frac{1}{2}mv^2 \tag{7-29}$$

显然动能是一个正标量，其国际制单位是 N · m，即 J（焦耳）。

2. 质点系的动能

质点系内各质点动能的总和称为质点系的动能。对于有限个质点构成的质点系，动能可表示为

$$E_k = \sum \frac{1}{2}m_i v_i^2 \tag{7-30}$$

3. 平动刚体的动能

刚体做平动时，由于刚体内所有质点的速度均相等，故平动刚体上各点的速度可用其质心速度 $\boldsymbol{v}_C$ 代替，则动能

$$E_k = \sum \frac{1}{2}m_i v_i = \sum \frac{1}{2}m_i v_C^2 = \frac{1}{2}mv_C^2 \tag{7-31}$$

式中，m 是平动刚体的质量。

4. 定轴刚体的动能

刚体绕固定轴转动时，设其瞬时角速度为 ω，则与转动轴 z 相距 r_i、质量为 m_i 的质点的速度 $v_i = \omega r_i$，于是定轴转动刚体的动能

$$E_k = \sum \frac{1}{2}m_i v_i^2 = \sum \frac{1}{2}m_i \omega^2 r_i^2 = \frac{1}{2}\omega^2 \sum m_i r_i^2 = \frac{1}{2}J_z \omega^2 \tag{7-32}$$

式中，J_z 是刚体对定轴 z 的转动惯量。

5. 平面运动刚体的动能

刚体做平面运动时，如图 7-16 所示，任一瞬时可看作绕其速度瞬心 I 作瞬时转动，则仿照式（7-32），得到平面运动刚体的动能

$$E_k = \frac{1}{2}J_I \omega^2 \tag{7-33}$$

式中，J_I 是刚体对速度瞬心轴 I 的转动惯量。由转动惯量的平行移轴公式，$J_I = J_C + md^2$，同时质心 C 的速度 $v_C = \omega d$，式（7-33）改写为

$$E_k = \frac{1}{2}mv_C^2 + \frac{1}{2}J_C \omega^2 \tag{7-34}$$

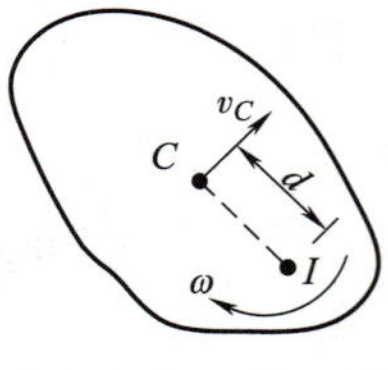

图 7-16　平面运动刚体的动能

式（7-34）表明：平面运动刚体动能等于随质心平动的动能与绕质心转动的动能之和。

例 7-8　质量为 m 的滚轮 A 做纯滚动。均质滚轮 A 通过不可伸长的绳子跨过质量为 m 的均质滑轮 B，并连接质量为 m_1 的物体 D，如图 7-17 所示。滚轮与滑轮具有相同的半径 R。若此时物体 D 的速度大小为 v，求系统在图示瞬时的动能。

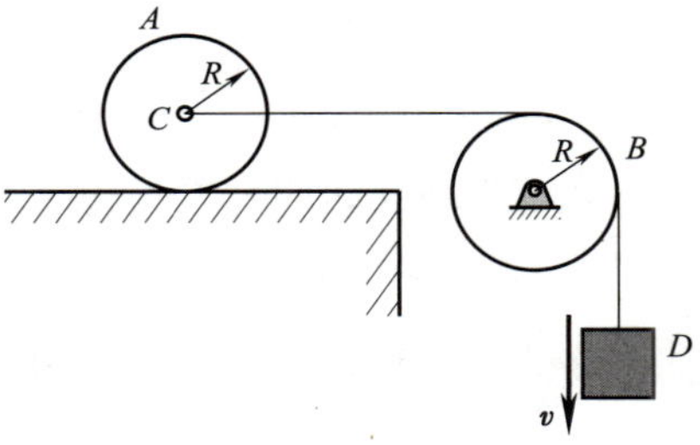

图 7-17　例 7-8 图

解　取系统为研究对象，其中物体 D 平动，滑轮 B 做定轴转动，而滚轮 A 做平面运动，系统的动能等于这三者的动能之和，即

$$E_k=\frac{1}{2}m_1v^2+\frac{1}{2}J_B\omega_B^2+\frac{1}{2}mv_C^2+\frac{1}{2}J_C\omega_C^2$$

根据运动学关系，容易得出滚轮 A 的质心 C 的速度 $v_C=v$，角速度 $\omega_C=v_C/R=v/R=\omega_B$。因此，可得系统的动能

$$E_k=\frac{1}{2}m_1v^2+\frac{1}{2}\frac{mR^2}{2}\left(\frac{v}{R}\right)^2+\frac{1}{2}mv^2+\frac{1}{2}\frac{mR^2}{2}\left(\frac{v}{R}\right)^2=\left(\frac{1}{2}m_1+m\right)v^2$$

例 7-9　均质细长杆长为 l、质量为 m，与水平面夹角 $\alpha=30°$。已知端点 B 的瞬时速度为 $v_B=v$，如图 7-18 所示。求图示瞬时杆 AB 的动能。

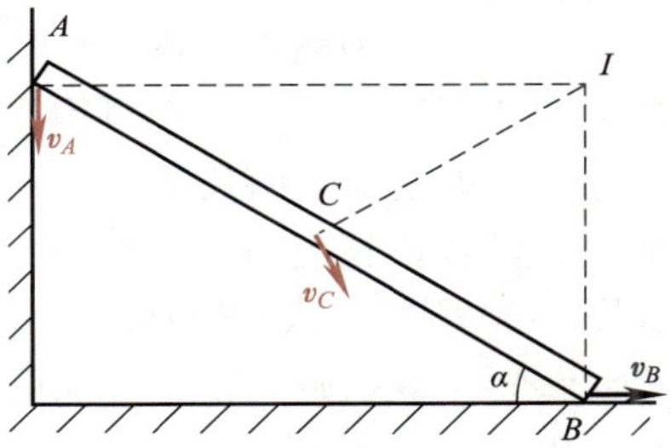

图 7-18　例 7-9 图

解　杆做平面运动，瞬时速度中心为 I，杆的角速度为

$$\omega=v_B/\overline{IB}=2v/l$$

其质心 C 速度为

$$v_C=\omega\,\frac{l}{2}=v$$

杆的动能为

$$E_k=\frac{1}{2}mv_C^2+\frac{1}{2}J_C\omega^2=\frac{1}{2}mv^2+\frac{1}{2}\left(\frac{1}{12}ml^2\right)\left(\frac{2v}{l}\right)^2=\frac{2}{3}mv^2$$

此题也可用 $E_k=\frac{1}{2}J_I\omega^2$ 进行计算，其中 $J_I=J_C+m(\overline{CI})^2=J_C+m\left(\frac{l}{2}\right)^2$。

三、动能定理

1. 质点的动能定理

设质量为 m 的质点 M 在力 $\boldsymbol{F}$ 作用下做曲线运动，由 M_1 运动到 M_2，速度由$\boldsymbol{v}_1$ 变为$\boldsymbol{v}_2$，如图 7-19 所示。由动力学基本方程，有

$$m\frac{\mathrm{d}\boldsymbol{v}}{\mathrm{d}t}=\boldsymbol{F}$$

等式两边分别点乘 $\mathrm{d}\boldsymbol{r}$，得

$$m\frac{\mathrm{d}\boldsymbol{v}}{\mathrm{d}t}\cdot\mathrm{d}\boldsymbol{r}=\boldsymbol{F}\cdot\mathrm{d}\boldsymbol{r}$$

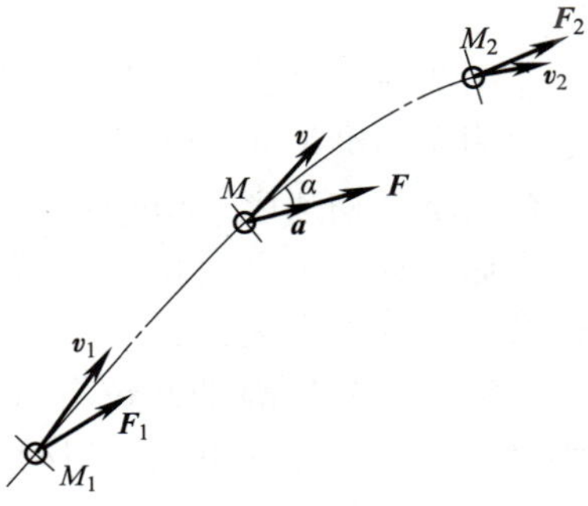

图 7-19　质点动能定理

可写成

$$(m\mathrm{d}\boldsymbol{v})\cdot\boldsymbol{v}=\boldsymbol{F}\cdot\mathrm{d}\boldsymbol{r}$$

而$(m\mathrm{d}\boldsymbol{v})\cdot\boldsymbol{v}=m\boldsymbol{v}\cdot\mathrm{d}\boldsymbol{v}=\frac{m}{2}\mathrm{d}(\boldsymbol{v}\cdot\boldsymbol{v})=\mathrm{d}\left(\frac{1}{2}mv^2\right)$，代入上式，可得

$$\mathrm{d}\left(\frac{1}{2}mv^2\right)=\delta W \tag{7-35}$$

式（7-35）表明：质点动能的微分等于作用于质点上力的元功。这就是质点动能定理的微分形式。

将式（7-35）沿曲线$\widehat{M_1M_2}$积分，得$\int_{M_1}^{M_2}\mathrm{d}\left(\frac{1}{2}mv^2\right)=\int_{M_1}^{M_2}\delta W$，即

$$\Delta E_{\mathrm{k}}=\frac{1}{2}mv_2^2-\frac{1}{2}mv_1^2=W_{12} \tag{7-36}$$

W_{12}中的下标 12 表明外力从第 1 个时刻到第 2 个时刻（所做的功）。

式（7-36）表明：在任一路程中质点动能的变化，等于作用在质点上的力在同一路程中所做的功。这就是质点动能定理的积分形式。

在动能定理中，包含质点的速度、运动的路程和作用在质点上的力，可用来求解与质点速度、路程有关的问题，也可用来求解加速度的问题。

例 7-10 为测定车辆运动阻力系数 K（K 为运动阻力与正压力之比），将车辆从斜面 A 处无初速度释放下滑。车辆滑到水平面后继续运行到 C 处停止。如已知斜面长度为 l，高度为 h，斜面（在水平面上）的投影长度为 s'，水平面上车辆的运行距离为 s，如图 7-20 所示。求车辆运动时的阻力系数 K 值。

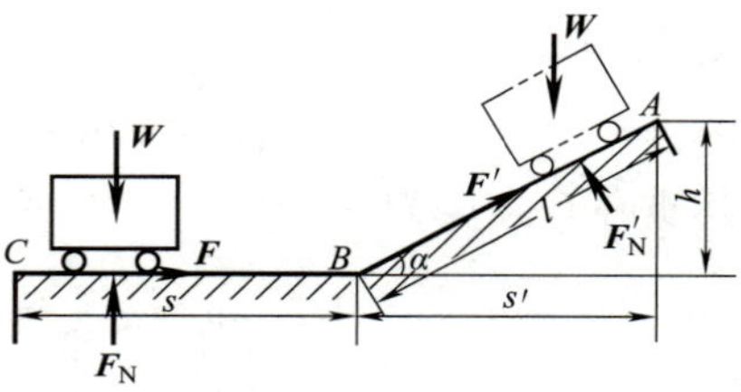

图 7-20 例 7-10 图

解 车辆初始静止，初动能 $E_{\mathrm{k1}}=0$，滑行到 C 处停止，因此末动能 $E_{\mathrm{k2}}=0$。运行中受到重力 $\boldsymbol{W}$、法向约束力 $\boldsymbol{F}_{\mathrm{N}}(\boldsymbol{F}'_{\mathrm{N}})$和摩擦力（运动阻力）$\boldsymbol{F}(\boldsymbol{F}')$的作用。

$$\Delta E_{\mathrm{k}}=E_{\mathrm{k2}}-E_{\mathrm{k1}}=0-0=0$$

$$W_{12}=Wh-KWl\cos\alpha-KWs$$

根据动能定理 $\Delta E_{\mathrm{k}}=W_{12}$，因此有

$$Wh-KWl\cos\alpha-KWs=0$$

考虑 $s'=l\cos\alpha$，解得

$$K=\frac{h}{s'+s}$$

例 7-11 平台的质量 $m=30\mathrm{kg}$，固连在刚度系数为 $k=18\mathrm{kN/m}$ 的弹簧上。现从静平衡位置给平台向下的初速度 $v=5\mathrm{m/s}$，如图 7-21a 所示。设平台做平动，求平台由此位置下沉的最大距离 δ 以及弹簧的最大受力。

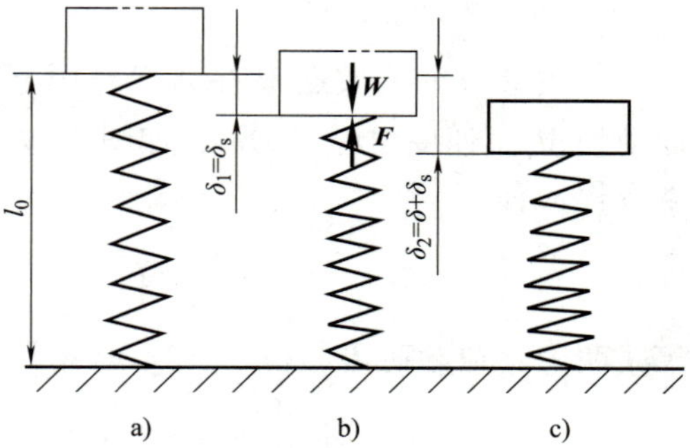

图 7-21 例 7-11 图

解 平台从静平衡位置（见图 7-21b）运动到最大下沉位置（见图 7-21c），其初动能为$E_{\mathrm{k1}}=\frac{1}{2}mv^2$，末动能 $E_{\mathrm{k2}}=0$。弹簧初变形为静变形

$\delta_1=\delta_s=mg/k$，末变形为 $\delta_2=\delta_s+\delta$，作用在平台上的力有重力 $\boldsymbol{W}$ 和弹簧力 $\boldsymbol{F}$，平台由静平衡位置运动到最大下沉位置两个力所做的功为

$$W=mg\delta+\frac{1}{2}k(\delta_1^2-\delta_2^2)$$
$$=mg\delta+\frac{k}{2}[\delta_s^2-(\delta_s+\delta)^2]$$
$$=-\frac{1}{2}k\delta^2$$

由动能定理得

$$0-\frac{1}{2}mv^2=-\frac{1}{2}k\delta^2$$

解得

$$\delta=v\sqrt{\frac{m}{k}}=5\times\sqrt{\frac{30}{18\times10^3}}\mathrm{m}=0.204\mathrm{m}$$

弹簧的最大变形为 $\delta_{\max}=\delta_s+\delta$，承受的最大力为

$$F_{\max}=k(\delta_s+\delta)=mg+k\delta=(30\times9.8+18\times10^3\times0.204)\mathrm{N}=3.97\mathrm{kN}$$

2. 质点系的动能定理

质点动能定理可以推广到质点系。设由 n 个质点组成的质点系，其中任一质点的质量为 m_i，某瞬时速度的大小为 v_i，所受外力的合力为 $\boldsymbol{F}_i^{(e)}$，内部相互作用力的合力为 $\boldsymbol{F}_i^{(i)}$。当质点有微小位移 $\mathrm{d}\boldsymbol{r}$ 时，由质点的动能定理的微分形式得

$$\mathrm{d}\left(\frac{1}{2}m_iv_i^2\right)=\delta W_i^{(e)}+\delta W_i^{(i)}$$

式中，$\delta W_i^{(e)}$ 和 $\delta W_i^{(i)}$ 表示作用于该质点上的外力和内力的元功。将质点系中每个质点的这个方程相加得

$$\sum\mathrm{d}\left(\frac{1}{2}m_iv_i^2\right)=\sum\delta W_i^{(e)}+\sum\delta W_i^{(i)}$$

或

$$\mathrm{d}\sum\left(\frac{1}{2}m_iv_i^2\right)=\sum\delta W_i^{(e)}+\sum\delta W_i^{(i)}$$

即

$$\mathrm{d}E_k=\sum\delta W_i^{(e)}+\sum\delta W_i^{(i)} \tag{7-37}$$

式（7-37）表明：质点系动能的微分等于作用于质点系上的所有外力和内力元功的代数和。这就是质点系动能定理的微分形式。

对式（7-37）积分得

$$E_{k2}-E_{k1}=\sum W_i^{(e)}+\sum W_i^{(i)} \tag{7-38}$$

式（7-38）表明：质点系动能在任一路程中的变化，等于作用在质点系上所有外力和内力在同一段路程中所做功的代数和，这就是质点系动能定理的积分形式。由于质点系内力功的总和在一般情况下不一定等于零，因此将作用于质点系上的力分为主动力和约束力，则质点系动能定理可写成

$$dE_k = \sum \delta W_{Fi} + \sum \delta W_{Ni}$$

或

$$E_{k2} - E_{k1} = \sum W_{Fi} + \sum W_{Ni}$$

式中，$\sum W_{Fi}$和$\sum W_{Ni}$分别表示作用于质点系所有主动力和约束力在路程中做功的代数和。对于理想约束，其$\sum W_{Ni}=0$，故动能定理的积分形式可写成

$$E_{k2} - E_{k1} = \sum W_{Fi} \tag{7-39}$$

式（7-39）表明：在理想约束情况下，质点系的动能在任一路程中的变化，等于作用在质点系上所有主动力在同一路程中所做功的代数和。质点系动能定理建立了力、位移和速度之间的关系，且不是矢量方程。应用此定理解决与上述三者相关的质点系动力学问题较方便。

例 7-12 质量为 m 的均质圆轮 A、B，其半径均为 R，轮 A 沿倾角 30°的斜面做纯滚动，轮 B 做定轴转动，B 处摩擦不计。物块 C 的质量也为 m。物体 A、B、C 用轻质不可伸长的绳相连，如图 7-22 所示，绳相对轮 B 无滑动。系统初始为静止状态。求：1）当物块 C 下降高度为 h 时，轮 A 质心的速度以及轮 B 的角速度；2）系统运动时，物块 C 的加速度。

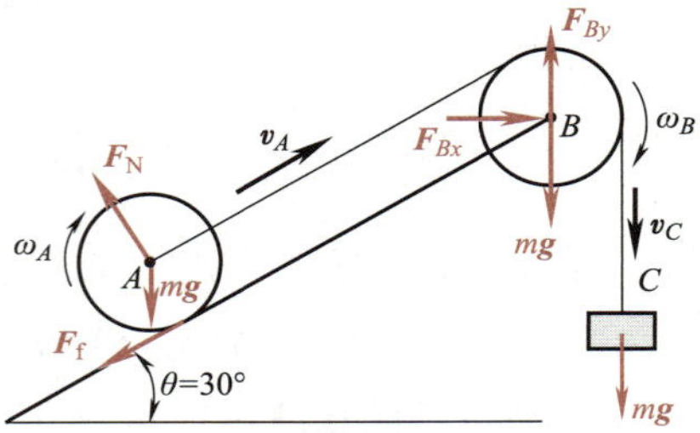

图 7-22 例 7-12 图

解 整个系统为 1 个自由度，圆轮 A 做纯滚动，轮 B 做定轴转动，物块 C 做直线平动。求速度（角速度）、加速度（角加速度），可取系统为对象，用动能定理求解。

1）求 v_A 及 ω_B。

系统初始静止，$E_{k1}=0$，设物块 C 下降 h 时速度为 v_C，有 $v_C=\omega_B R=\omega_A R=v_A$。系统动能

$$E_{k2}=\left(\frac{1}{2}mv_A^2+\frac{1}{2}J_A\omega_A^2\right)+\frac{1}{2}J_B\omega_B^2+\frac{1}{2}mv_C^2=\frac{3}{4}mv_A^2+\frac{1}{2}\left(\frac{1}{2}mR^2\right)\left(\frac{v_A}{R}\right)^2+\frac{1}{2}mv_A^2=\frac{3}{2}mv_A^2$$

作物体的受力分析图如图 7-22 所示，B 处光滑铰链是理想约束，轮 A 在斜面上纯滚动，也是理想约束，摩擦力 $\boldsymbol{F}_f$ 不做功，因此在运动过程中，只有轮 A 和轮 C 的重力做功。系统做功

$$W_{12}=mgh-mgh\sin30°=\frac{1}{2}mgh$$

根据动能定理的积分形式 $E_{k2}-E_{k1}=W_{12}$得

$$\frac{3}{2}mv_A^2-0=\frac{1}{2}mgh \tag{$*$}$$

解得 $$v_A=\sqrt{\frac{1}{3}gh}\text{，}\quad \omega_B=\omega_A=\frac{v_A}{R}=\sqrt{\frac{gh}{3R^2}}\text{（顺时针）}$$

2）求物块 C 的加速度 。

视 h 为变量，对时间 t 求导，有 $dh/dt=v_C=v_A$，将式（$*$）两边对时间求导数，有

$$\frac{3}{2}\cdot 2v_A\frac{dv_A}{dt}=\frac{1}{2}g\frac{dh}{dt}=\frac{1}{2}gv_A$$

两边约去 v_A，并考虑到 $a_C=dv_C/dt=dv_A/dt$，可得

$$3a_C=\frac{1}{2}g,\ a_C=\frac{1}{6}g$$

例 7-13　曲柄连杆机构如图 7-23a 所示。已知曲柄$\overline{OA}=r$，连杆$\overline{AB}=4r$，C 为连杆之质心，在曲柄上作用一个不变转矩 M。曲柄和连杆皆为均质杆，质量分别为 m_1 和 m_2。曲柄开始时静止且在水平向右的位置。不计滑块的质量和各处的摩擦，求曲柄转过一周时的角速度。

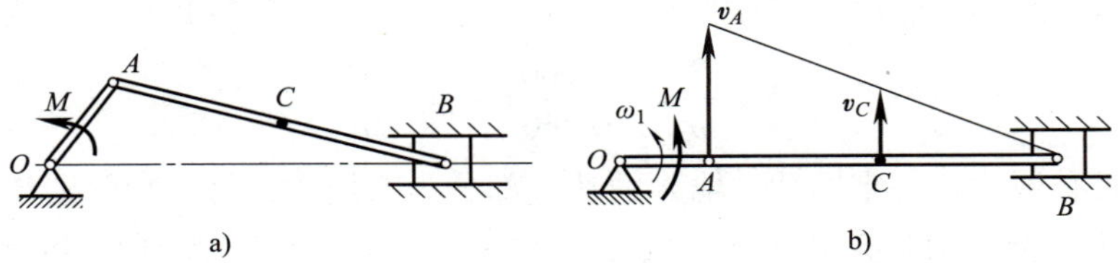

图 7-23　例 7-13 图

解　取曲柄连杆机构为研究对象，初瞬时系统静止，$E_{k1}=0$。当曲柄转过一周后，连杆的速度瞬心在点 B，其速度分布如图 7-23b 所示，系统的动能为

$$E_{k2}=\frac{1}{2}J_O\omega_1^2+\frac{1}{2}m_2v_C^2+\frac{1}{2}J_C\omega_2^2$$

式中，$J_O=\frac{1}{3}m_1r^2$，$J_C=\frac{1}{12}m_2(4r)^2=\frac{4}{3}m_2r^2$，由运动学关系，可知

$$v_C=\frac{v_A}{2}=\frac{r\omega_1}{2},\ \omega_2=\frac{v_A}{4r}=\frac{r\omega_1}{4r}=\frac{\omega_1}{4}$$

代入动能表达式，得

$$E_{k2}=\frac{1}{6}(m_1+m_2)r^2\omega_1^2$$

曲柄转过一周，重力做功为零，转矩的功为 $2\pi T$，代入动能定理，有

$$\frac{1}{6}(m_1+m_2)r^2\omega_1^2-0=2\pi T$$

解得

$$\omega_1=\frac{2}{r}\sqrt{\frac{3\pi T}{m_1+m_2}}$$

第四节　功率与功率方程

在工程中不仅要计算功，而且要知道在一定时间内做了多少功。力在单位时间内做的功称为功率。它是衡量机械力学性能的一项重要指标。

设作用于质点上的力为 $\boldsymbol{F}$，在 $\mathrm{d}t$ 时间内力 $\boldsymbol{F}$ 的元功为 δW，质点速度为$\boldsymbol{v}$，则功率 P 可表示为

$$P=\frac{\delta W}{\mathrm{d}t}=\boldsymbol{F}\cdot\frac{\mathrm{d}\boldsymbol{r}}{\mathrm{d}t}=\boldsymbol{F}\cdot\boldsymbol{v}=F_t v \tag{7-40}$$

式（7-40）表明：作用于质点上力的功率，等于力在速度方向上的投影与速度的乘积。功率的单位是 W（瓦特），1W = 1J/s。

如果功是用力矩或力偶矩计算的，由元功表达式 $\delta W = M\mathrm{d}\varphi$ 的关系式有

$$P = \frac{\delta W}{\mathrm{d}t} = \frac{M\mathrm{d}\varphi}{\mathrm{d}t} = M\omega \tag{7-41}$$

式（7-41）表明：转矩的功率等于转矩与物体转动的角速度的乘积。若转速用 n(r/min)、功率用 P(kW)表示，力矩或力偶矩用 M(N · m)表示，则式（7-41）可改写为

$$M = \frac{P}{\omega} = \frac{P\times1000}{2\pi n/60} = 9549\times\frac{P}{n} \tag{7-42}$$

机器工作时必须输入一定的功，输入的功一部分为有用功，另一部分消耗在克服无用阻力上。以 δW_0 表示驱动力输入的元功，以 δW_1 和 δW_2 表示工作阻力和无用阻力消耗的元功，则动能定理的微分形式可写成

$$\mathrm{d}E_{\mathrm{k}} = \delta W_0 - \delta W_1 - \delta W_2$$

将上式两边除以 $\mathrm{d}t$，得

$$\frac{\mathrm{d}E_{\mathrm{k}}}{\mathrm{d}t} = P_0 - P_1 - P_2 \tag{7-43}$$

式（7-43）称为**机器的功率方程**，它表明了机器的输入功率和输出功率与机器动能变化之间的关系。在机器起动或加速转动时，$\mathrm{d}E_{\mathrm{k}}/\mathrm{d}t>0$，故要求 $P_0>P_1+P_2$；当机器正常运转时（一般为匀速转动），$\mathrm{d}E_{\mathrm{k}}/\mathrm{d}t=0$，$P_0=P_1+P_2$；在制动过程中，机器做减速转动，$\mathrm{d}E_{\mathrm{k}}/\mathrm{d}t<0$，这时 $P_0<P_1+P_2$。

机器在稳定运转时的有用功率 P_1 和输入功率 P_0 之比，称为**机械效率**，用 η 表示，即

$$\eta = \frac{P_1}{P_0} \tag{7-44}$$

因为存在能量损耗，有用功率总比输入功率小，所以 $\eta<1$；机械效率越接近 1，则表明机器的工作性能越好。因此，机械效率说明机器对输入功率的有效利用程度，是评价机器质量好坏的指标之一。

例 7-14 在车床上车削直径 $d=0.18\mathrm{m}$ 的工件，主轴的转速 $n=960\mathrm{r/min}$，如图 7-24 所示。车床主轴的转矩 $M=27\mathrm{N\cdot m}$，车床传动的效率 $\eta=0.8$。求切削力和电动机的输出功率。

解 先求切削力

$$F = \frac{2M}{d} = \frac{2\times27}{0.18}\mathrm{N} = 300\mathrm{N}$$

再求切削时消耗的有用功率

$$P_1 = \frac{M\cdot n}{9549} = \frac{27\times960}{9549}\mathrm{kW} = 2.71\mathrm{kW}$$

电动机的输出功率（即车床的输入功率）为

$$P_0 = \frac{P_1}{\eta} = \frac{2.71}{0.8}\mathrm{kW} = 3.4\mathrm{kW}$$

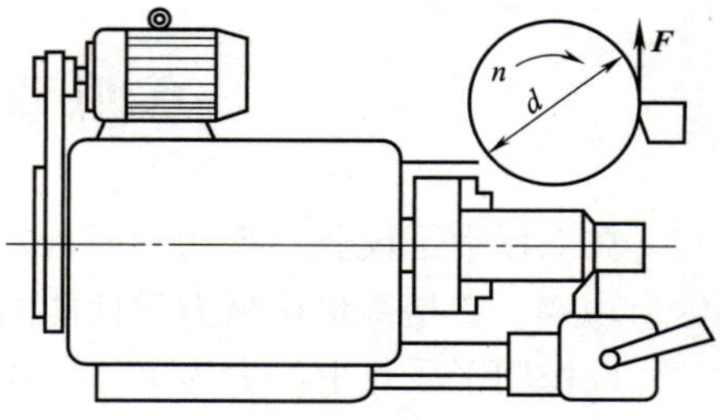

图 7-24 例 7-14 图

本章小结

1. 动量与动量定理

1）质点的动量 $\boldsymbol{p}=m\boldsymbol{v}$。

2）质点动量定理：微分形式 $\frac{\mathrm{d}\boldsymbol{p}}{\mathrm{d}t}=\frac{\mathrm{d}}{\mathrm{d}t}(m\boldsymbol{v})=\boldsymbol{F}$；积分形式 $\boldsymbol{p}_2-\boldsymbol{p}_1=m\boldsymbol{v}_2-m\boldsymbol{v}_1=\int_{t_1}^{t_2}\boldsymbol{F}\mathrm{d}t=\boldsymbol{I}$。

3）质点系的动量：$\boldsymbol{p}=\sum m_i\boldsymbol{v}_i=m\boldsymbol{v}_C$，其中 m 是离散质点系或刚体的总的质量，$\boldsymbol{v}_C$ 是质点系质心的速度。

4）质点系动量定理：微分形式 $\frac{\mathrm{d}\boldsymbol{p}}{\mathrm{d}t}=\sum\boldsymbol{F}_i^{(\mathrm{e})}$；积分形式 $\boldsymbol{p}_2-\boldsymbol{p}_1=\int_{t_1}^{t_2}\sum\boldsymbol{F}_i^{(\mathrm{e})}\mathrm{d}t=\sum\boldsymbol{I}_i^{(\mathrm{e})}$。

5）质点系动量守恒定律：当作用于质点系上外力的矢量和恒等于零时，质点系的动量将保持不变。

2. 动量矩与动量矩定理

1）质点对轴的动量矩 $M_z(m\boldsymbol{v})=\pm mvr$。

2）质点系及刚体对轴的动量矩：

① 离散质点系　　$M_z(m_i\boldsymbol{v}_i)=m_iv_ir_i$

② 定轴转动刚体　　$L_z=J_z\omega$

3）质点动量矩定理：　　$\frac{\mathrm{d}}{\mathrm{d}t}M_z(m\boldsymbol{v})=M_z(\boldsymbol{F})$

4）质点系动量矩定理：　　$\frac{\mathrm{d}L_z}{\mathrm{d}t}=\sum M_z(\boldsymbol{F}_i^{(\mathrm{e})})$

5）动量矩守恒：当作用于质点系上的外力对某一固定轴之矩的代数和等于零时，质点系对该固定轴的动量矩保持不变。

3. 功与能

1）外力做功：

① 元功　　$\delta W=\boldsymbol{F}\cdot\mathrm{d}\boldsymbol{r}$

② 外力功的一般计算表达式

$$W_{12}=\int_{M_1}^{M_2}\boldsymbol{F}\cdot\mathrm{d}\boldsymbol{r}=\int_{M_1}^{M_2}(F_x\mathrm{d}x+F_y\mathrm{d}y+F_z\mathrm{d}z)$$

③ 合力做功　　$W_{12}=\sum W_i$

④ 重力做功　　$W_{12}=mg(z_{C1}-z_{C2})=Gh$

⑤ 弹性力做功　　$W_{12}=\frac{1}{2}k(\delta_1^2-\delta_2^2)$

⑥ 力矩（力偶矩）做功　　$W_{12}=\int_{\varphi_1}^{\varphi_2}M_z(\boldsymbol{F})\mathrm{d}\varphi$

⑦ 理想约束，约束力的功（或功之和）等于零。

⑧ 对于刚体，内力做功之和为零。

2）动能：

① 质点动能　$E_k=\frac{1}{2}mv^2$

② 质点系动能　$E_k=\sum\frac{1}{2}m_iv_i^2$

③ 平动刚体的动能　$E_k=\frac{1}{2}mv_C^2$

④ 定轴转动刚体的动能　$E_k=\frac{1}{2}J_z\omega^2$

⑤ 平面运动刚体的动能

$$E_k=\frac{1}{2}J_I\omega^2 \quad 或 \quad E_k=\frac{1}{2}mv_C^2+\frac{1}{2}J_C\omega^2$$

3）动能定理：

质点系的动能定理　$E_{k2}-E_{k1}=\sum W_{Fi}$

4）功率与功率方程：

① 力的功率　$P=\boldsymbol{F}\cdot\boldsymbol{v}=F_tv$

② 力矩的功率　$P=M\omega$

③ 功率、力矩、转速的关系 $M=9549\frac{P}{n}$，其中转速用 n(r/min)、功率用 P(kW)表示，力偶或力偶矩用 M(N·m)。

④ 机械效率 $\eta=\frac{P_1}{P_0}$，其中有用功率为 P_1，输入功率为 P_0。

思 考 题

7-1　如图 7-25 所示，在同一高度，以不同仰角抛出初速度均为$\boldsymbol{v}_0$、质量都相等的质点。不计空气阻力，当它们落到同一水平面时，其速度的大小是否相等？

7-2　汽车在加速前进时，靠什么力增加汽车的动量？靠什么力增加汽车的动能？

7-3　图 7-26 所示为一均质等厚三角板，其重心为 C，轴 z_1、z_C 和 z_2 相互平行。试问三角板对三根轴的转动惯量哪个最大？哪个最小？

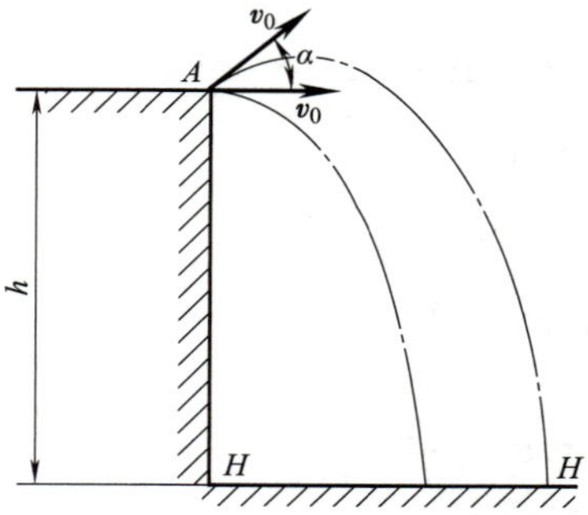

图 7-25　抛射体

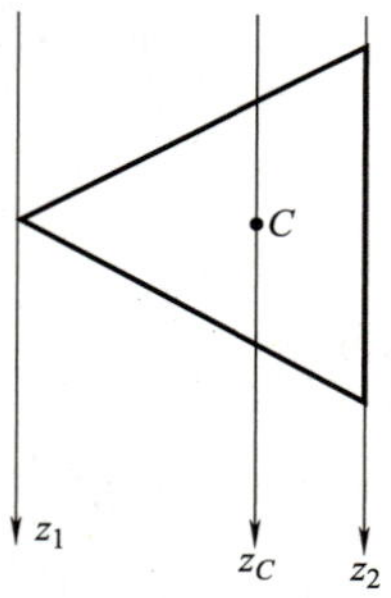

图 7-26　三角板

7-4　应用动能定理求速度时，能否确定速度的方向？

7-5　有两个半径与质量均相同的实心圆柱与空心圆筒同时从一斜面无滑动地滚下，问哪个先到底？

习　题

7-1　缆车质量为700kg，沿斜面以初速度 $v=1.6\text{m/s}$ 下降，如题7-1图所示。已知轨道倾角 $\alpha=15°$，摩擦因数 $\mu=0.015$。欲使缆车静止，设制动时间为 $t=4\text{s}$，在制动时缆车做匀减速运动，用动量定理求此时缆绳的拉力。

7-2　物块由静止开始沿倾角为 α 的斜面下滑，如题7-2图所示，设物块重力的大小为 G，物块与斜面间的摩擦因数 μ 为常数，求物块下滑 s 距离所需的时间。

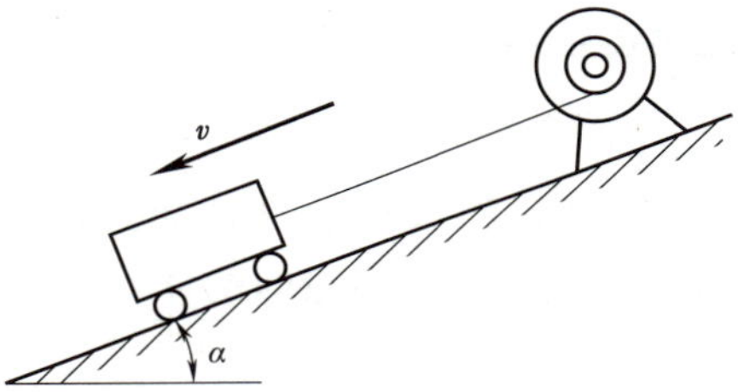

题7-1图

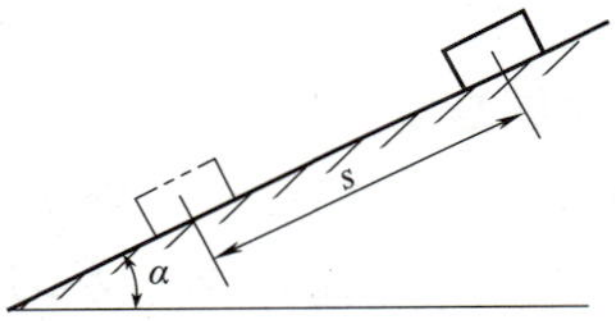

题7-2图

7-3　计算下列情况下质点系的动量：1）质量为 m 的均质圆盘，圆心具有水平速度 $\boldsymbol{v}_0$，沿水平面滚动（见题7-3图a）；2）非均质圆盘，质量为 m，质心 C 距转轴 O 的距离 $\overline{OC}=e$，以角速度 ω 绕轴 O 转动（见题7-3图b）；3）带传动机构中，带轮Ⅰ、Ⅱ及胶带都是均质的，质量分别为 m_1、m_2 和 m，带轮Ⅰ、Ⅱ半径分别为 r_1、r_2，带轮Ⅰ转动的角速度为 ω（见题7-3图c）；4）质量为 m 的均质杆，长度为 l，角速度为 ω（见题7-3图d）。

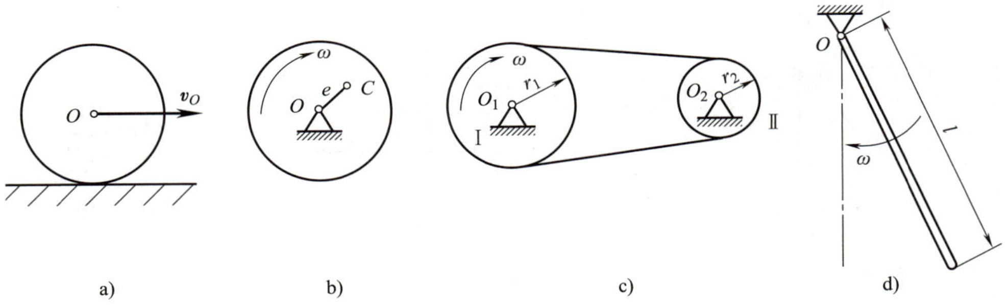

题7-3图

7-4　质量为 $m=1\text{kg}$ 的小球，以速度 $v_1=25\text{m/s}$ 铅直向下落到地板上，又以速度 $v_2=15\text{m/s}$ 铅直向上弹起。试求：1）小球与地板碰撞期间，碰撞力作用在小球上的冲量；2）若小球与地板碰撞时间 $t=0.02\text{s}$，求小球作用于地板上的平均压力。

7-5　龙门刨床的工作台连同上面的工件质量共5000kg，切削行程的速度为6m/min，空回行程的速度为 12m/min（方向相反）。若改变行程方向时工作台水平方向受力的平均值为 1000N，求改变行程方向所需的时间。

7-6 如题 7-6 图所示，小车Ⅰ的质量为 m_1，以速度 v_1 与静止的小车Ⅱ连接，小车Ⅱ的质量为 m_2。忽略地面的阻力，求连接后两车共同的速度。

7-7 如题 7-7 图所示，自动传送带运煤量 Q 恒为 20kg/s，带速为 1.5m/s。确定在传送带等速传动时，作用于煤块总的水平推力。

7-8 如题 7-8 图所示，计算下列情况下各物体对定轴 O 的动量矩：1）质量为 m、半径 R 的均质圆盘以角速度 ω_0 绕定轴 O 转动。2）质量为 m、长度为 l 的均质杆以角速度 ω_0 绕定轴 O 转动。

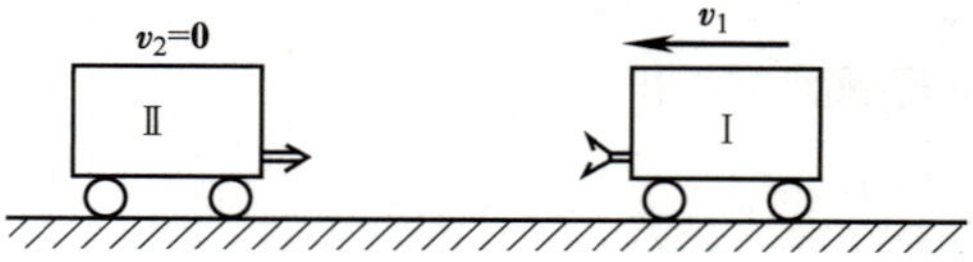

题 7-6 图

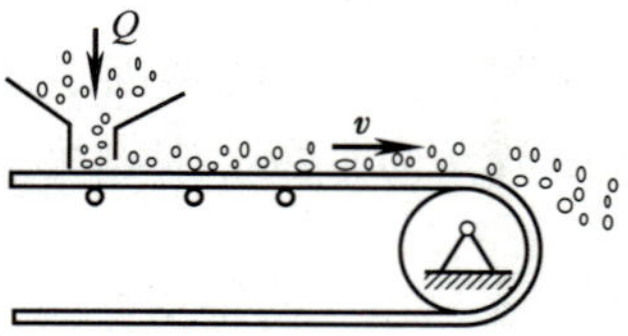

题 7-7 图

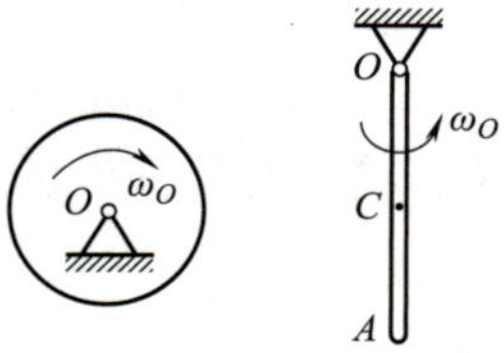

题 7-8 图

7-9 均质圆盘轮质量为 m、半径为 r，以角速度 ω 绕水平轴 O 转动，如题 7-9 图所示。采用闸杆 AB 制动，使圆轮在时间 Δt 内停止转动，设闸块与圆轮间的动摩擦因数为常数 μ，不计轴承处摩擦，求所需制动力 $\boldsymbol{F}$ 的大小。

7-10 如题 7-10 图所示，小球 M 连于线 MOA 的一端，线的另一端穿过铅垂小管。小球绕管轴做以半径 $\overline{MC}=R$ 的圆周运动，转速为 $n=120\text{r/min}$，将线段 OA 慢慢向下拉，使外面的线段缩短到长度 $\overline{OM_1}$，此时小球做以半径 $\overline{C_1M_1}=R/2$ 的圆周运动，求此时小球的转速。

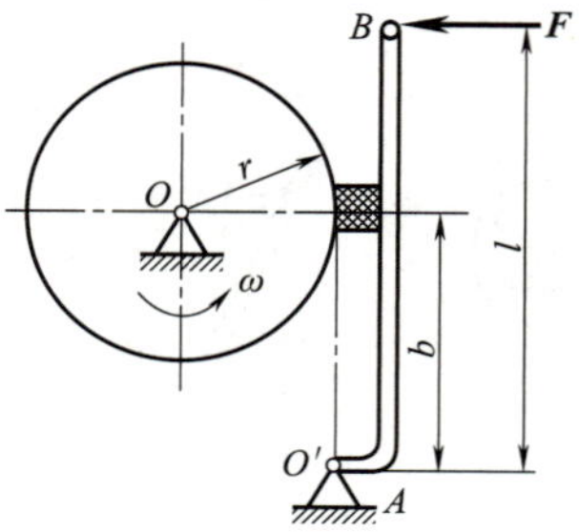

题 7-9 图

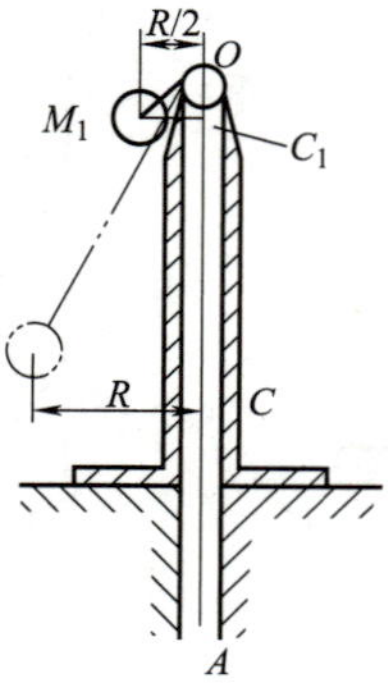

题 7-10 图

习题 7-10 精讲

7-11 质点在力 $\boldsymbol{F}$ 作用下沿光滑水平面做直线运动，作用力变化规律为 $F=10+2s+0.6s^2$，式中 s 以 m 计，F 以 N 计，初始时 $s=0$。求质点运动路程为 10m 的过程中，$\boldsymbol{F}$ 所做的功。

7-12 重力为 2kN 的刚体在已知力 $F=500\text{N}$ 的作用下沿水平面滑动，$\boldsymbol{F}$ 与水平面夹角 $\alpha=30°$。如接触面间的动摩擦因数 $\mu=0.2$，求刚体滑动距离 $s=50\text{m}$ 时，作用于刚体的各力所做的功及合力所做的总功。

7-13　如题 7-13 图所示，与弹簧相连的滑块 M 可沿固定的光滑圆环滑动，圆环和弹簧都在同一铅直平面内。已知滑块的重力 $W=100\text{N}$，弹簧原长为 $l=15\text{cm}$，弹簧刚度系数 $k=400\text{N/m}$。求滑块 M 从位置 A 运动到位置 B 的过程中，其上各力做的功及合力的总功。

7-14　计算下列情况下各均质物体的动能：1）重力大小为 G、长为 l 的直杆以角速度 ω 绕轴 O 转动（见题 7-14 图 a）；2）重力大小为 G、半径为 R 的圆盘以角速度 ω 绕轴 O 转动，圆心为 C，$\overline{OC}=e$（见题 7-14 图 b）；3）重力大小为 G、半径为 R 的圆盘在水平面上做纯滚动，质心 C 的速度的大小为 v_C（见题 7-14 图 c）。

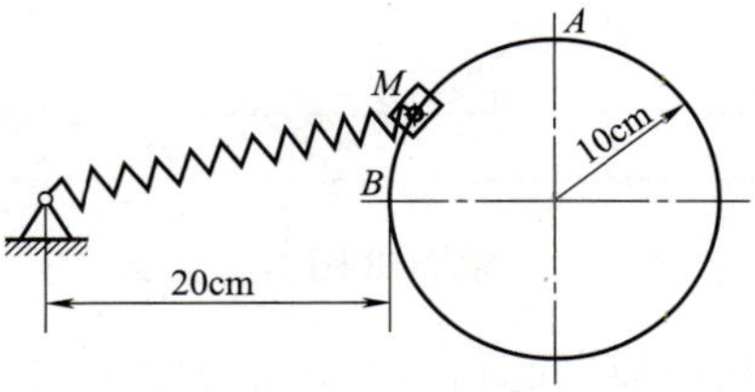

题 7-13 图

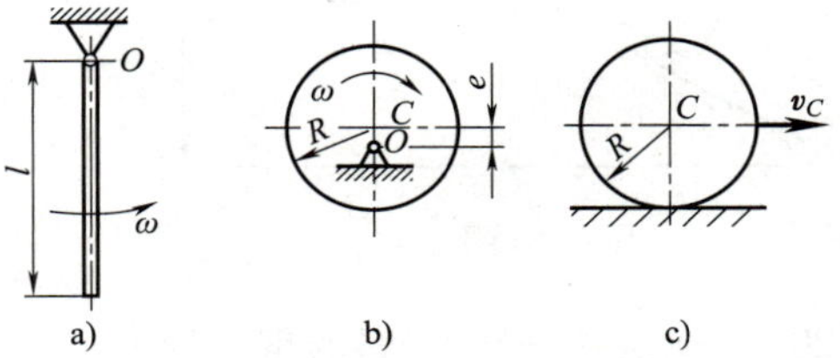

题 7-14 图

7-15　计算题 7-15 图中各机构系统的动能（图中 r 为半径，ω 为角速度，m_i 为构件质量）。

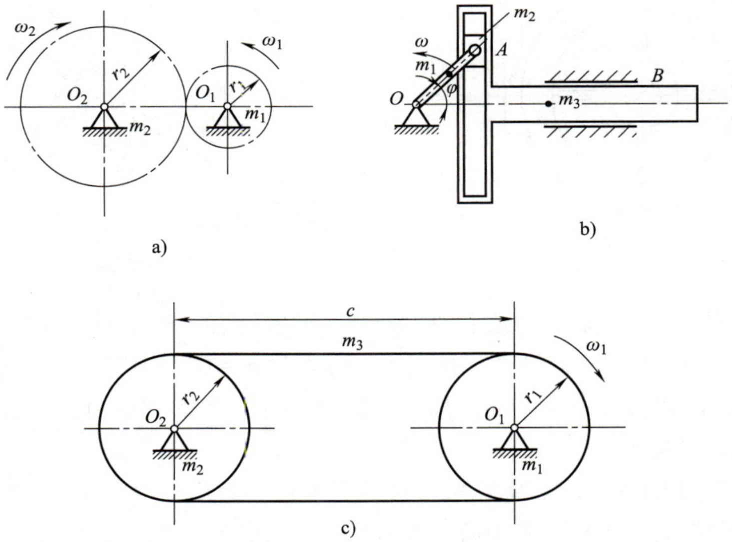

题 7-15 图

7-16　如题 7-16 图所示，汽车质量为 $1.5\times10^3\text{kg}$，通过 A 至 B 之间 900m 的路程，运动过程中受到的运行阻力大小假设恒定为 280N，阻力方向与速度方向相反，点 B 比点 A 高 $h=20\text{m}$。求汽车克服重力和阻力所做的功。

7-17　斜面与水平面成 30°角，重物沿斜面下滑，其初速度为零。若动摩擦因数 $\mu=0.1$，求重物滑行 2m 后的速度。

7-18　为测定动摩擦因数，把料车置于斜坡顶 A 处，让其无初速度地下滑，料车最后停止在 C 处，如题 7-18 图所示。已知 h、s_1、s_2，求料车运行时与轨道之间的动摩擦因数 μ。

7-19　如题 7-19 图所示，鼓轮质量为 $m=150\text{kg}$，半径 $r=0.34\text{m}$，回转半径 $\rho=0.3\text{m}$，以角速度 $\omega=31.4\text{rad/s}$ 制动，制动时制动块与轮缘的摩擦因数 $\mu=0.2$。求作用于制动块上的压力 F_N 多大才能使鼓轮经 10 转后停止。

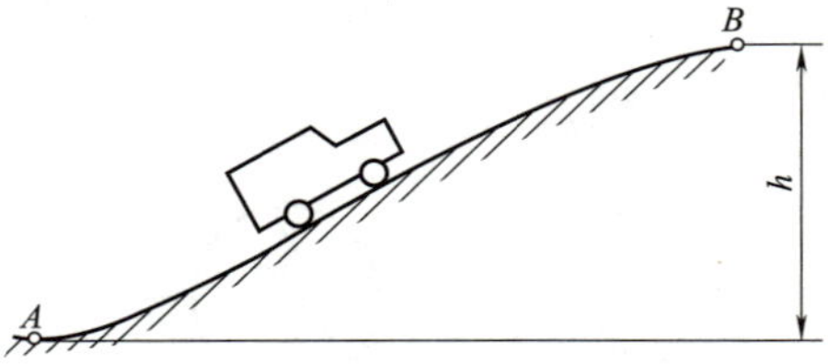

题 7-16 图

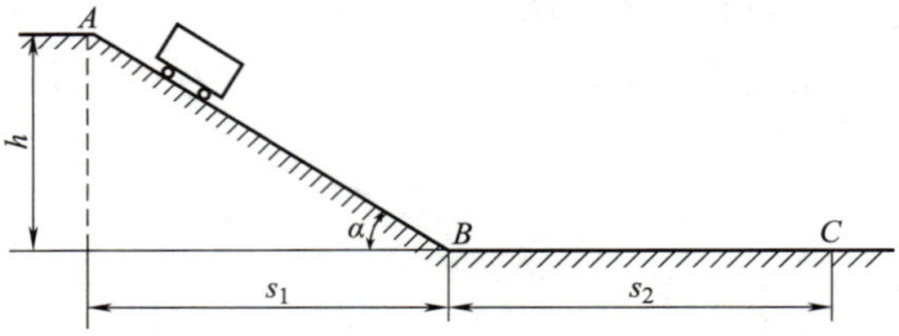

题 7-18 图

7-20　自动卸料车连同料的重力的大小为 G，无初速地沿倾角 $\alpha=30°$的斜面滑下，料车滑至底端时与弹簧相撞，通过控制机构使料车在弹簧压缩至最大时就自动卸料，然后依靠被压缩弹簧的弹性力作用，又沿斜面回到原来的位置，如题 7-20 图所示。设空车重力的大小为 G_0，摩擦阻力为车重力的 0.2 倍，求 G 与 G_0 的比值至少应多大。

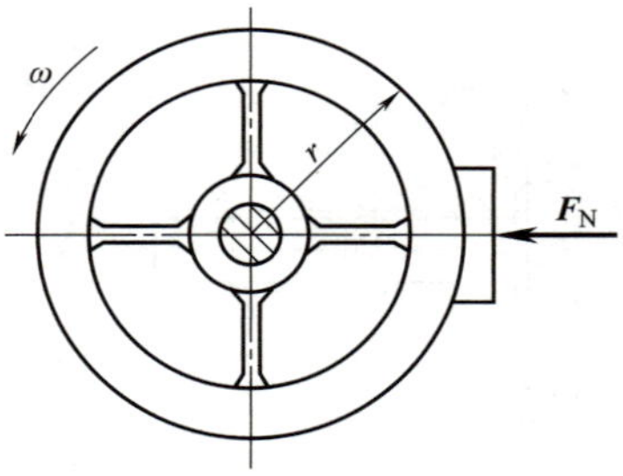

题 7-19 图

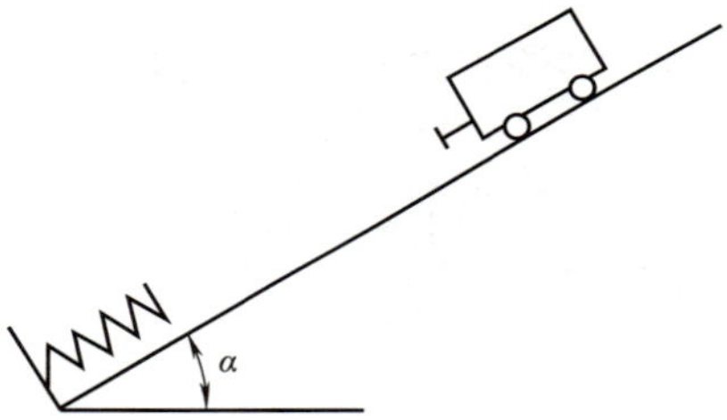

题 7-20 图

7-21　汽锤的活塞连锤头的质量为 $m=3700\text{kg}$，汽缸直径 $D=0.5\text{m}$，活塞杆直径 $d=0.18\text{m}$，进气与排气压力分别为 $p_1=0.7\times10^6\text{Pa}$，$p_2=0.15\times10^6\text{Pa}$，活塞行程 $s=1.45\text{m}$，如题 7-21 图所示。忽略摩擦力，求锻造时锤头的最大速度。

习题 7-21 精讲

7-22　如题 7-22 图所示，某高炉采用双料车上料，卷筒在驱动力矩 M 的作用下转动，并通过钢绳和滑轮带动料车在斜桥上做上下运动，装有矿石的料车沿斜桥上行时，空料车沿斜桥下行。已知斜桥倾角 $\alpha=60°$，每个料车质量 $m_1=9.5\times10^3\text{kg}$，矿石质量 $m_2=15\times10^3\text{kg}$，卷筒及轴的转动惯量 $J_1=6670\text{kg}\cdot\text{m}^2$，卷筒半径 $R_1=1\text{m}$，每个绳轮的转动惯量 $J_2=638\text{kg}\cdot\text{m}^2$，其半径 $R=1\text{m}$。在启动阶段，料车速度由 $v_0=0$ 逐渐增加，当行走距离 $s=13\text{m}$ 时，料车速度增至 $v=2.5\text{m/s}$，料车运行阻力为料车对斜桥压力的 0.1 倍。若钢绳不可伸长，并略去质量，求作用在卷筒上的驱动力矩 M 的大小。

7-23　已知某带传送系统中，主动轮的角速度 $\omega_1=152\text{rad/s}$，直径 $D_1=0.2\text{m}$，传递的功

率 $P=6\mathrm{kW}$。试求胶带的速度和圆周力 $\boldsymbol{F}$ 的大小。若根据需要，在保持轮子角速度 ω_1 及圆周力 $\boldsymbol{F}$ 大小不变的情况下，将胶带速度提高至 $v=20\mathrm{m/s}$，此时带轮的直径应改为多大？此时传递的功率为多大？

7-24　如题 7-24 图所示上料小车质量 $m=200\mathrm{kg}$，在倾斜 60°的斜桥上匀速上升，速度 $v=0.5\mathrm{m/s}$，阻力为法向压力的 0.1 倍，机器的机械效率为 $\eta=0.85$，主动轮 O_1 和从动轮 O_2 的齿数分别为 $z_1=18$，$z_2=100$。试求主动轮 O_1 轴的功率和转矩。

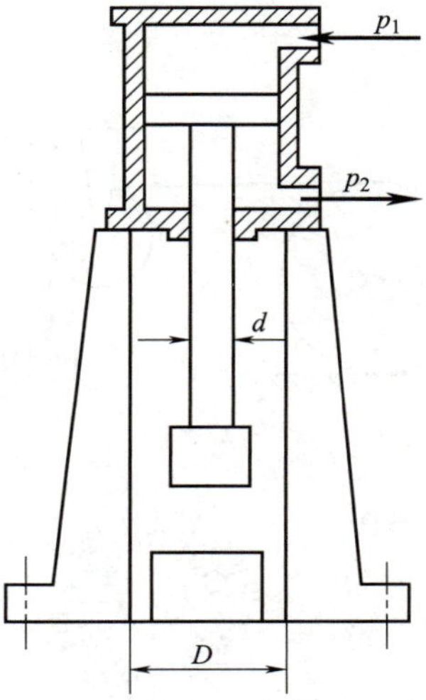

题 7-21 图

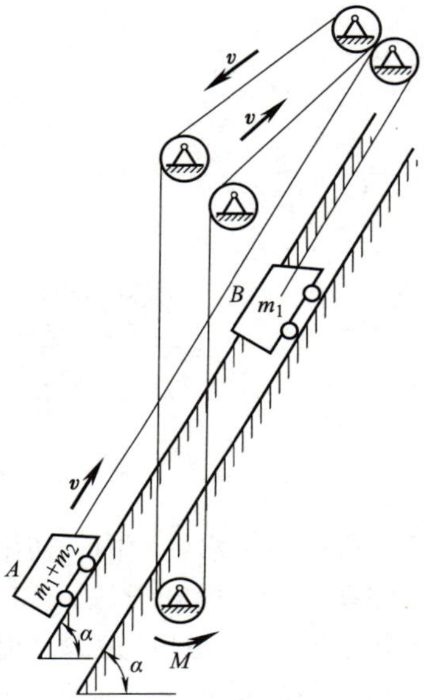

题 7-22 图

习题 7-22 精讲

7-25　带式输送机如题 7-25 图所示，物体 A 的重力的大小为 W，带轮 B 和 C 的重力的大小也均为 W，半径为 R，视为均质圆盘。轮 B 由电动机驱动，其上受不变的转矩 M 作用。系统由静止开始运动，不计传送带的质量，求重物 A 沿斜面上升距离为 s 时的速度和加速度。

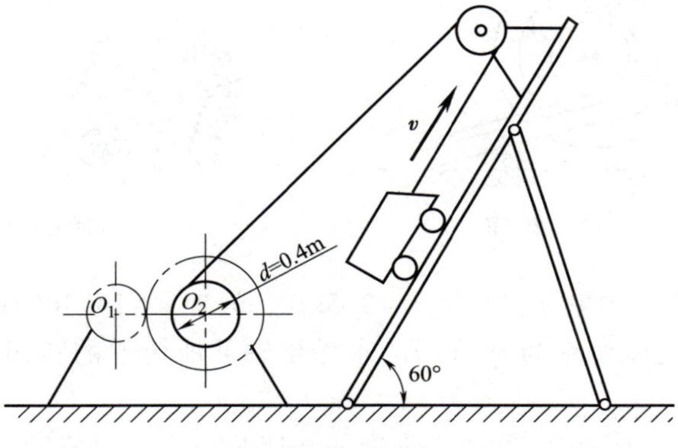

题 7-24 图

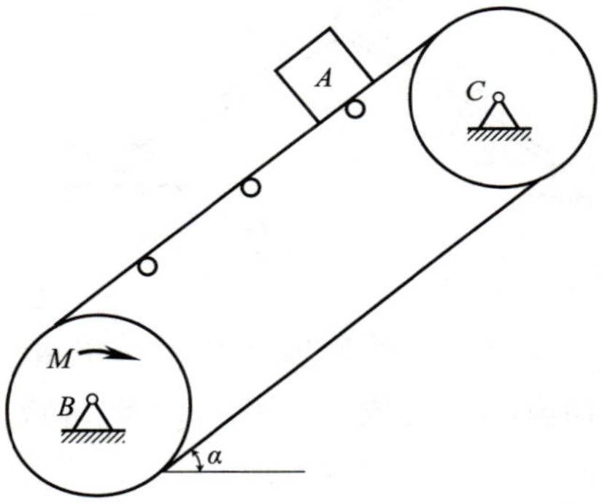

题 7-25 图

7-26　如题 7-26 图所示，两个相同的均质滑轮，半径均为 R，重力大小均为 W，用绳缠绕连接。如动滑轮由静止落下，带动定滑轮转动，求动滑轮质心 C 的速度 v_C 与下落距离 h 的关系，并求点 C 的加速度 a_C。（请再用动静法解本题，并进行比较。）

7-27　如题 7-27 图所示，半径为 r、质量为 m_1 的圆轮 I 沿水平面做纯滚动，在此轮上绕不可伸长的绳，绳的一端绕过滑轮 Ⅱ 悬挂质量为 m_3 的物体 M，定滑轮 Ⅱ 半径为 r_2，质量为 m_2，圆轮 I 和滑轮 Ⅱ 可视为均质圆盘。系统开始处于静止，求重物下降 h 高度时圆轮 I 质心的加速度，并求绳的拉力。

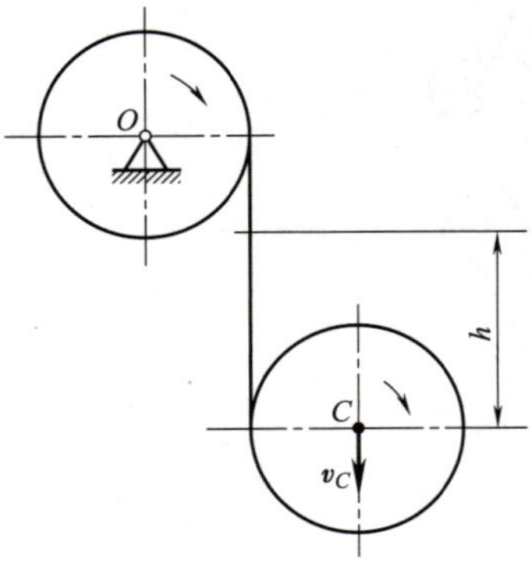

题 7-26 图

习题 7-26 精讲

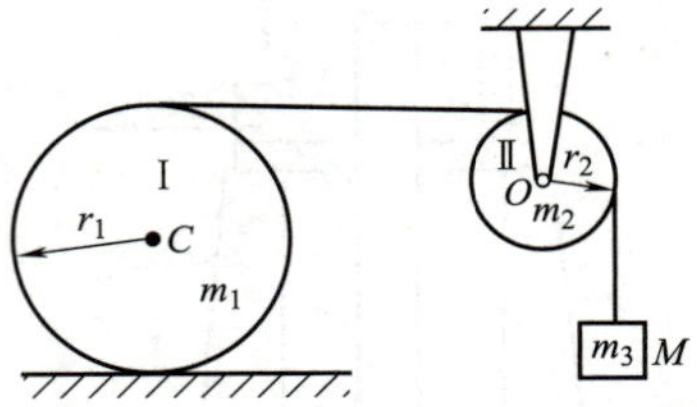

题 7-27 图

7-28　如题 7-28 图所示机构位于水平面内，初始处于静止，$\varphi_0=0$，杆 OA 在力偶矩 M 作用下驱动机构。已知滑块 B 和 C 的重力大小均为 W，杆 OA 长为 l，重力大小为 W_1，杆 BC 长为 $2l$，重力大小为 $2W_1$。求图示位置杆 OA 位于 φ 角时，杆 OA 的角速度 ω 和角加速度 α。

习题 7-28 精讲

7-29　如题 7-29 图所示飞轮，轴的直径 $d=6\text{cm}$，沿与水平面成 15°的轨道纯滚动地滚下。开始时静止，如在 6s 内滚动了 3m，试求飞轮对轮心的回转半径。

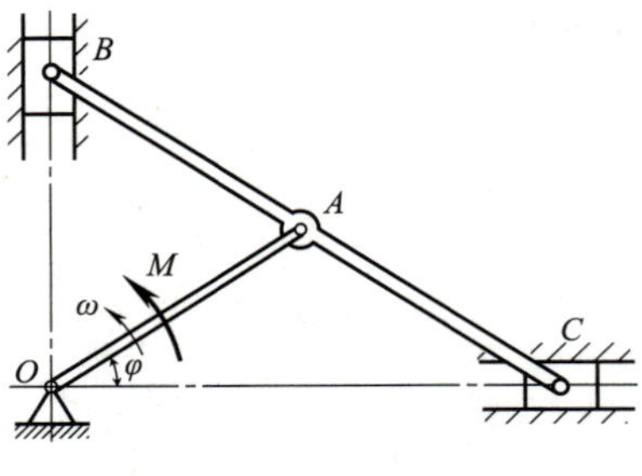

题 7-28 图

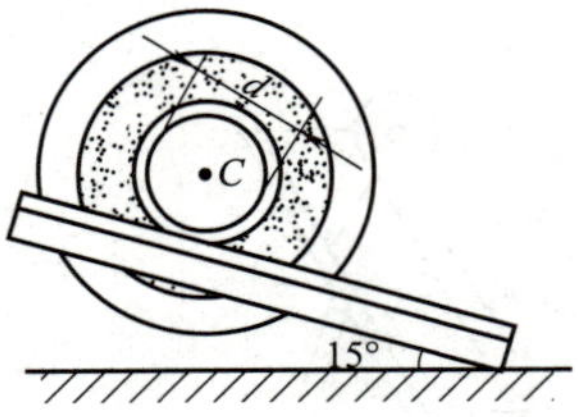

题 7-29 图

习题 7-29 精讲

7-30　如题 7-30 图所示，单级齿轮减速箱的电动机功率 $P=7.5\text{kW}$，转速 $n=1450\text{r/min}$。已知齿轮的齿数 $z_1=20$，$z_2=50$，减速箱的机械效率为 $\eta=0.7$。求输出轴 Ⅱ 所传递的转矩和功率。

7-31　如题 7-31 图所示龙门刨床的工作台和工件的总质量 $m=1500\text{kg}$，切削速度 $v=30\text{m/min}$，主切削力 $F_z=7.84\text{kN}$，$F_y=0.25F_z$。设工作台与水平导轨间的动摩擦因数 $\mu=0.1$，试求切削阻力和摩擦力消耗的功率。如机床的总机械效率为 0.75，则刨床主电动机实际输出功率为多少？

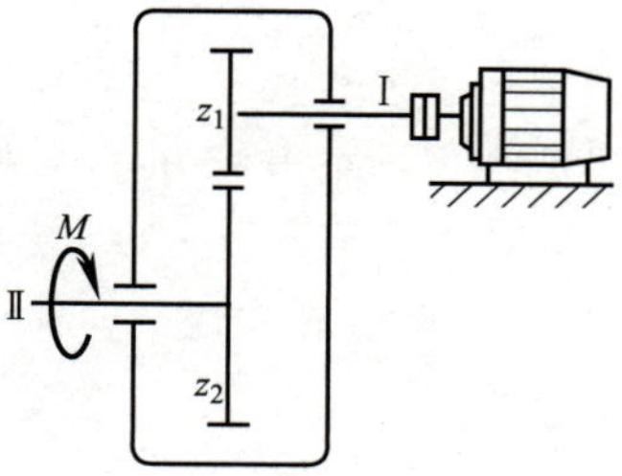

题 7-30 图

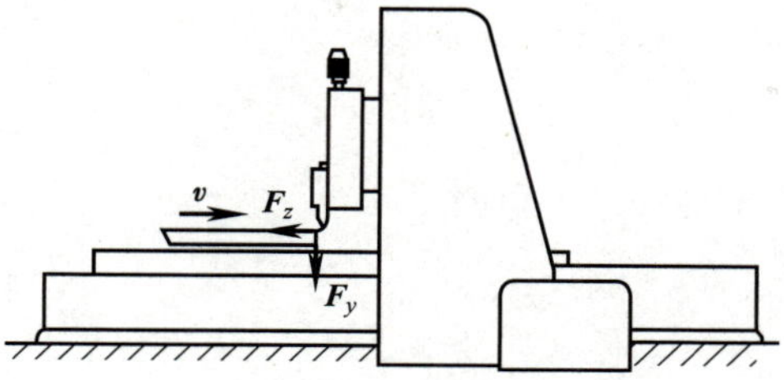

题 7-31 图

第二篇　材 料 力 学

一、材料力学的任务

各种机械和工程结构都由若干构件组成。当构件工作时，都要承受力的作用，为确保构件正常工作，须满足以下要求：

（1）强度要求　保证构件在外力作用下不发生破坏，这就要求构件在外力作用下具有一定抵抗破坏的能力，称为构件的强度。

（2）刚度要求　保证构件在外力作用下不产生影响其工作的变形。构件抵抗变形的能力即为构件所具有的刚度。

（3）稳定性要求　某些细长与薄壁构件在压力达到一定数值时，会失去原有形态的平衡而丧失工作能力，这种现象称为构件丧失稳定。因此对这一类构件还要考虑杆件保持原有平衡形态的能力，这种能力称为稳定性。

综上所述，为了确保构件正常工作，一般必须满足下列三方面要求，即构件应具有足够的强度、刚度和稳定性。

在构件设计中，除了上述要求外，还需要满足经济要求。构件的安全与经济即是材料力学要解决的一对主要矛盾。

由于构件的强度、刚度和稳定性与构件材料的力学性能有关，材料的力学性能通常需要通过试验来测定；此外，还有很多复杂的工程实际问题，目前尚无法通过理论分析来解决，必须依赖于实验。因此，实验和试验研究在材料力学研究中是一个重要的方面。

要理解工程中的强度、刚度、稳定性问题，一方面需要从理论上研究构件在外力作用下的变形规律和内力分布状况，另一方面需要通过试验或实验来确定所用材料的力学性能和验证理论结果的正确性。以上正是材料力学研究的主要课题。材料力学的任务就是从理论和实验两个方面，研究构件的内力和变形，在此基础上提出强度、刚度、稳定性计算的理论和方法，合理地选择构件的尺寸、形状和材料。

二、变形固体及其基本假设

材料力学研究的物体均为可变形固体。变形分为两类：其一是卸载后能消失的变形，称为弹性变形；其二是卸载后不能完全消失的变形，这种残留的变形称为塑性变形。材料力学研究的变形主要是弹性变形。

为便于理论分析和简化计算，对变形固体做以下假设：

（1）均匀连续性假设　假定材料无间隙、均匀地充满整体空间，各部分的性质相同。

（2）各向同性假设　认为材料沿各个方向的力学性能是相同的。

（3）小变形假设　假设物体在外力作用下产生的变形与其本身尺寸相比极小，在计算物体的平衡与运动，例如求约束力时，就可以略去变形的影响，按物体变形前的原始尺寸进行计算。

三、材料力学研究的对象

实际构件的形状是多种多样的，大致可简化归纳为杆、板、壳和块四类（见图Ⅱ-1）。凡长度远大于其他两方面尺寸的构件称之为杆。杆的几何形状可用其轴线（截面形心的连线）和垂直于轴线的几何图形（横截面）表示。轴线是直线的杆，称为直杆；轴线是曲线的杆，称为曲杆。各横截面相同的直杆，称为等直杆，它是材料力学研究的主要对象。杆件受力后，所发生的变形是多种多样的，其基本形式是**轴向拉伸（压缩）**、**剪切**、**扭转**和**弯曲**四种（见图Ⅱ-2）。其他复杂的变形形式，均可看成是上述两种或两种以上基本变形形式的组合，称为组合变形。

以后各章中，先讨论变形的基本形式，再研究变形的组合形式等。

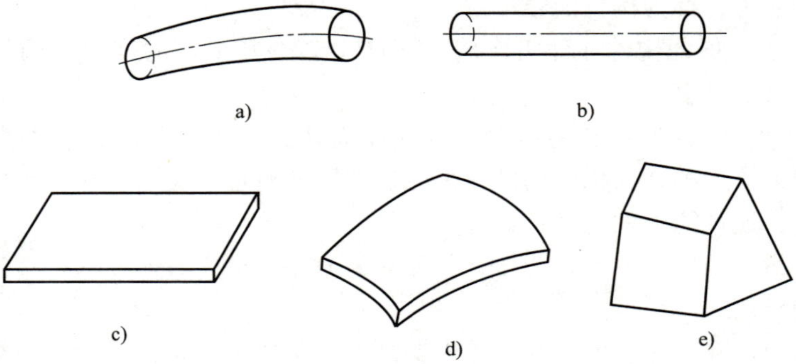

图Ⅱ-1 杆、板、壳与块

a）变截面曲杆 b）等直杆 c）板 d）壳 e）块

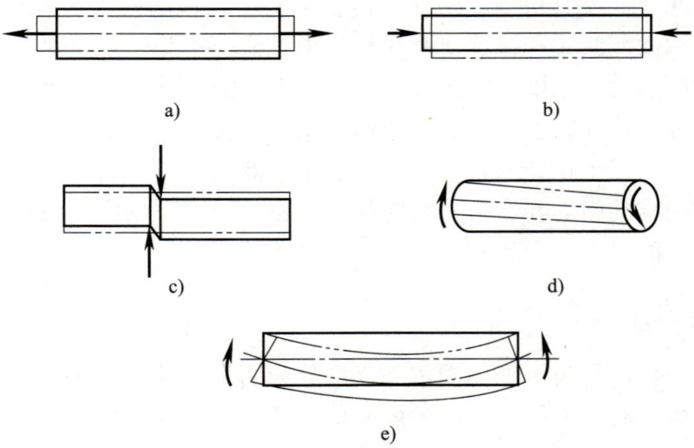

图Ⅱ-2 杆件的基本变形

a）轴向拉伸 b）轴向压缩 c）剪切 d）扭转 e）弯曲

第八章
拉伸（压缩）、剪切与挤压的强度计算

本书以直杆横截面上应力分布的特征来归纳内容，故将横截面上应力均布的拉伸（压缩）、剪切与挤压等具有类似计算规律的基本变形合并为一章。

本章通过对受拉、压、剪、挤杆件的内力分析和变形分析，介绍材料的力学性能，进而解决杆件受拉、压、剪、挤作用时的强度和刚度问题。

第一节　轴向拉伸与压缩的概念·轴力与轴力图

一、轴向拉伸与压缩的概念

在工程实际中，许多构件受到拉伸或压缩作用。例如在图 8-1 所示的起重机吊架中，杆 BC 受到轴向拉力的作用，沿杆件轴线产生伸长变形；而杆 AB 则受到轴向压力的作用，沿轴线产生缩短变形。

这些杆件虽然形状不同，加载和连接方式各异，但都可以简化成如图 8-2 所示的计算简图。其共同特点为：作用于直杆两端的两个外力等值、反向，且作用线与杆的轴线重合，杆件产生沿轴线方向的伸长（或缩短）。这种变形形式称为轴向拉伸（或轴向压缩），这类杆件称为拉杆（或压杆）。

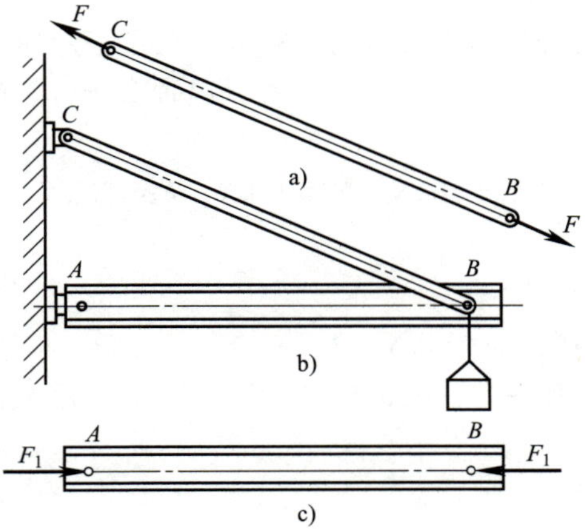

图 8-1　起重机吊架

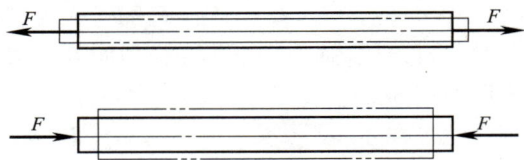

图 8-2　轴向拉伸与压缩

二、内力与截面法

杆件因受到外力的作用而变形，其内部各部分之间的相互作用力也发生改变。这种由于外力作用而引起的杆件内部各部分之间的相互作用力的改变量，称为附加内力，简称**内力**。内力的大小随外力的改变而变化，它的大小及其在杆件内部的分布方式与杆件的强度、刚度和稳定性密切相关。

通常采用**截面法**求构件的内力。截面法的一般步骤可归纳如下：

1）在需求内力处，假想地用一个垂直于轴线的截面将构件切开，分成两部分。

2）任取一部分（一般取受力情况较简单的部分）作为研究对象，弃去另一部分，在截面上用内力代替弃去部分对保留部分的作用。

3）对保留的部分建立平衡方程，由已知外力求出该截面上内力的大小和符号。

必须注意的是在使用截面法求内力时，构件在被截开前，第一章中所述刚体中力系的等效代换（包括力的可传性原理）是不适用的。

三、轴力与轴力图

现以图 8-3a 所示只在两端受轴向力 F㊀的拉杆为例。欲求杆中任意一个横截面上的内力，可用截面 1—1 将杆假想地截开，取被截下的左边一段为研究对象，弃去右段。用分布内力的合力 F_N 来替代右段对左段的作用（见图 8-3b），建立平衡方程，可得 $F_N=F$。由于图 8-3 拉杆的外力 F 的作用线沿着杆的轴线，内力 F_N 的作用线必通过杆的轴线，故内力 F_N 又称之为**轴力**。

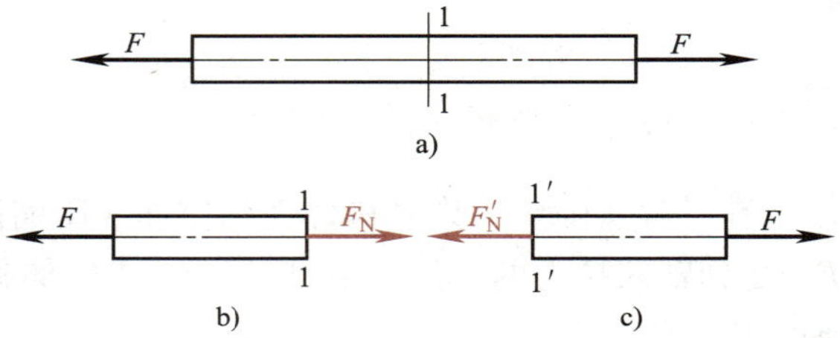

图 8-3 杆件的轴力

根据杆的变形确定轴力的正负号。当轴力的方向与横截面的外法线方向一致时，杆件受拉伸长，其轴力为正；反之，杆件受压缩短，其轴力为负。通常未知轴力均按正向假设。采用这一正负号规定，如取右段为研究对象（见图 8-3c），所求得的轴力 F'_N 的大小、正负号与 F_N 相同。

实际问题中，杆件所受外力可能很复杂，这时直杆各段的轴力将不相同。为了表示轴力随横截面位置的变化情况，用平行于杆件轴线的坐标表示各横截面的位置，以垂直于杆轴线的坐标表示轴力的数值，这样的图称为**轴力图**。

例 8-1 试画出如图 8-4a 所示直杆的轴力图。已知 $F_1=16\text{kN}$，$F_2=10\text{kN}$，$F_3=20\text{kN}$。

解 1）计算 D 端支座反力，由整体平衡方程

$$\sum F_{ix}=0,\quad F_D+F_1-F_2-F_3=0$$

解得

$$F_D=F_2+F_3-F_1=(10+20-16)\text{kN}=14\text{kN}$$

2）分段计算轴力。由于在横截面 B 和 C 上作用有外力，故将杆分为三段考虑。用截面法截取如图 8-4b、c、d 所示的研究对象后，得

$$F_{N1}=F_1=16\text{kN}$$

$$F_{N2}=F_1-F_2=(16-10)\text{kN}=6\text{kN}$$

$$F_{N3}=-F_D=-14\text{kN}$$

F_{N3}为负值，说明实际情况与图中所设 F_{N3}的方向相反，应为压力。

㊀ 材料力学部分不强调矢量的方向性，除非特别指明某物理量是矢量，通常不再用粗斜体表示矢量。

3）画轴力图。根据所求得的轴力值，画出轴力图如图 8-4e 所示。由图可见，F_{Nmax} = 16kN，发生在 *AB* 段内。

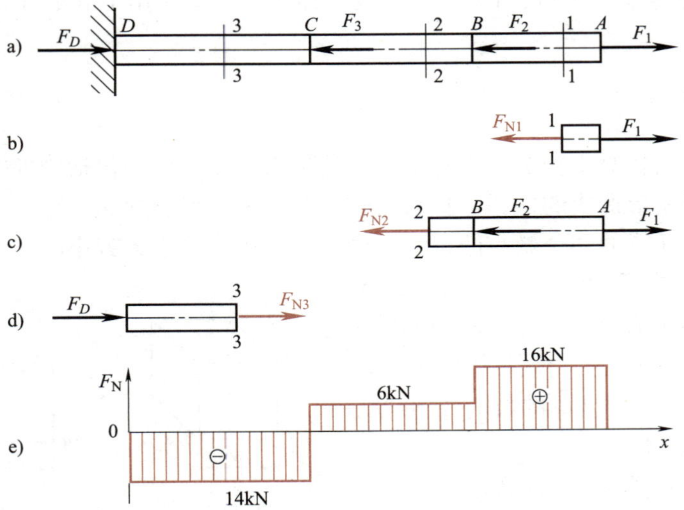

图 8-4　例 8-1 图

第二节　应力与应变

一、应力

取直径不同的两圆截面直杆，受到相同大小的轴向拉力 *F* 的作用，通过截面法，两根杆任意横截面上的轴力相同，即 $F_N = F$。然而经验告诉我们，直径小的杆件更容易发生破坏，因此仅考虑内力的大小来判定杆件横截面所受分布内力系的强弱程度是不恰当的。

为了描述内力的分布情况，引入内力分布集度，即应力的概念。如图 8-5a 所示，取截面 *m*—*m* 上含有任意一点 *k* 的微面积 d*A*，将其上的内力分布力系向点 *k* 简化，得到主矢 d***F***，由于微面积极小，微面积上分布力对点 *k* 的矩是一个高阶微量，故主矩可以被忽略。我们把微面积 d*A* 上内力的集度，即 d***F*** 与 d*A* 的比值，称为截面 *m*—*m* 上点 *k* 的应力，用 ***p*** 表示，即

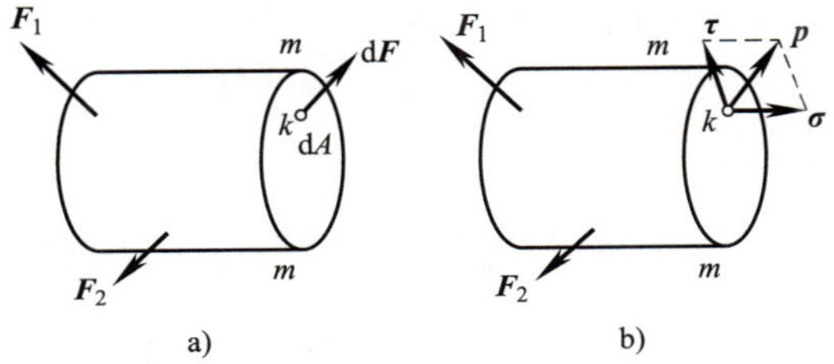

图 8-5　截面上的应力

$$\boldsymbol{p} = \frac{\mathrm{d}\boldsymbol{F}}{\mathrm{d}A} \tag{8-1}$$

显然，应力 ***p*** 的方向是 d***F*** 的方向，但要知道 d***F*** 的方向是困难的，为了便于分析，将应力 ***p*** 分解为沿截面法线的分量 $\boldsymbol{\sigma}$ 和沿截面切向的分量 $\boldsymbol{\tau}$。其中 $\boldsymbol{\sigma}$ 称为正应力，$\boldsymbol{\tau}$ 称为切应力或剪应力。规定正应力 σ 方向与截面外法线方向相同为正，反之为负。从效果上说，正应力是拉应力时为正，压应力时为负。显然正应力与切应力是相互垂直的，所以

$$p^2=\sigma^2+\tau^2$$

应力表征单位面积上力的大小，因此其单位是 Pa（帕斯卡）。在实际工程计算中，常使用 MPa（兆帕）作为应力单位，$1\text{MPa}=10^6\text{Pa}$。而工程上常应用 $1\text{MPa}=1\text{N/mm}^2$ 的关系进行应力计算。

二、位移与应变

杆件上的点、面相对于初始位置发生的变化称为**位移**。位移包括构件空间运动形成的刚体位移和由于受力变形造成的位移。材料力学主要考虑变形引起的位移。

考虑杆件内部任意的一个微小的正六面体，当其边长趋于无穷小时，称之为**单元体**，如图 8-6a 所示。杆件在受力发生变形后，其内部任意一个单元体的棱边长度以及两棱边之间的夹角都可能发生变化。杆件内所有单元体变形后叠加，构成了宏观的杆件的形状，反映出杆件的宏观变形。

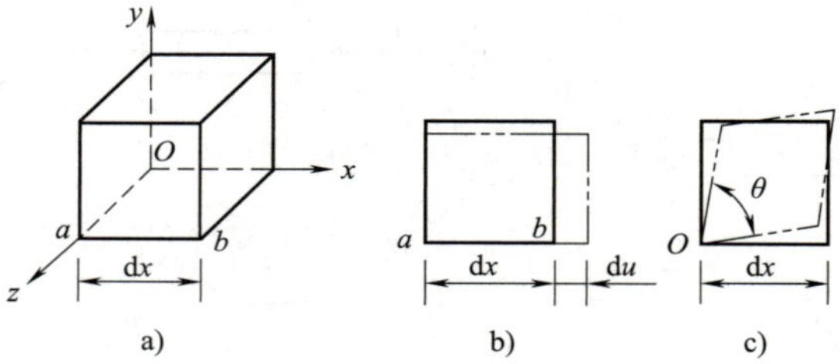

图 8-6 应变

如图 8-6b 所示包含点 O 的单元体，其与轴 x 平行的棱边 ab 长 $\mathrm{d}x$，假定点 a 位置不变，而点 b 发生了 $\mathrm{d}u$ 的位移，定义棱边的长度变化与其原始长度的比值

$$\varepsilon_x=\frac{(\mathrm{d}u+\mathrm{d}x)-\mathrm{d}x}{\mathrm{d}x}=\frac{\mathrm{d}u}{\mathrm{d}x} \tag{8-2}$$

为点 C 处沿 x 方向的**正应变**，或称**线应变**。它表示某点处沿某方向长度改变的比率。同样可以定义该点沿 y、z 方向的正应变 ε_y 和 ε_z。规定伸长的正应变为正，缩短为负。

单元体原先相互垂直的两棱边，在单元体受到载荷之后，它们之间的夹角也将发生变化，如图 8-6c 所示。直角的改变量 $\gamma=\dfrac{\pi}{2}-\theta$ 定义为点 O 在平面内的**切应变**，或称**角应变**，其中，θ 是变形后单元体两棱边的夹角。

正应变和切应变是度量杆件内一点处变形程度的两个基本量，它们的量纲均为一，切应变单位为 rad。

三、应力与应变的关系和胡克定律

当材料未产生塑性变形之前，杆件在单向拉伸（压缩）变形条件下，其上一点的轴向正应力 σ 与正应变 ε 成正比，即

$$\sigma=E\varepsilon \tag{8-3}$$

杆件上一点的切应力和切应变也有正比关系，即

$$\tau=G\gamma \tag{8-4}$$

E 称为**弹性模量**，G 称为**切变模量**。由于应变的量纲是一，故这两个物理量的单位和应力单位相同，其常用单位为 GPa（吉帕），$1\text{GPa}=10^3\text{MPa}=10^9\text{Pa}$，它们的数值和材料有关。以上关系是胡克（R. Hooker）于 1678 年提出的。事实上，固体的应力应变关系并不是一个简单的线性关系，胡克定律是一种物理理论模型，它是对现实世界固体应力应变关系的线性简

化，而实践又证明它在一定程度上是有效的。当然，现实中也存在大量不满足胡克定律的实例。本书中所涉及的材料，若没有特殊说明，我们都假定它们在未发生塑性变形之前满足胡克定律。

第三节　轴向拉伸（压缩）杆件截面的应力与杆件的变形

一、轴向拉伸（压缩）杆件横截面上的正应力

为了求得轴向受拉（压）杆横截面上任意一点的应力，必须了解内力在横截面上的分布规律，为此需通过实验观察来研究。取一等截面直杆，在杆上画出与杆轴垂直的横向线 ab 和 cd，再画上与杆轴平行的纵向线，如图 8-7a 所示。然后沿杆的轴线作用拉力 F，使杆件产生拉伸变形。此时可以观察到：横向线在变形前后均为直线，且都垂直于杆的轴线，只是横向线间距增大，纵向间距减小，所有正方形的网格均变成大小相同的长方形，如图 8-7b 所示。

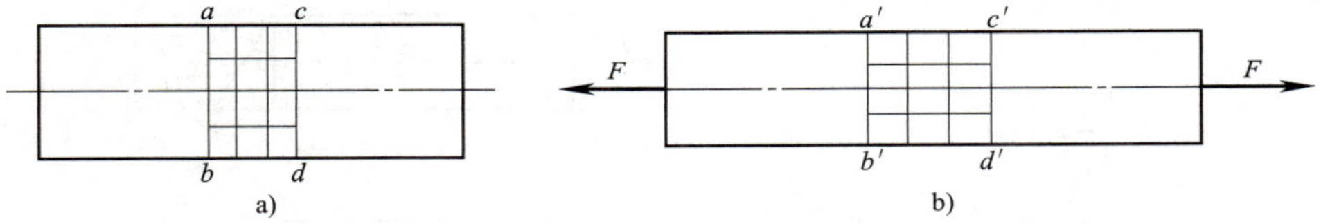

图 8-7　轴向拉伸

根据实验观察的结果，假设轴向受拉（压）杆在受载后的横截面仍保持为平面。这意味着拉杆的任意两个横截面之间所有纵向线段的变形相同，也就表明横截面上各点沿着轴向的正应变是相同的。根据式（8-3），可以推断出横截面上各点处的正应力大小相等，分布是均匀的，其方向与轴力 F_N 一致，如图 8-8 所示。其计算式为

$$\sigma=\frac{F_N}{A} \tag{8-5}$$

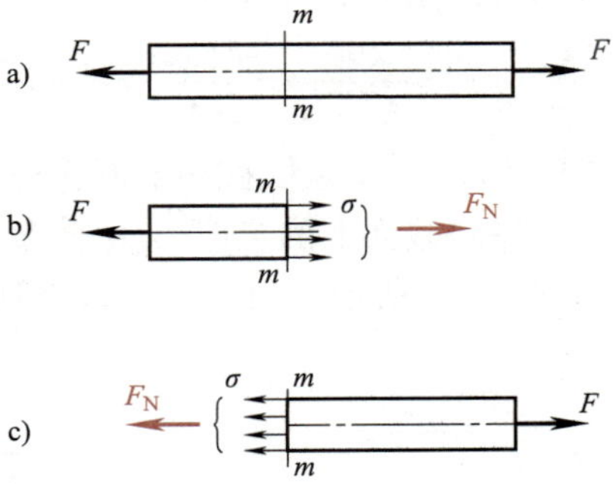

图 8-8　横截面上的正应力

另外，由于变形前后，图 8-7a 中矩形 $abcd$ 中任意一个小矩形都没有角度的变化，则可推出横截面上不存在切应力。

例 8-2　如图 8-9a 所示，中段开槽的直杆承受轴向载荷 $F=20\text{kN}$。已知 $h=25\text{mm}$，$h_0=10\text{mm}$，$b=20\text{mm}$。求杆内横截面的最大正应力。

解　1）计算轴力。用截面法求得杆中各处的轴力

$$F_N=-F=-20\text{kN}$$

2）求横截面面积。该杆有两种大小不等的

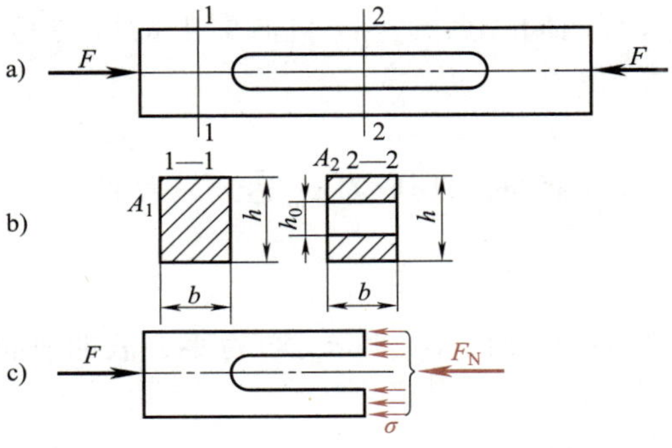

图 8-9　例 8-2 图

横截面面积 A_1 和 A_2（见图 8-9b），显然 A_2 较小，故中段正应力大，计算得

$$A_2=(h-h_0)b=(25-10)\text{mm}\times 20\text{mm}=300\text{mm}^2$$

3）计算最大正应力

$$\sigma_{max}=\frac{F_N}{A}=\frac{-20\times 10^3\text{N}}{300\text{mm}^2}=-66.7\text{MPa}$$

负号表示其应力为压应力。

二、轴向拉伸（压缩）杆件斜截面上的应力

轴向拉（压）杆的破坏有时不沿着横截面，如铸铁压缩时沿着大约与轴线成 45°的斜截面[⊖]发生破坏，因此有必要研究轴向拉（压）杆斜截面上的应力。假设图 8-10a 所示拉杆的横截面面积为 A，任意斜截面 $k—k'$ 的方位角为 α。用截面法可求得斜截面上的内力为 $F_\alpha=F$。从实验观察现象出发，假定斜截面上的应力也是均布的（见图 8-10b），则斜截面上任一点应力的大小为

$$p_\alpha=\frac{F_\alpha}{A_\alpha}=\frac{F}{A_\alpha}$$

式中，A_α 为斜截面的面积。又因 $A_\alpha=A/\cos\alpha$，代入上式后有

$$p_\alpha=\frac{F}{A/\cos\alpha}=\frac{F\cos\alpha}{A}=\sigma\cos\alpha$$

式中，$\sigma=F/A$ 是横截面上的正应力。

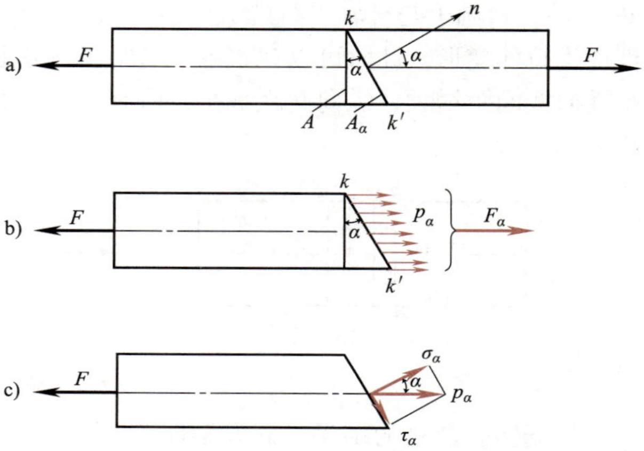

图 8-10 轴向受拉（压）杆斜截面上的应力

将斜截面上的全应力 p_α 分解为垂直于斜截面的正应力 σ_α 和平行于斜截面的切应力 τ_α，如图 8-10c 所示，由几何关系得到

$$\left.\begin{aligned}\sigma_\alpha&=p_\alpha\cos\alpha=\sigma\cos^2\alpha\\ \tau_\alpha&=p_\alpha\sin\alpha=\sigma\cos\alpha\sin\alpha=\frac{\sigma}{2}\sin2\alpha\end{aligned}\right\}\tag{8-6}$$

从式（8-6）可以看出，斜截面上的正应力 σ_α 和切应力 τ_α 都是关于 α 的函数。这表明，过杆内同一点的不同斜截面上的应力是不同的。当 $\alpha=0°$时，横截面上的正应力达到最大值

$$\sigma_{max}=\sigma$$

当 $\alpha=45°$时，切应力 τ_α 达到最大值

$$\tau_{max}=\frac{\sigma}{2}$$

当 $\alpha=90°$时，σ_α 和 τ_α 均为零，表明轴向拉（压）杆在平行于杆轴的纵向截面上无任何应力。

⊖ 理论上的结果是 45°，但实际试验的结果由于试样两端的摩擦力，通常是 35°~40°。

在应用式（8-6）时，须注意角度 α 和 σ_α、τ_α 的正负号。σ_α 仍以拉应力为正，压应力为负；τ_α 的方向与截面外法线按顺时针方向转 90°后的方向一致时为正，反之为负。

由式（8-6）中的切应力计算公式

$$\tau_\alpha=\frac{\sigma}{2}\sin2\alpha$$

可以看到，必有 $\tau_\alpha=-\tau_{\alpha+90^\circ}$，说明杆件内部相互垂直的截面上，切应力必然成对出现，两者等值且都垂直于两平面的交线，其方向则同时指向或背离交线，此即**切应力互等定理**。

三、轴向拉伸（压缩）杆件的变形

设圆截面拉杆原长为 l，直径为 d，受轴向拉力 F 后，变形为如图 8-11 所示的形状。纵向长度由 l 变为 l_1，横向尺寸由 d 变为 d_1，则纵向变形为 $\Delta l=l_1-l$，横向变形为 $\Delta d=d_1-d$。为了度量杆的变形程度，用单位长度内杆的变形即线应变来衡量。与上述两种绝对变形相对应的线应变分别为

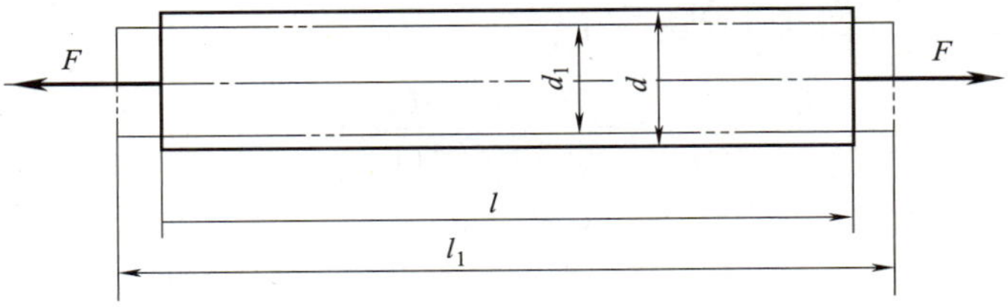

图 8-11　轴向受拉（压）杆的变形

纵向线应变
$$\varepsilon=\frac{\Delta l}{l}=\frac{l_1-l}{l}$$

横向线应变
$$\varepsilon'=\frac{\Delta d}{d}=\frac{d_1-d}{d}$$

试验结果发现，当材料在弹性范围内时，拉（压）杆的纵向线应变 ε 与横向线应变 ε' 之间存在如下比例关系：

$$\varepsilon'=-\nu\varepsilon \tag{8-7}$$

其中比例常数 $\nu=|\varepsilon'/\varepsilon|$ 称为**泊松比**。

根据胡克定律 $\sigma=E\varepsilon$ 和拉（压）杆横截面正应力公式 $\sigma=F_N/A$，可得

$$\Delta l=\varepsilon l=\frac{F_N l}{EA} \tag{8-8}$$

式（8-8）表明，杆的轴向变形值与轴力 F_N 及杆长 l 成正比，与材料的弹性模量 E 及杆的横截面面积成反比。因此，EA 称为**抗拉（压）刚度**，其值越大，在外力作用下单位长度变形量就越小。

材料的 ν 值一般小于 0.5，表 8-1 列出几种常见金属材料的 E 和 ν 的值。

表 8-1　几种常用金属材料的 E 和 ν 的值

材料名称	弹性模量 E/GPa	泊松比 ν
碳素钢	196~216	0.24~0.28
合金钢	186~216	0.25~0.30
灰铸铁	78.5~157	0.23~0.27
铜和铜合金	72.6~128	0.31~0.42
铝合金	70	0.33

例 8-3　如图 8-12a 所示阶梯杆，已知横截面面积 $A_{AB}=A_{BC}=500\text{mm}^2$，$A_{CD}=300\text{mm}^2$，弹性模量 $E=200\text{GPa}$。求阶梯杆的总伸长。

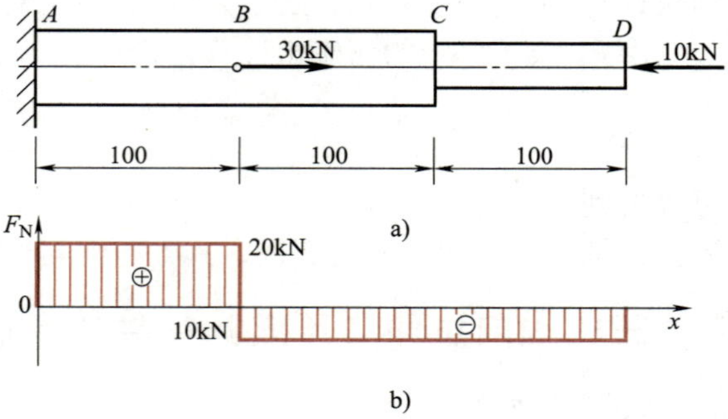

图 8-12　例 8-3 图

解　1）作轴力图。用截面法求得 CD 段和 BC 段的轴力 $F_{NCD}=F_{NBC}=-10\text{kN}$，$AB$ 段的轴力为 $F_{NAB}=20\text{kN}$，画出杆的轴力图（见图 8-12b）。

2）计算各段杆的变形量，分别为

$$\Delta l_{AB}=\frac{F_{NAB}l_{AB}}{EA_{AB}}=\frac{20\times10^3\times100}{200\times10^3\times500}\text{mm}=0.02\text{mm}$$

$$\Delta l_{BC}=\frac{F_{NBC}l_{BC}}{EA_{BC}}=\frac{-10\times10^3\times100}{200\times10^3\times500}\text{mm}=-0.01\text{mm}$$

$$\Delta l_{CD}=\frac{F_{NCD}l_{CD}}{EA_{CD}}=\frac{-10\times10^3\times100}{200\times10^3\times300}\text{mm}=-0.0167\text{mm}$$

3）计算杆的总伸长，即

$$\Delta l=\Delta l_{AB}+\Delta l_{BC}+\Delta l_{CD}=(0.02-0.01-0.0167)\text{mm}=-0.0067\text{mm}$$

计算的结果为负，说明杆的总变形为缩短。

例 8-4　如图 8-13a 所示的结构，杆 AB 和杆 AC 均为钢制杆，弹性模量 $E=200\text{GPa}$。杆 AB 的长度 $l_{AB}=2\text{m}$，横截面面积 $A_{AB}=200\text{mm}^2$，杆 AC 的横截面面积 $A_{AC}=250\text{mm}^2$。结构在点 A 受到铅垂向下的载荷 $F=10\text{kN}$。求节点 A 的位移。

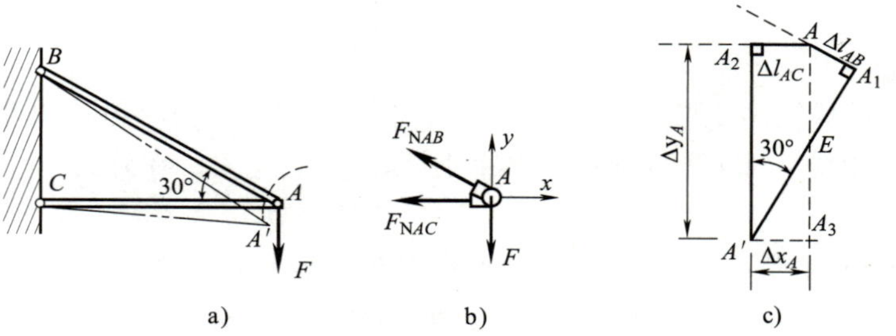

图 8-13　例 8-4 图

解　1）内力计算。围绕节点 A 取虚拟截面，如图 8-13a 中虚线所示。预设截面上的轴力为拉力，如图 8-13b 所示，并列平衡方程

$$\sum F_{iy}=0,\quad F_{NAB}\sin30°-F=0$$

得

$$F_{NAB}=2F=20\text{kN}$$

$$\sum F_{ix}=0,\quad -F_{NAC}-F_{NAB}\cos30°=0$$

得
$$F_{NAC}=-F_{NAB}\cos30°=-20\times\frac{\sqrt{3}}{2}\text{kN}=-17.3\text{kN}$$

故杆 AB 伸长，杆 AC 缩短。

2）各杆的变形计算

$$\Delta l_{AB}=\frac{F_{NAB}l_{AB}}{EA_{AB}}=\frac{20\times10^3\text{N}\times2000\text{mm}}{200\times10^3\text{MPa}\times200\text{mm}^2}=1\text{mm}$$

$$\Delta l_{AC}=\frac{F_{NAC}l_{AC}}{EA_{AC}}=\frac{-17.3\times10^3\text{N}\times2000\text{mm}\times\cos30°}{200\times10^3\text{MPa}\times250\text{mm}^2}=-0.6\text{mm}$$

3）节点 A 的位移。节点 A 在结构受载后的位置是以点 B 为圆心、以（$l_{AB}+\Delta l_{AB}$）为半径的圆弧与以点 C 为圆心、以（$l_{AC}+\Delta l_{AC}$）为半径的圆弧的交点 A'。在小变形假设前提下，Δl_{AB} 和 Δl_{AC} 与其原始的尺寸相比非常小，因此上述圆弧可以近似地用其切线来代替，如图 8-13c 所示。根据图示的几何关系，可以求出节点 A 的水平位移和垂直位移，分别为

$$\Delta x_A=\overline{AA_2}=|\Delta l_{AC}|=0.6\text{mm}$$

$$\Delta y_A=\overline{AA_3}=\overline{AE}+\overline{EA_3}=\frac{\Delta l_{AB}}{\sin30°}+\frac{|\Delta l_{AC}|}{\tan30°}=\left(\frac{1}{0.5}+\frac{0.6}{0.577}\right)\text{mm}=3.04\text{mm}$$

于是得到节点 A 的位移

$$\Delta_A=\sqrt{(\Delta x_A)^2+(\Delta y_A)^2}=\sqrt{0.6^2+3.03^2}\text{mm}=3.10\text{mm}$$

第四节　材料在拉压时的力学性能

材料的力学性能是指材料在外力作用下在强度和变形方面所表现出来的性能，一般由试验来确定。本节只讨论在常温和静载条件下材料的力学性能。所谓常温就是指室温，静载是指从零开始缓慢地增加到一定数值后不再改变（或变化极不明显）的载荷。

一、拉伸试验和应力-应变曲线

拉伸试验是研究材料的力学性能最常用的试验，为便于比较试验结果，试件必按国家标准加工成标准试件。圆截面的拉伸标准试件如图 8-14 所示。试件中间等直杆部分为试验段，其长度 l 称为标距，试件较粗的两端是装夹部分。标距 l 与直径 d 之比有 $l=10d$ 和 $l=5d$ 两种。

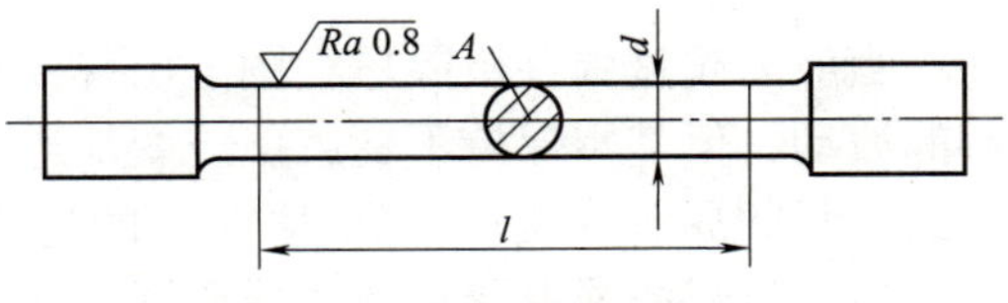

图 8-14　圆截面的拉伸标准试件

拉伸试验在万能试验机上进行。试验时将试件装在夹头中，然后开动机器加载。试件受到由零逐渐增加的拉力 F 的作用，同时发生伸长变形，加载一直进行到试件断裂为止。电子万能试验机将传感器获得的数据传递给计算机上位机软件，软件实时绘出载荷 F 和相应的伸长变形 Δl 的关系曲线，如图 8-15a 所示。

为了消除试件横截面尺寸和长度的影响，将载荷 F 除以试件原来的横截面面积 A，得到应力 σ，将变形 Δl 除以试件原长 l，得到应变 ε，这样的曲线称为应力-应变曲线（σ-ε 曲线）。σ-ε 曲线的形状与 F-Δl 曲线相似，但更好地反映了材料本身的特性，如图 8-15b 所示。

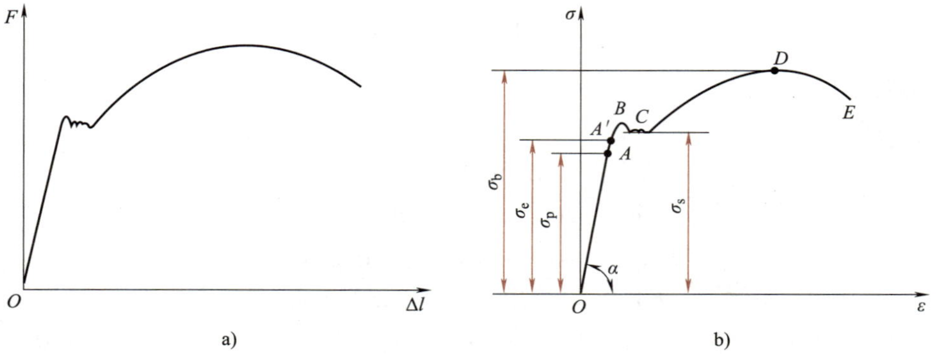

图 8-15 低碳钢的 F-Δl 和 σ-ε 曲线

二、低碳钢拉伸时的力学性能

低碳钢是碳含量低于 0.25%的碳素钢，因其强度低、硬度低，故又称软钢。它包括大部分普通碳素结构钢和一部分优质碳素结构钢，大多不经热处理，用于工程结构件。低碳钢是工程上广泛使用的金属材料，它在拉伸时表现出来的力学性能具有典型性。图 8-15b 是低碳钢拉伸时的应力-应变曲线。由图可见，整个拉伸过程大致可分为以下四个阶段。

1. 弹性阶段

图中 OA 为一直线段，这说明在拉伸的初始阶段，横截面上的正应力和正应变成正比，即符合单向拉伸时的胡克定律，$\sigma=E\varepsilon$。直线部分的最高点 A 所对应的应力值 σ_p 称为**比例极限**。牌号为 Q235 低碳钢的比例极限约为 $\sigma_p=190\sim200\text{MPa}$。可以看出直线 OA 的斜率就是材料的弹性模量 E。

当应力超过比例极限后，图 8-15b 中的 AA'段已不是直线，此时已不满足单向拉伸时的胡克定律。但当应力值不超过 A'点所对应的应力 σ_e 时，如将外力卸去，试件的变形也随之全部消失，这种变形即为弹性变形，因此将 σ_e 称为**弹性极限**。虽然比例极限和弹性极限的概念不同，但实际上由于点 A'和点 A 非常接近，一般对两者不做严格区分。在工程应用中，一般要求构件在比例极限以下范围内工作，也就是在材料的线弹性范围内工作。

2. 屈服阶段

当应力超过弹性极限后，图上出现接近水平的小锯齿形波动段 BC，说明此时应力虽有小的波动，但基本保持不变，但应变却迅速增加。**这种应力变化不大而变形显著增加的现象称为材料的屈服或流动。**BC 段对应的过程称为屈服阶段，屈服阶段的最低应力值 σ_s 较稳定，称为材料的**屈服强度**或**屈服极限**。在屈服阶段，如果试件表面足够光滑，可以看到试件表面有与轴线大约成 45°的滑移线，它表明在材料内部晶格间出现了滑移。进入屈服阶段后，试件不仅产生弹性变形，还会产生塑性变形。工程中的构件一般不允许产生较大的塑性变形，所以当应力达到屈服强度时，便认为构件即将丧失正常的工作能力，所以屈服强度是衡量材料强度的重要指标之一，甚至在钢材的牌号中直接指明了对其屈服强度的要求，例如牌号为 Q235 的低碳钢，表明此类低碳钢的屈服强度不小于 235MPa。

3. 强化阶段

经过屈服阶段，材料又恢复了一定的抵抗变形的能力，要使其继续变形必须施加更大的拉力，这种现象称为应变强化。σ-ε 曲线最高点 D 所对应的应力称为材料的**抗拉强度**或**强度极限**，用 σ_b 表示。它是材料能够承受的最高应力，是衡量材料力学性能的又一重要指标。

4. 颈缩断裂阶段

应力达到抗拉强度后，在试件较薄弱的横截面处发生急剧的局部收缩，出现颈缩现象，如图 8-16 所示。由于颈缩处的横截面面积迅速减小，所承受拉力也相应降低，最终导致试件断裂，应力-应变曲线呈下降的 DE 段形状（见图 8-15b）。

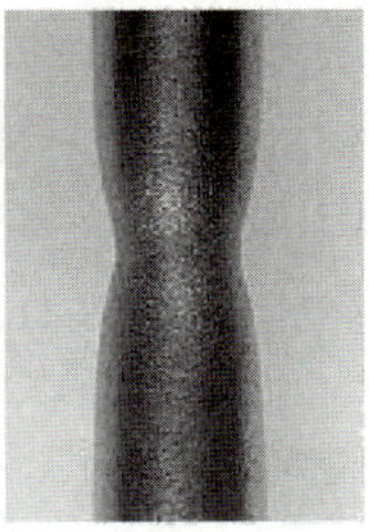

图 8-16　颈缩现象

试件断裂后，弹性变形消失，塑性变形不可恢复。标距从原来的长度 l 伸长为 l_1。定义比值

$$\delta=\frac{l_1-l}{l}\times 100\% \tag{8-9}$$

为**断后伸长率**。

以 A 表示试样试验前的横截面面积，A_1 表示试样断口的最小横截面面积，定义比值

$$\psi=\frac{A-A_1}{A}\times 100\% \tag{8-10}$$

为**断面收缩率**。断后伸长率和断面收缩率是表征材料塑性变形能力的两个指标。低碳钢的 $\delta\approx 20\%\sim 30\%$，$\psi\approx 60\%$。工程中常将 $\delta>5\%$的材料称为塑性材料，如钢材、铜和铝等；将 $\delta<5\%$的材料称为脆性材料，如铸铁、砖石等。

低碳钢拉伸试验表明，如果将试件拉伸到超过屈服强度 σ_s 后的任一点，如图 8-17 中的点 F，然后缓慢地卸载。这时，卸载过程中试件的应力-应变保持直线关系，沿着与 OA 近似平行的直线 FG 回到点 G，而不是沿原来的加载曲线回到点 O。OG 是试件残留下来的塑性应变，GH 表示消失的弹性应变。如果将卸载后的试件接着重新加载，则 σ-ε 曲线将基本上沿着卸载时的直线 GF 上升到点 F，之后的曲线仍与原来的 σ-ε 曲线相同。由此可见，将试件拉到超过屈服强度后卸载，在短时间内重新加载，材料的比例极限有所提高，而塑性变形减小，这种现象称为**冷作硬化**。工程中常用冷作硬化来提高某些构件的承载能力，例如预应力钢筋、钢丝绳等。

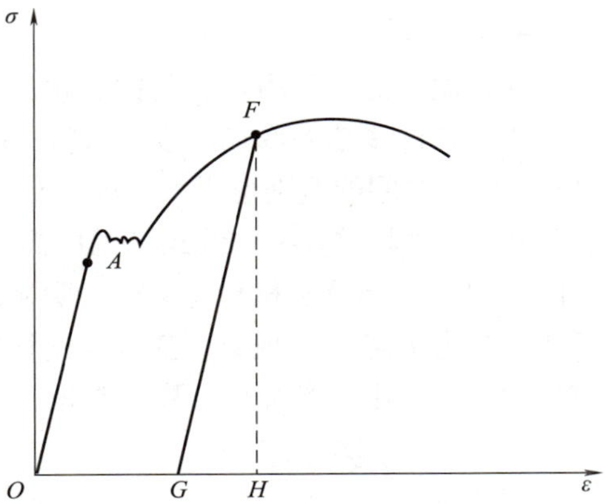

图 8-17　冷作硬化

三、其他材料在拉伸时的力学性能

1. 其他金属材料在拉伸时的力学性能

其他金属材料的拉伸试验和低碳钢拉伸试验相同，但材料所显示出来的力学性能有很大的差异。图 8-18 给出了锰钢、硬铝、20Cr、45 钢等材料的应力-应变曲线。图中可以看出，有些塑性材料并没有明显的屈服阶段。对于没有明显屈服极限的塑性材料，工程上规定，取对应于试件产生 0.2%的塑性应变时所对应的应力值为材料的名义屈服强度，以 $\sigma_{0.2}$表示。

灰铸铁是一种典型的脆性材料，其拉伸时的应力-应变曲线如图 8-19 所示，可以看出 σ-ε 曲线没有明显的直线部分，既无屈服阶段，亦无颈缩现象；断裂时应变通常只有 0.4%~0.5%，断口垂直于试件轴线。因铸铁构件在实际使用的应力范围内，其应力-应变曲线的曲率很小，实际计算时常近似地以直线（图 8-19 中的虚线）代替。抗拉强度 σ_b 是其唯一的强度指标。

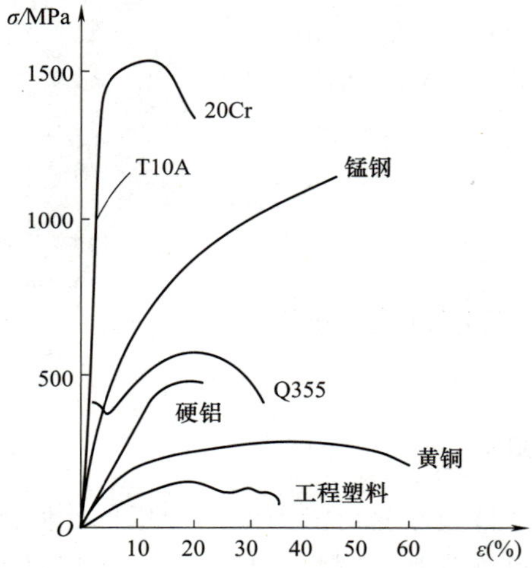

图 8-18 其他金属材料拉伸时的应力-应变曲线

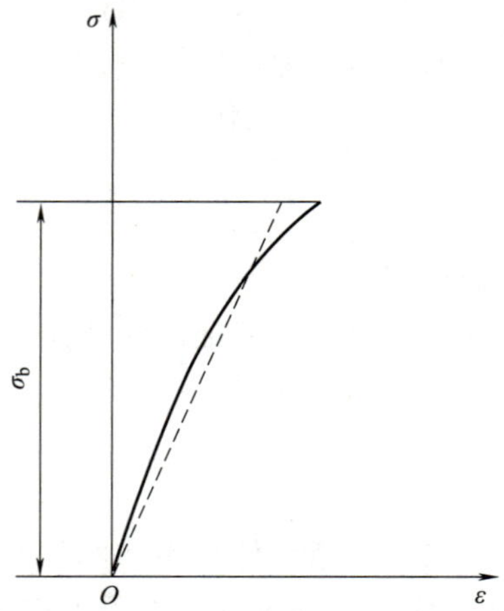

图 8-19 灰铸铁拉伸时的应力-应变曲线

2. 工程塑料的力学性能

工程塑料是一种耐热、耐蚀、耐磨和高强度的高分子材料，目前在各领域已被广泛采用，并已在许多地方取代了金属材料，图 8-20 所示是几种高分子材料拉伸的 σ-ε 曲线，由图可知，它们之间的差别也很大。温度和时间会对高分子材料的性态产生很大的影响，图 8-21 表示高分子材料的 σ-ε 曲线还随温度而异，这种现象称为黏弹性。在温度改变的条件下，温度由 t_1 到 t_2，高分子材料还会产生明显的**蠕变**（即应力不变，应变增加）及**松弛**（即应变不变，应力下降）等现象。部分金属材料在常温的一定应力范围内表现为弹性体，但在一定温度下也会出现黏弹性的蠕变与松弛现象。

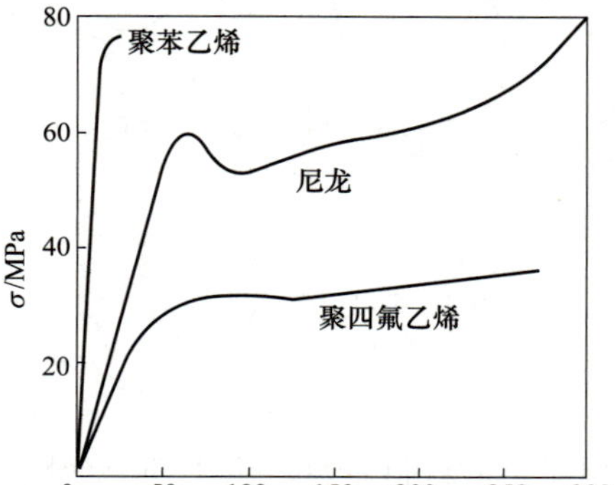

图 8-20 高分子材料拉伸时的应力-应变曲线

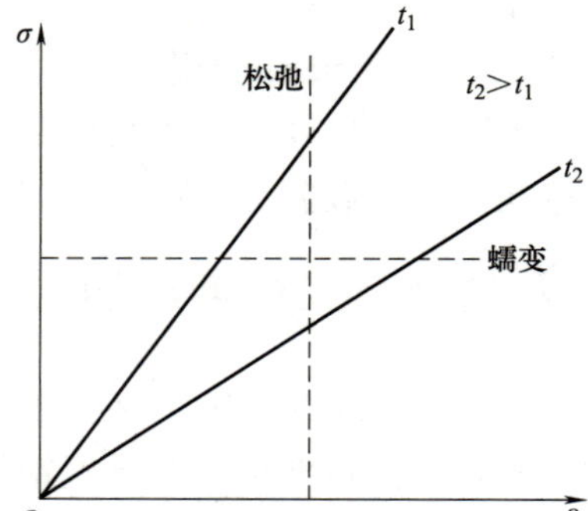

图 8-21 线性黏弹性材料在不同温度下的应力-应变曲线

3. 复合材料的力学性能

复合材料是指由两种以上不同材质的材料通过一定复合方式组合而成的一种具有优异性能的新型材料。玻璃钢就是由玻璃纤维与聚酯类树脂组成的一种复合材料，它具有强度高、重量轻、耐冲击、耐腐蚀、绝缘性好等优点。这类纤维增强的复合材料已广泛应用于各个方面。例如，一架飞机的结构中采用50%~70%的复合材料，其重量就可以减轻30%以上。由于增强纤维的存在，所以这类单层复合材料存在明显的各向异性，这一缺陷可用叠层复合材料方案来解决。

四、材料在压缩时的力学性能

金属材料的压缩试件一般做成短圆柱体，其高度为直径的1.5~3倍，以免试验时被压弯；非金属材料（如混凝土）的试件常采用立方体形状。

图8-22所示为低碳钢压缩时的σ-ε曲线，可以看出，在弹性阶段和屈服阶段拉伸和压缩曲线是基本重合的，这表明，低碳钢在压缩时的比例极限σ_p、弹性极限σ_e、弹性模量E和屈服强度σ_s等都与拉伸时基本相同。进入强化阶段后，两曲线逐渐分离，压缩曲线上升，此时测不出材料的抗压强度极限，这是因为超过屈服强度后试件被越压越扁，横截面面积不断增大的缘故。

铸铁压缩时的应力-应变曲线如图8-23所示。虚线为拉伸时的σ-ε曲线。可以看出，铸铁压缩时的σ-ε曲线也没有直线部分，因此压缩时也只是近似地服从胡克定律。铸铁压缩时的抗压强度比抗拉强度高出4~5倍。对于其他脆性材料，如硅石、混凝土等，其抗压强度也显著地高于抗拉强度。一般脆性材料的价格较便宜，因此工程上常用脆性材料做承压构件。

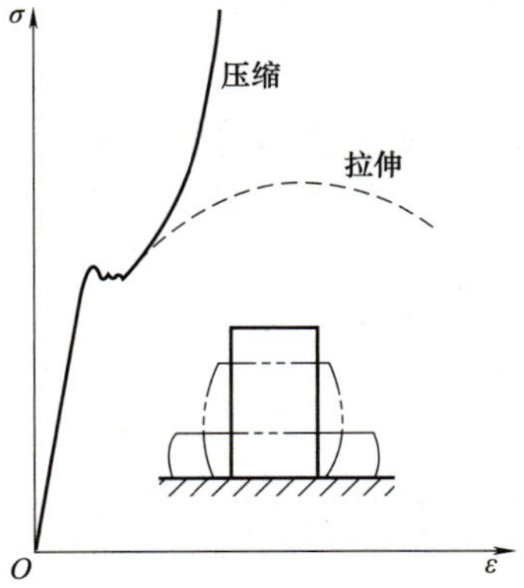

图8-22 低碳钢压缩时的应力-应变曲线

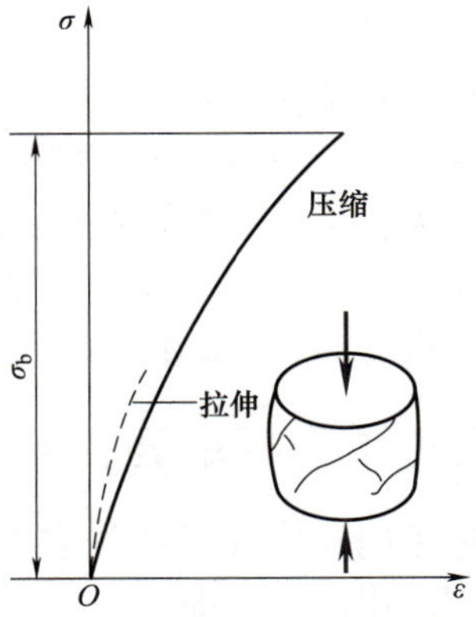

图8-23 灰铸铁压缩时的应力-应变曲线

几种常用材料的力学性能如表8-2所示。

表8-2 几种常用材料的力学性能

材料名称或牌号	屈服强度σ_s/MPa	抗拉强度σ_b/MPa	断后伸长率δ(%)	断面收缩率ψ(%)
Q235A	235	390	25~27	—
35	314	530	20	28~45
45	353	598	16	30~40

（续）

材料名称或牌号	屈服强度 σ_s/MPa	抗拉强度 σ_b/MPa	断后伸长率 δ(%)	断面收缩率 ψ(%)
40Cr	785	980	9	30~45
QT600-3	340	550	3	—
HT150	—	拉 150 压 637 弯 330	—	—

第五节 拉压杆的强度计算与拉压超静定问题

一、极限应力、许用应力和安全因数

由实验和工程实践可知，当构件的应力达到了材料的屈服强度或抗拉强度时，将产生较大的塑性变形乃至发生断裂，为使构件能正常工作，设定一种极限应力，用 σ_u 表示。对于塑性材料，常取 $\sigma_u=\sigma_s$；对于脆性材料，常取 $\sigma_u=\sigma_b$。

考虑到载荷估计的准确程度、应力计算方法的精确程度、材料的均匀程度以及构件的重要性等因素，为了保证构件安全可靠地工作，不仅构件的工作应力须小于材料的极限应力，而且还应使构件留有适当的强度储备。为此一般把极限应力除以一个大于 1 的因数 n 得到的值作为设计时应力的最大允许值，称为许用应力，用$[\sigma]$表示，即

$$[\sigma]=\frac{\sigma_u}{n} \tag{8-11}$$

式中，n 称为安全因数。

正确地选取安全因数，关系到构件的安全与经济这一对矛盾的问题。过大的安全因数导致结构尺寸变大，从而浪费材料；太小的安全因数则又可能使强度储备不足，导致构件不能安全工作。各种不同工作条件下构件安全因数 n 的选取，可从有关工程手册中查到。一般对于塑性材料，取 $n=1.3\sim2.0$；对于脆性材料，取 $n=2.0\sim3.5$。

二、拉（压）杆的强度条件

为了保证轴向受拉（压）杆安全正常地工作，必须使杆内的最大工作应力不超过材料的拉伸或压缩许用应力，即

$$\sigma_{max}=\left(\frac{F_N}{A}\right)_{max}\leqslant[\sigma] \tag{8-12}$$

式中，F_N 和 A 通常是危险截面上的轴力与横截面面积。

式（8-12）称为拉（压）杆的强度条件。根据强度条件，可解决下列三种强度计算问题：

1）校核强度。若已知杆件的尺寸，所受载荷和材料的许用应力，即可用式（8-12）验算杆件是否满足强度条件。

2）设计截面。若已知杆件所承受的载荷及材料的许用应力，由强度条件可确定杆件的

安全横截面面积 A，即

$$A \geqslant \frac{F_N}{[\sigma]}$$

3）确定许可载荷。若已知杆件的横截面尺寸及材料的许用应力，可由强度条件确定杆件所能承受的最大轴力，即

$$F_{Nmax} \leqslant A[\sigma]$$

然后再根据轴力与外力的静力学关系确定结构的许可载荷。

例 8-5　某机床工作台，其进给液压缸如图 8-24 所示。已知油压 $p=2\text{MPa}$，液压缸的直径 $D=75\text{mm}$，活塞杆直径 $d=18\text{mm}$，活塞杆材料的许用应力 $[\sigma]=50\text{MPa}$，校核该活塞杆的强度。

解　1）求活塞杆的轴力：

$$F=p \cdot \frac{\pi}{4}(D^2-d^2)$$

$$=2\times\frac{\pi}{4}\times(75^2-18^2)\times10^{-3}\text{kN}$$

$$=8.3\text{kN}$$

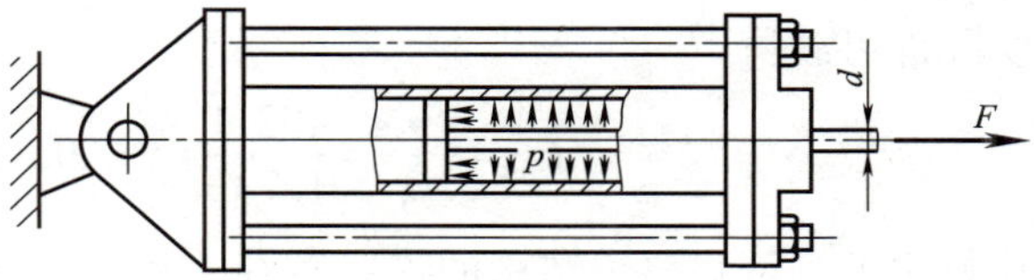

图 8-24　例 8-5 图

显然根据截面法，活塞杆任意横截面上的轴力为 $F_N=F=8.3\text{kN}$。

2）校核强度：

$$\sigma=\frac{F_N}{A}=\frac{4F_N}{\pi d^2}=\frac{4\times8.3\times1000}{\pi\times18^2}\text{MPa}=32.61\text{MPa}<[\sigma]$$

故活塞杆强度满足要求。

例 8-6　冷锻机的曲柄滑块机构如图 8-25 所示。锻压工作时，当连杆接近水平位置时锻压力 F 最大，$F_{max}=3780\text{kN}$。连杆横截面为矩形，高与宽之比为 $h/b=1.4$，材料的许用应力 $[\sigma]=90\text{MPa}$。设计连杆的横截面尺寸 h 和 b。

解　1）计算轴力。由于锻压时连杆位于水平位置，其轴力为

$$F_N=F_{max}=3780\text{kN}$$

2）求横截面面积：

$$A \geqslant \frac{F_N}{[\sigma]}=\frac{3780\times10^3}{90}\text{mm}^2=42000\text{mm}^2$$

3）设计尺寸 h 和 b。以 $h/b=1.4$ 代入

$$A=hb=1.4b^2 \geqslant 42000\text{mm}^2$$

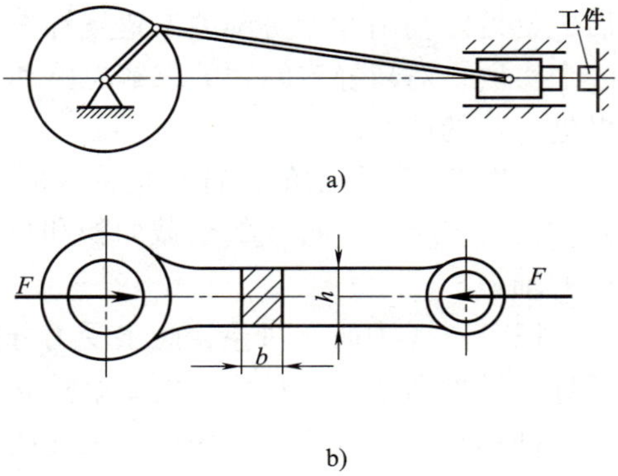

图 8-25　例 8-6 图

求得 $b \geqslant 173\text{mm}$，$h \geqslant 242\text{mm}$。工程设计一般需要取确定的整数值，故设计尺寸定为 $b=174\text{mm}$，$h=244\text{mm}$。

例 8-7　如图 8-26 所示三角构架，AB 为圆截面钢杆，直径 $d=30\text{mm}$；BC 为矩形木杆，尺寸 $b=60\text{mm}$，$h=120\text{mm}$。若钢的许用应力 $[\sigma]_s=170\text{MPa}$，木材的 $[\sigma]_w=10\text{MPa}$，不考虑

杆件受压稳定性的要求㊀，确定该结构的许用载荷[F]。

解 1）求两杆的轴力。由图 8-26b 中节点 B 的两个平衡方程得

$$-F_{NAB}-F_{NBC}\cos30°=0$$
$$-F_{NBC}\sin30°-F=0$$

解得 $F_{NAB}=\sqrt{3}F$，$F_{NBC}=-2F$（压力）。

2）各杆允许的最大轴力：

$$F_{NAB}\leqslant[\sigma]_s A_{AB}=170\times\frac{\pi\times30^2}{4}\times10^{-3}\text{kN}=102.1\text{kN}$$

$$F_{NBC}\leqslant[\sigma]_w A_{BC}=10\times60\times120\times10^{-3}\text{kN}=72\text{kN}$$

3）求结构的许用载荷。根据两杆允许的最大轴力分别计算结构的许可载荷，然后取其数值小的为结构的实际许可载荷

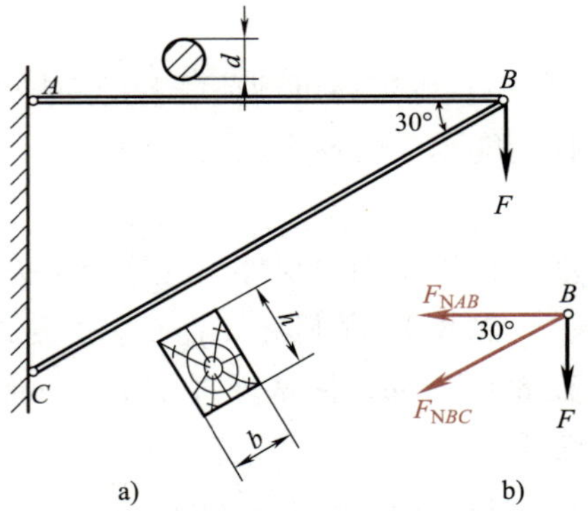

图 8-26 例 8-7 图

$$F_{AB}=\frac{F_{NAB}}{\sqrt{3}}=\frac{102.1}{1.732}=69.3\text{kN}；\ F_{BC}=\frac{F_{NBC}}{2}=\frac{72}{2}=36\text{kN}$$

比较之下，可知整个结构的许可载荷为[F]=36kN。此时杆 BC 的应力恰好等于许用应力，而杆 AB 的强度还有富余。

三、拉压超静定问题简介

1. 超静定的概念及其解法

前面所讨论的问题，若所有的约束力和内力均可以通过静力平衡方程求解，这类问题称为**静定问题**。对于不能直接利用平衡方程求出作用在结构上的全部未知约束力以及结构中的内力的问题，称为**超静定问题**。一般地，未知力的个数与独立平衡方程数的差值称为超静定的次数。若把研究对象视为刚体，则超静定问题是无法求解的；而将研究的对象视为变形体后，就可以利用变形协调关系建立补充方程，配合静力学平衡方程，就可以求解。以下通过一个实例，对超静定问题的求解思路和方法做简要介绍，本书后续章节中还将对超静定问题做进一步的展开。

如图 8-27a 所示的三杆铰接构成的结构，设杆 1 和杆 2 的横截面积 $A_1=A_2$，杆长 $l_1=l_2$，弹性模量 $E_1=E_2$，杆 3 的横截面积和弹性模量分别为 A_3 和 E_3，分析在垂直载荷 F 作用下三杆的轴力。

以节点 A 为研究对象，画出受力分析图，如图 8-27b 所示，构成了平面的汇交力系，按照静力学平衡条件，只能列出 2 个独立平衡方程，最多求解 2 个未知量，但本问题中包括了三个杆的轴力，有 3 个未知量，因此还需要补充一个方程。

先考虑平衡方程，建立直角坐标系，列力投影方程，有

$$\sum F_{ix}=0，\ -F_{N1}\sin\alpha+F_{N2}\sin\alpha=0，\ F_{N1}=F_{N2}$$
$$\sum F_{iy}=0，\ F_{N3}+F_{N1}\cos\alpha+F_{N2}\cos\alpha-F=0$$

㊀ 细长杆在受到轴心压力的时候，考虑稳定性要求，其许可载荷要远小于依照强度得出的数值。本例中杆 BC 受到轴向压力，但题目中未给出杆件的长度，因此本例仅按照强度要求计算许可载荷。关于稳定性问题在本书第十三章有专门的讲解。

通过上两式，可得

$$2F_{N1}\cos\alpha+F_{N3}-F=0 \tag{a}$$

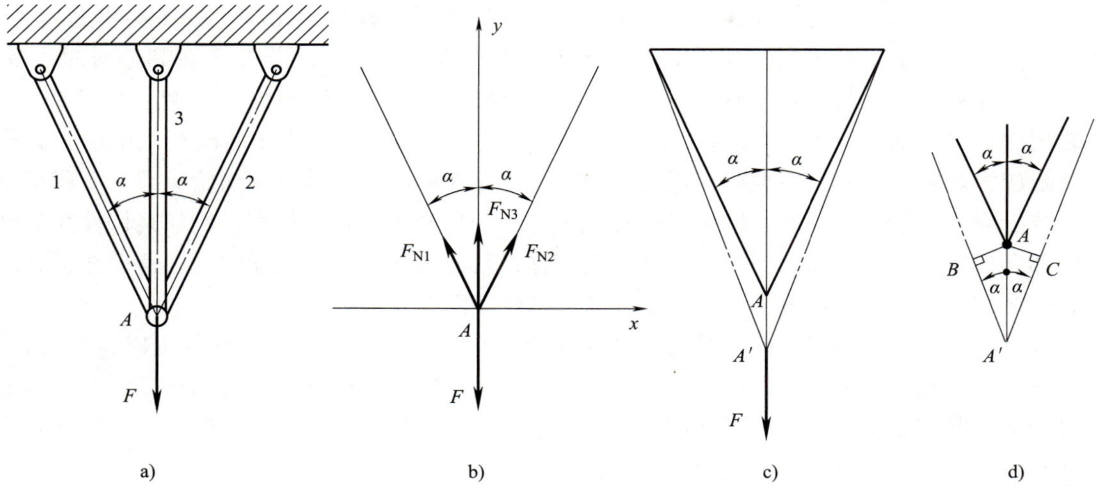

图 8-27　超静定问题简例

下面考虑补充方程。如图 8-27c 所示，三杆原交于点 A，受到载荷作用后，因结构对称、刚度对称、受力对称，节点 A 只能沿铅垂方向发生位移。在小变形假设前提下，如图 8-27d 所示，可以近似认为 $\angle BA'A=\angle CA'A=\alpha$。此时杆 3 的轴向变形 $\Delta l_3=\overline{AA'}$，杆 1 和杆 2 的变形可近似为 $\Delta l_1=\overline{BA'}$，$\Delta l_2=\overline{CA'}$。采用例 8-4 所述，以切线代替圆弧的近似方法，并考虑三杆变形后仍交于一点 A'，因此必须满足以下关系：

$$\Delta l_1=\Delta l_2=\Delta l_3\cos\alpha \tag{b}$$

式（b）是变形几何关系，也称为**变形协调关系**。

考虑三杆均处于弹性范围内，则根据胡克定律，各杆轴力与其变形之间存在以下关系：

$$\Delta l_1=\frac{F_{N1}l_1}{E_1A_1},\ \Delta l_3=\frac{F_{N3}l_3}{E_3A_3}=\frac{F_{N3}l_1\cos\alpha}{E_3A_3} \tag{c}$$

将式（c）代入式（b），得到以轴力表示的变形协调方程，即补充方程为

$$F_{N1}=\frac{E_1A_1}{E_3A_3}\cos^2\alpha\cdot F_{N3} \tag{d}$$

联立求解平衡方程（a）以及补充方程（d），得到各杆轴力：

$$F_{N1}=F_{N2}=\frac{F\cos^2\alpha}{2\cos^3\alpha+\dfrac{E_3A_3}{E_1A_1}},\ F_{N3}=\frac{F}{1+2\dfrac{E_1A_1}{E_3A_3}\cos^3\alpha}$$

若假设 $\alpha=0°$，即三杆均处于垂直位置，且令杆 3 的抗拉刚度 EA 是杆 1、2 的两倍，即 $E_3A_3=2E_1A_1=2E_2A_2$，容易计算 $F_{N1}=F_{N2}=F/4$，$F_{N3}=F/2$，这说明了在超静定问题中，刚度越大的杆件，所受到的力也越大。对于静定结构，由于约束力和内力都是直接通过平衡方程求出的，所以与杆件的刚度无关。

对于 n 次超静定系统，多余杆件的变形必须与其他杆件的变形相协调，分析表明，总可以找到 n 个变形协调关系，相应建立起 n 个补充方程。

2. 装配应力和温度应力

所有构件在制造过程中都会存在一定的误差，这种误差在静定结构中并不会引起内力，而在超静定结构中则有不同的特点。如图 8-27a 所示的三杆结构，若杆 3 在制造时短了 δ，为将三个杆装配在一起，则必然要拉长杆 3，压短杆 1 和杆 2。这种强行装配，会导致杆 3 在装配后形成内部的拉应力，而杆 1、杆 2 内部产生压应力。这种由于装配产生的应力，称为**装配应力**。装配应力是在载荷作用前结构中已经存在的应力，是一种初始应力。工程实际中，装配应力一般是不利的，但也可以有意识地利用它产生有利的作用。例如某杆件在受载后内部会产生拉应力，那么预先可以使其内部存在性质为压应力的装配应力，这样在受载后两者就会相互抵消掉一部分，从而减小杆件内部的实际工作应力。

温度的变化也会引起超静定结构内部的应力。对于静定结构，由于杆件可以自由变形，所以热胀冷缩并不会在杆件内部形成应力。但由于超静定结构杆件之间受到相互制约，不能自由变形，温度变化会引起内部的应力，这种应力称为**温度应力**。对于两端固定的杆件，当温度升高 Δt(℃)时，其内部引起的温度应力

$$\sigma_{\mathrm{T}} = \alpha \Delta t E \tag{8-13}$$

式中，E 是材料的弹性模量；α 为材料的线膨胀系数。碳素钢的 $\alpha = 12.5\times10^{-6}$℃$^{-1}$，弹性模量一般为 $E = 200\text{GPa}$，将以上数据代入式（8-13），计算得 $\sigma_{\mathrm{T}} = 200\times10^{3}\times12.5\times10^{-6}\Delta t(\text{MPa}) = 2.5\Delta t(\text{MPa})$。由结果可见，当温度变化较大时，温度应力便非常可观。在我国大部分地区，一年中的最高温度和最低温度大约相差 30℃ 以上，超静定结构中的碳素钢构件由于温度变化引起的应力变化可达到 75MPa。在日常生活中，我们有时会在结构中预留构件自由伸缩的余量，从而降低温度应力。

第六节 剪切与挤压的实用计算

一、剪切的概念

用剪床剪钢板时，钢板在上下刀刃的作用下沿 m—m 截面发生相对错动，直至最后被切断，如图 8-28 所示。其受力特点是：构件受一对大小相等、方向相反、作用线平行且相距很近的外力作用。这时构件沿两个力作用线之间的截面发生相对错动。这种变形称为**剪切变形**，发生相对错动的面称为**剪切面**。

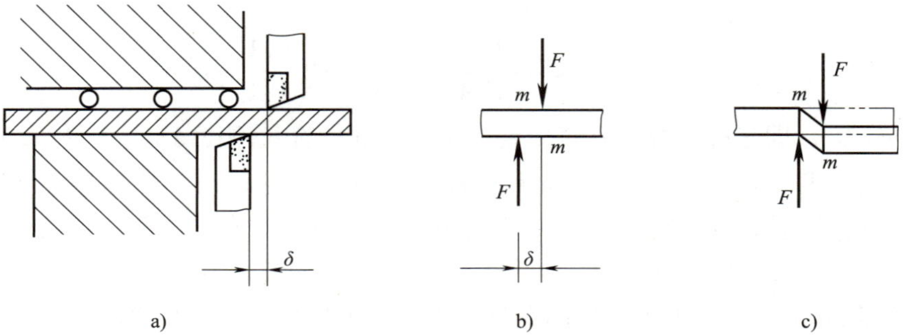

图 8-28 剪切

机械中常用的连接件，如铆钉（见图 8-29）、销钉（见图 8-30）和键（见图 8-31）等，都是承受剪切的零件。图 8-29 所示的铆钉只有一个剪切面，称为单剪；而图 8-30 所示的销钉具有两个剪切面，称为双剪。

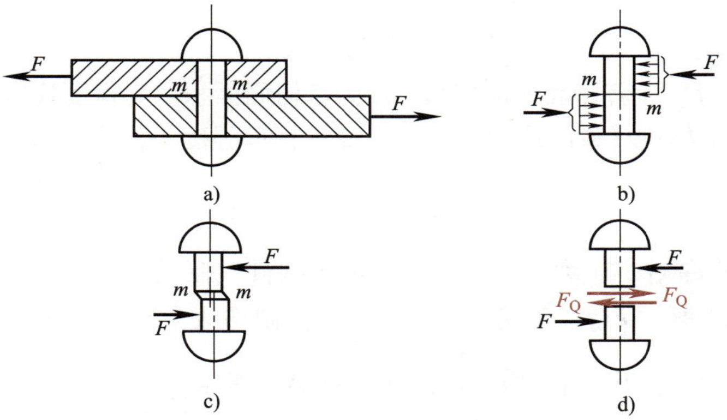

图 8-29　铆钉连接

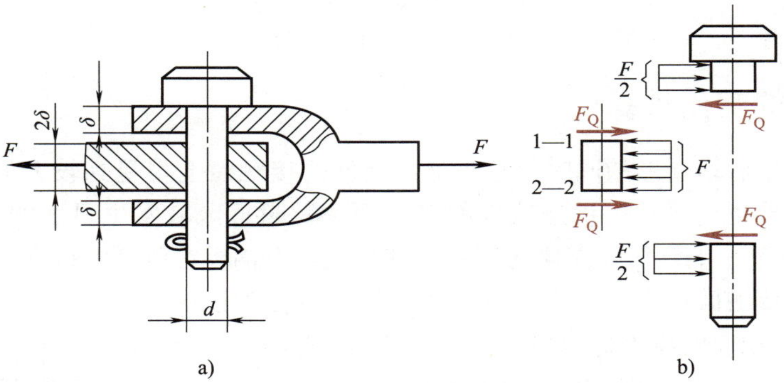

图 8-30　销钉连接

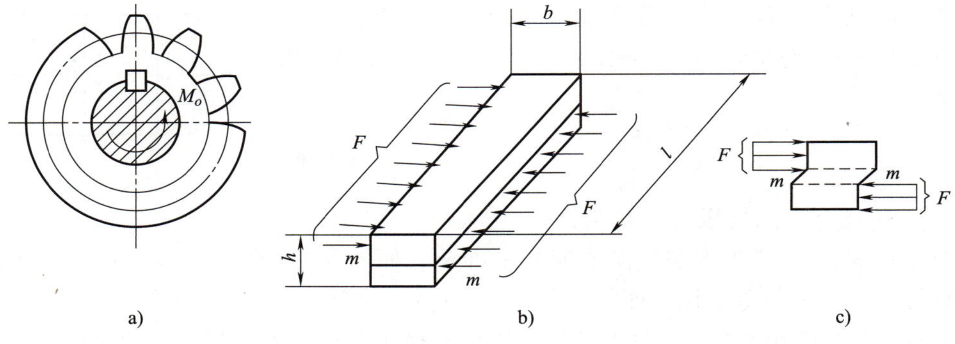

图 8-31　键连接

二、剪切的实用计算

现以拖车挂钩的连接销（见图 8-30a）为例，说明实用计算的方法。销的受力如图 8-30b 所示。由截面法可知：两个截面上必有与截面相切的内力 F_Q，且 $F_Q=F/2$，这种内力导致截面发生相对错动，故称为**剪力**。切应力在连接件剪切面上的分布情况比较复杂，为简化计算，工程上通常采用以试验、经验为基础且保证安全的实用计算。实用计算近似地认为切应力在剪切面上是均匀分布的，则有

$$\tau=\frac{F_Q}{A} \tag{8-14}$$

式中，τ 为切应力；F_Q 为剪切面上的剪力；A 为剪切面面积。为保证连接件具有足够的抗剪强度，要求切应力不超过材料的许用应力。由此得抗剪强度条件为

$$\tau=\frac{F_Q}{A}\leqslant[\tau] \tag{8-15}$$

式中，$[\tau]$为材料的许用切应力。$[\tau]$可以通过与构件实际受力情况相似的剪切实验得到。根据试件被剪断时的剪力 F_{Qu}，按式（8-14）算出极限切应力 τ_u，再除以适当的安全因数 n，则得$[\tau]=\frac{\tau_u}{n}$。常用材料的许用切应力$[\tau]$可从有关手册中查到。相关试验表明，金属材料的$[\tau]$与许用拉应力$[\sigma]$之间大致有如下关系：

塑性材料　　$[\tau]=(0.6\sim0.8)[\sigma]$

脆性材料　　$[\tau]=(0.8\sim1.0)[\sigma]$

三、挤压的实用计算

连接件在发生剪切变形的同时，它与被连接件的接触面上将受到较大的**挤压力**的作用，过大的挤压力会导致连接件或被连接件的挤压面及其附近区域发生显著的塑性变形而被压溃。如图 8-32 所示，上钢板孔左侧与铆钉上部左侧，下钢板右侧与铆钉下部右侧相互挤压。

发生挤压的接触面称为**挤压面**。挤压面上的压力称为挤压力，用 F_{bs}表示。相应的应力称为**挤压应力**，用 σ_{bs}表示。应当注意挤压与压缩的不同，挤压力作用在构件的表面，挤压应力也只分布在挤压面附近区域。

由于挤压面上的挤压应力分布比较复杂，所以与剪切一样，工程中也采用实用计算进行简化，假设挤压应力在挤压面上均匀分布，挤压应力

$$\sigma_{bs}=\frac{F_{bs}}{A_{bs}} \tag{8-16}$$

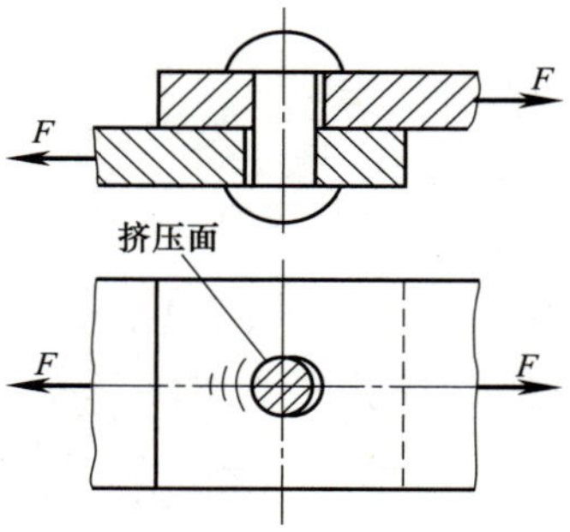

图 8-32　挤压面

式中，F_{bs}为挤压面上的挤压力；A_{bs}为**计算挤压面积**。

计算挤压面积 A_{bs}需根据挤压面的形状来确定。如图 8-33a 所示的键连接的挤压面为平面，则计算挤压面积就等于该平面的面积；对于销钉、铆钉等圆柱形连接件，其挤压面为圆柱面，挤压面的应力分布如图 8-33b 所示，则计算挤压面积应为半圆柱面的正投影面积，即 $A_{bs}=d\cdot t$，如图 8-33c 所示。这时按式（8-16）计算所得的挤压应力，近似于最大挤压应力 σ_{bsmax}。

为保证连接件具有足够的挤压强度而不破坏，挤压强度条件为

$$\sigma_{bs}=\frac{F_{bs}}{A_{bs}}\leqslant[\sigma_{bs}] \tag{8-17}$$

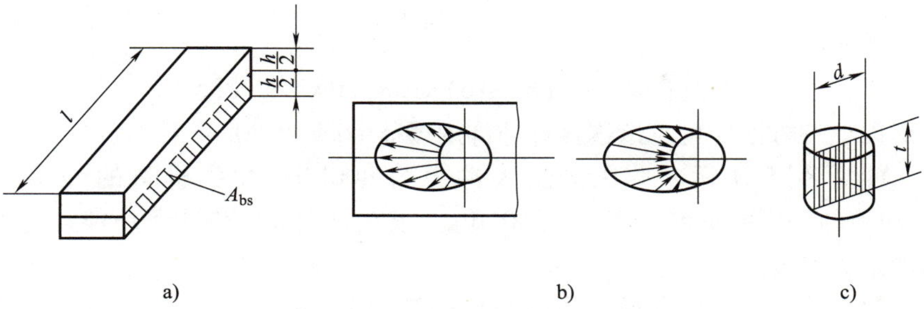

图 8-33 挤压面与计算挤压面积

式中，$[\sigma_{bs}]$为材料的许用挤压应力，其数值可由材料力学性能试验获得。常用材料的$[\sigma_{bs}]$仍可从有关的手册中查得。对于金属材料，许用挤压应力和许用拉应力之间有如下的关系：

塑性材料 $[\sigma_{bs}]=(1.7\sim2.0)[\sigma]$

脆性材料 $[\sigma_{bs}]=(0.9\sim1.5)[\sigma]$

如果两个相互挤压构件的材料不同，则应对材料强度较小的构件进行计算。

例 8-8 如图 8-34 所示，用四个直径相同的铆钉连接拉杆和金属格板。已知拉杆与铆钉的材料相同，$b=80\text{mm}$，$t=10\text{mm}$，$d=16\text{mm}$，$[\tau]=100\text{MPa}$，$[\sigma_{bs}]=200\text{MPa}$，$[\sigma]=130\text{MPa}$。计算许可载荷$[F]$。

解 该连接件的许可载荷应根据铆钉的抗剪强度、铆钉和杆的挤压强度以及杆的抗拉强度三方面确定。

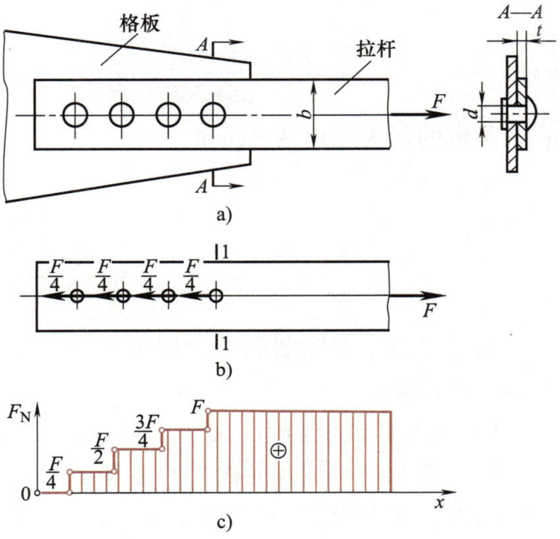

图 8-34 例 8-8 图

1）铆钉的抗剪强度。分析表明，各铆钉的受力大致相等，所以各铆钉剪切面上的剪力近似认为相等且为$F_Q=F/4$。根据抗剪强度条件

$$\tau=\frac{F_Q}{A}\leqslant[\tau]$$

得

$$F=4F_Q\leqslant4\times\frac{1}{4}\pi d^2[\tau]$$

$$=3.14\times16^2\times100\text{N}$$

$$=80.4\text{kN}$$

2）铆钉和杆的挤压强度。由于杆和铆钉的材料相同，所以可根据铆钉挤压强度计算。本例中，铆钉所受的挤压力等于剪力，即$F_{bs}=F_Q=F/4$，根据挤压强度条件

$$\sigma_{bs}=\frac{F_{bs}}{A_{bs}}\leqslant[\sigma_{bs}]$$

$$F=4F_{bs}\leqslant4dt[\sigma_{bs}]=4\times16\times20\times200\text{N}=128\text{kN}$$

3）杆的抗拉强度。拉杆的受力情况及轴力图分别如图 8-34b、c 所示。显然，横截面 1—1 为危险截面。根据抗拉强度条件

$$\sigma=\frac{F}{(b-d)t}\leqslant[\sigma]$$

解得
$$F\leqslant(b-d)t\sigma=(80-16)\times10\times130\mathrm{N}=83.2\mathrm{kN}$$

综合考虑以上三方面，可见该连接件的许用载荷为$[F]=80.4\mathrm{kN}$

例 8-9 如图 8-35 所示，冲床的最大冲力为 400kN，冲头材料的许用应力$[\sigma]=440\mathrm{MPa}$，被冲剪的钢板的抗剪强度$\tau_u=360\mathrm{MPa}$。求在最大冲力作用下所能冲剪的圆孔最小直径 d 和板的最大厚度 d。

解 1）确定圆孔的最小直径。冲剪的孔径等于冲头的直径，冲头工作时需满足抗压强度条件，即

$$\sigma=\frac{F_N}{A}=\frac{4F}{\pi d^2}\leqslant[\sigma]$$

解得
$$d\geqslant\sqrt{\frac{4F}{\pi[\sigma]}}=\sqrt{\frac{4\times400\times10^3}{\pi\times440}}\mathrm{mm}=34\mathrm{mm}$$

故取最小直径为 35mm。

2）求钢板的最大厚度。钢板剪切面上的剪力 $F_Q=F$，剪切面的面积 $A=dt$。为能冲断圆孔，需满足条件

$$\tau=\frac{F_Q}{A}\geqslant\tau_u$$

解得
$$t\leqslant\frac{F}{d\tau_u}=\frac{400\times10^3}{35\times360}\mathrm{mm}=31.7\mathrm{mm}$$

故取钢板的最大厚度为 31mm。

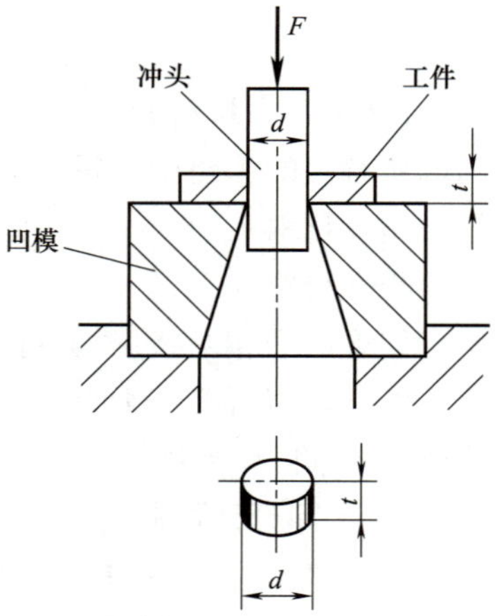

图 8-35 例 8-9 图

本 章 小 结

本章讨论了在横截面应力均布的拉（压）杆的内力、应力的计算，也介绍了剪切、挤压的实用计算。

1）用截面法求内力。截面法可以用“切一刀、取一部、加内力、列平衡”来描述其基本过程。本章中所涉及的内力与横截面间有如下特征：拉、压内力，即轴力与横截面垂直；剪切内力，即剪力 F_Q 与横截面平行，挤压则垂直于局部接触表面。

2）应力与应变的概念。应力是内力分布的集度。可以分为正应力 σ 和切应力 τ，应力的单位是 Pa，工程中常用的单位是 MPa，常用 $1\mathrm{MPa}=1\mathrm{N/mm^2}$ 进行运算。应变是物体变形程度的度量，包括线应变和切应变，两者的量纲均为一。

3）材料未产生塑性变形之前，杆件在单向拉伸（压缩）变形条件下，其上一点的轴向正应力 σ 与正应变 ε 成正比，即 $\sigma=E\varepsilon$；杆件上一点的切应力和切应变也有正比关系，即 $\tau=G\gamma$。

4）轴向受拉（压）杆横截面上只有正应力。在任意角度斜截面上正应力和切应力的计算公式为

$$\left.\begin{aligned}\sigma_\alpha &= \sigma\cos^2\alpha \\ \tau_\alpha &= \frac{\sigma}{2}\sin2\alpha\end{aligned}\right\}$$

式中，$\sigma=\dfrac{F_N}{A}$是横截面上的正应力，也是最大正应力。最大切应力作用在与轴线成 45°的斜截面上。

5）应力计算及强度条件为

拉压　$$\sigma_{max}=\left(\frac{F_N}{A}\right)_{max}\leqslant[\sigma]$$

剪切（连接件）　$$\tau=\frac{F_Q}{A}\leqslant[\tau]$$

挤压　$$\sigma_{bs}=\frac{F_{bs}}{A_{bs}}\leqslant[\sigma_{bs}]$$

对于挤压面为平面时，以实际接触面为准，如是圆弧面则采用它的正投影面来计算。利用强度条件可以解决强度校核、设计截面尺寸和确定承载能力等三类问题。

6）轴向拉伸与压缩杆件的变形计算：$\Delta l=\varepsilon l=\dfrac{F_N l}{EA}$。杆件纵向线应变 ε 与横向线应变 ε' 之间存在比例关系，其中比例常数 $\nu=|\varepsilon'/\varepsilon|$称为泊松比。

7）常用材料中塑性材料以低碳钢 Q235 为代表，低碳钢的拉伸应力-应变曲线分为四个阶段：线弹性阶段、屈服阶段、强化阶段和断裂阶段。重要的强度指标有 σ_p、σ_s 和 σ_b；重要的塑性指标有 δ 和 ψ。

8）超静定问题的解题关键是建立变形协调关系，并配合物理关系（胡克定律）构造补充方程。利用补充方程和静力学平衡方程求解未知量，进而得到约束力和内力的解答。

思　考　题

8-1　试辨别图 8-36 所示构件中哪些属于轴向拉伸或轴向压缩？

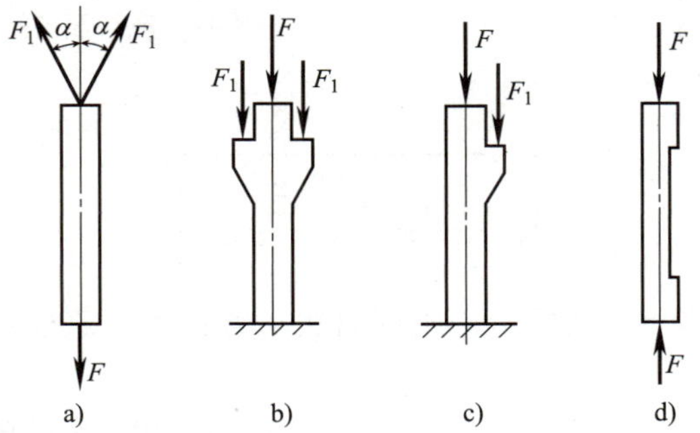

图 8-36　受力构件

8-2　两根不同材料的等截面直杆，承受相同的轴向拉力，它们的横截面和长度都相等。

说明：1）横截面上的应力是否相等？2）强度是否相同？3）绝对变形是否相同？为什么？

8-3 两根材料相同的拉杆如图 8-37 所示。说明它们的绝对变形是否相同？如不相同，哪根变形大？不等截面杆的各段应变是否相同？为什么？

8-4 钢的弹性模量 $E=200\text{GPa}$，铝的弹性模量 $E=71\text{GPa}$。试比较在应力相同的情况下，哪种材料的应变大？在相同应变的情况下，哪种材料的应力大？

8-5 三种材料的 σ-ε 曲线如图 8-38 所示，试说明哪种材料的强度高？哪种材料的塑性好？哪种材料的弹性模量大（在弹性范围内）？

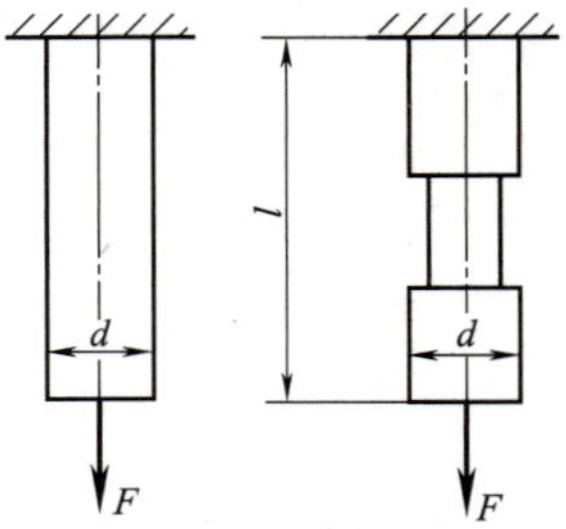

图 8-37 拉杆受力

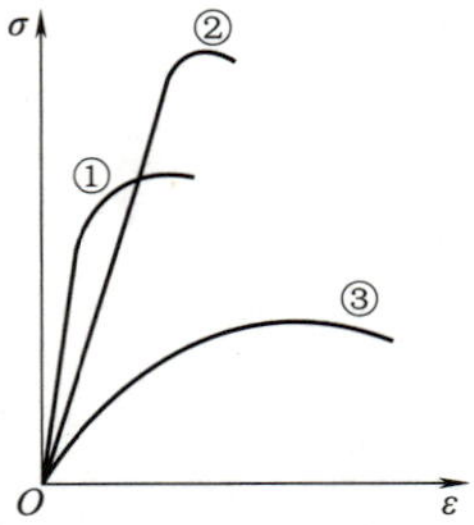

图 8-38 σ-ε 曲线

8-6 挤压应力与一般的压应力有何区别？

8-7 剪切和挤压实用计算采用了什么假设？

8-8 图 8-39 中，钢质拉杆和木板之间放置的金属垫圈起何作用？

8-9 分析图 8-40 所示各零件的剪切面、挤压面。

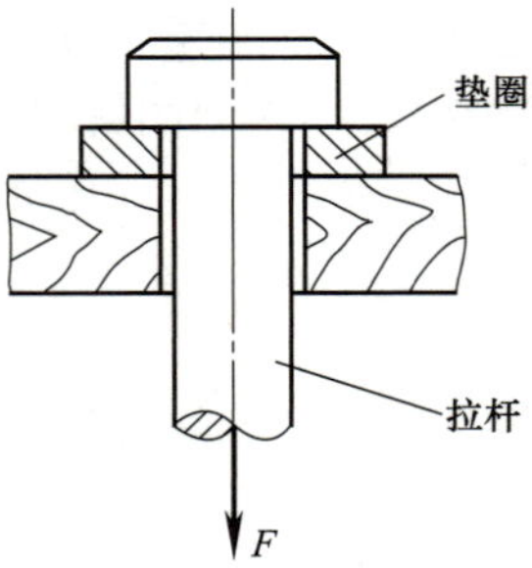

图 8-39 拉杆与垫圈

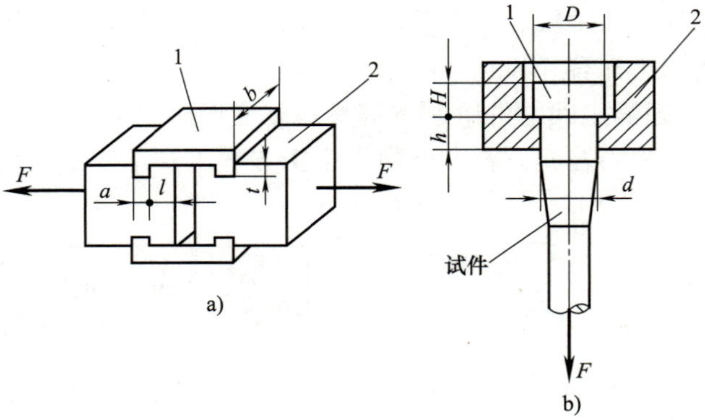

图 8-40 剪切面与挤压面

习 题

8-1 拉（压）杆如题 8-1 图所示，用截面法求各杆上指定横截面的轴力，并作各杆的轴力图。

8-2 钢质圆截面杆长 3m，直径为 25mm，两端受到 100kN 的轴向拉力作用后，杆件伸长了 2.5mm。计算钢杆的横截面上的正应力和杆件沿轴线的平均线应变。

8-3 圆形截面杆如题 8-3 图所示。已知弹性模量 $E=200\text{GPa}$，受到轴向拉力 $F=150\text{kN}$

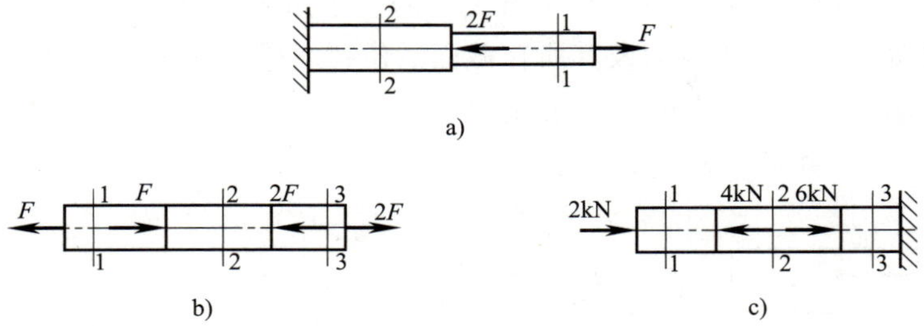

题 8-1 图

的作用。如果中间部分直径为 30mm，试计算中间部分横截面上的正应力 σ。若已知杆的总伸长为 0.2mm，求中间部分的杆长。

8-4　厂房立柱如题 8-4 图所示。它受到屋顶作用的载荷 $F_1=120\text{kN}$，吊车作用的载荷 $F_2=100\text{kN}$，立柱弹性模量 $E=18\text{GPa}$，$l_1=3\text{m}$，$l_2=7\text{m}$，横截面面积 $A_1=400\text{cm}^2$，$A_2=600\text{cm}^2$。求：1）画出轴力图；2）各段横截面上的正应力；3）立柱总的轴向变形 Δl。

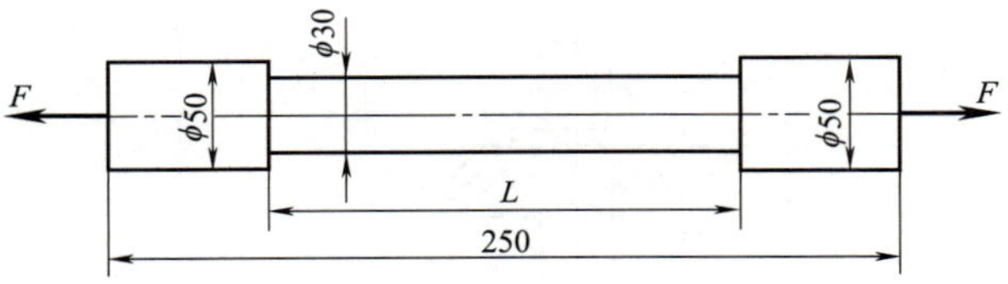

题 8-3 图

习题 8-3 精讲

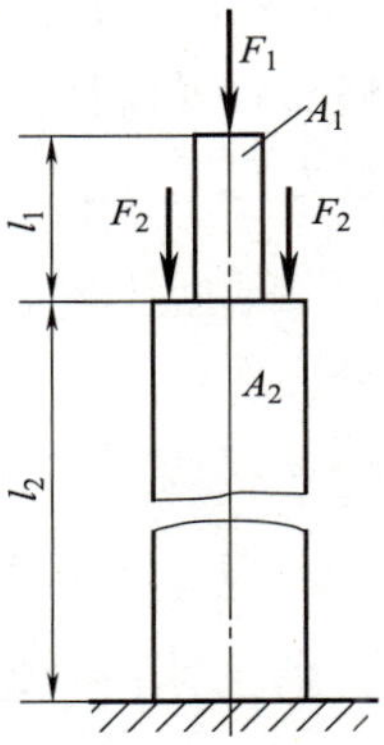

题 8-4 图

8-5　在题 8-5 图所示结构中，杆 AB 是直径为 8mm、长为 1.9m 的钢杆，材料弹性模量 $E=200\text{GPa}$，杆 BC 杆为截面 $A=200\text{mm}\times200\text{mm}$、长为 2.5m 的木柱，弹性模量 $E=10\text{GPa}$。若在结点 B 施加垂直向下的集中力 $F=20\text{kN}$，计算节点 B 的位移。

习题 8-5 精讲

8-6　如题 8-6 图所示，阶梯轴受轴向力 $F_1=25\text{kN}$、$F_2=40\text{kN}$、$F_3=15\text{kN}$ 的作用，截面面积 $A_1=A_3=400\text{mm}^2$，$A_2=250\text{mm}^2$。试求各段横截面上的正应力。

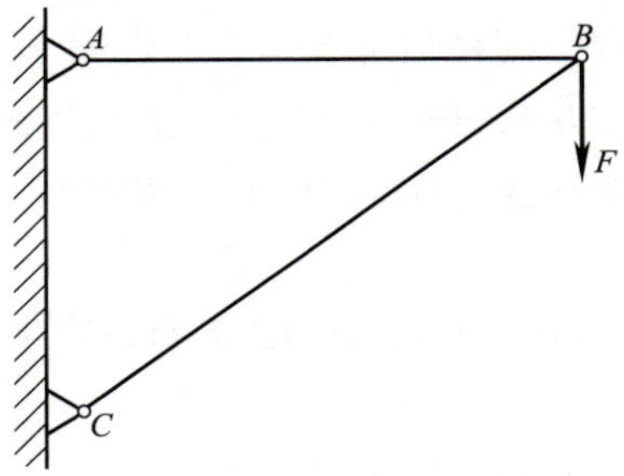

题 8-5 图

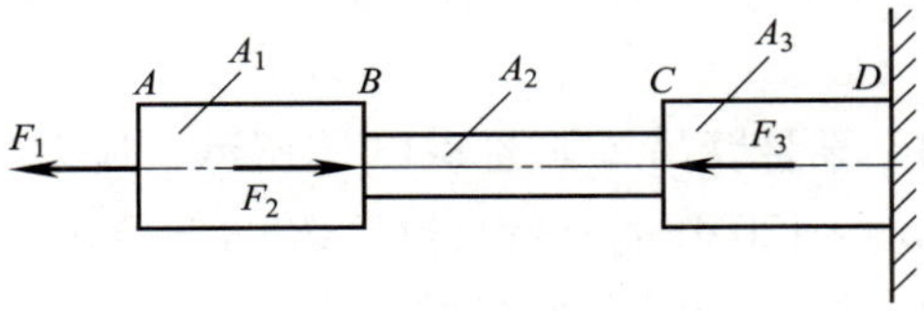

题 8-6 图

8-7 如题 8-7 图所示，在圆截面杆上铣去一槽。已知 $F=10\text{kN}$，$d=45\text{mm}$，槽宽为 $d/4$，试求受拉杆横截面上的最大正应力及其所在截面的位置。槽的面积上近似按矩形计算。

8-8 题 8-8 图所示直杆受轴向力 F 的作用。设已知 $\sigma_\alpha=30\text{MPa}$，$\tau_\alpha=10\text{MPa}$，求直杆的截面上的 σ_{max} 和 τ_{max}，并求出相应的角度 α。

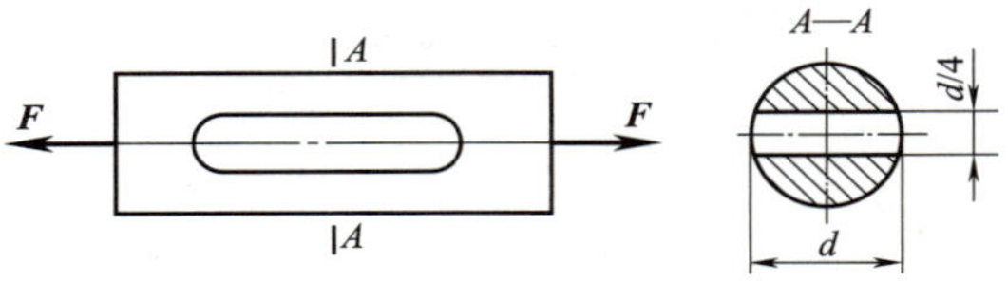

题 8-7 图

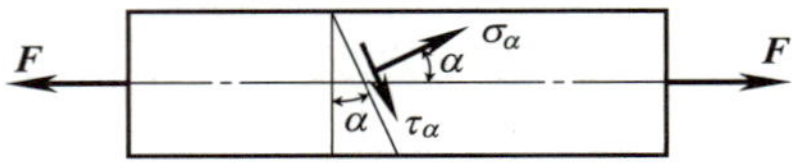

题 8-8 图

8-9 一板状试件如题 8-9 图所示。在其表面贴上纵向和横向的电阻应变片来测定试件的应变。已知 $b=4\text{mm}$，$h=30\text{mm}$，当施加 3kN 的拉力时，测得试件的纵向线应变 $\varepsilon_1=120\times10^{-6}$，横向线应变 $\varepsilon_2=-38\times10^{-6}$。试件材料的弹性模量 E 和泊松比 ν。

8-10 如题 8-10 图所示，起重机吊钩的上端用螺母固定。若螺栓部分的螺纹小径 $d=55\text{mm}$，材料的许用应力 $[\sigma]=85\text{MPa}$，载荷 $F=160\text{kN}$，校核螺栓部分的强度（不计吊钩自重力）。

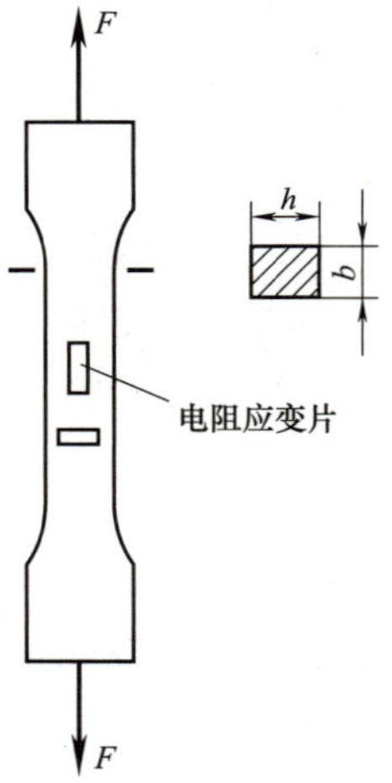

题 8-9 图

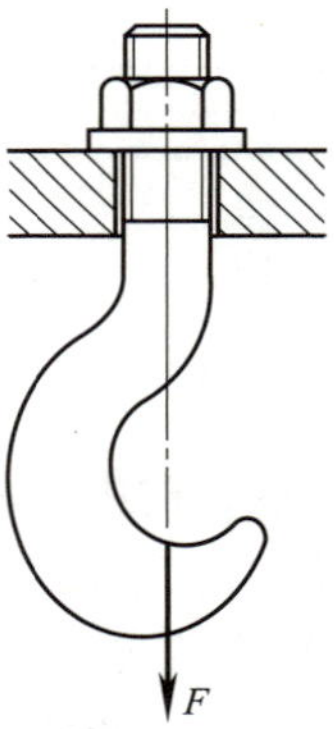

题 8-10 图

8-11 如题 8-11 图所示，用绳索吊起重物。已知 $F=20\text{kN}$，绳索横截面面积为 $A=12.6\text{cm}^2$，许用应力 $[\sigma]=10\text{MPa}$。试校核 $\alpha=45°$ 及 $\alpha=60°$ 两种情况下绳索的强度。

8-12 蒸汽机汽缸如题 8-12 图所示。已知汽缸内径 $D=350\text{mm}$，连接汽缸和汽缸盖的螺栓直径 $d=20\text{mm}$。若已知蒸汽机压力 $p=1\text{MPa}$，螺栓材料的许用应力 $[\sigma]=40\text{MPa}$，求所需螺栓的个数。

8-13 某悬臂吊车如题 8-13 图所示，最大起重载荷 $G=20\text{kN}$，杆 AB 为 Q235A 圆钢，许用应力 $[\sigma]=120\text{MPa}$。试设计杆 AB 的直径 d。

8-14 杆 AC 和杆 BC 铰接于点 C，如题 8-14 图所示。该结构用于吊重物。已知杆 BC 许用应力 $[\sigma]=160\text{MPa}$，杆 AC 许用应力 $[\sigma]=100\text{MPa}$，两杆截面面积均为 200mm^2。求所吊

重物的最大重力。

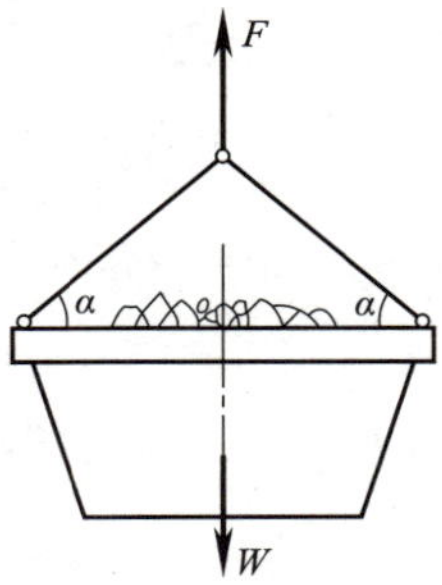

题 8-11 图

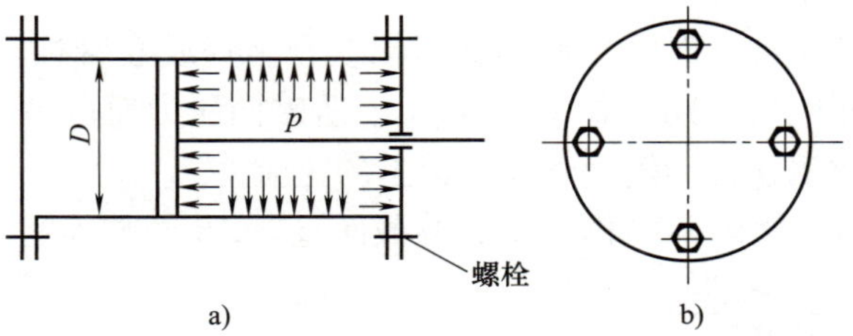

题 8-12 图

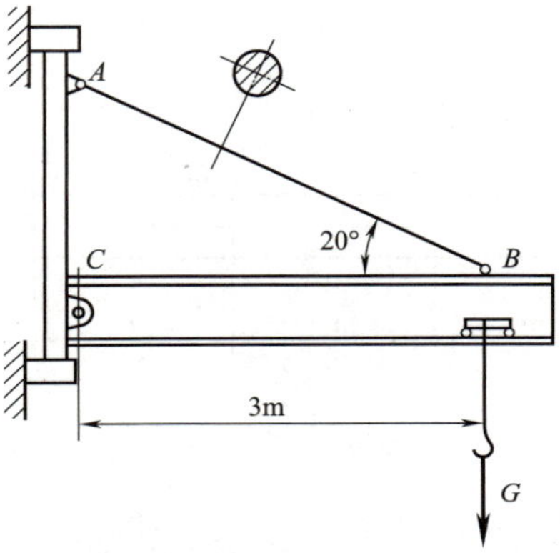

题 8-13 图

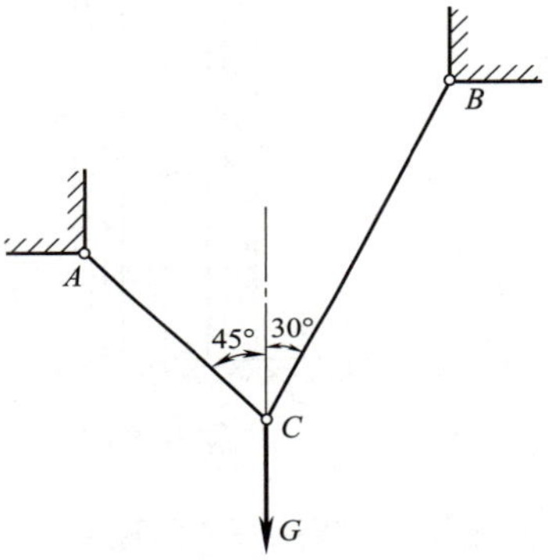

题 8-14 图

习题 8-14 精讲

8-15 如题 8-15 图所示，链条尺寸 $H=35\text{mm}$，$h=25\text{mm}$，$t=5\text{mm}$，$d=11\text{mm}$，许用应力 $[\sigma]=80\text{MPa}$。截面的倒角可以略去，求许用载荷 $[F]$。

8-16 三脚架结构如题 8-16 图所示。杆 AB 为钢杆，其横截面面积 $A_1=600\text{mm}^2$，许用应力 $[\sigma]=140\text{MPa}$；杆 BC 为木杆，横截面面积 $A_2=3\times10^4\text{mm}^2$，许用压应力 $[\sigma^-]=3.5\text{MPa}$。求结构的许用载荷 $[F]$。

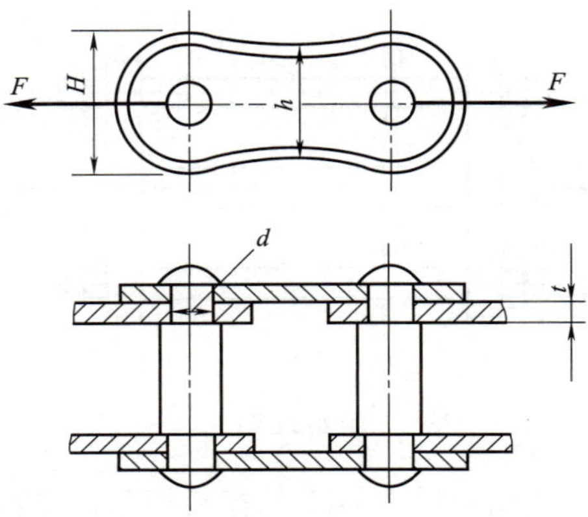

题 8-15 图

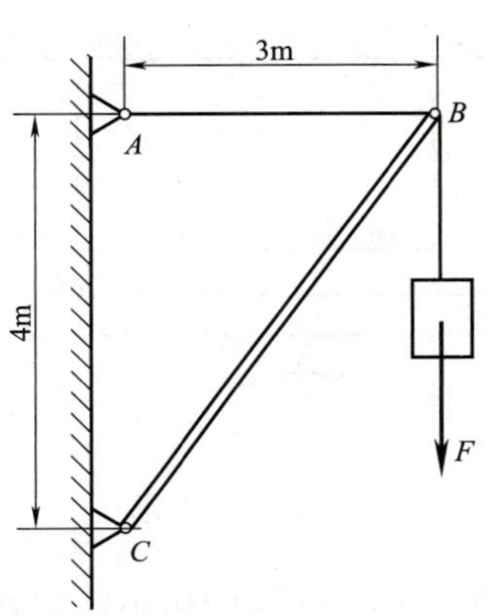

题 8-16 图

8-17 飞机起落架尺寸如题 8-17 图所示。A、B、C 均为铰链，杆 OA 垂直于 AB 连线。

当飞机在跑道上匀速滑行时，轮上受力 $F_V=29\text{kN}$、$F_H=0.78\text{kN}$。求杆 BC 所受的拉力。如杆 BC 的材料许用应力 $[\sigma]=250\text{MPa}$，设计 BC 杆的截面面积。

习题 8-17 精讲

8-18 如题 8-18 图所示，由铝镁合金钢质套管构成组合柱体，它们的抗压刚度分别为 E_1A_1 和 E_2A_2。若轴向压力通过刚性平板作用在该柱上，求铝镁杆和钢套管横截面上的正应力。

8-19 如题 8-19 图所示，等截面直杆 AB 两端固定，弹性模量为 E。求杆件两端约束力。

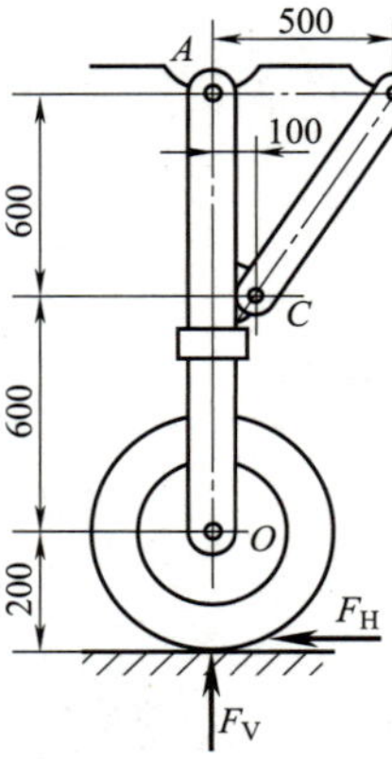

题 8-17 图

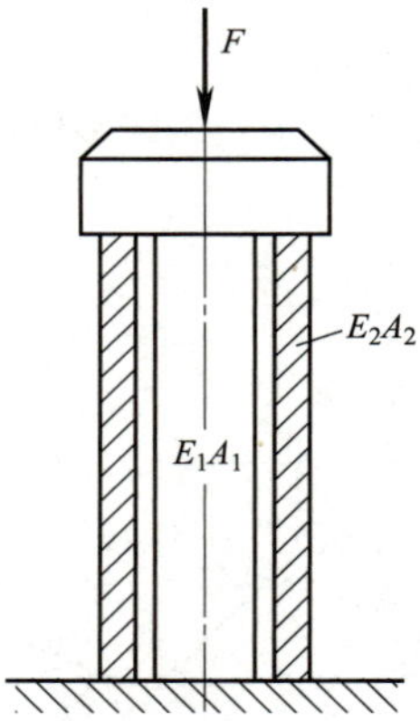

题 8-18 图

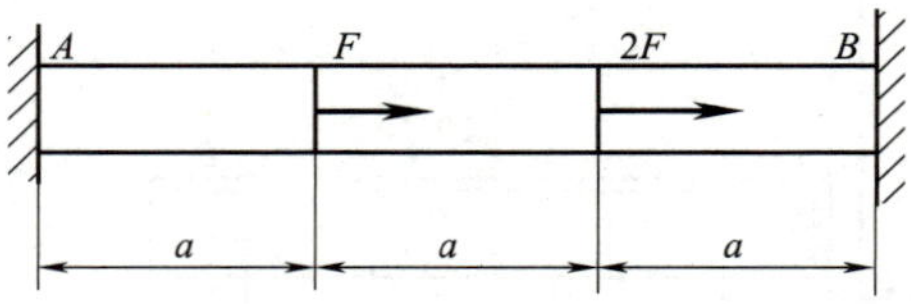

题 8-19 图

8-20 如题 8-20 图所示横梁 AB 为刚性（不考虑变形）梁。杆 1、2 的材料、横截面面积、长度均相同，其 $[\sigma]=100\text{MPa}$，$A=200\text{mm}^2$。求结构的许用载荷 $[F]$。

习题 8-20 精讲

8-21 两刚性铸件由钢螺栓 1、2 连接，相距 200mm，如题 8-21 图所示。现施加两力 F 使两铸件移开，以便将长度为 200.2mm、横截面面积 $A=600\text{mm}^2$ 的钢杆 3 安装在图示位置。若已知 $E_1=E_2=200\text{GPa}$，$E_3=100\text{GPa}$，求：1）所需施加的最小拉力 $F_{\min}$；2）当将外加力 F 去除后，各杆中的装配应力。

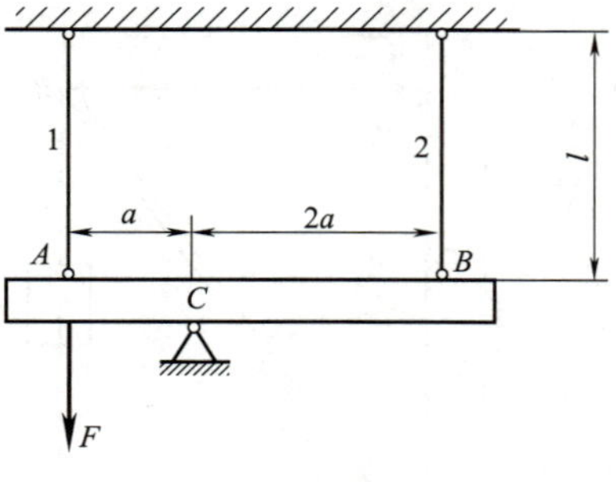

题 8-20 图

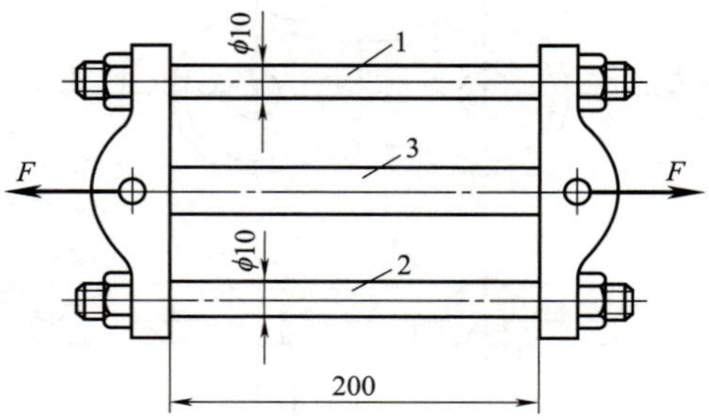

题 8-21 图

8-22 如题 8-22 图所示的切料装置，用刀刃把切料模中 $\phi12$ 的棒料切断。棒料的抗剪强度 $\tau_u=320\text{MPa}$，试计算切断棒料所需的最小的力 $F_{\min}$。

8-23 如题 8-23 图所示螺栓受拉力 F 作用，已知材料的许用切应力 $[\tau]$ 和许用拉应力

$[\sigma]$ 之间的关系为 $[\tau]=0.6[\sigma]$。试求螺栓直径 d 与螺栓头高度 h 的合理比例。

8-24　压力机最大许可载荷 $[F]=600\text{kN}$。为防止过载而采用环式保险器，过载时保险器先被剪断，如题 8-24 图所示。已知 $D=50\text{mm}$，材料的抗剪强度 $\tau_u=200\text{MPa}$，试确定保险器的尺寸 δ。

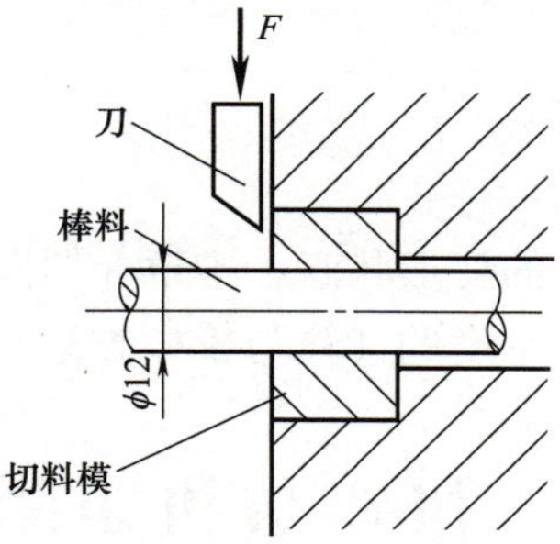

题 8-22 图

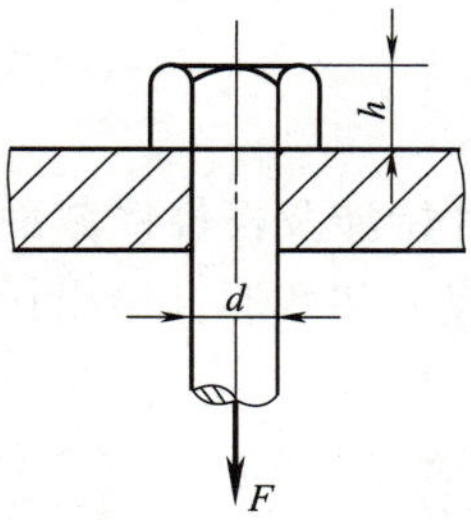

题 8-23 图

8-25　两厚度 $t=10\text{mm}$、宽 $b=50\text{mm}$ 的钢板对接，铆钉的个数和分布如题 8-25 图所示，上下盖板的厚度 $t_1=6\text{mm}$。连接部分受外力 $F=50\text{kN}$ 的作用，铆钉和钢板的许用应力为 $[\sigma]=170\text{MPa}$、$[\tau]=100\text{MPa}$ 和 $[\sigma_{bs}]=250\text{MPa}$。综合剪切、挤压和拉伸强度条件设计铆钉直径。

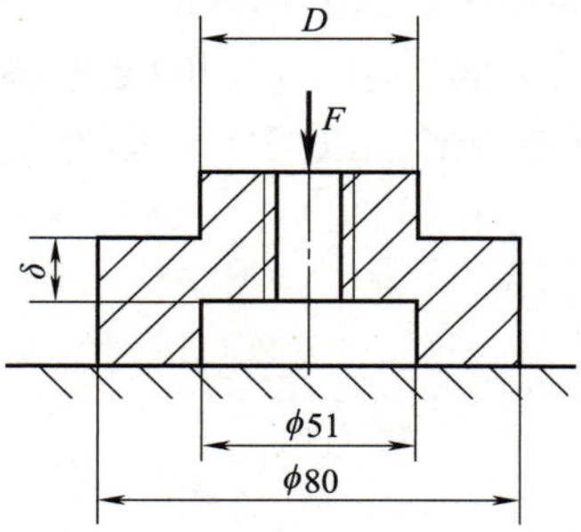

题 8-24 图

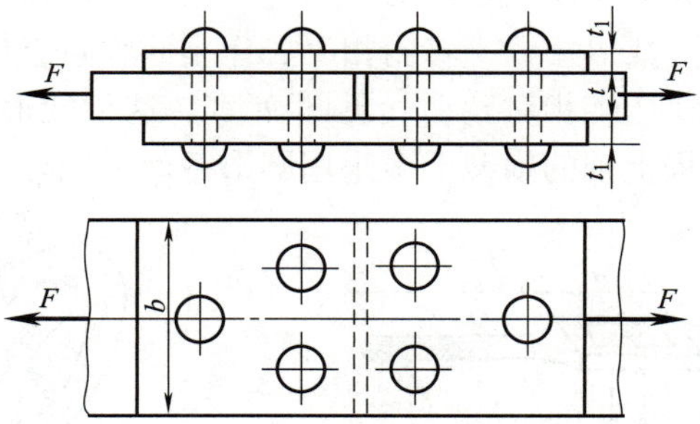

题 8-25 图

8-26　设计题 8-26 图所示钢销钉的尺寸 b 和 δ，并校核拉杆的强度。已知钢拉杆及销钉材料的许用应力 $[\sigma]=100\text{MPa}$、$[\tau]=80\text{MPa}$、$[\sigma_{bs}]=150\text{MPa}$，直径 $d=50\text{mm}$，承受载荷 $F=100\text{kN}$。

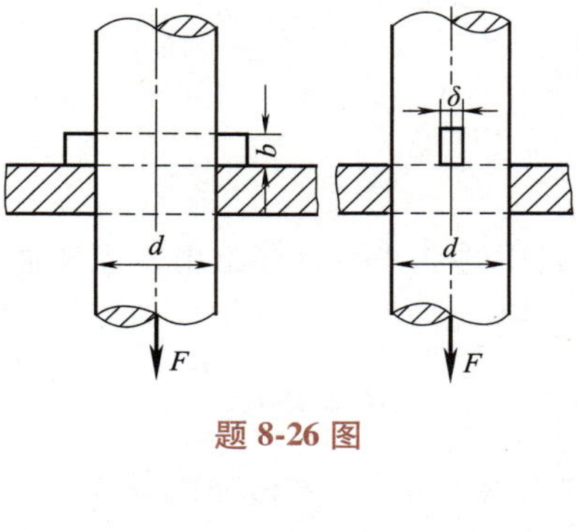

题 8-26 图

第九章 圆轴的扭转

自本章起，开始涉及杆件横截面上应力非均布的变形状态，本章介绍圆截面轴受到扭转作用下的内力、应力和变形，给出扭转变形强度与刚度的计算与校核方法。

第一节　扭转的概念·扭矩与扭矩图

一、扭转的概念

当钳工攻螺纹孔时（见图 9-1），加在手柄上两个等值反向的力组成力偶，作用于丝锥杆的上端，工件的反力偶作用在丝锥杆的下端；汽车转向盘的操纵杆（见图 9-2），两端分别承受驾驶员作用在转向盘上的外力偶和转向器的反力偶作用。这些构件的受力特点是：两端受到一对数值相等、转向相反、作用面垂直于杆轴线的力偶作用。它们的变形特点是：各截面绕轴线产生相对转动（见图 9-3），这种变形称为**扭转**变形，以扭转变形为主的构件称为**轴**。工程上轴的横截面多采用圆形截面或圆环形截面。

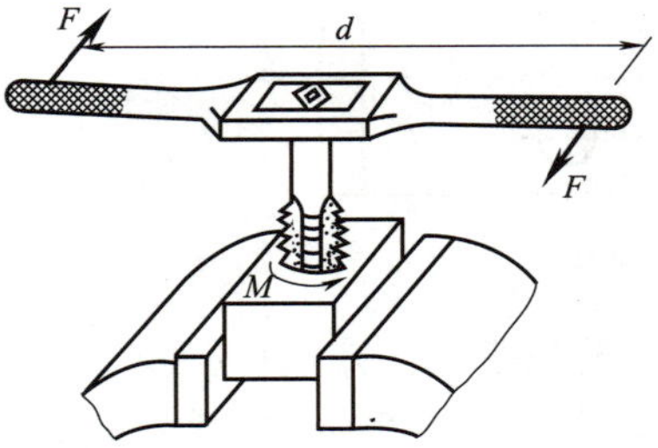

图 9-1　攻螺纹

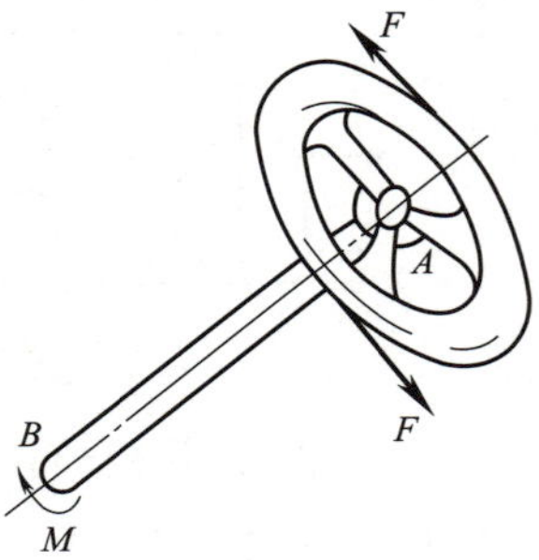

图 9-2　汽车转向盘

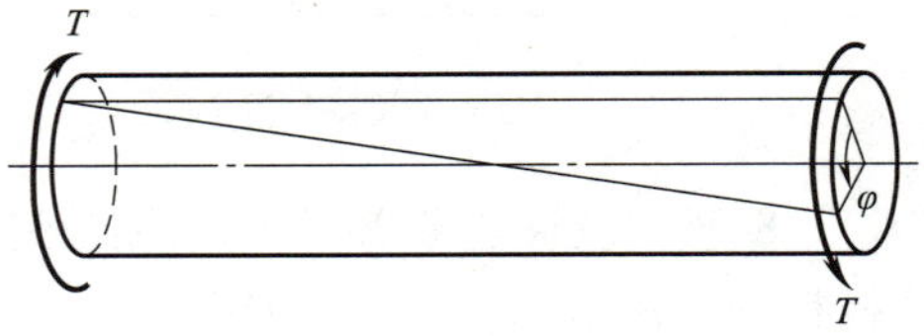

图 9-3　扭转变形

二、扭矩与扭矩图

1. 外力偶矩的计算

工程中作用于轴上的外力偶矩通常并不直接给出，需要通过轴的转速和轴所传递的功率进行计算，它们的换算关系为

$$M_e = 9549\,\frac{P}{n} \tag{9-1}$$

式中，M_e 是外力偶矩，其单位为 N·m；P 是传递的功率，其单位是 kW；n 是转速，其单位是 r/min（每分钟的转数）。

2. 扭矩与扭矩图

已知轴上作用的外力偶矩，就可以用截面法来研究圆轴扭转时其横截面上的内力。如图 9-4a 所示的圆轴，假想地沿 m—m 截面把圆轴截开。取截下的左段作为研究对象，为保持左段平衡，m—m 截面上的内力必须为一个内力偶矩 T，如图 9-4b 所示。由对 x 轴的力偶平衡方程 $\sum M_{ix}=0$ 得 $T-M_e=0$，则有 $T=M_e$，T 称为截面 m—m 上的**扭矩**。

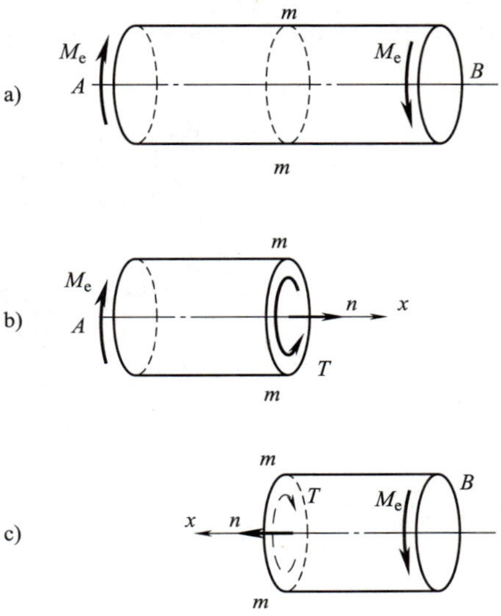

图 9-4　扭矩

如果取截下的右段为研究对象，如图 9-4c 仍然可以求得 $T=M_e$，其方向与左段求出的扭矩方向相反。为了使这两种方法得到的同一截面上的扭矩不仅数值相等，而且正负号相同，对扭矩 T 的正负号规定如下：如图 9-5 所示，按右手螺旋法则，四指与扭矩 T 的转向一致，拇指伸出的指向与截面的外法线 $\boldsymbol{n}$ 方向一致时，扭矩 T 为正；反之为负。简言之，扭矩 T 的力偶矩矢方向与截面外法线方向一致时，扭矩为正。按照上述规定，图 9-4 所示截面上的扭矩为正。

在计算扭矩时，通常把未知扭矩假设为正，若计算结果为负，表示扭矩转向与所设相反。当轴上作用有多个外力偶时，需要逐段求出其扭矩。为形象地表示扭矩沿轴线的变化情况，类似轴力图的方法绘制扭矩图。扭矩图的轴线方向的坐标表示横截面的位置，垂直于轴线方向的坐标表示扭矩。

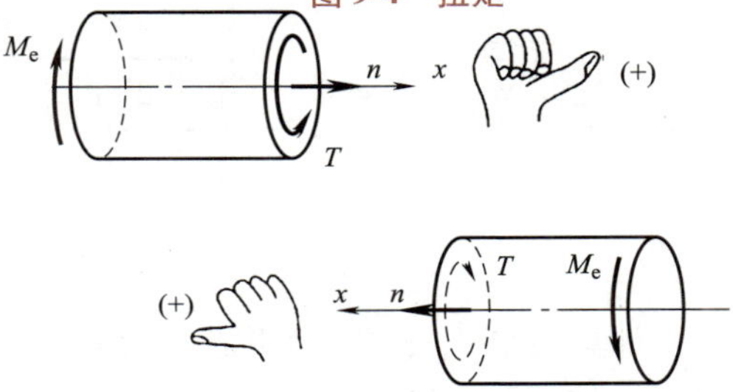

图 9-5　扭矩的正负号

例 9-1　如图 9-6a 所示传动轴，转速 $n=200\text{r/min}$，主动轮 A 输入的功率 $P_A=200\text{kW}$，三个从动轮输出的功率分别为 $P_B=90\text{kW}$，$P_C=50\text{kW}$，$P_D=60\text{kW}$。绘出轴的扭矩图。

解　1）用式（9-1）计算外力偶矩

$$M_{eA}=9549\frac{P_A}{n}=9549\text{N}\cdot\text{m}=9.549\text{kN}\cdot\text{m}$$

$$M_{eB}=9549\frac{P_B}{n}=4297\text{N}\cdot\text{m}=4.297\text{kN}\cdot\text{m}$$

$$M_{eC}=9549\frac{P_C}{n}=2387\text{N}\cdot\text{m}=2.387\text{kN}\cdot\text{m}$$

$$M_{eD}=9549\frac{P_D}{n}=2865\text{N}\cdot\text{m}=2.865\text{kN}\cdot\text{m}$$

2）用截面法计算各段的扭矩。轴 BC、CA、AD 三段内各截面上的扭矩不相等。在 BC 段，假设用 T_1 表示截面 1—1 上的扭矩，如图 9-6b 所示，由平衡方程可得

$$T_1-M_{eB}=0$$

得

$$T_1=M_{eB}=4.297\text{kN}\cdot\text{m}$$

同理在 CA 段，如图 9-6c 所示，由平衡方程

$$T_2-M_{eA}+M_{eD}=0$$

得
$$T_2=M_{eA}-M_{eD}=6.684\text{kN}\cdot\text{m}$$

在 AD 段，如图 9-6d 所示，计算可得

$$T_3=-2.865\text{kN}\cdot\text{m}$$

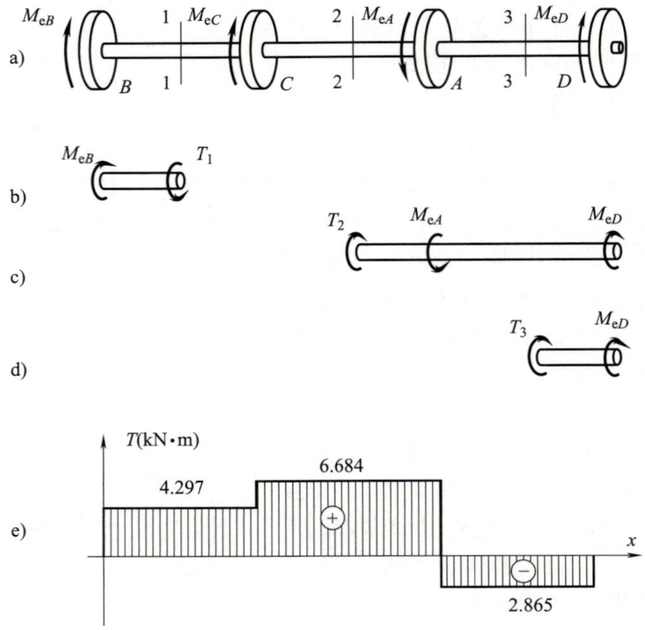

图 9-6 例 9-1 图

计算结果 T_1 及 T_2 为正值，表示假设的转向与实际扭向一致；T_3 为负值，表示假设的转向与实际转向相反。

作扭矩图如图 9-6e 所示。图中可见最大扭矩发生于 CA 段，大小为 6.684kN · m。

第二节 圆轴扭转时的应力与强度计算

一、圆轴扭转时的应力

为了研究圆轴横截面上应力分布的情况，可进行扭转实验。在圆轴表面画若干垂直于轴线的圆周线和平行于轴线的纵向线，两端施加一对方向相反、力偶矩大小相等的外力偶，使圆轴扭转。如图 9-7 所示，当扭转变形很小时，可观察到：

（1）所有纵向线仍近似为直线，但都倾斜了同一角度 γ，变形前圆轴表面上的小矩形，变形后错动成菱形。

（2）所有圆周线都相对地绕轴线转过了不同角度，且圆周线的长度、形状及其相互之间的距离均保持不变。

根据实验观察到的现象，做如下假设：圆轴扭转变形前为平面的横截面，变形后仍为大小相同的平面，其半径仍保持为直线；相邻两横截面之间的距离不变。这就是**圆轴扭转的平**

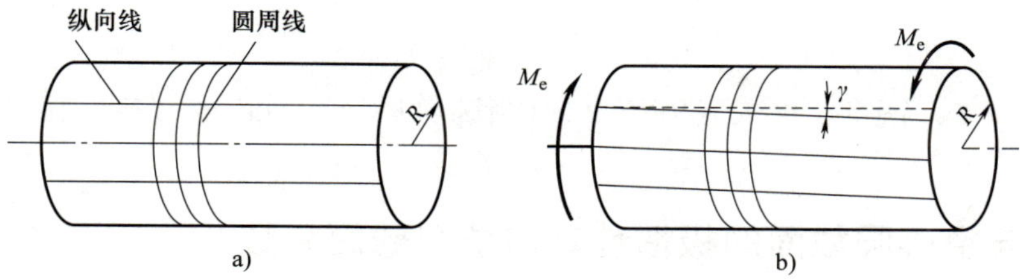

图 9-7　圆轴扭转

截面假设。进一步，根据平截面假设可知，横截面上各点无轴向正应变和横向正应变，因而可认为受扭圆轴横截面上无正应力，只可能存在切应力。可以看出，由于圆轴的相对转动引起纵向线的倾斜，倾斜的角度 γ 就是圆轴表面处一点的切应变。

由平截面假设，通过几何关系可以推知圆轴扭转时，其横截面上各点的切应变与该点至截面形心的距离成正比。根据式（8-5）可知，横截面上各点必有切应力存在，且垂直于半径呈线性分布，如图 9-8 所示，即有 $\tau(\rho)=K\rho$，其中 K 是暂定的比例系数，ρ 是所求的点至轴心的距离。

扭转切应力的计算如图 9-9 所示，考虑圆轴横截面上微面积 $\mathrm{d}A$ 上的微内力为 $\tau(\rho)\mathrm{d}A$，对截面轴心 O 的矩为 $\tau(\rho)\mathrm{d}A\cdot\rho$。整个横截面上所有微力矩之和应等于该截面上的扭矩 T，因此有

$$T=\int_A \tau(\rho)\cdot\rho\mathrm{d}A=K\int_A \rho^2\mathrm{d}A$$

定义

$$I_p=\int_A \rho^2\mathrm{d}A \tag{9-2}$$

为截面的**极惯性矩**，则 $T=KI_p=\dfrac{\tau(\rho)I_p}{\rho}$，则可得圆轴横截面上任一点的切应力为

$$\tau(\rho)=\frac{T}{I_p}\rho \tag{9-3}$$

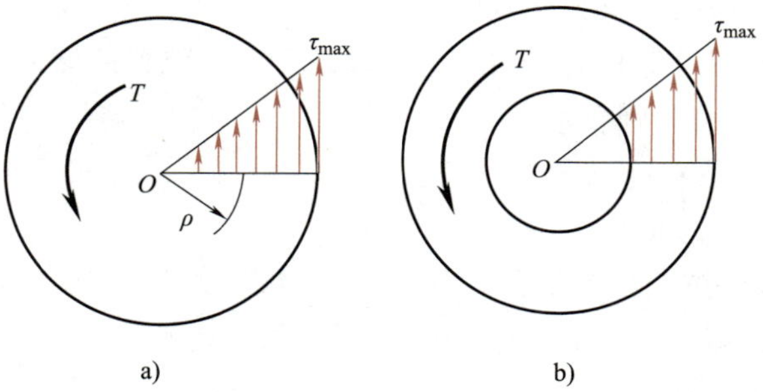

图 9-8　圆轴扭转时切应力分布

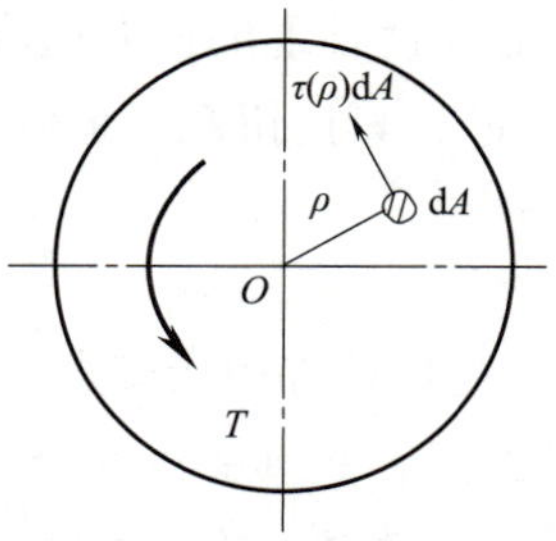

图 9-9　应力计算

从式（9-3）可以看出，在圆心即 $\rho=0$ 处，$\tau=0$；在圆轴表面处 $\tau(\rho)$ 达到最大值，即 $\rho=R$ 处 $\tau=\tau_{max}$，R 是圆轴的半径。若定义

$$W_p=I_p/R \tag{9-4}$$

为截面的**抗扭截面系数**，则圆轴表面的最大切应力为

$$\tau_{max}=\frac{T}{W_p} \tag{9-5}$$

这里需要注意，式（9-3）和式（9-5）只有当圆轴的 τ_{max} 不超过材料的扭转比例极限时适用。

二、圆与空心圆截面的极惯性矩与抗扭截面系数

根据式（9-2）和式（9-5）计算圆与空心圆截面的极惯性矩、抗扭截面系数。如图 9-10 所示，对于直径为 D 的实心圆截面，取 $dA=\rho d\theta d\rho$，代入式（9-2）可得极惯性矩

$$I_p=\int_0^{2\pi}\int_0^{\frac{D}{2}}\rho^3 d\rho d\theta=\frac{\pi D^4}{32} \tag{9-6}$$

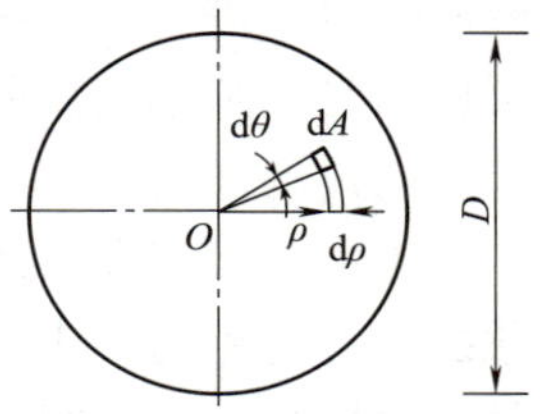

图 9-10 实心圆截面

根据式（9-5），其抗扭截面系数

$$W_p=\frac{I_p}{D/2}=\frac{\pi D^3}{16} \tag{9-7}$$

对于内径为 d、外径为 D 的空心圆截面，设截面内、外径之比 $\alpha=d/D$，如图 9-11 所示，则有

$$I_p=\frac{\pi}{32}(D^4-d^4)=\frac{\pi D^4}{32}(1-\alpha^4) \tag{9-8}$$

$$W_p=\frac{I_p}{D/2}=\frac{\pi D^3}{16}(1-\alpha^4) \tag{9-9}$$

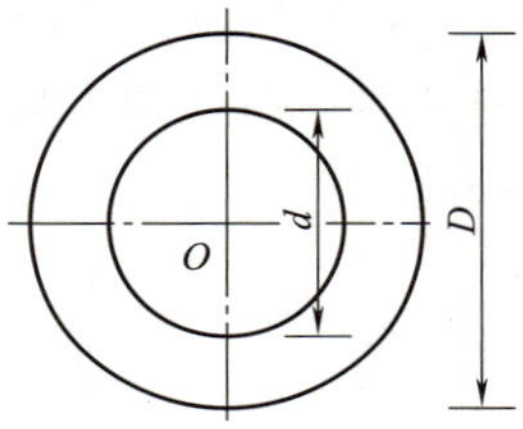

图 9-11 空心圆截面

可以看出，极惯性矩和抗扭截面系数是与圆截面半径有关的几何量。极惯性矩的常用单位为 mm^4 或 m^4，抗扭截面系数常用单位是 mm^3 或 m^3。

三、圆轴扭转的强度计算

根据式（9-3），受扭圆轴的最大切应力发生在截面的外周边各点处。为了使圆轴能够正常工作，必须使轴上的最大切应力不超过材料的许用应力。设在轴向 x 位置的截面，其上的扭矩为 $T(x)$，其抗扭截面系数为 $W_p(x)$，则要求

$$\tau_{max}=\left[\frac{T(x)}{W_p(x)}\right]_{max}\leqslant[\tau] \tag{9-10}$$

式中，$[\tau]$是扭转许用切应力。类似于拉伸压缩试验，我们也可以进行扭转试验确定材料的极限切应力 τ_u，将其除以安全因数，就可以得到$[\tau]$。关于扭转试验，读者可以参考有关的材料力学试验教材，这里不做详细阐述。

例 9-2 阶梯轴如图 9-12a 所示，$M_1=5kN\cdot m$，$M_2=3.2kN\cdot m$，$M_3=1.8kN\cdot m$，材料的许用切应力$[\tau]=60MPa$。试校核该轴的强度。

解 画出阶梯轴的扭矩图如图 9-12b 所示。因两段的扭矩直径各不相同，需分别校核。

1）AB 段：$T_1=-5\times10^3N\cdot m$，$W_{p1}=\frac{\pi\times80^3}{16}mm^3$，故

$$\tau_{max}=\frac{|T_1|}{W_{p1}}=\frac{5\times10^6\times16}{\pi\times80^3}\text{MPa}=49.7\text{MPa}$$

这里考虑 $1\text{MPa}=1\text{N/mm}^2$ 的单位计算关系，将 T_1 转换为 $5\times10^6\text{N}\cdot\text{mm}$ 代入计算，另外在求 τ_{max} 时，T_1 取绝对值，因为其正负号（转向）对强度计算没有影响。

2）BC 段：$T_2=-1.8\times10^3\text{N}\cdot\text{m}=-1.8\times10^6\text{N}\cdot\text{mm}$，$W_{p2}=\frac{\pi\times50^3}{16}\text{mm}^3$，故

$$\tau_{max}=\frac{|T_2|}{W_{p2}}=\frac{1.8\times10^6\times16}{\pi\times50^3}\text{MPa}=73.4\text{MPa}$$

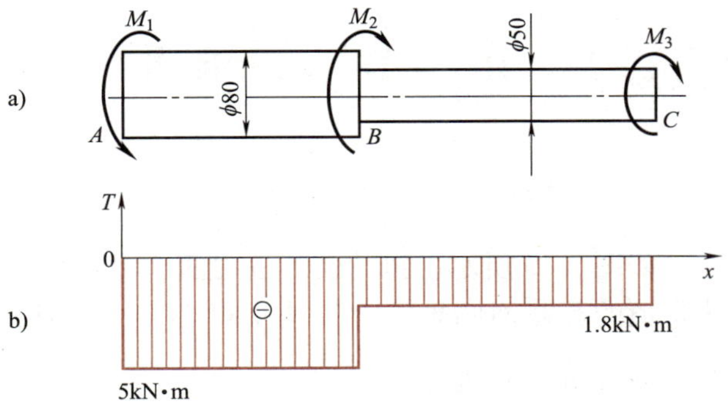

图 9-12　例 9-2 图

从以上结果看，最大切应力发生在扭矩较小的 BC 段，这是因为 BC 段的直径较小导致抗扭截面系数较小所致。且因为 $\tau_{max}=73.4\text{MPa}>[\tau]=60\text{MPa}$，因此轴的强度不能满足要求。

例 9-3　无缝钢管制成的空心圆截面传动轴，其外径 $D=90\text{mm}$，壁厚 $t=2.5\text{mm}$，材料的许用切应力 $[\tau]=60\text{MPa}$，工作时最大扭矩 $T_{max}=1.5\text{kN}\cdot\text{m}$。试：1）校核传动轴的强度；2）若将其改为实心圆截面的轴，在相同条件下设计其直径；3）比较实心轴和空心轴的质量。

解　1）计算内外径之比

$$\alpha=d/D=(D-2t)/D=(90-2\times2.5)/90=0.944$$

抗扭截面系数

$$W_p=\frac{\pi D^3}{16}(1-\alpha^4)=\frac{\pi\times90^3}{16}\times(1-0.944^4)\text{mm}^3=29469\text{mm}^3$$

最大切应力

$$\tau_{max}=\frac{T}{W_p}=\frac{1.5\times10^6\text{N}\cdot\text{mm}}{29469\text{mm}^3}=50.9\text{MPa}<[\tau]=60\text{MPa}$$

满足强度要求。

2）确定实心轴的直径 D_1，若实心轴与空心轴的强度相同，则两轴的抗扭截面系数必然相同，即

$$W_p=\frac{\pi D_1{}^3}{16}=29469\text{mm}^3,\ D_1=\sqrt[3]{\frac{16\times29469\text{mm}^3}{\pi}}=51.27\text{mm}$$

取设计直径 $D_1=52\text{mm}$。

3）比较质量。两轴除了截面尺寸以外，其他条件都相同，所以他们的质量比就等于它们的面积比。设 A 为空心圆截面的面积，A_1 是实心圆截面的面积，那么有

$$\frac{A}{A_1}=\frac{\pi(D^2-d^2)/4}{\pi D_1^2/4}=\frac{D^2-d^2}{D_1^2}=\frac{90^2-85^2}{52^2}=0.32$$

例 9-3 的计算结果表明，空心轴的质量约为实心轴的 32%，节省材料的效果明显。其中的原因是切应力沿半径呈线性分布，轴心处的应力比较小，材料并未充分发挥作用。另一方面，同等强度的实心轴和空心轴，空心轴的外径相对要大一些，因此对于本身直径较小的

轴，改为空心轴并不见得能节省多少材料，相反却增加了制造成本，另外对于要求布局紧凑，减小整机空间体积的情况下，有时也并不适合采用空心轴。

第三节 圆轴扭转时的变形与刚度计算

一、圆轴扭转时的变形计算

如图 9-13 所示，扭转变形是用两个横截面绕轴线的**相对扭转角**来表示的。对于扭矩 T 为常值的等截面圆轴，由于其 γ 很小，由几何关系可得

$\widehat{AB}=\gamma l$，$\widehat{AB}=\varphi R$ 因此有

$$\gamma l=\varphi R,\ \varphi=\frac{\gamma l}{R} \qquad (*)$$

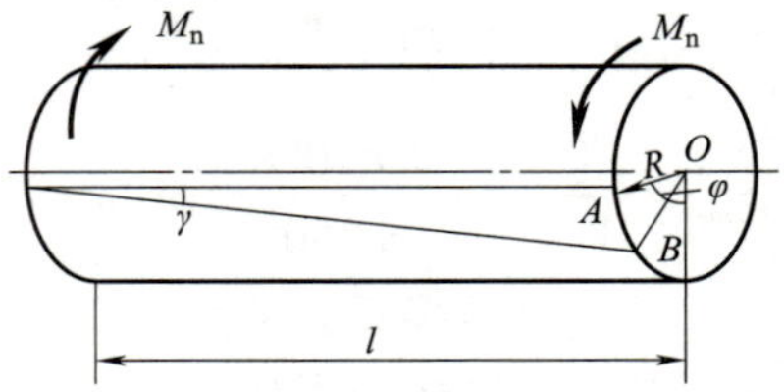

图 9-13 扭转变形

考虑胡克定律

$$\gamma=\frac{\tau}{G}=\frac{T\rho}{GI_p}$$

代入式（*），得 $\varphi=\dfrac{Tl}{GI_p}$。考虑相对扭转角与两个截面 B、A 相关，因此常用下标表示，如 φ_{BA}表明是截面 B 相对于截面 A 的扭转角，即

$$\varphi_{BA}=\frac{Tl_{BA}}{GI_p} \tag{9-11}$$

式中，采用国际单位计算，则 φ_{BA}的单位是 rad，若要用（°）作为单位，则需要转换，即

$$\varphi_{BA}=\frac{Tl_{BA}}{GI_p}\times\frac{180}{\pi} \tag{9-12}$$

从式（9-11）和式（9-12）可以看出，GI_p 反映了截面抵抗扭转变形的能力，称为截面的**抗扭刚度**。

如果要求由 n 段阶梯轴构成的轴两端 B、A 的相对转角，且各段的扭矩 T、极惯性矩 I_p、切变模量 G 在段内均为常量，则

$$\varphi_{BA}=\sum_{i=1}^{n}\frac{T_i l_i}{G_i I_{pi}} \tag{9-13}$$

计算时要注意扭转角的正负号与扭矩相同。

例 9-4 某机器传动轴 AC 如图 9-14 所示，已知轴材料的切变模量 $G=80\text{GPa}$，轴直径 $d=45\text{mm}$。求 AB、BC 及 AC间相对扭转角。

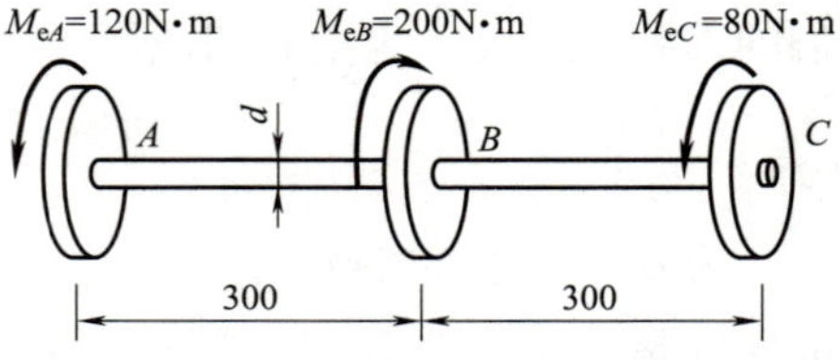

图 9-14 例 9-4 图

解 1）内力计算

AB 段 $T_{AB}=-120\text{N}\cdot\text{m}$

BC 段 $T_{BC}=80\text{N}\cdot\text{m}$

2）变形计算

$$\varphi_{AB}=\frac{T_{AB}l_{AB}}{GI_p}$$

$$=\frac{-120\text{N}\cdot\text{m}\times 0.3\text{m}}{80\times 10^{9}\text{Pa}\times\frac{\pi}{32}\times 0.045^{4}\text{m}^{4}}$$

$$=-1.12\times 10^{-3}\text{rad}$$

$$\varphi_{BC}=\frac{T_{BC}l_{BC}}{GI_{\text{p}}}=\frac{80\text{N}\cdot\text{m}\times 0.3\text{m}}{80\times 10^{9}\text{Pa}\times\frac{\pi}{32}\times 0.045^{4}\text{m}^{4}}=7.45\times 10^{-4}\text{rad}$$

$$\varphi_{AC}=\varphi_{AB}+\varphi_{BC}=(-1.12\times 10^{-3}+7.45\times 10^{-4})\text{rad}=-3.75\times 10^{-4}\text{rad}$$

二、圆轴扭转时的刚度计算

设计轴类构件时，不仅要满足强度要求，有些轴还要考虑刚度问题。工程上通常是限制单位长度的扭转角 θ，使它不超过规定的许用值$[\theta]$。由式（9-11）可知，**单位长度扭转角**为

$$\theta=\frac{T}{GI_{\text{p}}} \tag{9-14}$$

单位长度扭转角单位是 rad/m。工程中，有时 θ 需要表示为°/m，则式（9-14）改写为

$$\theta=\frac{T}{GI_{\text{p}}}\times\frac{180}{\pi} \tag{9-15}$$

工程实际问题中，通过限制单位长度扭转角，使其不超过规定的许用值$[\theta]$建立刚度条件，即

$$\theta_{\max}\leqslant[\theta] \tag{9-16}$$

许用值$[\theta]$一般根据轴的工作条件和机器需要的精度来确定，可查阅有关工程手册。对于一般传动轴，通常规定$[\theta]=0.5°/\text{m}\sim 1°/\text{m}$。

例 9-5　空心轴外径 $D=100\text{mm}$，内径 $d=50\text{mm}$，$G=80\text{GPa}$，$[\theta]=0.75°/\text{m}$。求该轴所能承受的最大扭矩 $T_{\max}$。

解　由刚度条件

$$\theta=\frac{T_{\max}}{GI_{\text{p}}}\times\frac{180}{\pi}\leqslant[\theta]$$

得
$$T_{\max}\leqslant\frac{[\theta]GI_{\text{p}}\pi}{180}$$

式中
$$I_{\text{p}}=\frac{\pi}{32}(D^{4}-d^{4})=\frac{\pi}{32}(100^{4}-50^{4})\text{mm}^{4}=9.2\times 10^{6}\text{mm}^{4}$$

故
$$T_{\max}\leqslant\frac{0.75\times 80\times 10^{3}\times 9.2\times 10^{6}\times\pi}{180\times 10^{3}}\text{N}\cdot\text{mm}=9.63\times 10^{6}\text{N}\cdot\text{mm}=9.63\text{kN}\cdot\text{m}$$

例 9-6　传动轴如图 9-15a 所示。已知该轴转速 $n=300\text{r/min}$，主动轮输入功率 $P_C=30\text{kW}$，从动轮输出功率 $P_D=15\text{kW}$，$P_B=10\text{kW}$，$P_A=5\text{kW}$，材料的切变模量 $G=80\text{GPa}$，许用切应力$[\tau]=40\text{MPa}$，许用单位长度扭转角$[\theta]=1°/\text{m}$。综合考虑强度条件及刚度条件设计此轴直径。

解　1）求扭矩。根据式（9-1）计算出作用在主动轮、从动轮上的外力偶矩分别为

$M_A=159.2\text{N}\cdot\text{m}$，$M_B=318.3\text{N}\cdot\text{m}$，$M_C=955.0\text{N}\cdot\text{m}$，$M_D=477.5\text{N}\cdot\text{m}$。分别取 1—1、2—2、3—3 截面，计算各段扭矩，画扭矩图如图 9-15b 所示。由扭矩图可知，最大扭矩发生在 BC 和 CD 段，即

$$T_{\max}=477.5\text{N}\cdot\text{m}$$

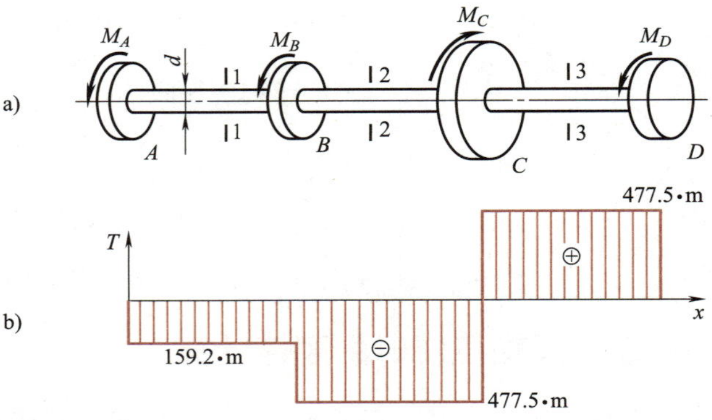

图 9-15　例 9-6 图

2）按照强度条件设计直径。根据 $W_p=\dfrac{\pi d^3}{16}$ 和强度条件 $\dfrac{T_{\max}}{W_p}\leqslant[\tau]$，可得

$$d\geqslant\sqrt[3]{\frac{16T_{\max}}{\pi[\tau]}}=\sqrt[3]{\frac{16\times477.5\times10^3}{\pi\times40}}\text{mm}=39.3\text{mm}$$

3）按照刚度条件设计直径。根据 $I_p=\dfrac{\pi d^4}{32}$ 和强度条件 $\dfrac{T_{\max}}{GI_p}\times\dfrac{180}{\pi}\leqslant[\theta]$，可得

$$d\geqslant\sqrt[4]{\frac{32T_{\max}\times180}{\pi^2G[\theta]}}=\sqrt[4]{\frac{32\times477.5\times10^3\times180}{\pi^2\times80\times10^3\times10^{-3}}}\text{mm}=43.2\text{mm}$$

为了同时满足强度和刚度要求，应选择较大的值，按标准轴直径取 $d=45\text{mm}$。

综上所述，要提高圆轴扭转时的强度和刚度，可以从降低 $T_{\max}$ 和增大 I_p 或 W_p 等方面来考虑。当轴传递的外力偶矩一定时，可以通过合理地布置主动轮与从动轮的位置来降低 $T_{\max}$。图 9-16a、b 所示是齿轮轴，A 为主动轮，B、C、D 是从动轮。按图 9-16a 所示方案布置，$T_{\max}=702\text{N}\cdot\text{m}$；按图 9-16b 所示方案布置，$T_{\max}=1170\text{N}\cdot\text{m}$。由于前者降低了 $T_{\max}$，自然 $\tau_{\max}$ 和 $\theta_{\max}$ 也相应减小，提高了轴的强度和刚度。

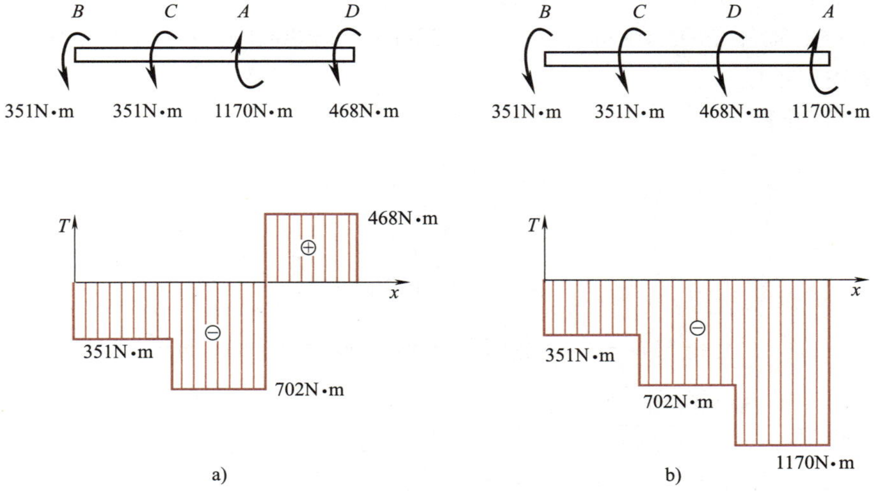

图 9-16　两种传动方案

工程中在一些特殊场合还会用到非圆截面的轴（杆），这类轴（杆）扭转后，横截面将不再保持平面，会发生翘曲，因此基于平截面假设的本章的各种应力、变形公式对于非圆截面轴（杆）不适用。关于此类问题，读者可参考材料力学或高等材料力学的有关结论。

本章小结

1）圆轴扭转横截面上任一点的切应力与该点到圆心的距离成正比，在圆心处为零，最大切应力发生在截面外周边各点处，其计算公式如下：

$$\tau(\rho)=\frac{T}{I_{\mathrm{p}}}\rho,\quad \tau_{\max}=\frac{T}{W_{\mathrm{p}}}$$

2）圆轴扭转的强度条件为

$$\tau_{\max}=\left[\frac{T(x)}{W_{\mathrm{p}}(x)}\right]_{\max}\leqslant[\tau]$$

利用它可以完成强度校核、确定截面尺寸和许用载荷等三类计算问题。

3）圆轴扭转变形的计算公式为

$$\varphi_{BA}=\frac{Tl_{BA}}{GI_{\mathrm{p}}}$$

圆轴扭转的刚度条件是

$$\theta=\frac{T}{GI_{\mathrm{p}}}\times\frac{180}{\pi}\leqslant[\theta]\quad(\theta\text{ 单位是}°/m)$$

思考题

9-1　指出图 9-17 所示各杆件哪些会产生扭转变形？

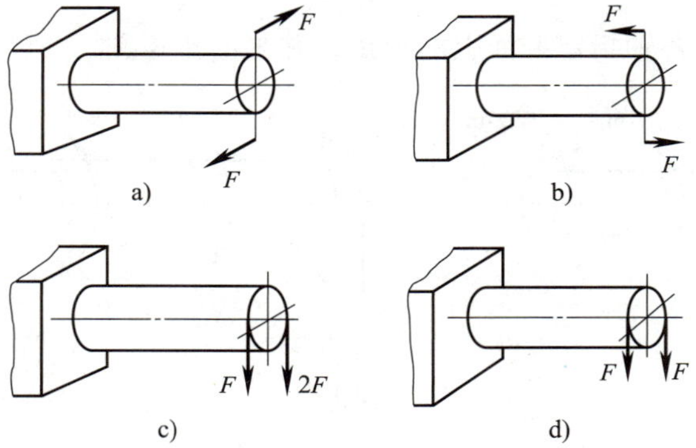

图 9-17　杆件

9-2　工程中如何通过功率和转速确定受扭圆轴上作用的外力偶矩？在传动机构中，制动器一般是安装在高速轴上还是低速轴上？为什么？

9-3　若两轴上的外力偶矩及各段轴长相等，而截面尺寸不同，其扭矩图相同吗？

9-4　扭转切应力与扭矩方向是否一致？判定图 9-18 所示切应力分布图，哪些是正确的？哪些是错误的？

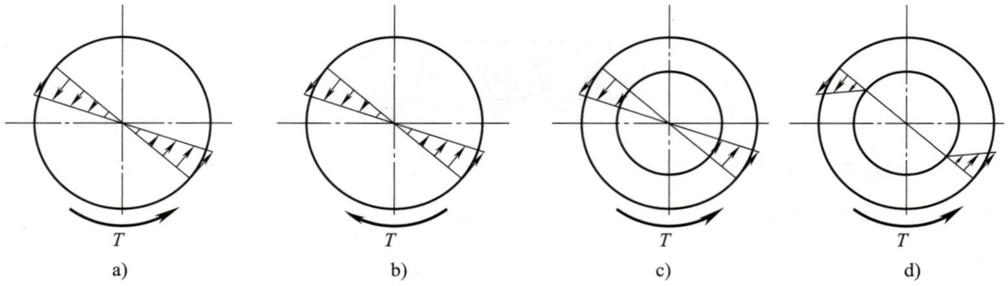

图 9-18 切应力分布

9-5 用 Q235 钢制成的受扭圆轴，发现原设计轴的扭转角超过许用值。改用优质钢来降低扭转角，此方法是否有效？

9-6 空心圆轴外径为 D，内径为 d。它的极惯性矩 I_p 和抗扭截面系数 W_p 按下式计算是否正确？已知 $\alpha=d/D$。

$$I_p=\frac{\pi}{32}(D^4-d^4), \quad W_p=\frac{\pi D^3}{16}(1-\alpha^3)$$

9-7 由铝和钢制成的两根圆截面轴，尺寸相同，所受外力偶矩相同。试分析两轴上的最大切应力、扭转角是否相同？

9-8 采用实心轴还是空心轴，不仅需要考虑轴的强度、刚度等问题，还需要结合机械的设计、制造、安装，充分考虑经济成本。通过本章学习，结合文献检索，初步归纳总结采用实心轴、空心轴的基本原则，比较在不同情况下实心轴和空心轴的优劣。

习 题

9-1 求题 9-1 图示各轴指定截面上的扭矩，并画出扭矩图。

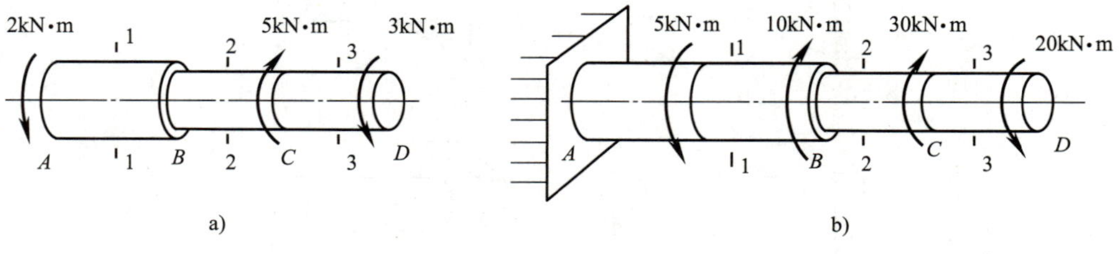

题 9-1 图

9-2 求题 9-2 图示传动轴的扭矩图。已知传动轴的转速 $n=400\text{r/min}$，主动轮 2 输入功率 $P_2=60\text{kW}$，从动轮 1、3、4 和 5 输出功率分别为 $P_1=18\text{kW}$，$P_3=12\text{kW}$，$P_4=22\text{kW}$，$P_5=8\text{kW}$。

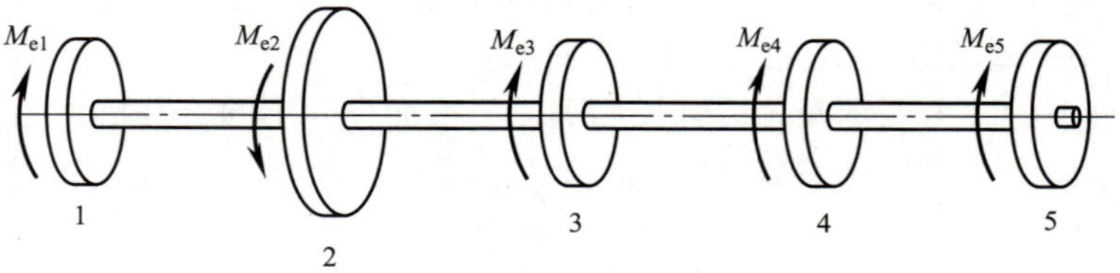

题 9-2 图

9-3　阶梯轴 AB 如题 9-3 图所示，AC 段直径 $d_1=40\text{mm}$，BC 段直径 $d_2=70\text{mm}$，B 轮输入功率 $P_B=35\text{kW}$，A 轮输出功率 $P_A=15\text{kW}$，轴匀速转动，转速 $n=200\text{r/min}$，切变模量 $G=80\text{GPa}$，许用切应力 $[\tau]=60\text{MPa}$，轴的许可单位长度扭转角 $[\theta]=2°/\text{m}$，校核该轴的强度和刚度。

9-4　如题 9-4 图所示，实心轴和空心轴通过牙嵌离合器连在一起。已知轴的转速 $n=100\text{r/min}$，传递功率 $P=7.5\text{kW}$，许用切应力 $[\tau]=20\text{MPa}$。选择实心轴的直径 d_1 和内外径比值为 $\alpha=0.5$ 的空心轴外径 D_2。

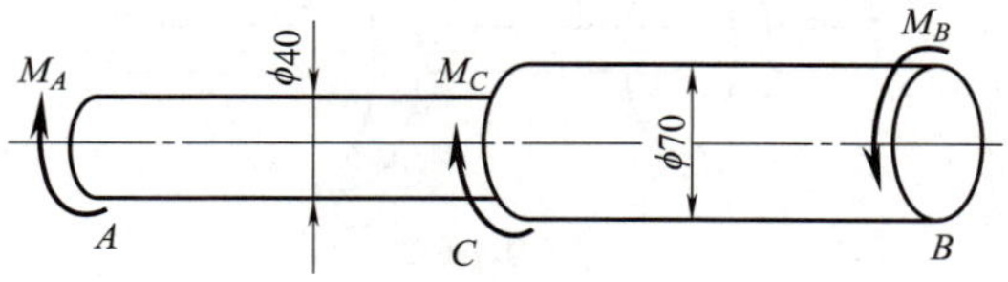

题 9-3 图

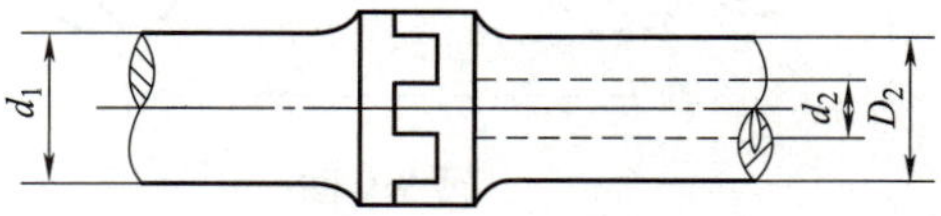

题 9-4 图

9-5　钢质实心轴和铝质空心轴（内外径比值 $\alpha=0.6$）的长度及横截面面积均相等，钢的许用切应力 $[\tau]_S=80\text{MPa}$，铝的许用切应力 $[\tau]_A=50\text{MPa}$。若仅从强度条件考虑，计算两者哪个能承受较大的转矩。

习题 9-5 精讲

9-6　如题 9-6 图所示，轴 AB 的转速 $n=120\text{r/min}$，主动轮 B 输入功率 $P=44\text{kW}$，功率的一半通过锥形齿轮传给垂直轴 C，另一半由水平轴 H 输出。已知 $D_1=600\text{mm}$，$D_2=240\text{mm}$，$d_1=100\text{mm}$，$d_2=80\text{mm}$，$d_3=60\text{mm}$，$[\tau]=20\text{MPa}$。试对各轴进行强度校核。

9-7　船用推进轴如题 9-7 图所示，一端是实心轴，其直径 $d_1=280\text{mm}$；另一端是空心轴，其内径 $d=148\text{mm}$，外径 $D=296\text{mm}$。若 $[\tau]=50\text{MPa}$，试求此轴允许传递的外力偶矩。

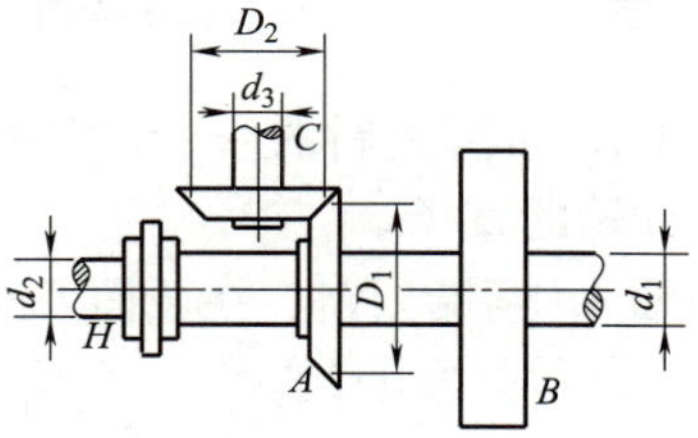

题 9-6 图

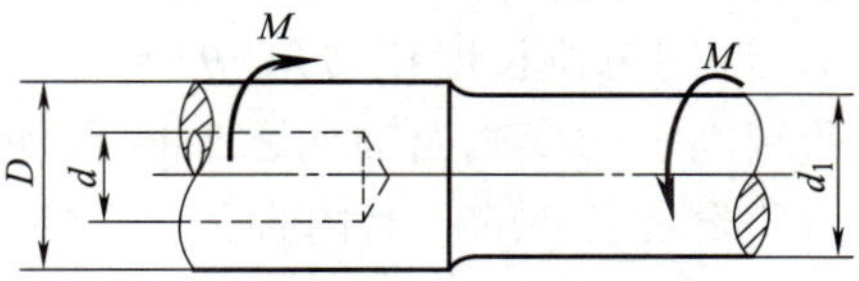

题 9-7 图

9-8　某圆轴因扭转而产生的最大切应力 τ_{max} 达到许用应力 $[\tau]$ 的两倍，为使轴能安全可靠地工作，要将轴的直径 d_1 加大到 d_2。试确定 d_2 是 d_1 的几倍？

9-9　扭转测角仪装置如题 9-9 图所示。已知 $l=100\text{mm}$，$d=10\text{mm}$，$s=100\text{mm}$，外力偶矩 $M=2\text{N}\cdot\text{m}$。设百分表上的读数由零增加到 25 分度（1 分度 $=0.01\text{mm}$），试计算材料的切变模量 G。

9-10　齿轮变速箱中的轴如题 9-10 图所示。轴所传递的功率 $P=5.5\text{kW}$，转速 $n=200\text{r/min}$，$[\tau]=40\text{MPa}$，试按强度条件初步设计轴的直径。

9-11　带传动装置如题 9-11 图所示，传动轴的直径 $d=40\text{mm}$，轮 A 输出功率为 $2P/3$，轮 C 输出功率 $P/3$，轴材料的切变模量 $G=80\text{GPa}$，许用应力 $[\tau]=60\text{MPa}$，许用单位长度扭转角 $[\theta]=0.5°/\text{m}$，电动机的转速 $n=1450\text{r/min}$，电动机的功率 $P=12\text{kW}$，带轮传动比 $i=3$。

试校核轴的强度和刚度。

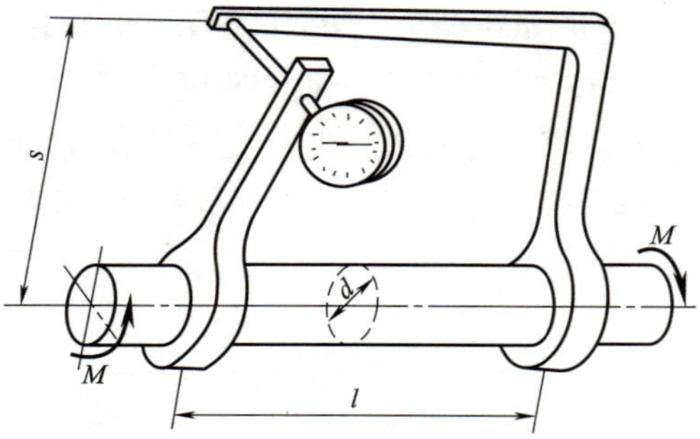

题 9-9 图

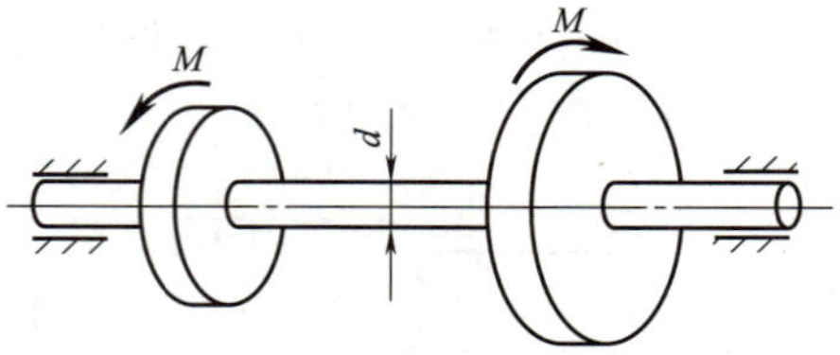

题 9-10 图

9-12 如题 9-12 图所示，切蔗机主轴由 V 带轮带动。已知主轴转速为 $n=580\text{r/min}$，主轴直径 $d=80\text{mm}$，材料的许用应力$[\tau]=40\text{MPa}$。不计传动中的功率消耗，电动机的功率应多大？如果主轴工作的最大切应力 $\tau_{\max}=12\text{MPa}$，电动机的功率又该选多大合适？

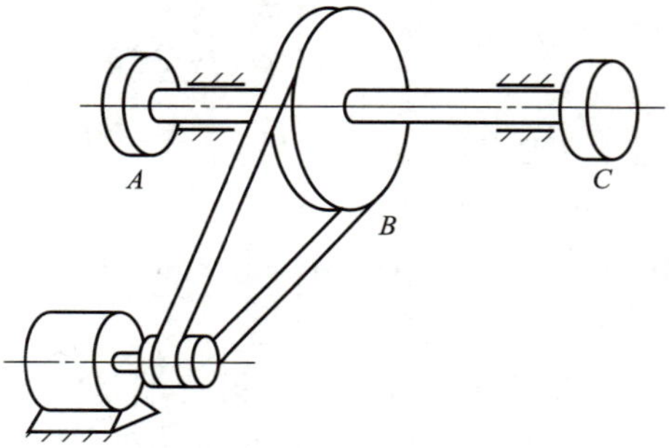

题 9-11 图

习题 9-11 精讲

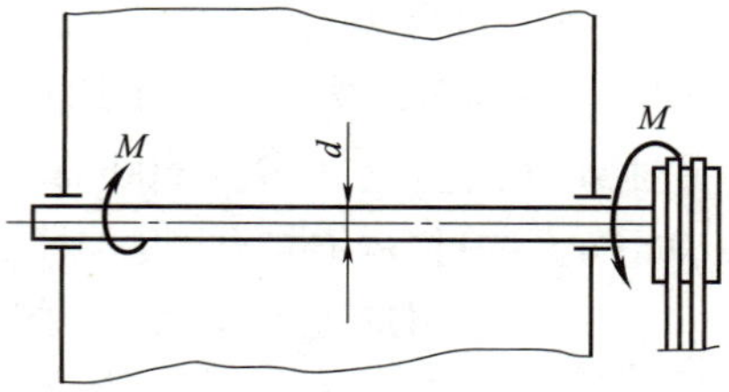

题 9-12 图

9-13 桥式起重机的传动轴传递的力偶矩 $M=1.08\text{kN}\cdot\text{m}$，材料的$[\tau]=40\text{MPa}$，切变模量 $G=80\text{GPa}$，许用单位长度扭转角$[\theta]=0.5°/\text{m}$，设计轴的直径。

9-14 两端固定的变截面轴如题 9-14 图所示，圆轴 AB 两端固定，在截面 C 处受外力偶矩 M 作用，AC 段是空心的，其内径为 d，外径为 D；CB 段是实心的，其直径为 d_1。试求当支座 A、B 处外力偶矩相等时，a/l 的值。

9-15 如题 9-15 图所示，等截面圆轴 AB 两端固定，外力偶矩 $M_1=500\text{N}\cdot\text{m}$、$M_2=700\text{N}\cdot\text{m}$，材料的许用应力$[\tau]=40\text{MPa}$，许可单位长度扭转角$[\theta]=0.5°/\text{m}$，切变模量 $G=80\text{GPa}$。尺寸 $l_1=0.5\text{m}$，$l_2=0.7\text{m}$，$l_3=1.2\text{m}$。综合强度和刚度条件设计轴的直径。

习题 9-15 精讲

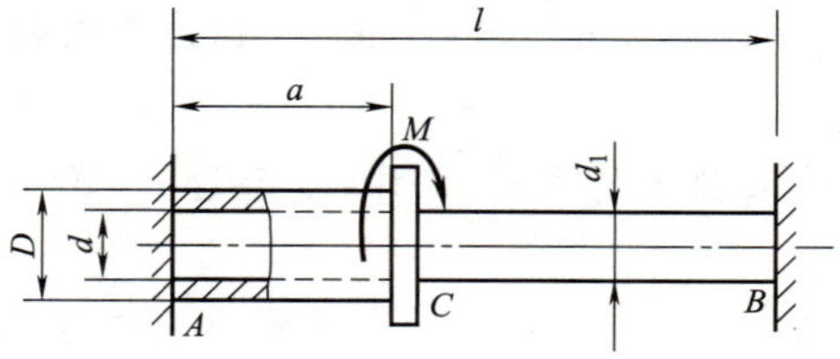

题 9-14 图

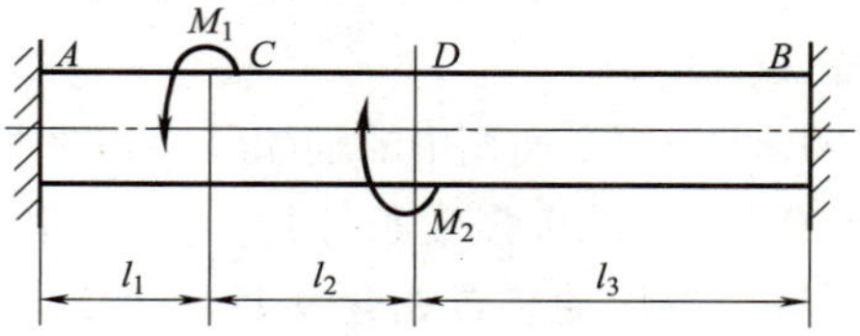

题 9-15 图

第十章
直梁的弯曲

直梁的弯曲是杆件横截面上应力呈线性分布的另一种基本变形，本章将讨论直梁弯曲变形时梁的内力（剪力、弯矩）、强度与刚度问题。

第一节　弯曲内力图（剪力图与弯矩图）

一、平面弯曲的概念

工程实际中，存在大量的受弯杆件，如火车轮轴（见图 10-1）、桥式起重机大梁（见图 10-2）等。这种杆件的受力特点是：在杆的轴线平面内受到力偶或垂直于杆轴线的外力作用，杆的轴线由原来的直线变为曲线，这种变形称为**弯曲变形**。凡以弯曲变形为主的杆件，通常称为**梁**。

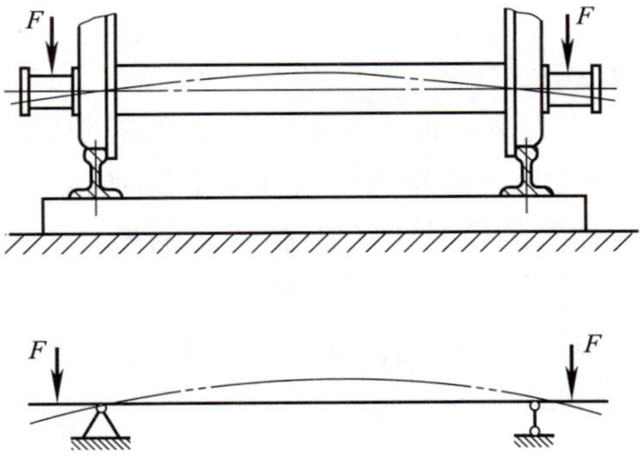

图 10-1　火车轮轴

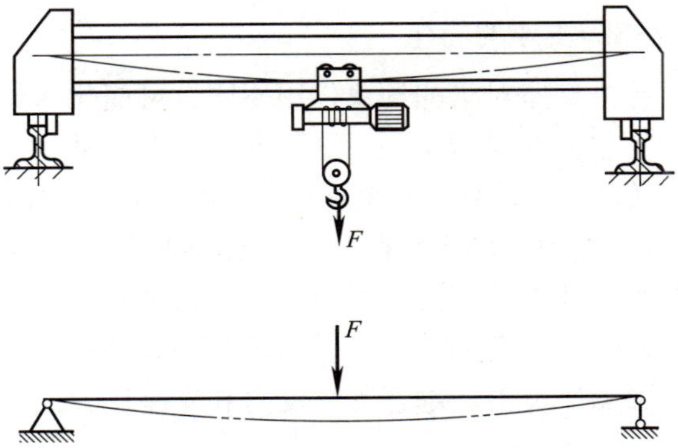

图 10-2　桥式起重机大梁

工程上使用的梁，其横截面大多至少有一根纵向对称轴（y 轴），例如图 10-3 所示为常见的截面形状。通过截面对称轴与梁轴线确定的平面，称为梁的纵向对称面（见图 10-4）。如果梁的所有外力（包括支座反力）都作用在梁的纵向对称面内，则变形后的轴线将是在纵向对称面内的一条平面曲线。这种弯曲变形称为**平面弯曲**。这是最常见、最简单的弯曲变形。

二、梁的计算简图及分类

梁上的载荷和支承情况一般都比较复杂，为便于分析和计算，在保证足够精度的前提下，须对梁进行简化。

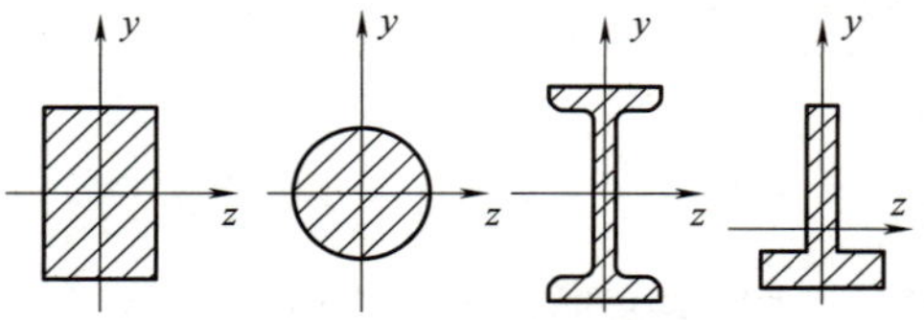

图 10-3 梁的横截面形状

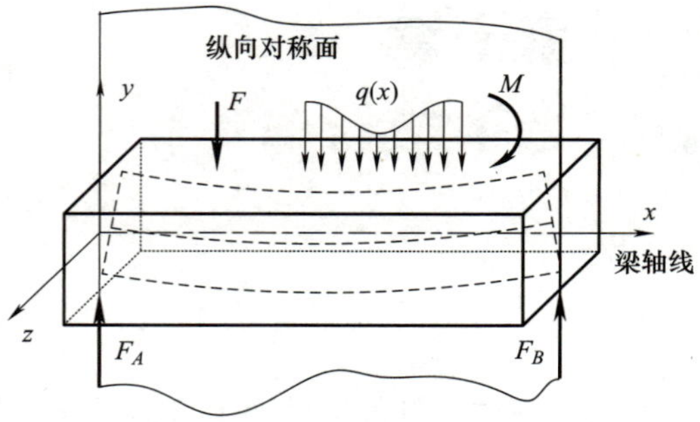

图 10-4 平面弯曲

1. 梁本身的简化

不论梁的截面形状如何复杂，通常取梁的轴线来代替实际的梁，如图 10-1 和图 10-2 所示。

2. 载荷的简化

作用在梁上的外力，包括载荷和支座反力，可以简化为三种形式：

（1）集中载荷　作用在微小梁段上的横向力，如图 10-1、图 10-2 中的力 F。

（2）分布载荷　沿梁的全长或部分长度连续分布的横向力。若均匀分布，则称为均布载荷，通常用载荷集度 q 表示，其单位为 N/m。

（3）集中力偶　作用在微小梁段，且在梁轴平面内的外力偶，如图 10-4 中的 M。

3. 支座的简化

按支座对梁的约束作用不同，可简化为如下三种方式：

（1）可动铰支座　这种支座只限制梁在支座处垂直于支座平面方向的位移，不限制梁端的转动，因此只有一个垂直于支座平面的支座反力，其简图和支座反力画法如图 1-21 所示。

（2）固定铰支座　这种支座限制梁在支座处任何方向的位移，不限制梁端的转动，故有水平和垂直方向的两个支座反力分量，其简图和支座反力画法如图 1-20 所示。

（3）固定端支座　这种支座既限制梁端的移动，又限制其转动，支座反力有三个分量：水平支座反力、垂直支座反力和支座反力偶，如图 1-24 所示。

4. 静定梁的基本形式

根据约束情况，可将梁简化为三种形式，如图 10-5 所示。

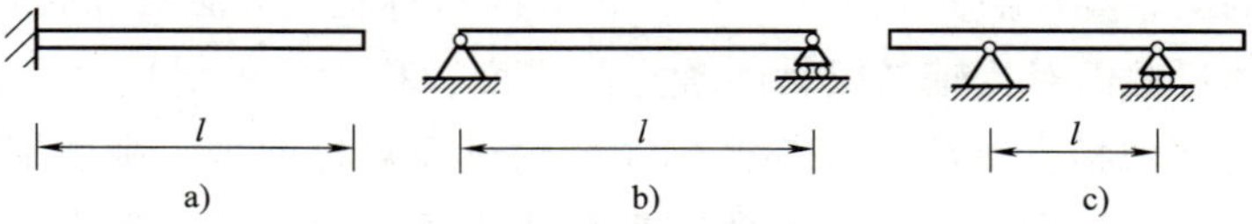

图 10-5 梁的分类

（1）悬臂梁　一端为固定端约束，另一端自由的梁，如图 10-5a 所示。

（2）简支梁　一端固定铰支座，一端活动铰支座的梁，如图 10-5b 所示。

（3）外伸梁　具有一端或两端外伸部分的简支梁，如图 10-5c 所示。

这些梁的计算简图确定后，其支座反力均可由静平衡条件完全确定，故称**静定梁**。如果梁的支座反力数目多于静力平衡方程数目，支座反力不能完全由静力平衡方程确定，这种梁称为**超静定梁**（见图 10-6）。

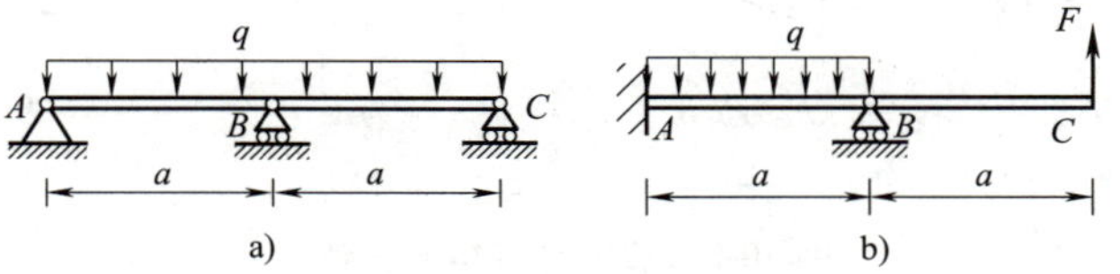

图 10-6 超静定梁

三、梁的内力计算

采用截面法来分析梁任意截面上的内力。如图 10-7a 所示悬臂梁，已知梁长为 l，主动力为 F，则该梁的约束力可由静力平衡方程求得，$F_B=F$，$M=Fl$。通过 $m—m$ 截面将梁截开，取左段为研究对象分析横截面上的内力。对被截下部分画受力分析图，显然由于 x 方向上没有任何外力，根据 $\sum F_{ix}=0$，横截面上也必然没有轴力 F_N，同样可以分析其横截面上没有扭矩 T。在 y 方向上列出平衡方程 $\sum F_{iy}=0$，得

$$F-F_Q=0 \tag{a}$$

即 $F_Q=F$。可以看出 F_Q 使得横截面左右两侧发生上下相对错动，因此 F_Q 是 $m—m$ 横截面上的**剪力**，它是与横截面相切的分布内力的合力。式（a）称为**剪力方程**。

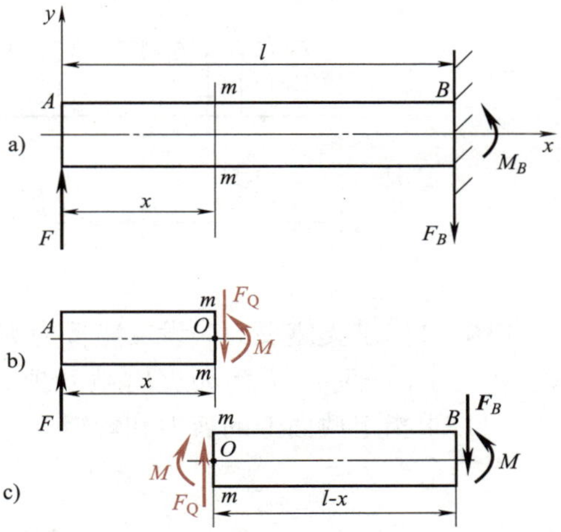

图 10-7 梁的剪力与弯矩

再由 $\sum M_O(F_i)=0$ 可得

$$M-Fx=0$$

即

$$M=Fx \tag{b}$$

式中，M 称为横截面 $m—m$ 上的**弯矩**，它是垂直于横截面的分布内力的合力偶矩。式（b）称为**弯矩方程**。

如取图 10-7c 所示的右边部分为研究对象，用相同的方法也可求得 $m—m$ 截面上的 F_Q 和 M，且数值与上述结果相等，只是方向相反，其原因是剪力和弯矩均是左段与右段在截面 $m—m$ 上相互作用的内力。

将剪力和弯矩的正负号约定与梁的变形联系起来，规定如下：凡剪力对所取梁内任一点的力矩是顺时针转向的为正，如图 10-8a 所示；反之为负，如图 10-8b 所示。凡弯矩使所取梁段产生上凹下凸变形的为正，如图 10-8c 所示；反之为负，如图 10-8d 所示。

研究表明：梁上某一截面的剪力大小等于截面之左（或右）段上所有外力的代数和；弯矩大小等于截面之左（或右）段上的所有外力对截面形心力矩的代数和。在实际计算中剪力和弯矩的符号一般皆设为正，如果计算结果为正，表明实际的剪力和弯矩与图示方向一致；若结果为负，则与图示方向相反。

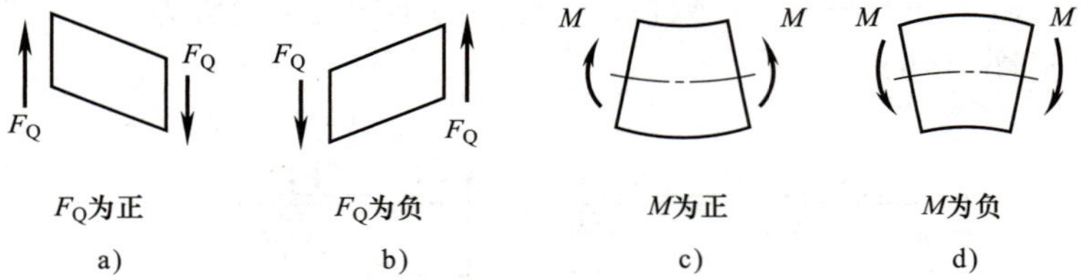

图 10-8 剪力与弯矩的正负号

例 10-1 外伸梁受载如图 10-9 所示，已知 q、a，求图中各指定截面上的剪力和弯矩。图上截面 2—2、3—3 分别为集中力 F_A 作用处的左、右邻截面（即面 2—2、3—3 间的间距趋于无穷小），截面 4—4、5—5 亦为集中力偶矩 M_{T0}的左、右邻截面。

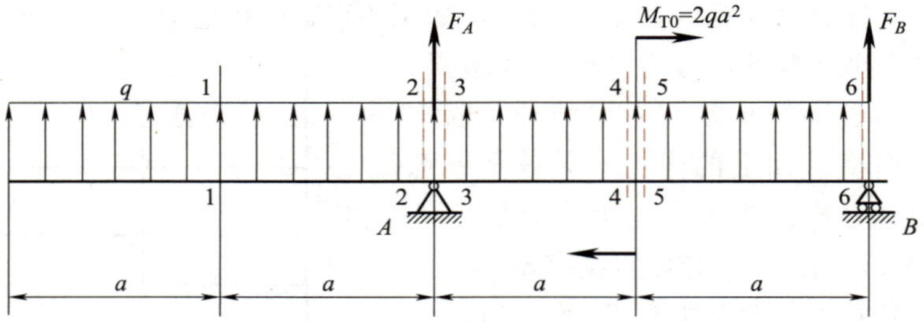

图 10-9 例 10-1 图

解 1）求支座反力。设支座反力 F_A 和 F_B 均向上，由平衡方程 $\sum M_B(F_i)=0$ 和 $\sum F_{iy}=0$，求得 $F_A=-5qa$，$F_B=qa$。F_A 为负值，说明其实际方向与原设方向相反。

2）求指定截面上的剪力和弯矩。考虑 1—1 截面左侧上的外力，得

$$F_{Q1}=qa$$

$$M_1=qa\cdot\frac{a}{2}=\frac{1}{2}qa^2$$

考虑 2—2 截面左侧上的外力，得

$$F_{Q2}=2qa$$

$$M_2=2qa\cdot a=2qa^2$$

考虑 3—3 截面左侧上的外力，得

$$F_{Q3}=2qa+F_A=2qa+(-5qa)=-3qa$$

$$M_3=2qa\cdot a+F_A\cdot 0=2qa^2$$

考虑 4—4 截面右侧上的外力，得

$$F_{Q4}=-qa-F_B=-qa-qa=-2qa$$

$$M_4=F_B\cdot a+\frac{qa\cdot a}{2}-M_{T0}=qa^2+\frac{qa^2}{2}-2qa^2=-\frac{1}{2}qa^2$$

考虑 5—5 截面右侧上的外力，得

$$F_{Q5}=-qa-F_B=-qa-qa=-2qa$$

$$M_5=F_B\cdot a+\frac{qa\cdot a}{2}=qa^2+\frac{qa^2}{2}=\frac{3}{2}qa^2$$

考虑 6—6 截面右侧上的外力，得

$$F_{Q6}=-F_B=-qa=-qa$$
$$M_6=0$$

比较截面2—2、3—3的剪力值，由于F_A的存在，引起F_A邻域内剪力产生突变，突变量与F_A值相等。比较截面5—5、4—4的弯矩值，在集中力偶M_{T0}处，弯矩值产生突变，突变量与力偶M_{T0}值相等。

四、弯矩、剪力与载荷集度间的关系

一般情况下，梁上不同截面的F_Q、M是不同的。为描述剪力和弯矩沿梁轴线变化的规律，用x轴表示梁横截面的位置，则梁各横截面上的剪力和弯矩可表示为坐标x的函数，分别为剪力方程与弯矩方程，即

$$F_Q=F_Q(x) \quad (10\text{-}1)$$
$$M=M(x) \quad (10\text{-}2)$$

如图10-10a所示的受任意载荷平衡的直梁，以梁的左端作为坐标原点，采用右手坐标系。在有分布载荷$q(x)$的作用的某段梁上，截取dx微段，并假定微梁dx上没有集中力或集中力偶的作用，如图10-10b所示。

约定$q(x)$向上为正，截面上的内力均设为正向。由于dx很小，因此可将作用在此微段上的分布载荷视为均布载荷。微段左侧截面的剪力$F_Q(x)$，那么其右侧截面的剪力为$F_Q(x+dx)$。将其展开得

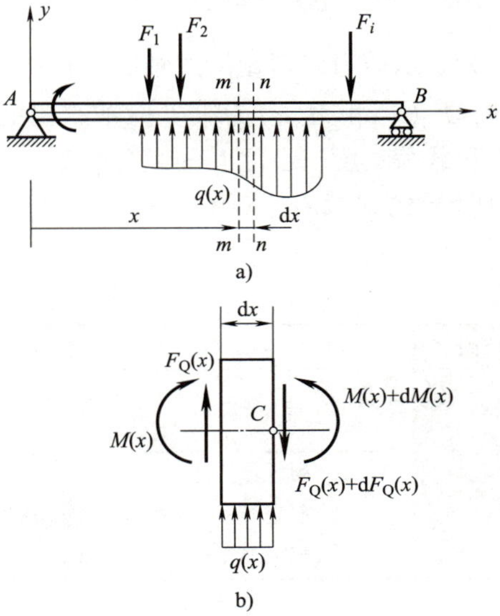

图10-10　$M(x)$、$F_Q(x)$和$q(x)$三者的关系

$$F_Q(x+dx)=F_Q(x)+\frac{dF_Q(x)}{dx}dx+\frac{1}{2!}\frac{d^2F_Q(x)}{d^2x}(dx)^2+\cdots$$

考虑$(dx)^2$及以后各项是高阶无穷小，故只保留前两项，$F_Q(x+dx)=F_Q(x)+dF_Q(x)$。同理，微段左侧截面的弯矩为$M(x)$，则其右侧截面的弯矩可写为$M(x)+dM(x)$。

在这些力和力偶的作用下，微段处于平衡。由平衡方程$\sum F_{iy}=0$和$\sum M_C(F_i)=0$，得

$$F_Q(x)+q(x)dx-[F_Q(x)+dF_Q(x)]=0$$
$$M(x)+dM(x)-q(x)dx\frac{dx}{2}-F_Q(x)dx-M(x)=0$$

略去高阶微量$-q(x)dx\dfrac{dx}{2}$得

$$\frac{dF_Q(x)}{dx}=q(x) \quad (10\text{-}3)$$
$$\frac{dM(x)}{dx}=F_Q(x) \quad (10\text{-}4)$$

由式（10-3）和式（10-4）可进一步得到

$$\frac{\mathrm{d}^2 M(x)}{\mathrm{d}x^2}=\frac{\mathrm{d}F_Q(x)}{\mathrm{d}x}=q(x) \qquad (10\text{-}5)$$

式（10-3）表明，**剪力图上某点的斜率等于对应于该点的分布载荷的数值**，而式（10-4）表明**弯矩图上某点的斜率等于对应于该点的剪力的数值**。式（10-4）也表明，**在剪力等于 0 的截面，弯矩具有极值**。

必须指出的是，在有集中力和集中力偶作用处，式（10-3）~式（10-5）不成立，因为集中力会引起剪力的突变而集中力偶会引起弯矩的突变。

五、剪力图与弯矩图的绘制

为表示剪力和弯矩沿梁轴的变化情况，可根据 $F_Q(x)$ 和 $M(x)$ 的函数，分别取 x 为横坐标轴，$F_Q(x)$ 和 $M(x)$ 为纵坐标轴绘出的图形，称为**剪力图**和**弯矩图**。工程上常利用剪力、弯矩和载荷集度三者之间的微分关系，并注意到在集中力 F 的邻域内剪力图有突变，在集中力偶 M 的邻域内弯矩图有突变的性质，进行作图。表 10-1 列出了 $F_Q(x)$ 和 $M(x)$ 图的一些特征。

表 10-1　$F_Q(x)$、$M(x)$ 图特征表

区间	$q(x)=0$ 的区间	$q(x)=C$ 的区间	集中力 F 作用处	集中力偶 M 作用处
$F_Q(x)$ 图	水平线	$q(x)>0$，斜直线，斜率>0 $q(x)<0$，斜直线，斜率<0	有突变 突变量 $=F$	无影响
$M(x)$ 图	$F_Q>0$，斜直线，斜率>0 $F_Q<0$，斜直线，斜率<0 $F_Q=0$，水平线	$q(x)>0$，抛物线，下凹 $q(x)<0$，抛物线，上凸 $F_Q=0$ 处，抛物线有极值	斜率有突变 图形成折线	有突变 突变量 $=M$

例 10-2　图 10-11 所示起重机大梁的跨度为 l，自重可视为均布载荷 q。若小车所吊起物体的重力暂不考虑，试作剪力图和弯矩图。

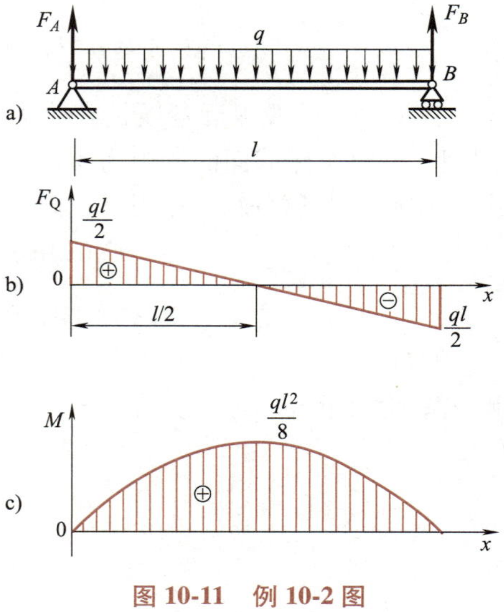

图 10-11　例 10-2 图

解　1）求支座反力。将起重机大梁简化为简支梁，如图 10-11a 所示，可得

$$F_A=F_B=\frac{ql}{2}$$

2）画剪力图和弯矩图。观察此梁所受外载情况，可知其左、右两端受集中力，全梁受负的均布力，所以剪力图在 $x=0^+$ 和 $x=l^-$ 处有突变，在整个梁段上是斜率为负的直线。取梁的左、右端微段，求其平衡，可得

$$F_{QA}=F_A=\frac{ql}{2},\quad M_A=0$$

$$F_{QB}=-F_B=-\frac{ql}{2},\quad M_B=0$$

连接 A、B 两点即可得剪力图，如图 10-11b 所示 。

由 $q<0$ 可知弯矩图为上凸抛物线，在 $F_Q=0$，即 $x=l/2$ 处截面弯矩有极值，即

$$M_{max}=M(l/2)=F_A\cdot\frac{l}{2}-\frac{ql}{2}\cdot\frac{l}{4}=\frac{ql}{2}\cdot\frac{l}{2}-\frac{ql}{2}\cdot\frac{l}{4}=\frac{ql^2}{8}$$

画出弯矩图如图 10-11c 所示。

工程上，在弯矩图中画抛物线仅需注意极值和凸凹方向，可简化画出弯矩图，并在图上标出极值的大小。

例 10-3　简支梁受载如图 10-12a 所示。已知 F、a、b，作梁的剪力图和弯矩图。

解　1）求支座反力。取整体为研究对象，由静力平衡方程可得

$$F_A=\frac{Fb}{l},\quad F_B=\frac{Fa}{l}$$

2）画剪力图和弯矩图。

① 分段。由于集中力会引起剪力图突变，集中力偶会产生弯矩图的突变，所以在集中力或集中力偶作用处，将梁分段计算。本题梁中 C 处有集中力 F 作用，故将梁分为 AC 与 CB 两段研究。

② 标值。计算各区段边界各截面的剪力与弯矩值，将结果标注在剪力图与弯矩图的相应位置上。截面上的剪力和弯矩值可按下述进行简化计算：

a）截面上的剪力等于截面任一侧外力的总和。

b）截面上的弯矩等于截面任一侧外力对截面形心力矩的总和。

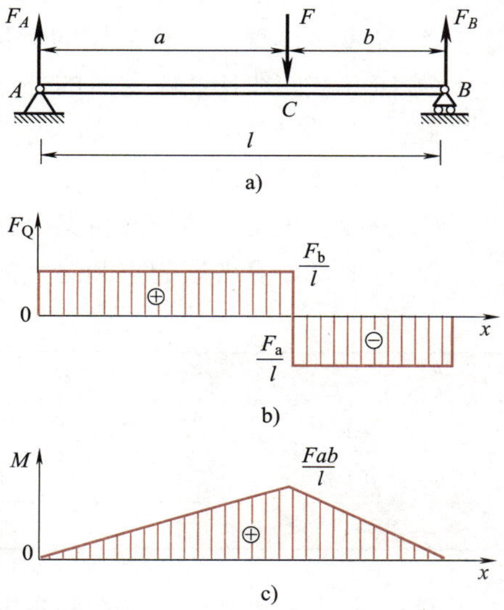

图 10-12　例 10-3 图

本题算得结果如下：

$$\left.\begin{aligned}F_{QA}&=Fb/l\\M_A&=0\end{aligned}\right\}\quad\left.\begin{aligned}F_{QB}&=-Fa/l\\M_B&=0\end{aligned}\right\}\quad\left.\begin{aligned}F_{QC^-}=Fb/l,\ F_{QC^+}&=-Fa/l\\M_C&=Fab/l\end{aligned}\right\}$$

③ 连线。因各区段无分布载荷，故可以直接连接相邻两点，即得剪力图和弯矩图，如图 10-12b、c 所示。

④ 复查。按本节所列 F_Q、M 图特征表进行复核。如在集中力 F 作用处检查剪力图是否有突变，突变值的大小；弯矩图是否成折线等。

例 10-4　如图 10-13a 所示，简支梁受集中力偶作用。若已知 M、a、b，作此梁的剪力图与弯矩图。

解　1）求支座反力。以整体为研究对象，列平衡方程可解得

$$F_A=F_B=\frac{M}{a+b}$$

2）画剪力图与弯矩图。

① 分段。分为 AC 与 CB 两段。

② 标值。

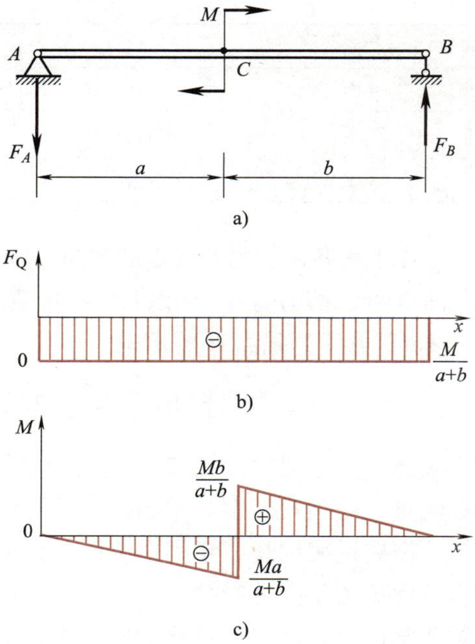

图 10-13　例 10-4 图

$$\left.\begin{aligned}F_{QA}&=-M/(a+b)\\M_A&=0\end{aligned}\right\}\qquad\left.\begin{aligned}F_{QC^-}&=-M/(a+b)\\M_{C^-}&=-Ma/(a+b)\end{aligned}\right\}$$

$$\left.\begin{aligned}F_{QC^+}&=-M/(a+b)\\M_{C^+}&=Mb/(a+b)\end{aligned}\right\}\qquad\left.\begin{aligned}F_{QB}&=-M/(a+b)\\M_B&=0\end{aligned}\right\}$$

③ 连线。F_Q、M 图上相邻两点均连直线。

④ 复查。检查点 C 弯矩图的变化。

例 10-5 如图 10-14a 所示的外伸梁，作此梁的剪力图与弯矩图。

解 1）求支座反力。由静力学平衡方程，求得 $F_A=7\text{kN}$，$F_B=5\text{kN}$

2）画剪力图和弯矩图。

① 分段。根据载荷情况将梁分为 AC、CD、DB、BE 四段。

② 标值。计算各段起点和终点的剪力数值和弯矩数值，结果见表 10-2：

表 10-2 例 10-5 表 1

分段	AC		CD		DB		BE	
横截面	A_+	C_-	C_+	D_-	D_+	B_-	B_+	E_-
F_Q/kN	7	3	1	−3	−3	−3	2	2
M/kN·m	0	20	20	16	6	−6	−6	0

截面 A_+代表离截面 A 无限接近并位于其右侧的横截面，截面 C_-代表截面 C 无限接近并位于其左侧的横截面。

再列出各段剪力图和弯矩图的特性表，见表 10-3。

表 10-3 例 10-5 表 2

分段	AC	CD	DB	BE
外力	q=常数<0	q=常数<0	$q=0$	$q=0$
F_Q 图	下斜直线	下斜直线	水平直线	水平直线
M 图	上凸抛物线	上凸抛物线	斜直线	斜直线

由上表各段剪力和弯矩的数值可以画出 F_Q 图和 M 图。由剪力图 10-14b 可见，在 CD 的横截面 H 处，剪力为 0，所以弯矩有极值。设 $CH=x$，根据比例关系，有 $x:(4-x)=1:3$，求得 $x=1\text{m}$。再计算截面 H 的弯矩

$$M_H=\left(7\times5-2\times1-1\times5\times\frac{5}{2}\right)\text{kN}\cdot\text{m}=20.5\text{kN}\cdot\text{m}$$

③ 连线。根据数值表和特性表，区间 AC 段的 M 图是抛物线，并确定抛物线的凸凹和极值点，得到弯矩图如图 10-14c 所示。

需要说明的是，本书主要面向机械工程，因此弯矩图是画在受压的一侧，而对于土木工程，弯矩图是画在受拉一侧，有所不同。另外，剪力图和弯矩图还有比较简便的画法，对于复杂载荷，还可以通过叠加原理进行剪力图和弯矩图的绘制，限于篇幅，本书不做展开，读者可以参考材料力学、结构力学的教材或专著。

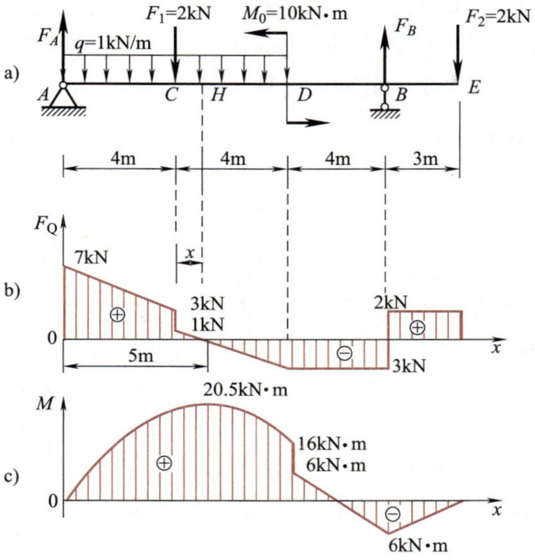

图 10-14　例 10-5 图

第二节　梁弯曲时的强度计算

梁弯曲时的内力为剪力和弯矩。在平面弯曲时，工程上可以近似地认为梁横截面上的弯矩是由截面上的正应力形成的，而剪力则由截面上的切应力所形成。本节将在梁弯曲时的内力分析的基础上，导出梁弯曲时的应力的计算，建立梁的强度条件。

一、实验观察与假设

为了研究梁横截面上的正应力分布规律，可做纯弯曲实验。取等截面矩形直梁，在表面画上平行于梁轴线的纵向线和垂直于梁轴线的横向线，如图 10-15 所示。在梁的两端施加一对位于梁纵向对称面内的力偶，梁发生弯曲。容易分析出，梁横截面的内力只有弯矩而无剪力，这种梁称为**纯弯曲梁**。通过梁的纯弯曲实验可观察到如下现象：

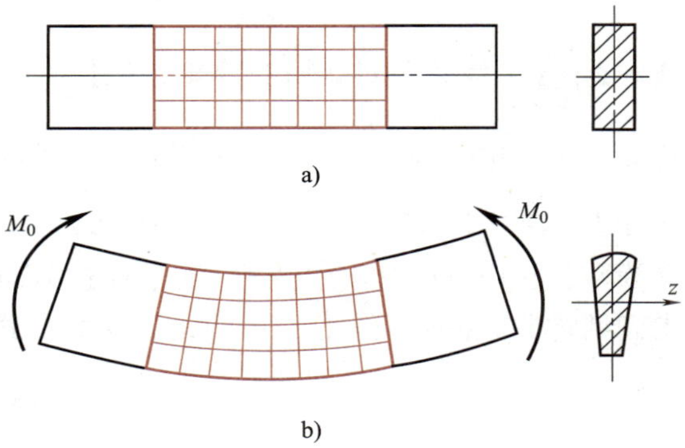

图 10-15　纯弯曲实验

1）纵向线弯曲成圆弧线，其纵向线间距不变。

2）横向线仍为直线，且与纵向线正交，横向线间相对地转过了一个微小的角度。

根据上述现象，对梁的变形可做以下假设：

1）梁弯曲变形时，其横截面仍保持平面，且绕某轴转过了一个微小的角度。

2）设梁由无数纵向纤维组成，则这些纤维处于单向受拉或单向受压状态。

从图 10-14 中可以看出，梁下部的纵向纤维受拉伸长，上部的纵向纤维受压缩短，根据变形的连续性，其间必有一层纤维既不伸长也不缩短，这层纤维称为**中性层**，中性层和横截面的交线称为**中性轴**，即图 10-15 中截面的 z 轴。

二、弯曲正应力的计算

1. 正应力的分布

矩形截面梁在纯弯曲时的应力分布有如下特点：

1）中性轴由于既不伸长，也不缩短，所以其上各点的线应变为零，正应力亦为零。

2）距中性轴距离相等的各点，其线应变相等。根据胡克定律，它们的正应力也相等。

3）在图 10-14 所示的受力情况下，中性轴上部各点正应力为负值，中性轴下部各点正应力为正值。说明中性轴上部受压，下部受拉。

4）根据平截面假设以及实验现象可以推出，正应力沿 y 轴线性分布，即 $\sigma(y)=Ky$，K 为待定常数，如图 10-16 所示。

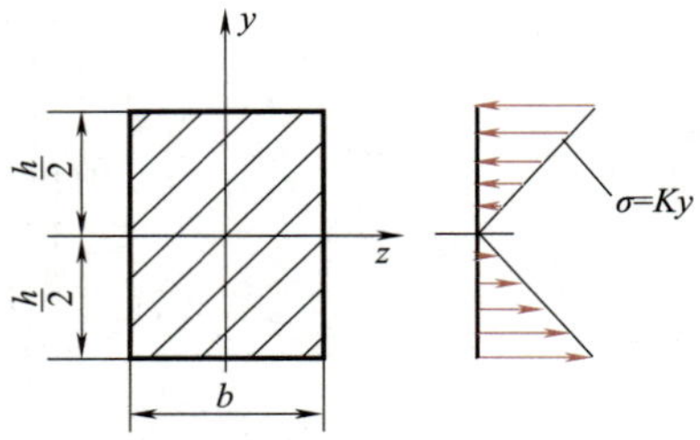

图 10-16　弯曲正应力分布图

2. 正应力的计算

如图 10-17 所示，在纯弯曲梁的横截面上任取微面积 dA，微面积上的微内力为 σdA。由于横截面上的内力只有弯矩 M 而轴力 $F_N=0$，所以由横截面上的微内力构成的合力必为零，即 $F_N=\int_A \sigma(y)\mathrm{d}A=0$；同时梁横截面上的微内力对中性轴 z 的合力矩就是弯矩 M，即$M=\int_A y\cdot\sigma(y)\mathrm{d}A$。将 $\sigma(y)=Ky$ 代入得

$$\int_A Ky\mathrm{d}A=0,\ \int_A Ky^2\mathrm{d}A=M \qquad (*)$$

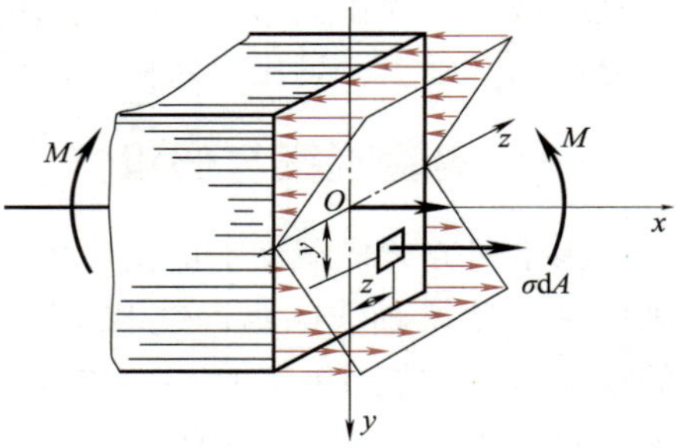

图 10-17　弯曲内力与应力

式中，$\int_A y\mathrm{d}A$ 是截面对 z 轴的**静矩**，记作 S^*，静矩又称面积矩，单位为 m^3；$\int_A y^2\mathrm{d}A$ 是截面对 z 轴的**惯性矩**，记作 I_z，单位为 m^4。式（*）可写作 $KS^*=0$ 和 $KI_z=M$。对于 $KS^*=0$，因为 $K\neq0$，所以 S^* 必为零，从而可以推出中性轴 z 必然通过截面的形心[㊀]。将 $\sigma(y)=Ky$ 代入 $KI_z=M$，就可以得到纯弯曲梁横截面上任意一点的正应力公式，即

$$\sigma(y)=\frac{My}{I_z} \qquad (10\text{-}6)$$

式中，M 是所求截面的弯矩；y 是所求截面上的点到中性轴的距离；I_z 是截面对中性轴的惯性矩。通过式（10-6）可以看出，最大正应力发生在截面的边缘，而接近中性轴的点的正应力接近于 0。计算梁横截面上的最大正应力，可定义**抗弯截面系数**，即

㊀ 参阅材料力学有关教材平面图形的几何性质部分。

$$W_z = \frac{I_z}{y_{max}} \tag{10-7}$$

则最大正应力

$$\sigma_{max} = \frac{M}{W_z} \tag{10-8}$$

横截面的 I_z、W_z 是仅与横截面的尺寸、形状有关的几何量。工程中常用型钢的 I_z、W_z 可在有关的工程手册中查到，本书附录 B 中也给出了部分型钢的参数表。

需要说明的是以上过程是在纯弯曲梁的情况下导出的。横截面上剪力不为零的梁，称为**横力弯曲梁**。对于横力弯曲梁，平截面假设不再成立，纵向纤维之间也不能保证没有挤压。通过弹性力学的进一步分析表明，用纯弯曲梁的正应力计算公式，即式（10-6）计算横力弯曲细长梁横截面上的正应力，并不会引起很大的误差，其计算结果能够满足工程问题的精度要求。当梁的跨度是梁的高度的四倍时，纯弯曲梁公式（10-6）的计算结果与通过弹性力学得到的最大弯曲正应力的理论值相比，误差小于 2%。另外，当横截面上的最大正应力超过材料的比例极限时，式（10-6）不再适用。

3. 惯性矩的对比计算

在第七章中曾经讨论过均质规则形状物体的转动惯量的概念。其定义是 $J_z = \int_m r^2 \mathrm{d}m$，它是旋转物体质量对转轴的二次矩；截面惯性矩定义为 $\int_A y^2 \mathrm{d}A$，它实际上是面积对中性轴的二次矩，它们的表达式相似，计算方法也类同。因此只需用面积来置换质量，就可将转动惯量改写成惯性矩。

如图 10-18a 所示，以高为 h、宽为 b 的矩形为例，z 轴通过形心且平行于底边，y 轴过形心垂直于 z 轴，则对 z 轴的惯性矩为 $I_z = Ah^2/12$，其中 $A = bh$，是截面的面积，代入得

$$I_z = \frac{bh^3}{12} \tag{10-9}$$

相应地得到抗弯截面系数

$$W_z = I_z / y_{max} = \frac{bh^3}{12} / \frac{h}{2} = \frac{bh^2}{6} \tag{10-10}$$

同理，可以得到对 y 轴的惯性矩和抗弯截面系数分别为

$$I_y = \frac{hb^3}{12},\quad W_y = \frac{hb^2}{6}$$

圆形截面和圆环形截面对任一通过圆心的轴对称，所以对任一过圆心的轴的惯性矩均相等。实心圆截面的惯性矩和抗弯截面系数为

$$I_z = \frac{\pi d^4}{64} \tag{10-11}$$

$$W_z = \frac{\pi d^3}{32} \tag{10-12}$$

式中，d 是圆截面的直径。

对于内外径之比 $\alpha = d/D$ 的空心圆截面，相应的惯性矩和抗弯截面系数分别为

$$I_z=\frac{\pi}{64}(D^4-d^4)=\frac{\pi D^4}{64}(1-\alpha^4) \tag{10-13}$$

$$W_z=\frac{\pi}{64}(D^4-d^4)/(D/2)=\frac{\pi D^3}{32}(1-\alpha^4) \tag{10-14}$$

对于由规则的矩形截面构成的组合截面，应当首先确定其形心、形心轴的位置，然后通过平行移轴公式计算截面对形心轴的惯性矩。即

$$I_z=I_{zC}+Ad^2 \tag{10-15}$$

式中，I_{zC}是对图形形心轴的惯性矩；d 是平行于形心的轴 z 和形心轴 z_C 之间的距离。显然截面对形心轴的惯性矩最小。以下通过例题 10-6 说明如何计算组合截面对形心轴的惯性矩。

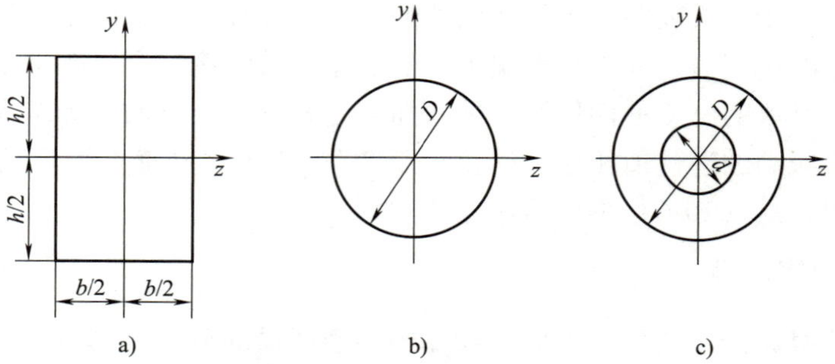

图 10-18　矩形截面和圆（环）截面

例 10-6　求图 10-19 所示 T 形截面图形对其形心轴 z_C 的惯性矩 I_{zC}。

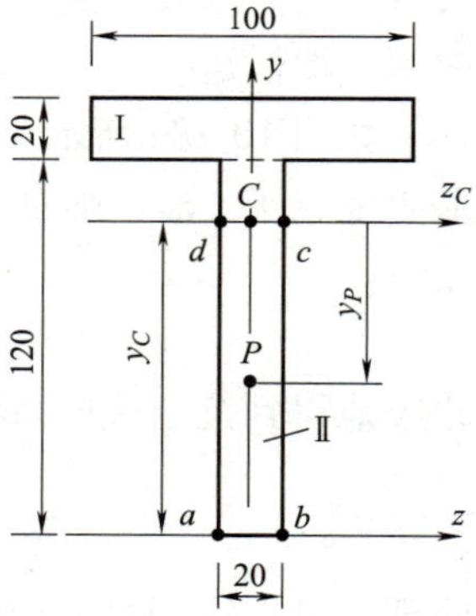

图 10-19　例 10-6 图

解　1）确定图形形心坐标。将截面图形看作由两个狭长矩形Ⅰ和Ⅱ所组成。整个图形的形心必在对称坐标轴 y 上。为确定 y_C，取参考轴 z，则

$$y_C=\frac{A_1y_{1C}+A_2y_{2C}}{A_1+A_2}=\frac{100\times20\times130+120\times20\times60}{100\times20+120\times20}\text{mm}=91.8\text{mm}$$

2）计算各分图形对图形形心轴 z_C 的惯性矩 $(I_{zC})_i$，利用式（10-9）和式（10-15），分别算出矩形Ⅰ和Ⅱ对 z_C 轴的惯性矩

$$(I_{zC})_1=\left[\frac{1}{12}\times100\times20^3+(130-91.8)^2\times100\times20\right]\text{mm}^4=2.99\times10^6\text{mm}^4$$

$$(I_{zC})_2=\left[\frac{1}{12}\times20\times120^3+(91.8-60)^2\times20\times120\right]\text{mm}^4=5.31\times10^6\text{mm}^4$$

3）计算组合图形对形心轴的惯性矩 I_{zC}。整个图形对 z_C 轴的惯性矩应为

$$I_{zC}=(I_{zC})_1+(I_{zC})_2=(2.99\times10^6+5.31\times10^6)\text{mm}^4=8.3\times10^6\text{mm}^4$$

三、弯曲切应力简介

梁在横力弯曲时，因为横截面上存在剪力，所以横截面上不仅有正应力，还有切应力。限于篇幅，以下仅简单讨论矩形截面梁上的切应力分布。

如图 10-20a 所示矩形截面梁，俄罗斯工程师茹拉夫斯基提出以下的两点假设：其一，截面上任一点的切应力 τ 的方向与该截面上的剪力 F_Q 方向平行。其二，切应力 τ 沿宽度均匀分布，即 τ 的大小只与到中性轴的距离有关，如图 10-20b 所示。

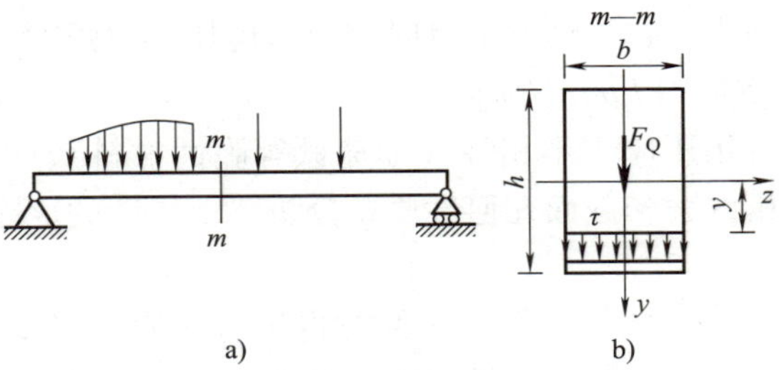

图 10-20 横力弯曲矩形截面梁

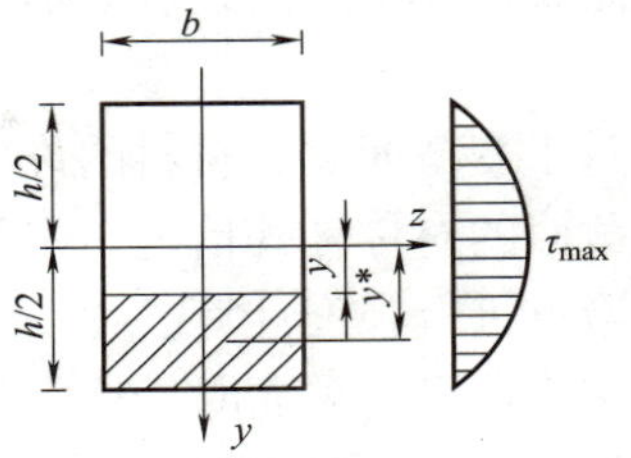

图 10-21 矩形截面梁切应力分布

当矩形截面梁的高度 h 大于宽度 b 时，以上假设基本符合实际情况，据此可以推导出矩形截面梁横截面上的切应力分布规律，如图 10-21 所示，且距中性轴 y 处的切应力为

$$\tau(y)=\frac{F_Q S_z^*}{I_z b} \tag{10-16}$$

式中，F_Q 为横截面上的剪力；b 为截面宽度；I_z 为整个截面对中性轴的惯性矩；S_z^* 为图 10-21 上打剖面线的面积 A^*（即梁横截面上距中性轴为 y 的横线以外部分的面积）对中性轴的静矩。$S_z^*=A^*y^*$，其中 y^* 是面积 A^* 的形心坐标，计算时以绝对值代入。

对于图 10-21 的矩形截面，取 y 绝对值计算，有

$$S_z^*=A^*y^*=b\left(\frac{h}{2}-y\right)\cdot\frac{1}{2}\left(\frac{h}{2}+y\right)=\frac{b}{2}\left(\frac{h^2}{4}-y^2\right)$$

代入式（10-16）可得矩形横截面上切应力公式

$$\tau(y)=\frac{F_Q}{2I_z}\left(\frac{h^2}{4}-y^2\right) \tag{10-17}$$

式（10-17）表明沿截面高度切应力按抛物线规律变化，如图 10-21 所示。当 $y=\pm h/2$ 时，$\tau=0$。这表明在截面上下边缘的各点处，切应力等于零。随着离中性轴距离的减小，切应力逐渐增大，当 $y=0$ 时，τ 为最大值，即最大切应力发生在中性轴上，如以 $I_z=bh^3/12$ 进行计算，即可得出

$$\tau_{max}=\frac{3}{2}\frac{F_Q}{bh}=\frac{3}{2}\frac{F_Q}{A} \tag{10-18}$$

式中，A 是横截面的面积，$A=bh$。

可见矩性截面梁的最大切应力为横截面上平均切应力 F_Q/A 的 1.5 倍。

对于工字形截面梁、圆形截面梁、圆环形截面梁，其弯曲切应力的最大值也发生在各自的中性轴上。非矩形截面上的弯曲切应力情况请读者参考相关材料力学文献。

四、梁的强度计算

在进行梁的强度计算时，首先要确定梁的危险截面以及危险截面上的危险点。对于等截面细长直梁，其危险截面在弯矩最大的截面，而危险截面上的边缘是最大正应力所在的位置。无论是横力弯曲还是纯弯曲，距离中性轴最远处的点只有正应力而无切应力，因此正应力强度条件可写为

$$\sigma_{max}=M_{max}/W_z\leqslant[\sigma] \tag{10-19}$$

式中，$[\sigma]$是弯曲许用正应力，作为近似，可取为材料在轴向拉压时的许用正应力。对于横

力弯曲梁，在支座附近容易形成比较大的剪力，这种情况下有时需要考虑切应力强度，即

$$\tau_{\max}=F_{Q\max}S_{z\max}^{*}/(I_z b)\leqslant[\tau] \tag{10-20}$$

对于变截面梁、材料的许用拉应力和许用压应力不相等（如铸铁等脆性材料）、中性轴不是截面的对称轴等情况，则需要综合分析内力和截面几何性质，分析梁上可能的危险截面和危险点进行强度计算。

在设计梁的截面时，通常先按照正应力强度条件计算，必要时再进行切应力强度校核。根据强度条件，我们可以验算梁的强度是否满足条件，判断梁的工作是否安全，即对梁进行**强度校核**；根据梁的最大载荷和材料的许用应力，确定梁横截面的尺寸和形状，或选用合适的标准型钢，即对梁进行**截面设计**；根据梁截面的形状和尺寸以及许用应力，确定梁可承受的最大弯矩，再由弯矩和载荷的关系确定梁的许用载荷，即**许可载荷的确定**。

例 10-7 如图 10-22a 所示的吊车梁，用 32c 工字钢制成，将其简化为一简支梁的力学模型，如图 10-22b 所示。梁长 $l=10\text{m}$，吊车梁及其所有附件自重不计。若最大起重载荷为 $F=35\text{kN}$，梁许用应力为$[\sigma]=130\text{MPa}$，校核梁的强度。

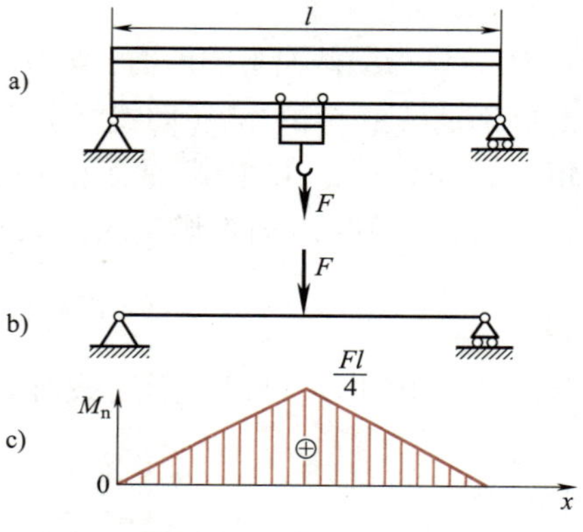

图 10-22 例 10-7 图

解 1）求最大弯矩。当载荷在梁中点时，该处产生最大弯矩，画弯矩图如图 10-22c 所示，最大弯矩

$$M_{\max}=\frac{Fl}{4}=\frac{35\times10}{4}\text{kN}\cdot\text{m}=87.5\text{kN}\cdot\text{m}$$

2）校核梁的强度。查附录 B 热轧型钢表得到 32c 工字钢的抗弯截面系数 $W_z=760\text{cm}^3$，计算最大应力

$$\sigma_{\max}=\frac{M_{\max}}{W_z}=\frac{87.5\times10^6}{760\times10^3}\text{MPa}=115.1\text{MPa}<[\sigma]=130\text{MPa}$$

该梁满足强度要求。

例 10-8 T 形截面外伸梁如图 10-23a、b 所示，截面对形心轴 z 的惯性矩 $I_z=86.8\text{cm}^4$，$y_1=3.8\text{cm}$，材料的许用拉应力$[\sigma^+]=30\text{MPa}$，许用压应力$[\sigma^-]=60\text{MPa}$。校核该梁的强度。

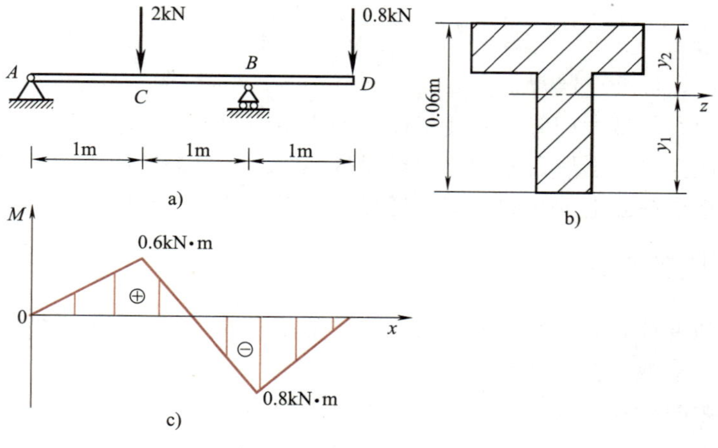

图 10-23 例 10-8 图

解 1）由静力平衡方程求出梁的支座反力 $F_A=0.6\text{kN}(\uparrow)$，$F_B=2.2\text{kN}(\uparrow)$，并作弯

矩图如图 10-23c 所示，得最大正弯矩在截面 C 处，$M_C=0.6\text{kN}\cdot\text{m}$，最大负弯矩在截面 B 处，$M_B=-0.8\text{kN}\cdot\text{m}$。

2）校核梁的强度。截面 C 和截面 B 均为危险截面，都要进行强度校核。

截面 B 处：最大拉应力发生于截面上边缘各点处，得

$$\sigma_B^+=\frac{|M_B|y_2}{I_z}=\frac{0.8\times10^6\times22}{86.8\times10^4}\text{MPa}=20.3\text{MPa}<[\sigma^+]$$

最大压应力发生于截面下边缘各点处，得

$$\sigma_B^-=\frac{|M_B|y_1}{I_z}=\frac{0.8\times10^6\times38}{86.8\times10^4}\text{MPa}=35\text{MPa}<[\sigma^-]$$

截面 C 处：虽然 C 处的弯矩绝对值比 B 处的小，但最大拉应力发生于截面下边缘各点处，而这些点到中性轴的距离比上边缘处各点到中性轴的距离大，且材料的许用拉应力 $[\sigma^+]$ 小于许用压应力 $[\sigma^-]$，所以还需校核最大拉应力。

$$\sigma_C^+=\frac{M_C y_1}{I_z}=\frac{0.6\times10^6\times38}{86.8\times10^4}\text{MPa}=26.3\text{MPa}<[\sigma^+]$$

该梁满足强度要求。

例 10-9　如图 10-24a 所示简支梁。材料的许用正应力 $[\sigma]=140\text{MPa}$，许用切应力 $[\tau]=80\text{MPa}$，对于工字梁，最大切应力位于中性轴，且 $\tau_{\max}=F_Q/A$，其中 A 是腹板的面积。根据强度条件选择合适的工字钢型号。

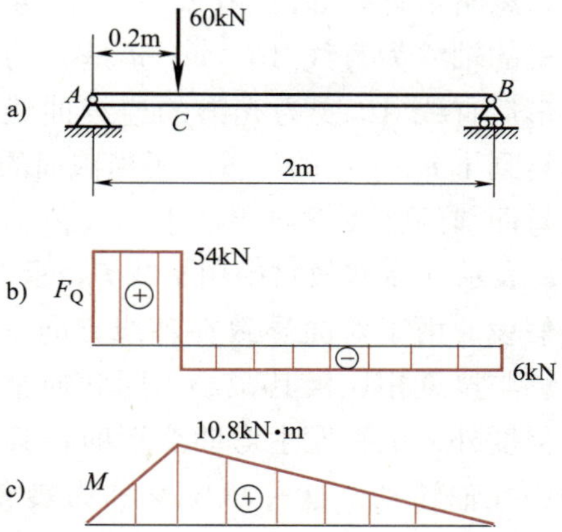

图 10-24　例 10-9 图

解　1）由静力平衡方程求出梁的支座反力 $F_A=54\text{kN}(\uparrow)$，$F_B=6\text{kN}(\uparrow)$，并作剪力图和弯矩图，分别如图 10-24b、c 所示，最大值分别为 $F_{Q\max}=54\text{kN}$、$M_{\max}=10.8\text{kN}\cdot\text{m}$。

2）选择工字钢型号。由正应力强度条件得

$$W_z\geqslant\frac{M_{\max}}{[\sigma]}=\frac{10.8\times10^6}{140}\text{mm}^3=77.1\times10^3\text{mm}^3=77.1\text{cm}^3$$

查附录 B 热轧型钢表，选用 12.6 号工字钢，其参数为 $W_z=77.5\text{cm}^3$，$H=126\text{mm}$，$t=8.4\text{mm}$，$b=5\text{mm}$。

3）切应力强度校核。12.6 号工字钢腹板面积为

$$A=(H-2t)b=(126-2\times8.4)\times5\text{mm}^2=546\text{mm}^2$$

$$\tau_{\max}=\frac{F_{Q\max}}{A}=\frac{54\times10^3}{546}\text{MPa}=98.9\text{MPa}>[\tau]$$

不满足切应力要求，因此需要重新选择。改选 14 号工字钢，其 $H=140\text{mm}$，$t=9.1\text{mm}$，$b=5.5\text{mm}$。面积为

$$A=(H-2t)b=(140-2\times9.1)\times5.5\text{mm}^2=669.9\text{mm}^2$$

$$\tau_{\max}=\frac{F_{Q\max}}{A}=\frac{54\times10^3}{669.9}\text{MPa}=80.6\text{MPa}>[\tau]$$

虽然最大切应力略有超出许用切应力，但在 5%以内，工程中有时可以认为强度是满足要求

的，因此可以选择 14 号工字钢。本例中工字钢的最大切应力计算公式 $\tau_{max}=F_{Qmax}/A$ 可参阅相关材料力学教材。

第三节　梁的刚度计算

一、梁的弯曲变形概述

梁在受到载荷作用后会发生变形，微小的弹性变形一般不影响梁的正常工作，但变形过大显然会影响机器的正常运行。如齿轮轴变形过大，会使齿轮不能正常啮合，产生振动和噪声；机械加工中刀杆或工件的变形，将导致较大的制造误差；起重机横梁的变形过大，可能导致吊车移动困难。因此除了要满足强度条件外，还要将梁的变形限制在一定范围内，使其满足刚度条件。特殊情况下，有些梁要有较大的或合适的弯曲变形才能满足工作要求，如金属切削工艺实验中使用的悬臂梁式车削测力仪及车辆上使用的隔振板簧等。

1. 挠度和转角

度量梁的变形的两个基本物理量是挠度和转角。它们主要因弯矩而产生，剪力的影响可以忽略不计。如图 10-25 所示的悬臂梁，变形前梁的轴线为直线 AB，$m—n$ 是梁的某横截面，变形后直线 AB 变为光滑的连续曲线 AC_1B_1，$m—n$ 转到了 $m_1—n_1$ 的位置。梁横截面的形心在垂直于弯曲前的轴线方向所产生的线位移称为**挠度**，用 w 表示（有些教材中用 y 或 f 表示）。根据小变形假设，由于弯曲导致在轴线方向（x 方向）的位移与挠度相比极其微小，因此通常忽略不计。除挠度外，梁在发生弯曲变形时，其横截面还将绕中性轴转动，这种角位移称为**转角**，用 θ 表示。

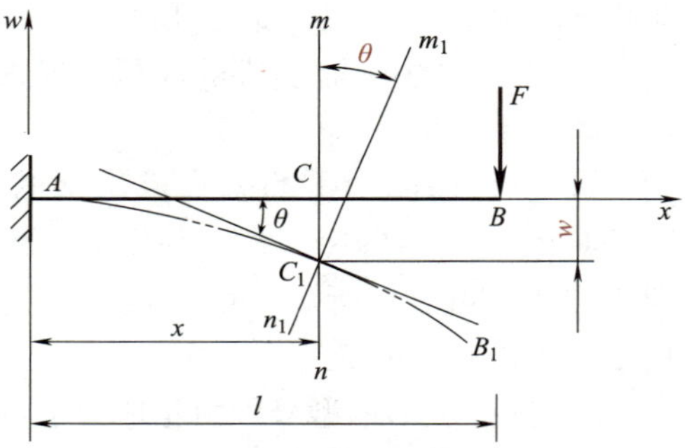

图 10-25　挠度和转角

显然，梁弯曲后截面的挠度、转角都和截面的位置 x 有关。弯曲后的轴线 $w=w(x)$ 称为**挠度曲线**，简称**挠曲线**。根据平截面假设，梁弯曲时横截面与梁轴线正交，在小变形情况下有

$$\theta(x)\approx\tan\theta(x)=w'(x) \tag{10-21}$$

式中，$\theta(x)$是转角方程。一般规定，坐标系中，挠度 w 向上为正，向下为负。若从 x 轴到截面法线构成的转角 θ 为逆时针，则规定为正；相反，顺时针为负。换言之，在图 10-25 所示坐标系中挠曲线具有正斜率时转角 θ 为正，而图 10-25 所示梁上各截面的挠度和转角均为负值。

2. 梁的刚度条件

对于有刚度要求的梁，需要限制其最大挠度或最大转角在许可范围内，故刚度条件为

$$w_{max}\leqslant[w] \quad 或 \quad \theta_{max}\leqslant[\theta] \tag{10-22}$$

式中，$[w]$为许用挠度；$[\theta]$为许用转角，它们的值可根据工作要求或参照有关手册确定。

二、积分法求梁的变形

1. 挠曲线近似微分方程

由于剪力对梁弯曲变形的影响忽略不计，故可由纯弯曲梁变形基本公式建立梁的挠曲线方程。由式（10-6）和 $\sigma=E\varepsilon$ 可得

$$\frac{1}{\rho(x)}=\frac{M(x)}{EI_z} \tag{10-23a}$$

式中，$\rho(x)$是 x 截面处梁变形的曲率半径。由解析几何可知，平缓曲线 $w=w(x)$ 的曲率 $1/\rho(x)$ 近似等于 $w(x)$对于 x 的二阶导函数，即$\frac{1}{\rho(x)}=\pm\frac{\mathrm{d}^2w(x)}{\mathrm{d}x^2}$。注意到曲率半径$\rho(x)$始终为正值，若取图 10-26 所示的坐标系，$w''(x)$与 $M(x)$始终同号，因此结合式（10-23a）有

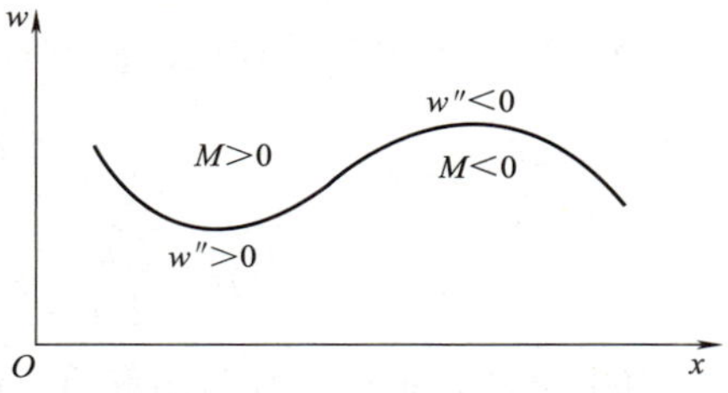

图 10-26　w''与 M 的关系

$$EI_z w''(x)=M(x) \tag{10-23b}$$

式（10-23b）称为等直梁的挠曲线近似微分方程。

2. 积分法求梁的变形

将式（10-23b）积分一次，就得到转角方程，再积分一次得到挠曲线方程。对等直梁，EI 为常量，有

$$EI_z\theta=EI_z w'=\int M(x)\,\mathrm{d}x+C \tag{10-24}$$

$$EI_z w=\int\left[\int M(x)\,\mathrm{d}x\right]\mathrm{d}x+Cx+D \tag{10-25}$$

式中，C、D 为积分常数，可由梁的边界条件和连续条件来确定，即由梁上那些转角和挠度已知或相互关系已知的条件来确定。边界条件要求给出梁特定截面的挠度和转角，如在铰支座处梁的挠度为零；固定端处梁的转角和挠度均为零。连续条件则要求在梁的弯矩方程分段处的截面转角相等、挠度相等。一般地，若梁要分成 n 段积分，则出现 $2n$ 个待定常数，总可找到 $2n$ 个相应边界条件和连续条件将其确定。

例 10-10　如图 10-27 所示，等直悬臂梁受均布载荷 q 的作用，建立该梁的转角方程和挠曲线方程，并求自由端 B 的转角 θ_B 和挠度 w_B。梁的抗弯刚度 EI 为常数。

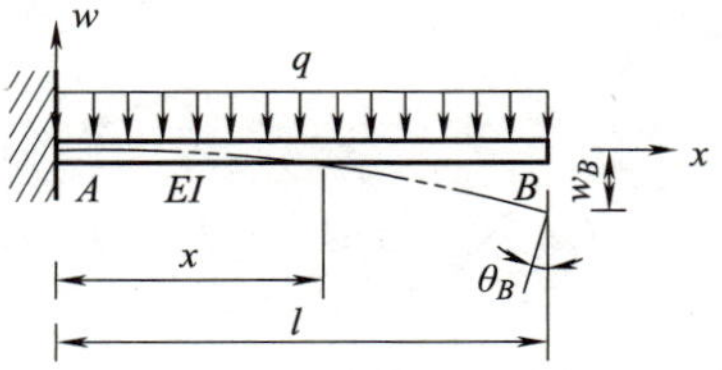

图 10-27　例 10-10 图

解　1）弯矩方程

$$M(x)=-\frac{q}{2}(l-x)^2$$

2）挠曲线近似微分方程

$$EIw''=M(x)=-\frac{q}{2}(l-x)^2$$

3）对上式积分得

$$EI\theta=EIw'=-\frac{q}{2}\int(l-x)^2\mathrm{d}x+C=\frac{q}{6}(l-x)^3+C \tag{a}$$

$$EIw=\frac{q}{6}\int(l-x)^3\mathrm{d}x+Cx+D=-\frac{q}{24}(l-x)^4+Cx+D \tag{b}$$

4）确定积分常数。由边界条件，当 $x=0$ 时，固定端 A 处 $\theta_A=0$，$w_A=0$，分别代入式（a）和式（b），则有$\frac{ql^3}{6}+C=0$，$-\frac{ql^4}{24}+D=0$，计算得到 $C=-\frac{ql^3}{6}$，$D=\frac{ql^4}{24}$。

5）列出转角方程和挠曲线方程，将 C、D 的值回代式（a）和式（b）并整理得

$$\theta(x)=\frac{q}{6EI}(l-x)^3-\frac{ql^3}{6EI} \tag{c}$$

$$w(x)=-\frac{q}{24EI}(l-x)^4-\frac{ql^3}{6EI}x+\frac{ql^4}{24EI}=-\frac{qx^2}{24EI}(x^2+6l^2-4lx) \tag{d}$$

6）求 θ_B 和 w_B。在自由端 B，$x=l$，代入式（c）、式（d）得

$$\theta_B=-\frac{ql^3}{6EI},\quad w_B=-\frac{ql^4}{8EI}$$

计算结果均为负，说明 θ_B 顺时针转动，w_B 向下。

例 10-11 图 10-28 为一简支梁，梁上点 C 作用集中力 F，设 EI 为常数。建立转角方程和挠曲线方程，并求梁内 $\theta_{\max}$ 及 $w_{\max}$。

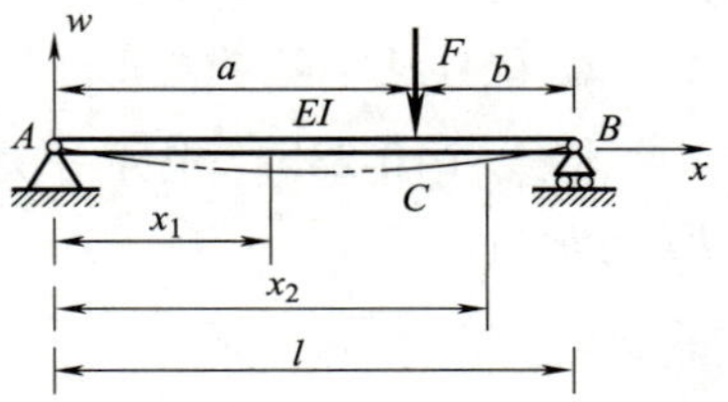

图 10-28 例 10-11 图

解 1）求支座反力和列弯矩方程。

支座反力 $F_A=bF/l$，$F_B=aF/l$

弯矩方程

AC 段（$0\leqslant x_1\leqslant a$） $M_1=\frac{Fb}{l}x_1$

CB 段（$a\leqslant x_2\leqslant l$） $M_2=\frac{Fb}{l}x_2-F(x_2-a)$

2）列出挠曲线近似微分方程并积分。由于弯矩方程在点 C 处分段，故应对 AC 及 CB 分别计算。

AC 段（$0\leqslant x_1\leqslant a$）：$EIw_1''=\frac{Fb}{l}x_1$，积分得

$$EI\theta_1=\frac{Fb}{2l}x_1^2+C_1 \tag{a}$$

$$EIw_1=\frac{Fb}{6l}x_1{}^3+C_1x_1+D_1 \tag{b}$$

CB 段（$a\leqslant x_2\leqslant l$）：$EIw_2''=\frac{Fb}{l}x_2-F(x_2-a)$，积分得

$$EI\theta_2=\frac{Fb}{2l}x_2{}^2-\frac{F}{2}(x_2-a)^2+C_2 \tag{c}$$

$$EIw_2=\frac{Fb}{6l}x_2{}^3-\frac{F}{6}(x_2-a)^3+C_2x_2+D_2 \tag{d}$$

3）确定积分常数。有四个积分常数 C_1、D_1、C_2、D_2，本问题中，有两个边界条件和两个连续条件。在 A、B 支座处，梁的挠度为零，即$w_1|_{x_1=0}=0$，$w_2|_{x_2=l}=0$。由于挠曲线在点 C 处是连续和光滑的，因此在其左、右两侧转角和挠度应相等，即$\theta_1|_{x_1=a}=\theta_2|_{x_2=a}$，$w_1|_{x_1=a}=$

$w_2|_{x_2=a}$。将以上边界条件和连续条件代入式（a）~式（d），经计算和整理，可得

$$C_1=C_2=\frac{bF}{6l}(b^2-l^2)\text{，}D_1=D_2=0$$

4）列转角方程和挠曲线方程。将上面求得的四个常数值分别回代式（a）~式（d），可得

AC 段（$0\leqslant x_1\leqslant a$）

$$EI\theta_1=\frac{Fb}{6l}(3x_1^2+b^2-l^2) \tag{e}$$

$$EIw_1=\frac{Fb}{6l}[x_1^3+(b^2-l^2)x_1] \tag{f}$$

CB 段（$a\leqslant x_2\leqslant l$）

$$EI\theta_2=\frac{Fb}{6l}\left[3x_2^2+b^2-l^2-\frac{3l}{b}(x_2-a)^2\right] \tag{g}$$

$$EIw_2=\frac{Fb}{6l}\left[(x_2^2+b^2-l^2)x_2-\frac{l}{b}(x_2-a)^3\right] \tag{h}$$

5）确定 $\theta_{\max}$ 及 $y_{\max}$。若 $a>b$，则 $\theta_{\max}=\theta_B$，将 $x_2=l$ 代入式（g），整理后得到

$$\theta_B=\frac{Fab}{6EIl}(l+a)$$

最大挠度 $w_{\max}$ 应发生在 AC 段上 $\theta=0$ 处，将 $\theta=0$ 代入式（e），求出 $x_1=\sqrt{(l^2-b^2)/3}$，将其代入式（f），于是求得最大挠度绝对值 $w_{\max}=\dfrac{Fb}{9\sqrt{3}EIl}\sqrt{(l^2-b^2)^3}$。

考虑梁中点 M 的挠度，将 $x_1=l/2$ 代入式（f），其绝对值为 $w_M=\dfrac{Fb}{12EI}\left(\dfrac{3}{4}l^2-b^2\right)$。作为比较，当 F 作用点 C 与梁的中点 M 重合时，可得中点最大挠度绝对值为 $w_C=w_M=\dfrac{Fl^3}{48EI}$。若考虑极端情况，即 F 作用点无限靠近支座 B，这时 $b\to0$，这种情况下近似地有

$$w_{\max}=\frac{bFl^2}{9\sqrt{3}EI}\text{，}\quad w_M=\frac{bFl^2}{16EI}$$

由此可见，即使是极端情况，本问题中最大挠度和跨中挠度两者相差也不超过 2.6%。由此可见在工程实际中，为了便于计算，在挠曲线上无拐点的场合下，可用计算较为简单的中点挠度来代替计算较为烦琐的最大挠度。

三、用叠加法求梁的变形

为了使工程技术人员在计算梁的位移时方便快捷，在一些文献或工程手册中，往往列有简单的梁在简单载荷作用下的最大挠度和最大转角等计算公式，表 10-4 列举了其中几种情况。利用这类资料，可以按照叠加原理比较方便地计算某些较为复杂情况下的梁的挠度和转角。但前提条件是，梁必须在线弹性范围内工作，且变形非常微小。举例来说，如图 10-29a 所示受集度 q 的均布载荷以及端力偶矩 $M=ql^2/2$ 的梁 AB，抗弯刚度 EI 为常数，梁 AB 任何

横截面的位移便可以由两种载荷单独作用下的相应位移叠加而得，如图 10-29b、c 所示，即 $\theta_A=\theta_{Aq}+\theta_{AM}$，$w_C=w_{Cq}+w_{CM}$。其中 θ_{Aq}、θ_{AM}、w_{Cq}、w_{CM} 查表 10-4 可知其结果，则梁 AB 的最大转角

$$\theta_{\max}=\theta_A=\theta_{Aq}+\theta_{AM}=-\frac{ql^3}{24EI}-\frac{Ml}{3EI}=-\frac{5ql^3}{24EI}$$

跨中挠度 $w_C=w_{Cq}+w_{CM}=-\dfrac{5ql^4}{384EI}-\dfrac{Ml^2}{16EI}=-\dfrac{17ql^4}{384EI}$

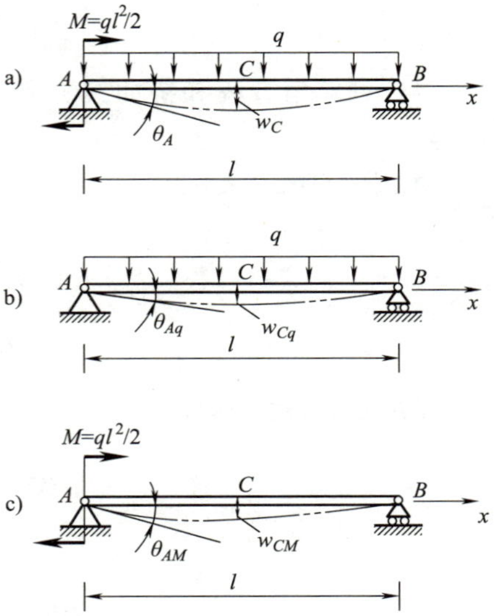

图 10-29 叠加法求梁变形示例

计算梁的位移的方法有很多。除了积分法、叠加法，还可以在叠加法的基础上采用逐段刚化法，一些教材上还介绍了奇异函数法等。

任何弹性体在受到载荷作用后，弹性体因变形积聚应变能。根据能量守恒原理，如果忽略能量损失，并考虑载荷是静载，则应变能在数值上应等于外力功。通过这个能量原理和在此基础上导出的其他功、能关系，可以求解弹性体的位移、变形和内力等，这种方法称为能量法。单位载荷法、卡氏第二定理、图乘法等都属于能量法。其中图乘法因其简单方便，得到了广泛的应用。关于能量法请参阅相关材料力学教材。

表 10-4 梁在简单载荷作用下的变形

序号	梁的简图	挠曲线方程	端截面转角	最大挠度
1	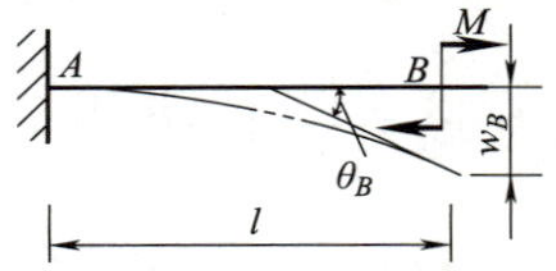	$w=-\dfrac{Mx^2}{2EI_z}$	$\theta_B=-\dfrac{Ml}{EI_z}$	$w_B=-\dfrac{Ml^2}{2EI_z}$
2	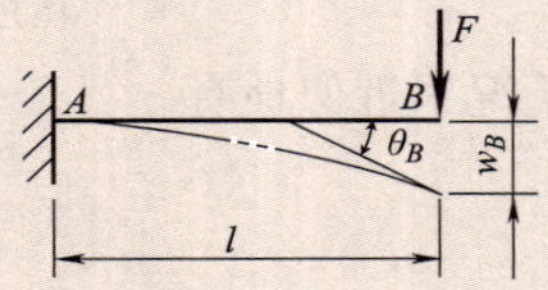	$w=-\dfrac{Fx^2}{6EI_z}(3l-x)$	$\theta_B=-\dfrac{Fl^2}{2EI_z}$	$w_B=-\dfrac{Fl^3}{3EI_z}$
3	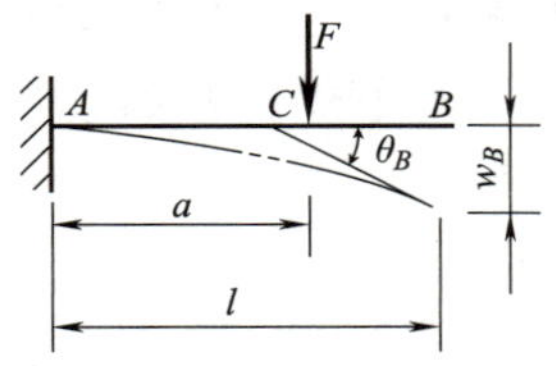	$w=-\dfrac{Fx^2}{6EI_z}(3a-x)$ $0\leqslant x\leqslant a$ $w=-\dfrac{Fa^2}{6EI_z}(3x-a)$ $a\leqslant x\leqslant l$	$\theta_B=-\dfrac{Fa^2}{2EI_z}$	$w_B=-\dfrac{Fa^2}{6EI_z}(3l-a)$
4	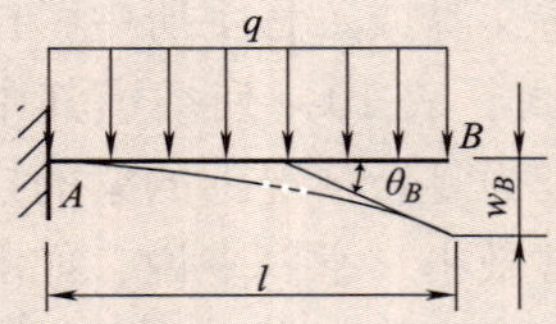	$w=-\dfrac{qx^2}{24EI_z}(x^2-4lx+6l^2)$	$\theta_B=-\dfrac{ql^3}{6EI_z}$	$w_B=-\dfrac{ql^4}{8EI_z}$

（续）

序号	梁的简图	挠曲线方程	端截面转角	最大挠度
5	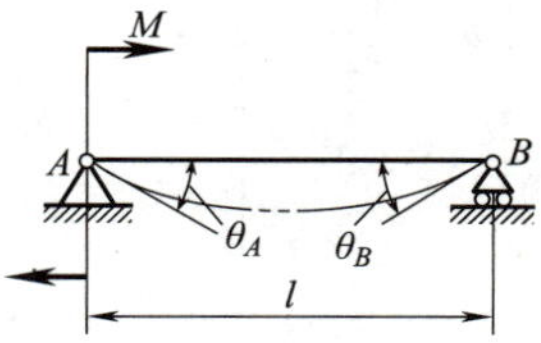	$w=\frac{Mx}{6EI_z l}(l-x)(2l-x)$	$\theta_A=-\frac{Ml}{3EI_z}$ $\theta_B=-\frac{Ml}{6EI_z}$	$x=\left(1-\frac{1}{\sqrt{3}}\right)l$ $w_{\max}=-\frac{Ml^2}{9\sqrt{3}EI_z}$ $x=\frac{l}{2}$ $w_{l/2}=-\frac{Ml^2}{16EI_z}$
6	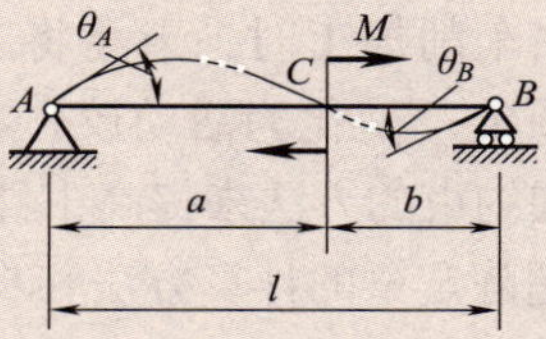	$w=\frac{Mx}{6EI_z l}(l^2-3b^2-x^2)$ $0\leqslant x\leqslant a$ $w=\frac{M}{6EI_z l}[-x^3+3l(x-a)^2+$ $(l^2-3b^2)x]$ $a\leqslant x\leqslant l$	$\theta_A=\frac{M}{6EI_z l}(l^2-3b^2)$ $\theta_B=\frac{M}{6EI_z l}(l^2-3a^2)$ $\theta_C=\frac{M}{6EI_z l}(3a^2+3b^2-l^2)$	
7	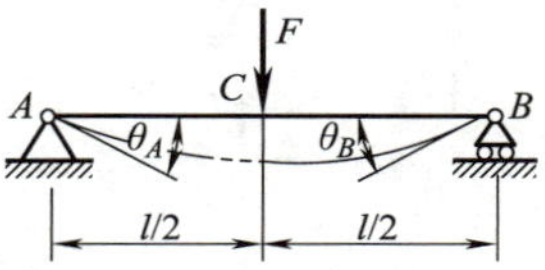	$w=-\frac{Fx}{48EI_z}(3l^2-4x^2)$ $0\leqslant x\leqslant\frac{l}{2}$	$\theta_A=-\theta_B=-\frac{Fl^2}{16EI_z}$	$w_{\max}=-\frac{Fl^3}{48EI_z}$
8	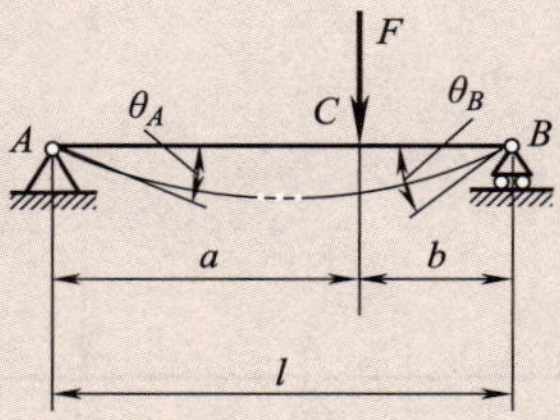	$w=-\frac{Fbx}{6EI_z l}(l^2-x^2-b^2)$ $0\leqslant x\leqslant a$ $w=-\frac{Fb}{6EI_z l}\left[\frac{l}{b}(x-a)^3+\right.$ $\left.(l^2-b^2)x-x^3\right]$ $a\leqslant x\leqslant l$	$\theta_A=-\frac{Fab(l+b)}{6EI_z l}$ $\theta_B=\frac{Fab(l+a)}{6EI_z l}$	设 $a>b$ $x=\sqrt{\frac{l^2-b^2}{3}}$处 $w_{\max}=-\frac{Fb\sqrt{(l^2-b^2)^3}}{9\sqrt{3}EI_z l}$ 在 $x=\frac{l}{2}$处 $w_{l/2}=-\frac{Fb(3l^2-4b^2)}{48EI_z}$
9	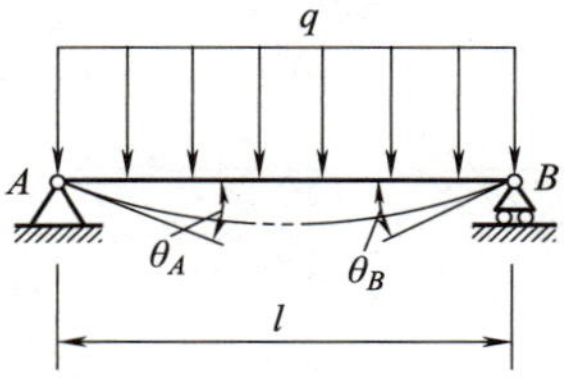	$w=-\frac{qx}{24EI_z}(l^3-2lx^2+x^3)$	$\theta_A=-\theta_B=-\frac{ql^3}{24EI_z}$	$w_{\max}=-\frac{5ql^4}{384EI_z}$
10	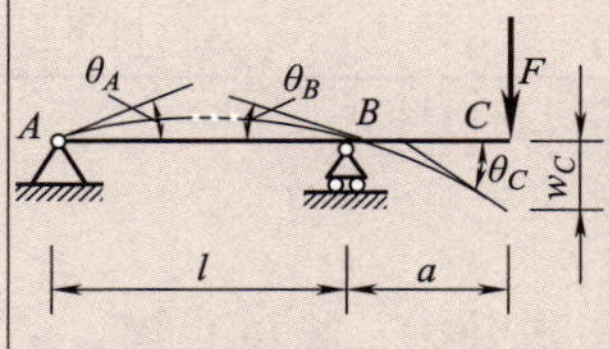	$w=\frac{Fax}{6EI_z l}(l^2-x^2)\ (0\leqslant x\leqslant l)$ $w=-\frac{F(x-l)}{6EI_z}[a(3x-l)-$ $(x-l)^2]$ $l\leqslant x\leqslant(l+a)$	$\theta_A=-\frac{1}{2}\theta_B=\frac{Fal}{6EI_z}$ $\theta_C=-\frac{Fa}{6EI_z}(2l+3a)$	$w_C=-\frac{Fa^2}{3EI_z}(l+a)$

（续）

序号	梁的简图	挠曲线方程	端截面转角	最大挠度
11	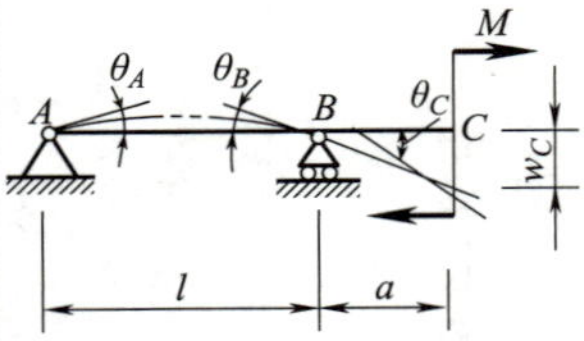	$w=-\frac{Mx}{6EI_z l}(x^2-l^2)$ $0\leqslant x\leqslant l$ $w=-\frac{M}{6EI_z}(3x^2-4xl+l^2)$ $l\leqslant x\leqslant (l+a)$	$\theta_A=-\frac{1}{2}\theta_B=\frac{Ml}{6EI_z}$ $\theta_C=-\frac{M}{3EI_z}(l+3a)$	$w_C=-\frac{Ma}{6EI_z}(2l+3a)$

四、简单超静定梁

工程上常采用超静定梁来提高其强度，减少其变形。如在车削加工时，卡盘将工件夹紧（简化为固定端）即为静定机构。但在车削细长轴时，还要用顶尖（简化为活动铰）将工件末端顶住，必要时再使用跟刀架（简化为活动铰），这就是用增加约束的方法来提高工件的刚度，以减少加工误差，如图 10-30a、b 所示。本书仅简单介绍一次超静定梁的计算方法和步骤。

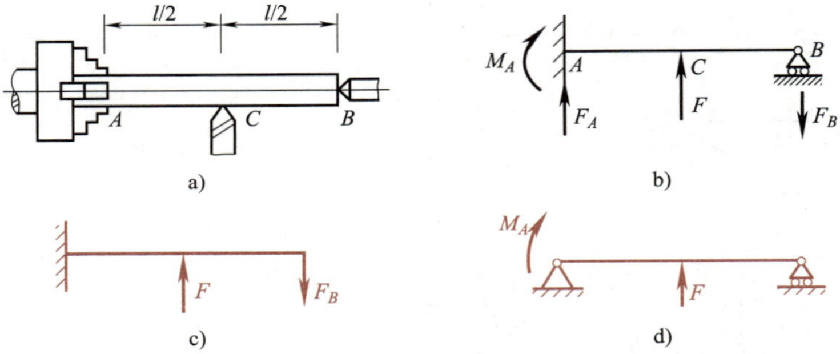

图 10-30　超静定梁与相当系统

解超静定梁时，可将多余约束去掉，代之以约束力，并保持原约束处的变形条件，该梁称为原超静定梁的**相当系统**。对同一个超静定梁，根据解除的约束不同，可得到不同的相当系统。图 10-30c、d 都是原超静定梁的相当系统。

例 10-12　求作图 10-31 所示超静定梁的弯矩图，并求出最大弯矩值（EI_z 为常数）。

解　1）解除 B 处约束，得相当系统（见图 10-31b），且 $w_B=0$，查表 10-4 得

$$w_{BF}=-\frac{F\times\frac{l}{2}\times l}{6\times 2lEI_z}\left[(2l)^2-l^2-\left(\frac{l}{2}\right)^2\right]=-\frac{11Fl^3}{96EI_z}$$

$$w_{BF_B}=\frac{F_B(2l)^3}{48EI_z}=\frac{F_Bl^3}{6EI_z}$$

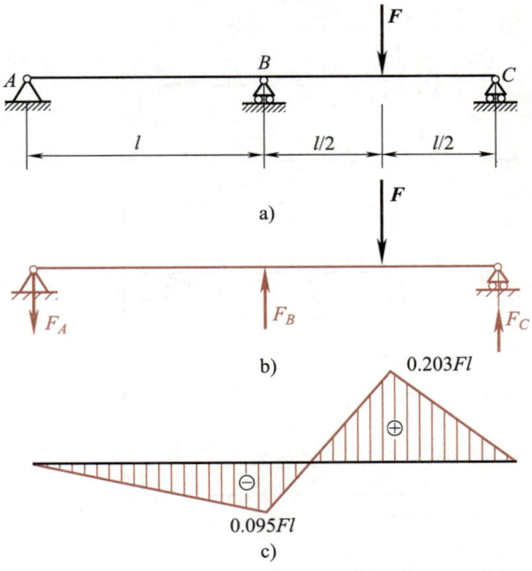

图 10-31　例 10-12 图

根据叠加原理，且点 B 的实际位移为零，所以有 $w_B = w_{BF} + w_{BF_B} = 0$，即

$$-\frac{11Fl^3}{96EI_z} + \frac{F_B l^3}{6EI_z} = 0$$

解得

$$F_B = \frac{11}{16}F$$

2）求出 F_B 以后，由静力学平衡方程求得

$$F_A = \frac{3}{32}F,\ F_C = \frac{13}{32}F$$

3）作梁的弯矩图，如图 10-31c 所示，$M_{max} = 0.203Fl$。

读者可以思考本例还可以采用哪种方法，如何求解。

以上介绍了最为简单的一次超静定梁的问题，对于二次超静定梁，有两个多余约束，就需要根据位移条件列出两个补充方程。对于有多个约束的连续超静定梁问题，往往通过结构力学中提供的力法或位移法，建立起相应的线性方程组，然后通过计算机编程求解。

第四节　提高梁强度和刚度的措施

根据梁的应力计算可知等直梁上的最大弯曲正应力 σ_{max} 和梁上的最大弯矩 M_{max} 成正比，和抗弯截面系数 W_z 成反比。梁的变形和梁的跨度 l 的高次方成正比，和梁的抗弯刚度 EI_z 成反比。设计梁时，应在保证满足强度、刚度要求的前提下节省材料，一般可从调整约束、选择合理截面、合理布置载荷等方面入手。

一、合理安排梁的支座及增加约束

当梁的尺寸和截面形状已定时，合理安排梁的支座位置或增加约束，可以缩小梁的跨度、降低梁上的最大弯矩。如图 10-32a 所示，受均布载荷的简支梁，若能改为两端外伸梁（见图 10-32b），则梁上的最大弯矩将大为降低。

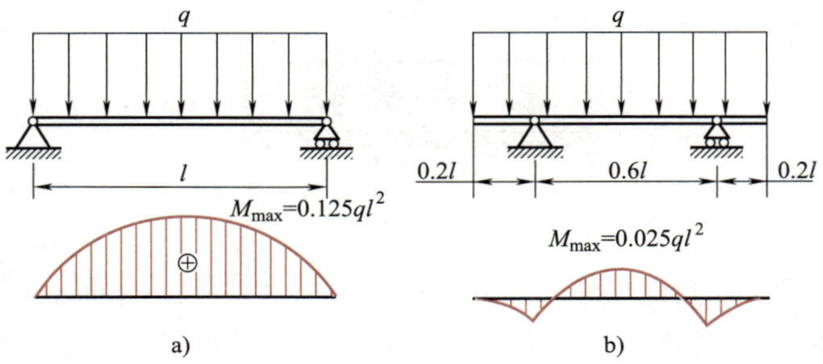

图 10-32　受均布载荷的简支梁和两端外伸梁

增加约束，缩短梁的跨度，对减小梁的变形极为有效。若在图 10-32a 所示简支梁中增加一个活动铰支座，则梁的最大挠度只有原来的几十分之一。

二、选择梁的合理截面

梁的抗弯截面系数 W_z 与截面的面积、形状有关。截面面积相同的梁，工字形截面、矩形截面的 W_z 要比实心圆截面大很多，自然承载能力也就更强。在满足 W_z 的情况下选择更优的截面形状，可以使截面面积减小，达到节约材料、减轻自重的目的。其原因是横截面上各点的正应力与其到中性轴的距离成正比，靠近中性轴的材料正应力较小，未能充分发挥其潜力，故将靠近中性轴的材料移至界面的边缘，必然使 W_z 增大。对于主要承弯的构件，采用工字钢和槽钢通常较为经济合理。

三、合理布置载荷

当载荷已确定时，通过合理布置载荷可以减小梁上的最大弯矩，从而提高梁的承载能力。如图 10-33 所示的桥梁，可简化成一简支梁，其额定最大承载能力一般指载荷在桥中间时的最大值，超出额定载荷的物体要过桥时，将集中载荷分为几个载荷，最大弯矩可降低很多，就能安全过桥。吊车通过采用副梁可以吊起更重的物体也是相同的道理。

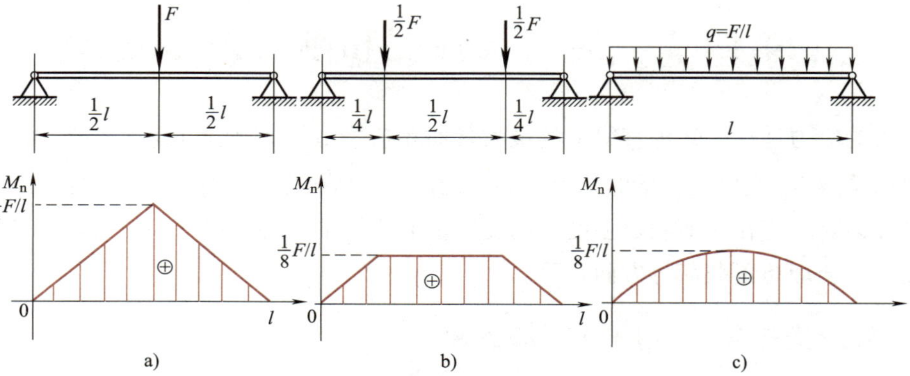

图 10-33 受集中载荷和分散载荷的简支梁

由于优质钢和普通钢的弹性模量 E 相差不大，但价格相差较大，故一般不通过用优质钢替代普通钢来提高梁的刚度。

本 章 小 结

1. 梁的内力

1）平面弯曲梁横截面上有两种内力分量——剪力和弯矩。截面上剪力的大小等于截面之左（或右）所有外力的代数和；弯矩的大小等于截面之左（或右）所有外力对截面形心力矩的代数和。

2）剪力、弯矩和载荷集度之间存在微分关系，即 $\frac{d^2M(x)}{dx^2}=\frac{dF_Q(x)}{dx}=q(x)$。利用这种关系可绘制和校核剪力图和弯矩图，其步骤为：

① 正确求解梁的支座反力。

② 分段。凡梁上有集中力（力偶）作用的截面以及载荷集度 q 有变化的截面，都作为分段的控制截面。

③ 标值。计算各段起始截面的 F_Q、M 值及 M 图的极值点，并利用微分关系判断各段 M 图的大致形状。

④ 连线。

2. 梁弯曲时的强度计算

1）梁横截面上的正应力和弯矩有关，最大正应力发生在截面上离中性轴最远的边缘，其计算公式为

$$\sigma(y)=\frac{My}{I_z},\ \sigma_{max}=\frac{M}{W_z}$$

2）梁横截面上的切应力与剪力有关，最大切应力发生在截面的中性层上，矩形截面上的最大切应力为平均切应力的 1.5 倍。

3）对于细长梁的强度主要考虑正应力强度条件，即

$$\sigma_{max}=M_{max}/W_z\leqslant[\sigma]$$

对于变截面、剪力较大等少量场合，需要考虑切应力强度条件。

3. 梁的变形

1）梁的变形用挠度 w 和转角 θ 度量，线弹性小变形前提下，有 $\theta(x)\approx\tan\theta(x)=w'(x)$，且等截面梁的挠曲线近似微分方程为

$$EI_zw''(x)=M(x)$$

可通过积分法求出梁的挠度和转角，利用积分法求解，需要通过边界条件和连续条件确定积分常数。

2）梁的变形和载荷为线性关系时可以利用叠加法求复杂载荷下梁的变形。

3）超静定梁的求解首先要确定合适的相当系统。相当系统以约束力代替多余约束，且必须满足约束处的变形条件，再通过物理关系建立补充方程，结合静力学平衡方程解出全部约束力。

4. 提高梁的强度和刚度

通常可从增加约束、分散载荷、减小梁的跨度、合理选择截面等几方面入手，根据实际情况确定合适的方法。

思 考 题

10-1 什么是平面弯曲，纵向对称面，中性层，中性轴？

10-2 扁担常在中间折断，跳水板易在固定端处折断，为什么？

10-3 分布载荷、剪力和弯矩之间的微分关系是什么？其几何意义又是什么？

10-4 在集中载荷作用处，内力图有突变，是否说明梁在该处不连续，或内力不确定？如何解释这些现象？

10-5　矩形截面梁的横截面高度增加到原来的两倍，截面的抗弯能力将增大到原来的几倍？矩形截面梁的横截面宽度增加到原来的两倍，截面的抗弯能力将增大到原来的几倍？

10-6　钢梁和铝梁的尺寸、约束、截面、受力均相同，其内力、最大弯矩、最大正应力及梁的最大挠度是否相同？

10-7　已知直径为 D 的实心圆截面对形心轴的惯性矩 $I_z=\dfrac{\pi d^4}{64}$，据此推出以下几何性质：1）实心圆截面的极惯性矩 I_p；2）实心圆截面的抗弯截面系数 W_z 和抗扭截面系数 W_p；3）根据组合关系，写出外径为 D、内径为 d 的空心圆截面的 I_p、I_z、W_p、W_z 的计算公式。

10-8　如图 10-34 所示空心矩形截面，推出其抗弯截面系数为 $W_z=\dfrac{BH^2}{6}-\dfrac{Bh^2}{6}$，这个结果是否正确？为什么？

10-9　悬臂梁在纵向对称面内受力，若截面的形状如图 10-35 所示，画出各截面上正应力沿高度的大致分布图。

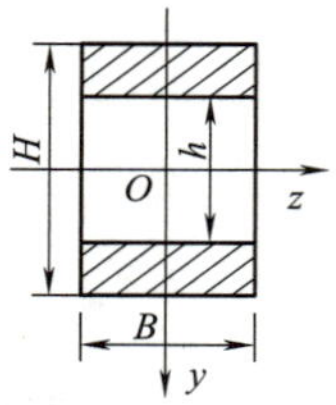

图 10-34　空心矩形截面

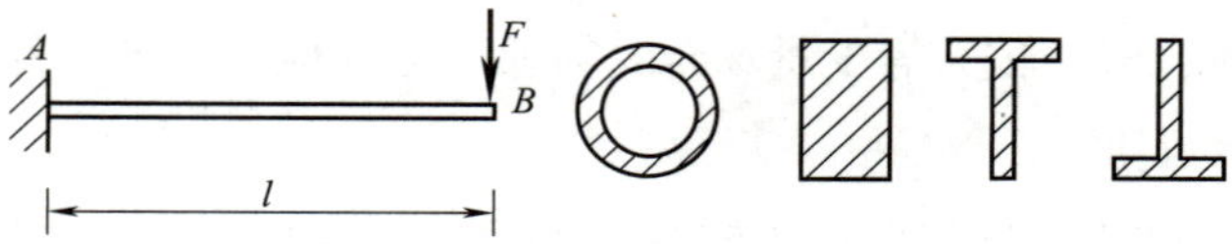

图 10-35　不同梁截面

10-10　T 字形等截面铸铁梁，已知其弯矩图如图 10-36 所示，若经过校核，截面 B 处满足强度条件，是否就能保证整个梁的强度足够？为什么？

10-11　图 10-37 所示圆截面悬臂梁，现需要在近固定端处开一个孔，有两种设计，一种是水平开孔，一种是垂直开孔，从强度观点分析，哪种开孔方法更为合理？为什么？

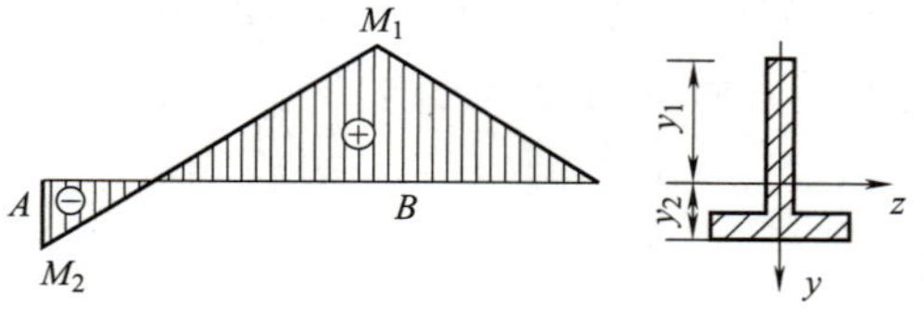

图 10-36　T 形铸铁梁

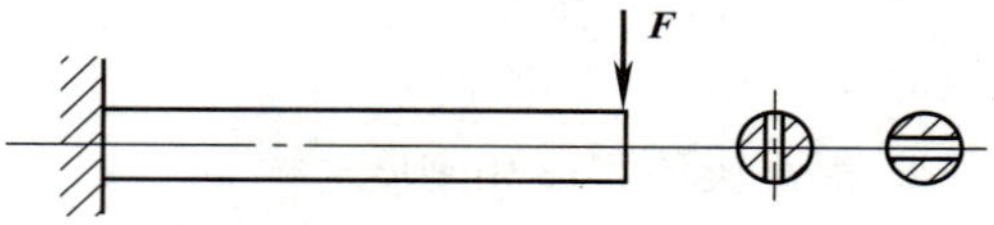

图 10-37　梁截面开孔

10-12　如图 10-38a 所示，为求悬臂梁自由端 C 处的挠度，在已知集中力作用点 B 处的挠度 w_B、转角 θ_B 的情况下，可得出 $\theta_C=\theta_B$，$w_C=w_B+l\cdot\tan\theta_B$。当小变形情况下，$\tan\theta_B\approx\theta_B$，故 $w_C=w_B+l\cdot\theta_B$。利用以上结论，结合表 10-4，求图 10-38b、c 自由端 C 处的挠度和转角。

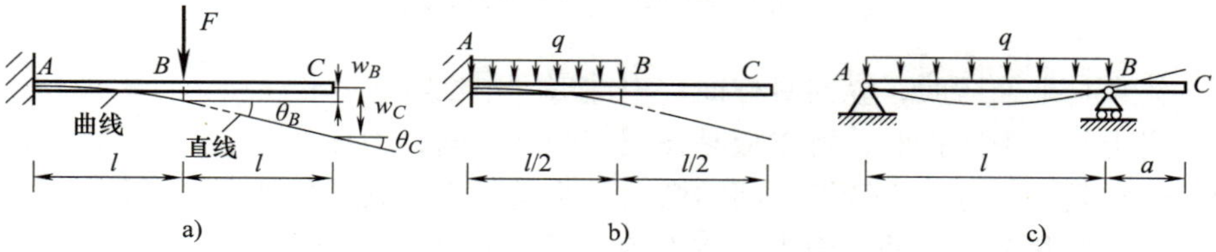

图 10-38　计算自由端的挠度和转角

10-13　某构件采用中碳钢，强度足够，但刚度有所不足。为了提高刚度，将梁的材料改用为合金钢，这样的措施是否有效？为什么？

习　题

10-1　如题 10-1 图所示，求各指定截面上（1—1 截面至 5—5 截面，各截面或无限接近于支座、杆端，或无限接近于载荷作用处）的剪力值和弯矩值（q、a、F 均已知）。

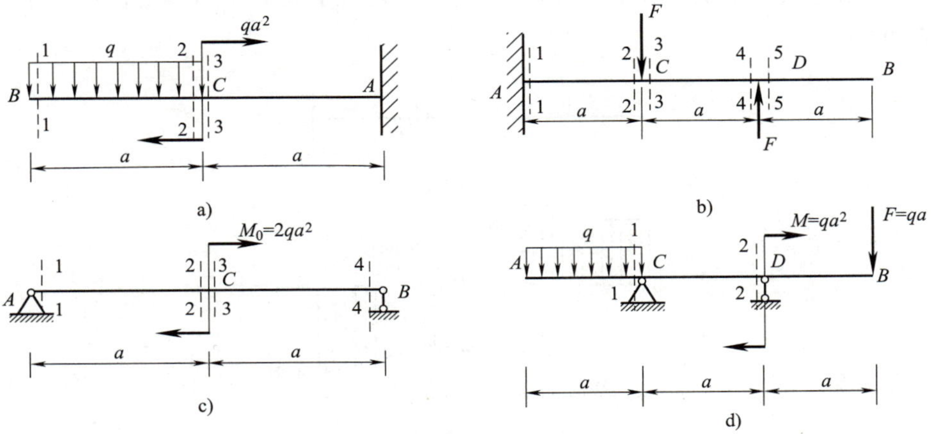

题 10-1 图

10-2　作题 10-1 图各梁的剪力图和弯矩图，并指明剪力和弯矩绝对值的最大值。

10-3　不列剪力方程和弯矩方程，利用分布载荷、剪力和弯矩的微分关系，画出题 10-3 图中各梁的剪力图和弯矩图，并指明剪力和弯矩绝对值的最大值。

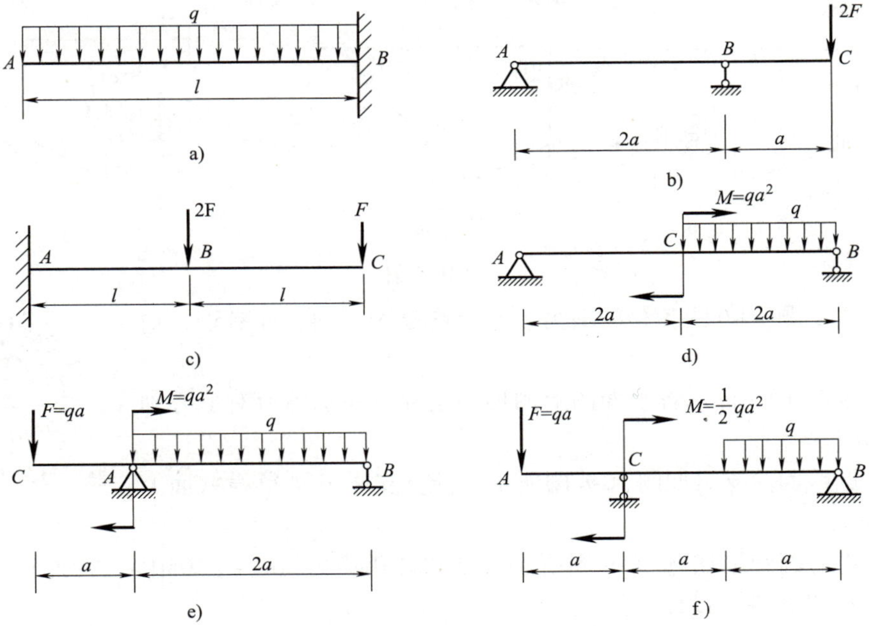

题 10-3 图

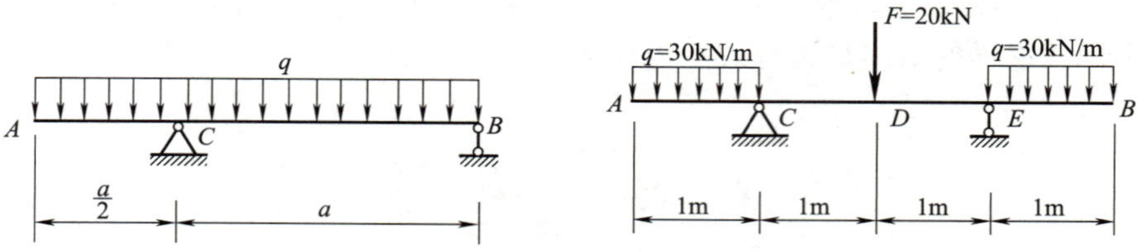

g) h)

题 10-3 图（续）

10-4 已知悬臂梁的剪力图如题 10-4 图所示，且梁上无集中力偶的作用，作梁的载荷图和弯矩图。

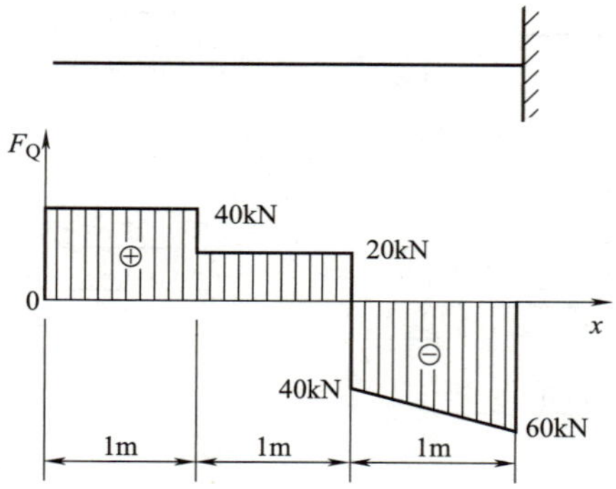

题 10-4 图

10-5 已知题 10-5 图示各梁的弯矩图，根据载荷、剪力和弯矩的微分关系，作梁的载荷图和剪力图。

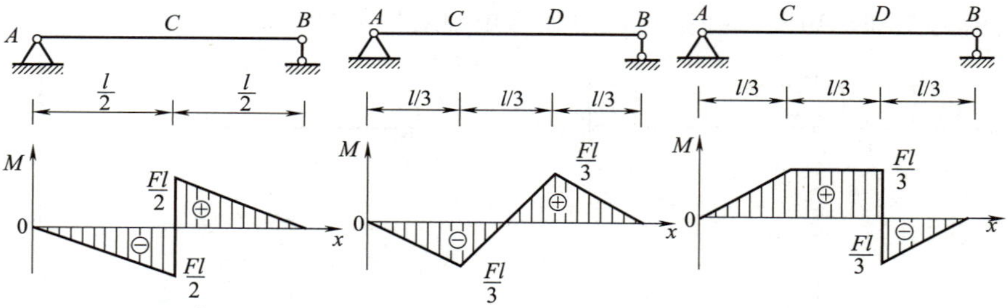

a) b) c)

题 10-5 图

10-6 判断题 10-6 图各梁的剪力、弯矩图是否有误，如有误，请改正错误。

习题 10-6 精讲

10-7 求题 10-7 图示各平面图形的形心坐标，并求图形对形心轴 z_C 的惯性矩 I_{z_C}。

10-8 圆截面简支梁如题 10-8 图所示，计算支座 B 处梁横截面上的最大正应力。

10-9 空心圆管梁如题 10-9 图所示，已知许用应力 $[\sigma]=150\text{MPa}$，管外径 $D=60\text{mm}$，根据正应力强度条件，设计内径 d。

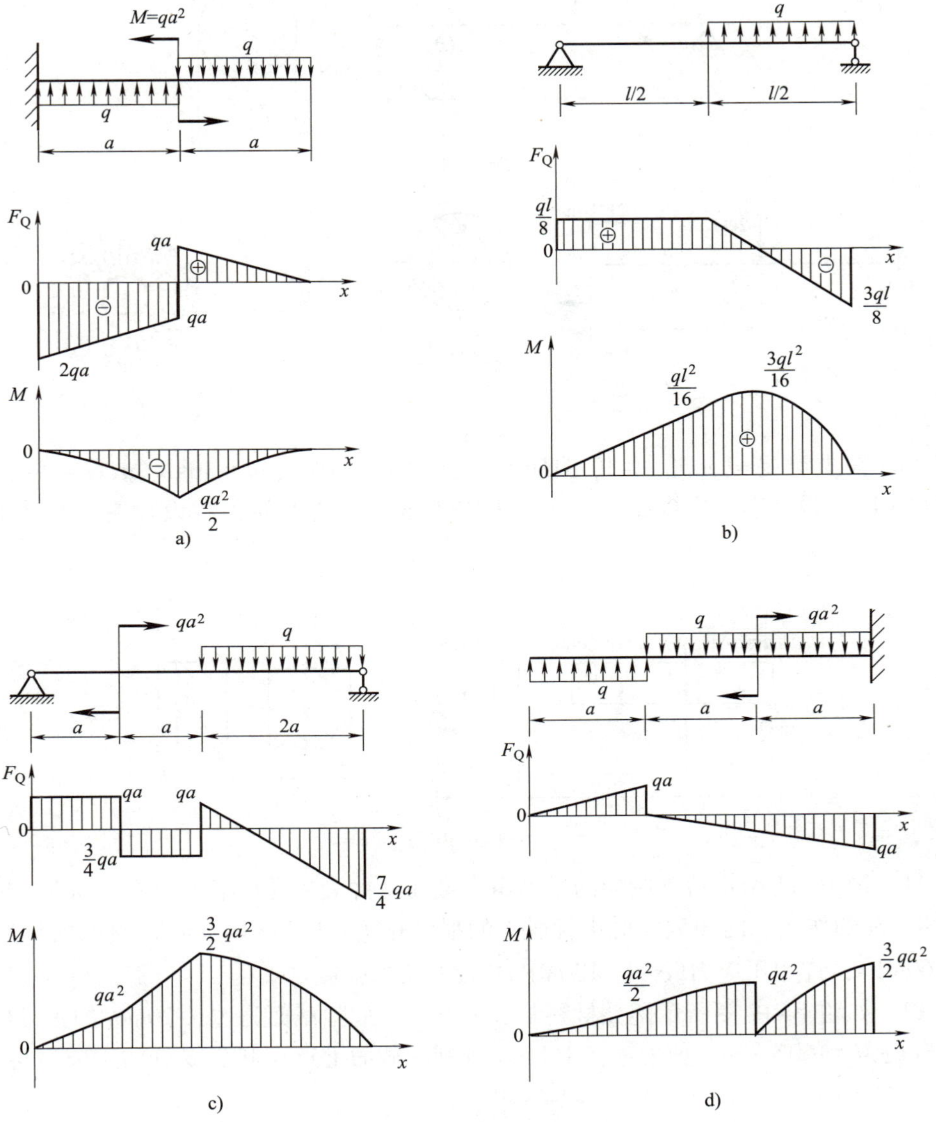

题 10-6 图

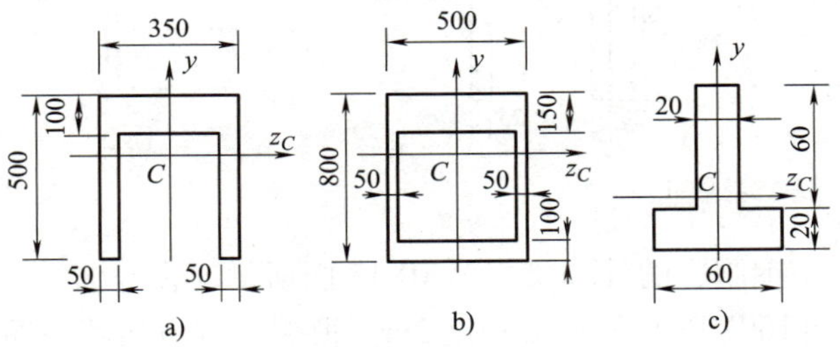

题 10-7 图

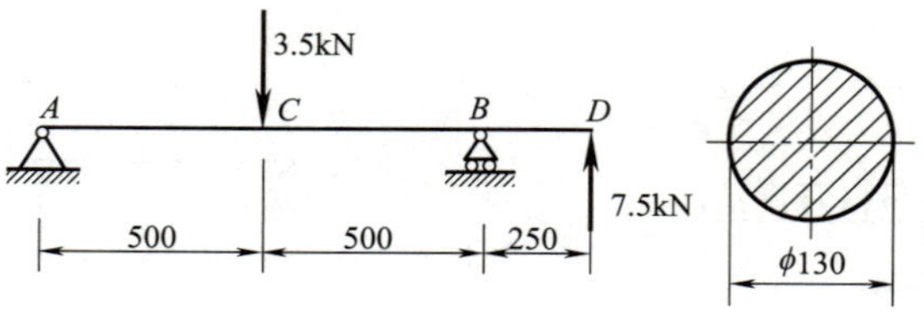

题 10-8 图

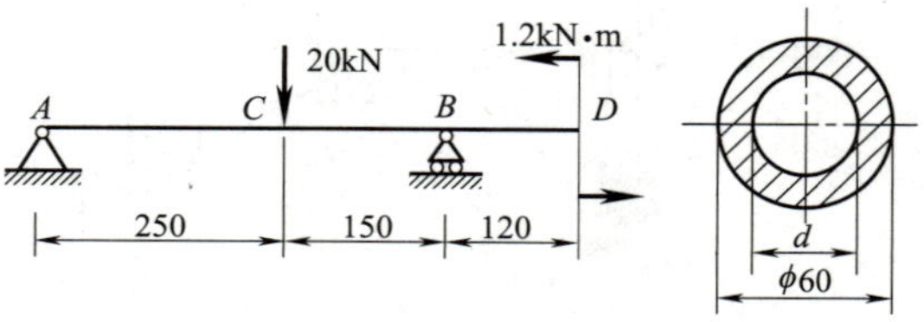

题 10-9 图

习题 10-9 精讲

10-10 简支梁受载如题 10-10 图所示，已知 $F=10\text{kN}$，$q=10\text{kN/m}$，$l=4\text{m}$，$c=1\text{m}$，$[\sigma]=160\text{MPa}$。设计正方形截面和 $h/b=2$ 的矩形截面，并总结何种设计更优？其中的原因是什么？

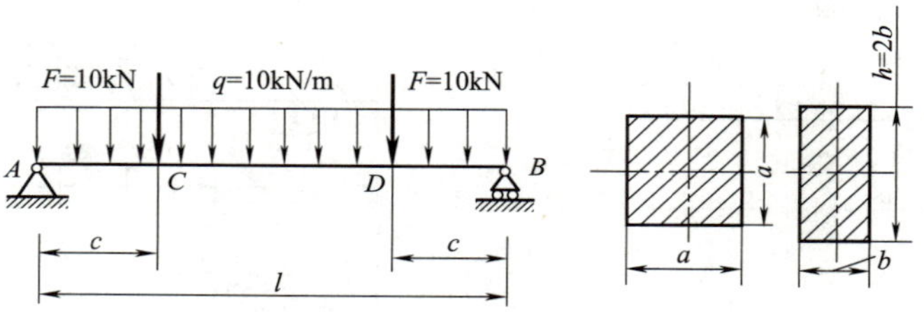

题 10-10 图

10-11 题 10-11 图示铸铁制成的槽型组合截面悬臂梁，受到集中力 $F=10\text{kN}$、集中力偶 $M=70\text{kN}\cdot\text{m}$ 的作用。已知截面对中性轴 z 的惯性矩 $I_z=1.06\times10^8\text{mm}^4$，材料的许用拉应力 $[\sigma^+]=60\text{MPa}$，许用压应力 $[\sigma^-]=120\text{MPa}$。校核梁的强度。

10-12 如题 10-12 图所示塑性材料制成的梁，其危险截面为边长 20mm 的正方形，横截面上的弯矩 $M=160\text{N}\cdot\text{m}$，剪力 $F_Q=16\text{kN}$。分别求截面上点 A 和点 B 处的正应力与切应力。

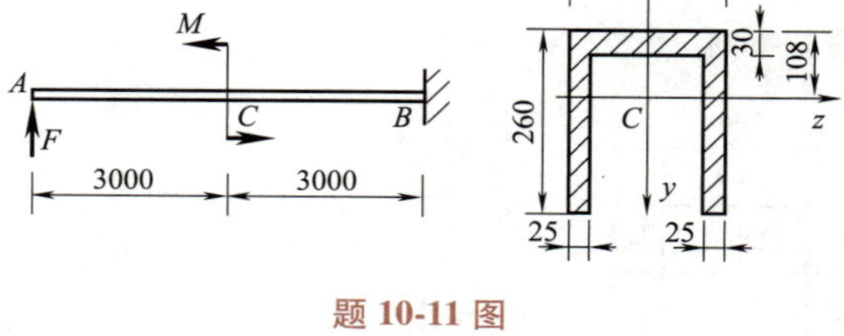

题 10-11 图

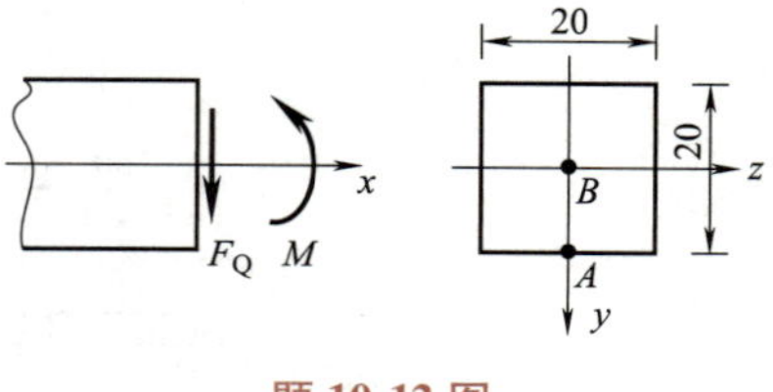

题 10-12 图

10-13 由 20b 工字钢制成的外伸梁如题 10-13 图所示，在外伸端施加集中力 F，已知材料的许用拉应力 $[\sigma^+]=160\text{MPa}$，外伸端长度 2m。根据正应力强度条件求许可载荷 $[F]$。

10-14 用积分法求题 10-14 图示各梁的挠曲线方程和转角方程，并求最大挠度和转角。各梁的抗弯刚度 EI 均为常数。

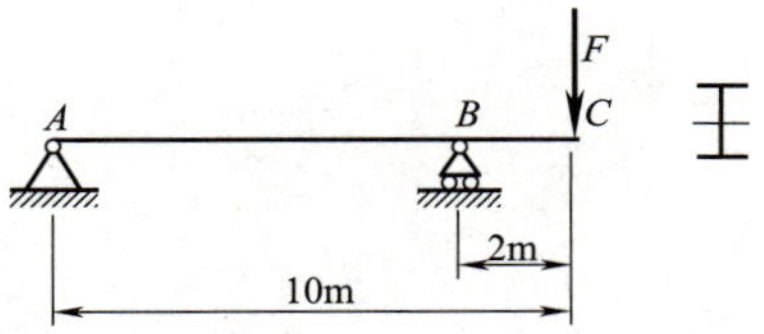

题 10-13 图

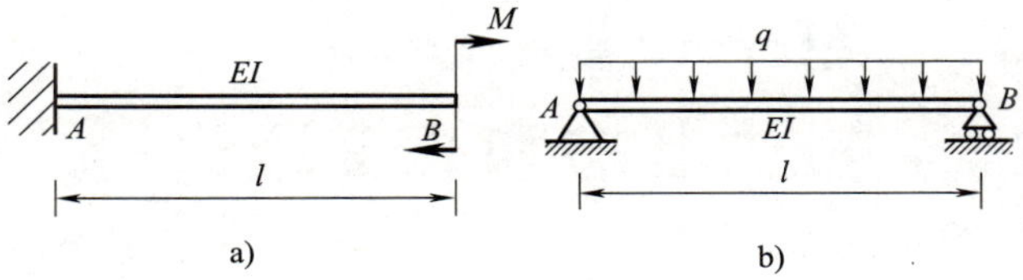

题 10-14 图

10-15 利用思考题 10-12 的结论以及表 10-4，采用叠加方法求题 10-15 图示各梁 B、C 两点的挠度和转角，各梁的抗弯刚度 EI 均为常数。

习题 10-15 精讲

10-16 利用叠加原理以及对称性，求题 10-16 图示梁中点的挠度，其中梁抗弯刚度 EI 为常数。

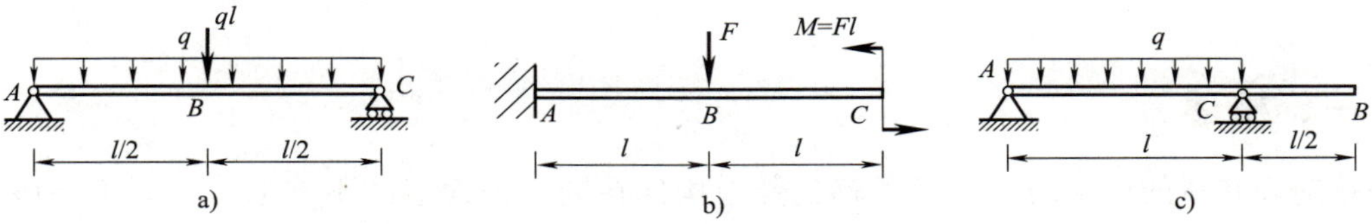

题 10-15 图

10-17 32a 号工字钢简支梁，梁中点受到集中力 $F=20\text{kN}$ 的作用。梁跨度 $l=8.76\text{m}$，梁材料的弹性模量 $E=210\text{GPa}$，许可挠度 $[w]=l/500$，校核其刚度。

10-18 对于题 10-18 图示一次超静定梁，画出可能的梁挠曲变形的大致形状；确定梁的相当系统；求梁的支座反力并画出梁的弯矩图。其中梁抗弯刚度 EI 为常数。

习题 10-18 精讲

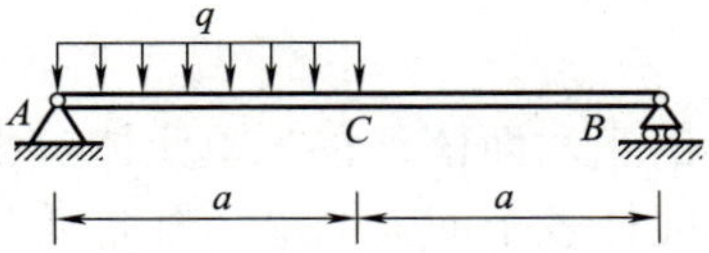

题 10-16 图

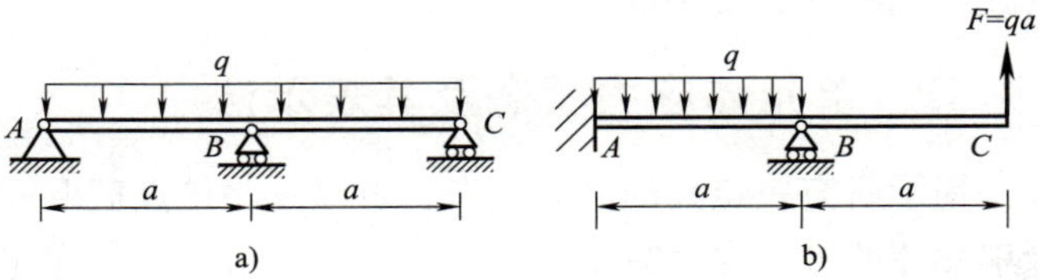

题 10-18 图

10-19 如题 10-19 图所示左右对称的外伸梁，求 x/l 等于多大时，跨中 C 的挠度与外伸端 A、E 的挠度的绝对值相等。梁的抗弯刚度处处相等，均为 EI。

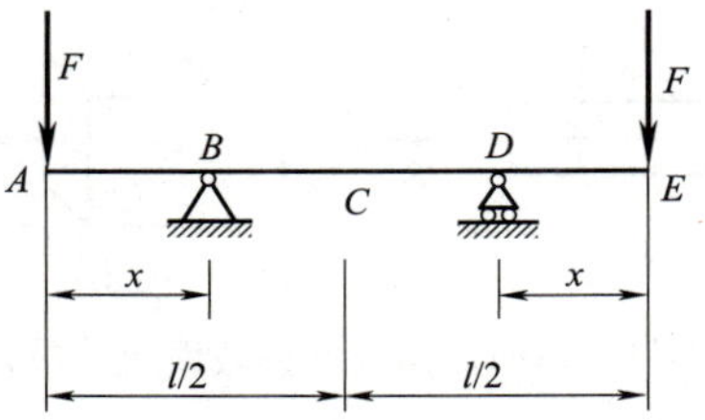

题 10-19 图

第十一章 应力状态和强度理论

本章简述应力状态的概念，重点讨论平面应力状态及其求解的解析法和应力圆方法。本章还将介绍广义胡克定律、讨论强度理论及其应用。

第一节　应力状态的概念

一、概述

从前面几章的讨论中，我们了解到受力构件在同一截面上的不同的点，应力一般不相同。即使是同一个点，若截取的截面方位不同，其应力也不相同。我们在第八章讨论了轴向拉伸或压缩构件任意一点处截面上的应力随着截面方位变化的规律。这种应力状态的分析对于了解杆件中导致材料发生强度破坏的力学因素是必要的。低碳钢在单向拉伸状态下沿45°斜截面滑移而产生屈服，与45°斜截面上的切应力最大有关。而铸铁在纯剪切情况下沿着45°斜截面断裂，就与该方向的截面上存在最大拉应力有关。从以上可知，讨论一点的应力，需要明确哪个截面上的哪个点，以及哪一个点的哪个方位。过一点不同方向面上的应力的集合，称为一点的**应力状态**。分析一点的应力状态，是正确分析和解决构件在复杂受力情况下的强度问题的必要手段。

二、单元体应力状态及其表示法

为了研究一点处的应力状态，可以围绕该点截取一个微小的正六面体，称为**单元体**。由于单元体的边长为无穷小，可以认为应力沿边长无变化，即单元体各个面上的应力都是均匀分布的，且两个平行面上的应力大小相等。

如图11-1a所示受轴向拉伸的直杆，研究其中某点K的应力状态时，可围绕点K以两个横截面和两对纵向平面截取一个微小的单元体，如图11-1b所示。单元体只在左右面上有正应力σ，且$\sigma=F/A$，因此可用图11-1c所示的简图来表示。

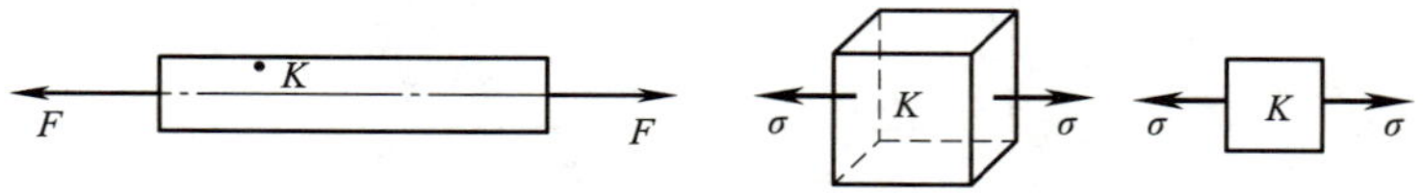

a)　b)　c)

图11-1　轴向拉伸杆件横截面上的单元体

又如图11-2a所示受横力弯曲作用的矩形截面简支梁，用同样的方法在梁上下边缘的点A、B，中性层处的点C及任意点D、E处截取单元体，分别得到这些点处的应力单元体如

图 11-2b~f 所示。

通过后续的分析可知，如果单元体上三个互相垂直平面上的应力已知，便可利用截面法，根据静力平衡条件求出该点任意斜截面上的应力，从而确定该点的应力状态。

对于图 11-2b、c、g，单元体的六个面上均没有切应力，这样的单元体称为**主单元体**。而单元体上切应力为零的平面称为**主平面**，主平面上的正应力称为**主应力**。

主应力按代数值由大到小的顺序排列，用 σ_1、σ_2、σ_3 表示，则有 $\sigma_1 \geqslant \sigma_2 \geqslant \sigma_3$。举例来说，若某个主单元体，其三个面上的正应力分别为 $\sigma_x = 40\text{MPa}$，$\sigma_y = -80\text{MPa}$，$\sigma_z = 0\text{MPa}$，则对应的主应力应为 $\sigma_1 = 40\text{MPa}$，$\sigma_2 = 0\text{MPa}$，$\sigma_3 = -80\text{MPa}$。

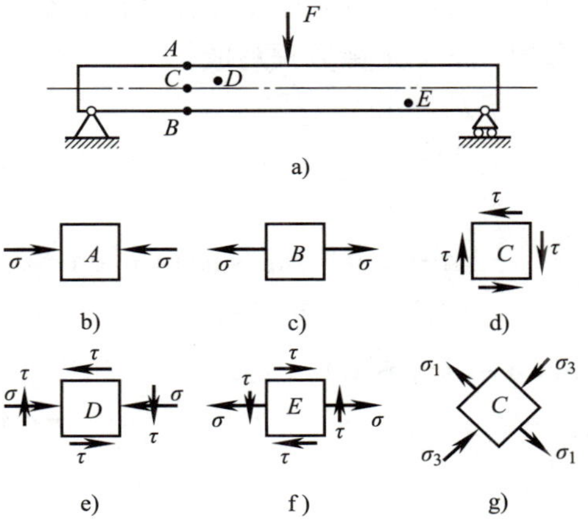

图 11-2　简支梁上各点的应力状态

把只有一个主应力不为零的应力状态称为**单向应力状态**，如图 11-1c 及图 11-2b、c 所示；两个主应力不为零时，称为**二向应力状态**，也称为平面应力状态，如图 11-2d、e、f 所示。当三个主应力都不为零时，则称为**三向应力状态**。单向应力状态也称为简单应力状态，二向和三向应力状态统称为复杂应力状态。

第二节　平面应力状态分析

工程中许多受力构件的危险点处于平面应力状态，对这类构件进行强度分析时，需要知道构件在危险点处主应力的大小及方位。为此必须确定单元体任意一个方位上的应力，也就是确定该点的应力状态。

一、斜截面上的应力

平面应力状态是工程中最常见的一种应力情况，其一般形式如图 11-3a 所示，即在 x 面（外法线沿 x 轴的平面）上存在应力 σ_x、τ_{xy}；在 y 面上存在应力 σ_y、τ_{yx}。因为单元体前后面上的应力等于零，所以可用图 11-3b 所示的正投影来表示。研究任意斜截面 ef 上的应力，斜截面 ef 的外法线 n 和 x 轴的夹角为 α，该斜截面上的应力分别用 σ_α、τ_α 表示。各量的正

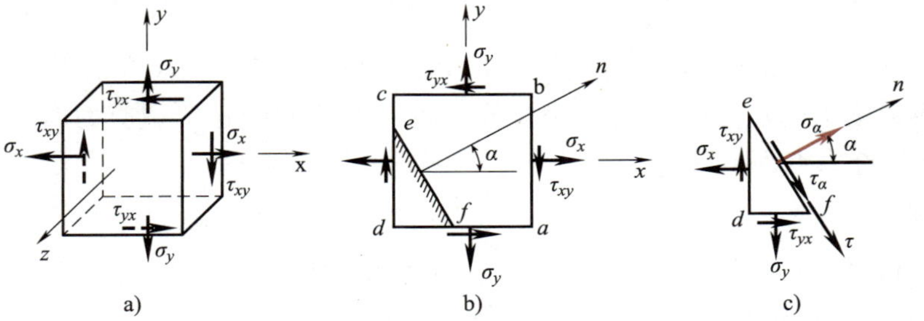

图 11-3　平面应力状态分析

负号规定如下：正应力以拉应力为正，压应力为负；切应力以使单元体沿顺时针转动者为正，反之为负；方位角 α 则以从 x 轴逆时针转到斜截面外法线 n 时为正。

沿截面 ef 将单元体分成两部分，并取 def 部分为研究对象，如图 11-3c 所示。设 ef 面的面积为 $\mathrm{d}A$，则 de 面和 df 面的面积分别为 $\mathrm{d}A\cdot\cos\alpha$ 和 $\mathrm{d}A\cdot\sin\alpha$。该部分沿斜截面外法线 n 和切线 τ 的平衡方程写成：

$\sum F_{in}=0$，

$$\sigma_\alpha \mathrm{d}A-(\sigma_x \mathrm{d}A\cos\alpha)\cos\alpha+(\tau_{xy}\mathrm{d}A\cos\alpha)\sin\alpha-(\sigma_y \mathrm{d}A\sin\alpha)\sin\alpha+(\tau_{yx}\mathrm{d}A\sin\alpha)\cos\alpha=0 \tag{a}$$

$\sum F_{i\tau}=0$，

$$\tau_\alpha \mathrm{d}A-(\sigma_x \mathrm{d}A\cos\alpha)\sin\alpha-(\tau_{xy}\mathrm{d}A\cos\alpha)\cos\alpha+(\sigma_y \mathrm{d}A\sin\alpha)\cos\alpha+(\tau_{yx}\mathrm{d}A\sin\alpha)\sin\alpha=0 \tag{b}$$

由切应力互等定理，$|\tau_{xy}|=|\tau_{yx}|$，并利用 $2\sin\alpha\cos\alpha=\sin2\alpha$，$\cos^2\alpha=(1+\cos2\alpha)/2$，$\sin^2\alpha=(1-\cos2\alpha)/2$ 将式（a）和式（b）简化为

$$\sigma_\alpha=\frac{\sigma_x+\sigma_y}{2}+\frac{\sigma_x-\sigma_y}{2}\cos2\alpha-\tau_{xy}\sin2\alpha \tag{11-1}$$

$$\tau_\alpha=\frac{\sigma_x-\sigma_y}{2}\sin2\alpha+\tau_{xy}\cos2\alpha \tag{11-2}$$

通过式（11-1）、式（11-2），在已知单元体应力 σ_x、σ_y、τ_{xy} 的情况下，可计算任一斜截面上的应力 σ_α 和 τ_α。

二、应力圆

1. 应力圆的概念

在式（11-1）和式（11-2）中，消去参数 2α，可得 σ_α 和 τ_α 的函数关系。将式（11-1）改写为

$$\sigma_\alpha-\frac{\sigma_x+\sigma_y}{2}=\frac{\sigma_x-\sigma_y}{2}\cos2\alpha-\tau_{xy}\sin2\alpha \tag{c}$$

再将式（c）和式（11-2）的两边各自平方，然后相加，可得

$$\left(\sigma_\alpha-\frac{\sigma_x+\sigma_y}{2}\right)^2+\tau_\alpha^2=\left(\frac{\sigma_x-\sigma_y}{2}\right)^2+\tau_{xy}^2 \tag{11-3}$$

容易看出，式（11-3）是一个圆方程。它是在以 σ 和 τ 为横纵坐标的平面坐标系内，圆心坐标 $\left(\frac{\sigma_x+\sigma_y}{2},0\right)$、半径 $R=\sqrt{\left(\frac{\sigma_x-\sigma_y}{2}\right)^2+\tau_{xy}^2}$ 的一个圆。而圆周上任一点的纵横坐标值，则分别代表所研究单元体内某一斜截面上的切应力和正应力，这样的圆称为**应力圆**（见图 11-4b）。应力圆上的点的横、纵坐标与单元体上的截面的正、切应力有着一一对应的关系，这种关系简称为点面对应。

2. 应力圆的作法

现在以图 11-4a 所示单元体为例，说明应力圆的作法。其步骤如下：

1）以 σ 和 τ 为横纵坐标建立直角坐标系（见图 11-4b）。

2）按选定的比例尺，在坐标系中定出点 $D_1(\sigma_x,\tau_{xy})$ 和点 $D_2(\sigma_y,\tau_{yx})$ 的位置，注意到

$\tau_{yx}=-\tau_{xy}$，即点 D_2 和点 D_1 的纵坐标绝对值相等、符号相反。实际上 D_1 和 D_2 两点分别代表单元体上法线为 x 轴和 y 轴的平面。

3）连接 D_1 和 D_2 两点，连线 D_1D_2 与横轴 σ 交于点 C。以点 C 为圆心，CD_1 或 CD_2 为半径作圆，此圆就是图 11-4a 所示的单元体的应力圆。

下面证明上述作圆的正确性，由图 11-4b 可知

$$\overline{OC}=\frac{\overline{OB_1}+\overline{OB_2}}{2}=\frac{\sigma_x+\sigma_y}{2}$$

$$\overline{CD_1}=\sqrt{(\overline{CB_1})^2+(\overline{B_1D_1})^2}=\sqrt{\left(\frac{\sigma_x-\sigma_y}{2}\right)^2+\tau_{xy}^2}$$

说明，点 C 就是应力圆的圆心，而 CD_1 就是应力圆的半径。

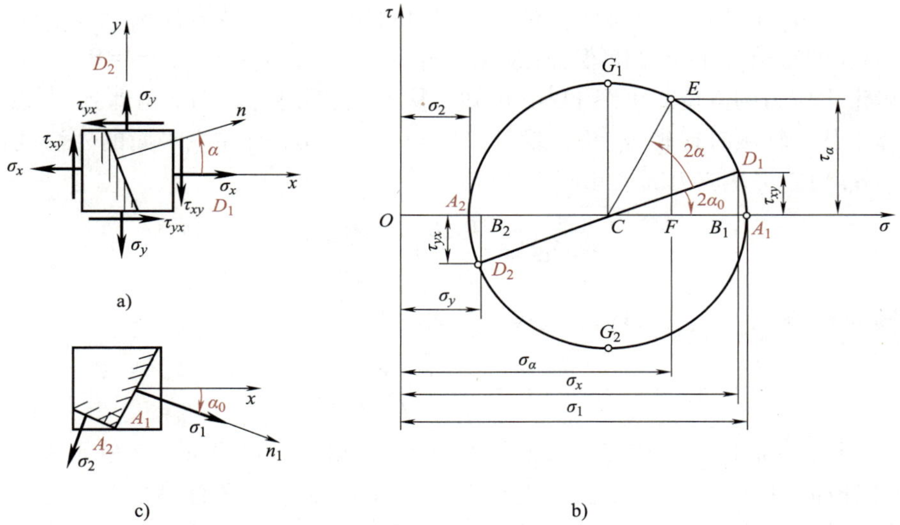

图 11-4　应力圆

3. 利用应力圆求斜截面上的应力

欲求单元体斜截面 α 方位上的应力（见图 11-4a），可将半径 CD_1 与单元体上 α 同转向旋转 2α 角，转至 CE 处，则点 E 的横坐标 $\overline{OF}$ 及纵坐标 $\overline{EF}$ 分别为该斜截面上的正应力 σ_α 和切应力 τ_α 之值。也就是说，在单元体上 α 角，对应在应力圆上同向转 2α 角，这种关系简称为二倍角关系。

其证明如下（见图 11-4b、c）：

$$\begin{aligned}\overline{OF}&=\overline{OC}+\overline{CF}=\overline{OC}+\overline{CE}\cos(2\alpha_0+2\alpha)\\&=\overline{OC}+(\overline{CD_1}\cos2\alpha_0)\cos2\alpha-(\overline{CD_1}\sin2\alpha_0)\sin2\alpha\\&=\overline{OC}+\overline{CB_1}\cos2\alpha-\overline{B_1D_1}\sin2\alpha\\&=\frac{\sigma_x+\sigma_y}{2}+\frac{\sigma_x-\sigma_y}{2}\cos2\alpha-\tau_{xy}\sin2\alpha=\sigma_\alpha\end{aligned}$$

同理可证 $\overline{EF}=\tau_\alpha$（证明过程从略）。

三、主应力和极值切应力的确定

利用应力圆可以很方便地确定主应力的大小及主平面的方位。在图 11-4b 中，A_1 和 A_2 两点由于切应力为 0，所以分别代表了单元体内的两个主平面，因此 A_1 和 A_2 两点的横坐标 $\overline{OA_1}$ 和 $\overline{OA_2}$ 是这个应力圆上正应力的最大值和最小值。

$$\sigma_{max}=\overline{OA_1}=\overline{OC}+\overline{CA_1}=\frac{\sigma_x+\sigma_y}{2}+\sqrt{\left(\frac{\sigma_x-\sigma_y}{2}\right)^2+\tau_{xy}^2} \tag{11-4}$$

$$\sigma_{min}=\overline{OA_2}=\overline{OC}-\overline{CA_1}=\frac{\sigma_x+\sigma_y}{2}-\sqrt{\left(\frac{\sigma_x-\sigma_y}{2}\right)^2+\tau_{xy}^2} \tag{11-5}$$

注意到平面应力状态中，必然有一个主应力为零，所以应当将 σ_{max}、σ_{min}、0 三者按照主应力 $\sigma_1\geqslant\sigma_2\geqslant\sigma_3$ 的规则进行排序。对于图 11-4b 的应力圆，显然有 $\sigma_{max}>\sigma_{min}>0$，所以 A_1 和 A_2 两点对应的是第一主应力和第二主应力，即 $\sigma_1=\sigma_{max}$，$\sigma_2=\sigma_{min}$，$\sigma_3=0$。

下面确定主应力的方位。由图 11-4b 可知，从 D_1 点顺时针转 $2\alpha_0$ 角即到 A_1 点。这意味着在单元体上从 x 轴顺时针转 α_0 角，就可以得到主应力 σ_1 所在主平面的外法线位置（见图 11-4c）。α_0 角亦可从应力圆的几何关系得到：

$$\tan2\alpha_0=-\frac{\overline{D_1B_1}}{\overline{CB_1}}=-\frac{2\tau_{xy}}{\sigma_x-\sigma_y} \tag{11-6}$$

应力圆的 G_1 和 G_2 两点，显然具有极大的切应力

$$\tau_{max}=\overline{CG_1}=\sqrt{\left(\frac{\sigma_x-\sigma_y}{2}\right)^2+\tau_{xy}^2} \tag{11-7}$$

G_1 和 G_2 两点与 A_1 和 A_2 两点在应力圆上相差 90°，根据二倍角关系，在单元体上的方位相差 45°。所以极值切应力所在的平面和主平面的夹角是 45°。需要注意的是，这里的极值切应力并不是最大切应力，它只是所有垂直于 xy 平面的截面上的最大切应力。本章第三节将做进一步的说明。

例 11-1 单元体如图 11-5a 所示。已知 $\sigma_x=-20\text{MPa}$，$\sigma_y=40\text{MPa}$，$\tau_{xy}=20\text{MPa}$。用应力圆求：1）$\alpha=30°$斜截面上的应力；2）主应力以及主平面的方位；3）极值切应力。

解 如图 11-5b 所示，选定比例尺 2MPa/mm 作直角坐标系，在横坐标上量取 $\overline{OB_1}=-20\text{MPa}$，过点 B_1 量取 $\overline{B_1D_1}=\tau_{xy}=20\text{MPa}$，确定点 D_1。再定出点 D_2 的位置（40MPa，-20MPa）。连接点 D_1 和 D_2，$\overline{D_1D_2}$ 与横轴交于点 C，以点 C 为圆心，$\overline{CD_1}$ 为半径作圆即为该单元体的应力圆。

1）在应力圆上作圆心角 $\angle D_1CE=2\alpha=60°$，交应力圆于点 E，量点 E 的坐标得

$$\sigma_{30°}=\overline{OF}=-22.3\text{MPa}，\tau_{30°}=\overline{EF}=-16\text{MPa}$$

2）由图 11-5b 中可量取主应力值，因为 A_2 对应的正应力极值小于 0，所以

$$\sigma_1=\overline{OA_1}=46.1\text{MPa}，\sigma_2=0，\sigma_3=\overline{OA_2}=-26.1\text{MPa}$$

主平面的方位为 $2\alpha_0=\angle D_1CA_2=33.7°$，$\alpha_0=16.85°$，$\alpha_0$ 为主应力 σ_3 所在主平面与 x 平面的夹角，如图 11-5c 所示。

3）由应力圆上量取极值切应力 $\tau_{max}=\overline{CG}=36.1\text{MPa}$。

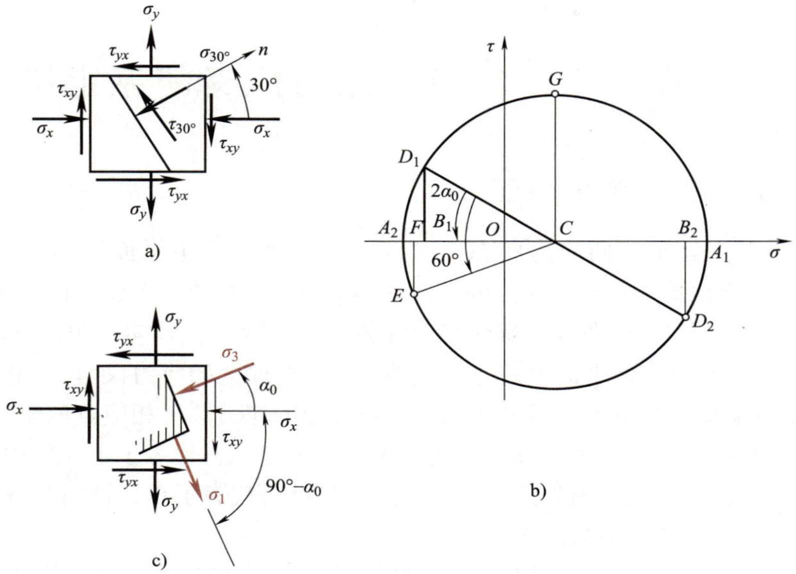

图 11-5　例 11-1 图

例 11-2　根据应力状态理论，分析塑性材料和脆性材料圆杆扭转破坏现象。

解　圆轴扭转时，如图 11-6a 所示，最大切应力发生在圆杆表面处，表面上点 K 的单元体如图 11-6b 所示。单元体上的切应力 $\tau_{xy}=M/W_p$，单元体上下及两侧表面上无正应力。

取点 $D_1(0,\tau)$ 和 $D_2(0,-\tau)$，以点 O 为圆心，D_1D_2 为直径作应力圆，如图 11-6c 所示。应力圆上点 A_1 和 A_2 的横坐标值分别是该单元体上主应力 σ_1 和 σ_3 的值。单元体上与点 A_1 和 A_2 相对应的平面，就是主平面。从应力圆上可以看出，主平面与 τ_{xy} 所在平面的夹角为 45°，如图 11-6b 所示。

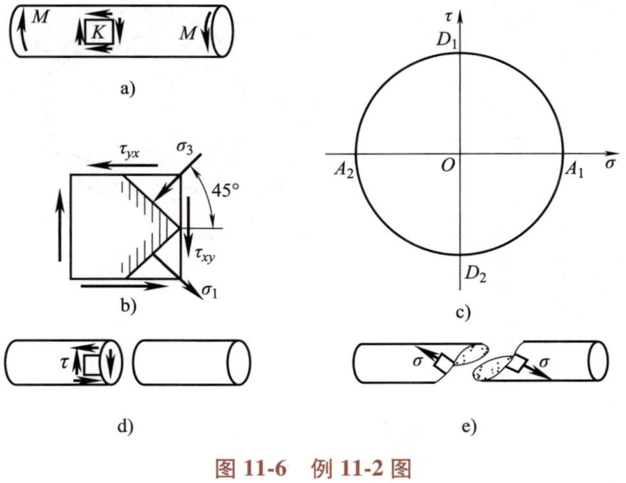

图 11-6　例 11-2 图

对于塑性材料，如用低碳钢等制成的圆杆，扭转时沿横截面破坏，如图 11-6d 所示，因为横截面上只有切应力，说明塑性材料的抗剪能力较弱。对于脆性材料，如用铸铁等制成的圆杆，扭转时沿与轴线成45°方向破坏，如图11-6e所示，因45°截面上只有拉应力，说明脆性材料的抗拉能力差。

第三节 三向应力状态与广义胡克定律

一、三向应力圆与最大切应力

若构件上某一点处于三向应力状态，可围绕该点沿三个主平面切出一个单元体，如图11-7a所示。下面讨论如何确定该点的任意截面上应力的数值范围以及最大切应力。

首先用一个与主应力 σ_3 平行的截面将单元体截开，取三棱柱体（见图11-7b）为研究对象。由于主应力 σ_3 所在两平面上的力自相平衡，斜截面上的应力仅与 σ_1 和 σ_2 有关，因而平行于 σ_3 的各截面上的应力，可由 σ_1 和 σ_2 所确定的应力圆上相应点的坐标值表示（见图11-7c）。同理可知，以 σ_2 和 σ_3 所作应力圆上各点的坐标，代表了单元体内与 σ_1 平行的各截面上的应力；以 σ_1 和 σ_3 所作应力圆上各点的坐标，代表了单元体内与 σ_2 平行的各截面上的应力。上述三个应力圆都画在图11-7c上。

可以证明，对于与三个主应力均不平行的任意斜截面上的应力，其值均位于图11-7c所示的三圆所围成的阴影区域内。由此可见，在三向应力状态下，最大和最小正应力为

$$\sigma_{max}=\sigma_1,\ \sigma_{min}=\sigma_3$$

而最大切应力为

$$\tau_{max}=\frac{\sigma_1-\sigma_3}{2} \tag{11-8}$$

最大切应力位于与 σ_1 和 σ_3 均成45°的斜截面上。

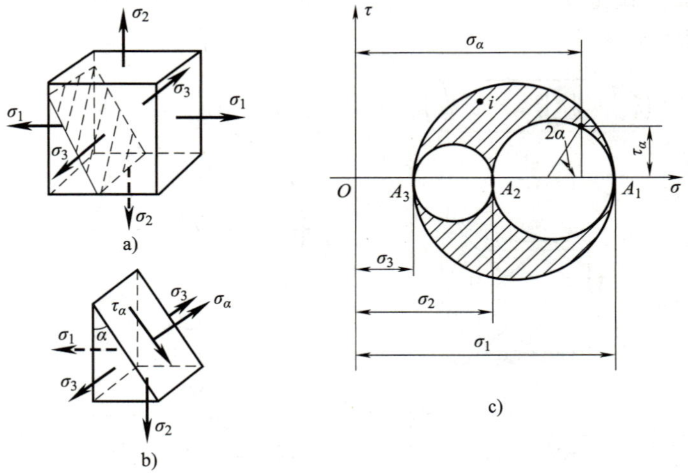

图11-7 三向应力圆

二、广义胡克定律

构件内某一点的三向应力状态，可用沿三个主平面切取的单元体表示，如图11-8所示。

单元体上三个主应力分别为 σ_1、σ_2 和 σ_3，此单元体沿三个主应力方向产生的应变分别为 ε_1、ε_2 和 ε_3。由于材料处于线弹性范围，且基于小变形假设，因此可应用叠加原理，即将三向应力状态看作三个单向应力状态的叠加，从而可应用单向应力状态时应力和变形的关系 $\sigma=E\varepsilon$，以及横向应变和纵向应变的关系 $\varepsilon'=-\nu\varepsilon$ 来研究 ε_1、ε_2 和 ε_3 的大小。

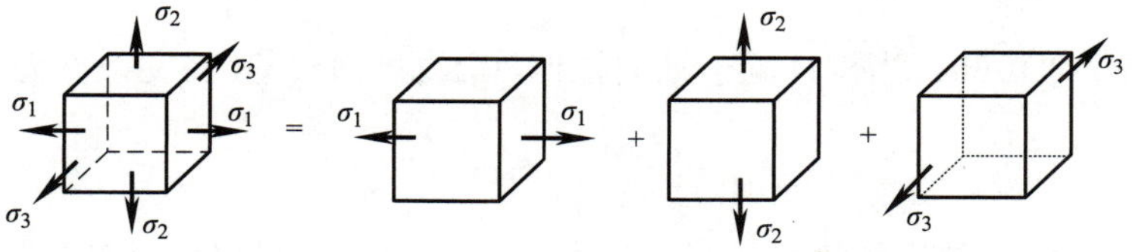

图 11-8　主单元体的分解

如图 11-8 所示，σ_1 单独作用时，在 σ_1 方向上的应变为 $\varepsilon_1'=\sigma_1/E$；$\sigma_2$ 单独作用时，在 σ_1 方向上产生横向应变 $\varepsilon_1''=-\nu(\sigma_2/E)$；$\sigma_3$ 单独作用时，也会产生 σ_1 方向上的横向应变 $\varepsilon_1'''=-\nu(\sigma_3/E)$。三个主应力共同作用下在 σ_1 方向上的主应变即为三者的叠加。同理可以计算 σ_2、σ_3 方向的应变。即

$$\left.\begin{aligned}\varepsilon_1&=\frac{1}{E}[\sigma_1-\nu(\sigma_2+\sigma_3)]\\\varepsilon_2&=\frac{1}{E}[\sigma_2-\nu(\sigma_3+\sigma_1)]\\\varepsilon_3&=\frac{1}{E}[\sigma_3-\nu(\sigma_1+\sigma_2)]\end{aligned}\right\}\tag{11-9}$$

式（11-9）称为**广义胡克定律**。式中，E 为材料的拉压弹性模量；ν 为材料的泊松比。与主应力方向一致的线应变 ε_1、ε_2 和 ε_3 称为**主应变**。计算时，式中的 σ_1、σ_2 和 σ_3 均应以代数值代入，求出 ε_1、ε_2 和 ε_3，正值表示伸长，负值表示缩短。

对于非主单元体，在弹性范围内，切应力对线应变没有影响，因此对于一般的单元体，广义胡克定律可写为

$$\left.\begin{aligned}\varepsilon_x&=\frac{1}{E}[\sigma_x-\nu(\sigma_y+\sigma_z)]\\\varepsilon_y&=\frac{1}{E}[\sigma_y-\nu(\sigma_z+\sigma_x)]\\\varepsilon_z&=\frac{1}{E}[\sigma_z-\nu(\sigma_x+\sigma_y)]\end{aligned}\right\}\tag{11-10}$$

这时，单元体上还有切应力，其与切应变有如下关系：

$$\gamma_{xy}=\frac{\tau_{xy}}{G},\ \gamma_{yz}=\frac{\tau_{yz}}{G},\ \gamma_{zx}=\frac{\tau_{zx}}{G}\tag{11-11}$$

需要说明的是，只有当材料是各向同性，且处于线弹性范围内时，式（11-9）~式（11-11）才成立。

第四节 强度理论简介

一、强度理论的概念

通过前面的学习可知，当构件处于轴向拉伸（压缩）时，其强度条件为

$$\sigma_{max}=\left(\frac{F_N}{A}\right)_{max}\leqslant[\sigma]=\frac{\sigma_u}{n}$$

对于塑性材料而言，σ_u 是材料的拉伸屈服强度 σ_s，而 σ_s 是通过材料拉伸试验测得的。在圆轴扭转问题中，我们建立强度条件 $\tau\leqslant[\tau]$，是因为可以通过圆轴扭转试验来确定材料的剪切屈服强度 τ_s 或强度极限 τ_b，进而得到许用应力$[\tau]$。工程中有许多构件的危险点处于复杂应力状态，其单元体中 σ_1、σ_2 和 σ_3 的不同组合代表了不同的应力状态，如果还是仿照拉（压）杆的强度计算方式来解决问题，就需要将三个主应力按不同比例组合逐个进行实验，这显然是不现实的。解决这类复杂问题需要找出一个能够根据轴向拉、压试验所求得的 σ_s 或 σ_b 值，来确定在复杂应力状态下的强度条件的方法，这就需要考虑材料破坏的原因。

通过力学性能试验、实验和工程实际问题的分析和观察，尽管材料的破坏从表面看是十分复杂的现象，但总不外乎是脆性断裂或塑性屈服两种现象。同一种类型的失效可以认为是由某个特定的因素所致，找出这个因素，即可通过简单的拉、压试验结果来推测构件在复杂应力状态下的失效，从而建立相应的强度条件。所谓**强度理论**，就是根据一定的试验结果，对失效现象加以观察、分析和归纳，寻找失效的规律，从而对失效的原因做出的一些假说。

强度理论认为：无论何种应力状态，也无论何种材料，只要失效形式相同，则失效原因就是相同的，且这个原因是应力、应变或应变能等中的一种。这样，造成失效的原因就与应力状态无关，从而便可由简单应力状态的实验结果，来建立复杂应力状态的强度条件。

二、四种常见的强度理论

强度理论大致分为两类：一类解释断裂失效而另一类解释屈服失效。工程中常见的四种强度理论中，第一、第二理论解释断裂失效，而第三、第四理论解释屈服失效，以下分别加以阐述。

1. 最大拉应力理论（第一强度理论）

这一理论认为不论材料处于何种应力状态，只要最大拉应力 σ_1 达到了单向拉伸下发生脆性断裂时的极限应力值 σ_b，则材料就发生脆性断裂。据此材料发生脆性断裂的条件就是

$$\sigma_1=\sigma_b$$

引入安全因数后，其强度条件就是

$$\sigma_{eq1}=\sigma_1\leqslant\frac{\sigma_b}{n}=[\sigma] \tag{11-12}$$

式中，σ_{eq1} 称为第一强度理论的相当应力；$[\sigma]$是单向拉伸时的许用应力。应用这一理论必须保证 $\sigma_1>0$，即第一主应力必须是拉应力。铸铁等脆性材料，无论是在单向拉伸、扭转或双向、三向应力状态下，断裂都发生于拉应力最大的截面上，与这一理论相符。

2. 最大伸长线应变理论（第二强度理论）

这一理论认为最大伸长线应变是使材料发生脆性断裂的原因，即认为无论什么应力状态，只要最大伸长线应变 ε_1 达到了单向拉伸断裂时的最大伸长线应变 ε_u，材料就会发生断裂。同样，这一极限值可由单向拉伸来确定。设单向拉伸直到断裂仍可用胡克定律计算应变，则拉断时拉应变的极限值为 $\varepsilon_u=\sigma_b/E$，根据广义胡克定律 $\varepsilon_1=\dfrac{1}{E}[\sigma_1-\nu(\sigma_2+\sigma_3)]$，就可得主应力形式表示的强度条件为

$$\sigma_{eq2}=\sigma_1-\nu(\sigma_2+\sigma_3)\leqslant[\sigma] \tag{11-13}$$

式中，σ_{eq2}是第二强度理论的相当应力；$[\sigma]=\sigma_b/n$。混凝土或石料等脆性材料轴向受压时，如在试验机与试块的接触面上添加润滑剂，则试块沿垂直于压力的方向开裂，与这一理论相符。铸铁在拉压二向应力且压应力较大的情况下，试验结果也与这一理论相接近。这一理论虽然考虑了 σ_2 和 σ_3 对断裂的影响，但并不能描述材料破坏的一般规律。

3. 最大切应力理论（第三强度理论）

这一理论认为最大切应力是材料产生塑性屈服破坏的原因，即认为无论什么应力状态，只要最大切应力 τ_{max} 达到材料在单向拉伸下发生屈服破坏的最大切应力 τ_s，材料就会发生屈服破坏，因此材料发生屈服破坏的判断依据是 $\tau_{max}=\tau_s$。根据 $\tau_{max}=(\sigma_1-\sigma_3)/2$，单向拉伸屈服时的单元体 $\sigma_1=\sigma_s$，$\sigma_2=\sigma_3=0$，所以判据为 $\tau_{max}=\sigma_s/2$，考虑安全因数后，得到相应的强度条件为

$$\sigma_{eq3}=\sigma_1-\sigma_3\leqslant[\sigma] \tag{11-14}$$

式中，σ_{eq3}是第三强度理论的相当应力；$[\sigma]=\sigma_s/n$。这一强度理论可以较为满意地解释塑性材料的屈服现象，例如低碳钢拉伸屈服时，沿着与轴线成45°方向出现滑移线，而这一方向斜面上的切应力最大。由于这一理论形式简单，概念明确，故在工程中广泛应用。但是这一强度理论没有考虑中间主应力 σ_2 对屈服的影响，因此按照这一理论设计构件，结果偏于安全。

4. 形状改变能密度理论（第四强度理论）

（1）形状改变能密度的概念　在弹性体的变形过程中，外力相对于位移而做功，静载时若忽略其他损失，可认为外力功全部转化为弹性体的变形能。通常将单元体的变形能分解为体积改变能和形状改变能两部分。对应于单元体的形状改变而积蓄的那一部分变形能称**形状改变能**，单位体积内的形状改变能称为**形状改变能密度**，或称形状改变比能，用 v_d 表示。

这里不加推导，给出主应力表达的形状改变能密度公式为

$$v_d=\frac{1+\nu}{6E}[(\sigma_1-\sigma_2)^2+(\sigma_2-\sigma_3)^2+(\sigma_3-\sigma_1)^2]$$

在单向拉伸情况下的单元体，将 $\sigma_1=\sigma_s$，$\sigma_2=\sigma_3=0$ 代入上式，求得形状改变能密度为

$$v_{ds}=\frac{(1+\nu)\sigma_s^2}{3E}$$

（2）第四强度理论　这一理论认为，形状改变能密度是引起材料发生屈服破坏的原因。也就是说：不论材料处于何种应力状态，只要形状改变能密度 v_d 达到材料在单向拉伸屈服时的形状改变能密度 v_{ds}，材料就会发生屈服破坏，则材料发生屈服的判断依据为 $v_d=v_{ds}$。考

虑安全因数后，可得强度条件为

$$\sigma_{eq4}=\sqrt{\frac{1}{2}[(\sigma_1-\sigma_2)^2+(\sigma_2-\sigma_3)^2+(\sigma_3-\sigma_1)^2]}\leqslant[\sigma] \tag{11-15}$$

式中，σ_{eq4}是第四强度理论的相当应力；$[\sigma]=\sigma_s/n$。这个理论对于钢、铜、镍、铝四种塑性材料在平面应力状态下发生屈服破坏的推断与实际试验结果基本相符。但它和第三强度理论一样，无法解释某些金属材料拉、压屈服强度不相等的情况。

5. 四种强度理论的适用范围

大量的工程实践和实验结果表明，上述四种强度理论的有效性取决于材料的类别以及应力状态的类型。

1）在接近于三向等拉应力状态下，不论是脆性材料还是塑性材料，都会发生断裂破坏，应采用最大拉应力理论。

2）在接近于三向等压应力状态下，不论是塑性材料还是脆性材料，都会发生屈服破坏，可采用形状改变能密度理论或最大切应力理论。

3）一般而言，对脆性材料宜用第一强度理论，对塑性材料宜采用第三和第四强度理论。

除了以上四种强度理论，还有摩尔强度理论、我国西安交通大学俞茂宏教授于 1961 年提出的“双剪应力屈服准则”等。以上介绍的强度理论都只适用于常温、静载以及均匀、连续、各向同性材料。对于不满足上述条件的情况，另外有专门的理论研究。现有的一些强度理论虽然在工程中已经得到广泛应用，但还不能说强度理论已经圆满地解决了工程中所有的强度问题，这方面还有待于进一步的研究和发展。

例 11-3 转轴边缘上某点的应力状态如图 11-9 所示。用第三和第四强度理论建立其强度条件。

解 对于图 11-9 所示的单元体，通过应力状态分析，得到其三个主应力分别为

$$\sigma_1=\frac{\sigma}{2}+\sqrt{\frac{\sigma^2}{4}+\tau^2}，\ \sigma_2=0，\ \sigma_3=\frac{\sigma}{2}-\sqrt{\frac{\sigma^2}{4}+\tau^2}$$

根据式（11-14）、式（11-15）求得相当应力

$$\sigma_{eq3}=\sigma_1-\sigma_3=\sqrt{\sigma^2+4\tau^2}$$

$$\sigma_{eq4}=\sqrt{\frac{1}{2}[(\sigma_1-\sigma_2)^2+(\sigma_2-\sigma_3)^2+(\sigma_3-\sigma_1)^2]}=\sqrt{\sigma^2+3\tau^2}$$

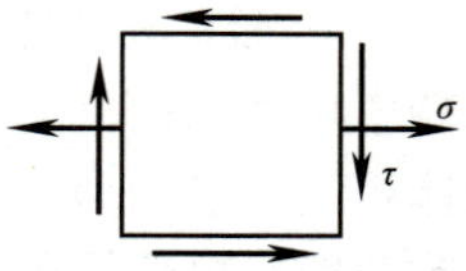

图 11-9 例 11-3 图

所以强度条件分别为

$$\sigma_{eq3}=\sqrt{\sigma^2+4\tau^2}\leqslant[\sigma] \tag{11-16}$$

$$\sigma_{eq4}=\sqrt{\sigma^2+3\tau^2}\leqslant[\sigma] \tag{11-17}$$

例 11-4 校核图 11-10 所示焊接梁的强度。已知梁的材料为碳素结构钢，其许用应力$[\sigma]=175\text{MPa}$，$[\tau]=100\text{MPa}$，其他条件如图所注。

解 1）作梁的剪力图和弯矩图如图 11-10c、d 所示。

2）计算截面的几何性质。

$$I_z=\left[\frac{1}{12}\times240\times(800+2\times20)^3-2\times\frac{1}{12}\times\left(\frac{240-10}{2}\right)\times800^3\right]\text{mm}^4=2.04\times10^9\text{mm}^4$$

$$W_z = I_z / y_{max} = 2.04 \times 10^9 / 420 \text{mm}^3 = 4.86 \times 10^6 \text{mm}^3$$

$$S_{max}^* = (240 \times 20 \times 410 + 10 \times 400 \times 200) \text{mm}^3 = 2.77 \times 10^6 \text{mm}^3$$

$$S_z^* = 240 \times 20 \times 410 \text{mm}^3 = 1.97 \times 10^6 \text{mm}^3$$

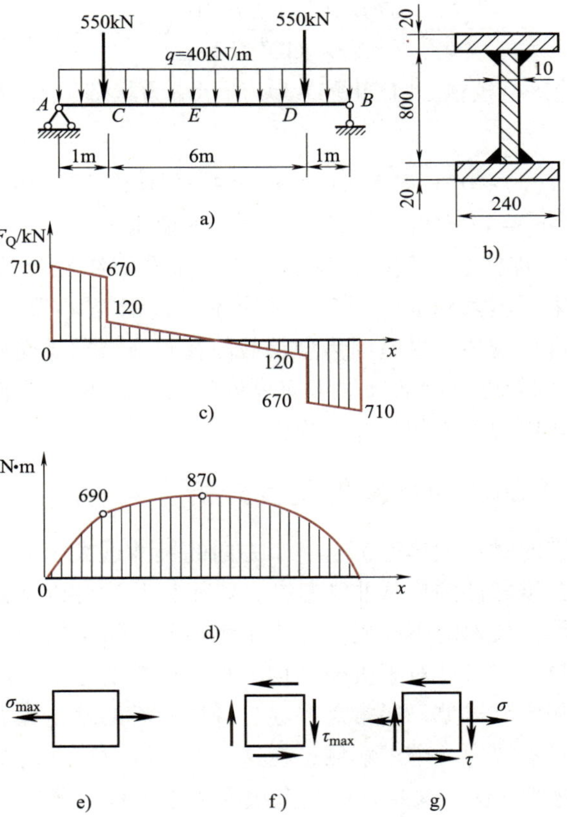

图 11-10　例 11-4 图

3）梁的弯曲正应力强度校核。危险点位于梁的跨中截面 E 的上、下边缘，应力状态如图 11-10e 所示，则

$$\sigma_{max} = \frac{M_{max}}{W_z} = \frac{870 \times 10^6}{4.86 \times 10^6} \text{MPa} = 179 \text{MPa} > [\sigma]$$

$$\frac{\sigma_{max} - [\sigma]}{[\sigma]} = \frac{179 - 175}{175} = 2.3\%$$

计算结果尚在强度许可范围内。

4）梁的切应力强度校核。危险点在两支座内侧截面的中性轴上，应力状态如图 11-10f 所示。

$$\tau_{max} = \frac{F_{Qmax} S_{max}^*}{I_z b} = \frac{710 \times 10^3 \times 2.77 \times 10^6}{2.04 \times 10^9 \times 10} \text{MPa} = 96.4 \text{MPa} < [\tau]$$

切应力满足强度要求。

5）梁的主应力强度校核。危险点在 C（或 D）外侧截面上的翼缘和腹板的交界处，即图 11-10b 的焊接点处，其中与下翼缘焊接处的应力状态如图 11-10g 所示。危险点具有较大的正应力和较大的切应力，且该点是复杂应力状态，需要通过强度理论校核。

$$\sigma=\frac{M_c y}{I_z}=\frac{690\times10^6\times400}{2.04\times10^9}\text{MPa}=135\text{MPa}$$

$$\tau=\frac{F_Q S_z^*}{I_z b}=\frac{670\times10^3\times1.97\times10^6}{2.04\times10^9\times10}\text{MPa}=64.8\text{MPa}$$

按照第四强度理论进行校核。由于图 11-10g 所示应力状态与图 11-9 类似，利用式（11-17）计算相当应力

$$\sigma_{eq4}=\sqrt{\sigma^2+3\tau^2}=\sqrt{135^2+3\times64.8^2}\text{MPa}=175.56\text{MPa}$$

结果略大于许用应力$[\sigma]=175\text{MPa}$，可认为满足强度要求。

例题 11-4 的截面是焊接组合截面，焊缝位于腹板和翼缘交界处，所以有时需要对其主应力进行校核。若梁采用国家标准的型钢（工字钢、槽钢等），则并不需要对腹板与翼缘交界处的点用强度理论进行校核，这是因为型钢截面在腹板与翼缘交界处有圆弧，而且工字钢翼缘的内边又有 1∶6 的斜度，因而增加了交界处的截面宽度，保证了在截面上下边缘处的正应力和中性轴上的切应力都不超过允许应力。

三、复杂形状零部件的强度与刚度分析

前述各章节所研究的对象大体上都是一个方向的尺寸远大于另外两个方向的尺寸的杆状构件。但实际工程中，零部件的形状非常复杂，除了杆状构件以外，还有板状、块状的零部件，特别是随着制造加工技术的不断提高，为了满足某些特定需要，满足个性化功能的不规则形状的零部件越来越多。另外对于机械结构本身，也需要分析其内部应力分布以及受载后的宏观位移。以上这些研究对象，通常需要通过弹性力学的理论和方法加以解决。

弹性力学将研究对象视为一个求解域，在这个求解域内建立起基于单元体的平衡微分方程、变形几何方程和物理方程。这些方程是全域内关于坐标的函数方程，且往往是偏微分方程。对于求解域的边界，由于有约束的存在，限制某些边界的位移，就有了位移边界条件，而在外力作用的位置，相应建立应力边界条件。微分方程和边界条件构成了求解的数学模型。

在工程中，对于这类数学模型，其难点往往不是建立微分方程，而是对微分方程的求解。绝大多数的微分方程难以求出其解析解，因此需要通过近似的数值求解方法来进行。而 20 世纪 50 年代发展起来的有限单元法是当前工程中应用最为广泛的求解方法，基于有限单元法的工程软件也越来越成为工程师必须要掌握的现代主要工程分析工具。利用这些软件，可以方便地对各类零部件在复杂受力情况下其内部的应力、应变和位移进行计算分析。目前比较流行的专业有限元分析软件有 ANSYS、ABAQUS 等，三维建模软件 SolidWorks、Creo 等也附带了有限元分析模块。值得一提的是，目前这些力学仿真软件几乎全部都是来自于美国、瑞典等西方国家。近年来，我国开始重视自主知识产权的工业仿真软件的研发，目前已经有了诸如 Simdroid、FEPG、FastCAE 等工业软件。虽然和国外软件相比还有相当的差距，但不久的将来，我国一定会有成熟可靠的工业仿真分析软件供工程界广泛使用。这显然需要广大力学、机械、计算机、数学等学科的人才、特别是青年人才加倍努力才能实现。

通过有限元软件进行分析的一般过程是，工程师首先要对研究对象进行几何建模，将几何模型导入分析软件中，对其进行网格剖分，建立单元和节点，将几何模型转变为适应于求

解力学物理量的分析模型。对于梁结构，还需要赋予其截面的几何形状的参数；其次是赋予研究对象的材料属性，包括弹性模量、泊松比等；第三是对研究对象施加边界条件，即确定外载荷大小及作用的范围、位置，确定研究对象哪些位置的哪些自由度被限制了。通过以上三个步骤，就完成了分析的前处理过程。完成前处理工作后，将任务提交给计算机求解器进行求解。求解所需要耗费的时间和资源与求解问题的规模有关。理论上讲，网格剖分越细、节点越多、规模就越大，计算时间就越长，但计算精度也越高。求解完成后，计算机能够输出对应的各种物理量的数据，如建立在空间笛卡儿坐标系下的正应力、切应力、应变和位移等，并能自动计算出内部各节点（单元体）的三个主应力，并根据需要，输出基于不同强度理论的相当应力。软件通过图形化的方式，将这些物理量绘出大小分布图，通常称为云图，有应力云图、位移云图等。通过云图可以直接观察到研究对象的高应力区域，确定研究对象在受载后的危险区域、最大应力及其所在。

一般的，对于塑性材料制成的零部件或整体结构，其失效方式大多数是屈服，这时候需要判断第三强度理论或第四强度理论的相当应力是否超出许用应力，那么在有限元软件就需要输出基于第三强度理论的相当应力云图，通常以 Stress Intensity 表示；或者输出基于第四强度理论的相当应力云图，通常以 Von Mises Stress 表示。而对于由铸铁、玻璃等材料制成的零部件或整体结构，其失效方式大多是脆性断裂，那么就需要输出基于第一强度理论的最大应力云图。

如图 11-11 所示是一台压力机械在工作状态下的等效应力云图。可以看到在受到中部工作压力的情况下，立柱上具有最大的 Von Mises Stress，最大处达到 207.686MPa。又如图 11-12 是水利工程中弧形景观闸门在受到水压力后的位移云图，可以看到其最大位移位于闸门的底部，达到 13.203mm。一般的，在应力云图中，颜色越趋近于红色，其应力或位移越大，越趋近于蓝色，其应力或位移越小。

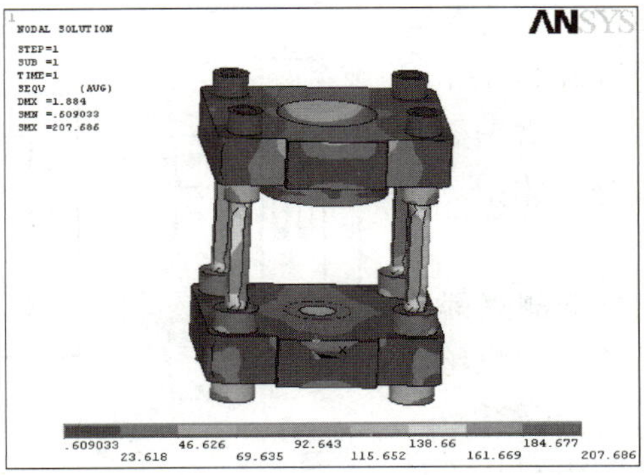

图 11-11　压力机的 Von Mises 应力云图

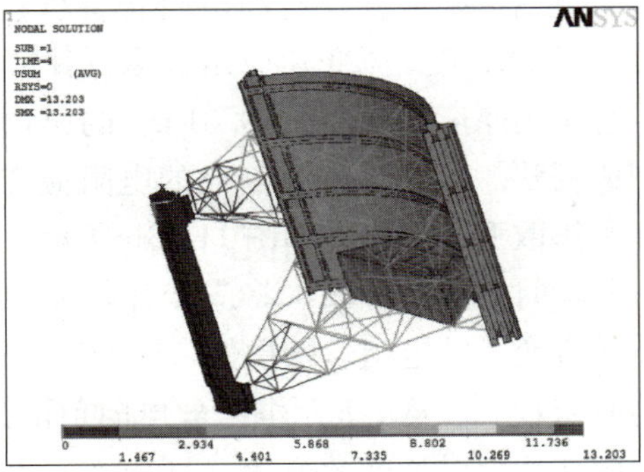

图 11-12　弧形闸门的位移云图

事实上，基于有限元分析的结果，我们还可以对结构进行进一步的优化，例如适当减少应力较低区域的材料用量，适当增加应力较高区域的材料用量，从而达到轻量化降低制造成本的目的。又或者对结构进行尺寸优化、形状优化、拓扑优化，达到刚度最大化等要求。

通过有限元方法，也可以分析结构的运动学和动力学特征，例如结构的自振频率、机构运动的速度、加速度分析等。除此之外，有限元方法还能模拟复杂环境工况下机器的行为和动作以及进行热场分析、磁场分析等。

第五节 应变电测简介

一、实验应力分析概述

对工程中的实际构件进行应力分析时，理论分析方法往往都做了一定的简化，还需要通过实验对结果进行验证；有些工程问题难以直接进行理论分析，需要通过实验方法对实际结构或模型进行应力测定，再辅以理论分析来解决。这种通过实验来研究和分析构件应力大小及分布规律的方法，称为**实验应力分析**。

常用的实验应力分析方法有电测法、光测法、全息光弹性法、云纹法和涂层法等。由于电测法具有灵敏度高、传感元件小和适应性强等优点，在工程中应用广泛，是工程技术人员常用的一种实验测量手段。

二、电测法的基本原理

电测法是通过贴在构件被测点处的电阻应变片，将被测点的应变值转换为应变片的电阻变化，再用电阻应变仪测出应变片的电阻改变，直接转换后输出应变值，然后依据胡克定律计算出构件被测点的应力值大小。

因此，电测法的主要设备包括电阻应变片和电阻应变仪两部分。电阻应变仪核心部分是包含放大设备的电桥。

1. 电阻应变片及其传感原理

电测法是以电阻应变片作为传感元件，常用的应变片有金属电阻应变片和半导体应变片两类。金属电阻应变片有高电阻合金材料制成丝式、箔式和薄膜式，目前以箔式应变片应用较多，其结构形式如图 11-13a 所示，它是用厚度为 0.003~0.01mm 的康铜或镍铬箔片借光刻腐蚀制成栅状。半导体材料制成的电阻应变片一般分为体型、薄膜型和扩散型等形式，如图 11-13b 所示。

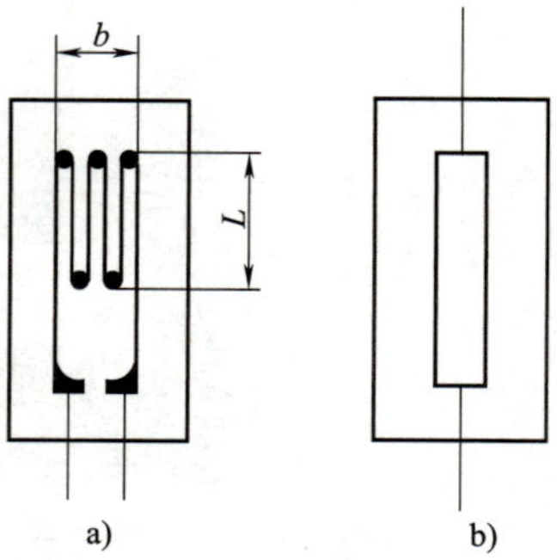

图 11-13 应变片

测量时，用特种胶水将应变片粘贴在被测构件的测点部位上，使应变片的电阻丝随构件一起变形。如以 ΔL 表示电阻丝长度的改变量，以 ΔR 表示电阻丝电阻值的改变量，由实验得知，电阻应变片相对长度的变化（即应变）在一定范围内与其相对电阻的变化呈线性关系，即

$$\frac{\Delta R}{R}=K\frac{\Delta L}{L}=K\varepsilon \tag{11-18}$$

式中，K 称为电阻应变片的**灵敏系数**。K 值越大，表示应变片对变形的敏感性越高。由此可见，只要测得电阻的改变率 $\Delta R/R$，就可按式（11-18）求得构件所测部位的应变的大小。由于实际构件的变形往往很小，要保证所测应变的精度就必须采用电阻应变仪来保证相应电阻改变量 ΔR 的测量精度。

2. 电阻应变仪的测量原理

电阻应变仪测定电阻应变片的电阻变化以惠斯通电桥原理为基础，常用的测量电桥有平衡电桥（此时称零读数法）和不平衡电桥（此时称偏转法）两种。

（1）平衡电桥　图 11-14a 是直流平衡电桥，$R_1 \sim R_4$ 是测量电桥的四个臂，1、2 端接检流计，内阻为 R_g，3、4 端间加上电源 U 后，在检流计中流过的电流为 I_g。

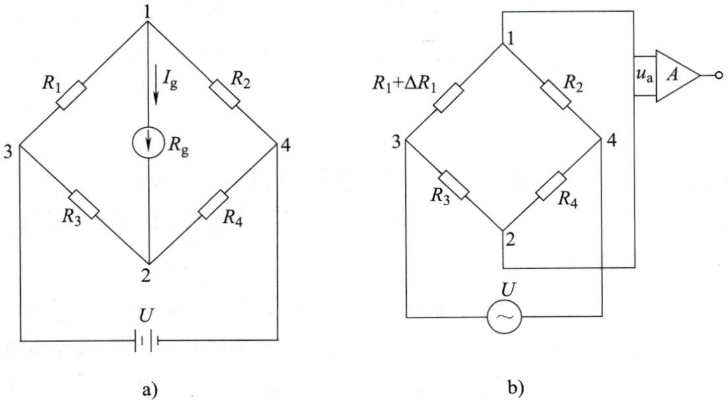

图 11-14　测量电桥

若用应变片代替电阻 R_1，应变片的阻值可用零读数法读出，即电桥平衡时 $I_g=0$，电桥平衡条件为 $R_1R_4=R_2R_3$，$R_1=R_2R_3/R_4$。当应变片电阻变化 ΔR_1 时，设 R_3 和 R_4 为定值，调 R_2 至 $R_2+\Delta R_2$，使电桥达到平衡，则应变片电阻值的变化为

$$\Delta R_1=\frac{R_3}{R_4}\Delta R_2 \tag{11-19}$$

将调节臂电阻 R_2 的值刻度为被测应变值，就能读出 ΔR_1 值。此法仅适合于静态应变的测量。对电阻变化较快的动态应变测量，因来不及使电桥平衡，所以不能采用零读数法，须使用偏转法，即不平衡电桥法。

（2）不平衡电桥　不平衡法是指应变片阻值的变化可以用流过检流计中的电流 I_g 来表示。如图 11-14b 所示的电桥，设 $R_1=R_2=R_3=R_4=R$，各电阻的改变量分别为 ΔR_1、ΔR_2、ΔR_3、ΔR_4。此时电桥不平衡，利用式（11-18）以及检流计中的电流 I_g 的值，可以导出应变读数

$$\varepsilon_{du}=\varepsilon_1-\varepsilon_2-\varepsilon_3+\varepsilon_4 \tag{11-20}$$

（3）温度补偿片　根据电工学知识，当被测构件的温度变化时，应变片电阻也会发生变化。为了消除温度变化的影响，可以选一个与 R_1 相同阻值的应变片，贴在与被测构件相同的材料上，并放置在温度变化相同的环境中，作为电桥的另一臂 R_2，如图 11-15 所示，这个应变片称为温度补偿片，补偿片和测量片由于温度变化产生相同的阻值变化，从而消除了温度变化对电桥平衡的影响。

三、电测法的应用

1. 电桥的接法

电桥电路的接法共有两种：如图 11-14 所示，第一种是将电桥的四个桥臂全部接上电阻

测量片，称为全桥测量；第二种是 R_1 和 R_2 是测量片，而 R_3 和 R_4 是应变仪内部的标准固定电阻，称为半桥测量。

2. 主应力方向已知时应力的测定

如图 11-15a 所示，以拉伸（压缩）时的应力测定为例，测量时，在受拉构件表面沿轴向贴上测量应变片 R_1，温度补偿片 R_2 贴在与拉杆材料相同的另一块小板上，并置于相同的环境中，如图 11-15b 所示。其测量电桥电路如图 11-15c 所示。拉杆受力后，工作片 R_1 产生的应变为 ε，温度影响产生的应变为 ε_t，则总应变为 $\varepsilon_1=\varepsilon+\varepsilon_t$，补偿片 R_2 因温度变化产生的应变为 $\varepsilon_2=\varepsilon_t$，由式（11-20）得应变读数为

$$\varepsilon_{du}=\varepsilon_1-\varepsilon_2=\varepsilon$$

此时已消除了温度的影响，由胡克定律可得测点的应力为 $\sigma=E\varepsilon$。

另一种布片方法是：将 R_1 和 R_2 贴于拉杆的表面，如图 11-16a 所示。按图 11-16b 所示的半桥接法，可得应变读数为

$$\varepsilon_{du}=\varepsilon_1-\varepsilon_2=\varepsilon+\varepsilon_1-(-\nu\varepsilon+\varepsilon_1)=(1+\nu)\varepsilon$$

这种方法不仅可以消除温度的影响，还能使应变读数增加$(1+\nu)$倍。横截面上的应力为

$$\sigma=E\varepsilon=E\varepsilon_{du}/(1+\nu)$$

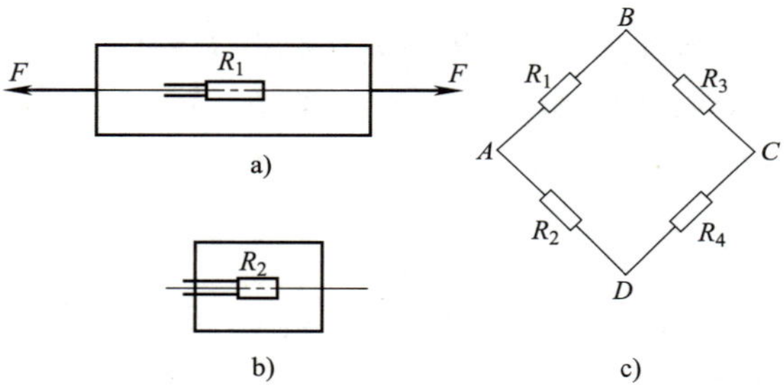

图 11-15　拉杆半桥单臂测量法

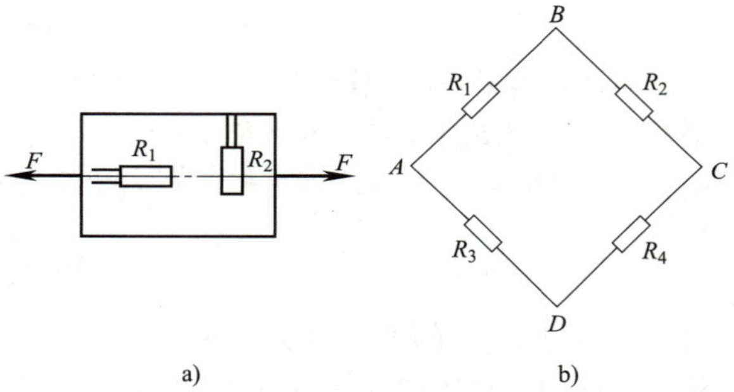

图 11-16　拉杆半桥双臂测量法

3. 二向应力状态下主方向未知时的应力测定

当二向应力状态下主应力的方向未知时，可沿三个任意的方向布片，依据所测得的 ε_{a1}、ε_{a2}、ε_{a3}求出主应变 ε_1、ε_2、ε_3，再利用广义胡克定律即可求出主应力 σ_1、σ_2、σ_3。

为简便起见，工程实际中常将三个方向之间的夹角选为45°或60°，当夹角为45°时，称为直角应变花，如图 11-17 所示；夹角为60°时，称为等角应变花，如图 11-18 所示。

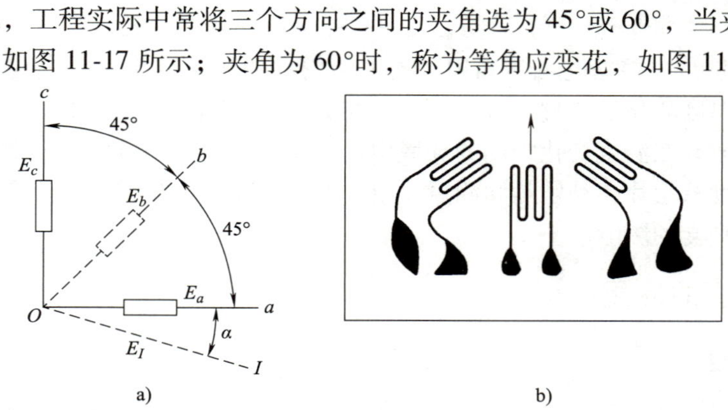

图 11-17　直角应变花

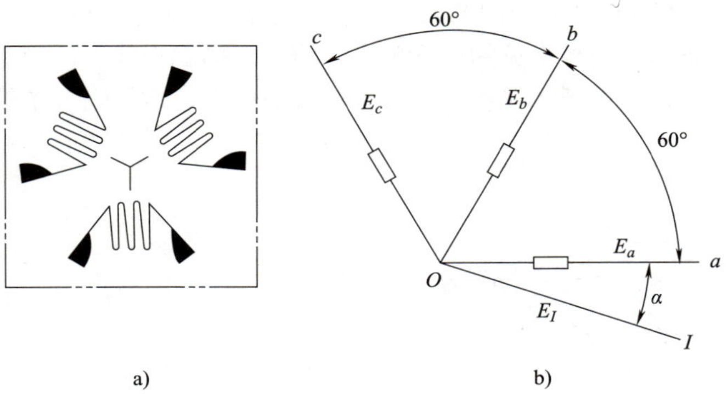

图 11-18 等角应变花

本章小结

1）点的应力状态，是指受力构件内某一点在不同方向面上的应力的集合。分析表明：①受力构件内任一点均存在由三个相互垂直的主平面组成的单元体，称主单元体；②主平面上的正应力称为主应力。

2）分析平面应力状态的解析法，即用下列公式求任意截面上的应力：

$$\sigma_{\alpha}=\frac{\sigma_x+\sigma_y}{2}+\frac{\sigma_x-\sigma_y}{2}\cos2\alpha-\tau_{xy}\sin2\alpha$$

$$\tau_{\alpha}=\frac{\sigma_x-\sigma_y}{2}\sin2\alpha+\tau_{xy}\cos2\alpha$$

3）应力圆法分析应力状态形象直观，要特别注意在单元体上 α 角，对应在应力圆上同向转 2α 角的二倍角关系。通过公式

$$\left.\begin{matrix}\sigma_{\max}\\ \sigma_{\min}\end{matrix}\right\}=\frac{\sigma_x+\sigma_y}{2}\pm\sqrt{\left(\frac{\sigma_x-\sigma_y}{2}\right)^2+\tau_{xy}^2}$$

可求出应力极值，并与平面应力状态中另一个为零的主应力进行代数排序，确定三个主应力 σ_1、σ_2、σ_3。在应力圆上可以通过与 D_1、D_2 两点的角度关系，确定主平面的方位。对于任意的空间应力状态，其最大切应力为

$$\tau_{\max}=\frac{\sigma_1-\sigma_3}{2}$$

4）广义胡克定律表达了应力和应变之间的物理关系，当材料是各向同性，且处于线弹性范围内时有

$$\left.\begin{aligned}\varepsilon_x&=\frac{1}{E}[\sigma_x-\nu(\sigma_y+\sigma_z)]\\ \varepsilon_y&=\frac{1}{E}[\sigma_y-\nu(\sigma_z+\sigma_x)]\\ \varepsilon_z&=\frac{1}{E}[\sigma_z-\nu(\sigma_x+\sigma_y)]\end{aligned}\right\}$$

5）强度理论是关于材料破坏原因的假说，其目的是利用单向应力状态下的实验结果，建立复杂应力下的强度条件。四种常见的强度理论，第一、第二强度理论用于解释脆性断裂的失效，而第三、第四强度理论用于解释屈服失效。以等效应力表达的强度条件的统一形式是

$$\sigma_{eq} \leqslant [\sigma]$$

相当应力分别为

$$\sigma_{eq1}=\sigma_1$$

$$\sigma_{eq2}=\sigma_1-\nu(\sigma_2+\sigma_3)$$

$$\sigma_{eq3}=\sigma_1-\sigma_3$$

$$\sigma_{eq4}=\sqrt{\frac{1}{2}[(\sigma_1-\sigma_2)^2+(\sigma_2-\sigma_3)^2+(\sigma_3-\sigma_1)^2]}$$

思 考 题

11-1 什么是点的应力状态？为什么要研究点的应力状态？

11-2 什么是主应力和主平面？单元体上的主应力和正应力有什么区别和联系？

11-3 在二向应力状态中，单元体与应力圆有哪些内在联系？

11-4 画出单向拉伸杆件横截面上的点的应力圆、受扭圆轴横截面外表面上点的应力圆，并分析其主应力和主平面。

11-5 单元体中，最大正应力所在平面上是否有切应力？最大切应力所在平面上是否有正应力？

11-6 广义胡克定律的适用范围是什么？

11-7 什么是强度理论？为什么要提出强度理论？

11-8 分别说明四种常见的强度理论的主要内容，能够解释何种失效。

习 题

11-1 构件受力如题 11-1 图所示。试：1）确定危险点的位置；2）用单元体表示危险点的应力状态（即用纵横截面截取危险点的单元体，并画出应力）。

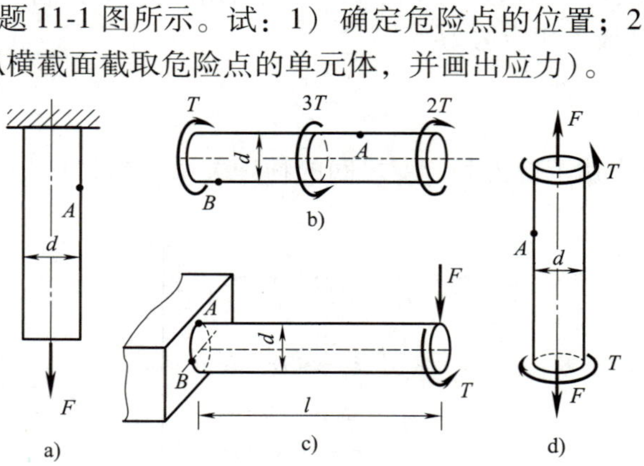

题 11-1 图

11-2　在题 11-2 图所示各单元体中，用解析法和应力圆法确定指定斜截面上的应力。

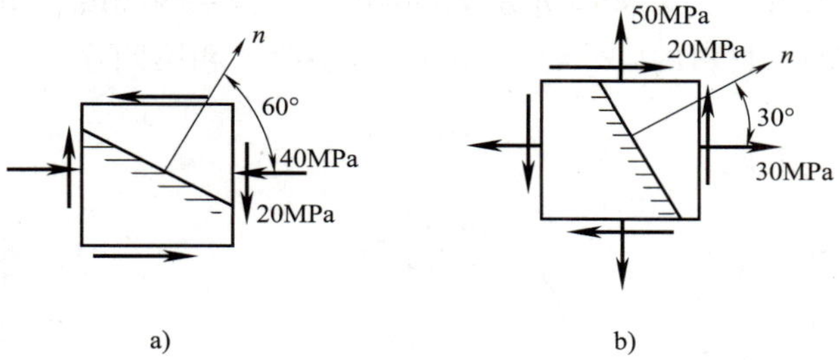

题 11-2 图

习题 11-2 精讲

11-3　已知一点的应力状态如题 11-3 图所示。求：1）主应力及其方位，并在单元体上画出主应力状态；2）最大切应力；3）第三和第四强度理论的相当应力。

习题 11-3 精讲

11-4　某矩形截面梁尺寸及载荷如题 11-4 图所示。试：1）求梁上各指定点的单元体及其面上的应力；2）作出各单元体的应力圆，并确定主应力及最大切应力。

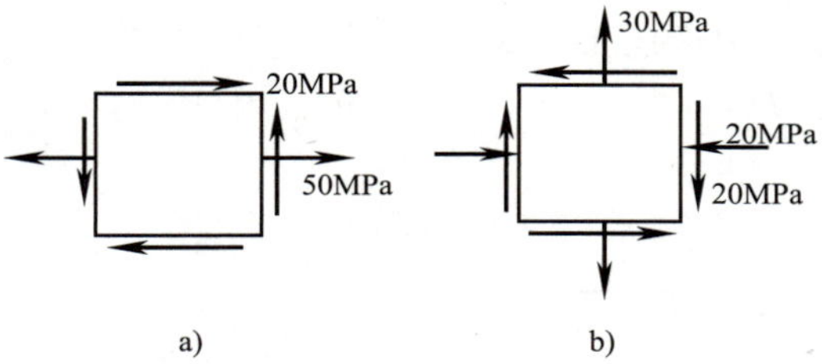

题 11-3 图

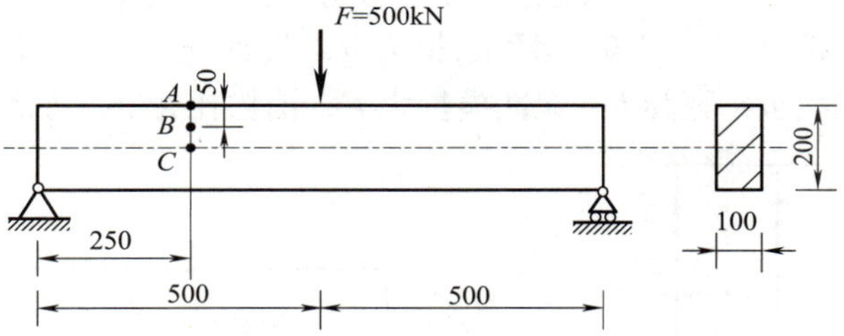

题 11-4 图

11-5　求题 11-5 图所示各单元体的主应力及最大切应力（应力单位为 MPa）。

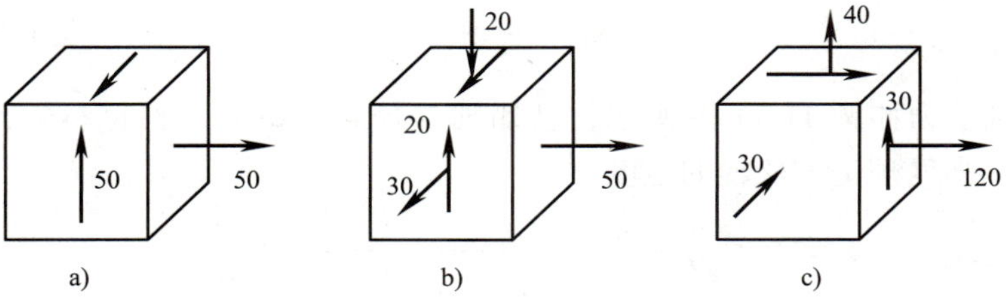

题 11-5 图

11-6　刚性槽如题 11-6 图所示。在槽内紧密地嵌入一个铝质立方块，其尺寸为 10mm×10mm×10mm，铝材的弹性模量 $E=70\text{GPa}$，$\nu=0.33$。求铝块受到 $F=6\text{kN}$ 的作用时，其三个主应力及相应的变形。

习题 11-6 精讲

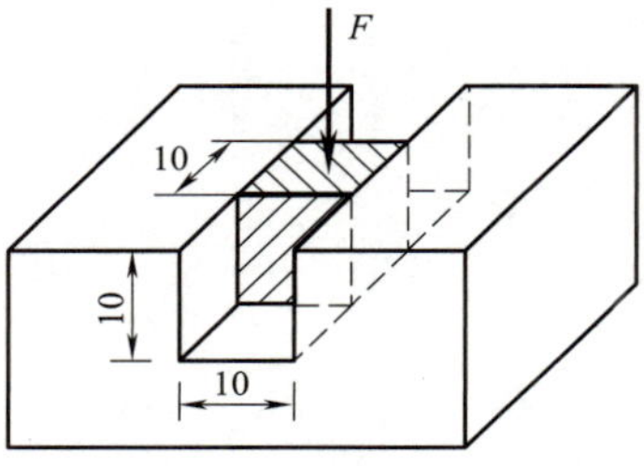

题 11-6 图

11-7　题 11-7 图所示简支梁为 36a 工字钢，$F=140\text{kN}$，$l=4\text{m}$。点 A 位于集中力 F 作用面的左侧截

面上。求：1）点 A 在指定斜截面上的应力；2）点 A 的主应力及主平面方位。

11-8 炮筒横截面如题 11-8 图所示。在危险点处 $\sigma_t=550\text{MPa}$，$\sigma_r=-350\text{MPa}$，第三个主应力 σ_z 垂直于图面，且 $\sigma_z=420\text{MPa}$。材料的$[\sigma]=950\text{MPa}$，试用第三和第四强度理论进行强度校核。

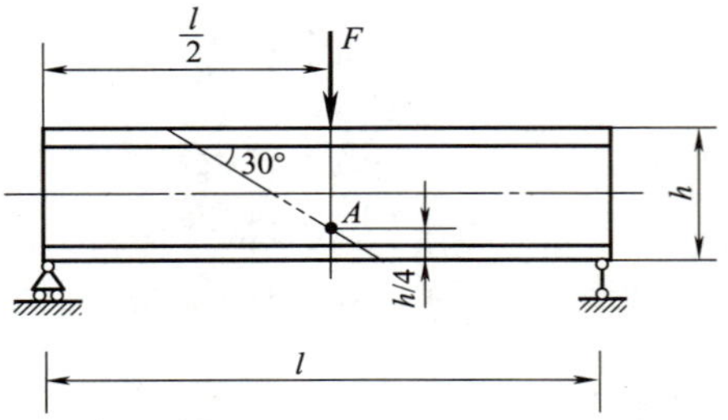

题 11-7 图

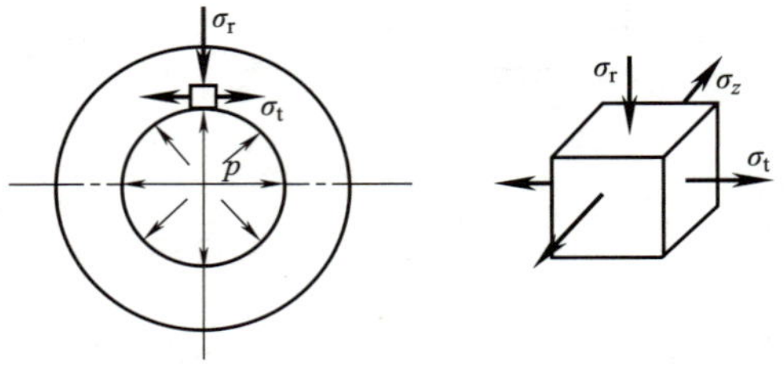

题 11-8 图

11-9 如题 11-9 图所示受拉圆截面杆。已知点 A 在与水平线成 60°方向上的正应变 $\varepsilon_{60°}=4.0\times10^{-4}$，直径 $d=20\text{mm}$，材料的弹性模量 $E=200\text{GPa}$，$\nu=0.3$。试求载荷 F。

习题 11-9 精讲

11-10 求题 11-10 图所示矩形截面梁在纯弯曲时线段 AB 长度的改变量。已知：AB 原长为 a，与轴线成 45°，B 点在中性层上，梁高为 h，宽为 b，弹性模量为 E，泊松比为 ν，弯矩为 M。

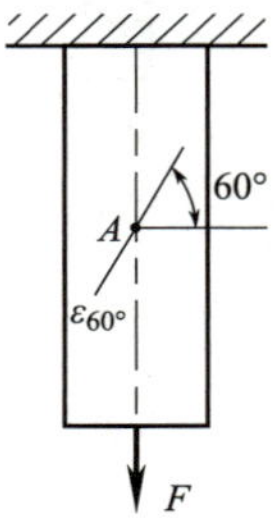

题 11-9 图

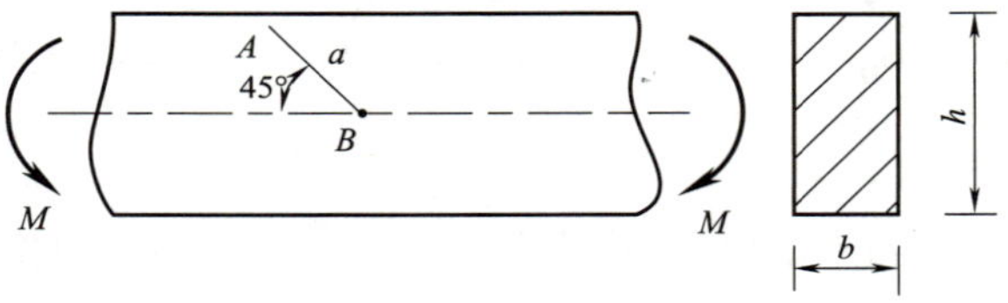

题 11-10 图

习题 11-10 精讲

11-11 圆轴受力如题 11-11 图所示，已知轴直径 $d=20\text{mm}$，轴材料的许用应力$[\sigma]=140\text{MPa}$，用第三强度理论校核轴的强度。

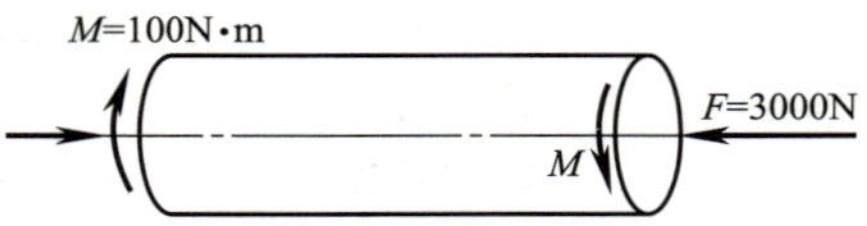

题 11-11 图

第十二章
组合变形的强度计算

前几章分别研究了杆件在轴向拉伸（压缩）、扭转、平面弯曲、剪切基本变形时的强度和刚度计算。工程构件在载荷作用下，往往会同时产生几种基本变形。这类由两种或两种以上基本变形组合的情况称为**组合变形**。

在研究组合变形时，可将作用于杆件上的外力向杆件轴线简化后分组，使每一组载荷只发生一种基本变形，然后再讨论它们的叠加方法及选择适当的强度理论进行强度计算。

本章主要讨论工程上常见的两种组合变形，即轴向拉伸（压缩）与弯曲的组合变形（包括偏心拉伸或压缩）以及弯曲与扭转的组合变形。至于其他形式的组合变形，可用同样的分析方法加以解决。

第一节　拉伸（压缩）与弯曲组合变形的强度计算

图 12-1a 所示悬臂梁 AB 在 B 端承受集中力 F 的作用，固定端 A 受约束力 F_{Ax}、F_{Ay} 以及约束力偶 M_A 的作用。为了分析梁的变形，将载荷 F 分解成两个正交分量 F_x 和 F_y，有

$$F_x = F\cos\alpha,\quad F_y = F\sin\alpha$$

F_x 和 F_{Ax} 使杆产生轴向拉伸变形，F_y、F_{Ay} 和 M_A 使杆发生弯曲，因此杆 AB 上发生轴向拉伸与弯曲的组合变形。

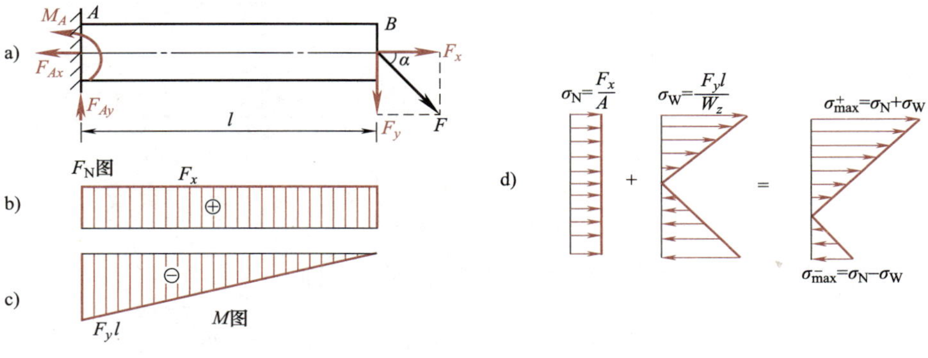

图 12-1　轴向拉伸压缩与弯曲组合变形杆件

画出杆的轴力图和弯矩图如图 12-1b、c 所示。由内力图可知，截面 A 具有最大的轴力和最大的弯矩，显然它是危险截面，该截面上的轴力 $F_N = F_x$，弯矩为 $M = F_y l$。危险截面上的应力分布情况如图 12-1d 所示，其中

$$\sigma_N = \frac{F_N}{A} = \frac{F_x}{A},\quad \sigma_W = \frac{M}{W_z} = \frac{F_y l}{W_z}$$

由应力分布图可知，危险点为截面的上边缘各点。由于两种基本变形在危险点引起的应力均为同方向的正应力，危险点处于单向应力状态，只需将这两个同向应力代数相加，即得危险点的最终应力为

$$\sigma_{max}^{+}=\sigma_{N}+\sigma_{W}=\frac{F_N}{A}+\frac{M}{W_z}=\frac{F_x}{A}+\frac{F_y l}{W_z}$$

截面下边缘各点的应力（截面上的最大压应力）为

$$\sigma_{max}^{-}=\sigma_{N}-\sigma_{W}=\frac{F_N}{A}-\frac{M}{W_z}=\frac{F_x}{A}-\frac{F_y l}{W_z}$$

当杆件发生轴向拉压和弯曲组合变形时，对于拉、压强度相同的塑性材料，只需按截面上的最大应力进行强度计算，其强度条件为

$$|\sigma_{max}^{+}|=\left|\frac{F_N}{A}\right|+\left|\frac{M}{W_z}\right|\leqslant[\sigma^{+}] \tag{12-1}$$

但对于抗压强度大于抗拉强度的脆性材料，则要分别按最大拉应力和最大压应力进行强度计算。

例 12-1 简易起重机如图 12-2a 所示，横梁 AB 为 18a 工字钢。滑车可沿梁 AB 移动，梁 AB 长 $l=3\text{m}$。滑车自重力与起吊重物的重力大小合计为 $G=30\text{kN}$，梁 AB 材料的许用应力 $[\sigma]=140\text{MPa}$。当滑车移动到梁 AB 的中点时，校核梁的强度。

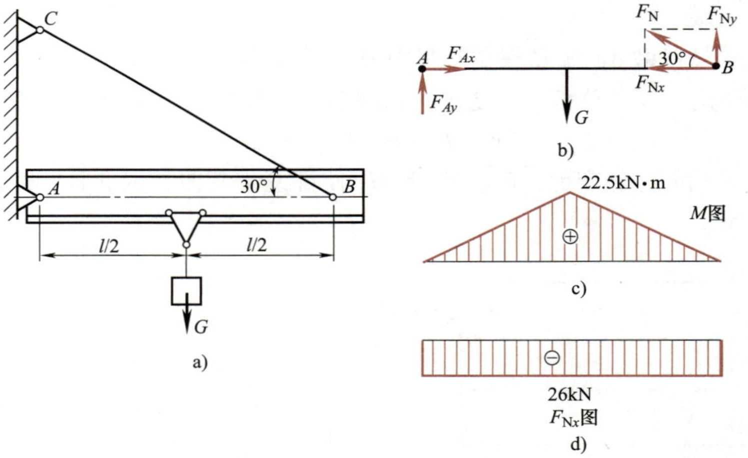

图 12-2 例 12-1 图

解 1）外力计算。横梁 AB 的受力如图 12-2b 所示，即

$$\sum M_A(F_i)=0,\ F_N\sin30°l-G\frac{l}{2}=0,\ F_N=G=30\text{kN}$$

$$\sum F_{ix}=0,\ F_{Ax}-F_N\cos30°=0,\ F_{Ax}=F_N\cos30°=26\text{kN}$$

由前述分析可知，梁 AB 在外力作用下发生轴向压缩和弯曲组合变形。

2）内力分析。梁的弯矩图和轴力图如图 12-2c、d 所示。由图可知，危险截面为梁的跨中截面，其上的轴力和弯矩分别为

$$F_{Nx}=F_{Ax}=26\text{kN}(\text{压})$$

$$M_{max}=\frac{Gl}{4}=\frac{30\times3}{4}\text{kN}\cdot\text{m}=22.5\text{kN}\cdot\text{m}$$

3）校核梁的强度。由于梁的轴力为负，弯矩为正，故梁的上边缘产生最大的压应力

$$|\sigma_{max}^-|=\left|-\frac{F_{Nx}}{A}-\frac{M_{max}}{W_z}\right|$$

查附录 B 热轧型钢表得，18a 工字钢的横截面面积 $A=3060\text{mm}^2$，抗弯截面系数 $W_z=185\text{cm}^3$，代入上式得

$$|\sigma_{max}^-|=\left|-\frac{26\times10^3}{3060}-\frac{22.5\times10^6}{185\times10^6}\right|\text{MPa}=|-8.5-121.6|\text{MPa}=130.1\text{MPa}<[\sigma]$$

故梁满足强度条件。

从本例看出，由弯曲引起的正应力远比由压缩引起的正应力大，在一般的工程问题中大致如此。因此若此例改为根据条件选择工字钢型号，由于在式（12-1）中包含面积 A 和抗弯截面系数 W_z 两个未知量，不能直接求解。这种情况下应抓住主要矛盾，先不考虑轴向压缩（或拉伸）引起的正应力，而仅按弯曲正应力强度条件 $\sigma=M/W_z\leqslant[\sigma]$ 来算得 W_z，据此初选工字钢型号，然后再考虑轴向力引起的正应力的叠加来校核最大正应力。若能满足强度条件，则可用该型号的工字钢；若不满足强度条件，则需要适当放大工字钢型号再行校核。本例中若其他条件不变，要选择工字钢型号，则

$$W_z\geqslant\frac{M_{max}}{[\sigma]}=\frac{22.5\times10^6}{140}\text{mm}^3=160.7\times10^3\text{mm}^3=160.7\text{cm}^3$$

查附录 B 热轧型钢表得选择 18a 工字钢，最大压应力校核例题中已经给出，是满足强度条件的，故选 18a 工字钢是适合的。

例 12-2　夹具的受力和尺寸如图 12-3a 所示，已知 $F=2\text{kN}$，$e=60\text{mm}$，$b=10\text{mm}$，$h=22\text{mm}$，材料的许用正应力 $[\sigma]=170\text{MPa}$。校核夹具竖杆的强度。

解　1）求截面上的内力。将竖杆沿横截面方向截开，如图 12-3b 所示。对截下部分进行受力分析，显然截面上有轴力 F_N 和弯矩 M，即

$$\sum F_{iy}=0,\ F_N-F=0,\ F_N=F=2\text{kN}$$

$$\sum M_C(F_i)=0,\ -M+Fe=0,\ M=Fe=2\times60\text{kN}\cdot\text{mm}=120\text{kN}\cdot\text{mm}=120\times10^3\text{N}\cdot\text{mm}$$

2）校核竖杆强度。竖杆横截面上的最大拉应力发生在截面右边缘各点处，其值为

$$\sigma=\frac{F_N}{A}+\frac{M}{W_z}=\left(\frac{2000}{10\times22}+\frac{120\times10^3}{\frac{10\times22^2}{6}}\right)\text{MPa}=157.9\text{MPa}<[\sigma]$$

故竖杆满足强度条件。

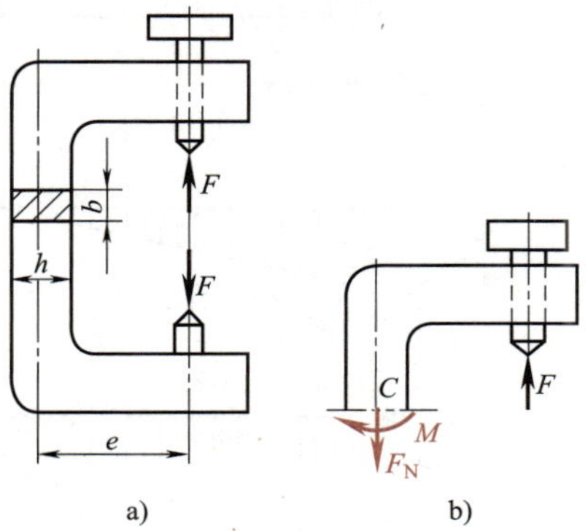

图 12-3　例 12-2 图

本例直接通过截面法求解截面上的内力分量。如果从外力的形式上看，对竖杆而言，拉力 F 没有通过其轴线，所以是偏心拉伸。如果 F 的方向相反，那就是偏心压缩。显然将偏心的力静力等效平移到轴线上，或者直

接通过横截面分析内力，横截面上必有轴力和弯矩两种内力分量，所以偏心拉伸（或压缩）就可以作为拉伸（压缩）和弯曲的组合变形来进行处理。

第二节 弯曲与扭转组合变形的强度计算

机械中的转轴，通常在弯曲与扭转组合变形下工作。现以电动机轴为例，说明此种组合变形的强度计算。图 12-4a 所示的电动机轴，在外伸端装有带轮，工作时，电动机给轴输入一定转矩，通过带轮的带传递给其他设备。设带的紧边拉力为 $2F$，松边拉力为 F，不计带轮自重。

1）外力分析。将电动机轴的外伸部分简化为悬臂梁，把作用于带上的拉力向杆的轴线简化，得到一个力 F' 和一个力偶 M_e，如图 12-4b 所示，其值分别为

$$F'=3F,\quad M_e=2F\frac{D}{2}-F\frac{D}{2}=\frac{FD}{2}$$

力 F' 使轴在垂直平面内发生弯曲，力偶 M_e 使轴扭转，故轴上产生弯曲与扭转组合变形。

2）内力分析。轴的弯矩图和扭矩图分别如图 12-4c、d 所示。由图可知，固定端截面 A 上有最大弯矩和最大扭矩，所以它是危险截面，其上的弯矩和扭矩值分别为

$$M=F'l,\quad T=M_e=\frac{FD}{2}$$

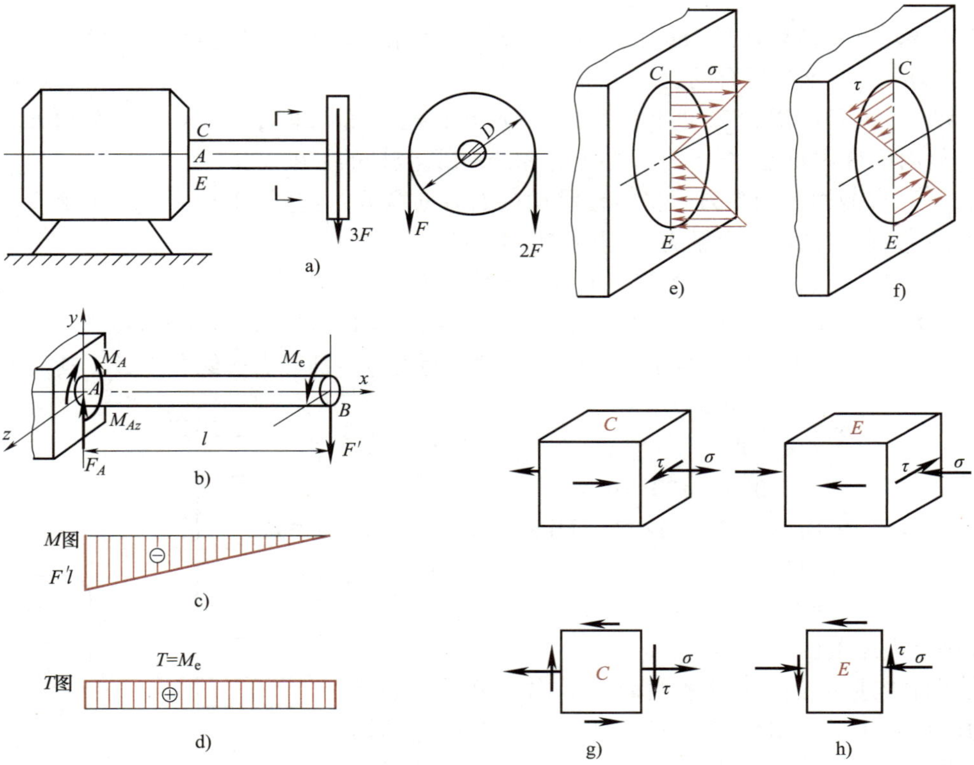

图 12-4 弯扭组合的圆轴

3）应力分析。由于在危险截面上同时存在弯矩和扭矩，故该截面上必然同时存在弯曲正应力和扭转切应力，其分布情况如图 12-4e、f 所示。由应力分布图可见，C、E 两点的正应力和切应力均分别达到了最大值。因此，C、E 两点为危险点，该两点的弯曲正应力和扭转切应力分别为

$$\sigma=\frac{M}{W_z},\ \tau=\frac{T}{W_p} \tag{a}$$

取 C、E 两点的单元体，如图 12-4g、h 所示，它们均属于平面应力状态，故需按强度理论来建立强度条件。

现取点 C 分析其相当应力。由于转轴一般由塑性材料制成，故采用第三或第四强度理论进行强度分析。由第十一章的结论，形如图 12-4g、h 的单元体，其第三、第四强度理论的相当应力分别为

$$\sigma_{eq3}=\sqrt{\sigma^2+4\tau^2} \tag{b}$$

$$\sigma_{eq4}=\sqrt{\sigma^2+3\tau^2} \tag{c}$$

注意到直径为 d 的圆截面，$W_z=\frac{\pi d^3}{32}$，$W_p=\frac{\pi d^3}{16}$，所以 $W_p=2W_z$。将式（a）代入式（b）和式（c），可得到按照第三和第四强度理论建立的强度条件分别为

$$\sigma_{eq3}=\frac{1}{W_z}\sqrt{M^2+T^2}\leqslant[\sigma] \tag{12-2}$$

$$\sigma_{eq4}=\frac{1}{W_z}\sqrt{M^2+0.75T^2}\leqslant[\sigma] \tag{12-3}$$

必须指出，式（12-2）、式（12-3）只适用于圆截面（圆环截面）杆的弯曲和扭转组合变形的强度计算，而式（b）、式（c）的适用范围更广，只要危险点是二向应力状态，并且单元体 x、y 面上的 σ_x、σ_y 中至少有一个为零即可，不受杆件截面形状和变形形式的限制。

例 12-3　图 12-5a 所示绞车传动轴 AC。已知作用在左端面上的转矩 $M_e=250\text{N}\cdot\text{m}$，绞盘 B 直径 $D=400\text{mm}$，钢丝绳拉力 F 沿水平方向，轴承座间距 $l=200\text{mm}$。已知传动轴材料的许用应力 $[\sigma]=60\text{MPa}$，直径 $d=35\text{mm}$。试按第四强度理论校核该轴的强度。

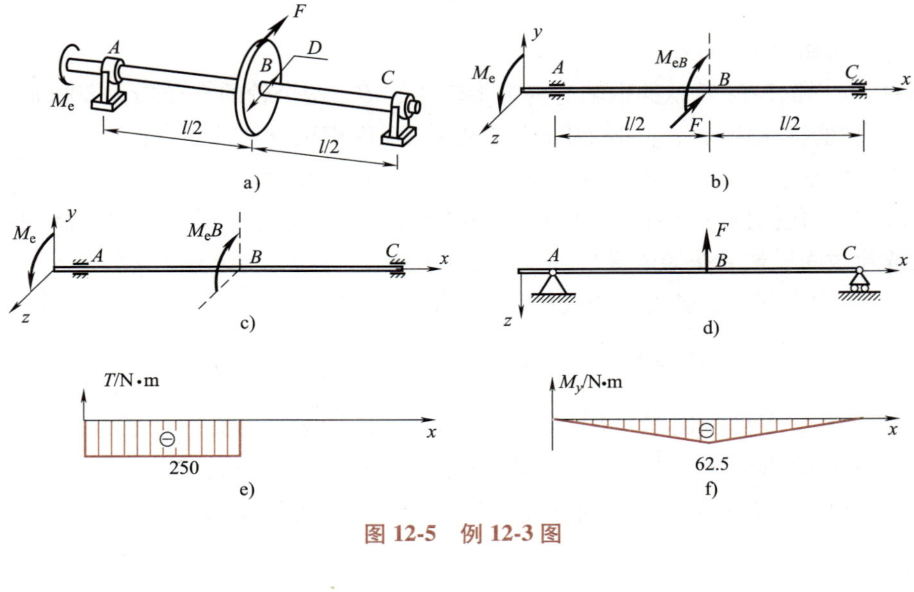

图 12-5　例 12-3 图

解 1）确定计算简图。将绞盘 B 上的拉力 F 向截面 B 的形心简化，得到轴 AC 的计算简图 12-5b。转矩 M_e 与 M_{eB} 使轴 AC 发生扭转（见图 12-5c），力 F 使轴在 xz 平面内弯曲（见图 12-5d），因此轴 AC 受到弯曲与扭转的组合变形。由平衡方程可得

$$M_{eB}=M_e=250\text{N}\cdot\text{m},\quad F=\frac{2M_{eB}}{D}=\frac{2\times250}{0.4}\text{N}=1250\text{N}$$

2）内力分析。分别作出相应的扭矩图和弯矩图如图 12-5e、f 所示。可见，截面 B 为危险截面，其上扭矩和弯矩分别为

$$T=250\text{N}\cdot\text{m},\quad M_y=\frac{F}{2}\cdot\frac{l}{2}=\frac{1250}{2}\times\frac{0.2}{2}\text{N}\cdot\text{m}=62.5\text{N}\cdot\text{m}$$

3）强度计算。圆截面的抗弯截面系数

$$W_y=\frac{\pi d^3}{32}=\frac{\pi\times35^3}{32}\text{mm}^3=4209\text{mm}^3$$

根据第四强度理论的强度条件即式（12-4）得

$$\sigma_{eq4}=\frac{\sqrt{M^2+0.75T^2}}{W}=\frac{\sqrt{M_y^2+0.75T^2}}{W_y}=\frac{\sqrt{(62.5\times10^3)^2+0.75\times(250\times10^3)^2}}{4209}\text{MPa}$$
$$=53.5\text{MPa}<[\sigma]=60\text{MPa}$$

故传动轴满足强度要求。

例题 12-3 的传动轴，只是在 xz 一个平面内弯曲，但在实际工程中，传动轴的危险截面上可能存在作用于两个相互垂直平面内的弯矩，如图 12-6a 所示。对于横截面是圆或圆环的轴，由于截面对任意过圆心且与横截面平行的轴线的抗弯截面系数都是相同的，因此当危险截面上有两个弯矩 M_y 和 M_z 同时作用时，就可采用矢量求和的方法，确定出危险面上总弯矩 M，这个总弯矩通常被称为合成弯矩，其大小

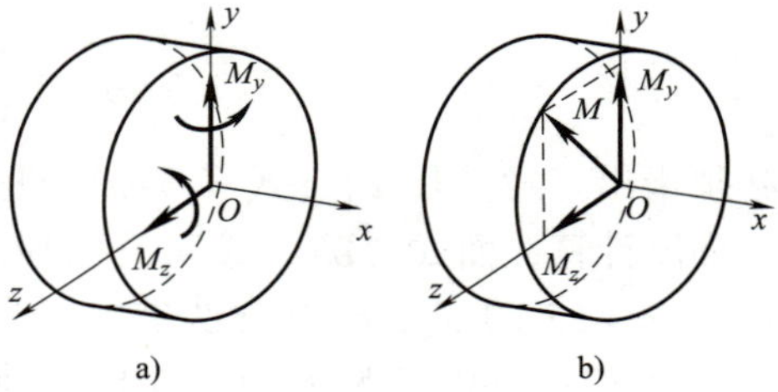

图 12-6 合成弯距

$$M=\sqrt{M_y^2+M_z^2}\tag{12-4}$$

合成弯矩的方向如图 12-6b 所示。

例 12-4 如图 12-7a 所示的钢轴有两个带轮 A 和 B，两个轮的直径均为 800mm，轮的自重 $W=4\text{kN}$，轴的许用应力 $[\sigma]=80\text{MPa}$，按照第三强度理论设计轴的直径 d。

解 轮轴弯扭组合变形。对于这类问题，首先将作用在钢轴上的所有外力向轴线简化，形成受力简图。将受力简图向两个垂直平面进行投影，计算支座反力，并绘制相应的内力图，确定危险截面。最后按照强度条件设计轴的直径。

1）确定受力简图。将各力向轴线简化，得到图 12-7b 所示的受力简图。其中，

$$M_{eA}=M_{eB}=(5\text{kN}-2\text{kN})\times\frac{0.8\text{m}}{2}=1.2\text{kN}\cdot\text{m}$$

2）内力分析。参照静力学平衡问题的求解方法，根据受力简图分析，AB 段有扭矩作用，扭矩图如图 12-7e 所示，扭矩 $T=1.2\text{kN}\cdot\text{m}$。将外力向 xy 平面投影，得到图 12-7c 所示的受力简图。根据静力平衡方程，可求得支座反力 $F_{Cy}=10.7\text{kN}$，$F_{Dy}=4.3\text{kN}$，据此可画出

xy 平面内的弯矩图，如图 12-7f 所示。采用同样的方法，将外力向 xz 平面投影，可得支座反力 $F_{Cz}=9.1\text{kN}$，$F_{Dz}=-2.1\text{kN}$，进而得到如图 12-7g 所示的 xz 平面内的弯矩图。从内力图可以看出，截面 B、C 有可能是危险截面。由于存在两个垂直平面内的弯矩，同时轴是圆截面，可参照式（12-4）计算出截面 B、C 上的合成弯矩分别为

$$M_B=\sqrt{(2.15\text{kN}\cdot\text{m})^2+(1.05\text{kN}\cdot\text{m})^2}=2.39\text{kN}\cdot\text{m}$$

$$M_C=\sqrt{(1.2\text{kN}\cdot\text{m})^2+(2.1\text{kN}\cdot\text{m})^2}=2.42\text{kN}\cdot\text{m}$$

计算结果表明截面 C 具有更大的合成弯矩，而截面 B、C 上的扭矩相同，因此截面 C 是危险截面。

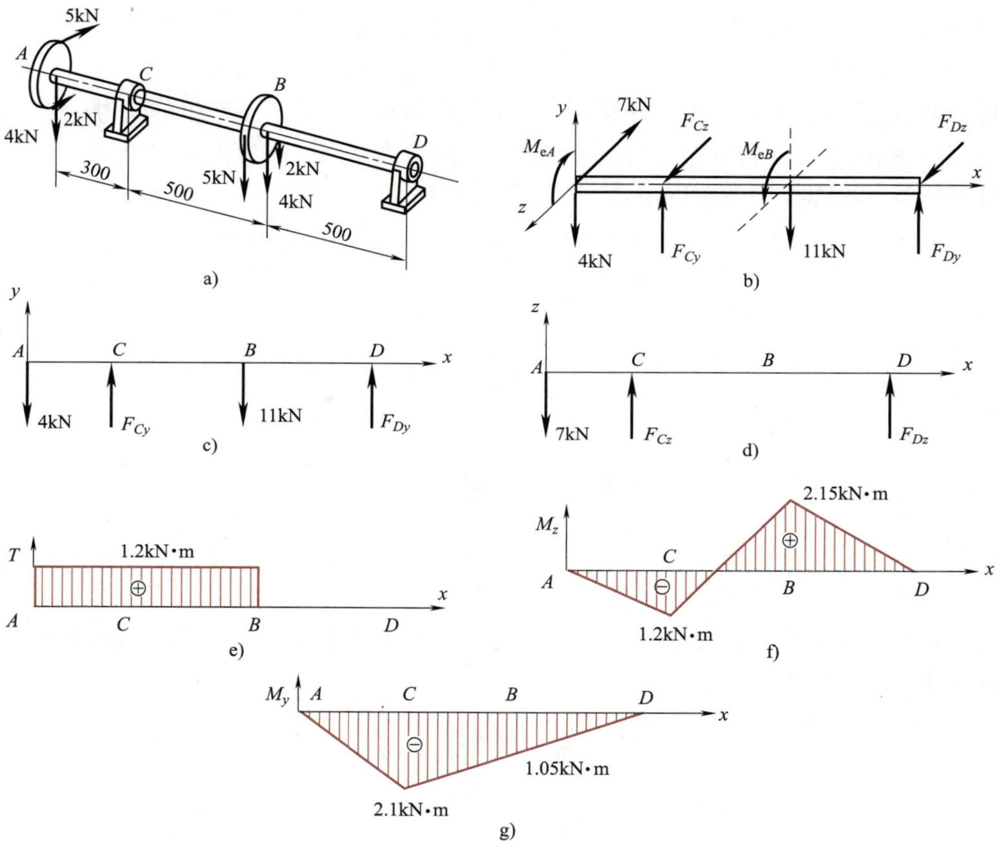

图 12-7　例 12-4 图

3）设计轴的直径。本问题满足使用式（12-2）的条件，故可直接采用该式，即

$$\sigma_{\text{eq3}}=\frac{1}{W_z}\sqrt{M^2+T^2}=\frac{32}{\pi d^3}\sqrt{M^2+T^2}\leqslant[\sigma]$$

因此有

$$d\geqslant\sqrt[3]{\frac{32\sqrt{M^2+T^2}}{\pi[\sigma]}}$$

$$=\sqrt[3]{\frac{32\sqrt{(2.42\text{kN}\cdot\text{m})^2+(1.2\text{kN}\cdot\text{m})^2}}{\pi\times80\text{MPa}}}=\sqrt[3]{\frac{32\times2.70\times10^6\text{N}\cdot\text{mm}}{\pi\times80\text{MPa}}}$$

$=70.06\text{mm}$

考虑到第三强度理论设计偏安全，故可取设计直径 $d=70\text{mm}$。

本章小结

由两种或两种以上基本变形组合的情况称为组合变形。分析组合变形强度问题的步骤如下：

1）将外力向杆件轴线进行简化，分解为几种基本变形；

2）计算各基本变形下横截面上的内力分量，并做出相应的内力图；

3）确定危险截面和危险点，计算各个危险点在每种基本变形下产生的应力；

4）建立强度条件。若危险点的应力状态为单向应力状态，将应力代数相加。

对于拉伸（压缩）与弯曲的组合，对于塑性材料有

$$|\sigma_{\max}^{+}|=\left|\frac{F_N}{A}\right|+\left|\frac{M}{W_z}\right|\leqslant[\sigma] \text{ 或 } |\sigma_{\max}^{-}|=\left|-\frac{F_N}{A}-\frac{M}{W}\right|\leqslant[\sigma]$$

对于脆性材料，拉弯组合时有

$$\sigma_{\max}^{+}=\frac{F_N}{A}+\frac{M}{W_z}\leqslant[\sigma^{+}]$$

压弯组合时有

$$\sigma_{\max}^{+}=-\frac{F_N}{A}+\frac{M}{W_z}\leqslant[\sigma^{+}]$$

$$\sigma_{\max}^{-}=\left|-\frac{F_N}{A}-\frac{M}{W_z}\right|\leqslant[\sigma^{-}]$$

对于弯扭组合的圆（圆环）截面杆，其属于复杂应力状态，通过第三或第四强度理论建立强度条件，分别为

$$\sigma_{eq3}=\frac{1}{W_z}\sqrt{M^2+T^2}\leqslant[\sigma]$$

$$\sigma_{eq4}=\frac{1}{W_z}\sqrt{M^2+0.75T^2}\leqslant[\sigma]$$

存在作用于两个相互垂直平面内的弯矩时，可以通过

$$M=\sqrt{M_y^2+M_z^2}$$

确定截面上的合成弯矩。

思考题

12-1　根据叠加原理分析杆件的组合变形问题时，需要满足哪些限制条件？为什么？

12-2　判断图 12-8 中曲杆 *ABCD* 上 *AB*、*BC* 和 *CD* 等杆将产生何种变形？变形是由哪几种基本变形组合而成？

12-3　拉弯组合杆件的危险点如何确定？建立强度条件时为什么不必利用强度理论？

12-4　为什么弯曲和扭转组合变形杆件强度计算时，应力叠加不能用求代数和的方法，而需要用强度理论？

12-5　横截面上的弯矩 M_y 和 M_z 有时可以简化为合成弯矩，有时又不能，原因是什么？

12-6　第三强度理论建立的强度条件可以写成以下三种表达式：$\sigma_{eq3}=\sigma_1-\sigma_3\leqslant[\sigma]$，$\sigma_{eq3}=\sqrt{\sigma^2+4\tau^2}\leqslant[\sigma]$ 和 $\sigma_{eq3}=\dfrac{\sqrt{M^2+T^2}}{W_z}\leqslant[\sigma]$，这三者有什么区别和联系？原因是什么？

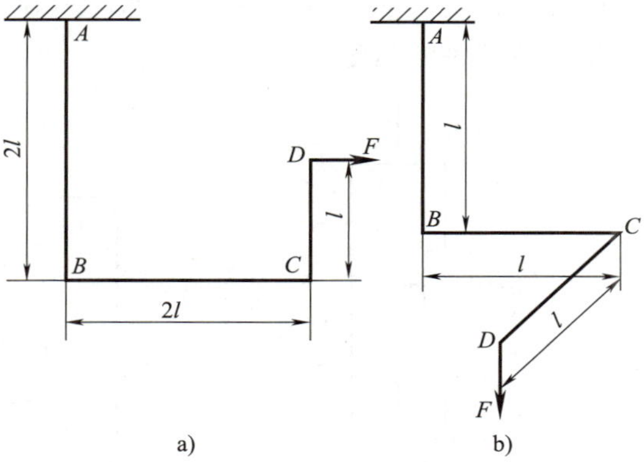

图 12-8　曲杆

12-7　圆杆的危险截面上同时承受轴力 F_N、扭矩 T 和弯矩 M，计算危险点的相当应力能否用 $\sigma_{eq3}=\dfrac{F_N}{A}+\dfrac{\sqrt{M^2+T^2}}{W_z}$？如果不能，那么应该如何求其第三强度理论的相当应力？

习　题

12-1　正方形截面的立柱受力如题 12-1 图所示。若在其左侧中部开一个深为 $a/4$ 的槽，试问开槽前、后，杆横截面上的最大正应力位于何处？其值为多少？若在杆的右侧对称位置开一个相同的槽，其应力有何变化？其值为多少？

12-2　如题 12-2 图所示，夹具的最大夹紧力 $F=5\text{kN}$，偏心距 $e=100\text{mm}$，$b=10\text{mm}$，材料的许用应力 $[\sigma]=80\text{MPa}$。设计夹具立柱的尺寸 h。

12-3　题 12-3 图所示的钻床立柱由铸铁制成，直径 $d=130\text{mm}$，$e=400\text{mm}$，材料的许用拉应力 $[\sigma^+]=30\text{MPa}$。试求许可压力 $[F]$。

12-4　题 12-4 图所示简支梁截面为 22a 工字钢。已知 $F=100\text{kN}$，$l=1.2\text{m}$，材料的许用应力 $[\sigma]=160\text{MPa}$。校核梁的强度。

12-5　带槽钢板尺寸如题 12-5 图所示，所受拉力 $F=100\text{kN}$。试求 A—A 截面的最大正应力。若槽移至板宽的中央，且使 σ_{max} 不变，问槽宽应为多少？

12-6　题 12-6 图所示起重构架，梁 ACD 由两根槽钢组成。已知 $a=3\text{m}$，$b=1\text{m}$，$G=30\text{kN}$，杆材料的许用应力 $[\sigma]=140\text{MPa}$。选择槽钢型号。

习题 12-6 精讲

12-7　如题 12-7 图所示，绞车最大载物的重力 $W=0.8\text{kN}$，鼓轮的直径 $D=380\text{mm}$，绞车轴材料的许用应力 $[\sigma]=80\text{MPa}$。用第三强度理论确定绞车轴直径 d。

12-8　题 12-8 图所示折杆的 AB 段为圆截面，$AB\perp BC$，已知杆 AB 直径 $d=100\text{mm}$，材料的许用应力 $[\sigma]=80\text{MPa}$。试按第三强度理论确定许用载荷 $[F]$。

12-9　题 12-9 图所示传动轴传递的功率 $P=2\text{kW}$，转速 $n=100\text{r/min}$，带轮直径 $D=$

250mm，带张力 $F_T=2F_t$，轴材料的许用应力$[\sigma]=80$MPa，轴的直径 $d=45$mm。试按第三强度理论校核轴的强度。

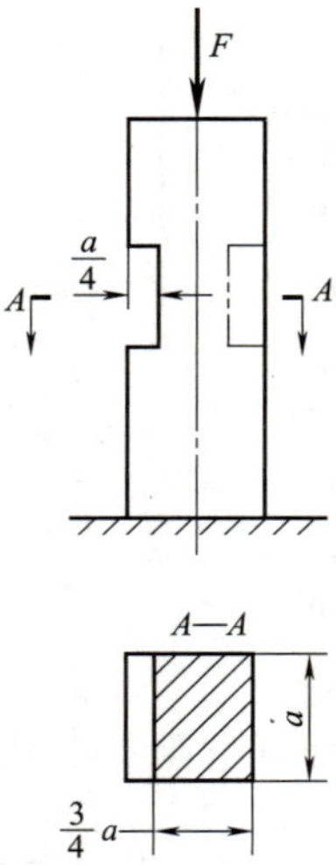

题 12-1 图

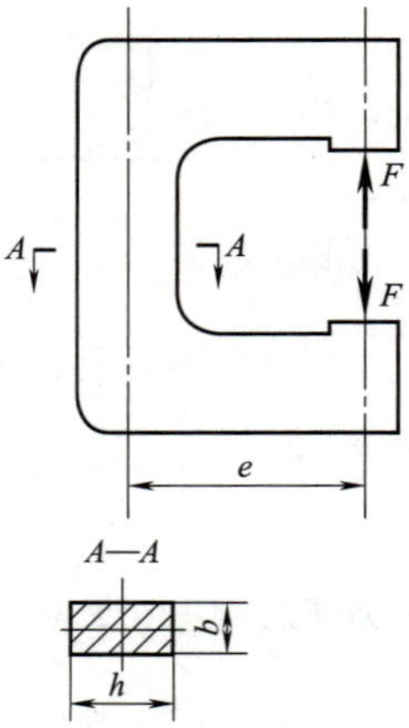

题 12-2 图

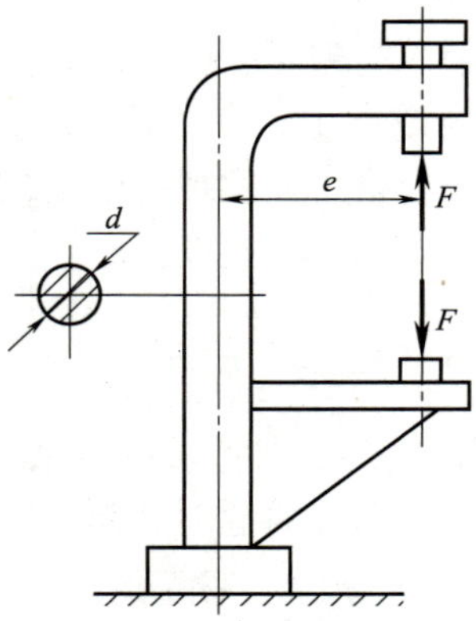

题 12-3 图

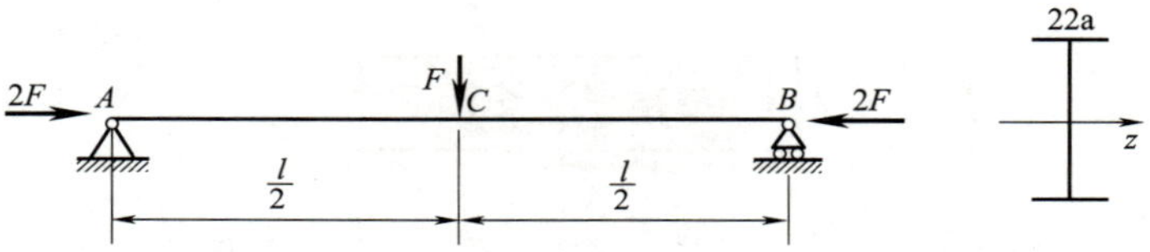

题 12-4 图

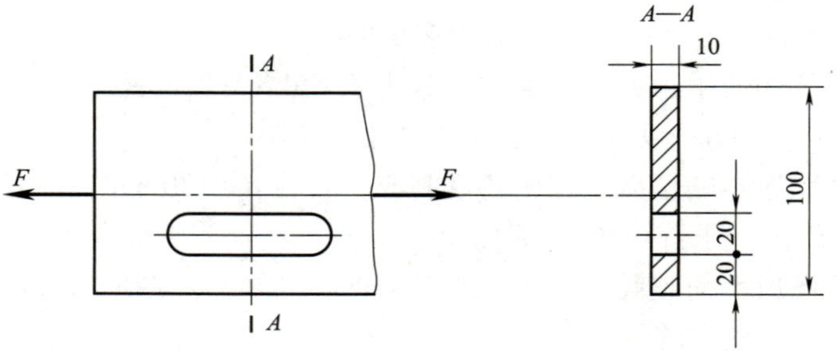

题 12-5 图

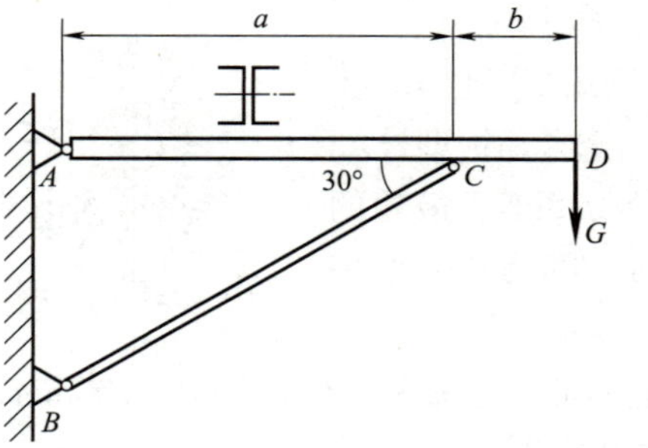

题 12-6 图

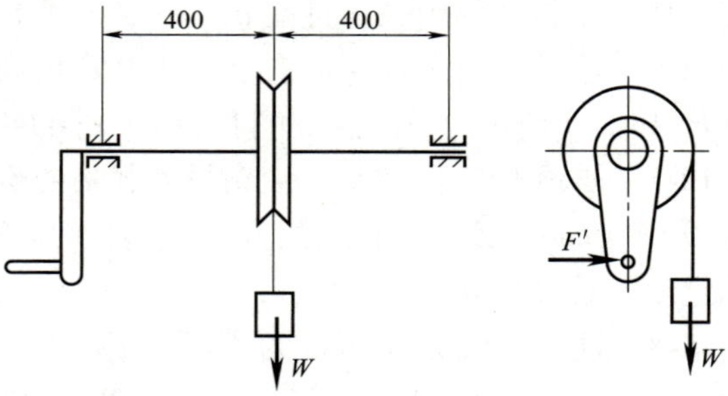

题 12-7 图

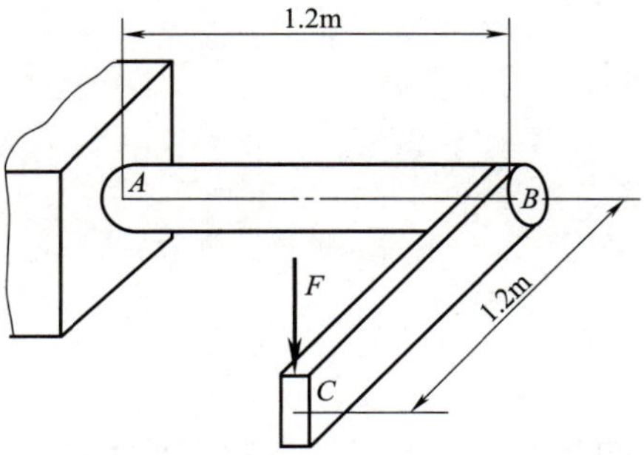

题 12-8 图

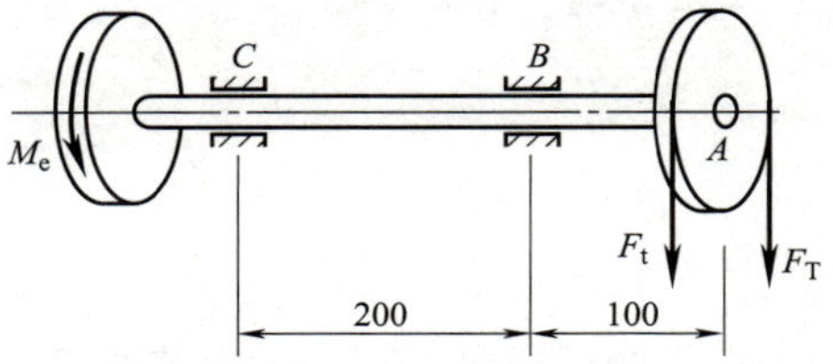

题 12-9 图

12-10　题 12-10 图所示传动轴传递的功率 $P=8\text{kW}$，转速 $n=50\text{r/min}$，轮 A 带的张力沿水平方向，轮 B 带的张力沿竖直方向，两轮的直径均为 $D=1\text{m}$，重力不计，松边拉力 $F_t=2\text{kN}$，轴的直径 $d=70\text{mm}$，材料的许用应力 $[\sigma]=90\text{MPa}$。用第四强度理论校核轴的强度。

12-11　题 12-11 图所示传动轴传递的功率 $P=10\text{kW}$，转速 $n=90\text{r/min}$，$R=150\text{mm}$，$r=100\text{mm}$，受力与尺寸如题 12-11 图示，齿轮的压力角 $\alpha=20°$，轴材料的许用应力 $[\sigma]=80\text{MPa}$。按第三强度理论确定轴的直径 d。

习题 12-11 精讲

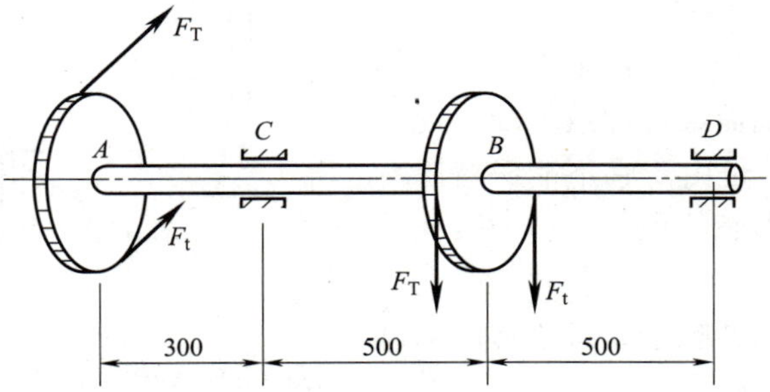

题 12-10 图

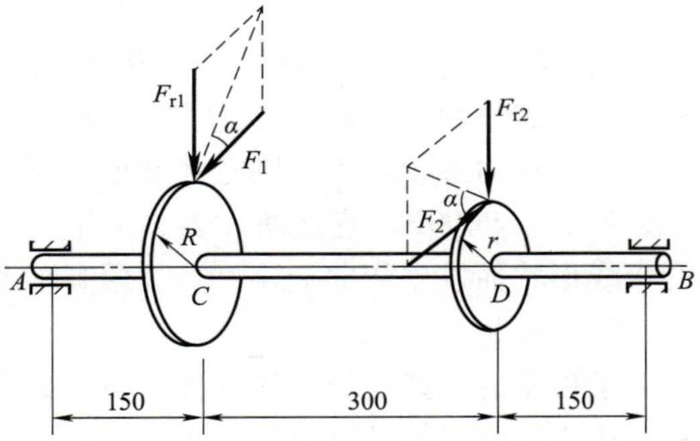

题 12-11 图

12-12　题 12-12 图所示传动轴传递的功率 $P=7\text{kW}$，转速 $n=200\text{r/min}$。齿轮 Ⅰ 轮齿的啮合力为 F_n，压力角 $\alpha=20°$；带轮 Ⅱ 上带的张力为 F_1 和 F_2，且 $F_1=2F_2$，尺寸如题 12-12 图示。轴材料的许用应力 $[\sigma]=80\text{MPa}$。试用第三强度理论按下列两种情况确定轴的直径 d：1）带轮重力不计；2）考虑带轮重力 $W=1800\text{N}$。

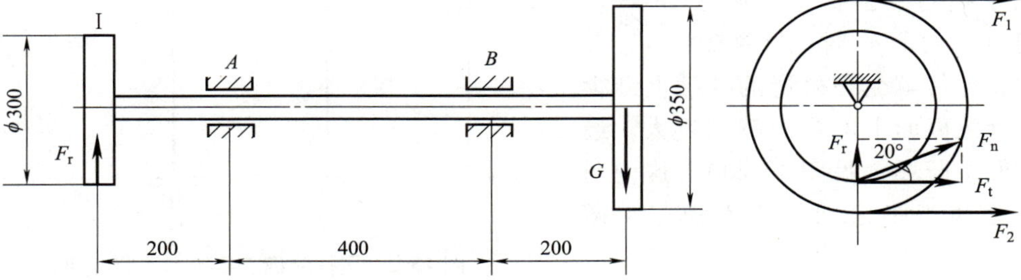

题 12-12 图

第十三章
压杆稳定

稳定性问题同样是工程力学中需要研究的重要问题之一。本章针对轴心受压杆件，讨论其临界载荷的分析和计算方法，进而讨论压杆稳定性校核，以及提高稳定性的方法和措施。

第一节　压杆稳定的概念

前面在研究直杆轴向压缩时，认为满足压缩强度条件，直杆就能保证安全工作。这个结论对短粗压杆是适用的，但对于细长压杆就不适用了。如图 13-1 所示的一根宽 30mm、厚 2mm、长 400mm 的钢板条，若其材料为 Q235，取许用应力$[\sigma]=160\text{MPa}$，若按轴向压缩强度条件计算，它的许可载荷为

$$[F]=[\sigma]A=(160\times30\times2)\text{N}=9600\text{N}$$

但实验发现，当压力接近 70N 时，它在外界的微扰动下已开始微弯；若压力继续增大，则弯曲变形急剧增加而最终导致折断，此时压力远小于 9600N。它之所以丧失工作能力，是由于它不能保持原有的直线形状而发生弯曲。这种丧失原有平衡形态的现象，称为丧失稳定，简称失稳。

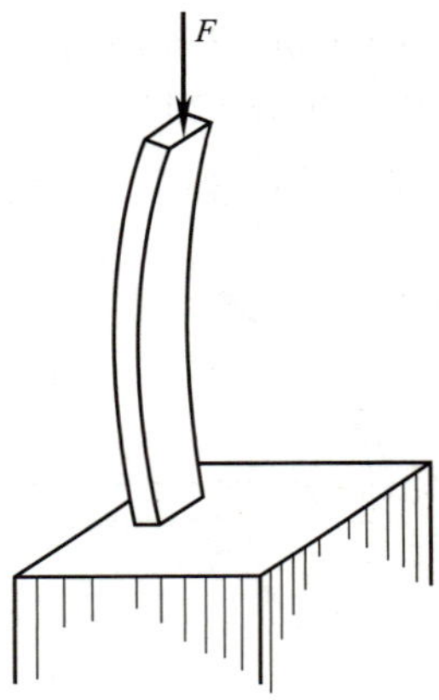

图 13-1　钢板条压缩

工程中的某些受压细长杆件、薄壁筒等构件除了要有足够的强度外，还必须有足够的稳定性，才能保证正常工作。

为了研究细长杆的稳定问题，可做如下试验：如图 13-2a 所示压杆，在杆端加轴向力 F，当 F 不大时，压杆将保持直线平衡状态，此时给一个微小的横向干扰力，压杆只发生微小的弯曲，干扰力消除后，杆经过几次摆动后仍恢复到原来直线平衡的位置，压杆处于稳定的平衡状态（见图 13-2b）。当轴向力 F 增大到某一值 F_{cr}时，杆件在外部微小横向干扰力作用后，可以在任意位置平衡，压杆处于随遇平衡状态（见图 13-2c）。当轴向力 F 大于 F_{cr}时，只要有一点轻微的干扰，杆件就会在微弯的基础上继续弯曲，导致截面上的弯矩越来越大，最终杆件发生破坏（见图 13-2d），这说明压杆在发生变形之前处于不稳定平衡状态。

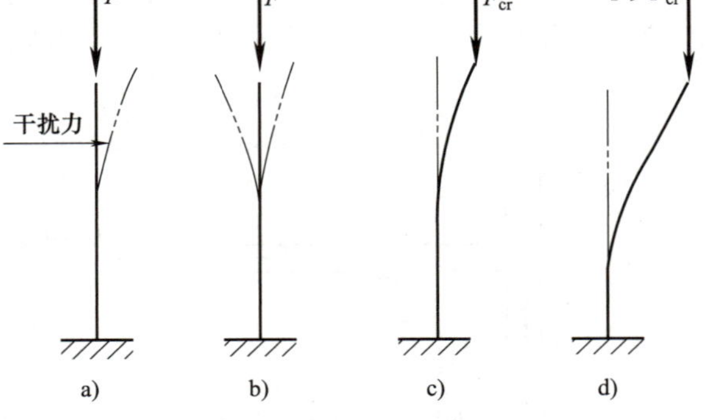

图 13-2　压杆的稳定平衡和不稳定平衡

以上试验表明，稳定平衡状态是细长压杆能够维持其正常工作的前提条件。所以 F_{cr} 是细长压杆能够正常工作的压力上限。这个力被称为**临界压力**或**临界载荷**。当然，并不是所有的压杆都会有稳定性问题，对于短而粗的压杆，当其几何尺寸满足一定条件的时候，就不会发生失稳现象。

杆件失稳后，压力的微小增加将引起弯曲变形的显著增大，从而使杆件丧失承载能力。但细长压杆失稳时，杆内的应力不一定高，有时甚至低于材料的比例极限。可见，压杆失稳并非强度不足，而是区别于强度、刚度失效的又一种失效形式。由于压杆失稳是突然发生的，因此所造成的后果也是严重的。历史上瑞士、俄国、加拿大的钢桥，都发生过因为桥桁架中的压杆失稳而酿成的重大事故，因此在工程实际中，对于压杆稳定性问题必须充分重视。

当压杆的材料、尺寸和约束等情况已经确定时，临界压力是一个确定的值。因此可根据杆件实际的工作压力是小于还是大于压杆的临界压力，来判断压杆是稳定的还是不稳定的。可见解决压杆稳定的关键问题是确定压杆的临界压力。

第二节　细长压杆的临界压力

一、两端铰支压杆的临界压力

现以两端铰支并受轴向压力 F 作用的等截面直杆为例，说明确定压杆临界压力的方法。选坐标系如图 13-3 所示，由截面法得横截面上的弯矩为

$$M(x)=-Fw(x) \tag{a}$$

式中，F 取绝对值。在图示坐标系中，弯矩 $M(x)$ 与挠度 $w(x)$ 的符号相反。当杆内的应力不超过材料的比例极限时，引用挠曲线的近似微分方程得

$$M(x)=EI\frac{\mathrm{d}^2w(x)}{\mathrm{d}x^2} \tag{b}$$

将式（a）代入式（b），有

$$\frac{\mathrm{d}^2w(x)}{\mathrm{d}x^2}+k^2w(x)=0 \tag{c}$$

式中，$k^2=\dfrac{F}{EI}$。

微分方程（c）的通解为

$$w(x)=C_1\sin kx+C_2\cos kx \tag{d}$$

式中，C_1、C_2 为常数，需要根据两端的约束边界条件确定。在两端铰支的情况下，边界条件为

$$w(0)=w(l)=0$$

将 $w(0)=0$ 代入式（d），求解得 $C_2=0$。将 $w(l)=0$ 代入式（d），得 $C_1\sin kl=0$，这个结果要求 $C_1=0$ 或者 $\sin kl=0$。若 $C_1=0$，则 $w\equiv0$，是微分方程的平凡解，对应于杆轴线为直线的情况，显然与我们假设的处于微弯的平衡状态不符，因此只能是 $\sin kl=0$，即

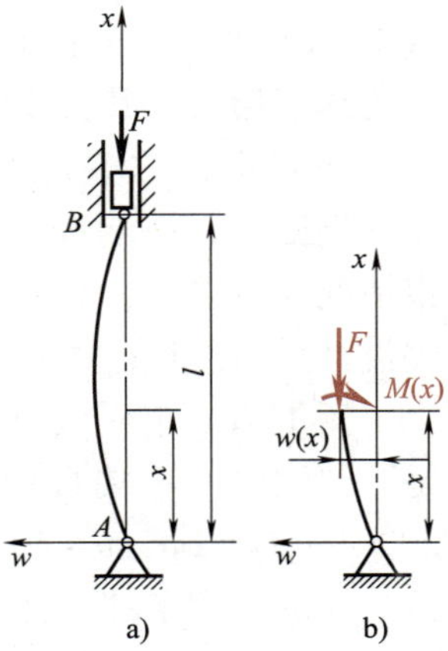

图 13-3　两端铰支压杆

$$kl = n\pi \quad (n=0,1,2,\cdots)$$

由此得

$$k = \frac{n\pi}{l} \tag{e}$$

又因为 $k^2=\dfrac{F}{EI}$，结合式（e），得

$$F = \frac{n^2\pi^2 EI}{l^2} \quad (n=0,1,2,\cdots) \tag{13-1}$$

式（13-1）表明，使压杆保持曲线形式平衡的压力，理论上是多值的，但有实际意义的是使压杆处于微弯状态的最小压力，才是临界压力 F_{cr}。若取 $n=0$，得 $F=0$，表明杆未受到压力，这与讨论的前提不符。因此只能取 $n=1$，才使 F 为最小值，于是求得两端铰支情况下的临界压力为

$$F_{cr} = \frac{\pi^2 EI}{l^2} \tag{13-2}$$

式（13-2）就是两端球铰支承，即两端铰支的细长压杆的临界力计算公式。此式最早是由数学家欧拉于 1744 年利用“静力方法”推导得到的，故又称为**欧拉公式**。

压杆两端为铰支时，允许压杆在通过轴线的任一纵向平面内弯曲。而实际上，弯曲将发生在抗弯刚度 EI 最小的纵向平面内。因此，在应用欧拉公式时，截面的惯性矩应以 I_{min} 代入。

二、其他约束情况下压杆的临界压力

在工程实际中，除两端铰支的压杆外，还有其他形式的杆端约束。例如，一端自由而另一端固定、两端固定等。对于这些情况的压杆，仿照前面的推导方法，也可得到它们的临界压力公式。如果以两端铰支压杆的挠曲线为基本情况，将它与其他约束情况下的挠曲线对比，就可得到欧拉公式的一般形式

$$F_{cr} = \frac{\pi^2 EI}{(\mu l)^2} \tag{13-3}$$

式中，μl 称为**相当长度**，μ 称为**长度因数**。对于四种典型的约束形式，其长度因数分别为：①两端铰支，$\mu=1$；②一端固定，一端自由，$\mu=2$；③两端固定，$\mu=0.5$；④一端固定，一端铰支，$\mu=0.7$。实际工程，压杆的约束情况比较复杂，各种不同情况的长度因数值，可从相关设计手册或规范中查到。

例 13-1 矩形截面压杆如图 13-4 所示，其约束条件是一端固定，一端自由。材料为钢，已知弹性模量 $E=200\text{GPa}$，$l=2\text{m}$，$b=40\text{mm}$，$h=90\text{mm}$。若此压杆满足欧拉公式的适用条件，计算此压杆的临界压力。

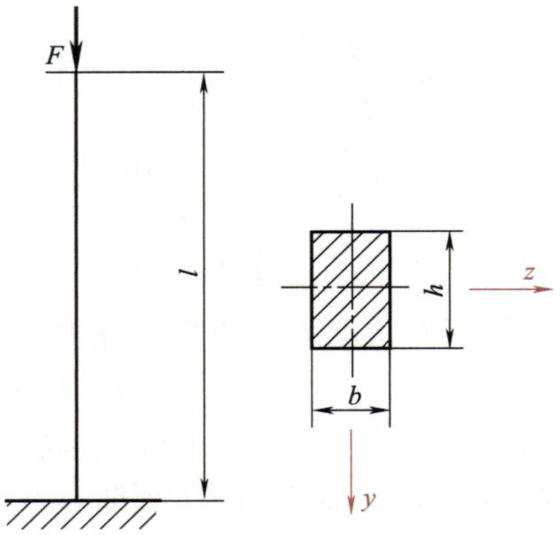

图 13-4 例 13-1 图

解 1）计算惯性矩。由于杆一端固定，一端自由，其长度因数 $\mu=2$。截面对轴 y、z 的惯性矩分别为

$$I_y=\frac{hb^3}{12}=\frac{90\times40^3}{12}\text{mm}^4=48\times10^4\text{mm}^4$$

$$I_z=\frac{bh^3}{12}=\frac{40\times90^3}{12}\text{mm}^4=243\times10^4\text{mm}^4$$

2）计算临界压力。因为 $I_y<I_z$，压杆必绕 y 轴弯曲。将 I_y 代入欧拉公式（13-3）计算临界压力，可得压杆的临界压力

$$F_{cr}=\frac{\pi^2EI}{(\mu l)^2}=\frac{\pi^2\times200\times10^3\times48\times10^4}{(2\times2000)^2}\times10^{-3}\text{kN}=59\text{kN}$$

第三节　临界应力·欧拉公式的适用范围

一、柔度

工程事实表明，对于短而粗的轴心受压杆件，并不一定发生失稳，这就表明欧拉公式并不是对所有的轴心受压杆件都适用。为了明确欧拉公式的适用范围，首先要引入柔度的概念。

将临界压力 F_{cr}除以轴心受压杆的横截面面积 A，得到临界状态时横截面上的应力

$$\sigma_{cr}=\frac{\pi^2EI}{(\mu l)^2A}$$

式中，σ_{cr}称为**临界应力**。

引入**惯性半径** $i=\sqrt{\frac{I}{A}}$，其中 I 是惯性矩，A 是横截面面积，代入临界应力公式得

$$\sigma_{cr}=\frac{\pi^2Ei^2A}{(\mu l)^2A}=\frac{\pi^2E}{\left(\frac{\mu l}{i}\right)^2}$$

对于直径为 d 的实心圆截面，其惯性半径

$$i=\sqrt{\frac{I}{A}}=\sqrt{\frac{\frac{\pi d^4}{64}}{\frac{\pi d^2}{16}}}=\frac{d}{4}$$

定义压杆的**柔度**

$$\lambda=\frac{\mu l}{i} \tag{13-4}$$

则临界应力的公式改写为

$$\sigma_{cr}=\frac{\pi^2E}{\lambda^2} \tag{13-5}$$

柔度 λ 又称为**长细比**，柔度是一个量纲为一的量，它综合反映压杆支承条件、长度及截面形状和尺寸的综合影响。式（13-5）表明，λ 值越大，表明杆件越细长，临界应力 σ_{cr}的值越小，压杆就越容易失稳。

二、欧拉公式的适用范围

欧拉公式是根据挠曲线近似微分方程导出的，而该方程只有在材料服从胡克定律时才能够成立，所以只有当临界应力 σ_{cr} 不超过材料的比例极限 σ_p 时，才可以应用欧拉公式，即

$$\sigma_{cr}=\frac{\pi^2 E}{\lambda^2}\leqslant\sigma_p$$

得

$$\lambda\geqslant\sqrt{\frac{\pi^2 E}{\sigma_p}}$$

令

$$\lambda_p=\sqrt{\frac{\pi^2 E}{\sigma_p}} \tag{13-6}$$

显然只有当 $\lambda\geqslant\lambda_p$ 时，欧拉公式才适用。式（13-6）表明 λ_p 仅仅与材料的力学性能有关。对于 Q235 钢，$\sigma_p\approx196$MPa，$E\approx200$GPa，按式（13-6）计算得其 $\lambda_p\approx100$。所以用 Q235 钢制造的压杆，只有 $\lambda\geqslant100$ 时，才可用欧拉公式进行稳定性计算。通常将 $\lambda\geqslant\lambda_p$ 的杆称为**大柔度杆**或**细长杆**。

显然柔度 $\lambda<\lambda_p$ 的压杆的临界应力已经大于材料的比例极限，欧拉公式不再适用。工程中对这一类可能发生失稳的压杆的计算，一般使用经验公式，常用的经验公式有直线公式和抛物线公式，经验公式都是根据试验数据整理拟合后得出的。这里只介绍临界应力的直线经验公式，即

$$\sigma_{cr}=a-b\lambda \tag{13-7}$$

式中，a、b 为与材料性质有关的常数，常用材料的 a、b 值列于表 13-1 中。

表 13-1 直线公式的常数 a 和 b

材料（σ_b、σ_s/MPa）	a/MPa	b/MPa
Q235 $\sigma_b\geqslant372$，$\sigma_s=235$	304	1.12
优质碳素钢 $\sigma_b\geqslant471$，$\sigma_s=306$	461	2.568
硅钢 $\sigma_b\geqslant510$，$\sigma_s=353$	578	3.744
铬钼钢	9807	5.296
铸铁	332.2	1.454
强铝	373	2.15
松木	28.7	0.19

适用直线公式的压杆，λ 有一个最低限 λ_s，否则会出现 $\sigma_{cr}>\sigma_s$ 或 $\sigma_{cr}>\sigma_b$ 的情况。对于塑性材料制成的压杆，λ_s 所对应的应力等于屈服强度，所以在经验公式中，令 $\sigma_{cr}=\sigma_s$，得

$$\lambda_s=\frac{a-\sigma_s}{b} \tag{13-8}$$

式（13-8）是用直线公式的最小柔度。对于常见的结构钢 Q235，$a=304$MPa，$b=1.12$MPa，$\sigma_s=235$MPa，代入式（13-8）得

$$\lambda_s=\frac{304-235}{1.12}=61.6$$

工程实际中，柔度介于 λ_s 和 λ_p 之间的这一类压杆称为**中柔度压杆**或中长杆。而对于 $\lambda<\lambda_s$ 的短压杆，称为**小柔度杆**或短粗杆。这一类压杆将因压缩引起屈服或断裂破坏，属于强度问题。所以应该将屈服强度 σ_s（塑性材料）或强度极限 σ_b（脆性材料）作为短粗压杆的临界应力。

三、临界应力总图

根据以上讨论，对于不同柔度的压杆，应予以区分并应用合适的公式或值来确定临界应力。将前述结果以柔度为横坐标、临界应力为纵坐标表示临界应力随柔度变化的情况，称为**临界应力总图**，如图 13-5 所示。

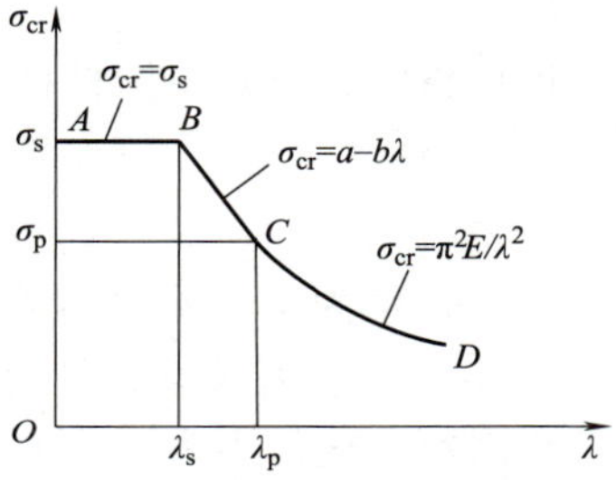

图 13-5 临界应力总图

从临界应力总图可以看出，对 $\lambda<\lambda_s$ 的小柔度压杆，应按强度问题计算，在图 13-5 中表示为水平线 AB；对 $\lambda\geqslant\lambda_p$ 的大柔度压杆，用欧拉公式计算临界应力，在图中表示为曲线 CD；而柔度介于 λ_s 和 λ_p 之间的压杆（$\lambda_s\leqslant\lambda<\lambda_p$），用经验公式计算临界应力，在图中表示为斜直线 BC。

确定临界应力后，即可求得临界压力

$$F_{cr}=\sigma_{cr}A \tag{13-9}$$

其中 A 是压杆横截面的面积。

例 13-2 用 Q235 钢制成三根压杆，弹性模量 $E=206\text{GPa}$，两端均为铰支。横截面为直径 $d=50\text{mm}$ 的实心圆截面，长度分别为 $l_1=2\text{m}$、$l_2=1\text{m}$、$l_3=0.5\text{m}$。求三根压杆的临界压力。

解 1）计算压杆的柔度。三根压杆的直径相同，所以它们的惯性半径 $i=d/4=12.5\text{mm}$，柔度

$$\lambda_1=\frac{\mu l_1}{i}=\frac{1\times2000}{12.5}=160$$

同法可求 $\lambda_2=80$，$\lambda_3=40$。

2）计算各杆的临界压力。

由于 $\lambda_1=160>\lambda_p=100$，为细长杆，故用欧拉公式计算临界压力

$$F_{cr1}=\frac{\pi^2E}{\lambda_1^2}A=\frac{\pi^2\times206\times10^3}{160^2}\times\frac{\pi\times50^2}{4}\times10^{-3}\text{kN}=156\text{kN}$$

由于 $\lambda_s<\lambda_2<\lambda_p$，故用经验直线公式计算临界力

$$F_{cr2}=(a-b\lambda)A=(304-1.12\times80)\times\frac{\pi\times50^2}{4}\times10^{-3}\text{kN}=421\text{kN}$$

由于 $\lambda_3<\lambda_s$，属粗短粗杆，其破坏取决于强度，故其临界力

$$F_{cr2}=\sigma_sA=235\times\frac{\pi\times50^2}{4}\times10^{-3}\text{kN}=460\text{kN}$$

第四节　压杆的稳定性校核 提高杆件稳定性的措施

一、压杆的稳定性校核

要使压杆不发生失稳，杆件的工作压力应小于临界压力 F_{cr}，为了保证安全，还需要有一定的储备。类似于许用应力的方法，引入一个大于 1 的安全因数，称为许可的稳定安全因数，用$[n_{cr}]$表示。于是压杆的稳定条件就可以写为

$$F \leqslant \frac{F_{cr}}{[n_{cr}]} \tag{13-10}$$

工程计算中，也有将压杆稳定条件写为安全因数形式，即

$$n_{cr} = \frac{F_{cr}}{F} \geqslant [n_{cr}] \tag{13-11}$$

式中，n_{cr}称为工作安全因数；F 是杆件的工作压力。

$[n_{cr}]$可在有关设计规范或手册中查到，一般来说，许可的稳定安全因数应略高于强度安全因数。这是因为$[n_{cr}]$的选取，除了要考虑在选取强度安全因数时的那些因素外，还要考虑影响压杆失稳所特有的不利因素，如压杆不可避免存在的初曲率、载荷的偏心、材料不均匀等。这些不利因素，对稳定的影响比对强度的影响大。例如起重螺旋杆，一般取$[n_{cr}]=3.5\sim5$。

通常当受压杆存在有螺钉孔等局部削弱时，不仅要校核稳定性，还要做强度的校核。校核稳定性时，压杆的惯性矩 I 和横截面面积 A 都可以按照没有削弱的截面的尺寸进行计算，这是因为临界压力是按照压杆的整体弯曲变形确定的，局部截面削弱一般对于整体弯曲的影响并不大，但在校核强度时，需要按照削弱的截面面积进行计算。

例 13-3　Q235 钢制矩形截面压杆 AB，两端用销钉连接，如图 13-6 所示。杆长 $l=2300\text{mm}$，截面尺寸 $b=40\text{mm}$，$h=60\text{mm}$，材料的弹性模量 $E=205\text{GPa}$。若$[n_{cr}]=4$，试确定许可压力$[F]$。

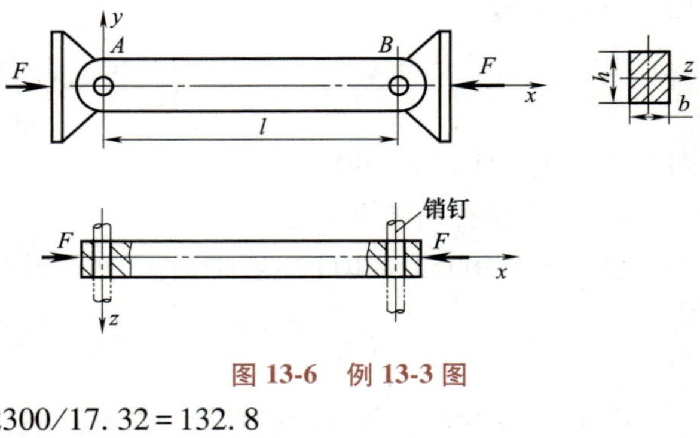

图 13-6　例 13-3 图

解　1）计算柔度。

在 xy 平面内，两端为铰支，$\mu=1$，则有

$$i_z = \sqrt{\frac{I_z}{A}} = \frac{h}{2\sqrt{3}} = \frac{60}{2\sqrt{3}}\text{mm} = 17.32\text{mm}$$

$$\lambda_z = \mu l / i_z = 1\times2300/17.32 = 132.8$$

在 xz 平面内，两端为固定端，$\mu=0.5$，则

$$i_y = \sqrt{\frac{I_y}{A}} = \frac{b}{2\sqrt{3}} = \frac{40}{2\sqrt{3}}\text{mm} = 11.55\text{mm}$$

$$\lambda_y = \mu l / i_y = 0.5\times2300/11.55 = 99.6$$

2）计算临界应力。因 $\lambda_z>\lambda_y$，故压杆先在 xy 平面内失稳。对于 Q235 钢，$\lambda_z=132.8>\lambda_p$，属于大柔度杆，故可用欧拉公式计算其临界压力，即

$$F_{cr}=\sigma_{cr}A=\frac{\pi^2 E}{\lambda^2}bh=\frac{\pi^2\times205\times10^3\text{MPa}\times40\text{mm}\times60\text{mm}}{132.8^2}=2.69\times10^5\text{N}=269\text{kN}$$

3）确定许可载荷，即

$$[F]=\frac{F_{cr}}{[n_{cr}]}=\frac{269}{4}=67.25\text{kN}$$

利用式（13-10）或式（13-11）进行压杆的稳定性校核是方便的，但要进行截面设计就比较困难，原因是截面设计会影响到柔度，从而影响临界压力的计算。工程上常常采用一种折减因数法来进行设计，关于这种方法，请读者参阅相关的材料力学教材。

二、提高压杆稳定性的主要措施

压杆的稳定性取决于临界应力的大小，压杆的临界应力越高，则其承载能力越大，压杆的稳定性也就越好。由临界应力总图可以看出，临界应力与压杆的材料性能、长度、截面形状和尺寸及两端的约束情况有关。因此，要提高压杆的稳定性，可以从以下几个方面着手。

1. 合理选择材料

对于大柔度杆（细长杆），其临界应力与材料的弹性模量 E 成正比，应选用 E 值较高的材料，以提高压杆的稳定性。但如压杆由钢材制成，则由于各种钢材的 E 值都很接近，所以选用优质钢材并不能提高压杆的稳定性，反而增加了经济成本。对于中、小柔度的压杆，因其临界应力与材料强度有关，所以选用优质钢材可以提高其临界应力，但优质钢材价格昂贵，性价比可能较低。

2. 合理选择截面

在截面面积一定的情况下，应尽可能将材料放在离形心较远处。如图 13-7 所示，压杆截面若设计成中空或型钢的组合截面，其截面的惯性矩、惯性半径就会增大，柔度就会变小，压杆的临界压力数值得以提高。但需要注意的是，组合截面的壁厚不宜设置得过薄，一方面是因为过薄的壁厚必然导致结构的整体空间尺寸变大；另一方面，虽然压杆整体的稳定性提高了，但会导致薄壁部分的局部稳定性降低。

3. 减小压杆的长度

因柔度 λ 与长度 l 成正比，因此在条件许可的情况下，应尽可能减小压杆的长度 l，或者在压杆中部增设支座，都可以降低 λ，提高压杆两端的稳定性，如图 13-8 所示。

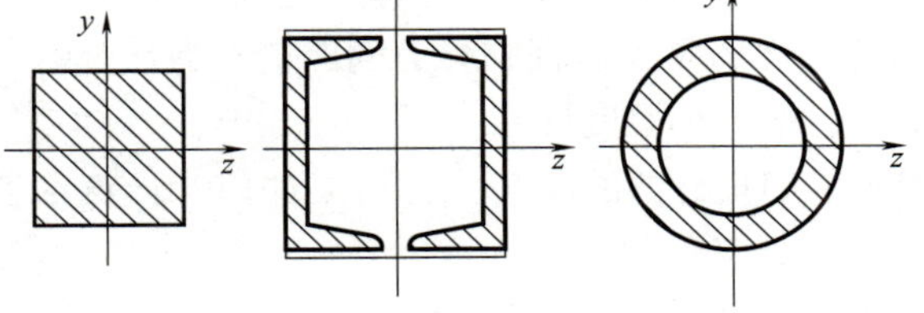

图 13-7　合理选择截面

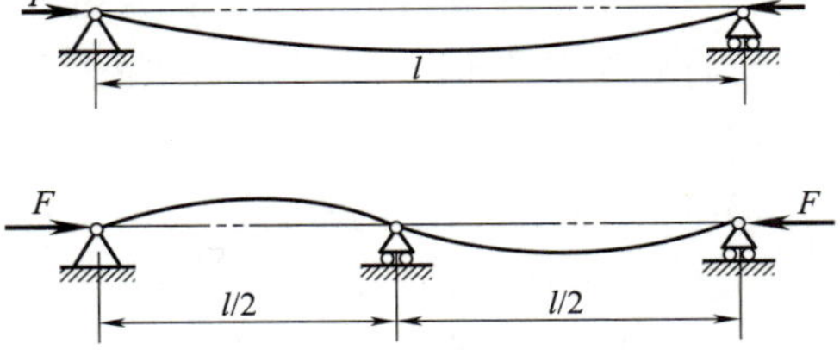

图 13-8　增设支座

4. 改善约束的条件

压杆两端支撑越牢固，长度因数 μ 越小，临界应力越大。因此，压杆与其他构件连接时，应尽可能制成刚性连接或采用较紧密的配合。

本章小结

当杆件受压时，若载荷小于临界载荷 F_{cr}，其直线平衡状态是稳定的；当载荷大于 F_{cr} 时，其直线平衡状态是不稳定的。杆件处于不稳定平衡时，在一个微小的挠动作用下，杆件就将丧失原有的平衡形态，失去承载能力。轴心受压杆件除了满足强度、刚度要求外，还需要满足稳定性要求。

计算临界载荷，首先要确定杆件的柔度

$$\lambda = \frac{\mu l}{i}$$

对于 $\lambda \geqslant \lambda_p$ 的大柔度杆，其临界应力用欧拉公式计算：$\sigma_{cr} = \dfrac{\pi^2 E}{\lambda^2}$

对于 $\lambda_s \leqslant \lambda \leqslant \lambda_p$ 的中柔度杆，其临界应力用直线经验公式计算：$\sigma_{cr} = a - b\lambda$

对于 $\lambda \leqslant \lambda_s$ 的小柔度杆，其临界应力即为材料的屈服强度（塑性材料）或强度极限（脆性材料）。

杆件的临界载荷

$$F_{cr} = \sigma_{cr} A$$

引入许可稳定安全因数$[n_{cr}]$，可对压杆稳定问题进行校核、许可载荷确定等工作。

提高压杆稳定性的措施，核心是减小杆件的柔度，可以从压杆材料、截面形状、支承长度和约束形式等方面考虑。

思考题

13-1 由于丧失稳定性与由于强度或刚度不足而使杆件不能工作，有什么本质的区别？试举例说明。

13-2 压杆的临界力与作用力（载荷）的大小有关吗？为什么？

13-3 今有两根材料、横截面尺寸及支承情况完全相同的长、短压杆，已知长压杆长度是短压杆长度的两倍。试问在什么条件下短压杆临界力是长压杆临界力的四倍？为什么？

13-4 什么叫长度因数和柔度？如何区别大、中、小柔度杆？

13-5 计算中长杆的临界应力时，如果误用了细长杆的欧拉公式，后果如何？计算细长杆的临界应力时，如果误用中长杆的经验公式，后果又如何？

13-6 选用高强钢对细长压杆和中长压杆的稳定性的影响分别如何？

13-7 把一张纸竖立在桌上，其自重就足以使它弯曲。若把纸折成角形放置，其自重就不能使它弯曲了。若把纸卷成圆筒后竖放，甚至在顶端加上小砝码也不会弯曲。这是什么原因？

13-8　通过文献阅读和网络检索，了解 1907 年发生在加拿大的魁北克大桥施工垮塌事故及其垮塌原因。进一步了解“工程师之戒”的由来，理解工程责任意识。

习　题

13-1　题 13-1 图所示压杆材料都是 Q235 钢，弹性模量 $E=206\text{GPa}$，直径均为 $d=160\text{mm}$。求各杆的临界压力，哪一根压杆的临界压力最大？

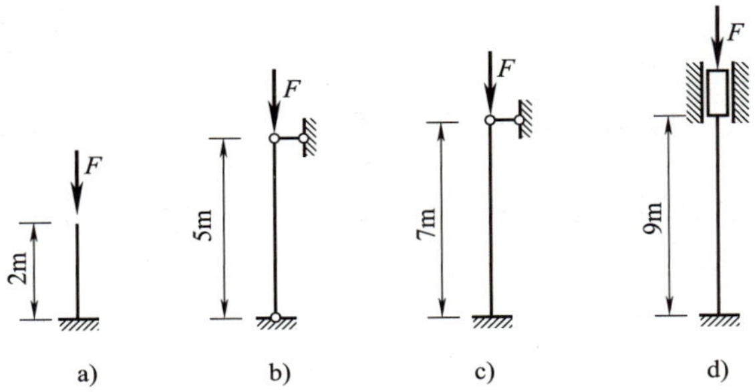

题 13-1 图

13-2　如题 13-2 图所示两端球形铰支细长压杆，弹性模量 $E=200\text{GPa}$。计算其临界载荷：1）圆形截面，$d=25\text{mm}$，$l=1\text{m}$；2）矩形截面，$h=2b=40\text{mm}$，$l=1\text{m}$；3）16 号工字钢，$l=2\text{m}$。

13-3　如题 13-3 图所示，三根相同的压杆，$l=400\text{mm}$，$b=12\text{mm}$，$h=20\text{mm}$，材料为 Q235，弹性模量 $E=206\text{GPa}$，$\sigma_p=200\text{MPa}$。试求三种支承情况下压杆的临界力各为多少？

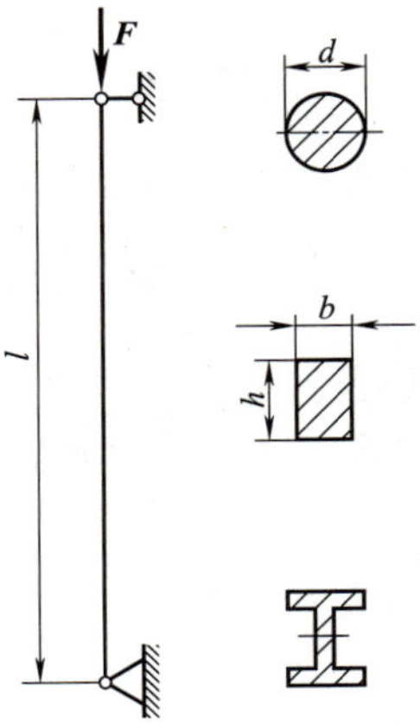

题 13-2 图

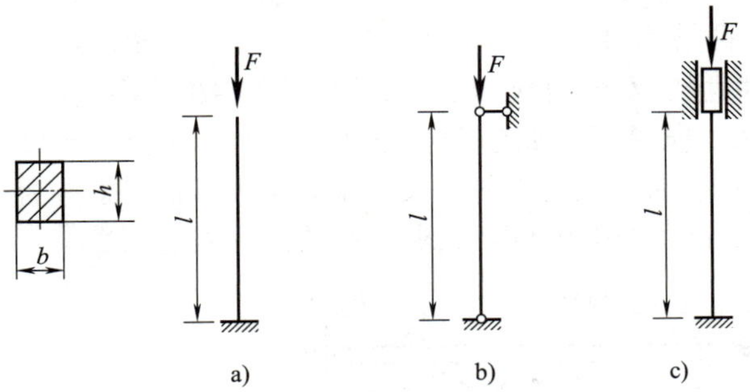

题 13-3 图

13-4　压杆材料为 Q235 钢，$E=206\text{GPa}$，$\sigma_p=200\text{MPa}$，横截面为题 13-4 图所示四种几何形状，面积均为 $3.6\times10^3\text{mm}^2$。试计算它们的临界应力，并比较它们的稳定性。

13-5　如题 13-5 图所示的连杆，材料为 Q235A 钢，$E=206\text{GPa}$，$\sigma_p=200\text{MPa}$，横截面面积 $A=4.4\times10^3\text{mm}^2$，惯性矩 $I_y=120\times10^4\text{mm}^4$，$I_z=797\times10^4\text{mm}^4$，$xy$ 平面内视为固定约束，求临界压力。

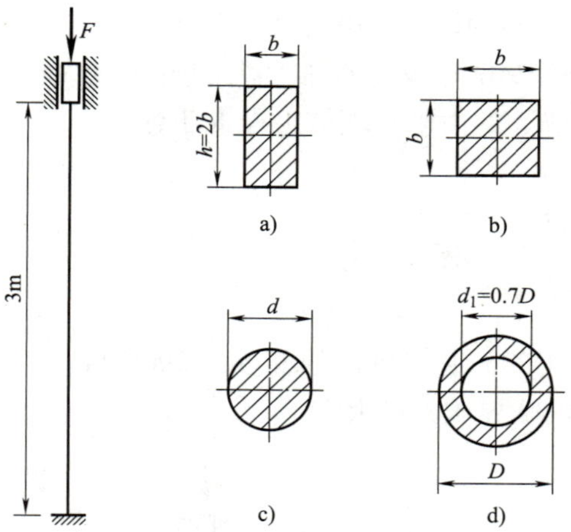

题 13-4 图

习题 13-4 精讲

13-6 题 13-6 图所示下端固定、上端铰支的钢柱，其横截面为 22b 工字钢，弹性模量 $E=206\text{GPa}$。试求其工作安全因数 n_{cr} 为多少？

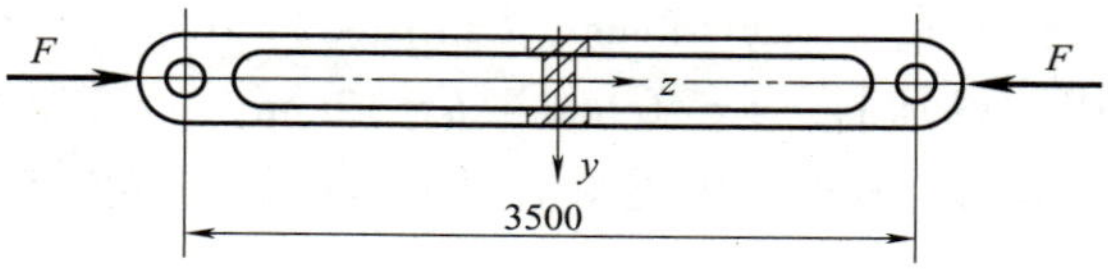

题 13-5 图

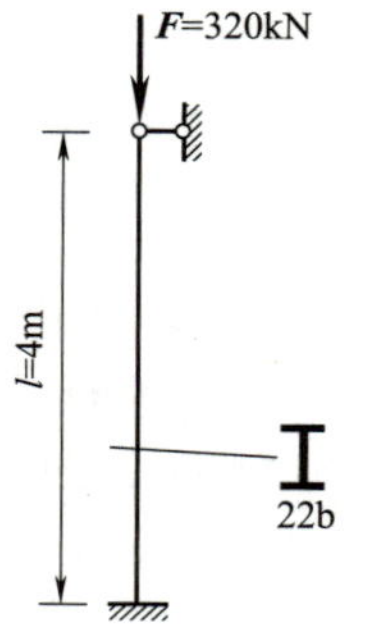

题 13-6 图

13-7 题 13-7 图所示构架承受载荷 $F=10\times10^3\text{N}$，已知杆的外径 $D=50\text{mm}$，内径 $d=40\text{mm}$，两端为球铰，材料为 Q235 钢，$E=206\text{GPa}$，$\sigma_p=200\text{MPa}$。若规定许可稳定安全因数 $[n_{cr}]=3$，校核杆 AB 的稳定性。

13-8 某液压杆如题 13-8 图所示。已知液压 $p=32\text{MPa}$，柱塞直径 $d=120\text{mm}$，伸入缸内的最大行程 $L=1.6\text{m}$，材料为 45 号钢（$E=210\text{GPa}$，$\sigma_p=280\text{MPa}$）。试求柱塞的工作安全因数。

习题 13-8 精讲

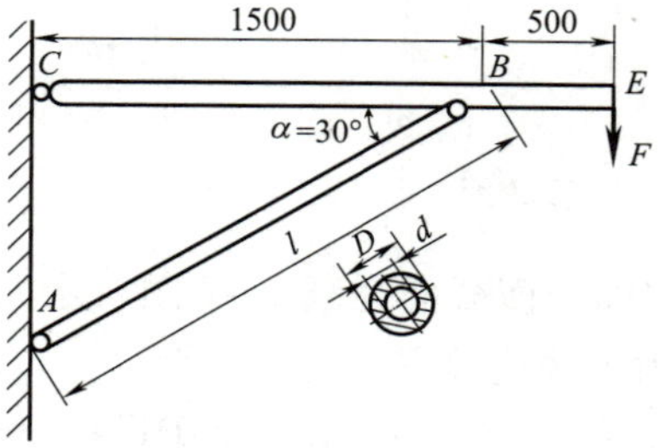

题 13-7 图

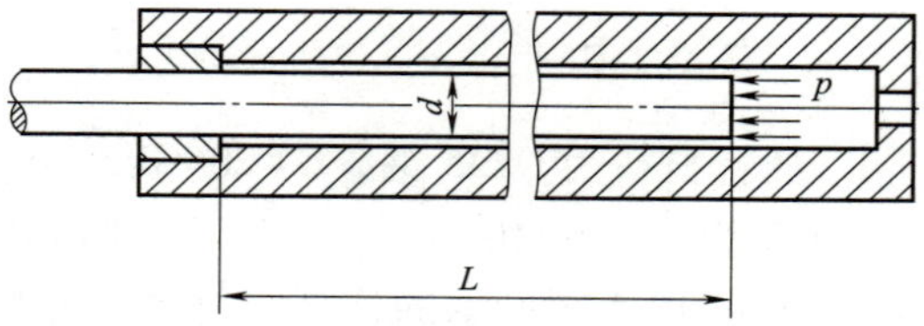

题 13-8 图

第十四章 动 载 荷

前面各章讨论了构件的静力学设计问题，这些构件上所有质点的加速度为零或小到可以忽略，也就是说，构件可视为处于静力平衡状态。但在许多其他问题中，作用于构件上的载荷随时间明显变化，或者构件内各质点的加速度的影响不能忽略，这时构件上的载荷称为**动载荷**，如加速提升重物时吊索承受的载荷，锻件在锻压时受到的载荷，机械零件受到的周期性变化的载荷，等等。动载荷一般可分为四类：1）惯性载荷；2）冲击载荷；3）振动载荷；4）交变载荷。在动载荷作用下构件产生的力学响应称为**动响应**，比如动应力、动变形、动位移等。本章将简要介绍惯性载荷、冲击载荷和交变载荷中的一些问题。

第一节 惯性载荷作用下的动应力和动变形

一、构件做匀加速直线运动时的动应力和动变形

如图 14-1a 所示，起重机以匀加速度 a 起吊一个重力为 W 的物体。若不计吊索自重，取物体为研究对象，则其受力如图 14-1b 所示。除了重力 W 和吊索横截面上的轴力 F_N 外，因为物体以匀加速度 a 运动，根据动静法，其惯性力 $F_I=ma$，方向与加速度 a 相反。W、F_N 和惯性力 F_I 构成形式上的平衡力系，由平衡方程 $\sum F_{iy}=0$，可得

$$F_N-W-F_I=0,\ F_N=W+F_I=W\left(1+\frac{a}{g}\right)$$

设吊索的横截面积为 A，则吊索上各点受到的动应力为

$$\sigma_d=\frac{F_N}{A}=\left(1+\frac{a}{g}\right)\sigma_{st} \tag{14-1}$$

式中，$\sigma_{st}=W/A$ 为吊索上各点受到的静应力，是不考虑惯性力影响，仅由重力 W 所引起的应力。引入记号

$$K_d=1+\frac{a}{g} \tag{14-2}$$

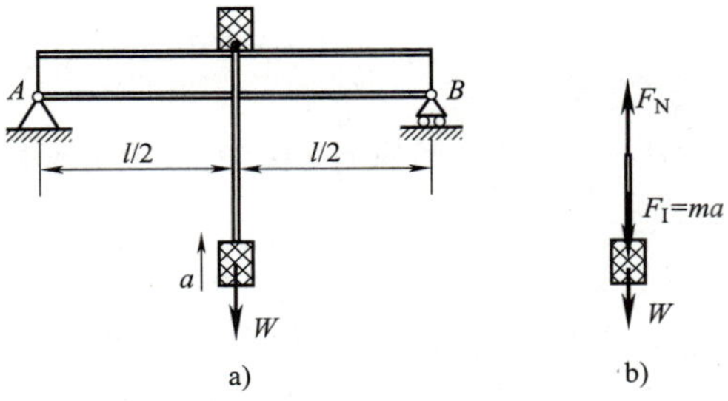

图 14-1 起重机起吊重物

式中，K_d 称为**动荷因数**，简称动荷因数。于是动应力可写为

$$\sigma_d=K_d\sigma_{st} \tag{14-3}$$

式（14-3）表明，动应力是静应力的 K_d 倍。强度条件为

$$\sigma_d=K_d\sigma_{st}\leqslant[\sigma] \tag{14-4}$$

式中，$[\sigma]$为静载下材料的许用应力。在线弹性范围内，吊索的动变形 Δ_d 与静变形 Δ_{st}之间有类似于（14-3）的关系式，即

$$\Delta_d = K_d \Delta_{st} \tag{14-5}$$

二、构件做匀速转动时的动应力

如图 14-2a 所示，圆环以匀角速度 ω 绕通过圆心且垂直于圆环平面的轴转动。若圆环的平均直径 D 远大于厚度 δ，则可近似地认为环内各点的法向加速度大小相等，都为 $a_n = \omega^2 D/2$。设圆环的横截面积为 A，单位体积的重量为 γ，于是沿圆环轴线有均匀分布的惯性力系，其集度 q_I 为

$$q_I = \frac{A\gamma}{g} a_n = \frac{A\gamma D}{2g}\omega^2$$

方向为沿半径背离圆心，如图 14-2b 所示。

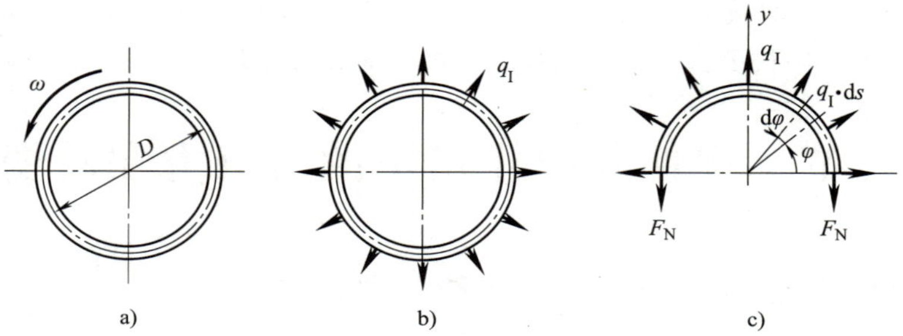

图 14-2 匀速转动时的动应力

为计算环内应力，将圆环沿直径切开，取上半部为研究对象，如图 14-2c 所示。由平衡条件 $\sum F_{iy} = 0$ 得

$$2F_N = \int_0^{\pi} q_I \sin\varphi \cdot \frac{D}{2} d\varphi = q_I D, \quad F_N = \frac{q_I D}{2} = \frac{A\gamma D^2}{4g}\omega^2$$

于是圆环横截面上的应力为

$$\sigma_d = \frac{F_N}{A} = \frac{\gamma D^2}{4g}\omega^2 = \frac{\gamma v^2}{g} \tag{14-6}$$

式中，$v = \omega D/2$ 是圆环轴线上各点的速度。强度条件为

$$\sigma_d = \frac{\gamma v^2}{g} \leqslant [\sigma] \tag{14-7}$$

式（14-6）和式（14-7）表明，圆环的应力与横截面面积无关，仅与圆环上各点速度的大小和材料单位体积的重量有关。因此，要保证圆环的强度，增加横截面面积是无济于事的，而应限制圆环的转速。

例 14-1 图 14-3a 所示重物 M 的质量 $m = 1\text{kg}$，重物绕 y 轴以角速度 $\omega = 10\pi$ rad/s 做匀速转动，轴 AB 直径为 10mm。求垂直轴中的最大弯曲动应力。不考虑轴段 BC 因压缩变形而产生的压应力。

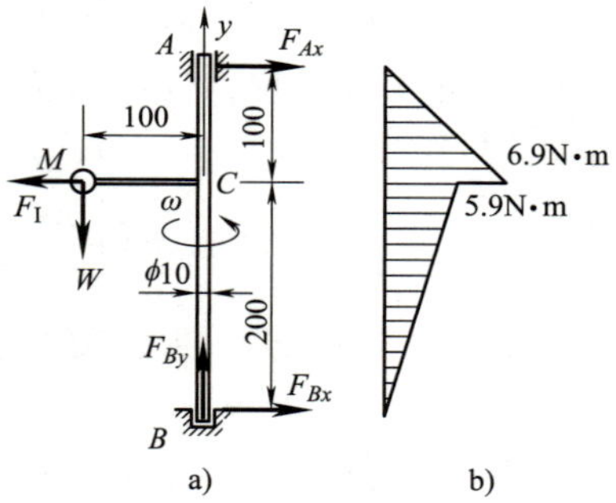

图 14-3 例 14-1 图

解 1）求惯性力 F_I，即

$$F_I = ma_n = m\omega^2 r = 1\times0.1\times(10\pi)^2\text{N} = 98.6\text{N}$$

2）求垂直轴 AB 中的最大弯矩。由

$$\sum M_B(F_i) = 0,\quad -0.3F_{Ax} + 0.2F_I + 0.1W = 0$$

解得

$$F_{Ax} = \frac{1}{3}(2F_I + W) = \frac{1}{3}(2\times98.6 + 1\times9.8)\text{N} = 69\text{N}$$

作弯矩图如图 14-3b 所示，可知最大弯矩在点截面 C 上侧，其大小为

$$M_{max} = 0.1F_{Ax} = 6.9\text{N}\cdot\text{m}$$

3）求最大弯曲正应力，即

$$\sigma_d = \frac{M_{max}}{W_z} = \frac{32\times6.9}{\pi\times(0.01)^3}\text{Pa} = 70.3\text{MPa}$$

第二节 冲击载荷作用下的应力与变形、冲击韧度

一、冲击载荷下的应力与变形

当运动物体（冲击物）以一定的速度作用到静止构件（被冲击物）而受到阻碍时，其速度急剧下降，使被冲击物构件受到很大的作用力，这种现象称为**冲击**。被冲击物内由冲击而引起的应力称为**冲击应力**。工程中冲击问题的例子很多，如锻打工件、打桩、凿孔、高速转动的飞轮的突然制动等。由于冲击过程极为短暂，冲击物的加速度很难精确确定，因此就难以用动静法来求解，通常采用能量法，并且为了简化计算引入如下假设：

1）冲击物的变形很小，可将它视为刚体；

2）冲击过程中，构件只产生线弹性变形，并只有重力势能、动能和应变能的转化，略去其他能量损失（如接触区局部塑性变形的能量损失、发热、发声等）；

3）不考虑被冲击构件的质量，并且无反弹。

下面以自由落体冲击为例说明冲击问题的一般解决方法。

如图 14-4 所示，重力为 W 的物块自高度 h 处自由下落，在 1 点处冲击简支梁，因此梁为被冲击构件。依据上述假设，物块和梁接触后，便随着梁的弯曲变形而一起向下运动，直到速度为零，物块落到最低点 1′，此时梁受到的冲击载荷为 F_d，梁上 1 点处铅垂方向的动位移为 Δ_d。

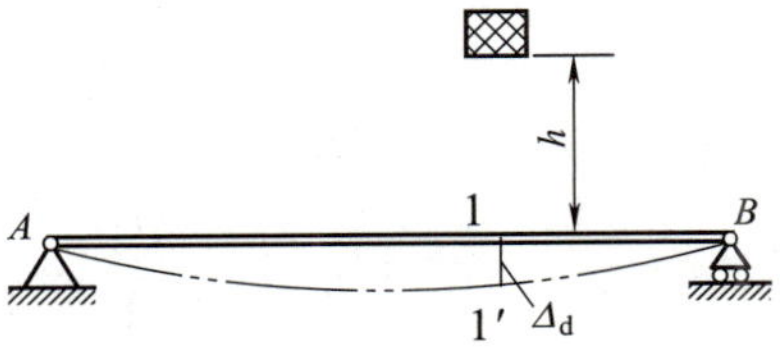

图 14-4 落体冲击

根据能量守恒定律，物块在下落开始时的动能 E_k 和重力势能 E_p 全部转化为梁的弹性变形能 V_ε，即 $E_k + E_p = V_\varepsilon$。自由下落初始时，冲击物的速度为零，所以动能 $E_k = 0$，重物的重力势能为 $E_p = W(h + \Delta_d)$。根据第二点假设，在冲击过程中，冲击载荷所做的功为 $F_d\Delta_d/2$[㊀]，它等于梁的应变

㊀ 冲击载荷从 0 变化到 F_d，是变力做功。

能，即 $V_\varepsilon=\frac{1}{2}F_d\Delta_d$。若物块以静载的方式作用于梁上，相应的静位移为 Δ_{st}，则在线弹性范围内，载荷和位移成正比，即有$\frac{F_d}{W}=\frac{\Delta_d}{\Delta_{st}}$。将以上各种关系代入 $E_k+E_p=V_\varepsilon$，经过整理得到

$$\Delta_d^2-2\Delta_d\Delta_{st}-2h\Delta_{st}=0$$

由于 Δ_d 为非负值，可解得

$$\Delta_d=\Delta_{st}\left(1+\sqrt{1+\frac{2h}{\Delta_{st}}}\right) \tag{14-8}$$

引入**冲击动荷因数** K_d，即

$$K_d=1+\sqrt{1+\frac{2h}{\Delta_{st}}} \tag{14-9}$$

则有

$$F_d=\frac{\Delta_d}{\Delta_{st}}W=K_dW \tag{14-10}$$

$$\Delta_d=K_d\Delta_{st} \tag{14-11}$$

类似地，冲击应力 σ_d 和静应力 σ_{st}有下述关系：

$$\sigma_d=K_d\sigma_{st} \tag{14-12}$$

由式（14-9）可见，当 $h=0$ 时，$K_d=2$，**即杆受突加载荷时，杆内应力和变形都是静载荷作用下的两倍**，故加载时应尽量缓慢且避免突然放开。为提高构件抗冲击的能力，还应设法降低构件的刚度。当 h 为一定时，如果构件产生静位移 Δ_{st}增大，那么动荷因数 K_d 就会减小，从而降低了构件在冲击过程中产生的动应力。在汽车车身与车轴之间加上钢板弹簧，就是为了减小车身对车轴冲击的影响。

例 14-2　重力为 W 的重物，从简支梁 AB 的上方 h 处自由下落至梁中点 C，如图 14-5 所示。梁的跨度为 l，横截面的惯性矩为 I_z，抗弯截面系数为 W_z，梁材料的弹性模量为 E。求梁受冲击时横截面上的最大应力。

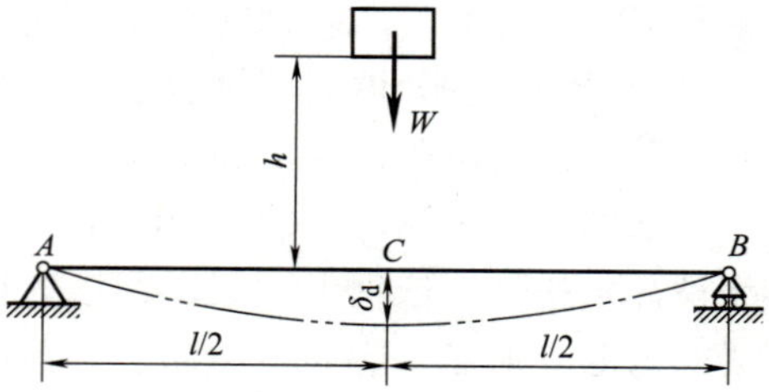

图 14-5　例 14-2 图

解　在静载荷 W 的作用下，梁中点的挠度为

$$\Delta_{st}=\frac{Wl^3}{48EI_z}$$

梁横截面上的最大静弯曲应力为

$$\sigma_{st\max}=\frac{M_{\max}}{W_z}=\frac{Wl}{4W_z}$$

梁受冲击时的动荷因数为

$$K_d=1+\sqrt{1+\frac{2h}{\Delta_{st}}}=1+\sqrt{1+\frac{96hEI_z}{Wl^3}}$$

梁受冲击时横截面上的最大正应力为

$$\sigma_{d\max}=K_d\sigma_{st\max}=\frac{Wl}{4W_z}\left(1+\sqrt{1+\frac{96hEI_z}{Wl^3}}\right)$$

例 14-3 如图 14-6 所示制动器，1 为制动轮，2 为飞轮。在转轴被制动时，因飞轮（齿轮）与轴等已具有一定的转速而有一定的动能，制动时它因惯性使轴受到扭转冲击。若已知轴直径 $d=50\text{mm}$，长 $l=1.5\text{m}$，切变模量 $G=80\text{GPa}$，飞轮回转半径 $\rho=250\text{mm}$，重力 $W=450\text{N}$，转速 $n=120\text{r/min}$。求：1）10s 内制动所产生的最大扭转切应力；2）瞬时急刹车时的最大扭转切应力。

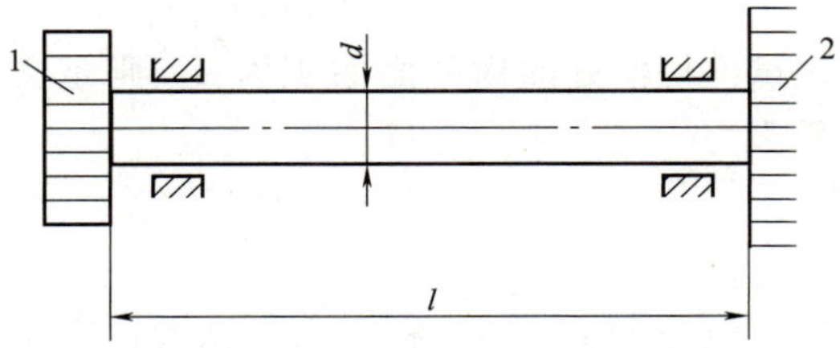

图 14-6 例 14-3 图

解 1）10s 内制动时的角加速度为

$$\alpha=\frac{\omega-\omega_0}{t}=\frac{-2\pi\times120}{60\times10}\text{rad/s}^2=-1.256\text{rad/s}^2$$

其制动时所需的力偶矩为

$$M=-J\alpha=-\frac{W}{g}\rho^2\alpha=\frac{450}{9.8\times10^3}\times250^2\times1.256\text{N}\cdot\text{mm}=3606.4\text{N}\cdot\text{mm}$$

$$\tau_{\text{st max}}=\frac{M}{W_{\text{p}}}=\frac{16\times3606.4}{\pi\times50^3}\text{MPa}=0.147\text{MPa}$$

2）急刹车状态下，动能转化为轴的变形能，动能为

$$E_{\text{k}}=\frac{1}{2}J\omega^2=\frac{1}{2}\frac{W}{g}\rho^2\omega^2=\frac{1}{2}\frac{W}{g}\rho^2\left(\frac{n\pi}{30}\right)^2$$

扭转变形能为

$$V_\varepsilon=\frac{1}{2}M_{\text{d}}\varphi_{\text{d}}=\frac{1}{2}\frac{M_{\text{d}}^2l}{GI_{\text{p}}}$$

由 $V_\varepsilon=E_{\text{k}}$，解得

$$M_{\text{d}}=\frac{n\pi}{30}\rho\sqrt{\frac{WGI_{\text{p}}}{gl}}$$

因此，急刹车时产生的最大扭转切应力

$$\tau_{\text{d max}}=\frac{M_{\text{d}}}{W_{\text{p}}}=\frac{M_{\text{d}}d}{2I_{\text{p}}}=\frac{n\pi\rho d}{60}\sqrt{\frac{WG}{glI_{\text{p}}}}=\frac{\pi\times120\times250\times50}{60}\sqrt{\frac{450\times80\times10^3\times32}{9.8\times10^3\times1.5\times10^3\times\pi\times50^4}}\text{MPa}=157\text{MPa}$$

从以上结果看出，急刹车时产生的切应力与匀减速制动时的切应力之比 157/0.147=1068。

二、冲击韧度

材料在冲击载荷作用下，虽然其变形和破坏过程仍可分为弹性变形、塑性变形和断裂破坏几个阶段，但其力学性能与静载时有明显的差别，主要表现为屈服强度与静载时相比有较大的提高而塑性却显著下降，材料产生明显的脆性倾向。为了衡量材料抵抗冲击的能力，工程上提出了冲击韧度的概念，它是由冲击试验确定的。

在冲击试验中，一般采用截面为 10mm×10mm、长度为 55mm、中间开有切槽（缺口）的长方体试件。在摆锤式冲击试验机（见图 14-7a）上进行试验时，将试件（见图 14-7b）放在试验机的支承座上，然后使试验机重 W 的摆锤从高度 h_1 处自由落下，打击到试件上，将试件冲断后，摆锤摆到高度 h_2 处。摆锤在冲击过程中所减少的重力势能，即为试件在折

断时所吸收的功

$$W_k = W(h_1 - h_2)$$

设试件切槽处的横截面面积为 A，则定义材料的**冲击韧度**为

$$\alpha_k = \frac{W_k}{A} \tag{14-13}$$

其单位为 J/m^2（焦/米^2）。α_k 越大，表明材料抵抗冲击的能力越强。冲击韧度与材料的塑性有关，但又不同于塑性，它是强度与塑性的综合表现。一般地，塑性材料的冲击韧度远高于脆性材料。因此，冲击韧度也是材料的力学性能指标之一。工程中，受到冲击作用的构件常需要对材料的冲击韧度提出要求。

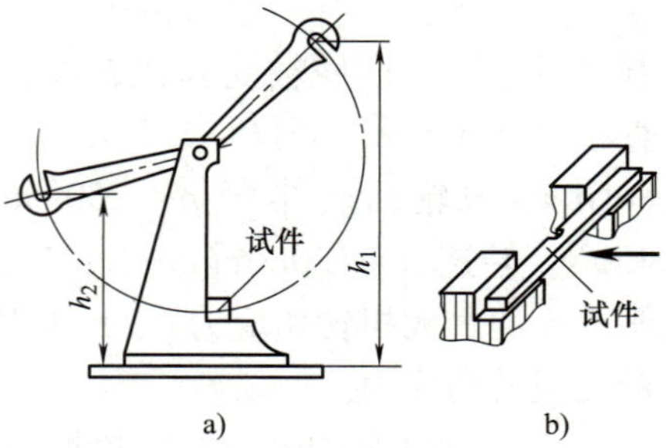

图 14-7 冲击试验

第三节 交变应力与疲劳失效

一、交变应力及其循环特征

构件内一点的应力随时间而交替变化，这种应力称为**交变应力**。产生交变应力的原因可分为两种：一是构件受交变载荷的作用；另一种是载荷不变，而构件本身在转动，从而引起构件内部应力发生交替变化。图 14-8a 所示的火车轮轴即属于后一种情况。

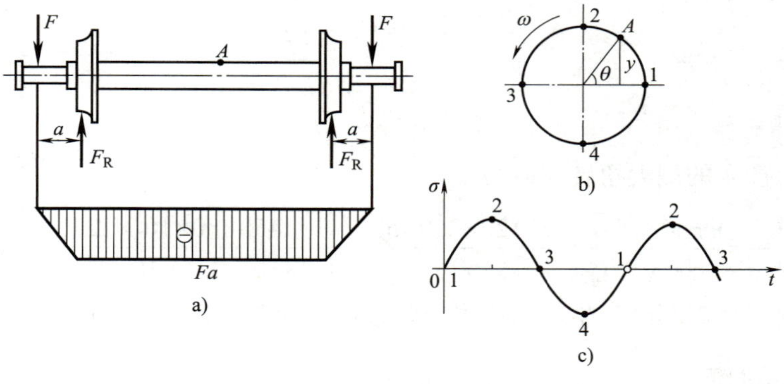

图 14-8 交变应力实例

当轮轴旋转一周，轮轴横截面边缘上点 A 的位置将由 1—2—3—4—1 变化，如图 14-8b 所示。点 A 的应力也经历了从 $0—\sigma_{max}^{+}—0—\sigma_{max}^{-}—0$ 的周期性变化，如图 14-8c 所示。这种应力每重复变化一次的过程称为一个应力循环。

将应力 σ 随时间 t 变化的情况绘成一条 σ-t 曲线，如图 14-9 所示。图中的 σ_{max}、σ_{min} 表示应力的极值。将最小应力和最大应力的比值定义为**循环特征**，用 r 表示，即

$$r = \frac{\sigma_{min}}{\sigma_{max}} \tag{14-14}$$

最大应力和最小应力的平均值称为**平均应力**，用 σ_m 表示。最大应力和最小应力之差的一半

称为**应力幅度**，用 σ_a 表示。则有

$$\sigma_m=\frac{\sigma_{max}+\sigma_{min}}{2} \tag{14-15}$$

$$\sigma_a=\frac{\sigma_{max}-\sigma_{min}}{2} \tag{14-16}$$

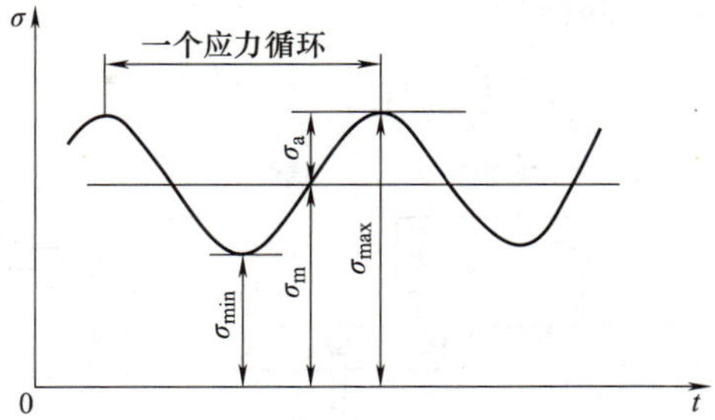

图 14-9　交变应力的 σ-t 曲线

若交变应力的 σ_{max} 与 σ_{min} 大小相等、符号相反（见图 14-8c），这种情况称为**对称循环**。这时，循环特征 $r=-1$，平均应力和应力幅度分别为 $\sigma_m=0$，$\sigma_a=\sigma_{max}=-\sigma_{min}$。对于一个非对称循环，可以认为是在平均应力 σ_m 上叠加一个幅度为 σ_a 的对称循环，图 14-9 说明了这种情况。在非对称循环中，若 $\sigma_{min}=0$，则循环特征 $r=0$，这就是工程中较为常见的**脉动循环**。此外，静应力也可看作交变应力的特殊情况，其循环特征 $r=1$。

二、疲劳破坏和持久极限

1. 构件的疲劳破坏及其产生的原因

实践表明，长期在交变应力作用下的构件，虽然其最大工作应力远低于材料在静载荷下的极限应力，也会突然发生断裂；即便塑性很好的材料，破坏时也无明显的塑性变形。这种构件在交变应力下发生的断裂破坏，称为**疲劳破坏**。观察构件的断口，明显呈现两个不同的区域，一个是光滑区，一个是粗糙区，如图 14-10 所示。

通常认为，产生疲劳破坏的原因是：当交变应力的大小超过一定限度时，经过很多次的应力循环，在构件表面应力最大或材料缺陷处的裂纹源随应力循环次数增加，扩展为微观裂纹，进一步逐渐扩大为宏观裂纹，裂纹两边的材料时合时分，不断挤压形成断口的光滑区。经过长期运转，裂纹源光滑区裂纹不断扩展，有效面积逐渐缩小；当截面削弱到一定程度时，构件突然断裂，形成断口的粗糙区。由于疲劳破坏是在构件没有明显的塑性变形时突然发生的，故常会产生严重的后果。

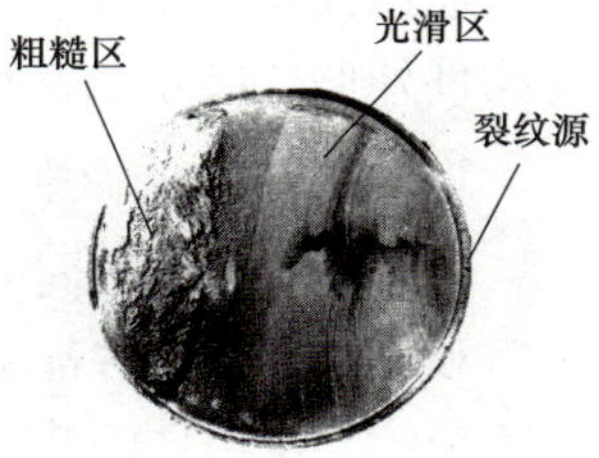

图 14-10　疲劳断口

2. 材料的持久极限及其测定

实践表明，在交变应力作用下，构件内的最大应力若不超过某一极限值，则构件可经历无限次应力循环而不发生疲劳破坏，这个应力的极限值称为**持久极限**，用 σ_r 表示，r 为交变应力的循环特征。构件的持久极限与循环特征有关，构件在不同循环特征的交变应力作用下有着不同的持久极限，以对称循环下的持久极限 σ_{-1} 为最低。因此，通常都将 σ_{-1} 作为材料在交变应力下的主要强度指标。

材料的持久极限可以通过疲劳试验测定。下面以常用的对称循环下的弯曲疲劳试验为例进行说明。对称循环弯曲疲劳试验机如图 14-11 所示。

试验时准备 6~10 根直径 $d=7\sim10$mm 的光滑小试件，将第一根试件的载荷调整至使试件内最大弯曲应力达$(0.5\sim0.6)\sigma_b$。开机后试件每旋转一周，其横截面上各点就经受一次对称的应力循环，经过 N_1 次循环后，试件断裂；然后依次逐根降低试件的最大应力，记录下

每一根试件断裂时的最大应力和循环次数。若以最大应力 σ_{max} 为纵坐标，以断裂时的循环次数 N 为横坐标，绘成一条 σ-N 曲线，即为疲劳曲线，如图 14-12 所示。

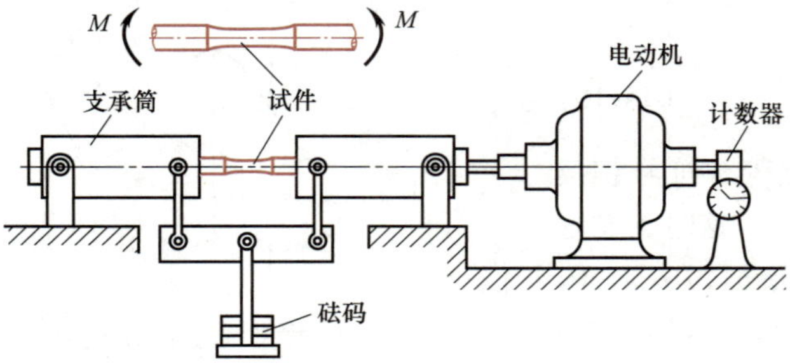

图 14-11 弯曲疲劳试验

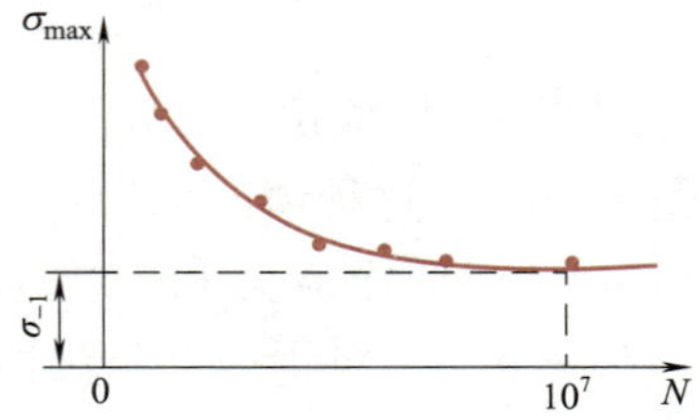

图 14-12 σ-N 曲线

从疲劳曲线可以看出，试件断裂前所经受的循环次数，随构件内最大应力的减小而增加；当最大应力降低到某一数值后，疲劳曲线趋于水平，即疲劳曲线有一条水平渐近线，只要应力不超过这一水平渐近线对应的应力值，试件就可以经历无限次循环而不发生疲劳破坏。这一应力值即为材料的持久极限 σ_{-1}。通常认为，钢制的光滑小试件经过 10^7 次应力循环仍未疲劳破坏，则继续实验也不破坏。因此，$N=10^7$ 次应力循环对应的最大应力值，往往就被认为是材料的持久极限 σ_{-1}。各种材料的持久极限可以从有关手册中查得。

三、影响构件持久极限的主要因素

通过试验可以确定材料的持久极限。但实际构件的持久极限，不仅与材料有关，而且还受构件外形、尺寸、表面质量及工作环境等影响。

1. 构件外形的影响

与光滑小试样不同，构件由于使用功能和制造工艺的要求，常带有圆角、横孔、键槽、轴肩和螺纹等，这些都将引起应力集中。在交变应力作用下，应力集中的局部区域更易形成疲劳裂纹，使构件的持久极限降低。

2. 构件尺寸的影响

疲劳试验表明，对材料相同但尺寸大小不同的试样，其持久极限随着试样横截面尺寸的增大而相应地降低。持久极限随构件尺寸增大而降低的原因，是由于在最大应力（如弯曲应力）相同的情况下，大试样内处于高应力区的材料比小试样多；同时，试样尺寸增大后，试样内部所含杂质、缺陷会增多，这样大试样就更易于形成疲劳裂纹，使其持久极限降低。

3. 构件表面质量的影响

疲劳试验表明，构件表面的加工质量对构件的持久极限也有较大的影响。一方面由于构件加工后表面可能会出现刀痕、擦伤等表面缺陷，从而引起表面局部的应力集中，降低构件的持久极限；另一方面，由于构件表面高精度加工、表面强化处理等，减少了构件表面的应力集中，提高了构件表面的强度，持久极限也随之得到提高。

4. 工作环境的影响

在腐蚀性介质中工作的构件，其持久极限一般都明显降低。这是由于腐蚀性介质的侵蚀能促使疲劳裂纹的形成和扩展。如在海水中的对称循环持久极限比干燥空气中的低约 1/2。

温度对构件的持久极限也有影响。当钢材的工作温度超过 400℃后，持久极限也会降低。还应指出，即使构件不受载荷作用，但若环境温度的周期性改变使其内部产生的温度应力也随时间做周期性的变化，在此交变应力作用下，经若干次应力循环后，构件也可能出现疲劳裂纹，甚至发生断裂。构件在交变温度下所引起的这种疲劳破坏现象，称为热疲劳。在冶金、动力设备中的某些零件的破坏都与热疲劳有关。

四、提高构件疲劳强度的措施

影响构件持久极限的主要因素是构件外形（引起应力集中）、构件尺寸和构件表面质量。其中构件尺寸主要是根据静强度和构造要求确定的。因此，提高疲劳强度应从减缓应力集中、提高表面质量等方面入手。

1. 减缓应力集中

由于应力集中是疲劳破坏的主要原因，因此降低构件的应力集中的程度，可使其疲劳强度提高很多。为此在设计中，应尽可能地避免出现方形孔或带有尖角的孔或槽。在轴径改变处尽量减小轴径的改变量，并采用平缓的过渡圆角，如图 14-13a 所示。如在结构上不允许采用过渡圆角，可采用开减荷槽或退刀槽等方法，如图 14-13b、c 所示。

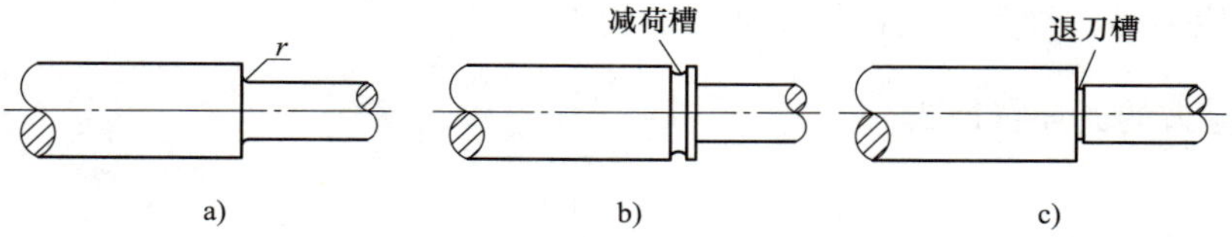

图 14-13 圆角、减荷槽、退刀槽

在过盈配合的轮毂与轴的配合面边缘处，由于轴的刚度产生突变，有明显的应力集中。若在轮毂上开减荷槽，或加粗轴的配合部分，使之有过渡圆角，如图 14-14 所示，可改善配合面边缘处的应力集中。

在角焊缝处，采用图 14-15a 所示的坡口焊接，比无坡口的角焊缝（见图 14-15b）其应力集中要小得多。当然，坡口焊缝必须焊透。

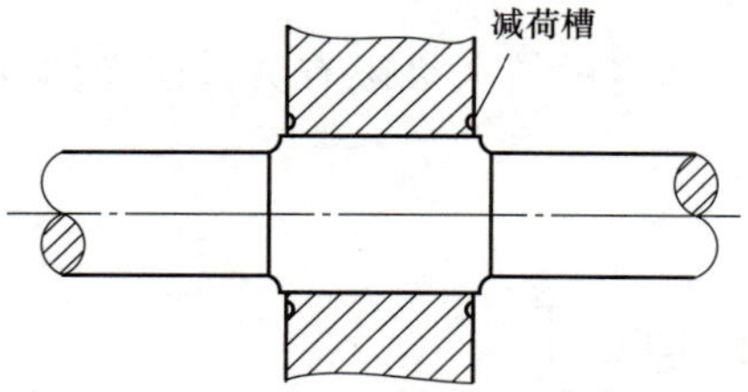

图 14-14 减荷槽

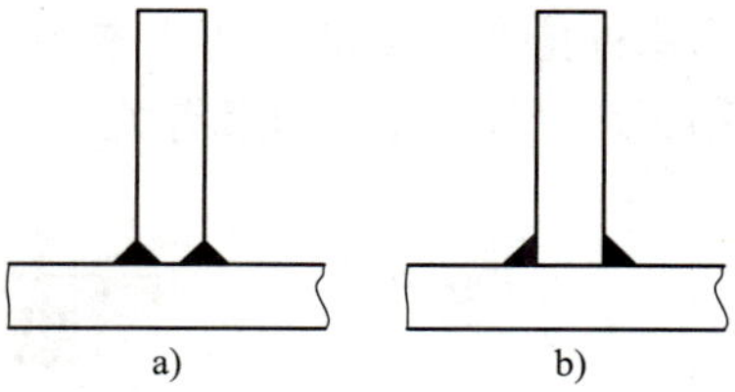

图 14-15 坡口焊接

2. 提高表面加工质量

构件表面加工时留下的刀痕也是引起应力集中的一个因素。此外，构件受弯或受扭时，最大应力也发生在横截面的表层上。这些部分容易形成疲劳裂纹。因此，表面加工质量直接影响疲劳强度。疲劳强度要求高的构件，表面质量要求也就高。高强度钢材对表面加工质量更为敏感，只有经过精加工才有利于发挥它的高强度性能。构件在使用过程中也应尽量避免使其表面受到机械损伤（如划伤、打印等）或化学损伤（如腐蚀、生锈等）。

3. 提高表面强度

一种方法是采用热处理和化学处理，如高频淬火、渗碳、渗氮等，以达到提高构件表面强度、改善构件内部组织结构、消除构件内部残余应力的目的，使疲劳强度得到提高；也可采用机械方法，如滚压、喷丸等，使构件表面形成一层预压应力层，抵消一部分易于引起裂纹的表层拉应力，从而提高疲劳强度。但在采用上述方法时，要严格控制工艺过程，否则将造成表面微细裂纹，反而降低了疲劳强度。

本 章 小 结

1）动载荷讨论了构件做匀变速运动和受冲击时由构件及构件各部分之间由惯性力所引起的附加载荷问题。动载荷下构件产生的动应力和动变形与静载时的关系为

$$\sigma_d = K_d \sigma_{st}, \quad \Delta_d = K_d \Delta_{st}$$

式中，K_d 是动载荷因数。

2）交变应力是一种随时间做周期变化的应力。

① 交变应力的循环特征为 $$r = \frac{\sigma_{min}}{\sigma_{max}}$$

② 平均应力为 $$\sigma_m = \frac{\sigma_{max} + \sigma_{min}}{2}$$

③ 应力幅度为 $$\sigma_a = \frac{\sigma_{max} - \sigma_{min}}{2}$$

④ 在交变应力作用下，构件的工作应力远低于其极限应力时，就会突然发生断裂，其断口有明显的粗糙区和光滑区。这种破坏称为疲劳破坏。材料经过无限次应力循环而不发生疲劳破坏的最大应力值，就是材料的持久极限，用 σ_r 表示。r 值不同，σ_r 也不同，其中以 σ_{-1} 为最低。

⑤ 影响构件持久极限的主要因素不仅与材料本身的持久极限有关，还和构件外形、尺寸、表面质量及工作环境等因素有关。

思 考 题

14-1 为什么对砂轮的转速要有一定的限制？转速过大会出现什么问题？

14-2 如图 14-16 所示，两根等长度且材料相同的变截面杆，其最大和最小直径分别相等。设 $l_1 > l_2$，问当承受相同的冲击时，两杆横截面上的动应力是否相等？

14-3 为什么跳高要落在沙坑里？采用何种措施可以降低自由落体冲击的动荷因数？

14-4 试举工程实例说明什么是交变应力？

14-5 疲劳破坏的特点是什么？如何根据断口情况判断构件是因疲劳而破坏还是因过载而破坏？

14-6 判断下述两个结论是否正确，为什么？

1）每一种材料仅有一个持久极限。

2）构件各截面的许用持久极限都相同。

14-7 1998 年德国高铁 ICE 从汉堡到慕尼黑途中因车轮外圈疲劳失效脱轨，导致百余人丧生。通过文献检索或网络搜索，了解事故原因，并分析如何设计高速铁路车轮才能减少疲劳失效的发生。

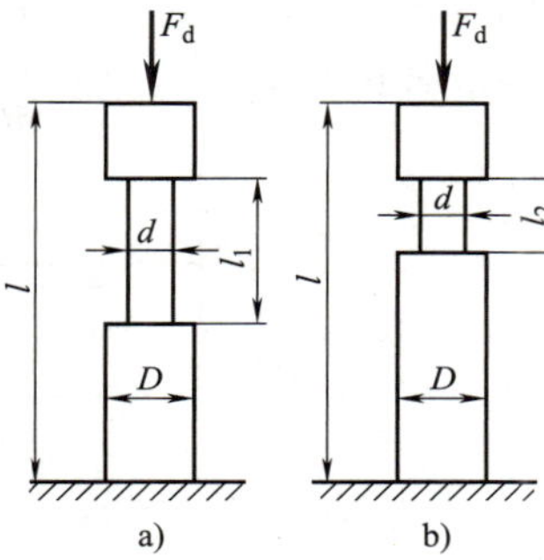

图 14-16 变截面杆

习 题

14-1 题 14-1 图所示桥式起重机，横梁由两根 25b 工字钢组成，起重机 A 的重力为 15kN，用钢丝绳吊起的物体重力 G 为 40kN。起吊时第 1s 内重物匀加速上升 2m。求钢丝绳所受的拉力及梁内最大的正应力（不考虑梁的自重）。

14-2 题 14-2 图所示两根吊索匀加速平行提升一根 14 号工字钢梁，加速度 $a=10\text{m/s}^2$。若只考虑工字钢的重力，不计吊索的重力，计算工字钢的最大动应力（钢密度为 7.85g/cm^3）。

14-3 题 14-3 图所示飞轮轮缘的线速度 $v=30\text{m/s}$，飞轮材料的密度 $\gamma=7000\text{kg/m}^3$。不计轮辐质量，求轮缘的最大正应力。

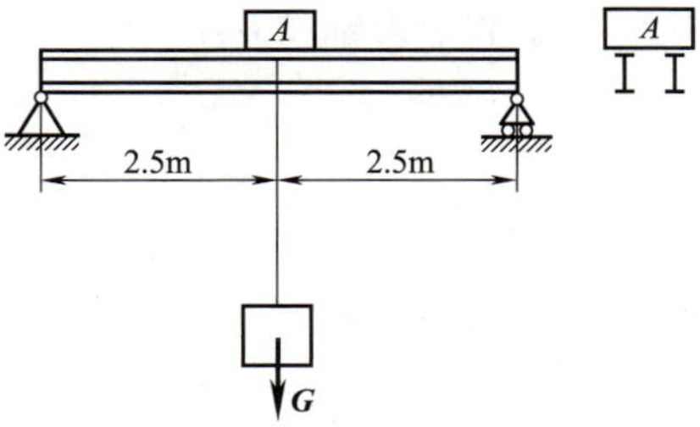

题 14-1 图

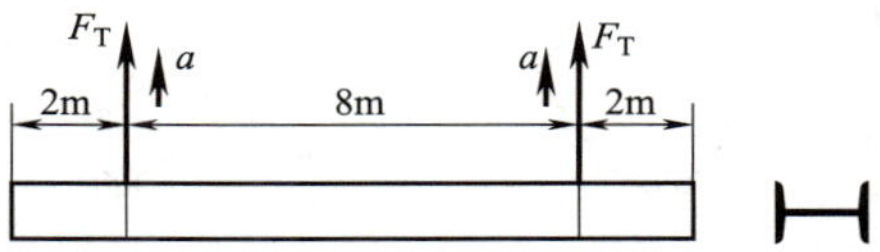

题 14-2 图

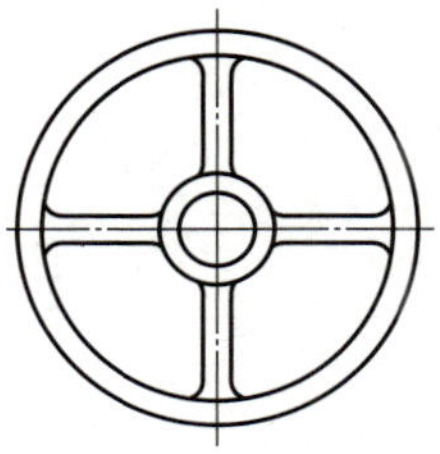
题 14-3 图

14-4 题 14-4 图所示直径 $d=20\text{mm}$ 的钢杆上端固定，下端固连一个圆盘。已知钢杆长 $l=2\text{m}$，材料的弹性模量 $E=190\text{GPa}$，许用应力 $[\sigma]=160\text{MPa}$。若有重力 $W=0.5\text{kN}$ 的重物自由落下，求允许重物下落的最大高度 h_{max}。

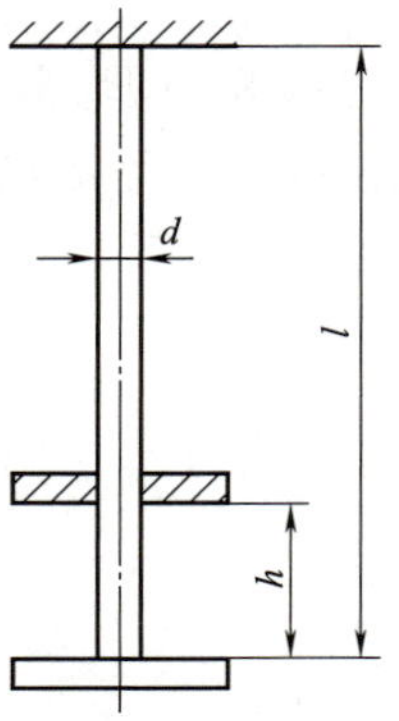

题 14-4 图

14-5 如题 14-5 图所示一等截面悬臂梁，已知 $h=30\text{mm}$，物体重力 $W=50\text{N}$，梁材料的弹性模量 $E=200\text{GPa}$。求当重物冲击悬臂梁自由端时，梁的最大正应力和自由端的动位移。

14-6 题 14-6 图所示直径 $d=300\text{mm}$、长 $l=6\text{m}$ 的圆木桩下端固定、上端自由，并受重力 $W=5\text{kN}$ 的重锤作用。木材的弹性模量 $E=10\text{GPa}$。求下述三种中情况下木桩内的最大应力：1）重锤以突加载荷的方式作用于木桩；2）重锤从离木桩上端高 0.5m 处自由落下；3）木桩上端放置 $d_1 = 150\text{mm}$、$t = 40\text{mm}$ 的橡胶垫，橡胶的弹性模量 $E = 8\text{GPa}$，重锤仍从离木桩上端高 0.5m 处自由落下。

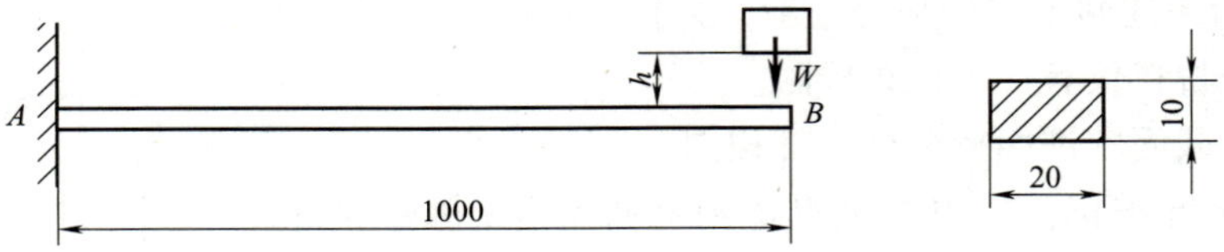

题 14-5 图

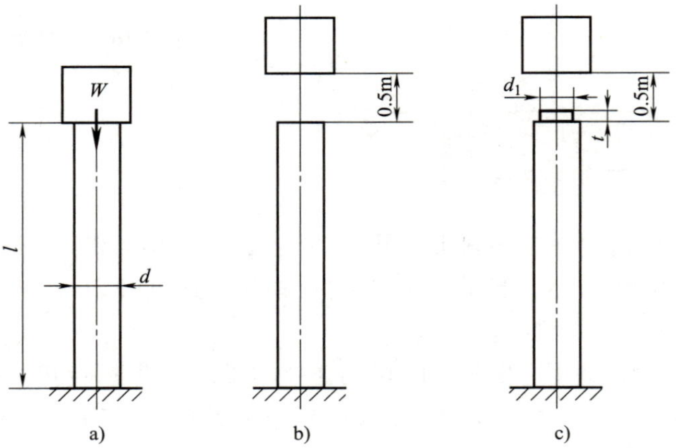

题 14-6 图

习题 14-6 精讲

14-7　计算题 14-7 图所示交变应力的循环特征 r、平均应力 σ_m 和应力幅度 σ_a。

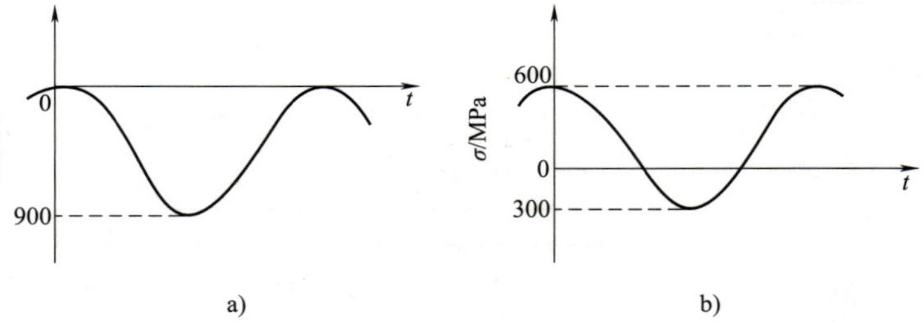

题 14-7 图

14-8　圆形截面杆承受交变的轴向载荷 F 的作用。载荷以 $F = 2.5\sin t + 7.5\text{kN}$ 的规律变化，杆的直径 $d = 10\text{mm}$。试求杆的平均应力 σ_m、应力幅度 σ_a、循环特征 r，并作 σ-t 曲线。

附　录

附录 A　工程力学综合练习

一、冲天炉加料系统简介

冲天炉为铸造厂熔化生铁之炉具。炉膛点火后，将待熔化之生铁、燃料及其他配料一起按定量装入加料小车。小车由电动机通过卷扬机牵引，沿斜轨上升，到冲天炉进料口翻转，将料倒入炉内进行熔化。熔化的铁水流入前炉累结与保温，以供铸造机件之用。

加料系统由电动机、带轮、一级齿轮减速器、卷筒及料车组成，其简图如图 A-1 所示。

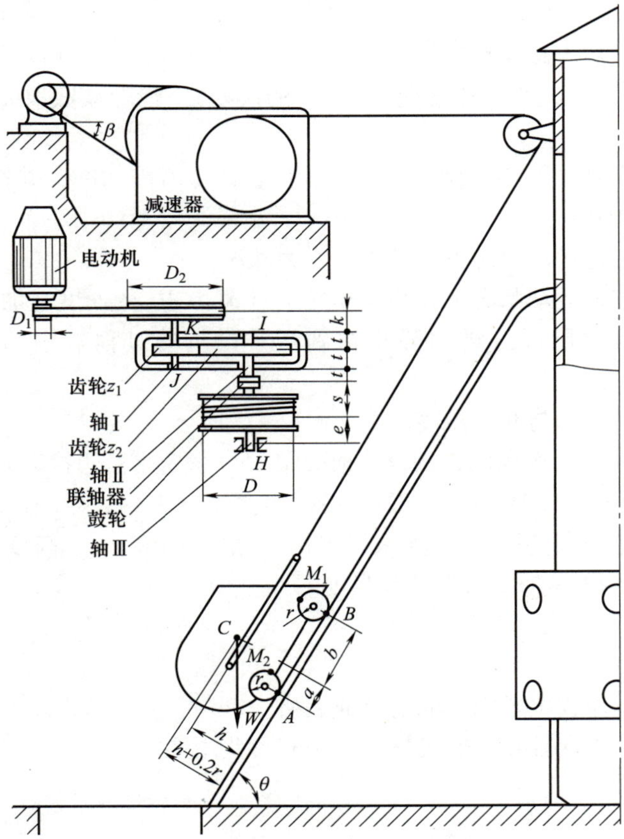

图 A-1　冲天炉加料系统传动简图

二、已知参数

按生产工艺要求，同时参考同类设备的技术数据，初步拟定小车运动速度为 $v=0.8\text{m/s}$，小车连料之总质量 $m=200\text{kg}$，轴Ⅰ的转动惯量 $J_1=60\text{kg}\cdot\text{m}^2$，轴Ⅱ、Ⅲ的转动惯量 $J_2=100\text{kg}\cdot\text{m}^2$，导轨倾角 $\theta=60°$，带夹角 $\beta=30°$。轴Ⅰ、Ⅱ中心连线与水平夹角也为 30°，带轮直径 $D_1=120\text{mm}$、$D_2=600\text{mm}$，卷筒直径 $D=200\text{mm}$，带紧边力为松边力的 2 倍，尺寸 $k=100\text{mm}$，$t=60\text{mm}$，$s=200\text{mm}$，$e=100\text{mm}$，$a=100\text{mm}$，$b=200\text{mm}$，$h=260\text{mm}$，小车车轮半径 $r=80\text{mm}$。本机总机械效率 $\eta=\eta_1\eta_2\eta_3\eta_4=0.5$，其中 η_1 为带效率，η_2 为减速器效率，η_3 为卷筒效率，η_4 为小车及滑轮效率，并近似认为 $\eta_1=\eta_2=\eta_3=\eta_4$。所选电动机为 Y 系列三相异步电动机，抄录部分标准如下，以供选择。以下电动机的起动转矩均为额定转矩的 2.2 倍，并以常力矩计之。

型号	功率	转速	起动转矩/额定转矩
$\text{Y100L}_1\text{-4}$	2.2kW	1420r/min	2.2
$\text{Y100L}_2\text{-4}$	3kW	1420r/min	2.2
Y112M-4	4kW	1440r/min	2.2

三、计算任务

1）试确定齿轮 1 与齿轮 2 的齿数 z_1、z_2（z_1、z_2 为正整数，小齿轮齿数不得小于 17 齿，并以 $z_1+z_2=100\sim120$ 为佳，小车速度允许有 5%的误差）。齿轮模数取 $m=4$，齿轮分度圆直径 $d=mz$。

2）选择电动机型号（按小车做匀速运动的状态计算所需功率，并按上列推荐标准进行选择，确定所用电动机型号）。

3）计算小车在匀速运动状态下，轴Ⅰ的受力状况。

4）计算小车在匀速运动状态下，小车车轮上点 M_1、M_2 的速度与加速度。

5）计算小车在起动阶段（即由静止达到正常运行的过程）中的加速度与牵引绳的拉力。

6）求小车的起动时间与起动距离。

7）已知轴材料的 $[\sigma]=80\text{MPa}$，试设计轴Ⅰ的直径（假定带紧边拉力为松边拉力的 2 倍）。

8）若钢丝绳的 $[\sigma]=120\text{MPa}$，试求钢丝绳的直径。

9）若带轮与齿轮的宽度均为 t，所采用平键的宽度 $b=12\text{mm}$，高度 $h=8\text{mm}$，键材料的 $[\tau]=50\text{MPa}$、$[\sigma_{bs}]=120\text{MPa}$。试校核其强度。

四、小结

1）试列出一张本课程主要内容的清单或表格。

2）通过本题简述本课程在一般机械工程中有哪些用途。

附录 B　热轧型钢表（GB/T 706—2016）

工字钢、等边角钢、不等边角钢、槽钢的截面尺寸、截面面积、理论质量及截面特性见附表 B-1～附表 B-4。

附表 B-1　工字钢截面尺寸、截面面积、理论质量及截面特性

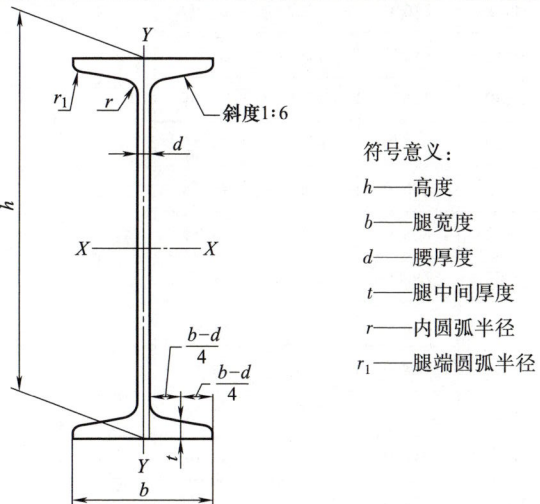

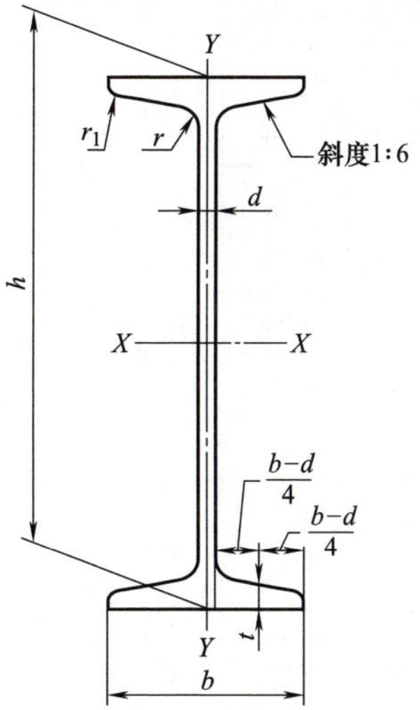

符号意义：

h——高度

b——腿宽度

d——腰厚度

t——腿中间厚度

r——内圆弧半径

r_1——腿端圆弧半径

型号	截面尺寸/mm						截面面积/cm^2	理论质量/(kg/m)	外表面积/(m^2/m)	惯性矩/cm^4		惯性半径/cm		截面系数/cm^3	
	h	b	d	t	r	r_1				I_x	I_y	i_x	i_y	W_x	W_y
10	100	68	4.5	7.6	6.5	3.3	14.33	11.3	0.432	245	33.0	4.14	1.52	49.0	9.72
12	120	74	5.0	8.4	7.0	3.5	17.80	14.0	0.493	436	46.9	4.95	1.62	72.7	12.7
12.6	126	74	5.0	8.4	7.0	3.5	18.10	14.2	0.505	488	46.9	5.20	1.61	77.5	12.7

（续）

型号	截面尺寸/mm						截面面积/cm^2	理论质量/(kg/m)	外表面积/(m^2/m)	惯性矩/cm^4		惯性半径/cm		截面系数/cm^3	
	h	b	d	t	r	r_1				I_x	I_y	i_x	i_y	W_x	W_y
14	140	80	5.5	9.1	7.5	3.8	21.50	16.9	0.553	712	64.4	5.76	1.73	102	16.1
16	160	88	6.0	9.9	8.0	4.0	26.11	20.5	0.621	1130	93.1	6.58	1.89	141	21.2
18	180	94	6.5	10.7	8.5	4.3	30.74	24.1	0.681	1660	122	7.36	2.00	185	26.0
20a	200	100	7.0	11.4	9.0	4.5	35.55	27.9	0.742	2370	158	8.15	2.12	237	31.5
20b	200	102	9.0	11.4	9.0	4.5	39.55	31.1	0.746	2500	169	7.96	2.06	250	33.1
22a	220	110	7.5	12.3	9.5	4.8	42.10	33.1	0.817	3400	225	8.99	2.31	309	40.9
22b	220	112	9.5	12.3	9.5	4.8	46.50	36.5	0.821	3570	239	8.78	2.27	325	42.7
24a	240	116	8.0	13.0	10.0	5.0	47.71	37.5	0.878	4570	280	9.77	2.42	381	48.4
24b	240	118	10.0	13.0	10.0	5.0	52.51	41.2	0.882	4800	297	9.57	2.38	400	50.4
25a	250	116	8.0	13.0	10.0	5.0	48.51	38.1	0.898	5.020	280	10.2	2.40	402	48.3
25b	250	118	10.0	13.0	10.0	5.0	53.51	42.0	0.902	5280	309	9.94	2.40	423	52.4
27a	270	122	8.5	13.7	10.5	5.3	54.52	42.8	0.958	6550	345	10.9	2.51	485	56.6
27b	270	124	10.5	13.7	10.5	5.3	59.92	47.0	0.962	6870	366	10.7	2.47	509	58.9
28a	280	122	8.5	13.7	10.5	5.3	55.37	43.5	0.978	7110	345	11.3	2.50	508	56.6
28b	280	124	10.5	13.7	10.5	5.3	60.97	47.9	0.982	7480	379	11.1	2.49	534	61.2
30a	300	126	9.0	14.4	11.0	5.5	61.22	48.1	1.031	8950	400	12.1	2.55	597	63.5
30b	300	128	11.0	14.4	11.0	5.5	67.22	52.8	1.035	9400	422	11.8	2.50	627	65.9
30c	300	130	13.0	14.4	11.0	5.5	73.22	57.5	1.039	9850	445	11.6	2.46	657	68.5
32a	320	130	9.5	15.0	11.5	5.8	67.12	52.7	1.084	11100	460	12.8	2.62	692	70.8
32b	320	132	11.5	15.0	11.5	5.8	73.52	57.7	1.088	11600	502	12.6	2.61	726	76.0
32c	320	134	13.5	15.0	11.5	5.8	79.92	62.7	1.092	12200	544	12.3	2.61	760	81.2

（续）

型号	截面尺寸/mm						截面面积/cm^2	理论质量/(kg/m)	外表面积/(m^2/m)	惯性矩/cm^4		惯性半径/cm		截面系数/cm^3	
	h	b	d	t	r	r_1				I_x	I_y	i_x	i_y	W_x	W_y
36a	360	136	10.0	15.8	12.0	6.0	76.44	60.0	1.185	15800	552	14.4	2.69	875	81.2
36b		138	12.0				83.64	65.7	1.189	16500	582	14.1	2.64	919	84.3
36c		140	14.0				90.84	71.3	1.193	17300	612	13.8	2.60	962	87.4
40a	400	142	10.5	16.5	12.5	6.3	86.07	67.6	1.285	21700	660	15.9	2.77	1090	93.2
40b		144	12.5				94.07	73.8	1.289	22800	692	15.6	2.71	1140	96.2
40c		146	14.5				102.1	80.1	1.293	23900	727	15.2	2.65	1190	99.6
45a	450	150	11.5	18.0	13.5	6.8	102.4	80.4	1.411	32200	855	17.7	2.89	1430	114
45b		152	13.5				111.4	87.4	1.415	33800	894	17.4	2.84	1500	118
45c		154	15.5				120.4	94.5	1.419	35300	938	17.1	2.79	1570	122
50a	500	158	12.0	20.0	14.0	7.0	119.2	93.6	1.539	46500	1120	19.7	3.07	1860	142
50b		160	14.0				129.2	101	1.543	48600	1170	19.4	3.01	1940	146
50c		162	16.0				139.2	109	1.547	50600	1220	19.0	2.96	2080	151
55a	550	166	12.5	21.0	14.5	7.3	134.1	105	1.667	62900	1370	21.6	3.19	2290	164
55b		168	14.5				145.1	114	1.671	65600	1420	21.2	3.14	2390	170
55c		170	16.5				156.1	123	1.675	68400	1480	20.9	3.08	2490	175
56a	560	166	12.5				135.4	106	1.687	65600	1370	22.0	3.18	2340	165
56b		168	14.5				146.6	115	1.691	68500	1490	21.6	3.16	2450	174
56c		170	16.5				157.8	124	1.695	71400	1560	21.3	3.16	2550	183
63a	630	176	13.0	22.0	15.0	7.5	154.6	121	1.862	93900	1700	24.5	3.31	2980	193
63b		178	15.0				167.2	131	1.866	98100	1810	24.2	3.29	3160	204
63c		180	17.0				179.8	141	1.870	102000	1920	23.8	3.27	3300	214

注：表中 r、r_1 的数据用于孔型设计，不做交货条件。

附表 B-2 等边角钢截面尺寸、截面面积、理论质量及截面特性

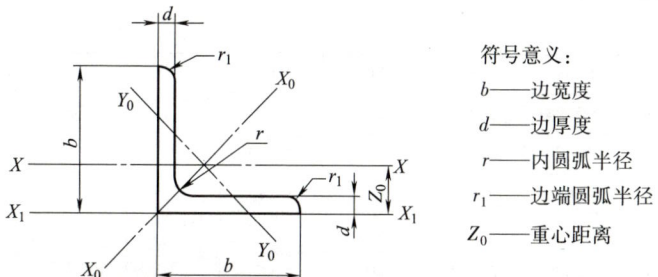

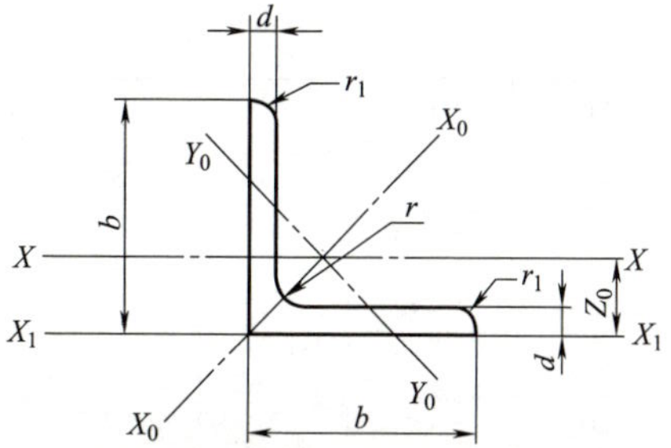

符号意义：

b——边宽度

d——边厚度

r——内圆弧半径

r_1——边端圆弧半径

Z_0——重心距离

型号	截面尺寸/mm			截面面积/cm^2	理论质量/(kg/m)	外表面积/(m^2/m)	惯性矩/cm^4				惯性半径/cm			截面系数/cm^3			重心距离/cm
	b	d	r				I_x	I_{x1}	I_{x0}	I_{y0}	i_x	i_{x0}	i_{y0}	W_x	W_{x0}	W_{y0}	Z_0
2	20	3	3. 5	1. 132	0. 89	0. 078	0. 40	0. 81	0. 63	0. 17	0. 59	0. 75	0. 39	0. 29	0. 45	0. 20	0. 60
		4		1. 459	1. 15	0. 077	0. 50	1. 09	0. 78	0. 22	0. 58	0. 73	0. 38	0. 36	0. 55	0. 24	0. 64
2. 5	25	3		1. 432	1. 12	0. 098	0. 82	1. 57	1. 29	0. 34	0. 76	0. 95	0. 49	0. 46	0. 73	0. 33	0. 73
		4		1. 859	1. 46	0. 097	1. 03	2. 11	1. 62	0. 43	0. 74	0. 93	0. 48	0. 59	0. 92	0. 40	0. 76
3. 0	30	3	4. 5	1. 749	1. 37	0. 117	1. 46	2. 71	2. 31	0. 61	0. 91	1. 15	0. 59	0. 68	1. 09	0. 51	0. 85
		4		2. 276	1. 79	0. 117	1. 84	3. 63	2. 92	0. 77	0. 90	1. 13	0. 58	0. 87	1. 37	0. 62	0. 89
3. 6	36	3		2. 109	1. 66	0. 141	2. 58	4. 68	4. 09	1. 07	1. 11	1. 39	0. 71	0. 99	1. 61	0. 76	1. 00
		4		2. 756	2. 16	0. 141	3. 29	6. 25	5. 22	1. 37	1. 09	1. 38	0. 70	1. 28	2. 05	0. 93	1. 04
		5		3. 382	2. 65	0. 141	3. 95	7. 84	6. 24	1. 65	1. 08	1. 36	0. 7	1. 56	2. 45	1. 00	1. 07
4	40	3	5	2. 359	1. 85	0. 157	3. 59	6. 41	5. 69	1. 49	1. 23	1. 55	0. 79	1. 23	2. 01	0. 96	1. 09
		4		3. 086	2. 42	0. 157	4. 60	8. 56	7. 29	1. 91	1. 22	1. 54	0. 79	1. 60	2. 58	1. 19	1. 13
		5		3. 792	2. 98	0. 156	5. 53	10. 7	8. 76	2. 30	1. 21	1. 52	0. 78	1. 96	3. 10	1. 39	1. 17
4. 5	45	3		2. 659	2. 09	0. 177	5. 17	9. 12	8. 20	2. 14	1. 40	1. 76	0. 89	1. 58	2. 58	1. 24	1. 22
		4		3. 486	2. 74	0. 177	6. 65	12. 2	10. 6	2. 75	1. 38	1. 74	0. 89	2. 05	3. 32	1. 54	1. 26
		5		4. 292	3. 37	0. 176	8. 04	15. 2	12. 7	3. 33	1. 37	1. 72	0. 88	2. 51	4. 00	1. 81	1. 30
		6		5. 077	3. 99	0. 176	9. 33	18. 4	14. 8	3. 89	1. 36	1. 70	0. 80	2. 95	4. 64	2. 06	1. 33

（续）

型号	截面尺寸/mm			截面面积/cm^2	理论质量/(kg/m)	外表面积/(m^2/m)	惯性矩/cm^4				惯性半径/cm			截面系数/cm^3			重心距离/cm
	b	d	r				I_x	I_{x1}	I_{x0}	I_{y0}	i_x	i_{x0}	i_{y0}	W_x	W_{x0}	W_{y0}	Z_0
5	50	3	5.5	2.971	2.33	0.197	7.18	12.5	11.4	2.98	1.55	1.96	1.00	1.96	3.22	1.57	1.34
		4		3.897	3.06	0.197	9.26	16.7	14.7	3.82	1.54	1.94	0.99	2.56	4.16	1.96	1.38
		5		4.803	3.77	0.196	11.2	20.9	17.8	4.64	1.53	1.92	0.98	3.13	5.03	2.31	1.42
		6		5.688	4.46	0.196	13.1	25.1	20.7	5.42	1.52	1.91	0.98	3.68	5.85	2.63	1.46
5.6	56	3	6	3.343	2.62	0.221	10.2	17.6	16.1	4.24	1.75	2.20	1.13	2.48	4.08	2.02	1.48
		4		4.39	3.45	0.220	13.2	23.4	20.9	5.46	1.73	2.18	1.11	3.24	5.28	2.52	1.53
		5		5.415	4.25	0.220	16.0	29.3	25.4	6.61	1.72	2.17	1.10	3.97	6.42	2.98	1.57
		6		6.42	5.04	0.220	18.7	35.3	29.7	7.73	1.71	2.15	1.10	4.68	7.49	3.40	1.61
		7		7.404	5.81	0.219	21.2	41.2	33.6	8.82	1.69	2.13	1.09	5.36	8.49	3.80	1.64
		8		8.367	6.57	0.219	23.6	47.2	37.4	9.89	1.68	2.11	1.09	6.03	9.44	4.16	1.68
6	60	5	6.5	5.829	4.58	0.236	19.9	36.1	31.6	8.21	1.85	2.33	1.19	4.59	7.44	3.48	1.67
		6		6.914	5.43	0.235	23.4	43.3	36.9	9.60	1.83	2.31	1.18	5.41	8.70	3.98	1.70
		7		7.977	6.26	0.235	26.4	50.7	41.9	11.0	1.82	2.29	1.17	6.21	9.88	4.45	1.74
		8		9.02	7.08	0.235	29.5	58.0	46.7	12.3	1.81	2.27	1.17	6.98	11.0	4.88	1.78
6.3	63	4	7	4.978	3.91	0.248	19.0	33.4	30.2	7.89	1.96	2.46	1.26	4.13	6.78	3.29	1.70
		5		6.143	4.82	0.248	23.2	41.7	36.8	9.57	1.94	2.45	1.25	5.08	8.25	3.90	1.74
		6		7.288	5.72	0.247	27.1	50.1	43.0	11.2	1.93	2.43	1.24	6.00	9.66	4.46	1.78
		7		8.412	6.60	0.247	30.9	58.6	49.0	12.8	1.92	2.41	1.23	6.88	11.0	4.98	1.82
		8		9.515	7.47	0.247	34.5	67.1	54.6	14.3	1.90	2.40	1.23	7.75	12.3	5.47	1.85
		10		11.66	9.15	0.246	41.1	84.3	64.9	17.3	1.88	2.36	1.22	9.39	14.6	6.36	1.93
7	70	4	8	5.570	4.37	0.275	26.4	45.7	41.8	11.0	2.18	2.74	1.40	5.14	8.44	4.17	1.86
		5		6.876	5.40	0.275	32.2	57.2	51.1	13.3	2.16	2.73	1.39	6.32	10.3	4.95	1.91

（续）

型号	截面尺寸/mm			截面面积/cm^2	理论质量/(kg/m)	外表面积/(m^2/m)	惯性矩/cm^4				惯性半径/cm			截面系数/cm^3			重心距离/cm
	b	d	r				I_x	I_{x1}	I_{x0}	I_{y0}	i_x	i_{x0}	i_{y0}	W_x	W_{x0}	W_{y0}	Z_0
7	70	6	8	8.160	6.41	0.275	37.8	68.7	59.9	15.6	2.15	2.71	1.38	7.48	12.1	5.67	1.95
		7		9.424	7.40	0.275	43.1	80.3	68.4	17.8	2.14	2.69	1.38	8.59	13.8	6.34	1.99
		8		10.67	8.37	0.274	48.2	91.9	76.4	20.0	2.12	2.68	1.37	9.68	15.4	6.98	2.03
7.5	75	5	9	7.412	5.82	0.295	40.0	70.6	63.3	16.6	2.33	2.92	1.50	7.32	11.9	5.77	2.04
		6		8.797	6.91	0.294	47.0	84.6	74.4	19.5	2.31	2.90	1.49	8.64	14.0	6.67	2.07
		7		10.16	7.98	0.294	53.6	98.7	85.0	22.2	2.30	2.89	1.48	9.93	16.0	7.44	2.11
		8		11.50	9.03	0.294	60.0	113	95.1	24.9	2.28	2.88	1.47	11.2	17.9	8.19	2.15
		9		12.83	10.1	0.294	66.1	127	105	27.5	2.27	2.86	1.46	12.4	19.8	8.89	2.18
		10		14.13	11.1	0.293	72.0	142	114	30.1	2.26	2.84	1.46	13.6	21.5	9.56	2.22
8	80	5		7.912	6.21	0.315	48.8	85.4	77.3	20.3	2.48	3.13	1.60	8.34	13.7	6.66	2.15
		6		9.397	7.38	0.314	57.4	103	91.0	23.7	2.47	3.11	1.59	9.87	16.1	7.65	2.19
		7		10.86	8.53	0.314	65.6	120	104	27.1	2.46	3.10	1.58	11.4	18.4	8.58	2.23
		8		12.30	9.66	0.314	73.5	137	117	30.4	2.44	3.08	1.57	12.8	20.6	9.46	2.27
		9		13.73	10.8	0.314	81.1	154	129	33.6	2.43	3.06	1.56	14.3	22.7	10.3	2.31
		10		15.13	11.9	0.313	88.4	172	140	36.8	2.42	3.04	1.56	15.6	24.8	11.1	2.35
9	90	6	10	10.64	8.35	0.354	82.8	146	131	34.3	2.79	3.51	1.80	12.6	20.6	9.95	2.44
		7		12.30	9.66	0.354	94.8	170	150	39.2	2.78	3.50	1.78	14.5	23.6	11.2	2.48
		8		13.94	10.9	0.353	106	195	169	44.0	2.76	3.48	1.78	16.4	26.6	12.4	2.52
		9		15.57	12.2	0.353	118	219	187	48.7	2.75	3.46	1.77	18.3	29.4	13.5	2.56
		10		17.17	13.5	0.353	129	244	204	53.3	2.74	3.45	1.76	20.1	32.0	14.5	2.59
		12		20.31	15.9	0.352	149	294	236	62.2	2.71	3.41	1.75	23.6	37.1	16.5	2.67

（续）

型号	截面尺寸/mm			截面面积/cm²	理论质量/(kg/m)	外表面积/(m²/m)	惯性矩/cm⁴				惯性半径/cm			截面系数/cm³			重心距离/cm
	b	d	r				I_x	I_{x1}	I_{x0}	I_{y0}	i_x	i_{x0}	i_{y0}	W_x	W_{x0}	W_{y0}	Z_0
10	100	6	12	11.93	9.37	0.393	115	200	182	47.9	3.10	3.90	2.00	15.7	25.7	12.7	2.67
		7		13.80	10.8	0.393	132	234	209	54.7	3.09	3.89	1.99	18.1	29.6	14.3	2.71
		8		15.64	12.3	0.393	148	267	235	61.4	3.08	3.88	1.98	20.5	33.2	15.8	2.76
		9		17.46	13.7	0.392	164	300	260	68.0	3.07	3.86	1.97	22.8	36.8	17.2	2.80
		10		19.26	15.1	0.392	180	334	285	74.4	3.05	3.84	1.96	25.1	40.3	18.5	2.84
		12		22.80	17.9	0.391	209	402	331	86.8	3.03	3.81	1.95	29.5	46.8	21.1	2.91
		14		26.26	20.6	0.391	237	471	374	99.0	3.00	3.77	1.94	33.7	52.9	23.4	2.99
		16		29.63	23.3	0.390	263	540	414	111	2.98	3.74	1.94	37.8	58.6	25.6	3.06
11	110	7	12	15.20	11.9	0.433	177	311	281	73.4	3.41	4.30	2.20	22.1	36.1	17.5	2.96
		8		17.24	13.5	0.433	199	355	316	82.4	3.40	4.28	2.19	25.0	40.7	19.4	3.01
		10		21.26	16.7	0.432	242	445	384	100	3.38	4.25	2.17	30.6	49.4	22.9	3.09
		12		25.20	19.8	0.431	283	535	448	117	3.35	4.22	2.15	36.1	57.6	26.2	3.16
		14		29.06	22.8	0.431	321	625	508	133	3.32	4.18	2.14	41.3	65.3	29.1	3.24
12.5	125	8	14	19.75	15.5	0.492	297	521	471	123	3.88	4.88	2.50	32.5	53.3	25.9	3.37
		10		24.37	19.1	0.491	362	652	574	149	3.85	4.85	2.48	40.0	64.9	30.6	3.45
		12		28.91	22.7	0.491	423	783	671	175	3.83	4.82	2.46	41.2	76.0	35.0	3.53
		14		33.37	26.2	0.490	482	916	764	200	3.80	4.78	2.45	54.2	86.4	39.1	3.61
		16		37.74	29.6	0.489	537	1050	851	224	3.77	4.75	2.43	60.9	96.3	43.0	3.68
14	140	10		27.37	21.5	0.551	515	915	817	212	4.34	5.46	2.78	50.6	82.6	39.2	3.82
		12		32.51	25.5	0.551	604	1100	959	249	4.31	5.43	2.76	59.8	96.9	45.0	3.90
		14		37.57	29.5	0.550	689	1280	1090	284	4.28	5.40	2.75	68.8	110	50.5	3.98
		16		42.54	33.4	0.549	770	1470	1220	319	4.26	5.36	2.74	77.5	123	55.6	4.06

（续）

型号	截面尺寸/mm			截面面积/cm^2	理论质量/(kg/m)	外表面积/(m^2/m)	惯性矩/cm^4				惯性半径/cm			截面系数/cm^3			重心距离/cm
	b	d	r				I_x	I_{x1}	I_{x0}	I_{y0}	i_x	i_{x0}	i_{y0}	W_x	W_{x0}	W_{y0}	Z_0
15	150	8	14	23.75	18.6	0.592	521	900	827	215	4.69	5.90	3.01	47.4	78.0	38.1	3.99
		10		29.37	23.1	0.591	638	1130	1010	262	4.66	5.87	2.99	58.4	95.5	45.5	4.08
		12		34.91	27.4	0.591	749	1350	1190	308	4.63	5.84	2.97	69.0	112	52.4	4.15
		14		40.37	31.7	0.590	856	1580	1360	352	4.60	5.80	2.95	79.5	128	58.8	4.23
		15		43.06	33.8	0.590	907	1690	1440	374	4.59	5.78	2.95	84.6	136	61.9	4.27
		16		45.74	35.9	0.589	958	1810	1520	395	4.58	5.77	2.94	89.6	143	64.9	4.31
16	160	10	16	31.50	24.7	0.630	780	1370	1240	322	4.98	6.27	3.20	66.7	109	52.8	4.31
		12		37.44	29.4	0.630	917	1640	1460	377	4.95	6.24	3.18	79.0	129	60.7	4.39
		14		43.30	34.0	0.629	1050	1910	1670	432	4.92	6.20	3.16	91.0	147	68.2	4.47
		16		49.07	38.5	0.629	1180	2190	1870	485	4.89	6.17	3.14	103	165	75.3	4.55
18	180	12		42.24	33.2	0.710	1320	2330	2100	543	5.59	7.05	3.58	101	165	78.4	4.89
		14		48.90	38.4	0.709	1510	2720	2410	622	5.56	7.02	3.56	116	189	88.4	4.97
		16		55.47	43.5	0.709	1700	3120	2700	699	5.54	6.98	3.55	131	212	97.8	5.05
		18		61.96	48.6	0.708	1880	3500	2990	762	5.50	6.94	3.51	146	235	105	5.13
20	200	14	18	54.64	42.9	0.788	2100	3730	3340	864	6.20	7.82	3.98	146	236	112	5.46
		16		62.01	48.7	0.788	2370	4270	3760	971	6.18	7.79	3.96	164	266	124	5.54
		18		69.30	54.4	0.787	2620	4810	4160	1080	6.15	7.75	3.94	182	294	136	5.62
		20		76.51	60.1	0.787	2870	5350	4550	1180	6.12	7.72	3.93	200	322	147	5.69
		24		90.66	71.2	0.785	3340	6460	5290	1380	6.07	7.64	3.90	236	374	167	5.87
22	220	16	21	68.67	53.9	0.866	3190	5680	5060	1310	6.81	8.59	4.37	200	326	154	6.03
		18		76.75	60.3	0.866	3540	6400	5620	1450	6.79	8.55	4.35	223	361	168	6.11
		20		84.76	66.5	0.865	3870	7110	6150	1590	6.76	8.52	4.34	245	395	182	6.18

（续）

型号	截面尺寸/mm			截面面积/cm^2	理论质量/(kg/m)	外表面积/(m^2/m)	惯性矩/cm^4				惯性半径/cm			截面系数/cm^3			重心距离/cm
	b	d	r				I_x	I_{x1}	I_{x0}	I_{y0}	i_x	i_{x0}	i_{y0}	W_x	W_{x0}	W_{y0}	Z_0
22	220	22	21	92.68	72.8	0.865	4200	7830	6670	1730	6.73	8.48	4.32	267	429	195	6.26
		24		100.5	78.9	0.864	4520	8550	7170	1870	6.71	8.45	4.31	289	461	208	6.33
		26		108.3	85.0	0.864	4830	9280	7690	2000	6.68	8.41	4.30	310	492	221	6.41
25	250	18	24	87.84	69.0	0.985	5270	9380	8370	2170	7.75	9.76	4.97	290	473	224	6.84
		20		97.05	76.2	0.984	5780	10400	9180	2380	7.72	9.73	4.95	320	519	243	6.92
		22		106.2	83.3	0.983	6280	11500	9970	2580	7.69	9.69	4.93	349	564	261	7.00
		24		115.2	90.4	0.983	6.770	12500	10700	2790	7.67	9.66	4.92	378	608	278	7.07
		26		124.2	97.5	0.982	7240	13600	11500	2980	7.64	9.62	4.90	406	650	295	7.15
		28		133.0	104	0.982	7700	14600	12200	3180	7.61	9.58	4.89	433	691	311	7.22
		30		141.8	111	0.981	8160	15700	12900	3380	7.58	9.55	4.88	461	731	327	7.30
		32		150.5	118	0.981	8600	16800	13600	3570	7.56	9.51	4.87	488	770	342	7.37
		35		163.4	128	0.980	9240	18400	14600	3850	7.52	9.46	4.86	527	827	364	7.48

注：截面图中的 $r_1=1/3d$ 及表中 r 的数据用于孔型设计，不做交货条件。

附表 B-3 不等边角钢截面尺寸、截面面积、理论质量及截面特性

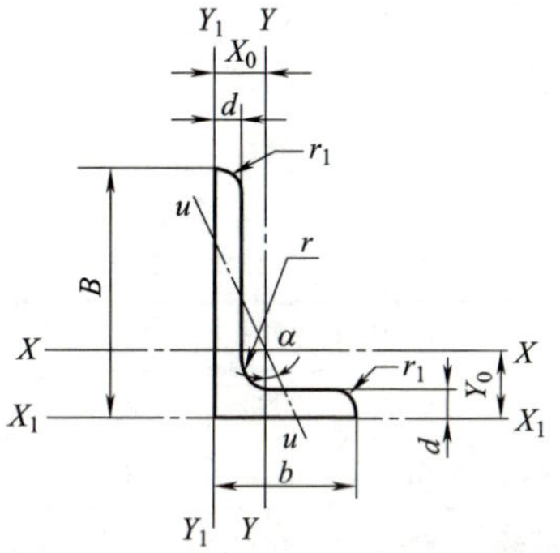

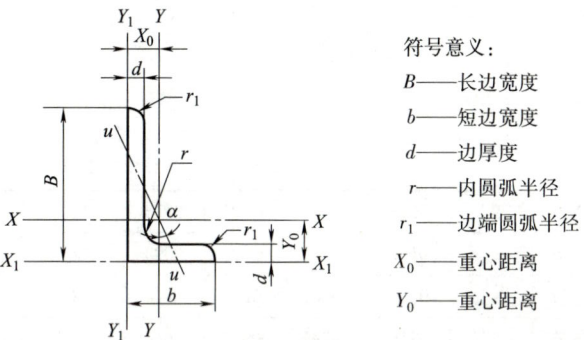

符号意义：
B——长边宽度
b——短边宽度
d——边厚度
r——内圆弧半径
r_1——边端圆弧半径
X_0——重心距离
Y_0——重心距离

型号	截面尺寸/mm				截面面积/cm²	理论质量/(kg/m)	外表面积/(m²/m)	惯性矩/cm⁴					惯性半径/cm			截面系数/cm³			tanα	重心距离/cm	
	B	b	d	r				I_x	I_{x1}	I_y	I_{y1}	I_u	i_x	i_y	i_u	W_x	W_y	W_u		X_0	Y_0
2.5/1.6	25	16	3	3.5	1.162	0.91	0.080	0.70	1.56	0.22	0.43	0.14	0.78	0.44	0.34	0.43	0.19	0.16	0.392	0.42	0.86
			4		1.499	1.18	0.079	0.88	2.09	0.27	0.59	0.17	0.77	0.43	0.34	0.55	0.24	0.20	0.381	0.46	0.90
3.2/2	32	20	3		1.492	1.17	0.102	1.53	3.27	0.46	0.82	0.28	1.01	0.55	0.43	0.72	0.30	0.25	0.382	0.49	1.08
			4		1.939	1.52	0.101	1.93	4.37	0.57	1.12	0.35	1.00	0.54	0.42	0.93	0.39	0.32	0.374	0.53	1.12
4/2.5	40	25	3	4	1.890	1.48	0.127	3.08	5.39	0.93	1.59	0.56	1.28	0.70	0.54	1.15	0.49	0.40	0.385	0.59	1.32
			4		2.467	1.94	0.127	3.93	8.53	1.18	2.14	0.71	1.36	0.69	0.54	1.49	0.63	0.52	0.381	0.63	1.37
4.5/2.8	45	28	3	5	2.149	1.69	0.143	4.45	9.10	1.34	2.23	0.80	1.44	0.79	0.61	1.47	0.62	0.51	0.383	0.64	1.47
			4		2.806	2.20	0.143	5.69	12.1	1.70	3.00	1.02	1.42	0.78	0.60	1.91	0.80	0.66	0.380	0.68	1.51
5/3.2	50	32	3	5.5	2.431	1.91	0.161	6.24	12.5	2.02	3.31	1.20	1.60	0.91	0.70	1.84	0.82	0.68	0.404	0.73	1.60
			4		3.177	2.49	0.160	8.02	16.7	2.58	4.45	1.53	1.59	0.90	0.69	2.39	1.06	0.87	0.402	0.77	1.65
5.6/3.6	56	36	3	6	2.743	2.15	0.181	8.88	17.5	2.92	4.7	1.73	1.80	1.03	0.79	2.32	1.05	0.87	0.408	0.80	1.78
			4		3.590	2.82	0.180	11.5	23.4	3.76	6.33	2.23	1.79	1.02	0.79	3.03	1.37	1.13	0.408	0.85	1.82
			5		4.415	3.47	0.180	13.9	29.3	4.49	7.94	2.67	1.77	1.01	0.78	3.71	1.65	1.36	0.404	0.88	1.87

（续）

型号	截面尺寸/mm				截面面积/	理论质量/	外表面积/	惯性矩/cm⁴					惯性半径/cm			截面系数/cm³			tanα	重心距离/cm	
	B	b	d	r	cm^2	(kg/m)	(m^2/m)	I_x	I_{x1}	I_y	I_{y1}	I_u	i_x	i_y	i_u	W_x	W_y	W_u		X_0	Y_0
6.3/4	63	40	4	7	4.058	3.19	0.202	16.5	33.3	5.23	8.63	3.12	2.02	1.14	0.88	3.87	1.70	1.40	0.398	0.92	2.04
			5		4.993	3.92	0.202	20.0	41.6	6.31	10.9	3.76	2.00	1.12	0.87	4.74	2.07	1.71	0.396	0.95	2.08
			6		5.908	4.64	0.201	23.4	50.0	7.29	13.1	4.34	1.96	1.11	0.86	5.59	2.43	1.99	0.393	0.99	2.12
			7		6.802	5.34	0.201	26.5	58.1	8.24	15.5	4.97	1.98	1.10	0.86	6.40	2.78	2.29	0.389	1.03	2.15
7/4.5	70	45	4	7.5	4.553	3.57	0.226	23.2	45.9	7.55	12.3	4.40	2.26	1.29	0.98	4.86	2.17	1.77	0.410	1.02	2.24
			5		5.609	4.40	0.225	28.0	57.1	9.13	15.4	5.40	2.23	1.28	0.98	5.92	2.65	2.19	0.407	1.06	2.28
			6		6.644	5.22	0.225	32.5	68.4	10.6	18.6	6.35	2.21	1.26	0.98	6.95	3.12	2.59	0.404	1.09	2.32
			7		7.658	6.01	0.225	37.2	80.0	12.0	21.8	7.16	2.20	1.25	0.97	8.03	3.57	2.94	0.402	1.13	2.36
7.5/5	75	50	5	8	6.126	4.81	0.245	34.9	70.0	12.6	21.0	7.41	2.39	1.44	1.10	6.83	3.3	2.74	0.435	1.17	2.40
			6		7.260	5.70	0.245	41.1	84.3	14.7	25.4	8.54	2.38	1.42	1.08	8.12	3.88	3.19	0.435	1.21	2.44
			8		9.467	7.43	0.244	52.4	113	18.5	34.2	10.9	2.35	1.40	1.07	10.5	4.99	4.10	0.429	1.29	2.52
			10		11.59	9.10	0.244	62.7	141	22.0	43.4	13.1	2.33	1.38	1.06	12.8	6.04	4.99	0.423	1.36	2.60
8/5	80	50	5		6.376	5.00	0.255	42.0	85.2	12.8	21.1	7.66	2.56	1.42	1.10	7.78	3.32	2.74	0.388	1.14	2.60
			6		7.560	5.93	0.255	49.5	103	15.0	25.4	8.85	2.56	1.41	1.08	9.25	3.91	3.20	0.387	1.18	2.65
			7		8.724	6.85	0.255	56.2	119	17.0	29.8	10.2	2.54	1.39	1.08	10.6	4.48	3.70	0.384	1.21	2.69
			8		9.867	7.75	0.254	62.8	136	18.9	34.3	11.4	2.52	1.38	1.07	11.9	5.03	4.16	0.381	1.25	2.73
9/5.6	90	56	5	9	7.212	5.66	0.287	60.5	121	18.3	29.5	11.0	2.90	1.59	1.23	9.92	4.21	3.49	0.385	1.25	2.91
			6		8.557	6.72	0.286	71.0	146	21.4	35.6	12.9	2.88	1.58	1.23	11.7	4.96	4.13	0.384	1.29	2.95
			7		9.881	7.76	0.286	81.0	170	24.4	41.7	14.7	2.86	1.57	1.22	13.5	5.70	4.72	0.382	1.33	3.00
			8		11.18	8.78	0.286	91.0	194	27.2	47.9	16.3	2.85	1.56	1.21	15.3	6.41	5.29	0.380	1.36	3.04
10/6.3	100	63	6	10	9.618	7.55	0.320	99.1	200	30.9	50.5	18.4	3.21	1.79	1.38	14.6	6.35	5.25	0.394	1.43	3.24
			7		11.11	8.72	0.320	113	233	35.3	59.1	21.0	3.20	1.78	1.38	16.9	7.29	6.02	0.394	1.47	3.28
			8		12.58	9.88	0.319	127	266	39.4	67.9	23.5	3.18	1.77	1.37	19.1	8.21	6.78	0.391	1.50	3.32
			10		15.47	12.1	0.319	154	333	47.1	85.7	28.3	3.15	1.74	1.35	23.3	9.98	8.24	0.387	1.58	3.40

（续）

型号	截面尺寸/mm				截面面积/	理论质量/	外表面积/	惯性矩/cm^4					惯性半径/cm			截面系数/cm^3			tanα	重心距离/cm	
	B	b	d	r	cm^2	(kg/m)	(m^2/m)	I_x	I_{x1}	I_y	I_{y1}	I_u	i_x	i_y	i_u	W_x	W_y	W_u		X_0	Y_0
10/8	100	80	6	10	10. 64	8. 35	0. 354	107	200	61. 2	103	31. 7	3. 17	2. 40	1. 72	15. 2	10. 2	8. 37	0. 627	1. 97	2. 95
			7		12. 30	9. 66	0. 354	123	233	70. 1	120	36. 2	3. 16	2. 39	1. 72	17. 5	11. 7	9. 60	0. 626	2. 01	3. 00
			8		13. 94	10. 9	0. 353	138	267	78. 6	137	40. 6	3. 14	2. 37	1. 71	19. 8	13. 2	10. 8	0. 625	2. 05	3. 04
			10		17. 17	13. 5	0. 353	167	334	94. 7	172	49. 1	3. 12	2. 35	1. 69	24. 2	16. 1	13. 1	0. 622	2. 13	3. 12
11/7	110	70	6	10	10. 64	8. 35	0. 354	133	266	42. 9	69. 1	25. 4	3. 54	2. 01	1. 54	17. 9	7. 90	6. 53	0. 403	1. 57	3. 53
			7		12. 30	9. 66	0. 354	153	310	49. 0	80. 8	29. 0	3. 53	2. 00	1. 53	20. 6	9. 09	7. 50	0. 402	1. 61	3. 57
			8		13. 94	10. 9	0. 353	172	354	54. 9	92. 7	32. 5	3. 51	1. 98	1. 53	23. 3	10. 3	8. 45	0. 401	1. 65	3. 62
			10		17. 17	13. 5	0. 353	208	443	65. 9	117	39. 2	3. 48	1. 96	1. 51	28. 5	12. 5	10. 3	0. 397	1. 72	3. 70
12. 5/8	125	80	7	11	14. 10	11. 1	0. 403	228	455	74. 4	120	43. 8	4. 02	2. 30	1. 76	26. 9	12. 0	9. 92	0. 408	1. 80	4. 01
			8		15. 99	12. 6	0. 403	257	520	83. 5	138	49. 2	4. 01	2. 28	1. 75	30. 4	13. 6	11. 2	0. 407	1. 84	4. 06
			10		19. 71	15. 5	0. 402	312	650	101	173	59. 5	3. 98	2. 26	1. 74	37. 3	16. 6	13. 6	0. 404	1. 92	4. 14
			12		23. 35	18. 3	0. 402	364	780	117	210	69. 4	3. 95	2. 24	1. 72	44. 0	19. 4	16. 0	0. 400	2. 00	4. 22
14/9	140	90	8	12	18. 04	14. 2	0. 453	366	731	121	196	70. 8	4. 50	2. 59	1. 98	38. 5	17. 3	14. 3	0. 411	2. 04	4. 50
			10		22. 26	17. 5	0. 452	446	913	140	246	85. 8	4. 47	2. 56	1. 96	47. 3	21. 2	17. 5	0. 409	2. 12	4. 58
			12		26. 40	20. 7	0. 451	522	1100	170	297	100	4. 44	2. 54	1. 95	55. 9	25. 0	20. 5	0. 406	2. 19	4. 66
			14		30. 46	23. 9	0. 451	594	1280	192	349	114	4. 42	2. 51	1. 94	64. 2	28. 5	23. 5	0. 403	2. 27	4. 74
15/9	150	90	8		18. 84	14. 8	0. 473	442	898	123	196	74. 1	4. 84	2. 55	1. 98	43. 9	17. 5	14. 5	0. 364	1. 97	4. 92
			10		23. 26	18. 3	0. 472	539	1120	149	246	89. 9	4. 81	2. 53	1. 97	54. 0	21. 4	17. 7	0. 362	2. 05	5. 01
			12		27. 60	21. 7	0. 471	632	1350	173	297	105	4. 79	2. 50	1. 95	63. 8	25. 1	20. 8	0. 359	2. 12	5. 09
			14		31. 86	25. 0	0. 471	721	1570	196	350	120	4. 76	2. 48	1. 94	73. 3	28. 8	23. 8	0. 356	2. 20	5. 17
			15		33. 95	26. 7	0. 471	764	1680	207	376	127	4. 74	2. 47	1. 93	78. 0	30. 5	25. 3	0. 354	2. 24	5. 21
			16		36. 03	28. 3	0. 470	806	1800	217	403	134	4. 73	2. 45	1. 93	82. 6	32. 3	26. 8	0. 352	2. 27	5. 25

（续）

型号	截面尺寸/mm				截面面积/	理论质量/	外表面积/	惯性矩/cm^4					惯性半径/cm			截面系数/cm^3			$\tan\alpha$	重心距离/cm	
	B	b	d	r	cm^2	(kg/m)	(m^2/m)	I_x	I_{x1}	I_y	I_{y1}	I_u	i_x	i_y	i_u	W_x	W_y	W_u		X_0	Y_0
16/10	160	100	10	13	25.32	19.9	0.512	669	1360	205	337	122	5.14	2.85	2.19	62.1	26.6	21.9	0.390	2.28	5.24
			12		30.05	23.6	0.511	785	1640	239	406	142	5.11	2.82	2.17	73.5	31.3	25.8	0.388	2.36	5.32
			14		34.71	27.2	0.510	896	1910	271	476	162	5.08	2.80	2.16	84.6	35.8	29.6	0.385	2.43	5.40
			16		39.28	30.8	0.510	1000	2180	302	548	183	5.05	2.77	2.16	95.3	40.2	33.4	0.382	2.51	5.48
18/11	180	110	10	14	28.37	22.3	0.571	956	1940	278	447	167	5.80	3.13	2.42	79.0	32.5	26.9	0.376	2.44	5.89
			12		33.71	26.5	0.571	1120	2330	325	539	195	5.78	3.10	2.40	93.5	38.3	31.7	0.374	2.52	5.98
			14		38.97	30.6	0.570	1290	2720	370	632	222	5.75	3.08	2.39	108	44.0	36.3	0.372	2.59	6.06
			16		44.14	34.6	0.569	1440	3110	412	726	249	5.72	3.06	2.38	122	49.4	40.9	0.369	2.67	6.14
20/12.5	200	125	12		37.91	29.8	0.641	1570	3190	483	788	286	6.44	3.57	2.74	117	50.0	41.2	0.392	2.83	6.54
			14		43.87	34.4	0.640	1800	3730	551	922	327	6.41	3.54	2.73	135	57.4	47.3	0.390	2.91	6.62
			16		49.74	39.0	0.639	2020	4260	615	1060	366	6.38	3.52	2.71	152	64.9	53.3	0.388	2.99	6.70
			18		55.53	43.6	0.639	2240	4790	677	1200	405	6.35	3.49	2.70	169	71.7	59.2	0.385	3.06	6.78

注：截面图中的 $r_1 = 1/3d$ 及表中 r 的数据用于孔型设计，不做交货条件。

附表 B-4 槽钢截面尺寸、截面面积、理论质量及截面特性

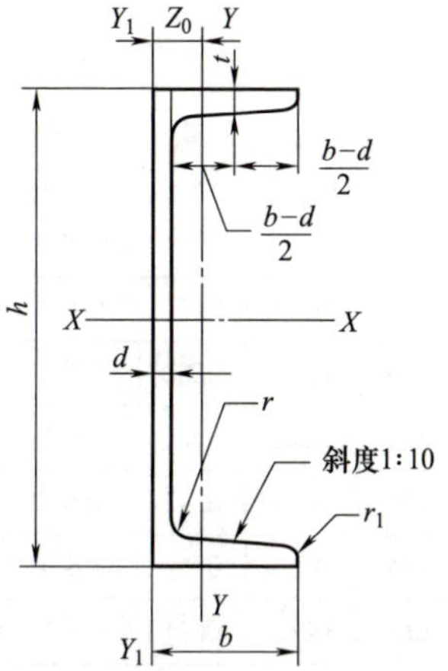

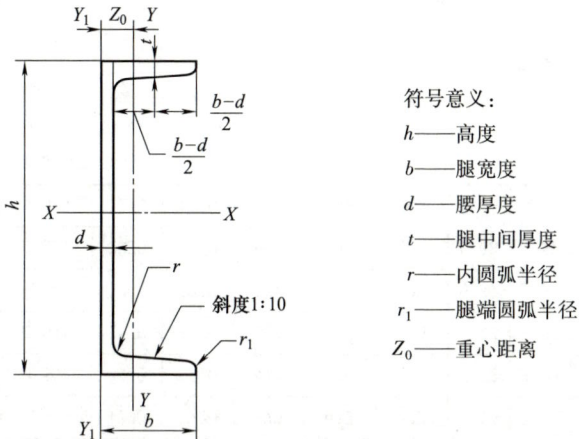

符号意义：
h——高度
b——腿宽度
d——腰厚度
t——腿中间厚度
r——内圆弧半径
r_1——腿端圆弧半径
Z_0——重心距离

型号	截面尺寸/mm						截面面积/cm²	理论质量/(kg/m)	外表面积/(m²/m)	惯性矩/cm⁴			惯性半径/cm		截面系数/cm³		重心距离/cm
	h	b	d	t	r	r_1				I_x	I_y	I_{y1}	i_x	i_y	W_x	W_y	Z_0
5	50	37	4.5	7.0	7.0	3.5	6.925	5.44	0.226	26.0	8.30	20.9	1.94	1.10	10.4	3.55	1.35
6.3	63	40	4.8	7.5	7.5	3.8	8.446	6.63	0.262	50.8	11.9	28.4	2.45	1.19	16.1	4.50	1.36
6.5	65	40	4.3	7.5	7.5	3.8	8.292	6.51	0.267	55.2	12.0	28.3	2.54	1.19	17.0	4.59	1.38
8	80	43	5.0	8.0	8.0	4.0	10.24	8.04	0.307	101	16.6	37.4	3.15	1.27	25.3	5.79	1.43
10	100	48	5.3	8.5	8.5	4.2	12.74	10.0	0.365	198	25.6	54.9	3.95	1.41	39.7	7.80	1.52
12	120	53	5.5	9.0	9.0	4.5	15.36	12.1	0.423	346	37.4	77.7	4.75	1.56	57.7	10.2	1.62
12.6	126	53	5.5	9.0	9.0	4.5	15.69	12.3	0.435	391	38.0	77.1	4.95	1.57	62.1	10.2	1.59
14a	140	58	6.0	9.5	9.5	4.8	18.51	14.5	0.480	564	53.2	107	5.52	1.70	80.5	13.0	1.71
14b		60	8.0				21.31	16.7	0.484	609	61.1	121	5.35	1.69	87.1	14.1	1.67
16a	160	63	6.5	10.0	10.0	5.0	21.95	17.2	0.538	866	73.3	144	6.28	1.83	108	16.3	1.80
16b		65	8.5				25.15	19.8	0.542	935	83.4	161	6.10	1.82	117	17.6	1.75

（续）

型号	截面尺寸/mm						截面面积/cm^2	理论质量/(kg/m)	外表面积/(m^2/m)	惯性矩/cm^4			惯性半径/cm		截面系数/cm^3		重心距离/cm
	h	b	d	t	r	r_1				I_x	I_y	I_{y1}	i_x	i_y	W_x	W_y	Z_0
18a	180	68	7.0	10.5	10.5	5.2	25.69	20.2	0.596	1270	98.6	190	7.04	1.96	141	20.0	1.88
18b		70	9.0				29.29	23.0	0.600	1370	111	210	6.84	1.95	152	21.5	1.84
20a	200	73	7.0	11.0	11.0	5.5	28.83	22.6	0.654	1780	128	244	7.86	2.11	178	24.2	2.01
20b		75	9.0				32.83	25.8	0.658	1910	144	268	7.64	2.09	191	25.9	1.95
22a	220	77	7.0	11.5	11.5	5.8	31.83	25.0	0.709	2390	158	298	8.67	2.23	218	28.2	2.10
22b		79	9.0				36.23	28.5	0.713	2570	176	326	8.42	2.21	234	30.1	2.03
24a	240	78	7.0	12.0	12.0	6.0	34.21	26.9	0.752	3050	174	325	9.45	2.25	254	30.5	2.10
24b		80	9.0				39.01	30.6	0.756	3280	194	355	9.17	2.23	274	32.5	2.03
24c		82	11.0				43.81	34.4	0.760	3510	213	388	8.96	2.21	293	34.4	2.00
25a	250	78	7.0				34.91	27.4	0.722	3370	176	322	9.82	2.24	270	30.6	2.07
25b		80	9.0				39.91	31.3	0.776	3530	196	353	9.41	2.22	282	32.7	1.98
25c		82	11.0				44.91	35.3	0.780	3690	218	384	9.07	2.21	295	35.9	1.92
27a	270	82	7.5	12.5	12.5	6.2	39.27	30.8	0.826	4360	216	393	10.5	2.34	323	35.5	2.13
27b		84	9.5				44.67	35.1	0.830	4690	239	428	10.3	2.31	347	37.7	2.06
27c		86	11.5				50.07	39.3	0.834	5020	261	467	10.1	2.28	372	39.8	2.03
28a	280	82	7.5				40.02	31.4	0.846	4760	218	388	10.9	2.33	340	35.7	2.10
28b		84	9.5				45.62	35.8	0.850	5130	242	428	10.6	2.30	366	37.9	2.02
28c		86	11.5				51.22	40.2	0.854	5500	268	463	10.4	2.29	393	40.3	1.95
30a	300	85	7.5	13.5	13.5	6.8	43.89	34.5	0.897	6050	260	467	11.7	2.43	403	41.1	2.17
30b		87	9.5				49.89	39.2	0.901	6500	289	515	11.4	2.41	433	44.0	2.13
30c		89	11.5				55.89	43.9	0.905	6950	316	560	11.2	2.38	463	46.4	2.09

（续）

型号	截面尺寸/mm						截面面积/cm^2	理论质量/（kg/m）	外表面积/（m^2/m）	惯性矩/cm^4			惯性半径/cm		截面系数/cm^3		重心距离/cm
	h	b	d	t	r	r_1				I_x	I_y	I_{y1}	i_x	i_y	W_x	W_y	Z_0
32a		88	8.0				48.50	38.1	0.947	7600	305	552	12.5	2.50	475	46.5	2.24
32b	320	90	10.0	14.0	14.0	7.0	54.90	43.1	0.951	8140	336	593	12.2	2.47	509	49.2	2.16
32c		92	12.0				61.30	48.1	0.955	8690	374	643	11.9	2.47	543	52.6	2.09
36a		96	9.0				60.89	47.8	1.053	11900	455	818	14.0	2.73	660	63.5	2.44
36b	360	98	11.0	1.60	1.60	8.0	68.09	53.5	1.057	12700	497	880	13.6	2.70	703	66.9	2.37
36c		100	13.0				75.29	59.1	1.061	13400	536	948	13.4	2.67	746	70.0	2.34
40a		100	10.5				75.04	58.9	1.144	17600	592	1070	15.3	2.81	879	78.8	2.49
40b	400	102	12.5	18.0	18.0	9.0	83.04	65.2	1.148	18600	640	1140	15.0	2.78	932	82.5	2.44
40c		104	14.5				91.04	71.5	1.152	19700	688	1220	14.7	2.75	986	86.2	2.42

注：表中 r、r_1 的数据用于孔型设计，不做交货条件。

附录 C　利用计算器求解工程力学数值问题

工程力学的具体问题求解，有时需要用到较为复杂的数值计算。例如在求解静力学空间平衡问题时，较为复杂的情况下需要求解六元线性方程组；在运动学问题中，需要进行数值积分；在对杆件进行强度、刚度设计时，需要工程单位的转换等。

在部分高校理论力学、材料力学、工程力学类的研究生入学自命题科目考试，以及全国周培源大学生力学竞赛、国际大学生工程力学竞赛（亚洲赛区）等考试或竞赛中允许使用科学型计算器，在平时作业中也需要利用计算器进行数学运算。本附录结合三道典型例题，说明计算器在解题中的具体应用，计算器操作部分以卡西欧科学函数计算器 fx-999CN CW 中文版为例进行介绍。

例 C-1　如图 C-1 所示，带的拉力 $F_2=2F_1$，曲柄上作用有 $F=2000\text{N}$ 的铅垂力。已知带轮的直径 $D=400\text{mm}$，曲柄长 $R=300\text{mm}$，带 1 和带 2 与铅垂线间的夹角分别为 α 和 β，$\alpha=30°$，$\beta=60°$，其他尺寸如图所示（单位：mm）。求带拉力和轴承约束力。

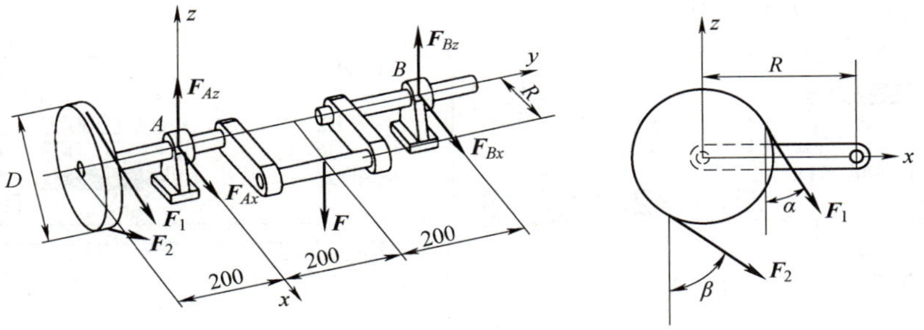

图　C-1

解　以整个轴为研究对象，受力分析如图 C-1 所示，其上有力 $\boldsymbol{F}_1$、$\boldsymbol{F}_2$、$\boldsymbol{F}$ 及轴承约束力 $\boldsymbol{F}_{Ax}$、$\boldsymbol{F}_{Az}$、$\boldsymbol{F}_{Bx}$、$\boldsymbol{F}_{Bz}$。轴受空间任意力系作用，列平衡方程：

$$\sum F_x=0,\qquad F_1\sin\alpha+F_2\sin\beta+F_{Ax}+F_{Bx}=0$$

$$\sum F_z=0,\qquad -F_1\cos\alpha-F_2\cos\beta-F+F_{Az}+F_{Bz}=0$$

$$\sum M_x(\boldsymbol{F})=0,\quad 200F_1\cos\alpha+200F_2\cos\beta-200F+400F_{Bz}=0$$

$$\sum M_y(\boldsymbol{F})=0,\quad FR-(F_2-F_1)D/2=0$$

$$\sum M_z(\boldsymbol{F})=0,\quad 200F_1\sin\alpha+200F_2\sin\beta-400F_{Bx}=0$$

其中 $F_2=2F_1$，以上五个独立方程加上补充条件，可以求解六个未知量。令 $F_1=x$、$F_2=2x$、$F_{Ax}=y$、$F_{Bx}=z$、$F_{Az}=s$、$F_{Bz}=t$，整理原方程组并代入已知量，得

$$(\sin30°+2\sin60°)x+y+z=0 \qquad ①$$

$$-(\cos30°+2\cos60°)x+s+t=2000 \qquad ②$$

$$200(\cos30°+2\cos60°)x+400t=200\times2000 \qquad ③$$

$$200x=2000\times300 \qquad ④$$

$$200(\sin30°+2\sin60°)x-400z=0 \qquad ⑤$$

卡西欧 fx-999CN CW 计算器只能求解最高四元一次的方程组，因此观察以上方程，只有

②含有未知数 s，故先选取方程①、③、④、⑤联立求解。

使用卡西欧 fx-999CN CW 计算器计算。按主屏幕[⌂]键，选择“方程”应用，按[OK]进入；选择“线性方程组”，按[OK]确认；选择“4 个未知数”，按[OK]确认，此时出现方程组系数的输入界面，如图 C-2 所示。

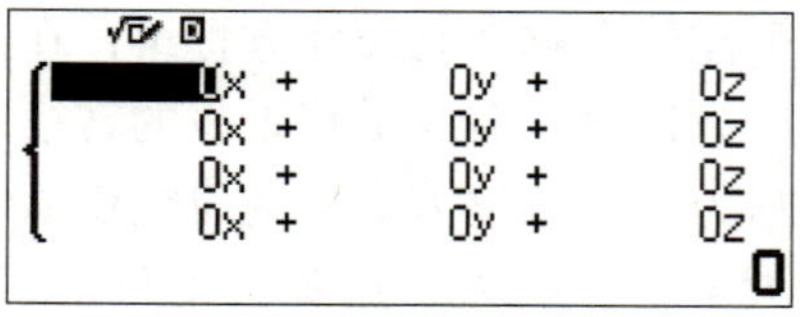

图 C-2

输入方程组的系数，依次按键：

[sin] 30 [)] [+] 2 [sin] 60 [)] [EXE] 1 [EXE] 1 [EXE] [>] [>]

200 [(] [cos] 30 [)] [+] 2 [cos] 60 [)] [)] [EXE] [>] [>] 400 [EXE] 200 [×] 2000 [EXE]

200 [EXE] [>] [>] [>] 2000 [×] 300 [EXE]

200 [(] [sin] 30 [)] [+] 2 [sin] 60 [)] [)] [EXE] [>] [(-)] 400 [EXE]

然后依次按四次[EXE]键分别得到 x、y、z、t 的值，如图 C-3 所示。

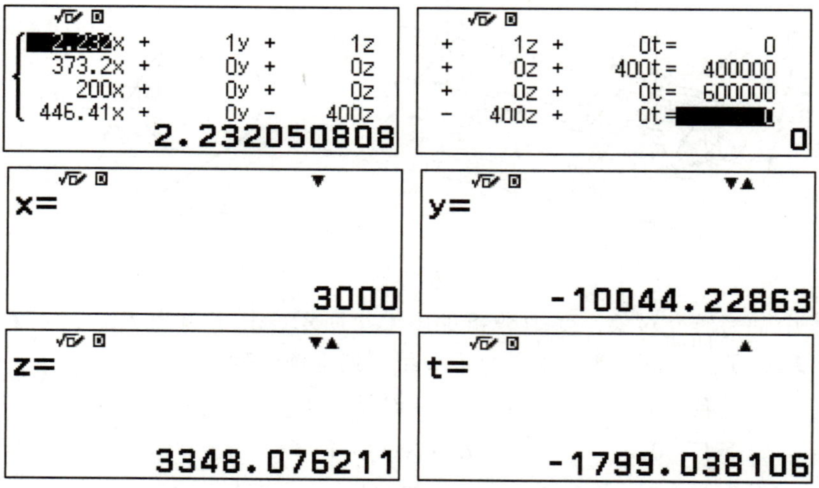

图 C-3

再按主屏幕[⌂]键，选择“计算”应用，按[OK]进入。利用已经解出的未知量，求解第②个方程中的 s。依次按键：

2000 [+] [(] [cos] 30 [)] [+] 2 [cos] 60 [)] [)] [×] 3000 [−] [(] [(-)] 1799.04 [)] [EXE]

计算得到 s 的值，如图 C-4 所示。

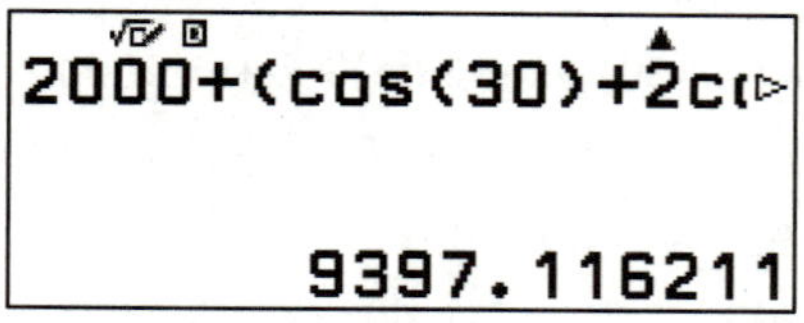

图 C-4

由此求得：$F_1=3000\text{N}$、$F_2=6000\text{N}$、$F_{Ax}=-10044\text{N}$、$F_{Bx}=3348\text{N}$、$F_{Az}=9397\text{N}$、$F_{Bz}=-1799\text{N}$。其中负号表示实际方向与图 C-1 中假设的方向相反。

例 C-2　如图 C-5 所示，飞轮做匀减速顺时针转动。已知 $t=1\text{s}$ 时轮缘上点 A 的全加速度 $a=24.6\text{m/s}^2$，加速度 $\boldsymbol{a}$ 与转动半径的夹角 $\theta=5°50'$。飞轮的半径 $R=500\text{mm}$。试求此飞轮停车所需要的时间，以及从 $t=1\text{s}$ 到停车时所转过的角度。

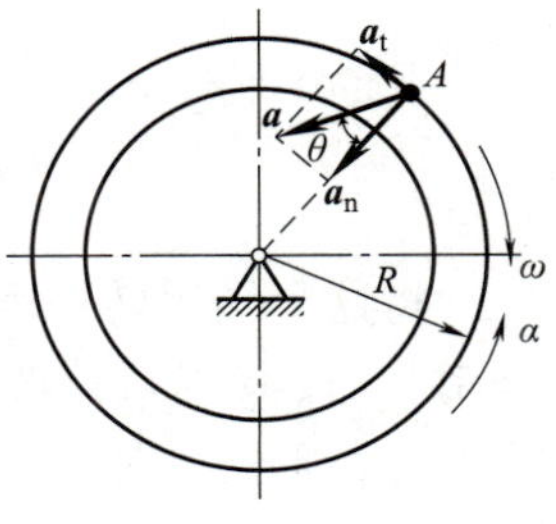

图　C-5

解　将点 A 的全加速度进行切向与法向分解，可以得到 $t=1\text{s}$ 时的切向加速度和法向加速度。使用卡西欧 fx-999CN CW 计算器的坐标转换功能计算，分解全加速度等价于计算 Rec(a,θ)。

使用卡西欧 fx-999CN CW 计算器计算。按主屏幕(⌂)键，选择“计算”应用，按(OK)进入。按(☰)(设置）键打开设置菜单，选择“计算设置”，按(OK)确认；按(∨)选择“角度单位”，按(OK)确认；选择“度（D）”将角度单位设置为角度制，按(OK)确认；按(AC)退出。按(目录)(目录）键打开目录菜单，选择“角度/坐标转换/六十进制”，按(OK)确认；选择“极坐标转换为直角坐标”，按(OK)调用 Rec 命令；按 24.6(⇧)())(,)5(⇧)(𝑥)(°′″)50(⇧)(𝑥)(°′″)())(EXE)计算，得到的结果太长而显示不完整，可以按方向键(>)查看剩下的内容，如图 C-6 所示。

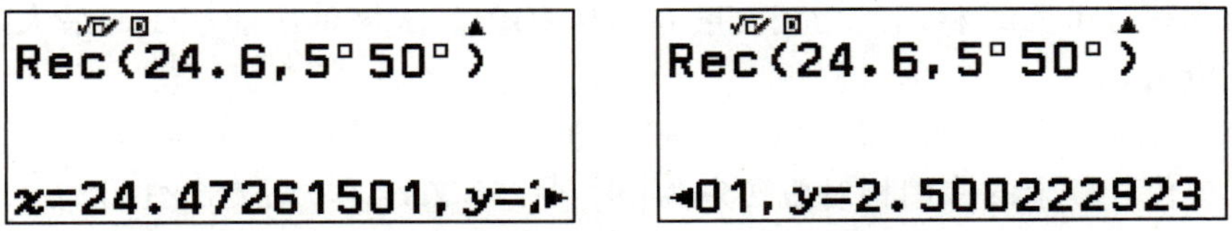

图　C-6

因此，求得 $t=1\text{s}$ 时切向加速度为 $a_t=2.5\text{m/s}^2$，法向加速度 $a_n=24.5\text{m/s}^2$。根据公式 $\omega=\sqrt{a_n/R}$，$\alpha=a_t/R$，且 $R=500\text{mm}=0.5\text{m}$，按(−)(√)24.5(÷)0.5(EXE)得到角速度；按 2.50(÷)0.5(EXE)得到角加速度，如图 C-7 所示。

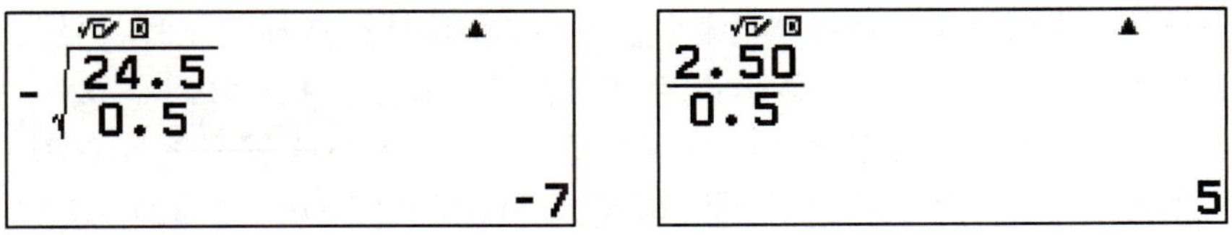

图　C-7

因此，角速度 $\omega=-7\text{rad/s}$，角加速度 $\alpha=5\text{rad/s}^2$。角速度 ω 为负表示角速度为顺时针方向，角加速度 α 为正表示角加速度为逆时针方向，与飞轮转动方向相反，说明是匀减速过程。根据 $\omega=\omega_0+\alpha t$，可得初始角速度 $\omega_0=\omega-\alpha t=(-7-5\times1)\text{rad/s}=-12\text{rad/s}$。停车时，$\omega=\omega_0-\alpha t=0$，求得 $t=\dfrac{\omega-\omega_0}{\alpha}=\dfrac{0-(-12)}{5}=2.4\text{s}$。从 $t=1\text{s}$ 到停车所转过的角度为

$$\varphi=\int_{t_1}^{t_2}(\omega_0+\alpha t)\,\mathrm{d}t=\int_{1}^{2.4}(-12+5t)\,\mathrm{d}t$$

按(⇧)(×)(∫□)(()(−)12(+)5(𝑥)()) (∨)1(∧)2.4(EXE)计算，然后按(格式)键打开格式菜单，选择“小数”，按(OK)确认将计算结果切换为小数，如图 C-8 所示。

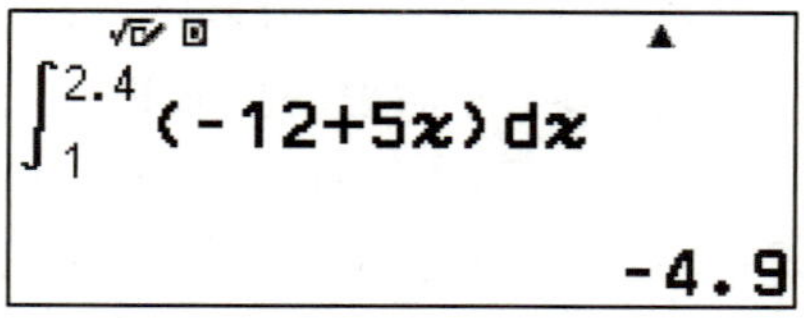

图　C-8

将这个结果转换为角度制：按[CATALOG]（目录）键打开目录菜单，选择“角度/坐标转换/六十进制”，按[OK]确认；选择“弧度”，按[OK]确认；按[EXE]计算。然后按[SHIFT] [x] (∘ ′ ″) [EXE]将结果切换为度分秒形式，如图 C-9 所示。

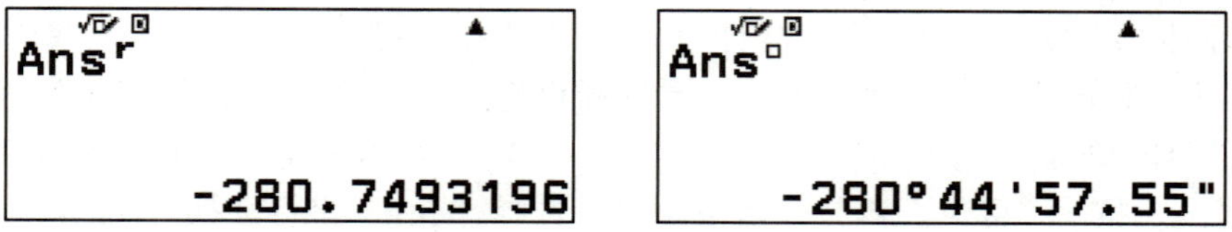

图　C-9

因此，飞轮从 $t=1\text{s}$ 到停车时所转过的角度 $\varphi=-280°45'$，负号表示飞轮沿顺时针旋转。

例 C-3　钢制空心圆轴的外直径 $D=100\text{mm}$，内直径 $d=50\text{mm}$。要求轴在 2m 长度内最大相对扭转角不超过 1. 5°，材料的切变模量 $G=80.4\text{GPa}$。求该轴所能承受的最大扭矩以及轴内的最大切应力。

解　（1）求轴所能承受的最大扭矩　根据刚度设计准则 $\theta_{max}=\mathrm{d}\varphi/\mathrm{d}x=T/GI_p\leqslant[\theta]$。由已知条件，单位长度上的许用相对扭转角为 $[\theta]=1.5°/2\text{m}=1.5\times\pi/(2\times180)\text{rad/m}$。将空心圆截面的极惯性矩公式代入刚度设计准则，得到轴所能承受的最大扭矩为 $T_{max}=GI_p[\theta]$。其中

$$I_p=\frac{\pi}{32}D^4\left[1-\left(\frac{d}{D}\right)^4\right]$$

使用卡西欧 fx-999CN CW 计算器计算。按主屏幕[HOME]键，选择“计算”应用，按[OK]进入。按[SETTINGS]（设置）键打开设置菜单，选择“计算设置”，按[OK]确认；选择“工程符号”，按[OK]确认；选择“开”，按[OK]确认将工程符号显示设为开启；按[AC]退出。按1. 5[分数]2[>][×][SHIFT][7](π)[分数]180[>][×]80. 4[CATALOG][∨][∨][∨][∨][∨]（工程符号）[OK][∨][∨][∨][∨][∨][∨][∨](G)[OK][×][分数][SHIFT][7](π)[×]100[CATALOG][∨][∨][∨][∨][∨]（工程符号）[OK][OK](m)[x■][4][∨]32[>][(]1[−][(]50[分数]100[>][)][x■]4[>][)][EXE]计算，得到轴所能承受的最大扭矩，如图 C-10 所示。

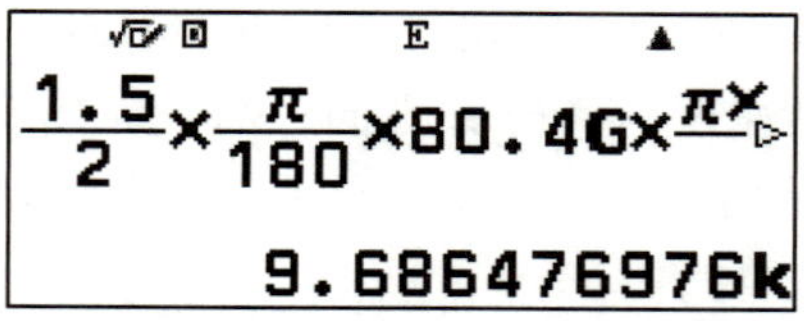

图　C-10

因此，轴所能承受的最大扭矩为 9. 686kN · m。

（2）确定轴内的最大切应力　轴在承受最大扭矩时，横截面上的最大切应力为 $\tau_{max}=T_{max}/W_p$，其中

$$W_p = \frac{\pi D^3}{16}\left[1-\left(\frac{d}{D}\right)^4\right]$$

继续按 [SHIFT][格式](Ans)[分数][分数][SHIFT][7](π)[×]100[目录][∨][∨][∨][∨][∨]（工程符号）[OK][OK]（m）[幂]3[∨]16[>][(]1[−][(]50[分数]100[>][)][幂]4[>][)][EXE] 计算，得到横截面上的最大切应力，如图 C-11 所示。

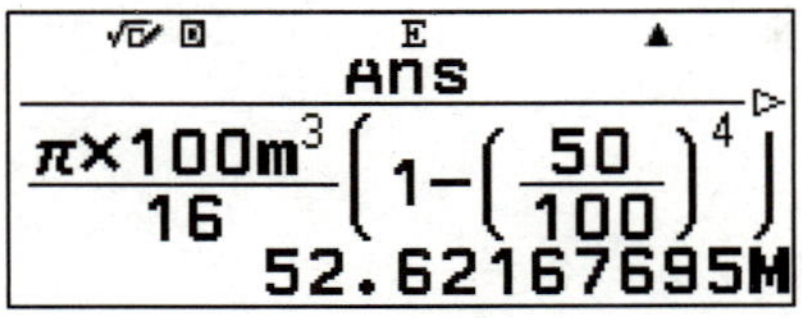

图　C-11

因此，此时轴内的最大切应力为 52. 6MPa。

参考文献

[1] 张秉荣，张定华. 理论力学［M］. 北京：机械工业出版社，1991.

[2] 范钦珊. 工程力学［M］. 北京：机械工业出版社，2002.

[3] 程靳. 工程力学［M］. 北京：机械工业出版社，2002.

[4] 哈尔滨工业大学. 理论力学［M］. 北京：人民教育出版社，1981.

[5] 吴镇. 理论力学［M］. 上海：上海交通大学出版社，1986.

[6] 刘鸿文. 材料力学［M］. 北京：高等教育出版社，1983.

[7] 张亮. 理论力学解题指南［M］. 南京：河海大学出版社，1991.

[8] 韩冠英. 材料力学［M］. 南京：河海大学出版社，1991.

[9] 李俊峰. 理论力学［M］. 3 版. 北京：清华大学出版社，2021.

[10] 王晓军. 工程力学 I［M］. 2 版. 北京：机械工业出版社，2023.

[11] 王永岩. 理论力学［M］. 2 版. 北京：科学出版社，2019.

[12] 奚绍中，邱炳权. 工程力学教程［M］. 4 版. 北京：高等教育出版社，2019.

[13] 杨卫，赵沛. 力学导论［M］. 北京：科学出版社，2020.

[14] 周建方，龚俊杰. 材料力学［M］. 2 版. 北京：机械工业出版社，2022.

[15] 朱炳麒. 理论力学［M］. 2 版. 北京：机械工业出版社，2014.

[16] 楼力律. 机器人工程力学［M］. 北京：科学出版社，2022.